U0308325

小麦有害生物绿色防控技术

于思勤 孙炳剑 巩中军 张玉聚 李世民 朱 伟 主编

中国农业科学技术出版社

图书在版编目（CIP）数据

小麦有害生物绿色防控技术 / 于思勤等主编 . — 北京：中国农业
科学技术出版社，2020.9
　ISBN 978-7-5116-5008-5

　Ⅰ.①小… Ⅱ.①于… Ⅲ.①小麦—病虫害防治—无污染技术
Ⅳ.① S435.12

　中国版本图书馆 CIP 数据核字（2020）第 173965 号

责任编辑　姚　欢
责任校对　冯广祥

出 版 者　中国农业科学技术出版社
　　　　　北京市中关村南大街 12 号　邮编：100081
电　　话　（010）82106636（编辑室）（010）82109704（发行部）
　　　　　（010）82109702（读者服务部）
传　　真　（010）82106631
网　　址　http://www.castp.cn
经 销 者　各地新华书店
印 刷 者　河南省诚和印制有限公司
开　　本　880 毫米 ×1 230 毫米 1 /16
印　　张　30.5
字　　数　1000 千字
版　　次　2020 年 9 月第 1 版　2020 年 9 月第 1 次印刷
定　　价　398.00 元

国家公益性行业（农业）科研专项"种衣剂副作用安全防控技术研究与示范"（201303030）

国家重点研发计划项目"小麦—玉米抗逆减灾和绿色防控技术体系构建"（2017YFD0301104）

国家小麦产业技术体系项目（CARS-03）

河南省小麦产业技术体系项目（S2010-01-G08）

联 合 资 助

《小麦有害生物绿色防控技术》
编委会

主　编　于思勤　　孙炳剑　　巩中军　　张玉聚　　李世民　　朱　伟

副主编　丁胜利　　白润娥　　楚桂芬　　关祥斌　　徐永伟　　李静静　　闵　红
　　　　　彭　红　　蒋　向　　王瑞华　　张秋红　　侯慧颖　　王燕峰　　肖　涛
　　　　　冀建华　　陈　琦　　郑继周　　孟自力　　周国勤　　韩玉林　　李良波
　　　　　白晓征　　陈一品　　李　成　　于玉建　　党永富　　郭宪振　　凡军洲
　　　　　李大华　　秦根辉　　杜桂芝　　吴海彬　　刘　一　　刘　迪　　郑要华
　　　　　马志超　　王建华　　杨喜堂　　朱　倩　　侯艳红　　褚晓斌　　韩成祥
　　　　　郭振荣　　于思贤

编　委（按姓氏笔画排序）：
　　　　　丁征宇　　丁胜利　　凡军洲　　马会江　　马志超　　于玉建　　于思贤
　　　　　于思勤　　王　丽　　王文豪　　王建华　　王瑞华　　王燕峰　　白晓征
　　　　　白润娥　　巩中军　　关祥斌　　刘　一　　刘　迪　　任　帅　　孙炳剑
　　　　　朱　伟　　朱　倩　　朱小涛　　陈　莉　　陈　琦　　陈一品　　陈国政
　　　　　陈琳琳　　陈新中　　杜桂芝　　李　成　　李大华　　李世民　　李良波
　　　　　李春苗　　李海洋　　李雷雷　　李静静　　闵　红　　寿永前　　沈海龙
　　　　　邵晓睿　　吴海彬　　肖　涛　　肖爱利　　杨喜堂　　孟自力　　张玉聚
　　　　　张秋红　　邹少奎　　郑继周　　郑要华　　周国涛　　周国勤　　赵　科
　　　　　赵慧媛　　侯艳红　　侯慧颖　　姜照琴　　柴宏飞　　党永富　　郭姝辰
　　　　　郭宪振　　郭振荣　　贾述娟　　倪雪峰　　秦根辉　　徐小娃　　徐永伟
　　　　　袁天佑　　崔荧钧　　程传凯　　程清泉　　韩玉林　　韩成祥　　蒋　向
　　　　　彭　红　　楚桂芬　　褚晓斌　　冀建华

前　言

　　小麦是我国第二大粮食作物，常年种植面积在 3.6 亿亩以上，是北方人的主要食粮。小麦有害生物种类繁多，发生为害情况复杂，严重威胁着小麦安全生产。进入 21 世纪以后，随着气候生态条件变化、耕作制度改革、作物布局调整、小麦品种更换、生产水平提高及化肥农药不合理使用等因素的综合影响，使农业生态系统发生了很大变化，导致小麦有害生物种类增加，发生面积扩大，为害损失加重，化学农药过量使用，防治成本增加，防治不好的麦田往往造成较大的产量损失和品质下降，甚至造成绝收，有害生物已经成为影响小麦高产优质的主要因素。弄清小麦有害生物的发生为害规律，开展防治技术试验研究，集成绿色防控技术体系并推广应用，减少化肥农药使用量，对实现小麦有害生物绿色防控和小麦安全生产具有重要意义。

　　为了提高小麦有害生物监测预警和绿色防控技术水平，实现小麦有害生物的可持续治理。2004—2019 年，在国家粮食丰产科技工程（2004BA520A06-11）、国家公益性行业（农业）科研专项（201303030、201503112）、国家自然科学基金（U1304322）、国家小麦产业技术体系项目（CARS-03）、河南省小麦产业技术体系项目（S2010-01-G08）及国家农作物病虫害防治补助资金支持下，我们组织农业科研、教学、推广及企业的技术人员开展协作攻关，对小麦主要病虫草鼠害的灾变规律、重大病虫草害监测预警技术、新传入病虫害及生理性病害的发生规律、关键防治技术措施（包括农业、物理、生物和化学防治）、高效新型植保器械、在小麦上登记的高效低毒农药等进行了系统的试验研究，通过建设不同层次的综合防治或绿色防控示范区，将研究成果在小麦生产实际中进行检验和完善提升，集成了适合不同生态类型区的小麦重大有害生物绿色防控技术体系，在黄淮海麦区推广应用后取得了显著的经济、社会和生态效益。为提高小麦有害生物绿色防控技术与理论水平，减少化肥农药使用量，促进小麦绿色高质高效生产，扛稳国家粮食安全重任，我们组织有关专家编著了《小麦有害生物绿色防控技术》一书。

　　本书的编写工作得到国家小麦工程技术研究中心、河南农业大学、河南省农业科学院、河南省农业农村厅及河南省小麦产业技术体系的大力支持；李洪连教授、雷振生研究员、王晨阳教授、马新明教授、武予清研究员、闫凤鸣教授给予多方面的热情指导和帮助；在图片的拍摄和收集整理工作中得到了李洪连教授、王晨阳教授、吴政卿研究员、李国平副研究员、吴少辉副研究员及河南省植保推广系统的大力支持；武予清研究员对"第三章 小麦虫害"、王晨阳教授对"第六章 生理性病害"的书稿进行了认真审阅并提出宝贵意见，孙炳剑教授在独立完成"第二章 小麦病害"书稿编写的同时，协助完成其他章节的编审工作；本书的编写和出版还得到国家公益性行业（农业）科研专项"种衣剂副作用安全防控技术研究与示范"（201303030）、国家重点研发计划项目"黄淮海南部小麦—玉米周年光热资源高效利用与水肥一体化均衡丰产增效关键技术研究与模式构建"课题4"小麦—玉米抗逆减灾和绿色防控技术体系构建"（2017YFD0301104）、国家小麦产业技术体系项目（CARS-03）、河南省小麦产业技术体系项目（S2010-01-G08）的联合资助，在此谨对为本书出版付出辛勤劳动的单位、专家及作者表示衷心的感谢！

　　在编写过程中，尽管编者力求体现当前小麦有害生物监测预警和绿色防控技术的新成果，但由于知识水平和经验有限，收集的资料尚有不足，缺点、错误在所难免，敬请读者批评指正。

编　者

2020 年 6 月

目　录

第一章 小麦生产及有害生物概况

第一节 小麦生产发展概况

小麦为禾本科小麦属作物，是世界上最古老的作物之一，具有很高的营养价值和经济价值，全世界有1/3以上的人口以小麦为主食，其与水稻、玉米、薯类被称为世界四大粮食作物。小麦作为人类赖以生存的重要食物来源，在全球粮食消费、库存、贸易中占有极其重要的地位，是最主要的战略储备品种。

一、世界小麦生产概况

小麦适应性强，广泛分布于世界各地，因其喜冷凉和湿润气候，主要分布在北纬 67°（挪威、芬兰）和南纬 45°（阿根廷）之间，尤以北半球最多。2017 年世界谷物种植面积为 $7.32 \times 10^8 hm^2$，其中小麦种植面积为 $2.19 \times 10^8 hm^2$，居世界谷物种植面积之首，占世界谷物种植面积的 29.87%，玉米和稻谷面积分别为 $1.97 \times 10^8 hm^2$ 和 $1.67 \times 10^8 hm^2$，位列第二和第三（图 1-1-1）；2017 年世界谷物总产量为 $29.80 \times 10^8 t$，其中小麦产量为 $7.72 \times 10^8 t$，位列世界谷物产量第二，占世界谷物产量的 25.90%，玉米和稻谷产量分别为 $11.35 \times 10^8 t$ 和 $7.70 \times 10^8 t$，位列第一和第三（图 1-1-2）。

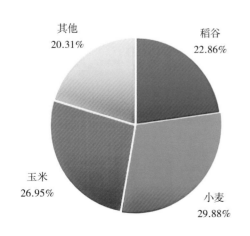

图 1-1-1 世界主要谷物面积占谷物总面积比例

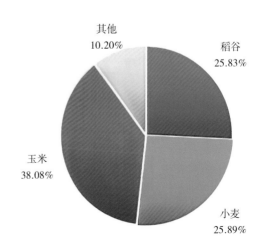

图 1-1-2 世界主要谷物产量占谷物总产量比例

据国家统计局最新数据显示，全世界有6个国家小麦种植面积超过 $0.1 \times 10^8 \, hm^2$，面积从大到小依次是印度（$0.31 \times 10^8 \, hm^2$）、俄罗斯（$0.28 \times 10^8 \, hm^2$）、中国（$0.25 \times 10^8 \, hm^2$）、美国（$0.15 \times 10^8 \, hm^2$）、澳大利亚（$0.12 \times 10^8 \, hm^2$）和哈萨克斯坦（$0.12 \times 10^8 \, hm^2$），其中中国小麦种植面积占世界小麦总面积的11.21%，位居第三（图1-1-3）；全世界有11个国家小麦产量超过 $2 \times 10^7 \, t$，产量从高到低依次是中国（$13.43 \times 10^7 \, t$）、印度（$9.85 \times 10^7 \, t$）、俄罗斯（$8.59 \times 10^7 \, t$）、美国（$4.73 \times 10^7 \, t$）、法国（$3.69 \times 10^7 \, t$）、澳大利亚（$3.18 \times 10^7 \, t$）、加拿大（$3.00 \times 10^7 \, t$）、巴基斯坦（$2.67 \times 10^7 \, t$）、乌克兰（$2.62 \times 10^7 \, t$）、德国（$2.45 \times 10^7 \, t$）和土耳其（$2.15 \times 10^7 \, t$），其中中国小麦产量占世界小麦总产的17.41%，位居第一（图1-1-4）；根据国家统计局对各国小麦总产及面积数据计算得出，世界小麦平均单产为235.41kg/亩，超过世界平均单产的国家有11个，从高到低依次是英国（551.97kg/亩）、德国（509.63kg/亩）、法国（450.47kg/亩）、埃及（436.90kg/亩）、捷克（378.00kg/亩）、中国（365.42kg/亩）、墨西哥（353.14kg/亩）、波兰（325.15kg/亩）、乌克兰（273.98kg/亩）、意大利（257.09kg/亩）和白俄罗斯（243.57kg/亩），中国位居第六（图1-1-5）。

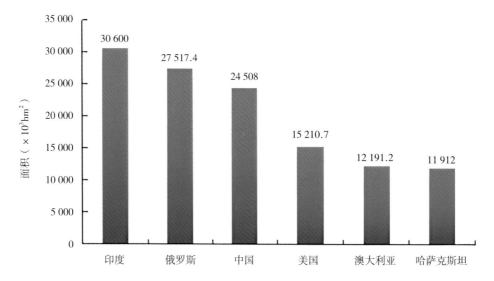

图1-1-3   2017年世界部分国家小麦种植面积排名

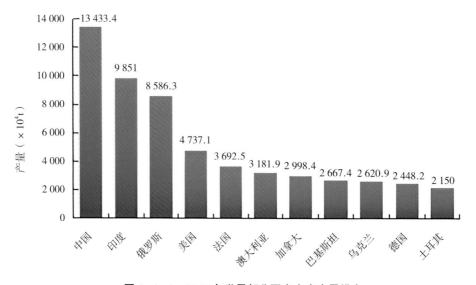

图1-1-4   2017年世界部分国家小麦产量排名

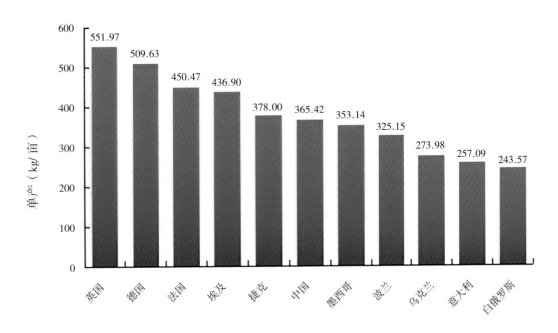

图 1-1-5　2017 年世界部分国家小麦单产排名

二、中国小麦生产概况

小麦在我国种植广泛，北起黑龙江，南至海南岛，东临三江汇合处，西到帕米尔高原，包括新疆北部、西藏南部、台湾北部均有小麦播种。按生态环境和种植特点，可以划分为以下 5 个麦区：一是黄淮及华北冬麦区，包括河南、山东、河北、北京、天津、陕西、山西、江苏北部和安徽北部；二是长江中下游冬麦区，包括湖北、浙江、江苏南部和安徽南部；三是西北冬春麦区，包括甘肃、青海、宁夏、新疆和内蒙古西部；四是东北春麦区，包括黑龙江、吉林、辽宁和内蒙古东部。五是西南冬麦区，包括四川、云南、贵州和重庆。

根据国家统计局 2017 年统计数据，全国小麦生产面积超过 $500 \times 10^3 hm^2$ 的省区共有 12 个，从高到低依次为河南、山东、安徽、江苏、河北、湖北、新疆、陕西、甘肃、内蒙古、四川和山西，这 12 个省区的小麦种植总面积占到了全国的 95% 以上，其中河南小麦种植面积为 $5\ 714.6 \times 10^3 hm^2$，占全国总种植面积的 23.32%，位居全国第一（图 1-1-6）；全国小麦产量超过 $150 \times 10^4 t$ 的省区共有 12 个，从高到低依次为河南、山东、安徽、河北、江苏、新疆、湖北、陕西、甘肃、四川、山西和内蒙古，这 12 个省区的小麦产量占到了全国的 97% 以上，其中河南产量为 $3\ 705.2 \times 10^4 t$，占全国总产量的 27.58%，位居全国第 1 位（图 1-1-7）；根据国家统计局各省小麦总产量及面积数据计算得出，全国小麦平均单产为 365.42kg/ 亩，超过平均单产的有 7 个省份或地区，从高到低依次为河南、河北、山东、安徽、天津、西藏和北京，其中河南平均单产为 432.25kg/ 亩，位居全国第一（图 1-1-8）。

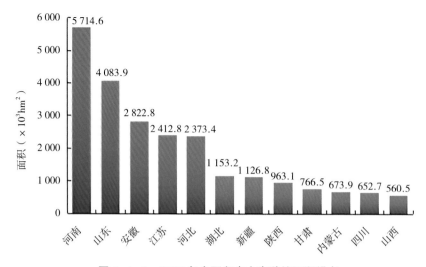

图 1-1-6   2017 年全国各省小麦种植面积排名

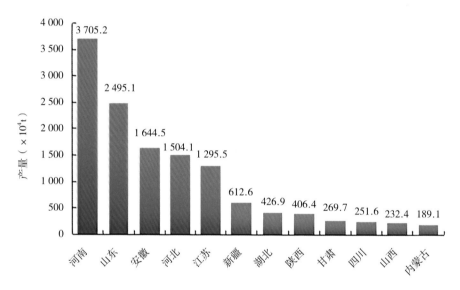

图 1-1-7   2017 年全国各省小麦产量排名

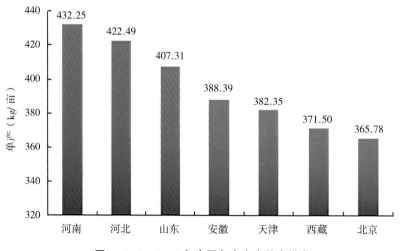

图 1-1-8   2017 年全国各省小麦单产排名

三、河南小麦生产概况

（一）河南小麦生产概况

河南地处中原，属于北亚热带向暖温带、平原向丘陵山区过渡的大陆性季风气候，全省年平均气温 12~16℃，无霜期 210~270d，降水量 500~1 300mm，光照充足，是我国小麦生产最适宜区域。全省气候、土壤条件均适宜中筋小麦生产，其中沙河以北地区还适宜强筋小麦生产，豫南沿淮地区适宜弱筋小麦生产。河南小麦栽培已有 3 000 多年的历史，通过长期的生产实践，河南人民创造和积累了丰富的栽培经验，生产栽培和育种技术在全国处于领先地位。河南小麦种植面积大、产量高，是全国小麦生产第一大省，素有"中原粮仓"之称，小麦常年种植面积在 8 200 万亩以上，产量在 350 × 10^8 kg 左右，面积和产量均占全国的 1/4 左右。2019 年，全省小麦面积 8 559.97 万亩，总产 374.18 × 10^8 kg，单产 437.1kg/ 亩，均居全国第一。河南生产的小麦不仅为河南 1 亿多人口提供了口粮，还为国家提供约 100 × 10^8 kg 的商品粮和加工品，为保障国家粮食安全，尤其是口粮安全，做出了特殊的贡献。由于生产条件适宜、栽培技术完善，河南小麦产量高、品相好、质量优，受到省内外加工企业的普遍欢迎。河南省不仅生产了全国 1/3 的方便面、7/10 的水饺、1/4 的馒头，还培育出双汇、三全、思念等一批国内外知名企业和知名品牌，正在实现由"大粮仓"到"大厨房"，再到"大餐桌"的蝶变。

（二）河南小麦生长发育特点

由于河南省在小麦种植期间，秋季气温适宜，光照充足，冬季气候温和，春季气温回升快，入夏温度较高等生态特点，形成河南省小麦生长"两长一短"的生育特点，即小麦全生育期长，幼穗分化期长，籽粒灌浆期短。

1. 全生育期长

在正常情况下，河南省小麦从播种到成熟一般为 230d，比北方春小麦长 80~90d，比南方冬小麦长 20~30d 到 70~80d 不等。河南小麦越冬期间平均气温多在 0℃以上，所以冬季也是处于"下长上稍长"的阶段。这时小麦虽然生长缓慢，但正好是蹲苗期，有助于养分的积累，使植株健壮，分蘖成穗率高。从 10 月至次年 5 月月平均气温最低在 0℃左右，最高在 21℃左右，气温振幅小。由于振幅小，气温旬、月际变化不大，所以小麦全生育期就长，能有充分时间完成各个发育阶段，这就为充分利用光能和高产稳产创造了有利条件。

2. 幼穗分化期长

河南省小麦幼穗分化开始早，延续时间长，从四叶期开始就进入茎生长锥伸长期。一般在 10 月 10 日左右播种，11 月上旬即可进入伸长期，到幼穗分化末期，一般经历 160~170d，共需积温 1 000℃左右，占小麦全生育期的 2/3 左右。幼穗分化时间长有利于促穗大粒多，能发挥大穗型品种的穗部潜力。一般认为增加穗粒数有两个途径：一个是靠增加小穗数来增加穗粒数，另一个是靠增加每个小穗的粒数来增加穗粒数。从河南省情况看，前一个途径更好，因为小穗数分化的多少主要决定于单棱期和二棱期，而这两个时期在河南来说时间最长，达 90d 左右，占穗分化总时间的 50% 以上。而小花分化发育时间是在拔节前后开始的，这时，温度上升很快，所以，植株生长量最大，生长迅速，营养生长与生殖生长并进，对外界环境要求有良好的光照、充足的肥水供应，而且表现比较敏感，稍有差异，就会引起小花大量退化，穗粒数锐减。

3. 籽粒灌浆期短

河南省小麦抽穗以后，气温急剧上升，而且比较干旱，到 5 月下旬，小麦正处于灌浆中后期，往往受到干热风的侵袭。据测定，小麦灌浆期遇到连续 3d 温度 30℃ 以上时，就会造成高温逼熟，引起粒重下降，影响产量。在一般情况下，河南省小麦从抽穗开花到成熟，也只有 40d 左右的时间，占总生育期的 18%~20%，所以，千粒重多数在 40~45g。

从河南省生态条件和小麦生长发育"两长一短""三段比"的特点来看，影响河南省小麦产量进一步提高的限制因素，主要是中后期生育期短，不利气象因素和病虫害较多，小麦反应比较敏感。在栽培管理上要重视中后期的管理，克服"前紧中松后不管"的倾向，要把握住小麦三段生育特点与生态条件的关系，努力做到"冬壮春稳夏不衰"的要求。培育壮苗，注意协调个体与群体的关系，改善光照条件，后期养根护叶不早衰，促进灌浆，提高粒重。

（三）河南小麦生产的阶段变化

1949 年以来，河南小麦平均每年增产 49.8×10^4t，年递增速度为 3.91%，在整个小麦生产发展过程中，大致分为 9 个比较明显的阶段（表 1-1-1、图 1-1-9、图 1-1-10、图 1-1-11）。

第一阶段（1949—1958 年）是新中国成立后生产恢复和稳定发展的时期。在此期间，总产由 253.9×10^4t 增加到 432.0×10^4t，净增 178.1×10^4t，年均增产 17.81×10^4t，平均年递增 10%。

第二阶段（1959—1961 年）是三年困难时期，也是小麦生产明显下降的时期。"大跃进""浮夸风"挫伤了农民生产积极性，加上连年特大旱灾，导致产量大幅度下降，总产由 397.0×10^4t 下降到 160.2×10^4t，平均每年减产 72.93×10^4t，比 1949 年小麦总产还低 93.7×10^4t。

第三阶段（1962—1970 年）是恢复时期，也是小麦生产稳定上升的时期。小麦单产由 573.0kg/hm² 上升到 1 227.0kg/hm²，总产由 220.7×10^4t 上升到 450.0×10^4t，年均增产 25.48×10^4t，年均递增速度为 11.1%。

第四阶段（1971—1978 年）是河南小麦生产和科学技术发展较快的时期，也是以高产栽培为中心，充分调动农民生产积极性，大力推广指标化栽培技术的阶段。小麦单产由 1 264.5kg/hm² 提高到 2 254.5kg/hm²，总产由 460.5×10^4t 提高到 868.0×10^4t，平均每年递增 12.5%。

第五阶段（1979—1984 年）是河南小麦生产历史上第一个增产最快的时期，这一时期推行了农村家庭联产承包责任制，极大地调动了农民的生产积极性，增加了投入，推广了与不同生态类型区相配套栽培技术规程。小麦单产从 2 491.5kg/hm² 提高到 3 709.5kg/hm²，总产由 969×10^4t 上升到 $1 653 \times 10^4$t，首次突破了 $1 500 \times 10^4$t 大关。与 1979 年相比，小麦每年平均增产 114×10^4t，年均递增速度为 16.7%。

第六阶段（1985—1992 年）是小麦生产徘徊时期。在这 8 年的时间里，小麦单产在 3 000~3 450kg/hm²、总产在（1 500~1 600）$\times 10^4$t 范围内徘徊。

第七阶段（1993—1999 年）是河南小麦生产历史上第二个增产最快的时期。在此时期，全省小麦播种面积大体稳定在 $4 800 \times 10^3$hm²，而单产和总产分别首次突破 4 500kg/hm² 和 $2 000 \times 10^4$t 大关。期间除 1994 年、1995 年因灾减产外，其他年份都是增产的。其中 1997 年和 1999 年两年增产最大，总产分别达到 $2 372.4 \times 10^4$t 和 $2 291.5 \times 10^4$t，单产分别达到 4 815kg/hm² 和 4 695kg/hm²，是 20 世纪 90 年代的最高产量。

第八阶段（2000—2008 年）是河南省小麦生产历史上第三个持续增产最快的时期。在此期间，小麦生产上有 3 个突破：一是小麦播种面积由 $4 922 \times 10^3$hm² 增加到 $5 156.1 \times 10^3$hm²；二是单产由 4 543.5kg/hm² 上升到 5 779.5kg/hm²；三是总产由 $2 236.0 \times 10^4$t 增加到 $2 980.8 \times 10^4$t，年均增产 82.75×10^4t。

表 1-1-1　1949—2019 年河南小麦有关数据一览表

年份	面积(千km²)	产量(万t)	单产(kg/亩)	年份	面积(千km²)	产量(万t)	单产(kg/亩)	年份	面积(千km²)	产量(万t)	单产(kg/亩)	年份	面积(千km²)	产量(万t)	单产(kg/亩)
1949	4 005.40	253.90	42.30	1967	3 792.70	408.50	71.80	1985	4 567.80	1 528.20	223.00	2003	4 804.67	2 292.50	318.10
1950	4 203.60	253.70	40.20	1968	3 727.30	425.00	76.00	1986	4 638.30	1 567.90	225.40	2004	4 856.00	2 480.90	340.60
1951	4 472.70	343.00	51.10	1969	3 727.30	393.00	70.30	1987	4 687.50	1 626.00	231.30	2005	4 963.00	2 578.00	346.00
1952	4 637.10	300.90	43.30	1970	3 669.30	450.00	81.80	1988	4 674.60	1 521.00	216.90	2006	5 006.70	2 823.00	375.90
1953	4 887.90	296.00	40.40	1971	3 639.90	460.50	84.30	1989	4 733.40	1 695.10	238.70	2007	5 058.70	2 943.00	381.10
1954	5 115.90	419.60	54.70	1972	3 664.60	556.00	101.10	1990	4 782.70	1 639.90	228.60	2008	5 156.10	2 980.00	385.30
1955	4 954.30	427.30	57.50	1973	3 671.70	615.50	111.80	1991	4 796.70	1 554.30	216.00	2009	5 263.30	3 056.00	387.10
1956	4 855.10	429.10	58.90	1974	3 705.00	640.50	115.20	1992	4 713.20	1 650.70	233.50	2010	5 364.56	3 121.00	387.85
1957	4 536.80	375.40	55.20	1975	3 862.90	713.00	123.10	1993	4 840.00	1 922.00	264.70	2011	5 430.11	3 144.90	386.11
1958	4 556.00	432.00	63.20	1976	3 841.50	797.00	138.29	1994	4 817.50	1 798.40	248.90	2012	5 468.80	3 223.10	392.90
1959	4 282.00	397.00	61.80	1977	3 756.70	635.50	112.80	1995	4 814.00	1 754.20	242.90	2013	5 517.97	3 226.40	394.63
1960	4 505.30	357.00	52.80	1978	3 849.70	868.00	150.30	1996	4 868.20	2 026.80	277.60	2014	5 581.24	3 385.20	404.35
1961	3 672.80	160.20	29.10	1979	3 888.20	969.00	166.10	1997	4 927.30	2 372.40	321.00	2015	5 623.13	3 526.90	418.14
1962	3 849.60	220.70	38.20	1980	3 926.90	890.50	151.20	1998	4 964.00	2 073.50	278.50	2016	5 704.91	3 618.60	422.86
1963	3 887.40	263.50	45.20	1981	3 989.70	1 083.50	181.10	1999	4 884.60	2 291.50	313.00	2017	5 714.65	3 705.20	432.25
1964	4 021.10	237.00	39.30	1982	4 119.90	1 220.00	197.40	2000	4 922.33	2 236.00	302.90	2018	5 739.87	3 602.90	418.46
1965	3 815.30	357.00	62.40	1983	4 319.10	1 455.50	224.70	2001	4 801.60	2 299.70	319.30	2019	5 706.65	3 741.80	437.13
1966	3 792.70	408.50	71.80	1984	4 456.30	1 653.00	247.30	2002	4 855.73	2 248.40	308.60				

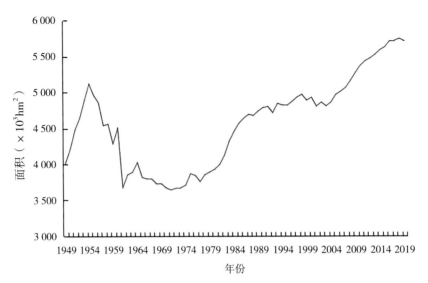

图 1-1-9　1949—2019 年河南小麦种植面积变化情况

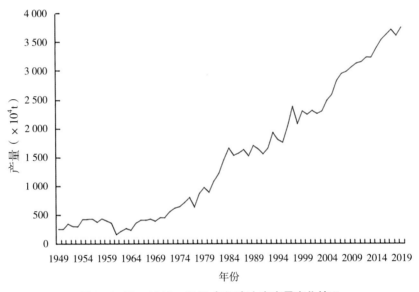

图 1-1-10　1949—2019 年河南小麦产量变化情况

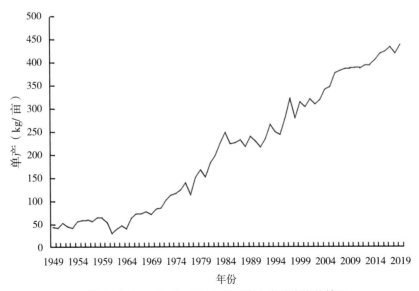

图 1-1-11　1949—2019 年河南小麦单产变化情况

第九阶段（2009—2019 年）为河南小麦生产上第四个快速增产期，发展方向也逐步由追求高产向高质量发展转变。小麦单产由 5 800.38kg/hm² 提高到 6 556.95kg/hm²，总产由 3 056 × 10⁴t 上升到 3 741.8 × 10⁴t，年平均递增 9.09%。

第二节　河南省小麦有害生物发生演变规律

由于气候生态条件的变化、耕作制度的改革、作物布局的调整、小麦品种的更换、生产水平的提高及化肥农药的不合理使用等因素的综合影响，使农业生态系统发生了很大变化，导致小麦有害生物的发生与为害出现一系列重大变化。小麦有害生物总的变化趋势是有害生物种类增加，发生面积扩大，为害程度加重，防治不好的麦田往往造成较大的产量损失和品质下降，甚至造成绝收，有害生物已经成为影响小麦绿色高质高效的重要因素之一。

通过多年系统调查及试验研究，结合 30 多年全国植保统计资料、小麦有害生物发生实况及气象条件变化等进行综合分析，基本弄清了河南省小麦有害生物的发生演变规律，明确了生产上的主要防控对象及未来的有害生物发展趋势。具体表现为以下几个特点。

一、有害生物种类多、新病虫草害不断出现

河南省位于我国亚热带向暖温带过渡区，平原面积占 60% 以上，光、温、水、土等自然资源条件为小麦生长发育提供了良好的生态环境，得天独厚的自然条件，不仅利于小麦生长发育，也有利于有害生物的发生为害。据调查，河南省小麦病虫草鼠害有 310 多种，以条锈病、赤霉病、纹枯病、叶锈病、白粉病、蚜虫、麦蜘蛛、地下害虫、吸浆虫等"五病四虫"发生为害较重，是小麦生产上的主要防控对象。随着生态环境条件变化、耕作制度的改变及生产水平的提高，新病虫草害不断出现，近年来小麦茎基腐病、全蚀病、黄花叶病、孢囊线虫病、节节麦等在部分地区发生为害逐渐加重，已经成为局部地区的主要病虫草害。

1. 黄花叶病

黄花叶病又叫土传花叶病，是由土壤中的禾谷多黏菌体内携带的黄花叶病毒引起的病害。20 世纪 60 年代初期引进阿夫小麦以来，在河南省信阳地区就有零星发生，后来随着阿夫、7023 等高感小麦品种的大面积推广和连年种植，黄花叶病发生为害加重，1984 年发生面积达到 50 多万亩，除信阳以外，驻马店、南阳、平顶山的部分县也有发生；随着高感品种的淘汰，1990 年后该病发生面积明显减少，为害减轻。2008 年以后，随着小麦品种的更换及生态环境条件的变化，黄花叶病在信阳、驻马店、南阳、平顶山等老病区仍然比较严重，周口、漯河、许昌、商丘、洛阳成为新病区，发生范围不断向北扩展蔓延，2010 年河南省发生面积 32.3 万亩，2012 年发生面积达 241.7 万亩。从病区引种（种子携带微量病土或小麦病根）是病害远距离传播的主要途径，农机跨区作业或跨病区灌溉等是病害近距离传播主要途径。近年来，随着新麦 208、郑麦 366、郑麦 7698、衡观 35、泛麦 5 号、豫麦 416 等一批抗病品种的推广应用，黄花叶病的发生为害有所减轻，但是发生范围一直在扩大，应当引起重视。

2. 全蚀病

小麦全蚀病属于全国检疫对象，1992 年在河南省原阳县官场乡首次发现，随着小麦种子调运及收割机

械传播，1999 年在河南省 8 个地（市）、33 个县发现全蚀病，发生面积 9 万多亩；2004 年在全省 67 个县（市、区）发生 52.6 万亩；2012 年全省发生最重，在 17 个省辖市、102 个县发生，发生面积达 544.6 万亩，损失小麦 6.5×10^4 t。为了加强检疫防控，尽快扑灭疫情，1998 年将其列为河南省补充检疫对象，采取严格检疫申报制度，禁止在疫区繁育小麦种子，小麦繁殖材料必须使用高效药剂进行除害处理，加强种子繁育基地的产地检疫，发现疫情立即组织封锁消灭，检疫合格的麦种外包装上粘贴检疫证明编号，河南省财政连续多年安排专项资金支持全蚀病防控等措施，经过多年持续开展检疫除害处理，全蚀病快速蔓延的势头得到遏制。2016 年河南省小麦全蚀病发生面积下降到 298.2 万亩，2019 年发生面积 67.5 万亩，发生范围明显缩小，为害程度显著减轻，仅在新乡、焦作、开封、郑州、驻马店、周口、许昌部分县发病较重。

3. 小麦茎基腐病

小麦茎基腐病是一种典型的土传病害，2011 年在河南省沁阳市首次发现，由于主导小麦品种多为感病品种，携带病原菌的农作物秸秆未经充分腐熟直接还田，麦田长期偏施氮肥以及部分麦田土壤缺锌，导致小麦茎基腐病发生为害呈逐渐加重趋势。2015 年河南省小麦茎基腐病、根腐病混合发生 258 万亩，损失小麦 1.4×10^4 t；2019 年小麦茎基腐病发生面积 722 万亩，损失小麦 4.6×10^4 t，发生为害明显加重，以豫北、豫东麦区发病较重。地势低洼、排水不良、田间湿度大和土壤偏黏、播期偏早的麦田有利于茎基腐病的发生为害。发生茎基腐病的麦田一般减产 5%~10%，发病严重的麦田减产达 50% 以上，甚至绝收。由于引起茎基腐病的病原菌和小麦赤霉病病原菌具有同源性，并且能侵染玉米，应当引起高度重视。

4. 包囊线虫病

小麦孢囊线虫病在全省 17 个省辖市、80 多个县发生，2012 年发生面积 245 万亩，造成小麦损失 9 225 t，部分发病重的地块减产 30% 以上。

5. 节节麦

节节麦成为麦田优势种杂草，2000 年以前河南省无节节麦发生报道，2010 年仅在新乡、焦作、安阳、濮阳等地发生，由于连年从豫北大量调运麦种，节节麦逐渐由北向南扩展至郑州、开封、商丘、周口、漯河、许昌、洛阳等地，2015 年，河南省除了稻麦轮作麦田外，几乎所有地区节节麦均成为麦田主要杂草，由于节节麦繁殖能力强，苗期不易与小麦区分，且缺乏高效、安全的防治药剂，节节麦未来十年将成为河南省麦田主要杂草。

6. 其他

麦茎叶甲、根土蝽、麦沟牙甲在豫西海拔 300 m 以上峡谷地带发生为害加重；2011 年在安阳县发现苹毛丽金龟、条赤须盲蝽为害小麦，局部麦田为害严重；2018 年以来在濮阳市、安阳市殷都区、长葛市部分麦田发现瓦矛夜蛾为害小麦。

二、病虫害发生面积扩大、为害损失加重

由于受全球气候变化、耕作制度改变、作物品种更换、轻型农业栽培措施实施和生产水平的提高，小麦病虫草害发生为害呈加重趋势。河南省 1987 年开始农业有害生物专业统计，1987 年全省小麦病虫害发生面积为 1.05 亿亩次、防治面积 0.61 亿亩次、挽回损失 8.13×10^8 kg、实际损失 13.01×10^8 kg，2009—2018 年平均发生面积为 2.47 亿亩次、防治面积 3.34 亿亩次、挽回损失 47.70×10^8 kg、实际损失 11.56×10^8 kg，分别增加了 1.35 倍、4.47 倍、4.87 倍，以及实际损失减少了 11%（图 1-2-1、图 1-2-2、图 1-2-3）。病虫害发生面积增加，为害损失加重，防治不好的麦田往往造成较大的产量损失，小麦品

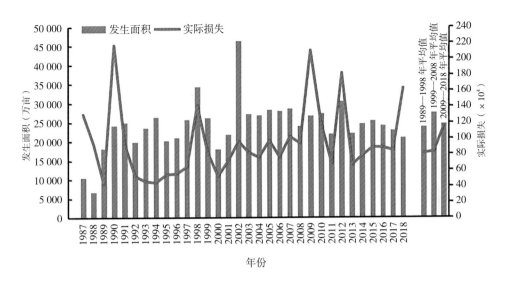

图 1-2-1　1987—2018 年河南省小麦病虫害发生面积和产量实际损失情况

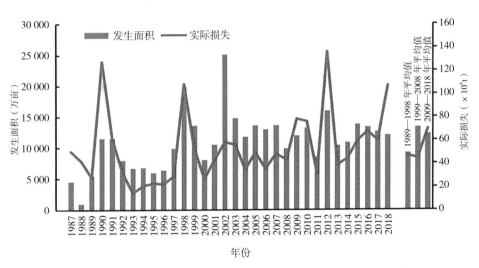

图 1-2-2　1987—2018 年河南省小麦病害发生面积和产量实际损失情况

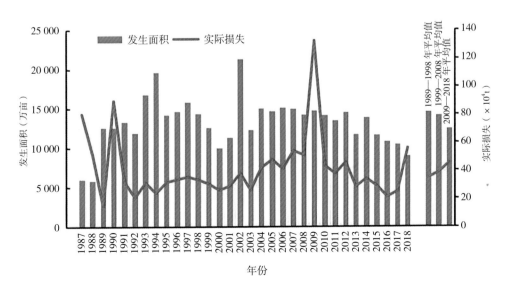

图 1-2-3　1987—2018 年河南省小麦虫害发生面积和产量实际损失情况

质严重下降，病虫害是影响小麦高产优质高效的重要因素。

三、次要病虫上升为主要病虫

1. 纹枯病

20 世纪 70 年代以前，小麦纹枯病仅在高产灌区零星发生，自 70 年代中后期开始，随着高产矮秆、密植品种的大面积推广和肥水条件的改善，该病在各冬麦区普遍发生，发生面积及为害程度逐渐加重。1985 年以后在沿河低洼潮湿地区、高产灌区和群体大的麦田成为常发性病害，常年发生面积不足 1 000 万亩，病株率一般为 15%~30%，白穗率 0.5%~1.0%。随着生产水平的提高、小麦连作及秸秆还田工作的持续开展，纹枯病发生为害加重，近 10 年平均发生面积上升到 4 211 万亩，通过防治挽回损失 72.6×10^4 t，实际损失小麦 17.5×10^4 t，成为河南省小麦生产上发生面积最大的病害。

2. 赤霉病

20 世纪 70 年代以前仅在信阳、南阳等地区部分年份零星发生，80 年代以后发生流行频率加大，发生面积在 700 万亩以下，其中 1985 年大流行，发生面积 4 832.2 万亩，损失小麦 88.5×10^4 t。1987—1999 年发生面积在 1 000 万亩以上的流行年份 3 年，流行频率达 23.1%，其中 1998 年发生面积 3 118.6 万亩，损失小麦 15.4×10^4 t。进入 21 世纪以来，赤霉病成为河南省常发性病害，2000—2019 年，发生面积在 1 000 万亩以上的流行年份 12 年，流行频率达 60.0%，其中 2012 年发生面积 5 115.2 万亩，损失小麦 94.8×10^4 t，是河南省历史上赤霉病发生最严重的年份。受到全球气候变暖、主推抗病品种抗性差、田间菌源量大及药剂防治窗口期短等因素影响，赤霉病在未来 10 年的发生为害将呈加重趋势。

3. 叶锈病

20 世纪 90 年代末以前仅在局部地区发生，发生面积在 800 万亩以下，1989—1999 年，发生面积在 1 000 万亩以上的流行年份 2 年，流行频率达 18.2%，其中 1998 年大流行，发生面积 3 440.1 万亩，损失小麦 19.5×10^4 t；进入 21 世纪后，小麦叶锈病发生范围扩大，为害程度加重，流行频率加大，2000—2019 年，发生面积在 1 000 万亩以上的流行年份 13 年，流行频率达 65.0%，其中 2015 年大流行，发生面积 2 470.0 万亩，损失小麦 13.5×10^4 t。叶锈病已经成为河南省小麦生产上的主要病害。

4. 蛴螬

以华北大黑鳃金龟、暗黑鳃金龟、铜绿丽金龟为优势种，20 世纪 70 年代初期，蛴螬占地下害虫总数的 30% 左右，发生面积为 1 000 万~1 500 万亩；70 年代后期蛴螬种群数量明显上升，到 90 年代初期蛴螬占地下害虫总数的 70% 左右，发生面积 3 000 万亩左右；通过连年的土壤处理、药剂拌种和成虫诱杀等防治措施，蛴螬发生为害严重的势头得到遏制，2010 年以后发生为害呈下降趋势，但是蛴螬仍然是优势种，种群数量一直占地下害虫总数的 65% 以上。

四、一些病虫由局部发生到全面为害

1. 白粉病

20 世纪 70 年代仅在部分高产田块及沿河低洼潮湿麦田发生，发生面积 500 万亩以下，80 年代初期发生面积上升到 1 000 万亩左右，1987 年发生面积 1 575.7 万亩，开始在全省普遍发生为害，1990 年发生面积达到 4 299.9 万亩，2002 年发生面积达到 5 291.4 万亩。目前，白粉病已经成为河南省小麦生产上的主要病害，近 10 年发生面积均值为 1 857.4 万亩，损失小麦 6.1×10^4 t。其中 2015 年发生面积 2 634.0 万亩，

损失小麦 $7.9 \times 10^4 t$。

2. 蚜虫

1986 年以前发生面积不足 1 500 万亩，部分水浇地、高产麦区受害较重。1986 年以后，发生面积达到 2 000 万亩以上，1991 年发生面积达到 4 012.3 万亩，1993 年发生面积达到 6 244.3 万亩，其后发生面积均在 4 000 万亩以上。2004 年以后发生面积均在 5 000 万亩以上，近 10 年来发生面积均值为 5 708.2 万亩、平均损失小麦 $25.4 \times 10^4 t$，蚜虫成为河南省小麦生产上第一大害虫。

3. 麦蜘蛛

20 世纪 70 年代仅在豫东、豫西点片发生，发生面积 500 万亩以下；80 年代初期开始在上述地区严重发生，发生面积快速上升到 1 500 万亩；其后发生为害范围遍布全省，为害损失明显加重，1988 年发生面积达到 2 435.6 万亩、实际损失小麦 $20.1 \times 10^4 t$；1994 年发生面积达 4 443.8 万亩，1997 年发生面积达 5 098.7 万亩，2002 年发生面积为 5 492.7 万亩。近 10 年发生面积均值为 2 806.6 万亩，平均损失小麦 $7.5 \times 10^4 t$，麦蜘蛛已经成为河南省小麦生产上的主要害虫。秋冬季气温高，导致麦蜘蛛越冬基数大，春季气温偏高，有利于麦蜘蛛发生与为害。

五、已经得到控制的病虫呈回升趋势

1. 条锈病

1950—1964 年的 15 年中，小麦条锈病在河南省流行 8 次，流行频率 53.3%；通过更换抗病品种，加强防控，条锈病基本得到了控制，1965—1979 年，流行 2 次，流行频率 13.3%；1980 年后随着分田到户，土地分散经营，防控力度下降，条锈病的流行频率又开始回升，1980—1994 年的 15 年中，流行 4 次，流行频率 26.7%，特别是 1990 年发生面积 3 120.5 万亩，损失小麦 $55.0 \times 10^4 t$；1995—2009 年的 15 年中，流行 6 次，流行频率 40.0%；2010 年以后随着抗病品种的推广应用、西北源头区全面治理及防控力度的加强，条锈病流行的势头得到了遏制，2010—2019 年，流行 2 次，流行频率 20.0%，2017 年发生面积 2 210.0 万亩，损失小麦 $18.2 \times 10^4 t$。

2. 金针虫

20 世纪 50—60 年代金针虫占地下害虫总数的 20% 左右，经过大面积土壤处理，虫口密度下降。由于六六六、滴滴涕等高毒杀虫剂的禁用，1983 年后逐年回升，造成不同程度的缺苗断垄和枯心苗，1990 年占地下害虫总数的 32.2%，其后一直稳定在 25% 以上，近 10 年种群数量占地下害虫总数均值为 31.5%，常年发生面积 1 010.4 万亩，豫中南地区金针虫的密度相对较大、为害较重。

六、部分病虫基本得到控制

1. 小麦黄矮病、丛矮病

20 世纪 70 年代末至 80 年代初，该类病毒病曾是麦棉套种地区小麦生产上的主要病害之一，全省发生面积最高达 379.5 万亩；随着有机磷杀虫剂拌种技术的推广应用，蚜虫、灰飞虱等传毒介体得到了有效防治，该类病毒病在 90 年代基本得到控制，随着棉花面积的减少，2000 年该类病害发生面积下降到 50 万亩以下。2010 年以后，棉花基本不成面积，全面推行了小麦种子处理技术，丛矮病得到了根治，全省发生面积仅 1 万亩左右；黄矮病仅为零星发生，发生面积不足 10 万亩。

2. 黑穗病

小麦黑穗病包括散黑穗病、腥黑穗病和秆黑粉病，在20世纪50年代是河南省小麦生产上的主要病害，50年代后期发生面积曾达4 000多万亩，其中主要是秆黑粉病；60—70年代广泛开展药剂拌种防治，70年代发生面积逐渐下降，常年发生面积仅50万亩左右；随着土地分散经营，防控力度下降，1984年后发生面积持续回升，1989年发生面积794.6万亩；90年代以后，通过推广内吸性杀菌剂处理小麦种子，减少自留种子，杜绝白籽下地等措施，黑穗病逐步得到了控制，1997年以后发生面积下降到200万亩以下，2002—2007年又出现反弹；近10年发生面积均值下降到100万亩以下，仅在豫南部分地区及豫西、豫北丘陵山区发生，以秆黑粉病为主。

3. 黏虫

20世纪70年代至1980年发生面积1 000万亩左右，是小麦生产上的主要害虫之一，由于生态环境条件的改变及不同生态类型区的协同防控，1981年以后，发生面积及为害程度明显下降，仅1984年、1991年、1994年发生面积超过1 000万亩，其他年份发生面积都在500万亩以下；2000年以后，由于迁入虫量下降和小麦生长后期"一喷三防"工作的全面开展，一代黏虫的发生面积进一步下降，2008年以后面积下降到200万亩以下，近10年发生面积均值为93.2万亩，为害损失明显减轻，仅豫西丘陵地区发生较重。

4. 吸浆虫

在20世纪50年代曾是河南省小麦的主要害虫，经过近20年的持续防治，已基本得到控制，1963—1982年平均年发生面积仅100万亩左右；随着"六六六"等高毒杀虫剂禁用及土地分散经营导致土壤处理面积急剧减少，1983年以后虫口密度迅速回升，1986年发生面积达623.7万亩，1989年达1 042.3万亩，1994年发生面积达到2 678.2万亩，分布在16个地市、88个县（市、区），有虫面积5 000万亩以上；随着"林丹"（现已禁用）杀虫剂处理土壤的推广应用、小麦后期"一喷三防"技术大面积应用及气候变暖导致吸浆虫成虫出土盛期提前等因素的综合影响，2003年以后吸浆虫发生为害上升的势头得到了遏制，发生面积和为害损失呈下降趋势；经过大规模持续防控，2011年以后发生面积下降到1 000万亩以下，2015年以后发生面积下降到500万亩以下，近10年来平均发生面积487.9万亩，2019年全省发生面积229.4万亩，发生范围明显缩小，为害程度显著减轻，仅在南阳、洛阳、濮阳、鹤壁、安阳等部分地区发生较重，呈现出向河南东北部转移的趋势。

七、麦田杂草发生为害加重，杂草优势种群发生变化

1989年河南省开始统计麦田杂草的发生及为害，随着小麦生产水平的提高及人工除草面积的减少，河南省麦田杂草的发生面积由1989年的2 894.7万亩上升到近10年均值5 186.9万亩，防治杂草挽回的损失由1989年的7.3×10^4t增加到近10年均值103.4×10^4t，杂草造成的实际损失由1989年的11.3×10^4t增加到近10年均值15.3×10^4t。由于长期使用苯磺隆进行麦田除草，猪殃殃、荠菜、播娘蒿、麦家公等杂草对苯磺隆等磺酰脲类除草剂产生了抗药性，猪殃殃、泽漆、婆婆纳、小蓟等杂草种群密度呈上升趋势。长期使用精噁唑禾草灵除草的麦田，野燕麦、看麦娘、菵草等杂草抗药性增强。野燕麦、看麦娘在豫南麦区发生严重，看麦娘、日本看麦娘、菵草、牛繁缕、野老鹳草等在信阳稻麦轮作区发生严重，播娘蒿、猪殃殃、荠菜、泽漆、野燕麦、节节麦在豫北和豫中东麦区发生严重，节节麦、播娘蒿、麦家公等在豫西和豫北丘陵旱地麦区为害严重，硬草、耿氏硬草、猪殃殃等在沿黄稻茬麦区为害较重，节节麦的

发生为害在全省逐渐加重；伴生麦在河南省很多地方暴发成灾，麦田形成"双层楼"现象，因其可在田间自然越夏，成为名副其实的"杂草麦"。

第三节 小麦有害生物防治方法的演变

中国是一个栽培小麦历史悠久的国家，有着与小麦有害生物做斗争的长期历史，并且积累了极其丰富的斗争经验，随着时代的发展和科学技术进步，小麦有害生物的研究与防治方法也发生了很大变化。我国小麦有害生物防治与研究的历史大致可分为古代、近代和现代3个阶段。

一、古代的防治与研究工作

我国栽培小麦已有3200多年历史，在从事小麦栽培的同时，也开始了对小麦病、虫、草、鼠害的防治与研究。

（一）小麦有害生物发生与防治记载

公元前707年，我国就有蝗虫为害的记载（《春秋》）；公元前50年就有黏虫为害的记载（《氾胜之书》）；小麦吸浆虫成灾的记载是1839年（《吴县县志》）。

1596年李时珍编写的《本草纲目》记述了1 892种药品，其中的砒石、雄黄、石灰、苦参、狼毒等是用来防治害虫的，并记载了小麦类黑穗病（麦奴）（《本草纲目》）。

我国劳动人民对麦田杂草的防除历史可能很早，《氾胜之书》中就详细记载了公元前60年对麦田中耕除草的原理和作用。魏晋南北朝时，对中耕除草与小麦高产优质的关系已有一定认识。如《齐民要术·大小麦第十》（公元528—549）记录："锄，麦倍收，皮薄面多"。

我国古代人民对麦田鼠害的防治也开始得很早，在公元前11—7世纪出版的《诗经》中已有关于鼠害的记载，以后唐、宋、元、明、清各代均有关于害鼠严重为害小麦的记载。

我国古代人民不仅深刻了解麦田病、虫、草、鼠害的为害的严重性和防治的必要性，同时，对这些有害生物的发生规律还做了大量的观察研究，摸索出许多行之有效的防治方法。

在小麦病虫害方面，以对蝗虫的防治研究最早，也最详尽。据陈家祥、吕国强统计，从公元前707年至1949年的2 656年间，曾有810年发生蝗灾（吕国强，2014）。前人对蝗虫的为害性、生活史、习性、发生与气候的关系、滋生地、天敌和防治方法等均有系统研究，提出了很多防治方法。汉光武帝（公元29年）公布了我国也是世界上第一道治虫法规（《汉书》）。并且自唐代开始还专门设置"捕蝗史"。此外还编写了许多著作和宣传品。除蝗虫外，我国古代对黏虫、地下害虫、麦类黑穗病（麦奴）、小麦锈病（黄疸）也研究得较早较多。在对小麦病虫害的发生规律研究方面，以对气候条件，地形地势和耕作栽培条件等因素与病虫害发生关系研究的最多。如"骤盈骤涸之处……谓之涸泽，蝗则生之"（徐光启《农政全书》）。"仲冬行春令，则蝗虫为败"（《礼记·月令》）。"北地值田禾茂盛之时，或遇大雾或阴晴不时，则生青虫"（陈崇砥《治蝗书》）。"春多雨，麦脚着土而黄，名'黄疸瘟'，最忌"（《齐民四术》）。"布种必先识时，得时则禾益，失时则禾损。"（杨屾《知本提纲·农则》）。

（二）防治方法

关于我国古代人民对小麦病虫害的防治方法可简要概述如下。

1. 指导思想

主要有以下几点：① 人定胜天；② 防重于治，多途径防治，防、治结合，治、用结合，消灭滋生地；③ 因地制宜，抓住有利时机和依靠群众。

2. 病虫害防治措施

人工防治：如篝火诱杀、开沟陷杀、人工捕捉、掘卵等。

农业防治法：如选种［种先漂去秕谷，秕则多变胡麦（黑穗麦）］、轮作、翻耕、生防（用鸭治蝗）、改善生态环境、消灭滋生地、适时播种（"种麦得时则无虫""宿麦早种则虫"，《齐民要术》）、注意收获物的处理（"藏宿麦之种，烈日干燥，投之燥器，则虫不生"，王充《论衡》）。

化学防治法：如用砒霜拌种或制成毒饵，拌小麦，杀地下害虫（宋应星《天工开物》；蒲松龄《农桑经》）；用苍耳治麦蛾（俞贞木《种树书》）。

机械防治法：如用粘虫车捕杀黏虫（陈崇砥《治蝗书》）。

3. 杂草防除措施

我国古代人民在麦田杂草的防除方面也做过大量工作，积累了丰富经验。概括起来有以下几点。① 正确认识农田杂草，注意防治利用结合；② 注意预防，把杂草控制在萌芽阶段；③ 除草与中耕相结合；④ 运用多种措施除草，如土地撩荒；中耕除草，锄早、锄小、锄了，选种抑草，深翻抑草，选种浮秕（"种小麦，须拣去雀麦草子，簸其秕粒"，徐光启《农政全书》），轮作抑草。

4. 鼠害防治措施

我国古代人民对麦田鼠害的防治研究也开始得很早，1 000多年前对害鼠的为害习性、种类等已有观察研究（《诗经·魏风·硕鼠》；《尔雅·释兽》；《本草纲目》），并且也摸索出许多灭鼠经验，如以水灌穴（《本草纲目》）、利用猫食田鼠（《礼记·郊特性》）、用红白砒拌种驱鼠（《天工开物》）、用钩竿钩鼠（《农言著实》）。

二、近代的防治与研究工作

19世纪中期以后，我国小麦病虫草鼠害的防治研究工作进入了一个新时期。这一时期的特点是，在古代防治经验基础上，以近代植物保护科学为指导，开始了试验研究，并以试验研究所取得的结果为依据，开展防治和进一步研究工作。我国这一时期在小麦有害生物方面的防治研究工作可分新中国成立前后两个阶段加以介绍。

（一）新中国成立之前

1867年在《格致汇编》上发表了《说虫》和《虫学略论》译文，开始向我国介绍国外昆虫学知识；1897年至1911年上海《农学报》对国外昆虫学知识和防治研究情况做了系统介绍。以后近代植物病理学和其他有关知识也陆续传入我国。1913年成立中央农事试验场病虫害科，开始建立研究机构，1922年和1924年江苏和浙江分别成立了昆虫局，1933年成立中央农业实验所病虫害系，1935年成立全国稻麦改进所，同一时期在江西、广东、河北等省也相继建立了防治研究机构。

1918 年南京高等师范学校农科成立，设病虫害系，开始培养我国的植保科技人才。

以上这些活动，从思想上、理论上和组织上为我国小麦有害生物防治研究工作的开展奠定了基础。我国小麦有害生物的防治研究工作从 20 世纪 20—30 年代正式开始了。

1. 小麦虫害

1913 年中央农事试验场病虫害科成立后，1914 年考察了长江南北蝗灾区，1914 年刊印《治蝗辑要》，同年协助山东招远县调查了小麦病虫，1917 年又考察了皖北蝗灾并提出了防治建议，为我国正式开展小麦害虫的防治研究工作打下基础。

在这一时期，我国在小麦病虫害方面，以对蝗虫的防治研究最多。1928 年江苏率先对蝗虫进行系统研究。1933 年中央农业实验所病虫害系与中山大学农学院合作研究了中国的蝗虫分布与气候地理关系及发生环境。1934 年召开了 7 省市治蝗会议，讨论了我国治蝗防治对策；1936 年由中央农业实验所主持举办了全国治虫讲习会，训练了技术推广人员。1943—1945 年我国对蝗虫的防治研究因日本帝国主义侵略被迫暂时中断，1945 年抗战胜利后，又以中央农业实验所为主在江苏、安徽、河南、北京、新疆等地组织防治和研究。

这一时期，在蝗虫防治研究方面的重要贡献之一，是根据我国飞蝗的分布划分为适生区、偶灾区和不活跃区 3 个区，并且阐述了我国飞蝗的南北分布和在地区上和气候上的限制因素。这一研究结果为我国治蝗决策提供了一个重要科学依据。

这一时期，在小麦害虫方面研究较多的还有黏虫（1931 年发表《行军虫之生活史与防治法》）、蛴螬、蝼蛄（中山大学）、地老虎（四川大学）、麦叶蜂（北平研究院）、麦蚜（福建）。

此外，对我国的害虫情况进行了初步调查，1923 年查良镕发表了《小麦之疫病及害虫》，1936 年蔡邦华发表了《我国最近引起之麦类新害麦秆蝇与吸浆虫》，首次报道我国北部诸省麦秆蝇的为害，在江苏发现有黄吸浆虫。同时，研制成功我国第一架万能喷雾器（浙江，1931）和自动计时诱蛾灯（燕大生物系，1932），并且开始研制杀虫剂。

2. 小麦病害

我国对小麦病害的防治研究也是从 20 年代、30 年代开始的。除了对一些地区的小麦病害种类和发生为害情况进行了调查外（戴芳澜，1927，《江苏麦类病害》）；吴友三（1936，1938，1938）的《小麦病害调查报告一、二、三》；朱凤美、朱恒纪（1944）的《贵州省境之麦病及其防治》；夏禹甸（1943）的《滇省麦病调查及防治经过》等，主要围绕小麦线虫病、麦类黑穗病和小麦锈病等重要病害问题开展了防治研究，并取得以下结果。

一是通过广泛调查明确了我国小麦线虫病的分布，为害损失情况，提出了防治方法，特别是研制成功用线虫汰除机，防治线虫病，效果好，方法简便易于推广（朱凤美）。

二是查明我国麦类黑穗病的分布、为害，提出了综合防治方法，并且研究成功用硫黄代替饮用酒，处理麦种方法（朱凤美）。

三是研究了成都平原地区小麦条锈病的发生流行规律，证明小麦条锈菌不能以夏孢子世代在成都平原地区越夏（凌立，1942）；并对我国小麦秆锈菌（涂治，1934；尹莘芸，1947）、条锈菌（方中达，1944）和叶锈菌（王焕如，1942）的生理小种和秆锈菌转主寄主的作用（凌立，1945）进行了初步研究。

此外对小麦线虫病与密穗病的关系（周家炽，1945）和小麦枯叶病（俞大绂，1935）也做了研究。

3. 麦田草、鼠害

这一时期，我国用近代科学方法研究麦田草鼠害的防治尚未真正开始。一些植物学家对部分地区如渭河流域的杂草做了初步调查（孔宪武，1938），为以后的研究积累了资料。关于麦田鼠害这一时期尚未有人专门研究。

（二）新中国成立以后

1949 年新中国成立以后，在党中央、国务院和各级党委政府的领导和支持下，通过广大植保工作者与农民群众共同努力，实行教学、科研与技术推广相结合，我国小麦有害生物的防治和研究工作得到了迅速发展，取得了很大成绩。

全国各地开展了小麦有害生物的调查，比较全面地掌握了我国小麦有害生物的种类、分布及其发生为害情况，为确定检疫、测报和防治对象提供了可靠的科学依据。

针对小麦生产上重要的有害生物，从发生规律、品种抗性及其防治等方面开展了系统研究，撰写了大量研究论文、报告和专著以及宣传资料，结合各地生产实际广泛开展了防治，在生产上发挥了很大作用。

1. 蝗虫防治

几千年来未能解决的蝗灾，通过采取改、治并举策略，20 世纪 80 年代中期以前，我国绝大部分地区的飞蝗为害得到了控制；对为害麦苗的土蝗种类及其发生为害规律也进行了深入研究，提出了配套的毒饵治蝗保苗技术。

2. 小麦吸浆虫防治

小麦吸浆虫在 20 世纪 50 年代初曾是我国冬麦区的重要害虫，在黄河、淮河及长江流域的 10 余省严重发生，小麦减产 50×10^4 t 以上。由于推广应用南大 2419、西农 6028 等抗虫品种及其他农业、化学等防治措施，在 80 年代以前一直得到控制。80 年代中后期，由于"六六六"等高毒杀虫剂禁用及土地分散经营导致土壤处理面积急剧减少，吸浆虫发生为害出现回升趋势，1994 年全国发生面积 4 156.2 万亩，随着"林丹"杀虫剂处理土壤及成虫期防治工作的开展，2010 年以后发生面积迅速下降，目前已经得到有效控制。

3. 黏虫防治

黏虫是小麦主要害虫之一，20 世纪 50 年代以来，对其发生为害规律和防治技术进行了深入研究，摸清了其越冬迁飞规律及虫源性质，开展了"异地"测报技术，实行了"联防联控"，应用灭幼脲防治黏虫效果显著，且不杀伤天敌，基本控制了为害。

4. 小麦锈病防治

小麦条锈病和秆锈病一直是我国小麦生产上的突出问题，由于掌握了该病的流行规律，贯彻了"以品种为主，药剂、栽培为辅"的防治策略，也取得了很大成就；1956 年以来，小麦秆锈病基本上得到了控制；1965 年以来，小麦条锈病在华北和关中麦区大流行的频率明显降低，仅 1990 年、2002 年、2017 年发生为害严重。

5. 其他有害生物防治

小麦黑穗病和线虫病过去也是我国小麦生产上的重要病害，为害很重。新中国成立后通过进一步研究完善了防治方法，大力开展了防治和植物检疫，使之得到了控制。对小麦生产上的其他重要有害生物如麦类赤霉病、病毒病、白粉病、全蚀病、蚜虫、地下害虫、麦蜘蛛和一些重要有害生物的发生规律和防治方法也做了大量研究，积累了大量的资料，在生产上发挥了很大作用。

1974年在广东韶关召开了全国农作物病虫综防座谈会，对综防的概念进行了深入讨论，提出"预防为主，综合防治"作为植保工作的方针是适宜的。1975年农业部在河南新乡召开了全国植保工作会议，在总结国内外经验基础上，正式确定"预防为主，综合防治"为我国植保工作的方针。这一方针的确定，为我国小麦有害生物综合防治研究和植保技术推广应用开辟了广阔道路。

1983—1985年国家确定"小麦条锈病和麦类赤霉病的综合防治技术研究"为国家六五科技攻关项目。确定黏虫迁飞规律与综防技术研究、麦类病毒病为农业部重点科研项目，通过共同努力，这些项目的研究均取得了许多新的进展，从而为1986年开始的国家七五攻关项目"小麦主要病虫害综合防治技术研究"打下了坚实基础。

1986年开始的国家七五攻关项目"小麦主要病虫害综合防治技术研究"，由中国农业科学院植物保护研究所和北京农业大学植保系主持，11个单位参加，结合黄淮海、西北、长江中下游和东北4个生态区生产实际，分工协作进行，重点开展了有害生物发生规律、为害损失与防治指标研究，预测预报技术研究，关键防治技术研究等，建立了综防示范区，通过示范，协调应用各项研究成果，并吸取国内外先进经验加以整合，形成比较完善的区域性综防体系，真正实现了小麦有害生物的综合治理。

"八五"以来，国家有关科研、教学和推广单位紧密合作，开展了小麦条锈病、赤霉病、白粉病、病毒病、蚜虫、吸浆虫、地下害虫等重大病虫害及麦田杂草防治研究工作，小麦有害生物综合治理技术得到了广泛推广应用，随着抗性品种推广应用、种子处理面积扩大及后期"一喷三防"技术的大面积开展，有效控制了有害生物对小麦的为害，小麦单产和总产水平大幅度提高，为实现小麦高产稳产优质和保障国家粮食安全做出了重大贡献。

三、现代的防治、研究工作

1939年瑞士化学家米勒（Paul Muller）发现了滴滴涕的杀虫作用，20世纪40年代以来，陆续合成了一大批化学农药，用于防治农业、林业有害生物及卫生害虫。化学农药的发明和推广应用为人类有效防治农作物病虫草害、提高农产品产量提供了先进武器，不仅提高了防治效率和防治效果，而且使短期内有效预防控制暴发性、流行性病虫害的理想转变为可能。近30年来，农药的研究与应用取得突飞猛进的发展，化学农药的广泛应用为人类防治农业有害生物，提高农作物产量，帮助人类战胜饥饿做出了巨大贡献。根据美国农业部试验，使用农药可使棉花单产增产50%；玉米增加20%~100%（平均增产60%）；小麦增产24%~100%；马铃薯增产100%；三叶草增产49%~90%；苹果增产100%。瑞士化学家米勒（Paul Miller）因发现滴滴涕防除害虫，于1948年获得诺贝尔生理学或医学奖。日本科学家大村智和爱尔兰科学家威廉·C.坎贝尔（William C. Campbell）因研发抗寄生虫特效药物阿维菌素（avermectin）和伊维菌素（ivermectin）与发现青蒿素的我国科学家屠呦呦研究员共同分享了2015年度的诺贝尔生理学或医学奖。国内外几十年的经验证明，农药的使用对解决全世界的粮食问题起了重要的积极作用。在目前以及可以预料的今后很长一个历史时期，化学农药在人类与农业有害生物的斗争中仍然发挥重要作用，不可能被其他防治措施完全替代，这是无法否认的事实。

化学农药是一把双刃剑，在有效控制病虫草害，提高作物产量和品质的同时，因长期不合理使用化学农药，导致农田生态平衡被破坏，环境污染加重，尤其是农药的过量使用，导致有害生物产生抗药性，土壤、水系、大气等农药残留污染严重，天敌、蜜蜂、鱼类及有益生物受到严重伤害，抗药性导致防治效果下降，农药的副作用表现越来越严重，甚至造成农产品农药残留超标，农产品品质和营养严重下降。随着国民经济的发展和生态环保意识的增强，人类开始反思农药长期过量使用对生态环境和生物多样性的破坏、农药的副作用对农业生产的危害及农药残留超标对人类健康的危害。

我国是全球农药生产、使用和出口第一大国，农田单位面积用农药量是世界平均水平的2.5倍，是美国的2.3倍，杀虫剂是美国的14.7倍。山东、黑龙江、云南、四川、河南、广西、广东、湖南、湖北、安徽等前十位的省（区）占全国农药总用量的60%。有害生物防治中过度使用化学农药、施药方法不科学、农药使用量大、施药质量不高、利用率低的问题日益严重，造成农业面源污染，影响农产品质量安全，危害人畜安全，推高农业生产成本，严重威胁农业可持续发展。农药所表现出来的严重副作用，深刻警醒人类必须减少化学农药使用量，科学合理使用农药，走绿色发展的道路。

（一）绿色理念的提出

1. 国外绿色理念的提出

基于大量的调查研究，1962年，美国作家雷切尔·卡森（Rachel Carson）出版了《寂静的春天》一书，书中描述因过度使用化学药品和肥料而导致环境污染、生态破坏，最终给人类带来不堪重负的灾难，阐述了农药对环境的污染，用生态学的原理分析了这些化学杀虫剂对人类赖以生存的生态系统带来的危害，指出人类用自己制造的毒药来提高农业产量，无异于饮鸩止渴，人类应该走"另外的路"。该书将近代污染对生态的影响透彻地展示在读者面前，给予人类强有力的警示，引起各界对环境保护的重视。

1972年，罗马俱乐部发表了《增长的极限》，对西方国家高消耗、高污染的增长模式的可持续性提出了严重质疑。

1987年，世界环境和发展委员会发表了《我们共同的未来》，强调通过新资源的开发和有效利用，提高现有资源的利用效率，同时降低污染排放。

1989年，英国环境经济学家皮尔斯等人在《绿色经济蓝图》中首次提出了绿色经济的概念，强调通过对资源环境产品和服务进行适当的估价，实现经济发展和环境保护的统一，从而实现可持续发展。

进入21世纪，在实现经济复苏和应对气候变化的双重压力下，美国、欧盟、日本、韩国纷纷提出了绿色发展战略，实施"绿色新政"，绿色经济发展迅速，代表着国际经济发展的新趋势。

2. 国内绿色意识的形成

1996年，十四届五中全会在制订"九五"规划中提出转变经济增长方式，不再走高污染高消耗的老路，标志着我国绿色意识的产生。

2001年，中国申办世界奥林匹克运动会成功，绿色理念在多个领域开始引起重视。

2006年4月在湖北省襄樊市召开了全国植保工作会议，此次会议是自1975年提出植保方针"预防为主、综合防治"的全国植保工作会议后，相隔30年来再次召开的一次重要会议。根据国内外农业发展形势和我国植物保护工作的迫切需要，会上提出了"公共植保、绿色植保"的理念，对我国植保方针做了进一步的丰富和完善。体现了与时俱进的特点，明确了植保的目标方向，标志着我国植物保护工作迈入了绿色发展的轨道。

公共植保——就是把植保工作作为农业和农村公共事业的重要组成部分，突出其社会管理和公共服务职能。植物检疫和农药管理等植保工作本身就是执法工作，属于公共管理；许多农作物病虫害具有迁飞性、流行性和暴发性，其监测和防控需要政府组织跨区域的统一监测和防治；如果病虫害和检疫性有害生物监测防控不到位，将危及国家粮食安全；农作物病虫害防治应纳入公共卫生的范围，作为农业和农村公共服务事业来支持和发展。

绿色植保——就是把植保工作作为人与自然和谐系统的重要组成部分，突出其对高产、优质、高效、生态、安全农业的保障和支撑作用。植保工作就是植物卫生事业，要采取生态治理、农业防治、生物控制、物理诱杀、科学用药等综合防治措施，要确保农业可持续发展；选用低毒高效农药，应用先进施药机械和科学施药技术，提高农药利用率，减轻残留、污染，避免人畜中毒和作物药害，要生产"绿色产品"；植保还要防范外来有害生物入侵和传播，确保环境安全和生态安全。

（二）我国绿色防控的探索与实践

自 2006 年提出"公共植保、绿色植保"理念起，全国农业技术推广服务中心在全国组织开展了大量绿色防控技术试验示范。遴选了一批生物防治、物理防治等绿色防控技术，在全国开展示范推广，并逐步推进绿色植保工作提升档次、提高水平。

2010 年，农业部办公厅印发了《全国玉米螟绿色防控指导意见》，为我国玉米主要害虫的绿色防控制定了纲领性文件。

2011 年，农业部办公厅印发了《关于推进农作物病虫害绿色防控的意见》，进一步强化"公共植保、绿色植保"理念，为转变植保防灾方式，大力推进农作物病虫害绿色防控，保障农业生产安全、农产品质量安全以及生态环境安全指明了方向。

自 2006 年全国农业技术推广服务中心和各级植保部门积极开展农作物绿色防控技术集成与应用以来，绿色防控取得了长足的发展。一系列绿色防控技术集成的产品，包括理化诱控产品、驱害避害产品、生物防治技术产品、生物多样性技术、生物工程技术和生态工程技术产品等得到了大面积应用。2007 年以来，全国农业技术推广服务中心先后建立了 1 200 多个绿色防控技术集成与应用示范区，各级植保部门建立了15 000 多个有地方特色的绿色防控示范区，集成了一系列绿色防控技术模式，涉及水稻、小麦、玉米、马铃薯等粮食作物，果树、蔬菜、棉花、茶树、烟草等经济作物以及花生、油菜、大豆、芝麻等油料作物，同时集成了农作物重要靶标（如小麦条锈病、小麦蚜虫、玉米螟、柑橘大实蝇、马铃薯晚疫病、蝗虫等）的技术模式。经过十几年的努力，"绿色植保"理念已经深入人心，绿色防控技术集成与应用，显著推进了农作物病虫害绿色防控。据统计，2018 年全国农作物病虫害绿色防控技术应用面积 5.8 亿亩次，绿色防控覆盖率为 29.4%，绿色防控技术取得明显进步，生态调控、植物免疫诱抗、"四诱"、天敌保护利用、微生物农药、植物源农药和高效低毒农药等系列化绿色防控技术在不同作物、不同地区普遍推广应用，取得了显著的经济、社会和生态效益。

（三）小麦病虫害绿色防控实例

1. 小麦条锈病绿色防控集成技术

由中国农业科学院植物保护研究所、西北农林科技大学等单位完成。主要技术措施是通过综合运用退麦改种、调整种植结构、铲除自生麦苗、抗病品种合理布局、适期晚播、药剂拌种、秋苗期控制菌源、流行期统防统治等技术，创造一个适合小麦生长，不利于条锈病发生发展的良好生态环境，逐步切断条锈病侵染循环链，延缓条锈病生理小种变异及品种抗锈性丧失的速度，达到持久控制小麦条锈病的流行为害，保障小麦生产安全的目的。该技术已经在西北、华北、西南等冬小麦区推广应用。

2. 小麦蚜虫绿色防控集成技术

由河南省农业科学院植物保护研究所、河南省植保植检站、河南省农业科学院烟草所等单位完成。主要技术措施是播种期深耕、施用小麦配方肥、小麦采取宽窄行种植、推广使用抗蚜虫品种、药剂处理麦种、麦田周边种植油菜，越冬期冬灌和早春划锄镇压，减少冬春季麦蚜的虫口基数；生长期尽量推迟用药时间、减少杀虫剂使用量，保护利用天敌，充分发挥有益生物的自然控害作用，在麦蜘蛛发生严重麦田使用生物农药控制；小麦抽穗以后，根据预测预报，于4月中下旬每亩释放异色瓢虫1 000~1 500头或烟蚜茧蜂4 000~6 000头，利用天敌控制蚜虫；灌浆期根据病虫害发生情况，科学选用农药，尽量使用生物农药，大力推广"一喷三防"技术，综合控制后期病虫害。该技术已经在黄淮海冬小麦区推广应用，对小麦蚜虫的防效达85%以上，减少化学农药使用量50%以上。

3. 小麦病虫草害绿色防控集成技术

由河南省植保植检站、河南农业大学、河南省农业科学院等单位完成。主要技术包括：播种期推行玉米秸秆充分粉碎还田、土壤每3年深耕一次、增施有机肥和锌肥、施用小麦配方肥，采取宽窄行种植或宽幅播种，推广使用抗病（虫）品种、种衣剂综合拌种、控制播种量、适期晚播等技术，确保小麦一播全苗、壮苗早发，提高抗逆能力。秋苗期于11月中下旬至12月上旬开展化学除草，越冬期冬灌和早春划锄镇压。返青拔节期防治小麦纹枯病、茎基腐病、根腐病等，拔节中后期追肥、使用生物农药挑治麦蜘蛛，尽量推迟全田第一次使用杀虫剂的时间，充分保护利用天敌，发挥有益生物的自然控害作用。抽穗至扬花期根据病虫害发生情况，在抽穗70%~80%时注意防治吸浆虫，兼治麦叶蜂、蚜虫；赤霉病发生区应在齐穗至扬花期喷药防治。灌浆期根据病虫害发生实际，科学选用农药，尽量使用生物农药。组织植保专业化服务组织开展统防统治，大力推广"一喷三防"技术，推广使用大型高效施药机械或植保无人机施药，达到综合防治小麦病虫害、预防干热风和早衰、实现小麦高产优质的目的。该技术已经在河南、河北、山东等冬麦区推广应用，对小麦病虫草害的总体防效达90%以上，减少化学农药使用量27%以上。

（四）绿色防控的定义和内涵

绿色防控是以确保农业生产、农产品质量和生态环境安全为目标，以减少化学农药使用为目的，优先采取生态控制、生物防治、物理防治等环境友好型技术措施控制农作物病虫为害的行为。

绿色植保是一种理念，是对植保工作的总体要求，绿色防控是一类技术，是指采用绿色的防治技术控制病虫为害，是绿色植保的实现手段。绿色防控是综合防治的补充与具体化，更注重非化学技术，更强调质量安全，更注重生态效益，更讲究科学集成。绿色防控不排斥化学农药，而是为了克服农药缺点，绿色防控是包括农药在内的多种技术的有机组合、综合应用。实施绿色防控是贯彻"公共植保、绿色植保"理念的具体行动，是确保农业增效、农作物增产、农民增收和农产品安全的有效途径，是推进现代农业科技进步和生态文明建设的重大举措，是促进人与自然和谐发展的重要手段，是未来一段时期植物保护工作发展的方向。

第二章　小麦病害

全球报道的小麦病害有 200 多种，我国小麦病害有 80 多种，常见的小麦病害有 20 多种，包括锈病、赤霉病、白粉病、纹枯病、全蚀病、根腐病、茎基腐病、各类叶枯（斑）病、黑穗（粉）病、黑胚病等真菌病害，小麦黄花叶病、黄矮病和丛矮病等病毒病害，孢囊线虫病、粒线虫病、根腐线虫病等线虫病害，以及细菌性的黑颖病。其中锈病、赤霉病、白粉病和纹枯病等为害严重，严重影响小麦的产量和品质。

小麦锈病广泛分布于我国各小麦主产区，主要是条锈病和叶锈病，多次暴发流行造成严重的为害。20 世纪 50 年代以来，条锈病年均发生面积 6 000 万亩，1950 年、1964 年、1990 年、2002 年、2003 年、2017 年条锈病 6 次大流行，分别造成小麦减产 $60 \times 10^8 kg$、$30 \times 10^8 kg$、$12.4 \times 10^8 kg$、$8.5 \times 10^8 kg$、$3.7 \times 10^8 kg$、$4.3 \times 10^8 kg$。通过实行全面监测预警和分区综合治理，小麦条锈病在我国大部分麦区得到有效控制。叶锈病分布更加广泛，多次在我国北方麦区流行，已经成为黄淮麦区常发叶部病害。2015 年，叶锈病在我国黄淮麦区再次暴发流行，全国发生面积 5 146 万亩，其中河南省发生面积达 2 470 万亩。赤霉病已成为影响我国小麦产量和质量安全的第一大病害，而且发生范围不断北移西扩，逐渐成为广大冬麦区频发的流行病害。2000—2019 年，河南省小麦赤霉病年均发生面积是 1 441.3 万亩，2012 年的发生面积达到 5 115 万亩，损失小麦 $9.5 \times 10^8 kg$。由于小麦赤霉病的频繁发生，土壤中病原菌数量逐年累积，苗期侵染为害严重，导致茎基腐病在小麦赤霉病发生地区呈逐年加重发展趋势。随着矮秆密植品种的推广，水肥条件的改善，小麦纹枯病、小麦叶枯病的发生也日趋严重。联合收割机跨区作业的快速发展，加之生产上小麦主栽品种的抗性普遍较差，为小麦茎基腐病、小麦全蚀病、小麦孢囊线虫病、小麦土传病毒病等土传病害的传播蔓延创造了有利条件，导致这类病害发病范围逐渐扩大，局部地区造成严重为害。此外，小麦黑穗（粉）病、小麦病毒病等病害在局部麦区有加重发生的趋势。假禾谷镰孢菌引起的小麦茎基腐病、小麦根腐线虫病等新的病害逐渐发展起来，需要引起重视。

第一节　小麦条锈病

一、分布与为害

条锈病发生区域广、流行频率高、变异快、暴发性强，在世界各小麦产区均有发生，夏季湿润的温带地区或夜间冷凉的高海拔地区尤为严重，是影响小麦安全生产的重大真菌病害。中国是条锈病流行的最大区域，主要包括河南、河北、山西、山东、江苏、安徽、湖北、重庆、四川、云南、贵州和西藏等冬麦区，陕西、甘肃、青海、宁夏和新疆西部冬、春麦区，某些年份在东北春麦区亦有发生。小麦条锈病大流行年份，中度流行年份减产 10%~20%，特大流行年份减产高达 50%~60%，严重田块甚至绝收。20世纪 50 年代以来，全国每年均有不同程度发生为害，年均发生面积 6 000 万亩，1950 年、1964 年、1990 年、2002 年、2003 年、2017 年，小麦条锈病 6 次大流行，分别造成小麦减产 $60 \times 10^8 \text{kg}$、$30 \times 10^8 \text{kg}$、$12.4 \times 10^8 \text{kg}$、$8.5 \times 10^8 \text{kg}$、$3.7 \times 10^8 \text{kg}$、$4.3 \times 10^8 \text{kg}$（图 2-1-1）。小麦条锈病在河南各地均有发生，以豫南麦区发生为害较重，1990 年、2003 年、2017 年大流行，发生面积分别为 3 120 万亩、2 092 万亩、2 210 万亩，分别造成损失 $5.5 \times 10^8 \text{kg}$、$1.2 \times 10^8 \text{kg}$、$1.8 \times 10^8 \text{kg}$（图 2-1-2）。

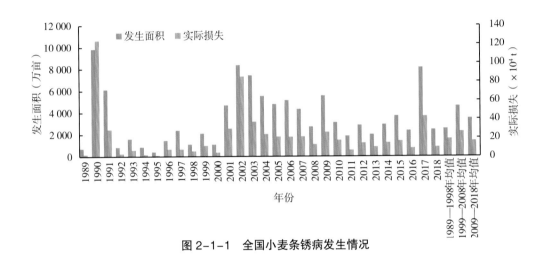

图 2-1-1　全国小麦条锈病发生情况

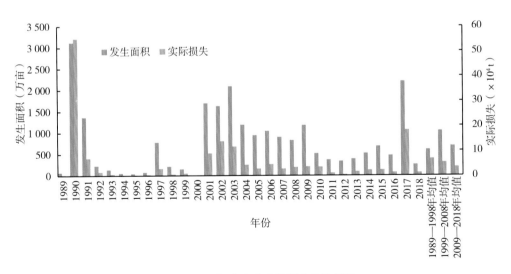

图 2-1-2　河南省小麦条锈病发生情况

　　通过实行全面监测预警和综合治理，小麦条锈病在我国大部分麦区得到有效控制，2004 年以来，每年发生面积和防治面积分别在 5 000 万亩次和 7 000 万亩次以下，小麦产量损失一般在 $2.0 \times 10^8 \text{kg}$ 以下。2017 年小麦条锈病在我国黄淮海小麦主产区大范围流行，全国发生面积约 8 152 万亩次，接近重发的 2002 年，但最终病情和损失明显轻于 2002 年。

二、症状

小麦条锈病主要为害叶片，严重时也为害叶鞘、茎秆和穗部。感染苗期叶片，病叶上初形成褪绿斑点，后逐渐形成隆起的夏孢子堆，夏孢子堆小，一般为鲜黄色，多数叶片上的夏孢子堆散乱分布，少数叶片上的夏孢子堆呈多层轮状排列（图2-1-3）。在成株期叶片上夏孢子堆与叶脉平行，排列成整齐的虚线条状[图2-1-4（1）]，后期寄主表皮破裂，散出鲜黄色粉末（夏孢子）。严重时，夏孢子堆布满叶片[图2-1-4（4）]；侵染小麦穗部，在颖壳中可见大量夏孢子[图2-1-4（3）]。小麦近成熟时，病部出现较扁平的短线条状黑褐色斑点[冬孢子堆，图2-1-4（2）]，冬孢子堆黑色，狭长形，埋于寄主表皮下，表皮不破裂。

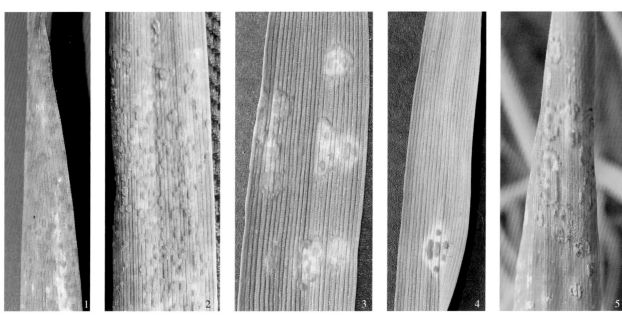

1-2.夏孢子堆在叶片上散乱分布；3-5.夏孢子堆在叶片上呈多层轮状排列

图2-1-3　小麦苗期条锈病症状（于思勤　摄）

1.夏孢子堆；2.冬孢子堆；3.为害穗部；4.大田为害状

图2-1-4　小麦成株期条锈病症状（孙炳剑　摄）

生产上区分条锈病与叶锈病，可根据"条锈成行、叶锈乱"的症状特点。但是在幼苗叶片上夏孢子堆密集时，叶锈病与条锈病有时亦难以区分。条锈病系统侵染，每一侵入点可由菌丝向四周扩展，日龄不同的孢子堆形成同心轮纹状，最外围为褪绿环（图2-1-3）。叶锈病则为多点同时侵入的同龄孢子堆。

三、病原

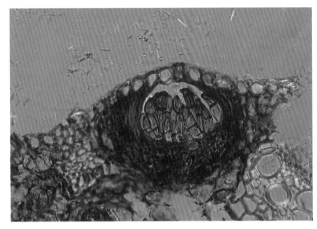

图 2-1-5　条锈菌冬孢子

小麦条锈病病原为担子菌门柄锈菌属条形柄锈菌小麦专化型（*Puccinia striiformis* West. f. sp. *tritici* Erikss）。

1. 病原菌形态

夏孢子单胞，球形或卵圆形，淡黄色，大小为（32~40）μm×（22~29）μm，表面有微刺，孢子壁无色，发芽孔6~16个，排列不规则。冬孢子双细胞，棒形，褐色，大小为（36~68）μm×（12~20）μm，横隔处有缢缩，顶端平截或略圆，下端色浅，具有色短柄（图2-1-5）。

2. 病原菌生物学特性

（1）温度　条锈病菌发育与侵入所要求的温度均较低，耐寒力强。菌丝生长和夏孢子形成的最适温度为10~15℃；夏孢子萌发最适温度为7~10℃，最低温度为2~3℃，最高温度为20~26℃；侵入最适温度为9~13℃。在适温的范围内，病害潜育随温度升高而缩短（表2-1-1）。病菌对高温的抵抗能力很弱，夏孢子在36℃下2d失去活力，且在高温条件下，空气湿度越大，死亡越快。但是最新研究发现了一些耐高温菌株，应当引起重视。

表 2-1-1　不同温度下的病害潜育期

项目	平均温度（℃）					
	1~3	3~6	6~9	9~12	12~15	15~20
潜育期（d）	30~45	16~25	13~20	11~16	9~14	6~11

（2）湿度　饱和湿度或叶面具水滴（膜）是夏孢子萌发和侵入所必须的条件。

（3）光照　光照不足抑制病菌正常生长和发育，夏孢子萌发不需要光照，但是侵入需要光照。弱光条件下病害潜育期较强光条件下长1倍。

3. 病原菌生理分化

条锈病菌有明显的生理分化现象，通过鉴别寄主，全世界已鉴定并命名了近100个条锈病菌的生理小种。我国先后鉴定出34个生理小种和40多个致病型，条中32（CRY32）和条中33（CRY33）是目前的优势小种，条中34号（CRY34）小种已在西南、西北、江淮麦区9省（区、市）发现，频率呈上升趋势，在部分麦区已成为优势小种之一，应该引起特别重视。

条锈病菌主要寄生于小麦上，有些小种还可侵染大麦和黑麦的某些品种以及多种禾本科杂草，如山羊草属、鹅观草属、雀麦属、披碱草属等14属74种的杂草寄主。小檗（*Berberis* spp.）和冬青叶十大功劳

（*Mahonia aquifolium*）是条锈病菌的转主寄主，其中小檗为主要种类。

四、病害循环

1. 越夏

越夏是条锈病侵染循环的关键环节。条锈病菌喜凉不耐热，夏季最热旬平均温度23℃以下的地区，条锈病菌才能顺利越夏。我国小麦条锈菌在海拔1400m以上，特别是2000m以上的高原地区的冬、春麦自生麦苗和晚熟春麦上越夏，有西北、四川西北部、华北、云贵、新疆等5大越夏区，特别是陇南、陇东和川西北为中国小麦条锈菌最重要的越夏区，其中尤以陇南最为关键，不仅向中国东部广大麦区提供初始菌源，还是中国小麦条锈菌新致病小种的重要菌源地。河南省植保植检站调查研究发现，小麦条锈病菌能够在河南省豫西及豫北海拔1400m以上地区越夏，海拔1100~1400m为越夏过渡区，自生麦苗是条锈病菌越夏的主要寄主，越夏后的条锈病菌随着西北风吹送，侵染豫南冬繁区小麦，引起秋苗发病，导致河南省南阳市多个年份在全国最先发现条锈病发病中心（于思勤等，2010；2017）。

2. 秋苗发病

冬小麦播种后，越夏区菌源随气流传播，侵染秋苗。越夏地区和邻近越夏地区的早播冬麦麦苗发病最早最重，而距越夏地区越远、播期越迟的冬麦区，秋苗发病越迟、越轻。陕西关中西部地区的早播麦田9月底10月初即可发现病叶，黄淮平原麦区黄河以北一般到10月或11月才始见病叶，而淮北、河南南部等地一般要到11月以后才有零星发病。暖冬可以促进病害的发生，显症时间大幅度提前。2016年冬季气温偏高，导致河南南部和湖北西北部及江汉平原、陕西关中和南部等冬繁区小麦条锈病见病时间早于常年，12月14日在河南省南阳市唐河县发现条锈病发病中心；2019年11月15日在河南省南阳市淅川县发现条锈病发病中心；这2年均为全国最先发现的发病中心，也是河南省30多年来见病较早年份（2004年11月13日永城市发现小麦条锈病发病中心，为河南省有条锈病统计以来最早发病的年份）（于思勤，2017）。冬繁区发病时间早，导致病菌繁殖代次和田间菌源量增加，加速病害传播扩散。秋苗发病后，如当地秋雨较多或经常结露，病菌可繁殖2~3代，发展成为大小不等的发病中心，甚至成为病情较重的发病基地。

3. 越冬

病菌以侵入小麦叶片组织的菌丝体越冬。当旬平均温度下降到1~2℃，病菌进入越冬阶段。小麦条锈菌越冬的临界温度为最冷月平均温度−7~−6℃，积雪覆盖的麦田，月平均温度低于−10℃条锈菌仍能安全越冬。一般年份，东起山东德州，经河北石家庄、山西介休，西至陕西黄陵一线，是我国条锈菌越冬的地理北界限，以北越冬率很低。随着全球气温变暖和病菌耐高温能力增强，小麦条锈菌越冬区域向高海拔地区扩展，越夏区域向低海拔地区延伸。

华北、关中等条锈菌越冬区，秋苗发病程度与其越冬率有显著的相关性，秋苗期形成发病中心才能顺利越冬，单片病叶不能越冬。华北平原南部及其以南各地，如江淮、江汉和四川盆地等麦区，冬季温暖湿润，小麦仍缓慢生长，条锈菌在冬季正常侵染，成为来年北方麦田的菌源基地，这些地区被称为条锈菌的冬繁区。

4. 春季流行

各越冬区的生态条件和菌源的来源不同，小麦条锈病春季流行表现出不同的特点。春季的病害流行程度取决于当地的雨水和湿度条件。在华北、西北等气温较低的麦区，小麦条锈菌越冬之后，早春旬均气温上升到2~3℃和旬均最高气温上升到2~9℃后，越冬病叶中的菌丝体开始形成孢子堆，若遇春雨和结露，所产孢子侵染新生叶片，病情不断向上部和周围叶片发展，进入春季流行期。华北地区常年春季干旱少雨，造成越冬病叶大量死亡，少数残存病叶要重新形成发病中心才能蔓延扩展，一般自3月下旬越冬病叶开始产孢，整个春季可繁殖4代。陕西关中则在2月上中旬越冬病叶开始产孢，在有利于发病的条件下，整个春季流行过程中，条锈菌有效繁殖倍数可达百万倍以上。

　　同时，春季气温逐渐回升，遇到持续的降雨，越冬存活冬孢子萌发产生担孢子，随气流传播，侵染小檗（转主寄主），产生锈子器并释放成熟的锈孢子，锈孢子随气流传播，侵染小麦引起条锈病的发生（图2-1-6）。小檗可以提供一定数量的菌源，而且为条锈菌提供有性繁殖条件，导致致病性变异的新小种产生，对在我国条锈病的发生起到重要的作用。

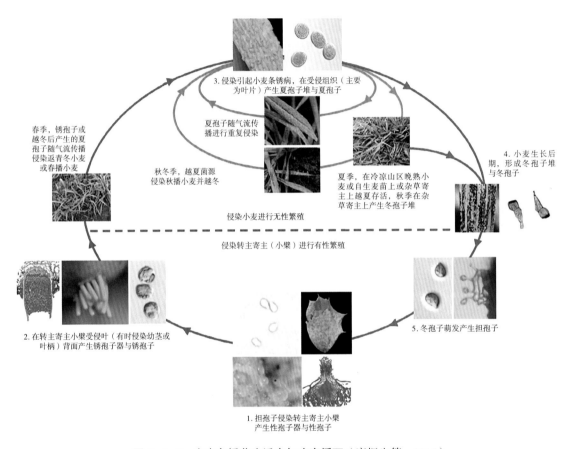

图2-1-6　小麦条锈菌生活史与病害循环（康振生等，2015）

　　小麦条锈病在田间的发病过程与菌源的来源有密切关系。在以当地越冬菌源为主的地区，条锈菌春季流行要经过单片病叶→发病中心→全田普发3个阶段。但在越冬菌量大，冬季温暖潮湿和条锈病冬季持续发展的田块，可直接造成全田发病。以外来菌源为主的地区，常出现大面积突然同时发病，田间病叶分布均匀，发病部位多在旗叶和旗叶下一叶，很难找到基部病叶向上部和四周叶片蔓延的中心。一般条锈病以本地菌源为害较大，若外来菌源来得早且数量大时，亦可引起严重为害。如1950年、1964年和1990年华北地区小麦条锈病大流行就是如此。

五、流行规律

　　小麦条锈病的发生和流行取决于条锈病菌致病小种的变化、小麦品种的抗病性以及环境条件。在大面积种植感病品种的条件下，决定我国大多数麦区春季流行的关键因素是越冬菌量和春季降水量。

1. 条锈病菌致病小种的变化和越冬菌量

小麦条锈病菌新小种的产生和发展，是导致小麦抗病性丧失和条锈病流行的关键因素。如条中 1 号导致小麦品种碧蚂 1 号丧失抗病能力，条中 30 号和条中 31 号及其他致病类型的出现和发展，导致繁 6 衍生系、水源系、扬麦 5 号等一大批小麦品种丧失抗性。条中 32 号和条中 33 号是目前的优势小种，条中 34 号、V26 新菌系、中四致病类群、贵农 22 致病类群、Yr10 致病类群已在西南、西北、江淮麦区发现，频率呈上升趋势，在部分麦区已成为优势小种之一，应该引起特别重视。

小麦条锈病的发生和流行与越冬菌量密切相关，在种植感病品种的前提下，如果秋苗发病重，冬季又比较温暖，带菌病叶可以顺利越冬。当地有越冬菌源的地区，在温、湿度条件适宜的情况下，病害发生早且重；如病菌在当地不能越冬，异地越冬菌源通过远距离气流传播侵入，造成病害在小麦生长中后期发生和流行。小麦条锈病菌的传播距离可达 800~2 400km，距菌源地越近，发病越重。

2. 品种抗病性

大面积种植感病品种是条锈病流行的必要条件。小麦品种对条锈病菌的抗病性，主要包括低反应型抗锈性、数量性状抗锈性和耐锈性。

（1）低反应型抗锈性　由少数主效抗病基因控制，对小麦条锈病菌小种有高度的专化性，针对优势小种具有的抗病性，表现出免疫或高抗的特性，我国历年培育和种植的抗条锈病品种，多数具有这种抗病性。常因新致病小种产生导致抗性丧失。还有小麦品种在相对较高的环境温度下表现的一种抗病性，也称为高温抗条锈性。受主效基因控制，易于鉴定和利用。我国已发现一些高温抗条锈病的品种（系）。

（2）数量性状抗锈性　由多个微效基因控制，抗病因素很复杂，难以用定性的方法鉴定，在流行学上表现为流行速度降低。环境条件变化常导致数量性状抗锈性表现较大差异，但是一般不会因为小种群体组成变化而改变，属于非小种专化抗病性，抗病性持久且稳定。

（3）耐锈性　某些耐锈性小麦品种发病程度比较严重，但是产量损失显著低于同等发病程度的感病品种。主要原因是这类品种具备很强的补偿能力，如光合效率高、灌浆速度快、根系发达等。

3. 气象条件

影响条锈病发生和流行的主要环境条件是雨水和结露。夏季多雨有利于越夏菌源的繁殖和秋苗发病；冬季多雨雪，病菌越冬率高；春季气温偏高，降雨早，多雨，则病害在早期即可普遍发生，并持续发展，造成病害早流行和大流行；春季干旱，导致病叶死亡，不利于病害的发生和流行。

4. 栽培措施

冬灌有利于小麦条锈菌的越冬；追施氮肥过多过晚，常导致小麦贪青晚熟，加重条锈病为害。播期、播量、种植密度、耕作措施等都会影响小麦田小气候，从而影响病害发生和流行。

六、预测预报

小麦条锈病流行预测，根据预报时间，可分为冬前预测和早春预测。

1. 冬前预测

根据秋季小麦苗期发病普遍程度、感病品种种植面积，越冬区气温和降雪，对翌年该病的发生情况做粗略估计。如果秋苗发病重于常年，气象预报预告当年冬季气温偏高，翌春降雨，尤其是早春 1 个月左右的雨量高于常年（>40mm），则翌春病害可能大流行或中度流行。河南南部、湖北冬繁区小麦条锈病发生早、范围广、病情重，是 2017 年小麦条锈病流行的突出特点和造成黄淮海麦区大范围流行的重要原因之一。

2. 早春预测

根据主要越冬区条锈病冬季发展情况，感病品种的种植面积，春季气温回升的快慢和降水条件，进行春季流行程度的预测。小麦条锈病菌越冬率高，导致早春菌源量大，如果气温回升快，雨水多，将可能发生大流行或中度流行。2017 年 3—4 月，我国大部麦区降水偏多 10% 以上，其中黄河和长江流域降水量分别偏多 31% 和 18%；4 月，华北南部、江淮西部、江汉平原、山东西南部等地降水较常年同期偏多二成以上，局部偏多 1 倍以上；4 月和 5 月上旬，黄淮海麦区最高气温多维持在 25℃ 以下，且春季北方出现几次大范围大风扬尘天气，天气条件对病害流行极为有利，加速了小麦条锈菌大范围扩散蔓延，造成黄淮海麦区条锈病发生比较普遍。但是，受春季干旱气候影响，2017 年西北大部麦区小麦条锈病扩散速度相对较慢，总体发生比较平稳。

陈万权团队根据菌源基地的菌源与全国小麦条锈病发生流行程度的密切关系，建立了以核心菌源区秋季菌源数量为基础、以全国小麦品种布局和气候发生趋势为辅助的病害中长期发生趋势异地测报技术（表2-1-2）。

表 2-1-2　中国小麦条锈病中长期发生趋势异地测报技术指标

核心菌源区秋季菌源量		全国小麦条锈病发生程度	
病田率（%）	病叶率（%）	流行程度	发病面积（×10⁶hm²）
> 90.0	> 5.0	大流行	> 4.0
70.0~90.0	2.0~5.0	中度偏重流行	2.7~4.0
40.0~69.9	0.5~1.9	中度偏轻流行	1.3~2.7
< 40.0	< 0.5	轻度流行或不流行	< 1.3

注：表中数值上限不在内

七、防治技术

采用以种植抗病品种为主，药剂及栽培防治为辅，实施分区治理的综合防治措施（参照国家标准 GB/T 35238—2017《小麦条锈病防治技术规范》）。河南省信阳市、南阳市冬小麦种植区为条锈病冬繁区，沙河以南冬小麦种植区为条锈病早发区、常发区，从 2 月中旬开始，要全面落实"准确监测、带药侦察、发现一点、控制一片"的防控策略，随时扑灭零星病叶和发病中心，降低病害流行风险（于思勤，2018）；3 月底至 4 月初，田间平均病叶率达到 0.5%~1% 时，应组织开展区域性统防统治，防止病害大面积流行，减少条锈病菌向河南中北部麦区传播蔓延，减轻华北地区小麦条锈病防控的压力。

1. 抗病品种的选育和利用

选育和种植抗病品种是防治条锈病经济有效的措施。选育抗条锈病品种，注意抗病基因和抗源背景多样化，培育低反应型抗锈性、数量性状抗锈性和耐锈性等多种抗性类型小麦新品种。要根据生理小种的种类及数量分布，进行抗病品种的合理布局，尤其要注意避免大面积种植单一品种。在一个地区，轮换种植具有不同抗性基因的抗病品种，或同时种植具有不同抗性基因的多个品种，使抗性基因多样化，延长抗病品种的使用年限。

鉴于非小种专化的慢锈性在生产上具有应用价值，目前已有一些慢锈性品种在生产上推广。在病害流行条件下，南郑大穗麦、小偃 6 号等高温抗条锈品种（系）具有明显的保产效果。

经过诱发接种和田间自然发病鉴定证明，适合河南种植的抗病品种有周麦 18、周麦 22、周麦 28、周麦 30、周麦 36、郑麦 366、郑麦 618、豫麦 158、众麦 1 号、豫麦 49-198、西农 511、中育 9307、洛麦 31、新麦 20、新麦 36 等，以及小偃 22、小偃 503，西农 979、西农 2000 等慢条锈品种。

2. 农业防治

在条锈病越夏区，因地制宜，适时提前收获，及时深耕，消灭自生麦苗，在秋季小麦播种前清除自生麦苗，减少越夏菌源。在常发区和易发区，适期晚播，降低秋苗发病率。避免过多、过迟施用氮肥，以防贪青晚熟。增施磷钾肥，增强植物抗病性。合理灌溉，提高小麦补偿能力，减少产量损失。在土壤湿度大的地区，注意开沟排水降低麦田湿度，减轻病害发生程度。后期发病严重的麦田，要适当灌水，以补偿植株丧失的水分，减少产量损失。在越夏菌源区实行作物结构调整，压缩小麦种植面积，发展其他高效高产作物，减少菌源量。在冬繁区调整耕作制度，实施小麦与其他作物的间作、套作，减少越冬菌源量、降低传播速度。

3. 药剂防治

药剂防治是条锈病暴发流行时主要的应急防控措施，也是病害日常管理的重要辅助措施。在条锈病菌源区和常发区，采用杀菌剂拌种、浸种或种子包衣，减少秋苗发病。常用药剂有三唑酮、三唑醇、烯唑醇和戊唑醇等，三唑酮和三唑醇用量为干种子的 0.03% 有效成分，充分拌匀，以免发生药害。播种期雨水多，湿度大的地块不宜药剂拌种，以免药害产生。苗期和成株期防治病害，可以选用的药剂有三唑酮（有效成分）8~10g/ 亩、烯唑醇（有效成分）3.5~5g/ 亩、丙环唑（有效成分）7~9g/ 亩、氟环唑（有效成分）6~8g/ 亩、己唑醇（有效成分）1.5~3g/ 亩、粉唑酮（有效成分）4~5g/ 亩、戊唑醇（有效成分）5~7g/ 亩、醚菌酯（有效成分）15~18g/ 亩，对水 40~50kg 均匀喷雾，或对水 10kg 低容量喷雾。可同时兼治纹枯病、茎基腐病、叶锈病、白粉病、叶枯病等病害。

第二节　小麦叶锈病

一、分布与为害

叶锈病是小麦三种锈病中分布最广、发生最普遍的一种病害，在世界各小麦产区均有发生。小麦叶锈病是中国各麦区的常发病害，过去以西南及长江流域的部分地区如贵州、江西等省发生较重，近年来华北、西北及东北各地也日趋严重。由于抗叶锈病品种很少，因此部分地区的叶锈病有加重趋势，多次在我国北方麦区流行，已经成为黄淮麦区常发叶部病害。1969 年、1973 年、1975 年、1979 年、2015 年在华北冬麦区叶锈病 5 次大流行，均造成相当大的经济损失；2015 年，叶锈病菌源充足、发生早、品种抗性差、小麦生长后期适宜的低温高湿气候，导致叶锈病在我国黄淮麦区再次暴发流行，全国发生面积 5 146 万亩，实际损失 2.10×10^8 kg。叶锈病是河南省小麦生产上的主要病害，1998 年、1999 年、2002 年、2015 年大流行，发生面积均超过 2 000 万亩；其中 2015 年河南省小麦叶锈病的发生面积达 2 470 万亩，实际损失 13.5×10^4 t（图 2-2-1）。

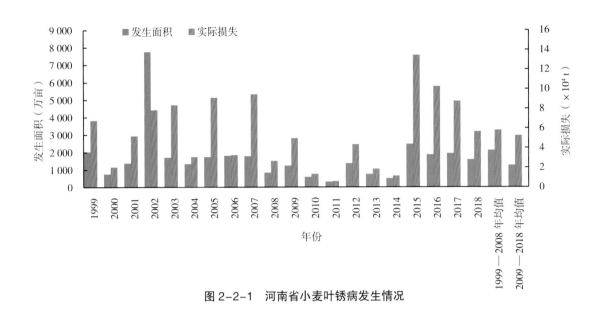

图 2-2-1　河南省小麦叶锈病发生情况

二、症状

小麦叶锈病一般只发生在叶片上，有时也为害叶鞘，但很少为害茎秆或穗。叶片受害，产生圆形或近圆形橘红色夏孢子堆，表皮破裂后，散出黄褐色粉末（夏孢子）。叶锈病夏孢子堆较小，不规则散生，多发生在叶片正面。有时病菌可穿透叶片，在叶片两面同时形成夏孢子堆。后期在叶背面散生暗褐色至深褐色、椭圆形的冬孢子堆。为害严重时，导致整株叶片干枯，早衰，籽粒灌浆不饱满（图 2-2-2）。

1-2.夏孢子堆（橘红色）；3.冬孢子堆（黑色）；4.田间为害状

图 2-2-2　小麦叶锈病

三、病原

小麦叶锈病病原为小麦叶锈病菌（*Puccinia triticina*），异名：小麦隐匿柄锈菌（*Puccinia recondita* f.sp. *tritici*），属于担子菌门柄锈菌属。

1. 病原菌形态

小麦叶锈病菌夏孢子单胞，球形至近球形，橘红色，大小为（18~29）μm×（17~22）μm，表面有微刺，有6~8个散生的发芽孔，壁厚1.5~2μm，内含物黄色。冬孢子双细胞，椭圆形或棍棒形，大小为（39~57）μm×（15~18）μm，上宽下窄，顶端截平或倾斜，暗褐色。在转主寄主叶片的表皮下产生橙黄色性子器，球形或扁球形，埋生，有孔口。锈子器生于性子器相对应的叶背病斑上，杯形或短圆筒形，内生锈孢子。锈孢子侵染小麦产生夏孢子。

小麦条锈病菌和叶锈病菌夏孢子的快速鉴别方法：挑取少许夏孢子，在载玻片上滴1滴浓盐酸或正磷酸，轻轻盖上盖玻片，在显微镜下观察，条锈菌夏孢子原生质收缩成多个小团，而叶锈菌夏孢子原生质则在中央收缩成1个大团（图2-2-3）。使用SSR分子标记、rDNA ITS序列鉴定技术进行检测，可以准确区别苗期条锈病菌和叶锈病菌。

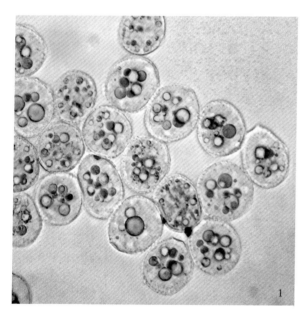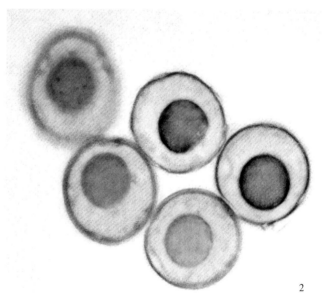

1. 条锈病菌夏孢子原生质收缩成数个小团; 2. 叶锈病菌夏孢子原生质在中央收缩成1个大团

图2-2-3　浓盐酸处理后夏孢子原生质收缩情况（于思勤、林晓民　提供）

2. 病原菌生物学

小麦叶锈病菌是转主寄生的长生活史型锈菌，夏孢子和冬孢子在小麦上形成，冬孢子萌发后产生担孢子。研究显示，唐松草、小乌头及牛舌草属和蓝蓟属的植物是叶锈病菌的转主寄主。在我国，叶锈病菌仅以夏孢子世代完成病害循环，冬孢子在病害循环中不起作用。

叶锈病菌对环境的适应性较强，既耐低温也耐高温，夏孢子在相对湿度95%时即可萌发。夏孢子萌发和侵入最适温度为15~20℃，潜育适温为18~22℃，适温下潜育期为5~7d。冬孢子萌发的适温是20~22℃。叶锈病菌夏孢子萌发阶段不需要光照，但是侵入阶段需要光照。弱光条件下病害潜育期较强光条件下长1倍。

3.病原菌生理分化

叶锈病菌存在明显的生理分化现象。利用鉴别寄主，我国鉴定出叶中 4 号、叶中 34 号和叶中 38 号等多个生理小种，其中，叶中 4 号和叶中 34 号为目前我国大部分地区的优势小种。目前我国小麦叶锈菌小种命名与国际接轨，采用密码命名系统命名，如 THTT、THQT 等。河北农业大学刘大群课题组利用鉴别寄主体系，把来自我国 9 个省或自治区 1 407 株小麦叶锈病菌菌株，划分为 52 个生理小种，优势小种为 THTT、THTS、PHTT、THKT、PHTS、THKS、THJT。其中河南省优势小种为 THTT 和 THTS。

四、病害循环

1.越冬和越夏

小麦叶锈病菌越夏和越冬的地区较广，除了春麦区以外，病原菌均可以在当地越夏和越冬。我国大部分冬麦区小麦收获后，小麦叶锈病菌转移到自生麦苗上越夏，冬小麦秋播出土后，病菌从自生麦苗转移到秋苗为害、越冬。叶锈病菌比较耐高温，越夏和越冬的地区均较广泛，在河南各地既可越夏又可越冬。晚播小麦的秋苗上，病菌侵入较迟，以菌丝体潜伏在叶组织内越冬。冬季气候温暖，病菌越冬率较高。同一地区病菌越冬率的高低，与翌春病害流行程度呈正相关。

2.侵入和传播

叶锈病菌夏孢子萌发产生芽管，顶端形成附着胞，附着胞下方产生侵入丝，从气孔侵入，病菌侵入后，形成夏孢子堆和夏孢子，借助气流向周围扩散，进行再侵染。条件适宜，5~6d 完成一个病程。

温度是影响病害扩展的关键因子。小麦返青后，旬平均温度稳定在 10℃以后，病菌侵入新生叶片。适温条件潜育期最短，温度过高或过低潜育期均延长，25℃潜育期为 5d。

五、流行规律

1.品种的抗病性

目前我国大面积推广的小麦品种均为不抗叶锈病菌的优势小种，在 2015 年叶锈病大流行，河南省大面积推广的小麦品种仅有周麦 22、周麦 28、濮麦 26、兰考 198 和郑麦 366 发病较轻。

2.气候条件

暖冬有利于叶锈菌的越冬。春季病原菌侵入寄主的临界温度为 10℃，临界期温度前后 10d，温度回升早晚和雨量多少，是叶锈病能否流行的决定因素。温度回升早且多雨露，叶锈病发生早，发病重。小麦生长中后期，湿度对叶锈病的发生影响较大，小麦抽穗前后，如果降雨次数多，病害即可流行。同时，由于叶锈菌夏孢子可以在相对湿度高于 95% 的条件下萌芽。因此，即使雨水较少，但田间湿度较高的条件下，病害仍有可能流行。2015 年 4—5 月河南降雨偏多，气温偏低是导致小麦生长后期大流行的主要因素。

3.栽培条件

自生麦苗多，有利于小麦叶锈病菌的越夏。冬小麦播种早，有利于小麦叶锈病菌越冬；追氮肥过多、过晚，种植密度过大，后期大水漫灌等农业管理措施不当，均为有利于小麦叶锈病后期流行为害。

六、防治技术

小麦叶锈病防治应采取以种植抗病品种为主，以健身栽培预防和药剂防治为辅的综合防治措施。

1. 抗病品种的选育和利用

在品种选育和利用中应当重视抗锈基因的多样化和品种的合理布局，使用多个品种合理搭配和轮换种植，避免单一品种多年大面积种植，以延缓和防止因小麦叶锈病菌生理小种的变化而造成品种抗病性丧失。同时，要注意推广应用具有耐病性、避病性、慢病性等品种。

经过接种和大田自然发病鉴定证明，周麦 22、周麦 28、周麦 36、众麦 1 号、山农 20、先麦 10 号、兰考 198、郑麦 366、郑麦 379、豫教 5 号、洛麦 24、平安 8 号、许农 7 号、濮麦 26、平安 9 号、许科 316 等品种对叶锈病抗病性较好，可以有选择地种植。

2. 农业防治

小麦收获后，及时翻耕灭茬，消灭自生麦苗和杂草，减少越夏寄主和菌源。播种前清除路边、地头及沟边的寄主植物，适期播种，降低秋苗发病程度和病菌越冬基数。合理密植，科学运筹水肥，促进小麦健壮生长，提供植株的抗（耐）病能力。叶锈病发生时，多雨的地区要及时排水降低田间湿度，干旱地区要及时灌水，以补偿植株丧失的水分，减少产量损失。

3. 药剂防治

用三唑类杀菌剂处理麦种，可以预防秋苗发病，减少越冬菌源量，推迟春季叶锈病发生，降低为害程度。小麦拔节后，结合条锈病防控，当田间病叶率达 5%~10% 时开始喷药防治。

（1）种子处理　按照每 100kg 麦种可选用 30g/L 苯醚甲环唑悬浮种衣剂 300~400mL、60g/L 戊唑醇悬浮种衣剂 50~65mL、15% 三唑醇可湿性粉剂 200~300g、25g/L 灭菌唑悬浮种衣剂 100~200mL，先将药剂调成浆状液，通常处理 10kg 种子药量需加 150~200mL 水调制药液，再与种子充分搅拌混合，使药液均匀分布在种子上，晾干后即可播种。有条件的地方，使用包衣机械进行种子包衣处理，药剂附着更均匀。

（2）科学用药　在小麦叶锈病发生初期，当病叶率达 5%~10% 或病情指数 15 时，及时喷施 20% 三唑酮乳油 1 000 倍液、43% 戊唑醇悬浮剂 2 000~3 000 倍液、25% 丙环唑乳油 1 500~2 000 倍液均匀喷雾，间隔 10~20d 喷 1 次，防治 1~2 次，可以兼治条锈病、白粉病、叶枯病等病害。

第三节　小麦赤霉病

一、分布与为害

小麦赤霉病在全世界普遍发生，主要分布于潮湿和半潮湿区域，尤其气候湿润多雨的温带地区受害严重。在我国，赤霉病过去主要发生于小麦穗期湿润多雨的长江流域和沿海麦区，黑龙江春麦区也常严重发生。20 世纪 80 年代以后逐渐向北方麦区蔓延，发病面积不断扩大至黄淮海和西北等广大麦区，发病程度呈加重趋势。1985 年、1990 年、2010 年、2012 年、2016 年、2018 年我国赤霉病 6 次大流行，分别造成小麦减产 $13.5 \times 10^8 kg$、$5.0 \times 10^8 kg$、$7.8 \times 10^8 kg$、$20.8 \times 10^8 kg$、$8.6 \times 10^8 kg$、$7.9 \times 10^8 kg$，对我国小麦生产造成了严重影响。近些年由于生态环境条件的改变、作物秸秆还田大面积推广，水肥条件的改善，加上雾霾频发，导致赤霉病发生范围北移西扩，逐渐成为北方麦区和西北麦区频发的流行病害。赤霉病不仅影响小麦产量，而且降低小麦品质，使蛋白质和面筋含量减少，出粉率降低，加工性能受到明显影响。同时感病麦粒内含有多种毒素如脱氧雪腐镰刀菌烯醇（deoxynivalenol，DON）和玉米赤霉烯酮（zearalenone，NEA）等，可引起人、畜中毒，发生呕吐、腹痛、头昏等现象，严重感染此病的小麦不能食用。赤霉病已成为影响我国小麦产量和质量安全的第一大病害。

20 世纪 70 年代以前，赤霉病仅在河南省信阳、南阳等地区部分年份零星发生，80 年代以后发生流行频率加大，发生面积在 700 万亩以下，其中 1985 年大流行，发生面积 4 832.2 万亩，其中病穗率 20% 以上的 1 500 万亩，2 万亩绝收，损失小麦 8.85×10^8 kg。1987—1999 年发生面积在 1 000 万亩以上的流行年份 3 年，流行频率达 23.1%，其中 1998 年发生面积 3 118.6 万亩，损失小麦 1.54×10^8 kg。进入 21 世纪以来，赤霉病成为河南省常发性病害，2000—2019 年，发生面积在 1 000 万亩以上的流行年份 12 年，流行频率达 60.0%；2003 年、2010 年、2012 年、2016 年、2018 年发生面积均超过 2 000 万亩，其中 2012 年发生 5 115.2 万亩，损失小麦 9.48×10^8 kg，是河南省历史上赤霉病发生最严重的年份。受到全球气候变暖、主推品种抗性差、田间菌源量大及药剂防治窗口期短等因素影响，赤霉病在未来 10 年的发生为害将呈加重趋势。河南各小麦产区均有发生，以信阳、南阳、驻马店发生较重（图 2-3-1）。

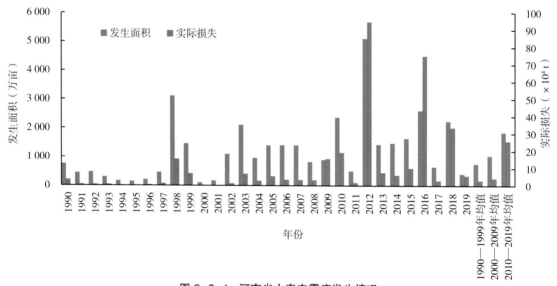

图 2-3-1　河南省小麦赤霉病发生情况

二、症状

赤霉病在小麦各生育期均能发生。典型症状是成株期形成穗枯和茎基腐烂，苗期形成苗枯。

1. 穗枯

常是 1~2 个小穗被害，有时多个小穗或整穗受害。被害小穗最初在基部变水渍状，后渐失绿褪色而呈褐色病斑，颖壳合缝处生出一层明显的粉红色霉层（分生孢子）。一个小穗发病后，不但可以向上、下蔓延，为害相邻的小穗，并可伸入穗轴内部，使穗轴变褐坏死，使上部未发病的小穗因得不到水分而变黄枯死［图 2-3-2（1）］。后期病部出现紫黑色粗糙颗粒（子囊壳）［图 2-3-2（2）］。籽粒发病后皱缩干瘪，变为苍白色或紫红色，有时籽粒表面有粉红色霉层［图 2-3-2（3）］。

2. 茎基腐和秆腐

茎基腐主要发生于小麦的茎基部，使其变褐腐烂，严重时整株枯死。秆腐多发生在穗下第一、第二节，初在叶鞘上出现水渍状褪绿斑，后扩展为淡褐色至红褐色不规则形斑或向茎内扩展。病情严重时，造成病部以上枯黄，有时不能抽穗或抽出枯黄穗［图 2-3-2（4）］。

1. 田间为害状；2. 穗腐；3. 病粒；4. 秆腐

图 2-3-2　小麦赤霉病症状（孙炳剑　摄）

3. 苗枯

种子带菌引起苗枯症状，使根鞘及芽鞘呈黄褐色水浸状腐烂，地上部叶色发黄，重者幼苗未出土即死亡。

三、病原

小麦赤霉病病原主要为禾谷镰孢（*Fusarium graminearum* Schw.），亚洲镰孢（*Fusarium asiaticum*）是长江中下游麦区的优势种。此外黄色镰孢［*Fusarium culmorum*（W.G.Smith）Sacc.］和燕麦镰孢［*Fusarium avenaceum*（Fr.）Sacc.］等多种镰孢菌也可以引起小麦赤霉病。

1. 病原物形态

禾谷镰孢菌大型分生孢子多为镰刀形（图 2-3-3），稍弯曲，顶端钝，基部有明显足胞。一般有 3~5 个隔膜，大小为（25~61）μm×（3~5）μm，单个孢子无色，聚集成堆时呈粉红色。一般不产生小型分生孢子和厚垣孢子。

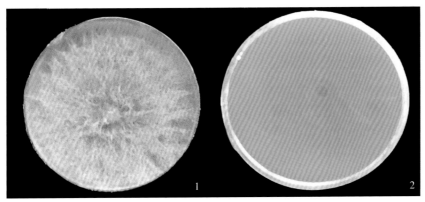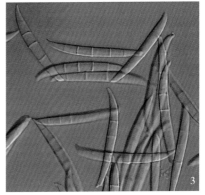

PDA 菌落特征（1. 正面；2. 反面；3. 大型分生孢子）

图 2-3-3　禾谷镰孢菌（林焕洁　摄）

有性态为玉蜀黍赤霉［ *Gibberella zeae* (Schw.) Petch.］，属于子囊菌门球壳菌目赤霉属。子囊壳卵圆形或圆锥形，深蓝至紫黑色，表面光滑，顶端有瘤状突起为孔口，散生或聚生于病组织表面，大小为（100~250）μm ×（150~300）μm。子囊无色，棍棒状，两端稍细，大小为（60~85）μm ×（8~11）μm，内生 8 个子囊孢子，呈螺旋状排列。子囊孢子无色，弯纺锤形，多有 3 个隔膜，大小为（18~25）μm ×（3~5）μm（图 2-3-4）。

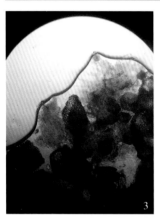
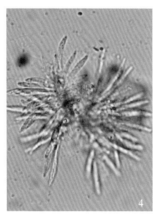

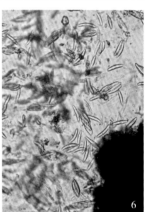

1.玉米秸秆上的子囊壳；2.稻桩上的子囊壳；3.子囊壳 0 级（子囊壳形成，但无子囊和子囊孢子）；4.子囊壳 1 级（子囊期，子囊壳内有棍棒状或菊花状簇生子囊，未见子囊孢子）；5.子囊壳 2 级（子囊孢子期，子囊孢子分隔清楚或子囊内有明显可辨分隔的孢子）；6.子囊壳 3 级（子囊孢子释放期，子囊壳体积大，易碎，内有大量子囊孢子，子囊壳表面常有灰色或粉红色粉末）

图 2-3-4　赤霉病菌子囊壳形状及成熟度分级（于思勤、张谷丰　提供）

2. 病原物生物学

（1）温度　禾谷镰孢对温度的适应范围很广。菌丝生长的最适温度范围为 22~28℃，分生孢子产生的最适温度为 24~28℃，分生孢子萌发的最适温度为 28℃，低于 4℃萌发缓慢，高于 37℃则不能萌发。子囊壳形成的适宜温度为 15~20℃，子囊和子囊孢子形成的适宜温度为 25~28℃；子囊孢子萌发的最适温度为 25~30℃。

（2）湿度　基物湿润是子囊壳形成和发育的基本条件，在温度满足的前提下，田间表土湿度达70%~80%，处于湿润状态的病残体能很快产生子囊壳和子囊孢子。较高的相对湿度对于孢子萌发是十分重要的。分生孢子的萌发要求 96% 以上的相对湿度，子囊孢子释放则要求相对湿度达到 99% 以上，低于95% 很少释放。水滴存在对病菌孢子的萌发和释放比较有利。

（3）光照　子囊壳的形成需要一定的光照和通气条件，而子囊孢子形成则不受光照的影响。

3. 病原物生理分化

小麦赤霉菌有一定的生理分化现象，菌株间致病力有所不同，但不足以区分出明显的生理小种。我国禾谷镰孢存在不同的化学型，主要为 3 ADON、15 ADON 和 NIV。

4. 病原物寄主范围

除为害小麦外，禾谷镰孢菌还可侵染大麦、燕麦、水稻、玉米等多种禾本科作物以及鹅冠草等禾本科杂草，此外，还可侵染大豆、棉花、甘薯等作物。

四、病害循环

1. 越冬

小麦赤霉病菌腐生能力强，在北方地区麦收后可继续在麦秸、玉米秆、豆秸、稻桩、稗草等植物残体上存活，并以子囊壳、菌丝体和分生孢子在各种寄主植物的残体，以及土壤和带病种子上越冬。病残体上的子囊壳和分生孢子以及带病种子是下一个生长季节的主要初侵染源。种子带菌是造成苗枯的主要原因，而土壤中如有较多的病菌则有利于产生茎基腐症状。

2. 传播和侵染

子囊孢子借气流和风雨传播，孢子落在麦穗上后萌发产生菌丝，先在颖壳外侧蔓延后经颖片缝隙进入小穗内并侵入花药。侵入小穗内的菌丝往往靠花药残骸或花粉粒作为营养并不断生长繁殖，进而侵害颖片两侧薄壁细胞以及胚和胚乳，引起小穗凋萎。小穗被侵染后，条件适宜，3~5 d 即可表现症状。随后菌丝逐渐向水平方向的相邻小穗扩展，也向垂直方向穿透小穗轴进而侵害穗轴输导组织，导致侵染点以上的病穗出现枯萎。

潮湿条件下病部可产生分生孢子，借气流和雨水传播，进行再侵染。但是再侵染次数有限，作用也不大。对于成熟参差不齐的麦区，早熟品种的病穗有可能为中晚熟品种和迟播小麦的花期侵染提供一定数量的菌源。

小麦抽穗至扬花末期最易受病菌侵染，乳熟期以后，除非遇上特别适宜的阴雨天气，一般很少侵染。

五、流行规律

小麦赤霉病的发生和流行与气象条件、菌源数量、寄主抗病性及生育时期、栽培条件等因素有密切关系。田间充足的菌源，小麦品种普遍感病，只要适宜的气候条件和小麦扬花期相吻合，就会造成赤霉病流行。

1. 气象条件

小麦抽穗期以后降水次数多，降雨量大，相对湿度高，日照时数少是构成穗腐病大发生的主要原因，尤其开花到乳熟期多雨、高温，穗腐严重。小麦抽穗扬花期，遇连续 3 d 及以上的降雨，且雨量大于 30 mm 时，适宜小麦赤霉病发生。2018 年信阳、南阳、驻马店地区小麦扬花期雨日数为 4 d，降水量分别是 37.0 mm、32.2 mm、27.5 mm，赤霉病发生较重。漯河、平顶山、济源、焦作地区小麦扬花期雨日数为 3 d，降水量均低于 15 mm，赤霉病发生相对较轻。此外穗期多雾、多露以及雾霾天气也可促进病害发生。气温不是决定病害流行程度变化的主要因素。

2. 菌源数量

在我国北方麦区，大力推广秸秆还田，田间根茬存留量大。同时，田间根茬带菌率居高不下，致使菌源积累量大。据河南省各地 2018 年 4 月上中旬调查结果显示，信阳市平桥区稻桩带菌率 27.5%，南阳市镇平县玉米秸秆带菌率 12.2%，驻马店市平舆县玉米秸秆带菌率 12.4%，周口市郸城玉米秸秆带菌率 13%，开封市兰考县稻桩带菌率 8.7%。据 2016—2018 年 4 月初调查，河南省中南部小麦田间秸秆平均带菌率 10% 以上，完全能满足大流行的菌源量，因此菌源量一般不是流行的限制因素（于思勤等，2019）。

影响苗期发病的主要因素是种子带菌量，种子带菌量大，或种子不进行消毒处理，病苗和烂种率高。土壤带菌量则与茎基腐病发生轻重有一定关系。

3. 品种抗病性和生育时期

据各地鉴定，小麦品种间对赤霉病抗病性存在有一定差异，但尚未发现免疫和高抗品种。目前河南省主推的 40 多个小麦品种中无高抗赤霉病的品种，特别是近年大面积推广的周麦、百农系列的强筋麦，均为高感赤霉病品种，但是郑麦 9023、郑麦 0943、西农 529、西农 9718、西农 979、扬麦 13、扬麦 15、先麦 8 号、先麦 10 号等发病较轻。我国育种工作者在抗小麦赤霉病育种方面做了大量工作，曾选育出苏麦 3 号、扬麦 4 号、华麦 6 号、宁 7840、万年 2 号等抗病品种。从机制来看，抗病品种主要是抗扩展能力较强，发病后往往局限在受侵染小穗及其周围，扩展较慢，严重度较低；而感病品种则扩展较快，发病后常造成多个小穗或全穗枯死。

小麦赤霉病菌的侵入时期受到寄主生育期的严格限制。小麦整个穗期均可受害，但以开花期感病率最高，开花以前和落花以后则不易感染。

4. 栽培条件

地势低洼，排水不良或开花期灌水过多，造成田间湿度较大，有利于发病；麦田施氮肥较多，植株群体大，通风透光不良或造成贪青晚熟，也能加重病情。作物收获后不能及时翻地，或翻地质量差，田间遗留大量病残体和菌源，来年发病重。

此外，小麦成熟后遇雨不能及时收割，赤霉病仍可继续发生；或收获后短期内大量籽粒进入晒场，因雨不能及时晒干出场，籽粒在晒场内发热而引起霉堆。

六、防治技术

防治小麦赤霉病应采取以农业防治和减少初侵染源为基础，充分利用抗（耐）病品种，及时喷洒杀菌剂相结合的全生育期综合防治措施。

1. 选育和推广抗病品种

虽然国内外育种工作者对此做了大量工作，选育出了一批比较抗病的品种，但总的来说其抗病性和丰产性还不够理想。目前可利用一些中抗和耐病品种。南阳农科院张彬等研究表明，黄淮南片麦区 65 个主栽小麦品种试验材料中没有对赤霉病免疫或高抗的品种。采用土表接种，只有徐农 0029、西农 511 和保麦 6 号等 3 个品种表现为中抗。单花滴注鉴定只有西农 511 表现为中抗。大田自然发病调查，郑麦 9023、郑麦 0943、西农 529、西农 9718、西农 979、扬麦 13、扬麦 15、先麦 8 号、先麦 10 号、兰考 198、新麦 21、农大 1108 等发病相对较轻，在豫中南小麦赤霉病常发区，可选择种植。

2. 农业防治

播种时要精选种子，减少种子带菌率。播种量不宜过大；按需合理施肥，控制氮肥施用量，追施氮肥不能太晚；小麦扬花期应少灌水，更不能大水漫灌，多雨地区要注意排水降湿。尽量适期整齐播种，避免生育期差异过大而增加病菌侵染概率和统防统治难度。

对信阳、南阳等山区丘陵地带，小麦产量低、品质差且为小麦赤霉病常年偏重发生的地区，建议调整种植结构改种油菜、绿肥等作物。信阳水稻产区也可以对部分农田采取休耕措施，冬季养田，春季及早插秧或种植再生稻品种。

3. 减少菌源数量

推广小麦与花生、大豆、蔬菜等作物轮作，压低菌源基数；小麦抽穗前要尽可能处理完麦田周边的麦秸、玉米秸等植株残体。上茬作物收获后，秸秆要充分粉碎，深翻掩埋，减少土表裸露的病残体数量，促使植株残体腐烂，减少田间菌源数量。小麦成熟后要及时收割，尽快脱粒晒干，减少霉垛和霉堆造成的损失，秸秆要粉碎还田或集中清理运出。

4. 药剂防治

药剂防治仍是小麦赤霉病防治的关键和有效措施。

（1）种子处理　是防治芽腐和苗枯的有效措施。可用 100~200g 多菌灵（有效成分）/ 拌种 100kg 种子，或用腈菌唑、苯醚甲环唑和戊唑醇拌种处理。

（2）喷雾防治　防治茎基腐应当在拔节初期，穗腐、秆腐的最适施药时期是小麦齐穗期至盛花期，施药应宁早勿晚。可选用的药剂有 25~50g 氰烯菌酯（有效成分）/ 亩、5~6.5g 戊唑醇（有效成分）/ 亩、40~50g 多菌灵（有效成分）/ 亩、50~70g 甲基硫菌灵（有效成分）/ 亩、10~13g 氟唑菌酰羟胺（有效成分）/ 亩、12~13.5g 丙硫菌唑（有效成分）/ 亩，或戊唑醇的混剂（与百菌清、咪鲜胺、丙硫菌唑、甲基硫菌灵、福美双等混剂）。如果气温高于 15℃，连阴雨 3d 以上，间隔 5d，需进行二次防治。河南南部赤霉病菌对多菌灵的抗性菌株比例达 10% 以上，应避免使用多菌灵单剂和混剂，提倡使用不同作用机制的药剂，以延缓病菌抗药性发展，提高赤霉病防治效果（于思勤等，2019）。

第四节　小麦白粉病

一、分布与为害

小麦白粉病是一种世界性病害。20 世纪 70 年代以后随着矮秆小麦品种的推广和水肥条件的改善，小麦白粉病发病面积和范围不断扩大，以西南和黄淮海麦区发生较重，而且西北、东北麦区也有日益严重趋势。1981 年全国发生面积为 4 305 万亩；1985 年扩大到 6 795 万亩；1989 年达到 10 724 万亩；1990 年和 1991 年全国小麦白粉病大流行，两年的发生面积均超过 1.8 亿亩，年损失小麦 1.4×10^9 kg 以上。据全国农业技术推广服务中心统计，全国已有 26 个省（市）发生白粉病，2015 年和 2016 年连续两年全国小麦白粉病发生面积均在 1 亿亩以上，其中河南沿黄稻茬麦区和中北部高产区、江苏沿海和沿江麦区偏重发生，造成不同程度的经济损失。被害麦田一般减产 10% 左右，严重地块损失高达 20%~30%，个别地块甚至达到 50% 以上。

20 世纪 70 年代白粉病仅在河南省部分高产田块及沿河低洼潮湿麦田发生，发生面积 500 万亩以下，80 年代初期发生面积上升到 1 000 万亩左右，1987 年发生面积 1 575.7 万亩，开始在全省普遍发生为害，1990 年和 1991 年连续两年发生面积超过 4 200 万亩，2002 年发生面积达到 5 291 万亩。目前，白粉病已经成为河南省小麦生产上的主要病害，近 10 年发生面积均值为 1 857 万亩，其中 2015 年发生面积 2 634.0 万亩，损失小麦 7.9×10^4 t（图 2-4-1）。

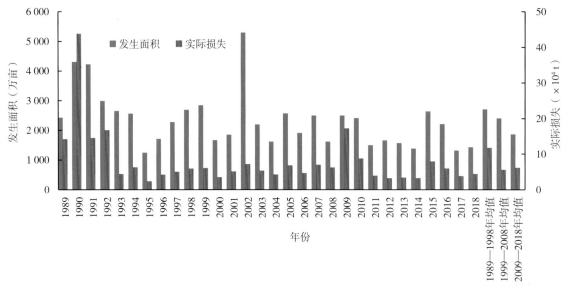

图 2-4-1　河南省小麦白粉病发生情况

二、症状

小麦白粉病在苗期至成株期均可为害。该病主要为害叶片，严重时也可为害叶鞘、茎秆和穗部。发病初期病部产生黄色小点，而后逐渐扩大为圆形或椭圆形的病斑，表面生一层白粉状霉层（分生孢子，图2-4-2），霉层以后逐渐变为灰白色，最后变为浅褐色，其上生有许多黑色小点（闭囊壳，图2-4-2）。一般叶片正面病斑比反面多，下部叶片多于上部叶片。病斑多时可连成片，并导致叶片发黄枯死。发病严重时植株矮小细弱，分蘖减少，穗小粒少，千粒重明显下降，对产量影响很大。

1. 苗期; 2. 成株期叶片; 3. 穗部; 4. 分生孢子和闭囊壳
图 2-4-2　小麦白粉病症状（于思勤，孙炳剑　摄）

三、病原

小麦白粉病病原有性态为禾谷布氏白粉菌小麦专化型（*Blumeria graminis* f.sp. *tritici*），异名（*Erysiphe graminis* f.sp. *tritici* ），属子囊菌门布氏白粉菌属；无性态为串珠状粉孢菌（*Oidium monilioides* ）。

1. 病原形态

小麦白粉病菌菌丝生于寄主体表，无色，仅以吸器伸入寄主表皮细胞。菌丝上垂直生成分生孢子梗，基部膨大呈球形，梗上生有成串的分生孢子。分生孢子卵圆形，单胞，无色，大小为（25~30）μm×（8~10）μm。分生孢子寿命较短，其侵染力只能保持3~4d。

后期在病斑霉层内产生黑色小颗粒状的闭囊壳，闭囊壳首先在植株下部较老的病叶上形成，以后逐渐在上部病叶形成。闭囊壳黑色球形，直径135~280μm，外有发育不全的丝状附属丝。闭囊壳内含有子囊9~30个。子囊长椭圆形，内含子囊孢子8个或4个。子囊孢子椭圆形，单胞，无色，大小为（20~23）μm×（10~13）μm。

2. 病原生物学

小麦白粉病菌属于专性寄生菌，只能在活的寄主组织上生长发育。小麦白粉病菌对湿度和温度的适应范围很广。

（1）湿度 在相对湿度0~100%，小麦白粉病菌分生孢子均可萌发，一般湿度越大，萌发率越高，但在水滴中反而萌发率下降。

（2）温度 小麦白粉病菌分生孢子在0.5~30℃均可萌发，以10~17℃最为适宜。分生孢子不耐高温，夏季寿命很短，一般只有4d左右。在温度为10~20℃条件下，子囊孢子形成、萌发和侵入都比较适宜。

（3）光照 直射阳光对小麦白粉病菌分生孢子萌发有抑制作用，因此在植株郁闭、通风透光不良或阴天时发生较重。

3. 病原菌生理分化

小麦白粉病菌主要为害小麦，有时可侵染黑麦和燕麦，但不侵染大麦。大麦白粉病菌（*B. graminis* f.sp. *hordei* ）也不侵染小麦。据报道，在温室人工接种条件下，小麦白粉病菌可侵染鹅冠草属（*Roegneria* ）、披碱草属（*Elymus* ）和冰草属（*Agropyrum* ）的一些种。小麦白粉病菌生理分化现象十分明显，国内选用9个鉴别寄主并采用8进制编码命名生理小种，已鉴定出生理小种70多个。

4. 小麦白粉病菌群体毒性及遗传多样性

国际上普遍利用一套已知抗病基因的鉴别寄主，基于小麦近等基因系与小麦白粉菌群体的相互作用，监测病原菌群体毒性的变异。李亚红等（2012）利用40个鉴别寄主对河南省5个小麦产区的44个单孢子堆纯化分离的小麦白粉病菌进行毒性鉴定分析，并采用多基因家系法进行了遗传多样性分析。结果表明，河南省的小麦白粉病菌存在地理之间的差异，省内群体中存在着丰富的遗传多样性。同时病菌在地区之间有自西南向东北和东方的传播趋势。2010—2017年河南省小麦白粉菌群体毒性测定结果表明，病菌群体对 *Pm1a*、*Pm3a*、*Pm3b*、*Pm3c*、*Pm3e*、*Pm3f*、*Pm5a*、*Pm6*、*Pm7*、*Pm8*、*Pm17*、*Pm19*、*Pm1+2+9* 等抗性基因或组合平均毒性频率高于70%，这些抗性基因在河南省已经丧失抗性，不能在抗病育种中继续使用。对 *Pm3d*、*Pm4a*、*Pm4b*、*Pm5e*、*Pm25*、*Pm30*、*Pm34*、*Pm4+8*、*Pm4b+5b*、*Pm5+6* 等抗性基因或组合的毒性频率为30%~70%。对 *Pm2*、*Pm5b*、*Pm22*、*Pm23*、*Pm24*、*Pm35*、*Pm36*、*Pm"XBD"*、*Pm2+6* 等抗性基因或组合毒性频率介于10%~30%，对 *Pm1c*、*Pm13*、*Pm46*、*Pm2+MLd* 等抗性基因或组合的毒性频率小于10%；对抗性基因 *Pm12*、*Pm16* 和 *Pm21* 的毒性频率为0%，说明目前这些抗病基因在河南省均保持良好或优良的抗性；对 *Pm5b*、*Pm13*、*Pm35*、*Pm2+MLd* 等抗性基因或组合的年均毒性频率低于30%且年度间波动较小，抗性表现较为稳定（张美惠等，2019）。

四、病害循环

1.病原菌的越夏

小麦白粉病菌的越夏方式有 2 种。一种是以分生孢子在夏季气温较低的地区（最热一旬的平均气温不超过 24℃）的自生麦苗上或夏播小麦植株上越夏，海拔较高的山区如贵州省贵阳地区、四川省雅安和川北省阿坝州、湖北省鄂西北及鄂西山区、河南省北部和南阳山区、陕西省关中秦岭北麓及渭北山区、甘肃省天水地区等等。1981 年在河南省北部辉县山区自生麦苗上白粉病病株率高达 80%。而在广大的平原麦区，由于夏季气温较高，病原菌难以存活，加上大多数自生麦苗到麦播前已经死亡，因此小麦白粉病菌不能在这些地区越夏。另一种越夏方式是以病残体上的闭囊壳在低温干燥的条件下越夏，河南、江苏等地闭囊壳混杂于小麦种子内非常普遍，而且存活率高，是当地秋苗发病的主要初侵染源。

2.病原菌的越冬

小麦白粉病菌越夏后侵染秋苗，导致秋苗发病。冬季，病菌以菌丝体潜伏在植株下部叶片或叶鞘内越冬。影响病菌越冬存活率高低主要因素是冬季气温和湿度，如冬季温暖，雨雪较多或土壤湿度大，则有利于病菌的越冬。

3.传播和侵入

小麦白粉病菌的分生孢子和子囊孢子借助气流传播，而且可借助高空气流进行远距离传播。白粉病菌的孢子随气流传到感病品种的植株上后，遇到合适的条件即可萌发产生芽管，芽管的顶端膨大形成附着胞，附着胞上再产生侵入丝直接穿透寄主表面的角质层，侵入寄主表皮细胞，并在表皮细胞内产生指状吸器，吸取寄主营养。10~20℃，较高的相对湿度，病原菌 1d 即可完成侵入过程。

4.再侵染

小麦白粉病菌完成侵染并建立寄生关系后，菌丝即可在寄主组织表面不断蔓延生长，随后在菌丝中分化形成分生孢子梗并产生大量的分生孢子，分生孢子成熟后脱落，由气流向周围传播引起多次再侵染。白粉病潜育期很短，21~25℃时只有 3d，整个生育期中再侵染十分频繁。该病一般先在植株下部呈水平方向扩展，以后逐步向上部蔓延。发病早期，病田中有明显发病中心，由此向四周传播蔓延引起流行。河南省春季一般拔节期开始发病，抽穗至灌浆期达到高峰，乳熟期停止发展，病情发展流行呈典型的"S"形曲线。

五、流行规律

小麦白粉病的发生和流行取决于品种抗病性、气候条件、栽培条件和菌源数量等。

1.品种抗病性

目前生产上推广的小麦品种多数是感病品种，如遇到适宜条件，白粉病很容易造成流行。不同的小麦品种对白粉病菌的抗病性差异很大，表现为从免疫、高抗到高感等多种类型。根据抗病性表现，又可把小麦品种对白粉病菌的抗性分为低反应型抗病性、数量性状抗病性和耐病性等。

（1）低反应型抗病性　又称小种专化抗病性，由少数主效基因控制，在白粉病菌侵入时迅速发生过敏性坏死反应，表现为反应型级别低，如白兔 3 号、肯贵阿 1 号、郑州 831 等。目前在小麦及其近缘种属中发现 80 多个抗白粉病基因，正式命名的 68 个。张美慧等（2019）对河南小麦白粉病菌群里毒性研究发现，抗性基因 *Pm1a*、*Pm3a*、*Pm3b*、*Pm3c*、*Pm3e*、*Pm3f*、*Pm5a*、*Pm6*、*Pm7*、*Pm8*、*Pm17*、*Pm19*、*Pm1+2+9* 等在生产上已表失抗病性，而 *Pm1c*、*Pm2*、*Pm5b*、*Pm12*、*Pm13*、*Pm16*、*Pm21*、*Pm22*、

Pm23、*Pm24*、*Pm35*、*Pm36*、*Pm46*、*Pm"XBD"*、*Pm2+MLd*、*Pm2+6* 等仍为有效的抗病基因，可在抗病育种或生产上使用。

（2）数量性状抗病性　又称非小种专化抗病性或慢病性，由多数微效基因控制，表现为侵染率低，潜育期长，孢子堆小，产孢量少，病情增长较慢等，如望水白、阿勃、豫麦 2 号、豫麦 15 号、小偃 6 号等。

（3）耐病性　由于植株根系发达，吸水能力强，光合作用效率高，灌浆速度快等，具有较强的补偿作用，在植株感病后产量损失较小。

2. 气候条件

温度和湿度对小麦白粉病的发生和流行影响最大。

（1）温度　温度对春季小麦白粉病的影响包括始发期早晚、潜育期长短、病情发展速度和终止期。如冬季和早春气温偏高，始发期就较早。0~25℃小麦白粉病均可发生，15~20℃为发病最适温度，10℃以下发生缓慢，25℃以上病情发展受到抑制。病害潜育期 4~6℃时为 15~20d，8~11℃时为 8~13d，14~17℃时为 5~7d，19~25℃时仅为 4~5d。

（2）湿度　在一定范围内，随着相对湿度增加，病害会逐渐加重。虽空气湿度较高有利于小麦白粉病菌孢子的形成和侵入，但湿度过大降雨过多则不利于分生孢子的形成和传播，对病害发展反而不利。一般来说，干旱少雨不利于病害发生。李彤霄（2015）研究表明，河南省镇平县、伊川县、安阳县和项城市 4个县（市）小麦白粉病的发生等级都与 3 月的相对湿度成正相关。

3. 栽培条件

施肥、灌水、播种量和植株群体密度等栽培条件对小麦白粉病的发生有重要影响。氮肥施用过多，灌水量大，播种量过早、过多等，往往导致植株生长过于茂密，贪青徒长，叶片幼嫩，田间通风透光不良，而且易于倒伏，植株抗病性差，白粉病发生较重。肥水条件好的高产地块易于发病。但是，如田间水肥不足，土壤干旱，植株生长衰弱，细胞缺水失去膨压，抗病性下降，也会引起病害严重发生。

4. 菌源数量

秋苗发病轻重与越夏地的菌源量有密切关系。而春季白粉病的病情与病菌越冬存活率有一定关系。小麦白粉病菌在河南麦田均可以越冬，冬季和早春气温偏高，有利于白粉病菌的越冬，导致春季菌源量大，病害发生严重。

六、防治技术

防治策略应采取以推广抗病品种为主，辅之以减少菌源、科学栽培和化学药剂防治的综合措施。

1. 选用抗病品种

我国在小麦抗白粉病品种的引进、选育、筛选和鉴定方面做了大量工作。据不完全统计，各地共鉴定了近万份小麦材料，选育出了一大批抗病品种（系），其中抗病性表现较好的有：白兔 3 号、肯贵阿 1 号、苏肯 1 号、阿勃、小黑小、黔花 4 号、郑州 831、花培 28、豫麦 17 号、鲁麦 14 号、冀麦 5418、宁 7840、抗锈 784、抗锈 791 等。矮抗 58、郑麦 366、周麦 18、周麦 36、中麦 175、新麦 19、洛麦 22、郑麦 113等抗白粉病的品种适合在河南省种植。需要引起注意的是由于小麦白粉病菌是专性寄生菌，病菌变异速度快，经常导致品种抗病性丧失。在抗白粉病育种时要不断开发利用新的抗源，特别是从小麦近缘属种材料中寻找抗源。在已发现的 80 多个小麦抗白粉病基因中，13 个来源于小麦的近缘种属，如 *Pm7*、*Pm8*、*Pm17*、*Pm20* 来自黑麦、*Pm12*、*Pm53* 来自拟斯卑尔脱山羊草、*Pm29* 来自卵穗山羊草、*Pm13* 来自高大山羊草、*Pm19*、*Pm35* 来自方穗山羊草、*Pm34* 来自粗山羊草、*Pm21* 来自簇毛麦。在所有小麦抗白粉病基因中，来源于簇毛麦的 *Pm21* 已被许多研究证明是目前最有效的小麦抗白粉病基因，对白粉菌所有生理小种表现免疫，同时在遗传背景不同的小麦中均表现稳定。因此育种家们培育了许多含 *Pm21* 基因的小麦品种，如扬麦 18、扬麦 15、南农 9918、内麦 836、石麦 14、绵麦 185、绵麦 37、贵农 775、贵农 001、安农 0841 等（范春捆，2019）。除了利用低反应型抗病性外，还要充分利用小麦对白粉病的慢病性和耐病性，各地发现的对白粉病具有慢病性的品种：望水白、豫麦 2 号、豫麦 15 号、小偃 6 号等。

2. 减少初侵染来源

在小麦白粉病的越夏区，麦播前要尽可能消灭自生麦苗，以减少菌源，降低秋苗发病率。在小麦白粉病病菌闭囊壳能够越夏的地区，麦播前要妥善处理带病麦秸。

3. 加强栽培管理

控制田间群体密度，适期适量播种。在白粉病菌越夏区或秋苗发病重的地区可适当晚播以减少秋苗发病率。避免播量过高，造成田间群体密度过大，通风透光不良，相对湿度增加，植株生长弱，易倒伏，发病加重。根据土壤肥力状况，控制氮肥用量，增加磷钾肥特别是磷肥施用量。根据土壤墒情进行冬灌，减少春灌次数，降低发病高峰期的田间湿度。发生干旱时也应及时灌水，促进植株生长，提高抗病能力。

4. 药剂防治

药剂防治仍是小麦白粉病防治的关键措施，包括播种期拌种和春季喷药防治。

（1）播种期拌种　在秋苗发病较重的地区，可采用 2% 戊唑醇湿拌剂 1∶1 000（药∶种）拌种，或用 3% 苯醚甲环唑悬浮种衣剂 1∶500 包衣处理进行防治，持效期可达 60d 以上，还能兼防根部病害。

（2）春季喷药防治　小麦白粉病流行性很强，在春季病株率达 15%~20% 或病叶率 5%~10% 时，要及时进行喷雾防治。常用药剂：6~12g 嘧菌酯（有效成分）/ 亩、4~8g 醚菌酯（有效成分）/ 亩、7.5~10g 吡唑醚菌酯（有效成分）/ 亩等甲氧基丙烯酸酯类杀菌剂，8~8.5g 三唑酮（有效成分）/ 亩、6~8g 烯唑醇（有效成分）/ 亩、6~8g 丙环唑（有效成分）/ 亩、7.5~9g 氟硅唑（有效成分）/ 亩、6~8g 氟环唑（有效成分）/ 亩、4.5~6g 叶菌唑（有效成分）/ 亩等三唑类杀菌剂，对水 40~50kg 均匀喷雾。目前，已发现小麦白粉病菌对三唑类杀菌剂产生抗药性，在白粉病的药剂防治中，建议三唑类杀菌剂与其他类型的杀菌剂轮换使用，以避免病菌抗药性的发展。

第五节　小麦纹枯病

一、分布与为害

小麦纹枯病是一种世界性病害，发生非常普遍。20 世纪 70 年代以前，小麦纹枯病仅在我国一些麦区零星发生，为害较轻。自 70 年代中后期开始，随着高产矮秆、密植品种的大面积推广和肥水条件的改善，该病在各冬麦区普遍发生，发生面积及为害程度逐渐加重，已经成为长江中下游地区和黄淮平原麦区主要病害之一，尤以河南、江苏、安徽、山东、湖北、河北等省发生普遍且为害较重。小麦纹枯病对产量影响极大，一般导致小麦减产 10%~20%，严重地块减产 50% 左右，个别地块甚至绝收。

20 世纪 70 年代以前，小麦纹枯病仅在河南省高产灌区零星发生，自 70 年代中后期开始，随着高产矮秆、密植品种的大面积推广和肥水条件的改善，该病在各冬麦区普遍发生，发生面积及为害程度逐渐加重。1985年以后在沿河低洼潮湿地区、高产灌区和群体大的麦田成为常发性病害，常年发生面积不足1 000万亩，病株率一般为15%~30%，白穗率0.5%~1.0%。随着生产水平的提高、小麦连作及秸秆还田工作的持续开展，纹枯病发生为害加重，近10年平均发生面积上升到4 211万亩，损失小麦17.5×10⁴t；其中2017年河南发生面积4 606万亩，比近10年均值增加300多万亩，损失小麦18.7×10⁴t。纹枯病成为河南省小麦生产上分布广泛的第一大病害（图2-5-1）。

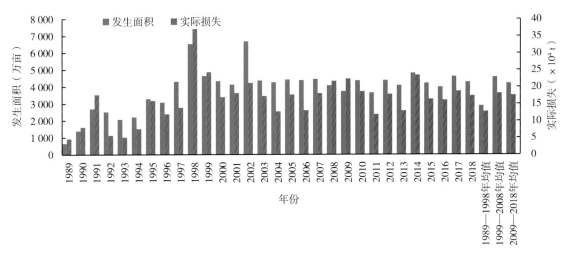

图2-5-1　河南省小麦纹枯病发生情况

二、症状

纹枯病在小麦的各生育期均可发生，主要为害植株基部的叶鞘和茎秆，造成烂芽、病苗、死苗、花秆烂茎和枯孕（白）穗等多种症状（图2-5-2）。小麦茎秆上的云纹状病斑及菌核是纹枯病诊断识别的典型症状。

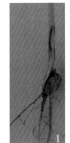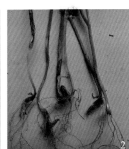

1-3.苗期云纹状病斑；4-5花秆；6.病斑上白色菌丝体；7.田间白穗

图2-5-2　小麦纹枯病为害症状（1、5、6为陈国政摄，2、3、4、7为孙炳剑　摄）

1.烂芽

小麦种子发芽后芽鞘受侵染变褐枯死，造成小麦田缺苗断垄。

2.病苗和死苗

小麦3~4叶期，发病植株第1叶鞘上呈现中央灰白色、边缘褐色的典型病斑，严重时造成死苗。

3. 花秆

小麦返青拔节后，发病植株下部叶鞘上产生中部灰白色、边缘浅褐色的云纹状病斑，多个病斑相连接，形成云纹状的花秆，条件适宜时，病斑向上扩展，并向内扩展到小麦的茎秆，在茎秆上出现近椭圆形的"尖眼斑"，病斑中部灰褐色，边缘深褐色，两端稍尖。由于茎部腐烂，后期极易造成倒伏。

4. 枯孕（白）穗

发病严重的主茎和大分蘖常抽不出穗，形成"枯孕穗"，有的虽能够抽穗，但结实减少，籽粒秕瘦，形成枯白穗。枯白穗在小麦灌浆乳熟期最为明显，发病严重时田间植株出现成片的枯死。

5. 病征

田间湿度大时，拔节期病叶鞘内侧及茎秆上可见蛛丝状白色的菌丝体，以及由菌丝纠缠形成的黄褐色的菌核。小麦孕穗到成熟期，菌核近似油菜籽状，极易脱落到地面上。

三、病原

引起小麦纹枯病的病原物是禾谷丝核菌（*Rizoctonia cerealis* Vander Hoeven），属于无性型真菌丝核菌属。有性态为担子菌门角担菌属（*Cenatobasidium*），自然情况下不常见。立枯丝核菌（*R. solani*）也能侵染小麦引起纹枯病。

1. 病原菌形态

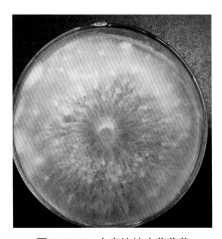

图2-5-3 小麦纹枯病菌菌落
（PDA培养基，孙炳剑 提供）

小麦纹枯病菌营养体为发达的有隔菌丝，常形成菌核，不产生任何类型的分生孢子。在PDA培养基（马铃薯葡萄糖琼脂培养基）上，小麦纹枯病菌菌丝细胞双核，较细（直径2.9~5.5 μm），生长速度较慢，气生菌丝少，菌落初为白色，后颜色逐渐变为浅褐色到深褐色，菌丝体絮状至蛛丝状。初生菌丝无色较细，有复式隔膜，菌丝呈锐角分枝，分枝处多缢缩并常产生横隔膜。后期菌丝变褐色，分枝和隔膜增多，近直角分枝。部分菌丝膨大成念珠状。10d后菌丝相互纠结形成菌核，菌核之间有菌丝连接。菌核初为白色，后变成不同程度的褐色，表面粗糙，不规则，大小如油菜籽。立枯丝核菌菌丝细胞多核，细胞核3~25个，多数4~8个核，较粗（5~12μm），生长较快，菌核较大，色泽较深（图2-5-3）。

2. 病原菌生物学

菌丝生长对营养要求不严格，在水琼脂培养基上也能生长。最佳碳源为麦芽糖和蔗糖，最佳氮源为硝态氮和亚硝态氮。菌丝生长的温度为13~35℃，适温为22~25℃。菌丝生长10~11d开始形成菌核。菌核萌发无休眠期，适温下4d即可萌发。湿热条件下菌丝体致死温度为49℃（10min），菌核及病组织内的菌丝体致死温度为50℃（10min）；干热条件下，菌丝体致死温度为75℃（1h）。菌核抗干热能力强，80℃处理3h仍能萌发。病菌生长的pH值范围为4~9，最适pH值为6。散射光或黑暗条件菌丝生长良好。

3. 病原菌生理分化

小麦纹枯病菌种下根据菌丝融合划分为不同的菌丝融合群（Anastomosis group，简称AG）。我国小麦纹枯病菌的优势菌群是禾谷丝核菌的 CAG-1 融合群，约占 90%；立枯丝核菌 AG-5 融合群数量较少。南京农业大学于汉寿团队对分离自江苏、安徽、河南、湖北 4 省的 157 株丝核菌研究表明，*R. cerealis* 为优势致病菌，属于 CAG-1 融合群，其致病力显著高于立枯丝核菌 *R. solani*（AG-5 融合群）（陈莹，2009）。

小麦纹枯病菌除侵染小麦外，对大麦也表现强致病力；还能侵染玉米、水稻，但致病力不及对小麦强，对大豆和棉花不致病。

四、病害循环

1. 初侵染

小麦纹枯病初侵染来源来自土壤中的菌核或病残体组织中的菌丝体，菌核的作用更为重要。菌核在干燥条件下保存 6 年仍可以萌发，埋入田间持水量 55% 的土壤中，6 个月后 80% 仍具有活力，而且萌发势好。菌核萌发后长出的菌丝遇干燥条件而又找不到寄主，48h 后自行死亡。以后菌核若再遇到适于萌发的条件，还可以再度萌发长出菌丝且致病力不降低。

2. 传播及侵染

小麦纹枯病是典型的土传病害，带菌土壤可以传播病害，混有病残体和病土而未腐熟的有机肥也可以传病。此外，农事操作也可传播。土壤中的菌核和病残体长出的菌丝接触寄主后，形成附着胞或侵染垫产生侵入丝直接侵入寄主，或从根部伤口侵入。

3. 发病

小麦纹枯病在河南冬麦区田间的发生过程可分为以下 5 个阶段。

（1）冬前发病期　小麦种子萌发后，土壤中越夏的病菌即可侵染，3 叶期前后始见病斑。冬前分蘖期内，病株率一般在 10% 以下，早播田块发病较重，有些可达 10%~20%。

（2）越冬静止期　麦苗进入越冬阶段，病情停止发展，冬前发病株可以带菌越冬，并成为春季早期发病的重要侵染来源之一。

（3）病情回升期　一般在 2 月下旬至 3 月下旬，以病株率的增加为主要特点。随着气温逐渐回升，病菌开始大量侵染麦株，激增期在分蘖末期至拔节期，但是病情严重度多为 1~2 级。

（4）发病高峰期　高峰期出现在拔节后期至孕穗期，一般在 3 月下旬至 4 月下旬。随着植株拔节与病菌的蔓延发展，病菌向上发展，并向内侵入茎秆，严重度增加。

（5）病情稳定期　一般在 5 月上中旬，抽穗以后，茎秆变硬，气温也升高，阻止了病菌继续扩展。病斑高度与侵染茎数都基本稳定，重病株因输导组织受损失而枯死，田间出现枯孕穗和枯白穗。病株上产生菌核而后落入土壤。

4. 再侵染

小麦纹枯病病部的菌丝向周围蔓延扩展引起再侵染。田间发病有两个侵染高峰，分别是秋苗期和返青拔节期（图 2-5-4）。

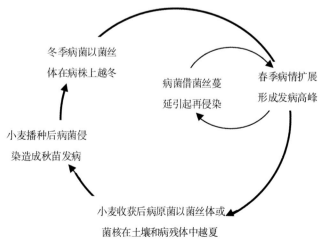

图 2-5-4　小麦纹枯病侵染循环示意图

五、流行规律

小麦品种抗性、气候因素、耕作制度及栽培技术等是影响小麦纹枯病发生流行的主要因素。

1. 品种抗病性

目前生产上推广的品种绝大多数为感病品种，只有极少数表现耐病或中抗，缺乏免疫和高抗品种。感病品种的大面积推广，是当前小麦纹枯病严重发生的原因之一。豫农949、偃展4110、中育6号等小麦品种发病较轻。

2. 气候条件

一般冬前高温多雨有利于发病，春季气温已基本满足纹枯病发生的要求，湿度成为发病的主导因子，3月至5月上旬的雨量与发病程度密切相关。1997年、1998年、1999年连续三年河南省小麦纹枯病大流行就与当年春季多雨有关；而2000年冬春季干旱，直到4月上旬调查小麦纹枯病，仅在下部叶鞘为害，尚未扩展到茎秆，当年小麦纹枯病为轻发生。

3. 耕作与栽培措施

小麦地连作年限长、土壤中菌核数量多，有利于菌源积累，发病重。另外小麦早播气温较高，纹枯病发病重，适期迟播纹枯病发生轻。灌溉条件的改善，播种密度的增高，化肥特别是速效氮肥施用量的增加有利于纹枯病发生流行。高产田块纹枯病重于一般田块。

4. 土壤条件

沙壤土地区纹枯病重于黏土地区，黏土地区纹枯病重于盐碱土地区。中性偏酸性土壤发病较重。

六、防治技术

小麦纹枯病控制采取改善农田生态条件为基础，结合药剂防治和种植耐病品种的综合防治策略。

1. 种植抗（耐）病品种

选用当地丰产性能好、耐性强或轻度感病品种，在同等条件下可降低病情20%~30%。郑麦379、郑麦9405、濮优938、豫农416、先麦10号、新麦26、矮抗58、周麦18、豫教5号、焦麦266、许农7号、扬麦15、开麦18、中育6号、偃展4110、济麦4号等小麦品种发病较轻，可以在纹枯病重病区选择种植。

2. 加强栽培管理

高产田块应适当增施有机肥，使土壤有机质含量在1%以上。避免大量施用氮肥，平衡施用氮、磷、钾肥，小麦返青期追肥不宜过重过晚。重病地块适期晚播，控制播量，做到合理密植。田边地头设置排水沟以防止麦田积水，灌溉时忌大水漫灌。及时防除杂草，改善田间生态环境。

3. 药剂防治

（1）拌种处理　播种前可用三唑类、苯吡咯类和甲氧基丙烯酸酯类杀菌剂进行种子处理。如15%三唑酮可湿性粉剂按1∶500（药∶种）拌种，或用2%戊唑醇湿拌剂1∶1 000（药∶种）拌种，或用2.5%咯菌腈悬浮种衣剂、3%苯醚甲环唑悬浮种衣剂按1∶500进行种子包衣处理，对苗期小麦纹枯病防效较好。

（2）喷雾防治　在小麦返青至拔节期，当病株率15%~20%或病情指数达5时，可使用16%井冈霉素可溶性粉剂1 000倍液、或用12.5%烯唑醇可湿性粉剂1 500倍液、15%三唑酮可湿性粉剂1 000倍液，25%丙环唑乳油1 000倍液均匀喷雾，重点喷施小麦茎基部，均有较好的控制作用，同时还可兼治小麦根腐病、茎基腐病、白粉病和锈病等。

4. 生物防治

枯草芽孢杆菌、木霉菌等拌种对纹枯病也有一定防治效果。绿色小麦生产基地，在纹枯病发生初期，推广使用井冈霉素、木霉菌、枯草芽孢杆菌、井冈·枯草芽孢杆菌等生物源农药进行防治。

第六节　小麦全蚀病

一、分布与为害

小麦全蚀病是一种世界性的病害，在30多个国家小麦种植区发生。我国1931年首先在浙江省发现全蚀病为害，目前已扩展到西南、西北、华北和华东地区等21个省（自治区），成为小麦生产的重要灾害和防治对象。其中以山东省胶东地区和河北、甘肃、内蒙古、陕西、山西、河南等省（自治区）的部分地区发生较重。一般病田引起减产10%~20%，重病田可达50%以上，甚至绝收。

1992年在河南省原阳县官场乡首次发现小麦全蚀病，1998年将其列为河南省补充检疫对象；随着小麦种子跨区调运及收割机械传播，该病在河南省麦田扩展迅速，2004年发病52.6万亩，2009年发病达262.2万亩，2012年发生面积达544.6万亩，损失小麦6.5×10^4t；经过持续治理，2015年以后发生面积及为害程度呈下降趋势，2019年河南省小麦全蚀病发生面积67.5万亩，发生范围明显缩小，为害程度减轻，仅在新乡、焦作、开封、郑州、驻马店、周口、许昌部分县发病较重（图2-6-1）。

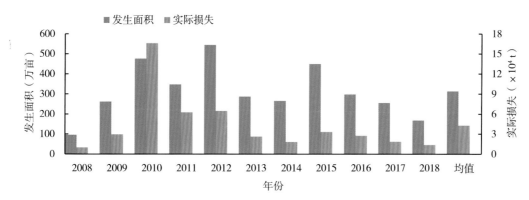

图 2-6-1　河南省小麦全蚀病发生情况

二、症状

小麦全蚀病是一种典型的根部病害，苗期至成株期均可发生，以灌浆至成熟期症状最为典型，主要为害小麦根部和茎基部第1~2节，造成"黑根""黑脚""黑膏药""白穗"等症状（图2-6-2）。

1. 幼苗期

受害小麦植株种子根、地下茎、部分次生根变黑褐色，产生大量褐斑，严重时病斑联合在一起，整个根系变黑死亡。特别是病根中柱部分变为黑色（俗称"黑根"）。病苗叶色变浅，心叶内卷，基部叶片黄化，分蘖减少，植株矮小生长衰弱，严重时可造成植株连片枯死。

2. 返青至拔节期

病株返青迟缓，黄叶增多。拔节后叶片自下而上黄化，植株矮化。潮湿条件下，茎基部1~2节变成

1. 苗期黑根；2. 成株期茎基部黑化；3. 大田成片枯死症状

图 2-6-2　全蚀病为害状（孙炳剑　摄）

褐色至灰黑色（俗称"黑脚"）。发病初期在变色根表面有褐色粗糙的匍匐菌丝。在潮湿条件下，发病后期茎基部表面及叶鞘内侧布满紧密交织的黑褐色菌丝层（俗称"黑膏药"）。茎基部叶鞘内侧的菌丝层上可以产生疏密不均的黑色子囊壳，呈小粒点状。但是干旱条件下，病株基部黑脚症状不明显，也不产生子囊壳。

3. 抽穗至收获

抽穗后，病株根系腐烂，早枯，形成"白穗"，导致穗粒数减少，千粒重下降。田间病株呈点片分布有明显发病中心，严重时全田植株枯死。病根中柱部分黑色、匍匐菌丝和"黑膏药"是诊断全蚀病的典型特征。

三、病原

病原物为禾顶囊壳小麦变种（*Gaeumannomyces graminis* var. *tritici* J.Walker.），属于子囊菌门顶囊壳属。

1. 病原菌形态

病原菌菌丝为有隔菌丝。老化菌丝栗褐色，多呈锐角分枝，在主、侧枝上各生一横隔，连接成"∧"

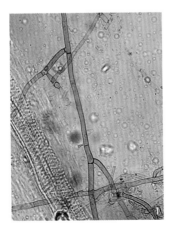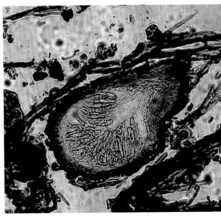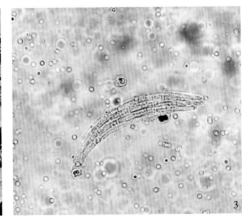

1. 菌丝；2. 子囊壳；3. 子囊

图 2-6-3　小麦全蚀病病原菌形态（孙炳剑　摄）

形，此为在病菌产生子囊壳前鉴别全蚀病菌的重要特征。匍匐菌丝 3~4 根聚集，在小麦等寄主植物根茎和叶鞘表面形成网纹。自然情况下，尚未发现病菌的无性态，病菌在寄主成熟后产生子囊壳。子囊壳黑色，梨形或烧瓶状，基部埋生于寄主组织内，有颈和孔口，表面覆有栗褐色毛茸状菌丝（图 2-6-3）。子囊细长，圆柱形至棍棒形。子囊内含 8 个平行排列的子囊孢子。子囊孢子无色，线状，稍弯曲，有 3~8 个隔膜。

在 PDA（马铃薯葡萄糖琼脂培养基）上，菌落初为白色，后变为灰色或黑色，气生菌丝灰色，短而密集。菌落边缘的菌丝有反卷现象，菌落中有疏密不等的菌丝束。

2. 病原菌生物学

（1）温度　小麦全蚀病菌菌丝生长温度为 3~33℃，适温为 19~24℃。子囊孢子形成的适温为 20℃左右，14℃以下不利于子囊壳和子囊孢子的产生，子囊孢子最适萌发温度为 20~25℃。病菌侵染适温为 12~18℃，土壤温度为 6~8℃仍可以侵染。病菌对于高温适应性较强，在 50℃下处理 24h 仍不失活性；但对湿热敏感，52~54℃处理 10min 即全部死亡，盛夏季节淹水 10d，病根茬上的菌丝体即全部丧失致病力。

（2）湿度　小麦全蚀病菌生长发育最适的相对湿度为 80%~90%，低于 50% 则生长减慢，也不易产生子囊壳。

（3）光照　散射光有利于子囊壳的形成。病菌对酸碱度适应范围广，以 pH 值 6.5~8.0 最适。

3. 病原菌生理分化

禾顶囊壳分为 4 个变种：禾顶囊壳小麦变种（*Gaeumannomyces graminis* var. *tritici*）、禾顶囊壳燕麦变种（*Gaeumannomyces graminis* var. *avenae*）、禾顶囊壳禾谷变种（*Gaeumannomyces graminis* var. *graminis*）、禾顶囊壳玉米变种（*Gaeumannomyces graminis* var. *maydis*）。我国小麦上分布广泛的的全蚀病菌主要为小麦变种，禾谷变种只在湖北的标样发现。

4. 病原菌寄主范围

小麦全蚀病病菌的寄主范围广，可侵害小麦、大麦、黑麦、玉米、水稻、粟及毒麦、看麦娘等多种禾本科作物和杂草，不侵染燕麦。

四、病害循环

1. 初侵染

小麦全蚀病菌是一种土壤寄居菌，主要以田间土壤中的病残体上的菌丝越夏或越冬，成为下一年的初侵染源；撒施未腐熟的混有病残体的粪肥，以及播种混有菌丝体的种子也可作为初侵染源。以寄生方式在自生麦苗、杂草或其他作物上生活的全蚀病菌也可侵染下一季寄主作物。引种混有病残体的麦种是导致无病区发病的主要原因。一般认为，子囊孢子落入土壤后，萌发和侵染受到抑制，相对于病残体上的菌丝作为初侵染来源作用不大。在栽培土壤中，大多数小麦全蚀病菌在 1 年内失去活力。在浸水条件下，病菌存活率显著降低。

2. 传播及侵染

小麦全蚀病菌主要依靠以病残体混在土壤中、未经腐熟的粪肥和种子中进行传播。田间浇水、翻耕犁耙等是导致病菌近距离扩散的主要途径，而种子调运和机械作业是造成远距离传播的主要途径。

全蚀病菌在整个生育期都可以侵染，以苗期侵染为主。苗期播种后，病残体上的菌丝与小麦根接触，在根的表面定殖，然后形成附着枝直接侵入根表皮细胞，进一步扩展到皮层和木质部。侵染的最适温度为 10~20℃。小麦返青后，土温升高，菌丝加快繁殖，沿根扩展，并侵害分蘖节和茎基部。拔节至抽穗期，

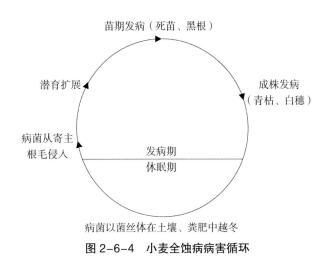

图2-6-4　小麦全蚀病病害循环

菌丝继续蔓延，根及茎基部变黑腐烂，阻碍了水分和养分的吸收、输导，病株陆续死亡，至灌浆阶段田间就会出现早枯和白穗症状（图2-6-4）。

3.自然消退现象

小麦全蚀病有典型的自然消退现象，即在连作的小麦田，小麦全蚀病发展到高峰后，一般病田白穗率达到60%以上，且病害出现明显矮化死亡中心，在不采取任何防治措施的情况下，病害减轻的现象。这种现象与土壤中的拮抗微生物有关，其中荧光假单胞菌（*Pseudomonas fluorescens*）是重要类群。病害达到高峰期的年限，短则3~4年，长则7~8年，一般为5~6年。病害高峰期一般持续1~3年。高峰期过后，病害的衰退速度不同，多数地块1~2年，少数田块3~4年。提高土壤肥力，可减少高峰期的损失并促进自然消退现象提早到来。自然消退的土壤有明显的抑菌作用。

五、流行规律

小麦全蚀病的发生与耕作制度、菌源数量、土壤条件及品种抗病性有关。

1.耕作措施

小麦与玉米连作有利于病原菌在土壤中积累，病害逐年加重。实施免耕或少耕，降低土壤的通气性，能减轻发病。早播发病重，晚播发病轻，全蚀病菌侵染小麦适宜土温为12~20℃，随着播期的推迟，土壤温度逐日下降，缩短了有效侵染期，降低侵染程度。隔茬种麦或与棉花、花生等作物轮作可有效控制病情的发展。

2.营养条件

增施有机肥，提高土壤中有机质含量能明显减轻发病是非常明确的。土壤缺氮引起全蚀病严重发生，施用氮肥后全蚀病严重度降低。也有报道称施用铵态氮能减轻小麦发病，施用硝态氮能增加全蚀病菌的侵染，降低产量。土壤中严重缺磷或氮磷比例失调是全蚀病为害加重的重要原因之一。施用磷肥能促进植物根系发育，减轻发病，减少白穗，保产作用明显。

3.土壤性质及温湿度

沙土地发病重，黏重土壤病害较轻。偏碱性土壤发病重于中性或偏酸土壤。冬麦区冬季温暖、晚秋早春多雨发病重。水浇地比旱地发病重。此外，地势低洼，多雨潮湿等均可加重病情。

4.品种抗性

不同品种抗性有一定差异，但是缺乏高抗和免疫的小麦品种。河南田间调查发现，豫展9705、偃4110、豫麦18号、豫麦49号发病较轻。

六、防治技术

全蚀病的防治主要是在做好植物检疫的基础上，采取农业防治和药剂防治相结合的综合防治措施。

1. 植物检疫

加强产地检疫，小麦种子繁育田要安排在无全蚀病发生的地块，在种植 15d 前向当地植物检疫机构提出申请，并对繁殖材料实行严格的产地检疫和除害处理措施。禁止从全蚀病疫区调运小麦种子，使用检疫合格的小麦种子，杜绝检疫对象的传播蔓延。

2. 选用高产耐病品种

至今尚未发现抗小麦全蚀病的材料，但在燕麦、黑麦、冰草、山羊草等小麦远缘属和近缘植物中发现了高抗和中抗材料。通过燕麦与小麦杂交获得一批高抗材料，如贵农 775 等，室内外鉴定结果表明其抗性稳定。生产上可利用具较好丰产性和一定耐病性的品种，如济南 13、泛麦 5 号、太空 6 号、偃展 4110、淮麦 22、西农 918 等品种，对全蚀病具有一定的抗耐能力。室内接种鉴定结果表明，大多数品种均表现为感病，没有发现免疫和高抗的品种，豫麦 70-36、郑麦 9962、豫麦 34、周麦 23、豫麦 18、豫麦 58、洛麦 21、豫优 1 号、豫麦 49-198、郑麦 9405、百农 160、衡观 35、豫麦 49、平安 6 号、新麦 208、郑育麦 9987、高优 503 和周麦 22 等品种发病程度较低，达到中抗水平，可以在发病普遍的地区种植。

3. 加强栽培管理

适当增施充分腐熟的有机肥和硫酸铵或氯化铵、过磷酸钙等，提高土壤肥力，增强植株抗病力。氮肥中的氨态氮可明显减轻病害发生，而硝态氮有利于病害发生。增加土壤中钙、镁、锰和锌等微量元素也能明显降低病害发生。零星发病区，要及时拔除病株并烧毁。重病区，与大豆、油菜、甘薯、马铃薯、棉花、烟草、大麻、西瓜及蔬菜等作物轮作，在稻作区实行 1 年以上的稻麦轮作，均可明显减轻病害。

4. 化学防治

用硅噻菌胺、苯醚甲环唑、戊唑醇、三唑醇、嘧菌酯按照种子量 0.02%~0.03%（有效成分）拌种或包衣，或用 3% 苯醚甲环唑 40mL+2.5% 咯菌腈 10mL 包衣 10kg 种子，对小麦全蚀病具有较好的防治效果。麦苗 3~4 叶时或小麦返青期，每亩用 20~30g 三唑酮（有效成分），对水 50~70kg，喷浇麦苗，防效达 60% 以上。小麦返青期每亩用 24g 三唑醇（有效成分）拌细土 25kg，顺垄撒施，适量浇水，有一定的防治效果。

5. 生物防治

研究发现荧光假单胞杆菌、芽孢杆菌、地衣芽孢杆菌、木霉菌等对小麦全蚀病菌均有一定抑制作用。用 5 亿芽孢 /g 荧光假单胞杆菌可湿性粉剂 1 000~1 500g 拌小麦种子 100kg。或用地衣芽孢杆菌制剂、枯草芽孢杆菌和井冈霉素的复配制剂——井冈·枯芽菌等拌种或浸种，对全蚀病有一定的防病和增产效果。在小麦全蚀病发病初期，选用 5 亿个芽孢 /g 荧光假单胞杆菌可湿性粉剂 100~150g/ 亩、80 亿个活芽孢/mL 地衣芽孢杆菌水剂 150~300mL/ 亩，对水 40~50kg 灌根，间隔 7d 再防治一次，连续施药 3 次。

第七节　小麦根腐病

一、分布与为害

小麦根腐病分布很广，是世界各产麦国发生比较普遍的一种小麦病害，尤其是多雨年份和潮湿地区发生更重。在我国东北、华北、西北地区发生严重。由于小麦受害时期、部位和症状的不同，因此有斑点病、黑胚病、青死病等名称。小麦感染根腐病后，常造成叶片早枯，影响籽粒灌浆，降低千粒重。穗部感病后，可造成枯白穗，对产量和品质影响更大。一般减产 5%~10%，重则减产 20%~50%，严重影响了小麦的产量和品质。

　　小麦根腐病在河南大部分的小麦种植区均有为害，而且经常与全蚀病、纹枯病等土传病害混合发生，造成严重为害。自 2008 年以来，河南省根腐病发生为害呈加重趋势，2002—2018 年均发生 228 万亩，损失小麦 9 478t，其中 2017 年发生 453 万亩，损失 19 550t（图 2-7-1）。于翠荣调查河南省商丘市虞城县小麦根腐病发生为害情况，2015 年发生面积 68.25 万亩，中等偏重和严重发生面积 2.1 万亩，2016 年发生面积 71.85 万亩，中等偏重和严重发生面积 2.7 万亩，2017 年发生面积 74.85 万亩，中等偏重和严重发生面积 3.45 万亩。发生面积和为害程度均呈上升趋势。河南农业大学李洪连教授团队对河南、河北、安徽、江苏、山西和山东 6 个省的 38 个市 120 个地点采集疑似根腐病症状的病株样本进行组织分离、形态和分子鉴定，获得 188 个麦根腐离蠕孢（*Bipolaris sorokiniana*）分离物。黄淮麦区各地病样的麦根腐离蠕孢分离频率均在 30.00% 以上，其中河南省病样和河北省病样的分离频率均在 50.00% 以上，分别为 50.67% 和 61.02%；山西省病样和山东省病样的分离频率相对较低，分别为 32.69% 和 31.65%。小麦根腐病已经成为黄淮麦区重要的土传病害之一。

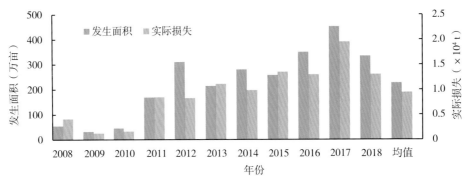

图 2-7-1　河南省小麦根腐病发生情况

二、症状

　　小麦根腐病是全生育期病害。种子带菌率高，可降低发芽率，引起幼根腐烂，苗枯，严重影响小麦的出苗和幼苗生长。成株期形成根腐、叶枯、穗枯和黑胚等症状。症状表现常因气候条件而不同，在干旱或半干旱地区，多产生根腐型症状。在潮湿地区，除根腐病症状外，还可发生叶斑、茎枯和穗颈枯死等症状（图 2-7-2）。

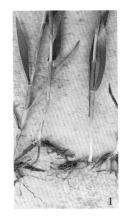

1. 苗期（孙炳剑摄）；2. 成株期（李洪连　摄）；3. 黑胚病粒（林焕洁　摄）

图 2-7-2　小麦根腐病

1. 芽腐和苗枯

种子带菌，导致发芽率较低，甚至不能正常发芽。有的发芽后未及时出土，幼芽种子根变黑腐烂，胚芽鞘和胚轴产生浅褐色病斑，后变腐烂，严重时幼芽腐烂，不能出土。轻者幼苗虽可出土，但茎基部、叶鞘以及根部产生褐色病斑，幼苗瘦弱，叶色黄绿，生长不良。

2. 叶斑或叶枯

幼嫩叶片在田间干旱时或发病初期常产生外缘黑褐色，中部色浅的梭形小斑；老熟叶片，田间湿度大以及发病后期，病斑常呈长纺锤形或不规则形黄褐色大斑，病斑上产生黑色霉状物（分生孢子梗及分生孢子），严重时叶片提早枯死。叶鞘上为黄褐色，边缘有不明显的云状斑块，其中掺杂有褐色和银白色斑点，湿度大，病部亦产生黑色霉状物。

3. 根腐和茎基腐

成株根系、地中茎及茎基部变黑色腐烂，腐烂部分可达茎节内部，茎基部易折断倒伏。抽穗至灌浆期，重病株枯死呈青灰色，形成白穗。拔取病株可见根毛表皮脱落，根冠变褐色并黏附土粒。

4. 穗枯

在颖壳基部初生水渍状病斑，后成褐色不规则形病斑，潮湿情况下长出一层黑色霉状物（分生孢子梗及分生孢子）。穗轴及小穗梗变褐腐烂，重者形成整个小穗枯死，不结粒，或结干瘪皱缩的病粒。一般枯死小穗上黑色霉层明显。

5. 黑胚粒

被害籽粒在种皮上形成不定形病斑，尤其边缘黑褐色、中部浅褐色的长条形或梭形病斑较多。发生严重时胚部变黑，故有"黑胚病"之称。

三、病原

1. 病原菌形态

小麦根腐病病原为禾旋孢腔菌［*Cochliobolus sativus*（Ito et Kurib.）Drechsl ex Dastur］，属子囊菌门旋孢腔菌属。子囊壳生于病残体上，凸出，球形，有喙和孔口，大小为（370~530）μm×（340~470）μm；子囊无色，大小为（110~230）μm×（32~45）μm，内有4~8个子囊孢子，螺旋状排列。子囊孢子线形，淡黄褐色，6~13个隔膜，大小为（160~360）μm×（6~9）μm。无性态为麦根腐双极蠕孢［*Bipolaris*

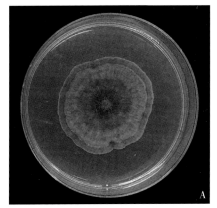 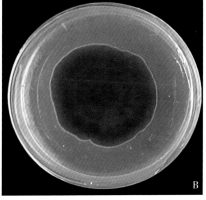 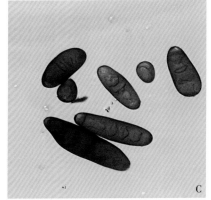

PDA菌落（A. 正面，B. 反面）　　　　　　　　C. 分生孢子

图 2-7-3　小麦根腐病菌（林焕洁　摄）

sorokiniana（Sacc.）Shoem.］，属无性型真菌双极蠕孢属。病部黑霉即为病菌的分生孢子梗及分生孢子。根腐病菌在 PDA 培养基上菌落深榄褐色，气生菌丝白色，生长繁茂（图 2-7-3）。

2. 病原菌生物学

（1）温度　小麦根腐病病菌菌丝体发育温度范围 0~39℃，最适温度 24~28℃。分生孢子萌发从顶细胞伸出芽管，萌发温度范围 6~39℃，以 24℃最适宜。

（2）湿度　分生孢子在水滴中或在空气相对湿度 98%以上，只要温度适宜即可萌发侵染。

（3）光照　光对菌丝生长发育及分生孢子的萌发无明显的刺激或抑制作用。

（4）环境酸碱度　分生孢子在中性或偏碱性条件下萌发较佳。

3. 病原菌生理分化

小麦根腐病菌有生理分化现象，小种间除对不同种及品种的致病力不同外，有的小种对幼苗为害较重，有的小种则为害成株较重。

4. 病原菌寄主范围

小麦根腐病菌寄主范围很广。除为害小麦外，尚能为害大麦、燕麦、黑麦等禾本科作物和野稗、野黍、猫尾草、狗尾草等 30 多种禾本科杂草。由于小麦根腐病菌寄主范围广，对病害传播有利，给防治带来较多困难。

四、病害循环

1. 越冬

病菌以菌丝体潜伏于种子内外以及病残体上越冬。病残体腐烂，体内的菌丝体随之死亡；分生孢子亦能在病残体上越冬，分生孢子的存活力随土壤湿度的提高而下降。种子和田间病残体上的病菌均为苗期侵染来源，尤其种子内部带菌更为主要。一般感病较重的种子，常常不能出土就腐烂而死。病轻者可出苗，但生长衰弱。

2. 传播和侵染

当气温回升到 16℃左右，染病组织及残体所产生的分生孢子借风雨传播，在温度和湿度适合条件下，病菌直接侵入或由伤口和气孔侵入。直接穿透侵入时，芽管与叶面接触后顶端膨大，形成球形附着胞，穿透叶角质层侵入叶片内；由伤口和气孔侵入时，芽管不形成附着胞直接侵入。在 25℃下病害潜育期为 5d。气候潮湿和温度适合，发病后不久病斑上便产生分生孢子，进行多次再侵染。病菌侵入叶组织后，菌丝体在寄主组织间蔓延，并分泌毒素，破坏寄主组织，使病斑扩大，病斑周围变黄，被害叶片呼吸增强；发病初期叶面水分蒸腾增强，后期叶片丧失活力，造成植株缺水，叶片枯死。小麦抽穗后，分生孢子从小穗颖壳基部侵入而造成颖壳变褐枯死。颖片上的菌丝可以蔓延侵染种子，种子上产生病斑或形成黑胚粒。

五、流行规律

小麦根腐病幼苗期发病程度主要与种子带菌率、土壤温湿度、播期和播种深度等因素有关；而成株期发病程度取决于品种抗性、菌源量和气象条件。

1. 种子带菌率

种子带菌率越高，幼苗发病率和病情指数就越大。

2. 土壤环境

小麦多年连作，土壤内积累大量病菌，病害重。土壤湿度过高过低均不利于种子发芽与幼苗生长。土壤过于干旱，幼苗失水抗病力下降；过湿时土壤内氧气不足，幼苗生长衰弱，出苗率低，苗腐病加重。土壤黏重或地势低洼，也会使病情加重。

3. 栽培措施

过迟播种小麦幼苗根腐病重，适期早播病害明显减轻。幼苗根腐病的发生程度随着播种深度的加深而增加，小麦播种适宜深度为 3~4cm，超过 5cm 时对幼苗出土与长势不利，病情明显加重。此外，田间杂草多，耕翻粗糙，土壤瘠薄，小麦倒伏严重，病害均有加重趋势。

4. 气候条件

苗期低温受冻，幼苗抗逆力弱，病害重。小麦根腐叶斑病病情增长与气温的关系比较大，旬平均气温达到 18℃时病情急剧上升，这一温度指标来临的时间早，病情剧增期略有提前；小麦开花期到乳熟期旬平均相对湿度 80% 以上，较高的温度有利于病势进一步发展，但干旱少雨造成根系生长衰弱也会加重病情。穗期多雨、多雾而温暖易引起枯白穗和黑胚粒，种子带病率高。

5. 品种抗病性

目前尚未发现对小麦根腐病免疫的品种，但品种（系）间抗病性有极显著差异。小麦对根腐病的抗性与小麦的形态结构关系密切，叶表面单位面积茸毛多、气孔少的品种比较抗病。生产上推广的品种大多是感病的或抗病性较差的。

六、防治技术

防治策略可采取利用抗病品种、栽培措施防病和药剂防治相结合的综合措施。

1. 选用抗病品种

品种间苗期抗病与成株期抗性无相关性，穗部抗病与叶部抗病无相关性，这在鉴定和选用抗病品种时应当注意。河南农业大学李洪连团队研究表明，郑麦 9962 在苗期表现为抗病，在成株期为中抗；郑麦9023、泛麦 5 号、洛麦 22、豫保 1 号、洛麦 21、花培 8 号、周麦 26、济麦 22、丰德存 1 号、新麦 9817、石新 733、许科 718 等品种虽在苗期表现为感病，但在大田成株期表现为中抗，可以考虑在发病严重地块推广使用，但是要进行种子处理防治苗期为害。但是大多数大面积推广的品种抗性较差。

2. 栽培防病

与豆类、马铃薯、油菜、亚麻、蔬菜或其他非禾本科作物实行 3~4 年轮作，可有效地减少土壤菌量。麦收后翻耕，加速病残体腐烂，以减少菌源。搞好防冻、防旱，防治地下害虫；及时消除田间禾本科杂草；播前精细整地，施足基肥，适时播种，严格控制播种深度 3~4cm，不能过深；在麦田土壤中增施生态炭肥也可以有效降低小麦根腐病的发病程度；干旱及时灌水，涝时及时排水等，均可提高植株抗病性，以减轻为害。

3. 药剂防治

药剂防治小麦根腐病可以采取两种方式：一是种子处理防治苗期根腐和苗腐，提高种子出苗率，保证一播全苗；二是施药防治叶部病害，提高亩穗数和千粒重，减轻病粒率。

（1）种子处理　选用耐病、轻病、适应性和抗逆性好的品种，使用饱满健康的种子；播种期用 3~4g戊唑醇（有效成分）/100kg 种子、6~12g 苯醚甲环唑 /100kg 种子、3.75~5g 咯菌腈（有效成分）/100kg

种子、30g 三唑酮（有效成分）/100kg 种子，或用多·福、戊唑·福美双等混剂等进行种子处理，能有效地减轻苗期根腐病的发生。

（2）喷药防治　应根据病情预测预报，在发病初期及时喷药进行防治。在孕穗至抽穗期，每亩可选用 25% 丙环唑乳油 40mL、15% 三唑酮可湿性粉剂 80~100g、12.5% 烯唑醇可湿性粉剂 40g、50% 多菌灵可湿性粉剂 100g、70% 代森锰锌可湿性粉剂 100g，对水 40~50kg 均匀喷雾，将两种药剂混用如烯唑醇 + 多菌灵可提高防效，兼治锈病、白粉病、叶枯病。

第八节　小麦散黑穗病

一、分布与为害

小麦散黑穗病俗称黑疸、灰包、火烟包、乌麦等，普遍发生于各国产麦区。在我国长江流域、华北冬麦区及东北、西北、内蒙古等春麦区均有不同程度的发生和为害，造成小麦减产和种子或籽粒被侵染等隐蔽损耗。华中和华东麦区发病最重，而东北麦区则重于西北麦区。一般发病比较轻，发病率在 1%~5%；严重地块发病率可达 10% 以上。近年来随着品种调运、耕作栽培变革，该病在华北冬麦区又有回升趋势，河南各地均有发生。

二、症状

小麦散黑穗病属系统性侵染病害，带菌植株孕育病穗，但通常抽穗前不表现症状。一般病株较矮而直立，比健株提早几天抽穗。最初病小穗外包一层灰色薄膜，里面充满黑粉（病菌冬孢子）。抽穗后不久，薄膜破裂，黑粉随风飞散，经风吹雨淋只剩下穗轴，无籽粒（图 2-8-1）。多为整穗为害，但也有部分小穗生病，另一部分正常结实；或一个穗子下半部生病，上半部小穗健全。

图 2-8-1　小麦散黑穗病株

三、病原

小麦散黑穗病菌为散黑粉菌 [*Ustilago tritici*（Pers.）Rostr.]，属于真菌界担子菌门黑粉菌属。麦穗上黑粉为冬孢子，冬孢子略呈球形或近球形，浅黄色至茶褐色，一般半边颜色较淡，表面生有微细突起，直径为 5~9μm。冬孢子萌发后产生先菌丝，先菌丝 4 个细胞可分别长出单核分枝菌丝，但不产生担孢子。

四、病害循环

1. 越夏

小麦散黑穗病菌在种子里越夏。

2. 传播和侵染

内部带有散黑穗病病菌的种子播种后，胚里的菌丝随着麦苗生长，直到生长点，以后随着植株生长而伸展，形成系统侵染。在孕穗期到达穗部，在小穗内继续生长发育，发病植株抽穗较早，到一定时期，菌丝变成冬孢子。小麦开花期，冬孢子借风力传送到健花柱头上，当柱头刚刚开裂并有湿润分泌物时，孢子发芽产生先菌丝和单核分枝菌丝，亲和性单核菌丝结合后产生双核侵染菌丝，多在子房下部或籽粒的顶端冠基部穿透子房壁表皮直接侵入，并穿透果皮和珠被，进入珠心，潜伏于胚部细胞间隙，当籽粒成熟时，菌丝体变为厚壁休眠菌丝，以菌丝状态潜伏于种子胚里，造成下一年发病。一年只有一次侵染。

五、流行规律

1. 种子带菌率

小麦散黑穗病是花器侵染病害，一年只侵染一次。每年的发病程度取决于种子带菌率，带菌种子是病害传播的唯一途径，是典型的种传病害。上一年开花期的气象条件与病菌数量对种子带菌率影响很大。

2. 环境条件

小麦开花期遇有细雨和多雾、温度高的环境，有利于冬孢子萌发和侵入，种子带菌率就高；相反，如开花期干旱，孢子难以发芽，种子带菌率就低。此外，开花期遇有暴风雨，可将冬孢子淋于地下，不利于病害传播。

3. 品种抗性

品种抗病性对病害也有很大影响，一般颖片开张大的品种较感病。

六、防治技术

小麦散黑穗病的防治应采用以种子处理为主，农业防治和抗病品种为辅的综合防治措施。

1. 繁育和使用无病种子

繁殖无病种子是消灭小麦散黑穗病的有效方法。小麦散黑穗病菌靠气流传播，其传播的有效距离为 100~300m，种子繁育田要与生产田隔离 300m 以上。繁殖材料要在精选后严格进行消毒和种子处理，田间管理时应注意施用无病肥，小麦抽穗前，加强种子田去杂，及时拔除病株等。

2. 药剂拌种

药剂拌种是防治小麦黑穗（粉）病最经济有效的措施。较好的种子处理药剂：30g 三唑醇（有效成分）

/100kg 种子、1.8~2.7g 戊唑醇（有效成分）/100kg 种子、6~12g 苯醚甲环唑 /100kg 种子，对散黑穗病和腥黑穗病的防效可达 90% 以上。

3. 栽培防病

做好整地和保墒工作，适期播种，冬麦播种不宜过迟，春麦播种不宜过早，播种不宜过深，促苗早发。每亩用硫酸铵 15kg，掺 5 倍细土，混匀后与麦种一起播下，促进幼苗早出土，减少病菌侵染时间，也可获得良好的防病效果。与非寄主作物实行 1~2 年轮作，或 1 年水旱轮作，也可以显著减轻病害发生。

第九节　小麦腥黑穗病

一、分布与为害

小麦腥黑穗病在世界各国麦区均有发生。我国主要是光腥黑穗病和网腥黑穗病。其中光腥黑穗病主要分布在华北和西北各省，网腥黑穗病主要分布在东北、华中和西南各省，矮腥黑穗病和印度腥黑穗病在我国尚未发生，是重要的进境植物检疫对象。20 世纪 50 年代，小麦腥黑穗病是全国各产麦区的主要病害，一般减产达 10%~20%。通过大力开展防治工作，20 世纪 60 年代后大部分地区已基本消灭此病为害。但近年来一些省份的局部地区，病情有所回升。河南省豫西、豫北山区丘陵的部分麦田也时有发生，严重麦田病株率达到 80% 以上。2015 年，宜阳县小麦腥黑穗病发生面积达 14 000 多亩，重发田达 387 亩。腥黑穗病被列为河南省植物检疫对象。

此病不仅使小麦减产，而且还降低面粉品质。病菌孢子因含有鱼腥味有毒物质三甲胺，使面粉不能食用。因此，国家规定小麦籽粒中病粒率大于 3% 时，粮食部门应拒绝收购，也不能将混有大量菌瘿和孢子的麦粒作饲料，会引起家禽和牲畜中毒，只能作焚烧处理。

二、症状

小麦腥黑穗病病株一般稍矮，分蘖增多，病穗短直，颜色较健穗深，初为灰绿色，后变灰黄色，病粒较健粒短而胖，因而颖片略开裂，露出部分的病粒（称菌瘿），初为暗绿色，后变灰黑色，如用手指微压，则易破裂，内有黑色粉末（病菌冬孢子）。菌瘿因含有挥发性三甲胺，有鱼腥气味，所以称"腥黑穗病"（图 2-9-1）。

健粒　　　病粒

图 2-9-1　小麦腥黑穗病

三、病原

小麦腥黑穗病病原菌主要有网腥黑粉菌［*Tilletia caries*（DC）Tul.］和光腥黑粉菌［*Tilletia foetida*（Wajjr）Liro.］，属于真菌界担子菌门腥黑粉菌属。

1. 病原菌形态

网腥黑粉菌的冬孢子为球形或近球形，褐色至深褐色，孢子表面有网纹。光腥黑粉菌的冬孢子圆形、卵圆形和椭圆形，淡褐色至青褐色，孢子表面光滑，无网纹。

2. 病原菌生物学

小麦光、网腥黑粉病菌冬孢子萌发的温度范围为5~29℃，最适温度16~20℃。光照有利于孢子萌发。冬孢子能在水中萌发，但在含有某些营养物质，如在0.5％硝酸钾溶液中更易萌发。研究表明，冬孢子经牲畜消化道并不死亡，而猪、马、牛等动物粪便的浸出液能促进冬孢子萌发。腥黑穗病菌冬孢子萌发时，先产生不分隔的管状担子，其顶端产生成束的长柱形担孢子，通常4~12个，单核。不同性别（＋或－）的担孢子在担子上常结合成"H"形，然后萌发为较细的双核侵染丝。有时从侵染丝上再产生肾脏形次生担孢子。

3. 病原菌生理分化

小麦腥黑粉菌有生理分化现象。病菌经常通过不同性别的担孢子间的结合而产生新的生理小种。我国已知网腥黑粉菌有4个生理小种，光腥黑粉菌有6个生理小种。

4. 寄主范围

小麦网腥黑粉菌和光腥黑粉菌的寄主有小麦、黑麦和多种禾草。

四、病害循环

小麦腥黑穗病是一种幼苗侵入的系统侵染性病害，侵染来源有3个：

1. 种子带菌

小麦在脱粒时，碾碎了病粒，使冬孢子附着在种子表面，或菌瘿及菌瘿的碎片混入种子间，均可成为种子传病的来源。

2. 粪肥带菌

打麦场上的麦糠、碎麦秸及尘土混入肥料，或用带菌麦草饲喂牲畜及带菌种子饲喂家禽，通过消化道后，冬孢子没有死亡，而使粪肥成为侵染来源。

3. 土壤带菌

小麦收获期病粒落入田间或被收割机打碎随风飘散，造成土壤传染。

上述3种情况，一般以种子带菌为主。种子带菌亦是病害远距离传播的主要途径。粪肥和土壤传病是次要的，但在某些局部地区也可能起主要作用。在麦收后寒冷而干燥的春麦区，病菌冬孢子在土壤中存活的时间较长，土壤传病的作用较大。播种带菌的小麦种子，当种子发芽时，冬孢子也随即萌发，由芽鞘侵入幼苗，并到达生长点，菌丝随小麦生长而发展，到小麦孕穗期，病菌侵入幼穗的子房，破坏花器，形成黑粉，使整个花器变成菌瘿。

五、流行规律

小麦腥黑穗病病菌通过胚芽鞘属侵入，系统侵染。凡是影响小麦幼苗出土快慢的因素，如土温、墒情、通气条件、播种质量、种子发芽势等均影响此病发生的轻重。

（1）温度　小麦腥黑穗病病菌侵入小麦幼苗的温度为 5~20℃，适温 9~12℃。春小麦发育的适温为 16~20℃，冬小麦发育的适温则为 12~16℃。所以，温度低不利于种子萌芽和幼苗生长，延长了幼苗出土时间，增加了病菌侵染的机会，因而发病重。

（2）湿度　小麦腥黑穗病病菌孢子萌发需要水分，也需要氧气。土壤过于干燥，由于水分不足而影响孢子的萌发。土壤过湿，由于供氧不足，也不利于孢子萌发。一般含水量 40% 以下的土壤，适于孢子萌发，有利于病菌侵染。

（3）播种质量　冬小麦晚播或春小麦早播发病都较重，主要是因为温度低，幼芽出土缓慢，延长了病菌侵染的时间。播种过深、覆土过厚，麦苗不易出土，也增加病菌侵染的机会，加重病害的发生。

（4）地理条件　高山发病重（平均发病率 19.7%），浅山丘陵次之（平均 16.8%），川道最轻（平均 10%）；阴坡发病重（平均 16.8%），阳坡发病轻（平均 11.5%）。近些年河南豫西丘陵麦田发病较重。

（5）品种抗性　不同小麦品种对小麦腥黑穗病抗性差异明显，种植感病品种发病重。研究表明，西高 2 号、小偃 22、中育 12、长 6359、长 6135 等小麦品种对小麦腥黑穗病表现高抗；中麦 175、西农 928、长 8744 等品种表现为高感。

六、防治技术

小麦腥黑穗病属于检疫对象，应加强产地检疫，一旦发现该病，要采取焚烧销毁等除害处理措施，其他防治方法参考小麦散黑穗病的防控措施。另外，特别注意小麦矮腥黑穗病和印度腥黑穗病是我国的进境检疫对象，应加强检疫工作，防止病害随种子或商品粮传入我国。

第十节　小麦秆黑粉病

一、分布与为害

小麦秆黑粉病又称"铁条麦"，曾经是亚洲、大洋洲、美国西部等小麦主产区的主要病害，在中国北方冬麦区有 20 多个省市都有发生，主要发生在北部冬麦区，历史上曾一度流行，为害十分严重。在 20 世纪 50 年代，小麦秆黑粉病在河南、河北、山东、山西、甘肃、江苏北部、安徽北部地区发生相当普遍，局部地区为害严重。60—70 年代通过更换小麦品种，广泛开展药剂拌种等措施，基本上控制了小麦秆黑粉病。但是，20 世纪 80 年代以来，河南、河北、山西等地病情普遍回升，蔓延迅速，局部地区严重为害，造成减产，甚至绝收，成为小麦生产上的重大威胁。

在 20 世纪 50 年代初，小麦秆黑粉病在河南普遍发生，发生 2 000 多万亩，减产 5%~10%，以商丘、开封、周口、许昌、新乡等地区发病较重，经过连年防治，到 70 年代基本消除了该病的为害，发生面积下降到 50 万亩左右。但从 70 年代末期，又在河南一些地区开始回升，1984 年以后持续回升，1986 年发生面积 550 万亩，不仅丘陵山区和旱薄地发生严重，一些平原水浇地也出现绝收田；1990 年，河南省发生面积达到 780 万亩，豫西的三门峡市发生 24 万亩，占麦播面积的 14.2%，病株率 20%~70%，部分田块高达 90% 以上。洛阳市发生 76.6 万亩，占麦播面积的 21.9%，病株率一般 30%~40%，仅洛宁县的东宋、杨波二乡就有 4 000 亩小麦因该病绝收。豫东周口地区发生 246.3 万亩，占麦播面积的 27.3%，轻病田病株率 10% 左右，重病田 50%~80%，仅郸城县就因该病损失小麦 150×10^4 kg。进入 21 世纪，小麦秆黑粉病时有发生，个别年份为害严重，2008 年卫辉市发生 7.8 万亩，占全市小麦种植面积的 17.8%，平均减产 20% 左右。2011 年南阳市小麦秆黑粉病发病面积占麦播面积比例高达 41.5%，病茎率为 0.1%~10.7%（平均 2.14%），驻马店、洛阳、三门峡发病也呈现回升趋势，应该引起足够重视。

二、症状

小麦秆黑粉病主要为害麦秆、叶和叶鞘，拔节期以后症状最明显。主要症状是在茎、叶、叶鞘等部位出现与叶脉平行的条纹状孢子堆，孢子堆略隆起，初淡灰色条纹，逐渐隆起，转深灰色至黑色，病组织老熟后，孢子堆破裂，散出黑色粉末（冬孢子）。病株多矮化、畸形或卷曲，多数病株不能抽穗而卷曲在叶鞘内，或抽出畸形穗。病株分蘖多，有时无效分蘖可达百余个。多数病株不能抽穗，并提前死亡（图 2-10-1）。

图 2-10-1 小麦秆黑粉病为害状

散黑穗病、腥黑穗病、秆黑粉病在田间往往混合发生，其区别见表 2-10-1。

表 2-10-1 小麦黑穗（粉）病症状特点比较

项目	散黑穗病	腥黑穗病	秆黑粉病
为害部位	整穗或部分小穗	籽粒	茎秆、叶片、穗
株型	正常或稍矮	正常或稍高，但矮腥黑穗病植株明显矮化，分蘖增多	植株矮化，常扭曲，枯死
茎秆	正常	正常	条纹状黑褐色冬孢子堆
叶片	正常	正常	条纹状黑褐色冬孢子堆，易扭曲、干枯
穗部	整穗或多数小穗变为黑粉	穗形正常，颖壳外张	多不抽穗，或畸形穗
籽粒	无籽粒	籽粒变为菌瘿	粒少而秕

三、病原

小麦秆黑粉病病原为小麦条黑粉菌（ *Urocystis tritici* Korn ），属于真菌界担子菌门条黑粉菌属。病菌以1~4个冬孢子为核心，外围以若干不孕细胞组成孢子团。孢子团圆形或长椭圆形，大小为（18~35）μm×（35~40）μm。冬孢子单胞，球形，深褐色。冬孢子萌发产生圆柱状先菌丝，经由不孕细胞伸出孢子团外。先菌丝无色透明，长30~110μm，顶端轮生出担孢子3~4个。担孢子长棒状，顶端尖削，微弯，长25~27μm。

冬孢子萌发的适宜温度为19~21℃。冬孢子在干燥的土壤中可存活3~5年。实验室条件下，冬孢子成熟后，需在30~34℃高温和灯光处理36h的情况下，才能打破休眠，并需要一定时间的预浸才能萌发。土壤浸液和植物浸液能刺激冬孢子萌发。

四、病害循环

1. 传播

小麦秆黑粉病病菌以土壤传播为主，种子和粪肥也能传播。病株上的病菌孢子，在小麦收获前就有一部分落入土中。同时由于病株比健株矮小，发病严重的提前枯死，小麦收获后，大部分病株遗留在田间，使土壤中病原菌不断积累，发病逐渐加重。病菌在干燥土壤中可存活多年，因此，土壤带菌是传播的主要途径。小麦收获、脱粒时，飞散的病菌孢子黏附于种子表面，使种子带菌传播病害。用病株残体沤肥和饲喂牲畜，病菌孢子被混入粪肥，施入麦田后，也可传播病害。

2. 侵入

小麦播种后，病菌孢子随种子发芽而萌发，土壤中越冬的冬孢子，侵入幼苗芽鞘，并进入生长点，以后随着小麦的发育而进入叶片、茎秆，在病组织表皮下形成孢子堆，产生大量冬孢子团，翌年春季表现症状。小麦秆黑粉病为系统侵染病害，一年只能侵染一次。

五、流行规律

1. 气候条件

发芽期土壤温度对小麦秆黑粉病的发生有较大影响，土壤温度9~26℃范围内病菌都可以发生侵染，以14~21℃最为适宜。播种期降雨少，墒情不足，土壤干旱，小麦出苗慢，有利于病菌侵染。

2. 栽培措施

种子带菌率高，病田连作，病残体多，菌源量大，施用带菌肥料都有利于病害发生。晚播，播种深度过大，导致出苗时间延长，有利于小麦秆黑粉病菌侵染。

3. 品种抗性

不同小麦品种对秆黑粉病的抗性相差很大，种植感病品种有利于病害的发生蔓延。南阳师范学院陶爱丽等（2013）通过接种鉴定发现：豫麦57表现为免疫；运旱618、豫农001、矮抗58、漯麦4-168、04中36、偃展4110表现为高抗；开麦20、濮麦9号、郑麦9023表现为中抗；金博士1、豫宝1、豫农202表现为感病；豫麦012、豫农416表现为高感。山西省农业科学院小麦研究所研究发现：晋麦32、临抗20、运94-32、豫麦57、烟农19等品种达到高抗水平；晋麦31、晋麦33、临优145、运旱618、郑麦9023、冀麦32等品种达到中抗水平；周麦12、鲁麦21、临汾8050、临优2018、临旱536、尧麦16、长麦307、济麦18、济麦20、舜麦1718等品种表现为高感。

六、防治技术

小麦秆黑粉病的防治参考小麦散黑穗病的防控措施。另外，不同小麦品种对秆黑粉病的抗性相差很大，可以选用抗病品种。

第十一节 小麦茎基腐病

一、分布与为害

小麦茎基腐病又称冠腐病、镰孢菌茎基腐病或旱地脚腐病。20世纪50年代澳大利亚首次报道了该病害，至今已在澳大利亚、美国、意大利、土耳其、伊朗等10多个国家报道该病的发生。在我国，河南农业大学李洪连教授团队2012年首次报道了由假禾谷镰孢（*Fusarium pseudograminearum*）引起的小麦茎基腐病。目前该病在我国黄淮小麦主产区的河南、河北、山东、陕西等省份以及安徽、江苏北部普遍发生，部分地区损失严重。近年由于连年秸秆还田，造成土壤中菌原菌积累，加上品种抗性普遍较差，使得该病呈现不断加重和蔓延趋势。

茎基腐病对小麦生产为害很大。据报道，在美国西北部部分地块茎基腐病可导致小麦减产35%，人工接种地块产量损失高达61%。在澳大利亚小麦茎基腐病一直是小麦生产上的重要病害，每年均造成显著的经济损失，有些地块损失率甚至高达100%。在我国黄淮麦区的河南北部、山东大部、河北中南部等地一些麦田因茎基腐病损失率达50%以上，部分地块几乎绝收，应引起高度重视。

二、症状

茎基腐病在小麦各生育期均能发生，主要症状包括烂种、死苗、茎基部褐变和枯白穗（图2-11-1、表2-11-1）。

1.幼苗基部变褐色；2.茎基部变褐色；3.茎节上的粉红色霉层；4.病株基部叶鞘上的子囊壳；5.枯白穗

图2-11-1 小麦茎基腐病症状（1、4、5.李洪连 摄；2、3.于思勤 摄）

1.烂种、死苗

小麦种子萌发前，如果条件适宜，茎基腐病可导致的小麦种子腐烂，苗期受到侵染后，初为茎基部叶鞘和茎秆变褐，进一步可引起根部变褐腐烂，严重时引起麦苗发黄死亡。

2.茎基部褐变

小麦成株期，发病植株茎基部的1~2个茎节变为褐色或巧克力色，严重时可扩展至第4茎节，俗称"酱油秆"。潮湿条件下，茎节处可见到粉红色霉层，有时可见黑色子囊壳。此为茎基腐病区别其他根茎部病害的典型特征。

3.枯白穗

灌浆期随着病害发展，发病严重病株可形成典型的枯白穗症状，籽粒秕瘦，千粒重显著下降，早期枯死麦穗甚至无籽。

表2-11-1　4种小麦根茎部常见真菌病害的区别

病害	典型特征	基部叶鞘	根部	茎基部
纹枯病	叶鞘上出现云纹状病斑，后期造成枯白穗	出现中间灰白色，边缘褐色的云纹状病斑	正常，白色，易拔出	严重时侵入茎秆，形成近圆形眼斑，不腐烂
全蚀病	茎基部表面呈"黑脚"状，后期造成枯白穗	叶鞘内侧有黑褐色菌丝层	变黑，能拔出	表面变黑，不腐烂
根腐病	茎基部和根变褐色，后期造成枯白穗	病斑不规则形，浅黄至黄褐色	变褐色，拔出时根毛和主根表皮层脱落	出现褐色条斑，不腐烂
茎基腐病	基部变褐色，变软腐烂	病斑不规则形，浅黄至黄褐色	根不易拔出，易在茎基部撕断	基部缢缩、变软腐烂，有粉红色或白色霉层

三、病原

1.病原菌种类

小麦茎基腐病的病原菌为镰孢菌，但种类比较复杂。不同国家和不同地区小麦茎基腐病的病原菌组成有所差异，其中黄色镰孢（*Fusarium culmorum*）多发于较为湿冷的地区，而假禾谷镰孢（*F. pseudograminearum*）和禾谷镰孢（*F. graminearum*）则是温带、亚热带半干旱地区的主要病原菌。我国小麦主产区黄淮麦区北部（豫北、冀中南、山东、山西等地）小麦茎基腐病的优势病原菌为假禾谷镰孢，而黄淮南部（豫南、江苏、安徽等地）优势病原菌则为禾谷镰孢。另外，一些研究还发现燕麦镰孢（*F. avenaceum*）、锐顶镰孢（*F. acuminatum*）、三线镰孢（*F. tricinctum*）、层出镰孢（*F. proliferatum*）和木贼镰孢（*F. equiseti*）等也可以引起茎基腐病症状，但这几种镰孢的致病力相对较弱。

2.病原菌形态

假禾谷镰孢在PDA培养基上气生菌丝发达，白色或粉红色，绒状，能产生深红色的色素，菌落背面呈桃红色至深红色。康乃馨叶片培养基一般不产生小型分生孢子和厚垣孢子，大型分生孢子镰刀形，无色，多为4~6个隔膜，大小为（27~91）μm×（2.7~5.5）μm；有性阶段为 *Gibberella coronicola*，子囊壳呈球形，暗黑色；子囊棍棒状，子囊孢子呈梭形或镰刀形，一般有3个隔膜，间隔处有轻微收缩，大小为（22~40）μm×（4.4~5.0）μm（图2-11-2）。

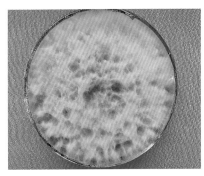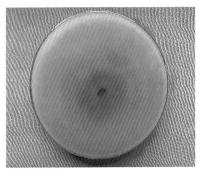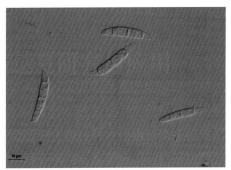

图 2-11-2　假禾谷镰孢菌 PDA 菌落和分生孢子（贺小伦　摄）

3. 病原菌生物学

河北省农林科学院植保所研究发现，假禾谷镰孢菌菌丝生长的温度范围为 4~30℃，其中菌丝最适生长温度 28℃，孢子萌发的温度范围为 4~35℃，其中分生孢子较适宜的萌发温度为 12~30℃，侵染小麦的适宜温度 17~28℃，在小麦植株体内扩展的适宜温度为 22~30℃。−20℃、4℃、12℃ 的低温处理和 −14~19℃ 的变温处理，以及 30℃ 以上高温处理均可以提高假禾谷镰孢菌的致病能力（纪莉景等，2020）。

4. 病原菌遗传多样性

河南农业大学李洪连教授团队运用 ISSR-PCR 技术揭示河南和河北省冬小麦区 6 个地理群体假禾谷镰孢的遗传多样性。6 个地理群体之间的遗传分化与其地理来源之间有一定的相关性，群体内多样性大于群体间，不同地理群体假禾谷镰孢菌株间存在较大的基因流。6 个地理群体划分为 2 个不同的类群，河南北部、河南东部、河南中部、河北中部和河南西部地区地理群体为一个类群，河南南部地理群体独立唯一类群。其中河南北部地理群体遗传多样性最丰富，河南南部地理群体的遗传多样性最低（贺小伦等，2016）。

四、病害循环

1. 传播

小麦茎基腐病是一种典型的土传病害。病原菌主要以菌丝体的形式存活于土壤中及病株残体上，尤其在干旱或半干旱气候条件下。病原菌在田间主要靠病残体及耕作措施在田间传播，也可以随种子进行远距离传播。一般情况下，病菌在土壤中病残体上可以存活 2 年以上。

2. 侵入

小麦茎基腐病病原菌一般从植株根部和茎基部侵入，具体侵染位点取决于菌源在土壤中的分布情况。在免耕田中，病原菌存在于地面上或者土表，其侵染点主要出现在茎基部或者茎基以下的位置。病株受害后，病斑由茎基部逐渐向上发展，严重时可引起 3~4 个茎节变褐，并造成枯白穗。假禾谷镰孢和禾谷镰孢在其生活史中能够产生有性阶段。

3. 寄主

小麦、大麦、玉米等作物及杂草。

五、流行规律

影响小麦茎基腐病发展和流行的主要因素包括耕作制度、播期、土壤湿度、施肥等。另外，品种抗性也在一定程度上影响发病程度。

1. 耕作制度

长期连作，秸秆还田，会造成土壤中病原菌积累，加重发病。这也是近年我国黄淮麦区茎基腐病逐年加重的主要原因。

2. 播期

适当晚播可减轻病害的发生程度，而早播会使病害加重发生。

3. 土壤湿度

湿润的表层土壤是病害苗期侵染的必要条件，影响茎基腐病在田间的发病率和严重度大小。一般降水量高的年份和地区，禾谷镰孢菌引起的茎基腐病更为发生普遍；而小麦生长中后期干旱条件下，假禾谷镰孢菌和黄色镰孢菌引起的茎基腐病发生会更加有利，枯白穗症状更加明显，产量损失也较为严重。

4. 施肥

施用氮肥过多有利于小麦茎基腐病的发生，植物缺锌也有利于茎基腐病的发生，在茎基腐病严重的地区，适当增施锌肥，可有效减轻茎基腐病的发生。

5. 品种抗性

不同小麦品种对茎基腐病的抗性存在明显差异，国内大多数推广的小麦品种对茎基腐病表现感病和高度感病，没有发现高抗品种，但品种间抗性差异明显，少数品种在田间表现中抗，如周麦 24、周麦 27、百农 207 和开麦 18 等。

六、防治技术

小麦茎基腐病应采取以农业措施和药剂防治为主，加强抗病品种筛选、培育和利用，有条件时可推广使用生物防治技术。

1. 农业防治

小麦与油菜、花生、棉花、水稻、蔬菜、中草药等作物轮作 2~3 年可以有效减轻病害发生。重病田尽量避免秸秆还田，最好收获时低留茬并将秸秆清理出田间，必须还田时应进行充分粉碎并深翻，或施用秸秆腐熟剂，加速其腐解，以减少田间病菌数量。根据小麦品种特性适时晚播。控制氮肥用量，适当增施磷钾肥和锌肥。

2. 化学防治

利用含戊唑醇、种菌唑、灭菌唑、苯醚甲环唑等杀菌剂的种衣剂包衣，或用多菌灵、氰烯菌酯等杀菌剂拌种，对小麦茎基腐病防效较好，可使田间白穗率较对照减少 40%~70%。另外，苗期或返青拔节期用多菌灵和烯唑醇等药剂茎基部喷雾也具有一定的防治效果，可结合小麦纹枯病等防治进行。

3. 种植抗性品种

河南农业大学等单位室内和田间鉴定结果表明，黄淮海麦区主推小麦品种大多数表现感病或高度感病，兰考 198、许科 718、泛麦 8 号、周麦 24、周麦 27、百农 207、华育 198、开麦 18 等一些小麦品种茎基腐病发病程度较轻，可以考虑在重病田推广使用。

4. 生物防治

洋葱伯克氏菌（*Burkholderia cepacia*）对假禾谷镰孢菌引起的小麦茎基腐病具有一定的防治效果。枯草芽孢杆菌、解淀粉芽孢杆菌、木霉菌等生防菌剂处理种子，或制成生物菌肥播种期撒施于土壤，对小麦茎基腐病也有一定防效，并能促进小麦生长，具有明显的增产效果。利用木霉菌（*Trichoderma* spp.）处理小麦秸秆并掩埋，可以加速病菌的死亡。

第十二节　小麦叶枯病

一、分布与为害

小麦叶枯病是引起小麦叶斑和叶枯类病害的总称，世界上报道的叶枯病的病原菌达 20 多种，目前，雪霉叶枯病、根腐叶枯病、链格孢叶枯病（叶疫病）、壳针孢类叶枯病等在我国各产麦区为害较大，已成为小麦生产上的一类重要病害，多雨年份和潮湿地区发生尤其严重。小麦感染叶枯病后，常造成叶片早枯，影响籽粒灌浆，造成穗粒数减少，千粒重下降，有些叶枯病的病原菌还可引起籽粒的黑胚病，降低小麦商品粮等级。

二、症状

雪腐叶枯病、根腐叶枯病、链格孢叶枯病和壳针孢类叶枯病等 4 种叶枯病，都以为害小麦叶片为主，在叶片上产生各种类型的病斑，严重时造成叶片干枯死亡（图 2-12-1）。其主要区别如表 2-12-1 所示。

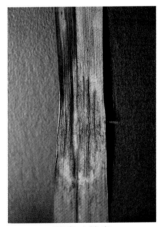   

| 雪腐叶枯病 | 链格孢叶枯病 | 壳针孢叶枯病 | 根腐叶枯病 |

图 2-12-1　4 种叶枯病田间症状（李洪连　摄）

表 2-12-1　小麦 4 种叶枯病发生时期、为害部位和症状特点比较

项目	雪霉叶枯病	根腐叶枯病	链格孢叶枯病	壳针孢类叶枯病
发生时期	幼苗—灌浆期	苗期—收获期	小麦生长中后期	小麦生长中后期
为害部位	幼芽、叶片、叶鞘和穗部	叶片、根部、茎基部、穗部和籽粒	叶片和穗部	叶片和穗部
症状类型	芽腐、叶枯、鞘腐和穗腐以叶枯为主	苗腐、叶枯、根腐、穗腐和黑胚	叶枯和黑胚	叶枯和穗腐

（续表）

项目	雪霉叶枯病	根腐叶枯病	链格孢叶枯病	壳针孢类叶枯病
叶片上病斑特点	初为水浸状，后扩大为近圆形或椭圆形大斑，直径1~4cm，边缘灰绿色，中央污褐色，多有数层不明显轮纹。病斑较大或较多时即可造成叶枯	初为褐色近圆形或椭圆形较小病斑。成株期形成典型的淡褐色梭形叶斑，周围常有黄色晕圈。病斑相互愈合形成大斑，使叶片干枯	初为黄色褪绿小斑，后扩展为中央呈灰褐色，边缘黄褐色长圆形病斑。在适宜条件下可愈合形成不规则大斑，造成叶枯	初为淡褐色卵圆形小斑，扩大后形成浅褐色近圆形或长条形，亦可互相连结成不规则形较大病斑。一般下部叶片先发病，逐渐向上发展，重病叶常早枯
病征	病斑表面常形成砖红色霉层，潮湿时病斑边缘有白色菌丝薄层，有时产生黑色小粒点（子囊壳）	潮湿时病斑上可产生黑色霉层	潮湿时病斑上可产生灰黑色霉层	病斑上密生小黑点（分生孢子器）

三、病原

引起小麦叶枯病的病原菌有 8 种，其中发生普遍，为害较重的是以下 4 种。

（1）雪霉叶枯病病菌　病原无性态为 *Microdochium nivale*（Fr.）Samuels Hallett，异名为 *Gerlachia nivalis* 和 *Fusarium nivale*。病菌分生孢子无色，镰刀形，两端尖细，无脚胞，多为 1 个或 3 个隔膜。分生孢子梗短而直，棍棒状，无隔，产孢细胞瓶状或倒梨形，有环痕。有性态为 *Monographella nivalis*（Schaffnit.）E. Müller，属于真菌界子囊菌门。球形或卵形的子囊壳，埋生，顶端乳头状，有孔口，内有侧丝。子囊棍棒状或圆柱状，内有 6~8 个子囊孢子。子囊孢子纺锤形至椭圆形，无色，1~3 个隔膜。

（2）根腐叶枯病病菌　病原菌为麦根腐双极蠕孢［*Bipolaris sorokiniana*（Sacc.）Shoem.］，属于无性型真菌双极蠕孢属。分生孢子梗褐色直立，单生或丛生，从气孔伸出，具隔膜；分生孢子褐色，卵圆形至椭圆形，直立或稍弯曲，具 2 个或多个隔膜。有性态为禾旋孢腔菌［*Cochliobolus sativus*（Ito et Kurib.）Drechsl.］，属真菌界子囊菌门格孢腔菌目旋孢腔菌属，少见。

（3）链格孢叶枯病病菌　病原菌为小麦链格孢（*Alternaria triticina* Prasada Prabhu），属无性型真菌链格孢属。分生孢子梗单生或丛生，直立，黄褐色，从气孔伸出。分生孢子单生或 2~4 个串生，大小为（15~89）μm×（7~30）μm，褐色，卵圆形或椭圆形，喙较短，1~10 个横隔膜，0~5 个纵隔膜。

（4）壳针孢类叶枯病病菌　病原菌为小麦壳针孢（*Septoria tritici* Roberge Deamaz.）和颖枯壳多孢［*Stagonospora nodorum*（Berk.）Castellani & Germano］，分别属于无性型真菌壳针孢属和壳多孢属。二者引起的病害曾分别称为"小麦叶枯病"与"小麦颖枯病"。实际上，两者都能引起严重的叶枯和穗腐。病斑上黑色小点即为病原菌的分生孢子器。小麦壳针孢分生孢子器生于寄主表皮下，黑褐色，球形，端有孔口，孔口小，微突出。大型分生孢子无色，细长，微弯曲，两端圆，有 3~5 个隔膜，大小为（39~85）μm×（1.5~3.3）μm，数量多；小型分生孢子单胞，微弯，细短，无色，数量少。颖枯壳多孢分生孢子器球形，黑褐色，顶端具孔口，分生孢子圆筒形或长椭圆形，无色，1~3 个隔膜，分隔处稍缢缩。

四、病害循环

1.越冬和越夏

几种叶枯病病菌，多以菌丝、分生孢子器、子囊壳在病残体中越夏或越冬，或以菌丝体潜伏于种子内或以孢子附着于种子表面。种子和田间病残体上的病菌为苗期的主要初侵染来源。一般感病较重的种子，常常不能出土就腐烂而死。病轻者可出苗，但生长衰弱。

2. 传播和侵染

病组织及残体所产生的分生孢子或子囊孢子借风雨传播，直接侵入或由伤口和气孔侵入寄主。如温度和湿度条件适宜，发病后不久病斑上便又产生分生孢子或子囊孢子，进行多次再侵染，致使叶片上产生大量病斑，干枯死亡。尽管多数叶枯病菌在整个生育期均可为害，但以抽穗至灌浆期发生较重，是主要为害时期。

五、流行规律

小麦叶枯病的发病程度与气象因素、栽培条件、菌源数量、品种抗病性等因素有关。

1. 气候因素

4月下旬至5月上旬降水量对病害发展影响很大，如此期降水量超过70mm发病严重，40mm以下则发病较轻。苗期受冻，幼苗抗逆力弱，叶枯病往往发生较重。小麦开花期到乳熟期，相对湿度>80%，18~25℃，有利于各种叶枯病的发展和流行。潮湿多雨和冷凉的气候条件，有利于小麦雪霉叶枯病的发生。14~18℃适宜于菌丝生长、分生孢子和子囊孢子的产生，18~22℃则有利于病菌侵染和发病。

在河南麦田小麦叶枯病害春季的流行曲线基本呈"S"形曲线。3月至4月上旬气温回升快，叶枯病始发期早；4月中下旬气温偏高，病害发展加快。5月上旬降雨次数多，雨量大，田间湿度高，则病害严重发生流行。

2. 栽培条件

秸秆还田有利于小麦叶枯病菌越夏、越冬。冬麦播种偏早或播量偏大，氮肥施用过多，造成植株群体过大，发病重。麦田灌水过多，或生长后期大水漫灌，或地势低洼排水不良，有利于病害发生。此外，麦田杂草多，倒伏严重，土地耕翻粗糙，病害均有加重趋势。增施磷、钾肥可提高植株的抗病力，减轻病害的发生。

3. 菌源数量

小麦病残体和种子带菌是病害重要的初侵染来源。种子感病程度重，带菌率高，播种后幼苗感病率和病情指数也高。田间病残体数量大，带菌率高，叶枯病流行的风险大。

4. 品种抗病性

国内外研究小麦品种对各种叶枯病的抗病性发现，没有免疫品种。虽品种间抗性存在一定差异，但目前生产上大面积推广的品种多数不抗病。矮秆品种雪霉叶枯病发生较重；软粒小麦一般高感链格孢叶枯病，而硬粒小麦则抗病性较强。据报道，成株期蚜虫为害重的小麦田，叶枯病发生也往往较重。

六、防治技术

小麦叶枯病的防治以农业防治和药剂防治为主，使用无病种子和较抗（耐）病品种。

1. 使用无病种子和种子消毒

由于多种叶枯病都可以种子带菌，使用健康无病种子，减少菌源量，可减轻病害发生。做好种子田的防治，降低种子带菌率；避免从重病区调种。使用2%戊唑醇湿拌剂1∶1 000（药∶种）拌种，或用

2.5%咯菌腈悬浮种衣剂，或用3%苯醚甲环唑悬浮种衣剂1∶500包衣处理对带菌种子进行种子处理，防病效果较好。

2. 农业防治

播前精细整地，秸秆粉碎并深翻；根据当地气候条件和小麦品种特性，进行适期适量播种；氮磷钾配合使用，施足基肥，施用氮肥避免过量过晚，增施磷、钾肥；控制田间群体密度，改善通风透光条件，促使小麦健壮生长。控制灌水，特别是小麦生长后期不能大水漫灌，雨后还要及时排水。麦收后要翻耕，加速病残体腐烂，以减少菌源。

3. 选用抗病和耐病品种

国引2号、太空6号、周麦12、豫麦58-998、豫麦68、豫麦36、陕229、豫麦70、周麦16和济麦1号等品种在河南郑州地区表现较抗叶枯病（邢小萍等，2009）。但这方面的工作还远远不够，需大力加强抗耐品种的选育和推广工作。

4. 药剂防治

小麦叶枯病防治指标为小麦挑旗期顶3叶病叶率5%，应及时喷洒杀菌剂进行防治。防治雪霉叶枯病可选用50~70g甲基硫菌灵（有效成分）/亩、40~60g多菌灵（有效成分）/亩、8~8.5g三唑酮（有效成分）/亩和6~8g烯唑醇（有效成分）/亩；防治其他叶枯病可用8~8.5g三唑酮（有效成分）/亩和6~8g烯唑醇（有效成分）/亩、6~8g丙环唑（有效成分）/亩、7.5~9g氟硅唑（有效成分）/亩、6~12g嘧菌酯（有效成分）/亩、4~8g醚菌酯（有效成分）/亩、7.5~10g吡唑醚菌酯（有效成分）/亩和75~100g百菌清（有效成分）/亩等药剂，对水40~50kg均匀喷雾。一般第一次喷药后根据病情发展，间隔10~15 d再喷药一次。由于小麦叶枯病病原菌比较复杂，应将不同杀菌剂交替使用或复配使用效果更好。

第十三节　小麦黑胚病

一、分布与为害

小麦黑胚病是一种为害小麦籽粒的世界性病害，又名小麦籽粒黑点病。该病由Boiiy于1913年首次报道，目前已在中国、墨西哥、印度、英国、美国、苏联、加拿大、危地马拉以及秘鲁等均有发生。随着小麦成熟期间气候的变化、品种的更替、肥水条件的改善、密植等栽培水平的提高，小麦黑胚病在我国东北、华北、西北等地冬春麦区发生日趋严重，一般年份发病率20%~30%，多雨年份高达50%~70%。感病籽粒影响种子出苗、幼苗生长和小麦产量，导致小麦品质下降，出粉率降低，面粉的色泽加重，容重量降低，品质下降。近年来，我国实行了新的小麦商品粮收购标准，将黑胚病粒与破碎粒、虫伤粒、赤霉病粒等一起作为不完善粒，当不完善粒超过6%就达不到商品小麦的收购标准，只能作为等外麦处理。黑胚病粒超标导致我国很多产地的小麦难以达到商品粮的标准，要达到国家规定的二级麦标准，黑胚粒应控制在2%以内，小麦黑胚病病粒率直接影响到小麦商品粮的等级和农民的收入。黑胚病病菌可以产生交链孢霉醇、甲基醚、交链孢霉烯、细偶氮酸等毒素。人体摄入后会引起喘息或者呕吐的症状，严重的会引起食道癌的发生，包括牲畜摄入后也会引起相应的反应。

黑胚病在河南各麦区均有发生，不同年份发生为害情况差异较大（图2-13-1）。灌浆中后期多雨，尤其是收获前遇连阴雨的天气，黑胚病病粒率及严重度明显增加。

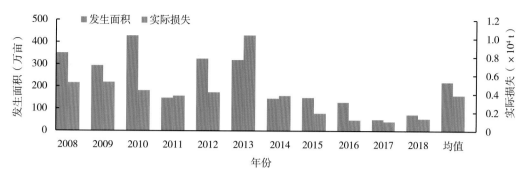

图 2-13-1 河南省小麦黑胚病发生情况（李洪连 提供）

二、症状

小麦抽穗期发生为害，主要为害小麦籽粒。小麦籽粒潮湿时或保湿情况下产生灰黑色霉层，部分产生灰白色至浅粉红色霉层。常见的小麦黑胚病有3种典型症状（图 2-13-2）。

（1）黑胚型 由链格孢侵染引起，通常在小麦籽粒胚部或胚的周围出现深褐色的斑点，这种褐斑或黑斑为典型的"黑胚"症状。

图 2-13-2 小麦黑胚病病粒（李洪连 提供）

（2）花粒型 由麦类根腐双极蠕孢侵染引起，一般籽粒带有浅褐色不连续斑痕，其中央为圆形或椭圆形的灰白色区域，引起典型的眼状病斑。

（3）籽粒发白或发红 由镰孢霉侵染引起，籽粒带有灰白色或浅粉红色凹陷斑痕，籽粒一般干瘪、重量轻、表面长有菌丝体。

三、病原

1. 病原种类

由多种病原引起小麦黑胚病，主要包括链格孢（*Alternaria* spp.）、麦类根腐双极蠕孢（*Bipolaris sorokiniana*）、镰孢霉（*Fusraium* spp.），三者均属于无性型真菌。黄淮麦区病原菌主要以链格孢为主。河南省小麦黑胚病的主要致病菌有链格孢（*A. alternata*）、细极链格孢（*A. teniussima*）、麦类根腐平脐蠕孢（*B. sorokiniana*），以链格孢（*A. alternata*）和麦类根腐双极蠕孢（*B. sorokiniana*）致病力最强。

2. 病原菌形态

PDA 培养基上，链格孢菌的菌落初为灰白色，逐渐转为深褐色至黑色，分生孢子呈不规则椭圆形，具横、纵或斜隔膜，有喙，喙长度不超过分生孢子的1/3，圆柱形或圆锥形，褐色，孢子大小一般为（20~39）μm×（8~14）μm（图 2-13-3）。

PDA 培养基，细极链格孢菌的菌落初为灰白色，后变为青色或青褐色，菌落密集均匀。分生孢子梗较直，分生孢子倒棍棒状或长椭圆形，淡褐色，分出的支链长度比较短（图 2-13-4）。分生孢子成熟后会有 4~7 个横隔膜和 2~5 个纵隔膜，大小为（20.0~44）μm×（7.5~13.5）μm。喙及假喙呈柱状，淡褐色，大多数有分隔，大小为（3.0~14.5）μm×（2.5~4.5）μm。

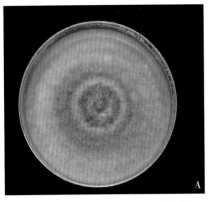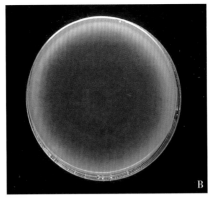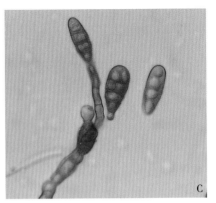

A 和 B.分别为 PDA 培养基中的正面和背面；C.CLA 培养基上的大型分生孢子

图 2-13-3　链格孢菌和分生孢子特征

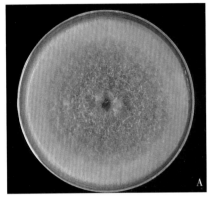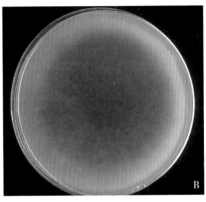

A、B.分别为 PDA 培养基中的正面和背面；C.分生孢子

图 2-13-4　细极链格孢菌落和分生孢子特征

麦类根腐双极蠕孢 PDA 培养基上菌落形态近似圆形但不规则，深榄褐色。分生孢子梗细长，无分支多隔膜，上部呈屈膝状弯曲（图 2-13-5）。分生孢子黑褐色，多细胞，有假隔膜，一般有 3~7 个隔膜，中间部位稍微凸起，长梭形或纺锤形，中间鼓两端渐细，大小为（30~90）μm×（12~30）μm。

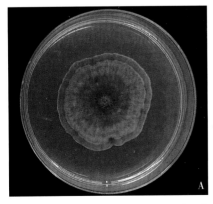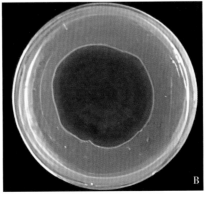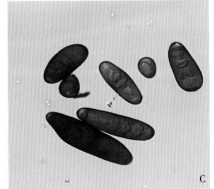

A、B.分别为 PDA 培养基中的正面和背面；C.分生孢子

图 2-13-5　麦类根腐双极蠕孢菌落和分生孢子特征

四、病害循环

1. 越冬和越夏

小麦黑胚病病菌多以菌丝和分生孢子在病残体中越夏或越冬，或以菌丝体潜伏于种子内或以孢子附着于种子表面，为小麦苗期的主要初侵染来源。一般感病较重的种子，常常不能出土就腐烂而死。病轻者可出苗，但生长衰弱。

2. 传播和侵染

小麦黑胚病病菌分生孢子在 2~40℃条件下均可以萌发，最适宜温度 20~25℃。病组织及残体所产生的分生孢子或子囊孢子借风雨传播，直接侵入或由伤口和气孔侵入寄主。开花后期籽粒形成期是小麦黑胚病菌侵染期，面团期是侵染最佳时期，适宜的侵染部位为颖壳和小穗轴。链格孢孢子萌发产生附着孢，通过侵入钉侵染植物组织，而小麦根腐双极蠕孢孢子则直接通过一端或两端萌发产生菌丝侵入植物组织（栾丰刚等，2011）。

五、流行规律

1. 土壤类型

在淤土、沙土、两合土与砂姜黑土 4 种土壤中，以淤土的黑胚率最高，沙土次之，两合土与砂姜黑土较低。

2. 管理措施

黑胚率与灌溉和施肥关系密切，一般高水肥地的黑胚率高于旱地。灌水次数和灌水时期对小麦黑胚病均有影响，但灌水次数影响较大，随灌水次数的增加黑胚率升高，花期灌水有利于黑胚病的发生，黑胚率与灌水次数呈正相关关系。在相同磷、钾条件下，拔节期追施氮肥小麦黑胚率低，孕穗期及其以后追肥小麦黑胚率增加，尤其是扬花期叶面喷施氮肥会较大幅度地提高黑胚率。优质强筋小麦由于灌浆期叶面喷施氮肥导致黑胚率提高。早播或播量过大，施氮肥过多，冬前形成旺苗，生长期群体过大，植株早衰，小气候潮湿，病害则重。

3. 气候条件

病害发生和流行，则受到降雨、湿度和结露时间所制约。扬花期至成熟期降雨多、湿度大有利于黑胚病的发展，间歇性的降雨比一次强降雨更能加重黑胚病的发生。小麦从灌浆到成熟期间，连阴雨，空气相对湿度大于 70%，易导致病害流行。

4. 品种抗性

感病品种的大面积种植是病害流行的关键因素，目前生产上缺乏免疫和高抗的品种，田间鉴定发现，豫优 1 号、陕 229、科优 1 号、豫麦 47、郑麦 11、鲁 95519 等品种表现为抗病类型；豫农 9901、豫麦 18、济麦 1 号等达到高感水平；高优 505、豫麦 68、百农 878、周麦 16、豫麦 34、郑麦 9405、藁城 8901、新麦 18、百农 9904、郑麦 9023、中育 6 号、新原 958 属中感品种。

六、防治技术

小麦黑胚病的防治，应以抗病品种放在首位，农业防治为基础，药剂防治为重点的综合防治措施。

1. 种植抗（耐）病品种

抗性较好的品种有：豫麦 18-99、豫优 1 号、科优 1 号、豫麦 47、豫麦 49、国麦 1 号、郑麦 98、郑麦 379、豫展 9705、郑麦 11、先麦 10 号、小偃 54、陕 229 等。

2. 农业防治

选用无病种子；合理调节播期播量，控制田间群体密度；合理施肥，在重施有机肥的基础上，增施磷钾肥，促使植株健壮生长和提高抗病性；合理灌溉，减少扬花期以后的灌水次数和灌水量；优质强筋小麦灌浆期叶面喷肥尽量使用磷酸二氢钾，不要使用尿素等氮肥。

3. 药剂防治

使用含有苯醚甲环唑、戊唑醇、咯菌腈等杀菌剂的种衣剂进行种子处理。在小麦灌浆初期（扬花后 5~10d），用 7.5% 氟环唑乳油 3g/ 亩、50% 嘧菌环胺水分散粒剂 35g/ 亩、56% 嘧菌·百菌清悬浮剂 22g/ 亩、25% 丙环唑乳油 12g/ 亩等，对水 30~45kg 均匀喷雾，对于小麦黑胚病具有较好的防治效果（杨共强等，2102）。

第十四节　小麦颖枯病

一、分布与为害

小麦颖枯病广泛分布于世界 50 多个国家的小麦种植区。在我国往往与小麦多种叶枯病混合发生，不被人重视，文献报道较少。近年来，随着抗锈和半矮秆化小麦品种的大面积种植，以及高水肥栽培措施的应用，小麦颖枯病的发生和为害日益严重，在国内冬、春麦区均有发生，以北方春麦区发生较重。一般叶片受害率 50% 以上，颖壳受害率超过 10%，一般减产 1%~7%，严重者达 30% 以上，严重影响了小麦的产量和质量。2003 年小麦颖枯病在河南省安阳市中度流行，病田率 100%，病穗率一般为 30%~40%，最高达 80%，颖壳受害率 10%~50%，减产 5% 左右。

二、症状

小麦颖枯病主要为害未成熟的穗部，也为害叶片、叶鞘和茎秆。典型病斑中央灰白色，边缘褐色，上生小褐点（分生孢子器），有时布满菌丝（图 2-14-1）。

（1）穗部受害　小麦乳熟期为害严重，先在穗顶及上部小穗的颖壳上出现病斑，初为褐色斑点，后变成枯白色或中央灰褐色、边缘褐色的斑点，扩展至整个颖壳，严重时小穗不能结实。

（2）叶片受害　叶片上初为椭圆形淡褐色小点，后变成不规则形大斑，边缘有浅黄色晕圈，

图 2-14-1　小麦颖枯病为害症状（李洪连、于思勤　提供）

中央灰白色，病斑比叶枯病斑色深，叶片正面病斑比背面多，严重时引起叶片枯死。旗叶受害，多卷曲枯死。叶鞘受害变黄，使叶片早枯。

（3）茎秆受害 茎节上病斑深褐色，形状不规则。病菌能侵入导管，将导管堵塞，使节部发生畸形、弯曲，变成灰褐色，上部茎秆易折断枯死。

三、病原

小麦颖枯病病原菌为颖枯壳多胞菌 *Stagonospora nodorum*，异名 *Septoria nodorum*，属于无性型真菌壳多胞属，其有性阶段在我国未发现。

1. 病原菌形态

小麦颖枯病病菌分生孢子器埋生在寄主皮层下，散生或成行排列，扁球形，暗褐色，顶端孔口微露。分生孢子无色，窄圆柱形，直或微弯，两端钝圆，初为单胞，成熟时 1~3 个隔膜，隔膜处稍缢缩，每个细胞 1 个核。有隔菌丝，前期无色，后期变为黑色，多分枝。

2. 病原菌生物学

小麦颖枯病病菌分生孢子萌发和菌丝生长的最适温度为 20~23℃，低于 6℃ 或高于 36℃，生长显著延缓。侵染温度范围为 10~25℃，最适温度为 22~24℃。适温条件下，潜育期 7~14d。相对湿度 90% 以上或有游离水的条件下孢子萌发最好。分生孢子器和分生孢子可在死的小麦组织上有周期性地再生。培养基中碳水化合物含量减少至 0.1%~1.0%，病菌生长衰弱，这与田间含糖量高的小麦品种发病重的现象一致。

四、病害循环

1. 越冬越夏

春麦区，小麦颖枯病病菌以分生孢子器和菌丝体在病残体上越夏、越冬。翌年春，在适宜的环境条件下，分生孢子器释放出分生孢子，侵染春小麦。病粒上的分生孢子器和分生孢子，也可引起初侵染。

2. 传播和侵入

冬麦区，小麦颖枯病病菌在病残体或种子上越夏，秋季侵入麦苗，以菌丝体在病株上越冬。寄主病斑上产生的分生孢子可借风、雨传播，不断扩大蔓延。病残体和种子带菌率是影响病害流行的重要因素。在湿润年份，10% 的种子带菌即可为病害大流行提供足够的菌源。

五、流行规律

小麦颖枯病的发生与菌源数量、品种感病性、栽培管理措施和气候条件等均有密切关系。

1. 菌源数量

小麦秸秆直接还田面积不断增大，到秋天麦播时还不能完全腐烂，为下一侵染循环提供了充足菌源。另外，田间大量自生麦苗，也为小麦颖枯病菌提供了越夏寄主。

2. 品种抗性差

目前推广的小麦主要品种绝大多数为感病品种，对小麦颖枯病的抵抗性较弱，缺乏免疫和高抗品种。一般情况下，含糖量高的品种比较感病；矮秆晚熟品种比高感早熟品种发病重；春性小麦品种比冬性小麦品种发病重。

3. 栽培措施

小麦长期连作，使用带菌的小麦种子，病源基数高；偏施氮肥、高水肥管理、高密度栽培，田间湿度过大，导致病害严重发生。

4. 气候条件

较高的空气湿度有利于小麦颖枯病菌的萌发和侵染，小麦抽穗期若遇雨，或多雾天气易导致病害流行。

六、防治技术

小麦颖枯病的防控策略应采取以减少菌源为主，辅以耐病品种和栽培防治的综合防治措施。

1. 选用抗病品种

不同品种对颖枯病的抗性存在差异，根据当地情况选择相对抗病丰产的品种。在小麦颖枯病发病严重地区，要建立抗病性观测圃，比较品种的抗病性，作为生产选种的依据。

2. 种子处理

小麦颖枯病可以通过种子携带传播，通过种子处理减少菌源量，减轻病害的发生。

（1）浸种　用优质生石灰配制成1%石灰水，除渣后浸泡种子，保持水面静置且高出种子10~15cm，30℃，浸泡1天，浸泡时间依气温而定，温度低可以适当延长浸泡时间。浸泡好的麦种不需用清水冲洗，摊开晾干即可；将麦种放入50~55℃的温水中，搅拌均匀，浸泡3h取出晾干即可。

（2）种子包衣　3%苯醚甲环唑悬浮种衣剂、2.5%咯菌腈悬浮种衣剂、2%戊唑醇湿拌剂等按照种子量的0.1%~0.2%拌种或包衣，可以同时防治纹枯病、茎基腐病、根腐病等多种病害。

3. 栽培管理

麦收后及时灭茬，减少田间自生麦苗；播种前，深翻土壤，配方施肥，增施有机肥；适时晚播，控制播量，防止群体过大；科学灌溉，避免大水漫灌；重病区进行轮作倒茬。

4. 药剂防治

小麦抽穗至灌浆期是进行喷雾防治的关键期。可选用的药剂有70%甲基硫菌灵可湿性粉剂800~1 000倍液、25%丙环唑乳油1 200~1 500倍液、12.5%烯唑醇可湿性粉剂1 500~2 000倍液等药液均匀喷雾，重病田隔5~7d喷一次，连续喷2~3次，可以兼防白粉病、锈病、叶枯病等。

第十五节　小麦霜霉病

一、分布与为害

小麦霜霉病又称黄化萎缩病。目前在美国、日本和俄罗斯等18个国家有发生，个别地区为害严重。国内主要分布在长江中、下游麦区，以及西北、华北、西南和西藏高原等麦区，近几年山东、河南、四川、安徽、浙江、陕西、甘肃、西藏等省区均有报道。一般造成减产达10%~20%，严重地块病害造成减产超过50%。河南省遂平、确山、嵩县、洛宁、伊川、郑州、原阳、博爱、沁阳、辉县、卫辉等地有发生。

二、症状

小麦霜霉病主要为害叶和茎，典型症状是植株矮化萎缩，分蘖增多，叶片变厚变硬，花序增生呈叶状（图2-15-1）。

1.苗期

病麦苗叶色深绿并有轻微的条纹状花叶，分蘖略有增多，植株萎缩。

图2-15-1　小麦霜霉病为害状（徐小娃　提供）

2.拔节期

拔节以后，病株明显矮化，节间缩短，叶片重叠。叶片显著变宽变长，柔软披垂，有时皱褶或扭曲，叶色深绿，心叶呈黄白色。

3.孕穗至成熟

孕穗以后，病株矮缩株高不及健株的2/3。心叶螺旋形卷曲，一般不能抽穗。轻病株能孕穗，穗包裹于旗叶鞘中，或从旗叶鞘侧面拱出，弯曲呈龙头状，部分颖片肥大，转色延迟，有时基部小穗轴呈分枝穗状，下部小穗颖片有时呈叶状。在同等肥力条件下，病株茎秆较健株粗壮，病株茎秆表面覆有较厚的白霜状蜡质层，有些品种无明显霉层。病穗黄熟延迟。在较瘦瘠的土壤中，病株表面细弱矮小，穗头小如烟蒂，但也有龙头状扭曲现象。

在田间进行诊断时很易将该病与病毒病相混的是植株矮化、叶片褪绿并有条纹状花叶等症状。但是麦类霜霉病的龙头状畸形穗以及叶片宽、长、厚、卷、扭、皱等特点，在麦类病毒病中是少见的，可据此加以区分。

三、病原

1.病原学名

小麦霜霉病病原为大孢指疫霉小麦变种［*Sclerophthora macrospora*（Sacc.）var. *triticina*］，也称孢指疫霉小麦变种，属于藻物界卵菌指疫霉属。

2.病原形态

小麦霜霉病菌孢囊梗很短，从寄主表皮气孔中伸出，常成对，个别3根，不分枝或少数分枝，顶生3~4根小枝，其上单生孢子囊。孢子囊柠檬形或卵形，顶端有1乳头状突起，无色，顶部壁厚，大小为（66.6~99.9）μm×（33.3~59.9）μm，成熟后易脱落，基部留一铲状附属物。菌丝体初蔓生，后形成浅黄色的卵孢子，初期结构模糊，后清晰可见成熟卵孢子球形或近球形，大小为（43.5~89.1）μm×（43.3~88.1）μm，卵孢子壁与藏卵器结合紧密。一般症状出现后3~6d，即可检测到卵孢子。叶片上叶肉及茎秆薄壁组织中居多，根及种子内未见，穗部颖片中最多。

3. 寄主范围

为害麦类、玉米、高粱、水稻等多种禾本科作物及看麦娘、稗草、马唐等多种禾本科杂草。

四、病害循环

小麦霜霉病病菌以卵孢子在土壤内的病残体上越冬或越夏。卵孢子和孢子囊借流水传播，也可随病残体混在种子中进行远距离传播。卵孢子在水中经 5 年仍具发芽能力。一般休眠 5~6 个月后在有水或湿度大时，萌发产生游动孢子。游动孢子接触寄主后，失去鞭毛，生出芽管，从寄主芽鞘的芽鳞和外胚叶侵入，发展为菌丝，菌丝深入寄主幼苗的生长点，进行系统侵染。从第 2 片真叶起，开始表现症状至小麦生长后期，病菌在寄主的叶片、叶鞘和颖壳等组织内产生卵孢子，收获时卵孢子又随病残体组织落入土壤中越冬越夏。

卵孢子发芽适温 19~20℃，孢子囊萌发适温 16~23℃，游动孢子发芽侵入适宜水温为 18~23℃。该病在 10℃以下或 35℃以上不表现症状。夜温低于 15℃，相对湿度大于 80%，有利于孢子囊形成。

五、流行规律

小麦霜霉病病菌喜欢温暖潮湿的条件，高湿度特别是淹水情况下对发病有利，病害常发于沟底及洼垄两侧地势较洼的地方。玉米收获偏晚，腾茬不及时，从而造成部分地块播种晚、冬前分蘖率低，苗势弱，抗性低，也利于病害发生。苗期灌水量过大，或大水漫灌，灌后又不能及时排水的，往往发病较重。魏勇良等（1989）田间实验发现，小麦淹水 1d，发病率平均为 5.7%，淹水 2d 达到 44.8%，淹水 3d 可达 70%，淹水 4d 超过 90%。春季气温偏低利于该病发生，地势低洼，耕作粗放，土壤通透性不良、稻麦轮作田易发病。

小麦不同品种的抗病性存在明显差异。

六、防治技术

小麦霜霉病是一种以土壤传播为主，在苗期阶段侵染的病害，因此在防治上应采取轮作，选种抗病品种，种子药剂处理和肥水管理的综合防治措施。

1. 农业措施

在重病地块实行与非寄主作物 1 年以上轮作；铲除田间杂草寄主，及时拔除病株以减少菌源积累；加强耕作栽培管理，提高耕作质量，播种不宜太深，防止大水漫灌，避免田间积水，降低田间湿度；施足基肥，及早追肥，培育壮苗。

2. 种植抗病品种

开展抗霜霉病品种选育与利用，降低病害流行风险。

3. 种子处理

播前每 100kg 小麦种子用 25% 甲霜灵可湿性粉剂 200~300g，加水 6kg 拌种，晾干后播种。必要时在播种后出苗前喷洒 0.1% 硫酸铜溶液或 58% 甲霜灵·锰锌可湿性粉剂 800~1 000 倍液、72% 霜脲锰锌可湿性粉剂 600~700 倍液、69% 锰锌·烯酰可湿性粉剂 900~1 000 倍液、72.2% 霜霉威水剂 800 倍液，均有较好的防治效果。

第十六节　小麦黄花叶病

一、分布与为害

小麦黄花叶病是我国冬小麦种植区为害最严重的病毒病，主要分布在黄淮地区、胶东沿海、长江中下游区和四川盆地等。受害较重的省份有河南、山东、江苏、安徽和湖北等。一般发病田块可造成减产30%~70%。1991年河南省潢川县小麦黄花叶病大发生，发病面积达35万亩，其中5万亩绝收。由中国小麦花叶病毒引起的病害，仅在山东和江苏的局部地区发生，常与小麦黄花叶病毒复合侵染，造成更加严重的症状。

20世纪60年代初引进阿夫小麦以来，在河南省信阳地区就有零星发生，后来随着阿夫、7023等高感小麦品种的大面积推广和连年种植，黄花叶病发生为害加重，1984年发生面积达到50多万亩，除信阳以外，驻马店、南阳、平顶山的部分县也有发生；随着高感品种的更换，1990年后该病发生面积明显减少，为害减轻。2010年以后，随着小麦品种的更换及生态环境条件的变化，黄花叶病在信阳、驻马店、南阳、平顶山等老病区仍然比较严重，周口、漯河、许昌、商丘、洛阳成为新病区，发生范围不断向北扩展蔓延，2010年河南省发生面积104.7万亩，2012年发生面积达207.0万亩。从病区引种（种子携带微量病土或小麦病根）是病害远距离传播的主要途径，农机跨区作业或跨病区灌溉等是病害近距离传播主要途径。近年来，随着新麦208、郑麦366、郑麦7698、衡观35、泛麦5号、豫麦416等一批抗病品种的推广应用，黄花叶病的发生为害有所减轻，但是发生范围一直在扩大，应引起高度重视（图2-16-1）。

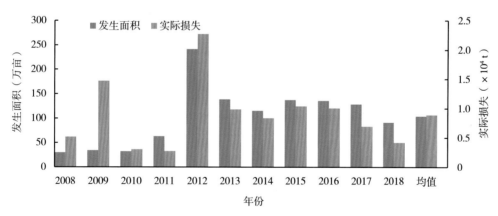

图2-16-1　河南省小麦黄花叶病发生情况

二、症状

受害小麦心叶上呈现褪绿条纹或黄花叶症状，后期在老叶上出现坏死斑，叶片呈淡黄绿色至亮黄色，严重时会心叶扭曲、植株矮化，分蘖减少，甚至造成小麦死亡，从远处看病田呈现高低不一、黄绿相间的斑块（图2-16-2）。感病小麦成熟期穗短小，秕籽多，部分小穗死亡，造成不同程度的产量损失，一般病田小麦减产10%~30%，重病田减产可高达50%~70%，甚至绝收。不同品种和气候条件对症状形成有显著影响。

图 2-16-2　小麦黄花叶病症状（田间症状，心叶典型症状，孙炳剑　摄）

三、病原

小麦黄花叶病病原为小麦黄花叶病毒（Wheat yellow mosaic virus，WYMV），属大麦花叶病毒属（*Bymovirus*）。

1. 病原物形态

小麦黄花叶病毒粒体为线条状，直或弯曲，直径 3~14nm，长度 274~300nm 和 550~700nm，其中后者占多数，1 000 nm 以上的粒子也有检到。中国小麦黄花叶病毒（Chinese wheat mosaic virus，CWMV）粒体杆状，直径 20 nm，长度 80~360 nm，具有典型的分布峰（150nm 和 300nm 附近），短粒子较多。

2. 病原物生物学特性

小麦黄花叶病毒致死温度为 55~60℃，稀释限点为 10^{-3}。在感病植株叶片细胞内，病毒可形成复合膜状体、板状集结体、风轮体和圆柱状体。由于 WYMV 和小麦梭条斑花叶病毒（Wheat spindle streak mosaic virus，WSSMV）具有相似的症状、寄主范围、病毒粒子形态、传播介体和血清学关系，也曾有人将它们鉴定为同种异名。随着研究深入，发现它们的基因组同源性较低，根据分子遗传进化分析确定我国的病原物为 WYMV。

中国小麦黄花叶病毒（CWMV）致死温度为 60℃，稀释限点为 10^{-2}，体外保毒期 5d。病毒可经汁液传播。该病毒长期被认为是小麦土传花叶病毒（Soil-borne wheat mosaic virus，SBWMV），近年的分子生物学研究将其归为真菌传杆状病毒属（*Furouvirus*）的一个新成员，并命名为中国小麦花叶病毒。

3. 病原物寄主范围

自然情况下，WYMV 和 CWMV 通过禾谷多黏菌（*Polymyxa graminis*）传播，系统侵染普通小麦（*Triticum aestivum*）和硬粒小麦（*T. durum*）。WYMV 病汁液和提纯物能通过摩擦接种系统侵染小麦；CWMV 病汁液能摩擦小麦、本氏烟、苋色藜和昆诺藜，在小麦和本氏烟上可以引起系统侵染，在苋色藜和昆诺藜能产生枯斑反应。

四、病害循环

禾谷多黏菌是一种专性寄生于禾本科植物根部的低等真核生物，寄主范围非常广，可以寄生普通小麦、硬粒小麦、黑麦、大麦和燕麦等 30 多种谷类作物。它自身无致病能力，对寄主生长和发育基本上没有影响，但是可以传播多种植物病毒而引起严重的病害，造成重大的产量损失。禾谷多黏菌最适的生长温度为18℃，低于5℃休眠孢子不能萌发，高于28℃游动孢子不能正常游动。小麦黄花叶病毒在其休眠孢子囊越夏，秋播后随孢子囊萌发产生游动孢子，当游动孢子侵入小麦根部表皮细胞时，病毒即进入小麦体内。禾谷多黏菌在小麦根部细胞内可发育成变形体并产生游动孢子进行再侵染。小麦近成熟时禾谷多黏菌在小麦根内形成休眠孢子囊，随病根残留在土壤中存活。休眠孢子带毒率比较低，只有1%～2%，但是携带病毒的休眠孢子具有很强的侵染能力，病土稀释15 625倍仍然可以侵染小麦，干燥的病土带毒时间可以超过10年。土壤中的休眠孢子囊可随耕作、流水等方式扩大为害范围。

五、流行规律

小麦黄花叶病的发生与温度、湿度、栽培条件和品种抗病性等因素有关。

1. 气候条件

低温高湿有利于病害发生。秋季降雨有利于病害的侵染，春季低温寡照有利于病害症状的表现。温度是病害发展及症状表现的主要决定因素，4～13℃是显症的最佳温度，当日均温大于20℃，症状逐渐消失。在我国不同地区因气温不同显症时间存在差异，江苏南部和浙江等地2月中旬到3月上旬显症，河南和湖北北部一般在2月下旬到3月中旬显症，山东胶东地区显症期在3月下旬到4月上旬。条件特别适宜时，病害可以在当年12月初显症，严重影响小麦分蘖形成。

2. 耕作措施

连作感病小麦品种会导致该类病害的流行，播种偏早等条件均会使病情加重，休耕能降低土壤的侵染性。

3. 品种

河南省小麦黄花叶发病区鉴定结果表明：西农979、矮抗58、郑麦98、郑麦004、豫麦49-986、豫麦949、科优1号、科麦2号、新麦9-998、藁麦8901、周麦18、豫麦60、淮麦16、中育6号、周麦19、百农9904、濮麦9号、新麦18、新麦19、开麦18、小偃803等表现为高感。感病品种的大面积推广和种植是病害暴发流行的主要原因。

豫麦70、郑麦366、豫农416、衡观35、豫麦70-36、泛麦5号、阜麦936、山东95519、高优503、豫麦9676、陕麦229等品种表现为高抗。

六、防治技术

由于禾谷多黏菌传播的小麦病毒一旦传入无病田就很难彻底根除，尽管轮作、改种非禾谷多黏菌寄主作物、休耕、推迟播期、增施有机肥、春季返青期增施氮肥、土壤处理等方法可以在一定程度上减轻病害，但是禾谷多黏菌的厚壁休眠孢子可以抵御外界干旱、水淹、极端温度等不良环境，能在土壤中长期存活，持续传毒，化学药剂难以杀死或抑制禾谷多黏菌，因此抗病品种是唯一经济有效的防病措施。

1. 选用抗病丰产品种

因地制宜地选用适合本地种植的抗病品种，避免使用感病品种。豫麦70、郑麦366、豫农416、衡观35、豫麦70-36、泛麦5号、阜麦936、山东95519、高优503、豫麦9676、陕麦229等品种表现为高抗。可以作为备选品种使用。

2. 加强栽培管理

农业栽培管理在于创造有利小麦生长发育的条件，增强植株抗病性。注意合理施肥促进小麦健壮生长，防止麦田干旱和积水，搞好清沟排渍工作。返青期追施氮肥或者喷施叶面肥有利于促进小麦生长，降低病害损失。根据当地情况和品种特性，适当晚播。有条件的地区，实行重病田休耕、改种非禾本科作物或实行 3 年以上的轮作。

第十七节　小麦黄矮病

一、分布与为害

小麦黄矮病也称"小麦癌症""黄色瘟疫"，1950 年在美国加利福尼亚州的大麦上首先发现，在美洲、欧洲、亚洲和大洋洲均有发生和为害，是一种世界性的为害小麦、大麦和燕麦的病毒病害。我国目前主要分布在西北、华北、东北、华中、西南及华东等冬麦区、春麦区及冬春麦混种区。我国曾于 1966 年、1970 年、1973 年、1978 年、1980 年、1987 年和 1999 年在陕西、甘肃、山西、内蒙古、宁夏和河北等省（自治区）大面积流行成灾。河南冬小麦种植区也时有发生，曾于 1970 年、1973 年、1978 年、1980 年、1984 年大发生，以洛阳、三门峡、安阳等地市发病严重，受害小麦一般减产 10%~20%，严重的可达到 50% 以上，个别地块甚至可造成绝产。

二、症状

小麦黄矮病在秋苗期和春季返青后均可发病，以春季症状比较明显。小麦感病后多表现为植株矮化，根系发育不良，叶尖出现倒 "V" 字形黄化，黄色部分占全叶 1/3~1/2。黄化部位略有增厚且表面光滑，尤其以旗叶症状表现明显。田间有典型的发病中心，严重时全田呈现多个大的发病斑块。冬小麦越冬前被侵染次年常表现矮化，而越冬后被侵染则植株矮化不明显，能抽穗，但穗粒数少，千粒重下降（图 2-17-1）。

图 2-17-1　小麦黄矮病为害状和传毒蚜虫（孙炳剑　摄）

三、病原

小麦黄矮病病原为大麦黄矮病毒（Barley yellow dwarf viruses，BYDVs），病毒粒体为等轴对称的正二十面体，直径26~30nm。BYDVs是黄症病毒科（Luteoviridae）多种病毒的总称，根据其蚜虫传播特异性和病毒序列，国际上BYDVs可以分为10个不同的种：黄症病毒属（*Luteovirus*）的BYDV-PAV、BYDV-PAS、BYDV-MAV、BYDV-kerII、BYDV-kerIII，马铃薯卷叶病毒属（*Polerovirus*）的禾谷黄矮病毒（Cereal yellow dwarf virus，CYDV）CYDV-RPV、CYDV-RPS，玉米黄矮病毒（Maize yellow dwarf virus，MYDV）的MYDV-RMV，以及未定属的BYDV-GPV、BYDV-SGV。

在我国最早鉴定了4个株系，分别为麦二叉蚜和禾谷缢管蚜传播的GPV株系、麦二叉蚜和麦长管蚜传播的GAV株系、禾谷缢管蚜和麦长管蚜传播的PAV株系以及玉米蚜传播的RMV株系。GAV株系是我国特有的一种大麦黄矮病毒，近年来已经成为我国小麦黄矮病的最主要病原，它与美国的BYDV-MAV有着相同的血清学反应，全基因组序列一致性高达90.4%，但两者的传播介体有所区别，MAV仅能由麦长管蚜传播。

四、病害循环

在我国的冬麦区、冬春麦混种区以及春麦区，BYDVs引起的小麦黄矮病病害循环因种植制度的不同而有所差异。在冬麦区和冬春麦混种区，5月中下旬，各冬麦区小麦渐进入黄熟期，麦蚜因植株老化，带毒蚜虫转化为有翅蚜迁飞到越夏寄主上取食、繁殖并传播病毒。越夏寄主主要是野燕麦、雀麦、小画眉草等禾本科杂草以及次生麦苗、晚熟春麦。秋季小麦出苗后，带毒蚜虫从越夏寄主迁飞回小麦秋苗上取食，感染秋苗，并以有翅成蚜、无翅成若蚜在麦苗基部越冬，有些地区也可产卵越冬。到翌年春季，以冬前感染的小麦为发病中心，黄矮病随麦蚜的迁飞取食而发生、流行。一般一年有两次发病高峰，第一次出现在返青后的拔节期，第二次出现在抽穗期。

五、流行规律

小麦黄矮病的发生程度与田间栽培条件、温湿度以及品种抗性密切相关。

1. 栽培条件

冬麦早播会引起麦蚜过早侵染为害，有利于病害的流行，因此，冬麦播种在秋分和寒露时节间进行播种较为合适，棉花、玉米、高粱等作物与小麦间作套种，利于麦蚜越夏和病毒传播，加重病害的发生，此外，土壤、水分等会影响小麦的长势，进而影响病害的发生，一般长势弱的小麦易感病。

2. 气象因素

影响小麦黄矮病发病的气象因子主要是冬季的平均气温与早春的气温和降水。冬季的平均温度高是决定麦蚜虫口数量的关键因素。如上年10月的平均气温高，降雨量小，当年1月、2月的平均气温高，则对麦蚜取食繁殖、传播病毒、安全越冬及早春提早活动等均较有利，这样就容易导致麦蚜与小麦黄矮病的大发生和流行。3月是小麦的拔节时期，也是蚜虫的扩散与病毒的再侵染盛期，3月如遇"倒春寒"，小麦的抗病性下降，利于黄矮病的流行。此外，早春无雨或少雨利于蚜虫的暴发，易引起黄矮病的大流行。

3. 品种抗性

小麦品种抗性是决定黄矮病流行的关键因素。目前为止，常规小麦品种中尚未发现高效的抗 BYDVs 基因，生产上种植的品种多数为感病品种。品种抗性鉴定结果表明，青海种植的加麻白芒麦、墨沙、绿见口和灰木头对黄矮病表现出较好的抗性，陕西种植的扬麦 158、陕 229、无芒中 4 表现出较高的抗病性。

六、防治技术

小麦黄矮病的防控措施应采取以选育和利用抗（耐）病品种为主，加强传毒介体防治、改进栽培技术为辅的综合防治措施。

1. 选育抗病品种

生产上种植的品种多数为感病品种。西北农林科技大学吴云峰团队采用堆测法田间鉴定无芒中 4、西农 979、00 中 13、陕 229、西农 4110、百农 201、西农 11、大唐 60 等品种表现出较好的抗性。小麦品种 Anza 含有耐病基因 *Bdv1*，对 BYDV–MAV 表现耐病性，可以延缓感病小麦的黄化，对其他 BYDVs 均没有耐病性或抗病性。无芒中 4、中 5 等异源八倍体材料被鉴定具有较好的抗病性，并已运用于抗病育种中。研究发现在小麦的近缘种中存在很好的抗源材料，在小麦的近缘种中间偃麦草中至少存在 3 个 BYDVs 抗性基因，分别为 *Bdv2*、*Bd/3* 和 *Bd/4*，可以通过远缘杂交结合染色体工程等人工技术手段，将其导入小麦中提高抗病性。

2. 加强栽培管理

调整播期，适时晚播，降低小麦被冬前侵染的风险；加强麦田的肥水管理，促进增强小麦健壮生长，从而增强其抗病虫能力；冬前合理灌溉，降低越冬虫源基数；及时清除麦田杂草和田间自生麦苗等蚜虫的越夏寄主；合理间作套种，小麦和豌豆、油菜间作，利用豌豆、油菜上的天敌昆虫控制麦蚜，且豌豆的根系分泌物可促进小麦对磷肥的吸收，增强光合作用，达到营养控虫双收益。

3. 化学防治

化学防治主要是针对传毒介体麦蚜的防治，冬麦区防治分为两个防治时期，分别是播种期和春季。

（1）种子处理　用 50% 辛硫磷乳油按种子重量的 0.2% 拌种，或用 48% 毒死蜱乳油按种子重量的 0.3% 拌种，拌后堆闷 4~6h 即可播种。用吡虫啉、噻虫嗪悬浮种衣剂处理种子要及时摊开阴干，切记不能堆闷，以免影响种子发芽。

（2）防虫治病　播种期使用含有吡虫啉或噻虫嗪的种衣剂进行种子处理的麦田，冬前不需要防治蚜虫。春季蚜虫在小麦抽穗期以后迅速繁殖，种群数量剧增，当蚜株率达 3%~5% 时，选用 50% 抗蚜威可湿性粉剂 3 000 倍液、用 10% 吡虫啉可湿性粉剂 2 000 倍液、4.5% 高效氯氰菊酯乳油 2 000 倍液、2.5% 溴氰菊酯乳油 2 500 倍液，均匀喷雾防治。

第十八节　小麦丛矮病

一、分布与为害

小麦丛矮病在有些地区也称"芦渣病""小蘖病""坐坡"。目前在我国分布较广。20 世纪 60—70 年代曾在我国西北、河北、河南、山东、江苏、浙江、内蒙古和新疆等地发生流行。目前，该病分布于陕西、甘肃、宁夏、内蒙古、山西、河北、河南、山东、江苏、浙江、新疆、北京、天津、黑龙江等省区的冬麦区和春麦区，以小麦与棉花、玉米间作套种田块发病较重。小麦植株感病越早，产量损失越大。轻病田减产 10%~20%，重病田减产 50% 以上，甚至绝收。

二、症状

小麦丛矮病的典型症状是分蘖显著增多，20~30 个不等，植株矮缩，形成明显的丛矮状，上部叶片呈现黄绿相间的条纹（图 2-18-1）。秋苗期感病，2 叶期就开始出现症状，在新生叶上有黄白色断续的虚线状，以后发展成为不均匀的黄绿条纹，分蘖明显增多。冬前感病的植株大部分不能越冬而死亡，轻病株返青后分蘖继续增多，表现细弱，叶部仍有明显黄绿相间的条纹，病株严重矮化，一般不能拔节抽穗或早期枯死。拔节以后感病的植株只上部叶片显条纹，能抽穗，但穗很小，籽粒秕，千粒重下降。孕穗期基本不发病。

除侵染小麦外，小麦丛矮病病毒还侵染大麦、黑麦、燕麦、谷子、高粱等作物及雀麦、看麦娘、早熟禾、狗尾草、画眉草等禾本科杂草。在禾本科植物上的症状表现仍然是条纹、矮化及丛生这 3 个特点，成为该病害区别于其他病毒病的典型特征。

图 2-18-1　小麦丛矮病
症状（孙炳剑　摄）

三、病原

小麦丛矮病病原为北方禾谷花叶病毒（Northern cereal mosaic virus，NCMV）。

1. 病原物形态

病毒粒体弹状，大小为（50~54）nm×（320~400）nm。

2. 病原物生物学特性

病毒颗粒主要分布在细胞质内，稀释限点为 10^{-2}~10^{-1}，体外存活期 2~3d。灰飞虱（*Laodelphax striatellus*）是该病毒的传毒介体，飞虱一旦获得病毒，便可终身传毒，但不能经卵传毒。不能经土壤、汁液及种子传播。段西飞等（2013）分析了河北、河南、山东、山西小麦北方禾谷花叶病毒的核苷酸序列，结果表明 NCMV 的种群结构和变异水平相对稳定，没有明显变化。

3. 病原物寄主范围

北方禾谷花叶病毒可为害小麦、大麦、黑麦、粟（谷子）、燕麦、高粱及狗尾巴草、画眉草、马唐等 24 属 65 种作物及杂草。

四、病害循环

1. 越夏和越冬

夏秋季节灰飞虱世代重叠，在生长茂盛的秋作物及其田间、沟边杂草丛中越夏。灰飞虱秋季从病毒的越夏寄主上大量迁入麦田为害，造成早播麦田秋苗发病的高峰。越冬代若虫主要在麦田、杂草上及其根际土缝中越冬，病毒也随之在越冬寄主和灰飞虱体内越过冬季，成为翌年的毒源。

2. 侵染和传播

春季随着气温升高，秋季感病晚的植株陆续显症，形成早春病情的一次小高峰。越冬代灰飞虱也逐渐发育并继续为害麦田，造成春季病情高峰。当小麦、大麦进入黄熟阶段，第一代灰飞虱成虫迁出麦田，到水稻秧田、杂草等禾本科植物上生活。

3. 寄主

自生麦苗、粟、马唐、狗尾巴草、画眉草等是病毒的主要越夏寄主，小麦、大麦等则是病毒的主要越冬寄主。

五、流行规律

小麦丛矮病的发生与耕作制度、农田管理措施、毒源植物和传播介体数量等因素有关。凡对介体昆虫繁殖和病毒越冬、越夏有利的种植制度、栽培管理措施及气象条件，对小麦丛矮病的发生也有利。

1. 田间管理

小麦丛矮病多发生在田边地头，或靠近沟渠的植株上，主要由于这些地方杂草丛生，利于灰飞虱栖息，有些杂草又是病毒的寄主所致。间作套种的麦田发病重，精细耕翻的麦田发病轻。秋作物收获后不耕地，田间杂草多，或直接在秋作物行间套种小麦，致使飞虱数量大，小麦出苗后受其取食和传毒，发病往往很重。早播麦田出苗早，越冬前虫害集中活动为害，感病机会多，同时温度高，有利于病毒增殖、积累，麦田发病重，适期播种发病轻；临近灰飞虱栖息场所的麦田病重。

2. 气候条件

夏秋多雨年份，气候潮湿，杂草大量滋生，有利于飞虱繁殖越夏；冬暖春寒有利于飞虱越冬，不利于麦苗的生长发育，降低抵抗力。

3. 品种抗性

小麦品种间对丛矮病的抗（耐）性虽有一定差异，但未发现免疫和高抗品种。

六、防治技术

小麦丛矮病的防治策略应采取农业防治为主，化学药剂治虫为辅的综合防控策略。

1. 农业防治

避免小麦与棉花、玉米等作物间作套种，适时晚播；秋作物收获后，及时耕地；小麦播种前要清除田间、地头、沟边和垄沟上的杂草；冬季灌水保苗，减少灰飞虱越冬数量。

2. 治虫防病

防除麦田及周围杂草和灰飞虱。用50%辛硫磷乳油按种子重量的0.2%拌种，或用48%毒死蜱乳油按种子重量的0.3%拌种，拌后堆闷4~6h即可播种。用吡虫啉、噻虫嗪悬浮种衣剂处理种子要及时摊开阴干，切记不能堆闷，以免影响种子发芽。杀虫剂拌种处理的田块，冬前不需要防治灰飞虱。返青期防治灰飞虱，可以选10%吡虫啉可湿性粉剂10~20g/亩，或用50%吡蚜酮可湿性粉剂8~10g/亩，50%吡蚜·异丙威可湿性粉剂25~30g/亩，对水30~45kg均匀喷雾处理，喷药时应注意防治麦田周边杂草上的传毒介体，可显著降低灰飞虱的虫口密度。

第十九节 小麦孢囊线虫病

一、分布与为害

小麦孢囊线虫病在欧洲、亚洲、澳洲、美洲及非洲的40多个国家有发生和为害。我国于1989年在湖北省天门县发现此病，目前已经在湖北、河南、河北、北京、内蒙古、青海、安徽、山东、陕西、甘肃、江苏、山西、天津、宁夏、西藏和新疆等16个省（自治区、直辖市）发生，每年全国小麦发病面积超过6 000万亩，以黄淮麦区受害较重。病田小麦一般减产10%~20%，严重地块可减产80%以上，甚至绝收，严重威胁小麦生产。河南农业大学和河南省植保植检站于2007年对河南省小麦禾谷孢囊线虫发生情况进行普查，发现除信阳和南阳地区外，其他16个地区市均有小麦孢囊线虫的发生，以许昌、周口、商丘、焦作、开封、郑州等地发生普遍，部分地块小麦产量损失严重。2008年以来小麦孢囊线虫病在河南普遍发生，局部地区为害严重（图2-19-1）。

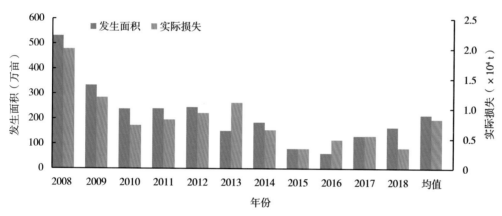

图2-19-1 河南省小麦线虫病发生情况

二、症状

1. 苗期

孢囊线虫为害的小麦植株，明显矮化，叶片发黄甚至干枯，麦苗瘦弱，似缺水缺肥状，一般不分蘖或分蘖明显减少，病根入土浅，根系分叉多而短，呈二叉形，须根呈团状，严重时整个根系呈乱麻状（图2-19-2）。在多数冬麦区病害主要在小麦返青拔节期开始发生，在河南省郑州、许昌等重病区冬前小麦就出现明显的为害状，严重时甚至需要毁种重播。

2. 抽穗期和灌浆期

发病田块小麦植株稀疏，成穗率低，穗小粒少。拔出小麦，发病植株根系上可见针头大小的白色雌虫，这是识别该病的重要标志。后期白色雌虫变为褐色孢囊，并脱落于土中（图2-19-2）。

1. 苗期发病麦田；2-3. 病苗；4. 灌浆期病田小麦；5. 根系上的白色雌虫

图 2-19-2　小麦孢囊线虫病症状（李洪连　摄）

三、病原

　　燕麦孢囊线虫（*Heterodera avenae* Wollenweber）和菲利普孢囊线虫（*H. filipjevi* Madzhidov）是引起我国小麦孢囊线虫病的主要病原，均属于线虫门、垫刃目、异皮科、异皮（孢囊）线虫属。燕麦孢囊线虫在我国麦区分布更为广泛，菲利普孢囊线虫仅在河南和安徽的部分地区有发生。

　　1. 病原形态（图 2-19-3）

　　燕麦孢囊线虫雌雄异型，雄虫为线状，体长约 1.4mm。雌虫柠檬形或梨形，孢囊长 0.5~0.9mm，宽 0.3~0.7mm，具有突出、较细长的颈部和较短的阴门锥。阴门锥为双半膜孔，具有许多排列不规则的泡状

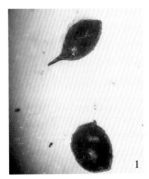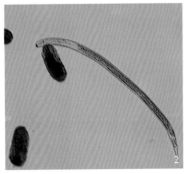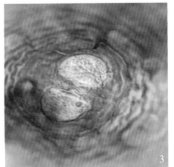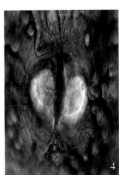

1. 成熟孢囊；2. 卵和二龄幼虫；3. 燕麦孢囊线虫阴门锥双半膜孔（无下桥）；4. 菲利普孢囊线虫阴门锥双半膜孔（有下桥）

图 2-19-3　禾谷孢囊线虫的形态（李洪连等原图）

突，无阴门下桥。2 龄幼虫呈线状，体长约 0.5mm，唇区缢缩，口针粗壮，尾呈圆锥形，尾长约为肛门处体宽的 4 倍，具有长而明显的末端透明区，尾尖稍钝。菲利普孢囊线虫与燕麦孢囊线虫形态较为相似，主要区别是菲利普孢囊线虫孢囊的阴门锥具有明显的下桥结构（图 2–19–3）。

2. 致病型分化

燕麦孢囊线虫有明显的致病型分化现象，国外已报道 14 个致病型，我国至少存在 3 个不同的致病型。菲利普孢囊线虫在我国至少存在 2 个致病型。

3. 生物学特性

燕麦孢囊线虫孵化适宜的温度为 10~15℃，但是不同地区存在差异。国内研究表明，燕麦孢囊线虫定州群体，必须经过一段时间低温才能正常孵化。而且低温处理时间越长，孢囊的孵化量越大，高温引起滞育，25℃以上不能孵化。但是过低的温度（–10℃）预处理也抑制孢囊孵化。

4. 寄主范围

燕麦孢囊线虫可以为害 70 多种作物或杂草，在我国已知的寄主作物包括小麦、大麦、燕麦、莜麦、黑麦，杂草寄主有黑麦草、鹅冠草、野燕麦、节节麦、苇状羊茅、球茎草芦、鸭茅、狗尾草、紫羊茅、牛尾草、日本看麦娘等。

四、病害循环

小麦孢囊线虫在我国华中和华北麦区，一般 1 年只发生 1 代。

1. 越冬和越夏

小麦孢囊线虫主要以孢囊在土壤中越夏和越冬，部分地区也可通过 2 龄幼虫在土壤中和根组织内越冬。

2. 传播

小麦孢囊线虫主要通过土壤传播，病田移土、田间流水、农机具和人畜携带病土均能导致其在田间的传播蔓延。每年的暴雨冲刷和河水水流携带孢囊可造成该线虫的远距离传播，而近年来跨区作业的联合收割机和施药机械携带土壤是其远距离传播的另一种重要途径。

3. 侵入

在全国多数地区，小麦孢囊线虫对冬小麦的侵染主要发生在小麦返青之后。3—4 月，在适宜的土壤温度和湿度条件下，孢囊中的卵陆续孵化并进入土壤，2 龄幼虫从小麦根尖的伸长区侵入，在微管束或中柱鞘薄壁组织建立取食点，刺激被取食细胞转变为含有多个细胞核的大型细胞（合胞体）。在根内发育成 3 龄和 4 龄，3 龄幼虫长颈瓶形，4 龄幼虫葫芦形，再经过 1 次蜕皮，发育为成虫。雄成虫为线形，很快进入土壤寻找雌虫交配。雌成虫变成柠檬形，定居原处取食，膨大的虫体则撑破寄主根表皮而外露。最后，雌虫老熟，脱落在土壤中，变为褐色的孢囊，内含 100~300 粒卵，成为下一季节的初侵染来源。一般没有再侵染。

在郑州田间条件下，土壤湿度合适时，小麦出苗后 14d 即可发现孢囊线虫的 2 龄幼虫侵入到小麦根内，28d 后少量 2 龄幼虫发育为 3 龄，42d 后根内幼虫数量达到第一次高峰，同时发现少量 4 龄幼虫。小麦出苗 60d 后，由于温度较低，根内各虫态数量基本维持稳定；在 120d 后，温度逐渐回升，根内 2 龄幼虫数量逐渐增加，幼虫数量的第二次高峰出现在小麦出苗后 150d 左右，但入侵幼虫数量明显少于第一次。此后根内幼虫陆续发育为白雌虫和孢囊，白雌虫数量高峰出现在小麦出苗后 180d 后。菲利普孢囊线虫 3 龄、4 龄幼虫及白雌虫出现的时间均比燕麦孢囊线虫的早一周。

五、流行规律

小麦孢囊线虫病的发生与土壤中线虫的密度、气象因素、土壤条件、耕作制度以及品种抗性等有密切关系。

1. 土壤中线虫的密度

土壤中小麦孢囊线虫密度越大病害越严重，河南许昌重病田菲利普孢囊线虫孢囊密度达到 60.67 个 /100g 土，郑州重病田燕麦孢囊线虫孢囊密度达到 42.56 个 /100g 土，商丘地区虞城县重病田的孢囊密度达 107.4 个 /100g 土，平均饱满孢囊率高达 73.0%，且平均单孢囊卵量达 225.2 粒。

2. 气象因素

燕麦孢囊线虫孵化需要适合的温度和湿度，孵化的温度范围为 5~25℃，最适为 15℃。高温滞育，只有在 5℃左右经过数周的低温刺激才能孵化出具侵染性的 2 龄幼虫。打破滞育后在超过 25℃条件下，线虫不能孵化。因此，在幼虫孵化期，持续的凉爽天气和湿润土壤，可以提高线虫的孵化率，有利于线虫的孵化及 2 龄幼虫向植物根部的移动和侵入，加重病害发生。线虫一旦侵入，若遇干旱天气或者早春低温，小麦受害严重。土壤含水量过高或过低均不利于线虫发育和病害发生，平均绝对含水量 8% ~14% 有利于发病。

3. 耕作制度

经常与花生、棉花、马铃薯、大豆、油菜、大蒜、水稻等非寄主作物轮作的麦田，病害发生明显减轻，特别是水旱轮作田基本上不发病。豫南稻麦轮作区未发现小麦孢囊线虫为害。

4. 土壤条件

沙壤土及沙土地发病重，红棕壤、褐土、砂姜黑土等黏重土壤中发病轻。河南驻马店等地的砂姜黑土发病比较轻，许昌等地沙壤土发病比较严重。土壤瘠薄，肥水条件差，发病严重。土壤肥力好，特别是氮肥和磷肥充足，生长季节不缺水，小麦受害轻。海拔高的山地和丘陵地麦田，特别是梯田发病轻。

5. 小麦品种

我国生产上推广的多数小麦品种表现感病或高度感病，没有发现免疫和高抗品种，但品种间的抗病性存在明显差异。不同小麦品种对两种孢囊线虫的抗病性存在较大差异。太空 6 号、新麦 11、中育 6 号和新麦 18 等对燕麦孢囊线虫病表现较好的抗（耐）病性，太空 6 号、中育 6 号、濮麦 9 号和濮优 938 对菲利普孢囊线虫表现抗病。

六、防治技术

对于小麦孢囊线虫病，应采取以选用抗耐病品种和农业防治为基础，辅以药剂防治的综合防治策略。

1. 选育和推广抗病品种

可因地制宜，选择适合当地种植的较抗（耐）病的小麦品种，在一定程度上可压低田间线虫密度，减轻为害程度。另外，国内已鉴定出对小麦孢囊线虫免疫或高抗的近缘材料及国外引进品种，如小偃麦、Madsen 等。

2. 农业防治

选用花生、油菜、棉花、马铃薯、蚕豆、水稻等作物与小麦进行 2~3 年轮作，可以明显降低土壤中小麦孢囊线虫的种群密度，减轻发病程度和提高小麦产量。氮肥、磷肥能够抑制该线虫群体增长，钾肥则刺激该线虫孵化及生长。增施有机肥、氮肥和磷肥，可以促进小麦生长，提高其抗逆能力，增产效果明显；在小麦生长季节，特别是中后期，及时浇水，避免土壤干旱，可在一定程度上减轻为害。彻底清除田间的野燕麦等杂草寄主，适当晚播，播前土壤深翻后旋耕，播后镇压，也能减轻病害发生。

3. 化学防治

防治指标为土壤中孢囊线虫卵密度 5~10 个 /g，在小麦播种时，使用含有阿维菌素或甲维盐的种衣剂进行种子包衣，按每 100kg 种子使用 30% 阿维・噻虫嗪悬浮种衣剂 560~840mL，进行种子处理，对小麦孢囊线虫病有较好防治效果。

4. 生物防治

嗜线疫霉、厚垣孢轮枝菌等生防菌对该线虫有一定防治效果，但是尚未见大面积应用的报道。白僵菌、芽孢杆菌、淡紫拟青霉、寄生曲霉、长枝木霉等生防菌株有望开发成生物制剂，应用于小麦孢囊线虫病综合治理。

第二十节　小麦根腐线虫病

一、分布与为害

植物根腐线虫病是一种世界性病害，寄主范围广。根腐线虫主要是在小麦根部取食，造成根部腐烂，故又称"小麦根腐线虫病"。小麦根腐线虫可以与细菌、真菌等一些病原物复合侵染，严重影响了小麦生产。

小麦根腐线虫病在澳大利亚、美国、墨西哥、以色列、北非和西亚等地区发生比较严重，其中澳大利亚小麦因此造成的产量损失能达到 38%~85%，而在美国西北部造成的产量损失能达到 8%~36%。在国内，对小麦根腐病线虫的研究还相对较少。2006 年，王振跃教授在河南农业大学科技园区（郑州）首次在小麦上发现根腐线虫的为害。2007 年调查结果表明，小麦根腐线虫病对郑州市小麦造成 13.58%~15.46% 的产量损失。河南省小麦根腐线虫主要分布中北部地区，包括郑州、开封、新乡、焦作和安阳等小麦种植区。2010 年小麦乳熟期在河南省中北部的 10 个县市 34 个采样点分离出小麦根腐线虫，占采样点的 75.6%，其中以郑州市郊分离的根腐线虫数量最多，平均达到 270 条 /g。驻马店和周口等河南南部 4 个县市 11 个采样点均没有分离出根腐线虫（王振跃等，2012）。

二、症状

小麦根腐线虫在小麦的整个生长季节都能为害，拔节期到灌浆期是病害的盛发期。

小麦根腐线虫主要靠侵染小麦的根部，在根毛表面或根部皮层组织取食，削弱根的生理机能，使水分和营养物质输送减少，导致根部有褐色斑点，侧根和根毛减少。多条线虫结集时，形成大的复合病斑，根部变褐腐烂，最终导致根系坏死（图 2-20-1）。感病小麦，植株矮小，生长势弱，分蘖减少，下部叶片变黄，呈萎蔫状，易与缺素症状混淆。根腐线虫为迁徙型线虫，田间线虫分布不均，导致在田间成斑块状或波浪形分布。

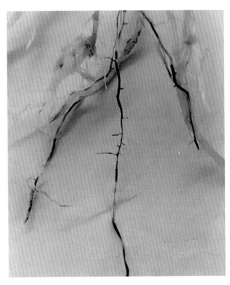

田间症状　　　　　　　　　　　　　病根

图 2-20-1　小麦根腐线虫为害状（王振跃　提供）

寄主被破坏到一定程度时，根腐线虫从病组织中游出，向新寄主根部靠拢。线虫在根部取食后，可导致其他真菌和细菌的复合侵染，引起更严重的经济损失。

人工接种小麦根腐线虫，引起小麦须根明显减少，根系不发达，株高略低于对照，茎秆略细，地上部分鲜重和地下部分鲜重明显低于对照，且有少量叶片发黄，类似营养缺乏，根部无明显的褐色斑点（图 2-20-2）。与真菌混合接种病害症状更加严重（图 2-20-3）。

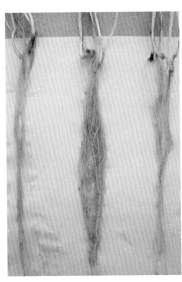

（从左到右：清水对照，假禾谷镰孢菌接种，假禾谷镰孢菌 + 小麦根腐线虫混合接种）

接种线虫　空白对照　接种线虫　　　　　　根内线虫

图 2-20-3　小麦根腐线虫和假禾谷镰孢菌混合接种症状（逯麒森　摄）

图 2-20-2　人工接种小麦根腐线虫的小麦和根内的线虫（崔娟　摄）

三、病原

病原线虫属于垫刃目（Tylenchida）垫刃亚目（Tylenchina）短体科（*Pratylenchidae*）短体属（*Pratylenchus*）。国内为害小麦的病原线虫主要是敏捷短体线虫（*P. agilis*）、卢斯短体线虫（*P. loosi*）、落选短体线虫（*P. neglectus*）。

1. 线虫形态（图 2-20-4）

雌虫体短粗，圆筒形，经温热杀死后，体略向腹面弯曲。体长 452~811μm，体表皮纹细，侧区 4 条侧线，侧线分布平均，延伸至尾端。唇区较低，稍缢缩，唇环 2 条，第 1 条唇环比第 2 条略窄，唇拐角钝圆。口针发达，口针基部球圆形，略大，高 2.30~3.26μm，宽 4.05~6.75μm，基部球深度骨化。中食道球卵圆形，宽约占该处体宽的 2/3。食道腺体从腹面和侧面覆盖肠的前端，排泄孔位于中食道球后部食道－肠瓣门的前方。前生单卵巢，卵母细胞单行排列，增殖区有时双行排列，受精囊退化，卵圆形或近圆形，较小，未见精子。后阴子宫囊较短，尾端钝圆。雄虫少见。

2. 线虫的生物学特性

小麦根腐线虫雄虫较为罕见，多为无性繁殖。25℃为根腐线虫生长繁殖的最适温度，当温度为 15℃和 30℃时线虫的繁殖率急剧下降，30℃时繁殖率趋于零。卵孵化到幼虫大约要 10d，之后幼虫开始进入根部取食。幼虫大约生长 35d 后成为成虫，并开始产卵。作物的一个生长季节线虫可以繁殖 3~4 代。高湿的环境和雨水是根腐线虫活动的必需条件，土壤干燥导致线虫休眠。根腐线虫没有特殊的生存时期，在其生活史的各时期都可以忍受干燥，在不同的季节延续种群数量。在达到引起病害的种群数量前，可以存活多年。

3. 寄主范围

小麦根腐线虫寄主范围广泛，包括谷类、豆类和油籽类作物，小麦是优选寄主。人工接种条件下，小麦、番茄和大豆是小麦根腐线虫的优良寄主。玉米、豇豆、绿豆、花生和向日葵是低度适宜寄主。

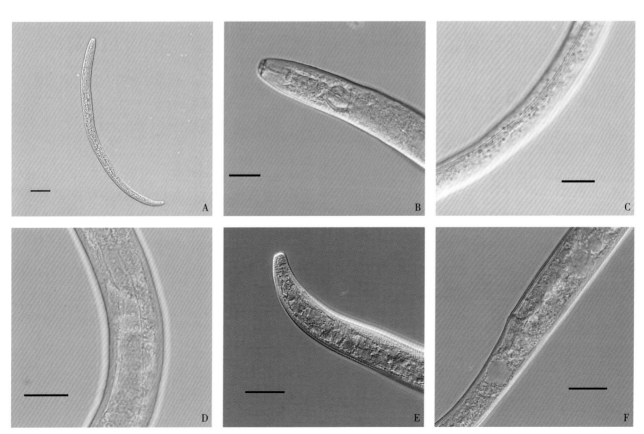

A. 雌虫成虫；B. 口针，中食道球；C. 侧线；D. 食道腺体；E. 尾，肛门；F. 阴门

图 2-20-4　敏捷短体线虫各部分的形态图（李广帅　摄）

四、病害循环

小麦根腐线虫是一类迁徙型内寄生植物病原线虫，可以在土壤和寄主根内自由移动，从 2 龄幼虫开始在小麦根部皮层取食为害。当小麦根破坏到一定程度时，线虫会移到新的根部取食。在没有适合的寄主植物并且土壤干燥时，根腐线虫的成虫和卵以失水的状态在土壤和植物残根内休眠，在易感病的杂草根部和自生麦苗上越夏。在小麦收获后，线虫仍然留在植株根部的残骸中。夏季雨水充沛时，线虫复苏，开始活动，但土壤短时间的湿润不能使其完成一个世代，一旦土壤干燥，它们又重新进入休眠状态。当秋天雨季来临，小麦播种后，根腐线虫变得活跃起来，迁移至附近新生根内取食进行为害。

小麦根腐线虫可以自由在田间移动，但移动的范围很小。土壤和植物病残体是线虫远距离传播的主要途径，同时农机具，农事操作的物具，人、畜粘带的土壤，水流等也是传播途径。

五、流行规律

1. 虫口基数

侵染小麦根部的线虫数量对小麦根腐线虫病害的发生程度具有直接的影响。在澳大利亚，土壤中根腐线虫的经济阈值为 6 000 头 /kg 土壤，超过此阈值，作物产量开始下降。在墨西哥当土壤中线虫种群数量达到 420 头 /kg 土壤，就会造成感病品种产量损失。

2. 降雨及气温

凉爽的天气和湿润的土壤是线虫活动的良好条件。降雨量多时，土壤空隙充满了水分，线虫立即活跃起来，迁移至植物根部开始取食并侵入根部，为害加重。土壤干燥时可以减少线虫种群的密度。

3. 土壤肥力

土壤肥力状况好的田块，充足的氮、磷、锌肥可以增强小麦的耐病性。氨基化合物对线虫具有毒性，向田里施入大量的含氨基化合物的肥料可以减少线虫的数量。土壤肥力差的田块，发病严重，小麦产量损失大。

4. 作物种类及品种

国外报道，对桑尼短体线虫的感病作物顺序是：小麦、加拿大油菜、鹰嘴豆、芥菜 > 大麦、燕麦、硬粒小麦、普通野豌豆 > 蚕豆、黑小麦、黑麦、小扁豆、香豌豆；对落选短体线虫的感病的作物顺序是：小麦、鹰嘴豆 > 大麦、加拿大油菜、芥菜 > 紫花豌豆、蚕豆、小扁豆、羽扇豆、黑小麦、燕麦。多数小麦品种对根腐线虫抗性较差，但是不同小麦品种对根腐线虫抗性存在显著差异。豫麦 25、豫麦 47 属于高感品种；温麦 19 和豫麦 70-36 易感病，新麦 208、豫麦 49-198、阜麦 936、豫麦 70、郑麦 004 线虫很容易侵染，但难以繁殖，随着小麦的生长侵入根系的线虫量逐渐减少；周麦 19、周麦 12、郑麦 9023 较抗病（杜鹃，2009）。

5. 田间杂草

清除易感病的杂草，病株和自生麦苗，可以减少线虫积累的数量。

六、防治措施

1. 种植抗病或耐病品种

在线虫数量大的田块种植抗病或耐病的小麦品种是一项重要的防病措施。郑麦 9023 较抗病，可以在重病田选种。

2. 避免感病作物连作

易感寄主连作会使线虫的数量快速增加，选择适合的轮作植物，可以有效减少线虫积累，减轻发病。

3. 栽培管理

清除田间杂草、病株和自生麦苗，减少线虫基数；加强水肥管理，充足的氮、磷、锌肥可以增强植株的耐病力。在播种时或播种前施用高水平的铵肥可减少线虫数量。

4. 药剂防治

参考小麦孢囊线虫的防治措施。

第二十一节　小麦黑颖病

一、分布与为害

小麦黑颖病又称细菌性颖斑病、细菌性条斑病，是一种世界性病害。20世纪50年代，华北农业科学研究院植物病害研究室调查，河北、北京、山西、辽宁、山东和河南均有分布，部分地区发病率达到20%~30%，甚至达到80%以上。随后在黑龙江、甘肃、新疆等地均有报道。近些年该病害在黄淮麦区有明显的上升趋势。

二、症状

小麦自幼苗至成熟期皆可发病，病株穗颈上发生黑褐色、宽条状或密集斑点状的病斑，颖端部变色是本病的特征，变色也能延及麦芒，有时引起全穗褐变，大量的秕粒及穗长减短，个别小穗穗梗出现黑褐色（何家泌，1993）。叶片和部分茎秆上产生黑褐色条斑，病种子干缩，潮湿时病部有细菌溢出。多数患病植株从茎基部又生出分蘖，但不能抽穗结实。叶部发病初期为水浸状斑点，后期呈条状，病部可见黄色小颗粒晶体或胶体，潮湿天气可见细菌溢脓（图2-21-1）。病叶在1~2d内可完全枯死，影响产量可达20%~30%。

1-2.穗部褐色至黑色条斑；3.为害颖片；4.叶片上病斑溢出菌脓

图2-21-1　小麦黑颖病为害状

三、病原

小麦黑颖病菌是 *Xanthomonas translucens* pv. *undulosa*，属于黄单胞杆菌属细菌。

1.病原菌形态

小麦黑颖病病菌，短杆状，两端钝圆，单生或偶尔成对，大小为（0.4~0.8）μm×（1.0~2.5）μm。单生极鞭，鞭毛长度大致为菌体的2~3倍。革兰氏阴性，无荚膜及芽孢（谌多仁等，1981）。

2.培养性状

牛肉膏蛋白胨培养基上，菌落初黄色渐变成蜜黄，圆形表面光滑，中间凸起，基质不变色。后期菌落变成蜡黄色，黏性增大（谌多仁等，1981）。

3.寄主范围

可以侵染大麦、小麦和黑麦，但是不侵染燕麦。

四、病害循环

小麦黑颖病病菌在种子、病残体上越冬越夏。由种子、土壤中作物残体、杂草、雨水、昆虫等带菌传播，种子带菌是主要初侵染源。病菌从气孔或伤口侵入，有多次再侵染。18~32℃，黑颖病潜育期随温度升高而缩短，适宜温度为22℃（孙福在等，1986）。

五、流行规律

小麦黑颖病的发生和流行强度主要取决于气候条件、寄主抗病性及栽培管理措施等因素。低温、潮湿有利于病菌的侵入和发展，生长期雨水多，夜间结露多，发病重。暖冬有利于病原菌的越冬，返青拔节期温度回升快有利于病害的发生。土壤肥沃，播种量大，偏施氮肥的麦田，由于植株密集，田间郁闭，通风透光不良导致发病严重。

20世纪80年代，中国农业科学院植物保护研究所孙福在等对2 883个小麦品种进行了抗病性鉴定，不同品种抗性存在显著差异。小麦苗期抗病性一般较强于成株期抗病性，但是苗期表现为高感的品种，成株也表现为高感。

六、防治技术

1.筛选和利用抗病品种

目前推广的小麦品种对小麦黑颖病抗性尚不明确，应该加强品种抗性鉴定工作，为生产防治提供依据。

2.种子处理

无病田育种，播前52℃温汤浸种或用农用链霉素、新植霉素浸种。

3.药剂防治

发病初期使用20%噻菌铜悬浮剂100~130g/亩，或用20%噻森铜悬浮剂100~125g/亩，36%三氯异氰尿酸可湿性粉剂60~90g/亩，对水40~50kg均匀喷雾防治。

4.生防菌剂

在病害发生初期，每亩选用60亿芽孢/mL解淀粉芽孢杆菌LX-11 500~650g、100亿芽孢/mL枯草芽孢杆菌50~60g、3%中生菌素水剂400~533mL等生防菌剂和制剂，对水30~45kg均匀喷雾防治。

第二十二节 河南省小麦条锈病越夏研究与应用

条锈病是小麦生产中的一种重要病害，具有随气流远距离传播、流行速度快、暴发性强、为害损失严重等特点。在小麦条锈病的周年循环中，越夏是最困难的环节，弄清小麦条锈病的越夏区域，对于该病的预测预报和综合防治具有重要意义。关于中国小麦条锈病菌的越夏区域，已进行了大量的研究，取得了很重要的研究成果，先后查明了西北越夏区、川西北越夏区、云南越夏区、华北越夏区和新疆越夏区，为开展条锈病区域划分和综合治理提供了科学依据。

进入 21 世纪以来，随着生态环境条件的改变和生产水平的提高，河南省小麦条锈病的发生与为害出现了一些新变化，主要表现为 3 个特点：一是豫西南麦田冬前就发现条锈病发病中心或零星病叶；二是冬前及早春发现的条锈病病株均是从中下部叶片开始发病，逐渐向上部扩展；三是 2000 年以来，发生流行频率增大，每年均有不同程度的发生，局部重发，正在成为小麦上的常发性病害。鉴于这些新的发生为害特点，高度怀疑小麦条锈病菌能够在河南省西部、北部的高海拔山区越夏，越夏后的条锈病菌经西北风吹送，引起豫南条锈病冬繁区秋苗发病，冬前出现零星病叶和发病中心，经过不断繁殖和扩展，导致豫南地区小麦条锈病发生和大面积流行。春季病原菌随西南暖湿气流向华北麦区吹送，进而引起华北地区小麦条锈病发生和流行。为了弄清小麦条锈病菌是否在河南省越夏，为开展条锈病综合治理技术研究提供新的理论依据，河南省植保植检站联合河南农业大学、河南科技大学等单位，于 2004—2010 年开展了小麦条锈病菌越夏规律研究。根据防治工作需要，重新开展了小麦条锈病综合防治技术研究，在小麦条锈病越夏区及豫南重发区进行大面积推广应用，取得了显著的经济、社会和生态效益。

一、小麦条锈病菌越夏试验研究

1. 材料与方法

（1）试验地点选择 根据国内同类研究经验，经过科学分析，选择河南省济源市太行山海拔 1 200~1 550m、林州市太行山海拔 1 000~1 100m、卢氏县伏牛山海拔 1 100~1 900m、栾川县伏牛山海拔 1 200~1 835m、西峡县伏牛山脉海拔 1 000~1 150m 处及淅川县海拔 614m、桐柏县海拔 460m、平桥区海拔 474m 的山区作为小麦条锈病菌越夏试验区（图 2-22-1）。

（2）供试小麦品种及播期 以易感病的温麦 6 号、矮早 781、新麦 13、超新 626 等品种为供试小麦品种，分别于 2004—2009 年的 4 月 10 日开始播种，每隔 10d 播一期，直至 8 月底，保证试验田至少有两期小麦同时生长。

（3）接菌时期及方法 5 月下旬从当地或异地小麦条锈病发生严重的麦田采集新鲜病叶，低温保存。于当日或翌日 17 : 00 后对试验田二叶一心期以上的小麦接种低温保存于新鲜病叶上的条锈病菌夏孢子。先在小麦叶片上喷清水，然后采取喷雾法和涂抹法接种。接菌采取对角线 5 点取样，喷雾法每点接菌 1m²，涂抹法每点接菌 50 株。接菌后随即盖上塑料薄膜保湿，翌日 8 : 00 除去塑料薄膜。接菌后 5d 观察 1 次，连续 3 次（15d）未观察到条锈病症状，需重新接菌，直至试验田小麦首次出现条锈病症状后，不再人工接菌，主要靠自然传播持续引起发病。

图 2-22-1　河南省不同海拔高度的条锈病越夏试验情况（于思勤　摄）

（4）发病情况及试验田气象条件调查　接菌后每隔 5d 调查一次，出现条锈病菌夏孢子堆后，每隔 7~10d 调查一次病株率、病叶率、严重度，计算病情指数。卢氏县、济源市、栾川县试验田使用小气候观测仪自动记录每天的温度和湿度，降雨量由当地气象部门提供。

（5）自生麦苗生长和发病情况调查　6 月中旬以后，每隔 5~10d 调查一次当地不同海拔地区、不同环境中自生麦苗的分布、生长数量、生育时期及条锈病的发生情况。使用浓盐酸处理锈病夏孢子，在显微镜下快速鉴别条锈菌、叶锈菌及其所占比例。

（6）小麦收获、播种时期及秋苗发病情况调查　自 6 月上旬开始调查当地不同海拔地区小麦收获时期，9 月下旬开始调查当地不同海拔地区小麦播种时期，10 月下旬开始调查当地不同海拔地区小麦秋苗上条锈病发生情况。

（7）小麦条锈病菌在小麦与禾本科杂草之间相互传播的调查试验　每年 4—5 月和 7—9 月调查锈病在禾本科杂草上的发生情况，并用小麦条锈菌、杂草上锈菌对一些禾本科杂草和小麦幼苗进行交互接种试验，探索小麦条锈菌与禾本科杂草的关系。

2. 结果与分析

（1）小麦条锈病菌越夏情况　卢氏县：2004—2009 年的接菌和自然传播试验表明，在海拔 1 160m 地区，条锈病菌在小麦苗期均不呈条状，散乱分布于叶片上，夏孢子堆鲜黄色，有少量夏孢子堆排列呈同心轮纹状。以 2005 年试验为例，6 月下旬，试验田抽穗小麦上，80% 以上的夏孢子堆呈条状分布，18% 呈点片状，2% 呈同心轮纹。2009 年 6 月 15 日从海拔 1 160m 试验田中采集小麦条锈病叶，傍晚将病菌接种到海拔 1 900m 的试验田小麦上，8 月 30 日在抽穗的小麦上有 4 片麦叶出现典型条锈病症状，夏孢子堆鲜黄色，到 10 月 21 日，有典型条锈病症状的叶片比率达 80% 以上。

栾川县：2005—2009 年的试验研究表明，在该县海拔 1 400~1 835m 的试验区，条锈病菌在小麦苗期均不成条状，散乱分布于叶片上，夏孢子堆鲜黄色。以 2007 年试验结果为例，该县海拔 1 443m 试验田中第 1、第 2 期播种的小麦抽穗，7 月上中旬叶片上出现典型的条锈病症状，小麦条锈病与叶锈病混生。

济源市：2005—2006 年试验田小麦于 6 月 24 日以后自然发生条锈病。2007—2009 年在海拔 1 200m

的试验田小麦上，人工接菌后发生条锈病，有部分夏孢子堆呈条状分布的病叶。2005—2009 年试验田调查结果显示，每年 7 月底至 9 月小麦条锈病的病情指数有 2 个高峰期。不同年份高峰期有所不同。第 1 高峰期出现最早的是 2008 年 6 月底，2005—2007 年为 7 月中下旬；第 2 高峰期出现最早的也是 2008 年，为 8 月下旬，2006 年、2007 年为 9 月上中旬，2005 年为 9 月中下旬。

林州市：2005—2007 年的接菌和自然传播试验表明，在海拔 1 100m 地区，9—10 月，在抽穗的小麦叶片上，出现夏孢子堆呈条状分布的病斑，11 月，试验田的部分麦苗叶片上出现条锈病的同心轮纹病斑，夏孢子堆鲜黄色，用浓盐酸处理后证明为条锈菌。海拔 1 000m 试验田的小麦条锈病叶 8 月上中旬全部死亡，不能越夏。

西峡县：通过 2005—2007 年的接菌和自然传播试验表明，条锈病菌在小麦苗期均不呈条状，散乱分布于叶片上，夏孢子堆鲜黄色；7 月下旬，海拔 1 150m 试验田中部分小麦抽穗，出现少量夏孢子堆呈条状分布的病斑。

其他试验区：在海拔低于 1 000m 的试验区，小麦条锈病菌最晚可以存活到 7 月中下旬，8 月初病叶全部死亡，条锈病病菌不能越夏。

以上试验结果表明，小麦条锈病菌在豫西、豫北海拔 1 100m 以上的高寒山区可以越夏。6 月中旬到 7 月上旬在小麦成株期叶片上表现为呈条状分布的病斑。随着高温季节的到来，在新出苗的小麦上，夏孢子堆颜色由鲜黄色逐渐变为暗红色，不呈条状，散乱分布于叶片上，与小麦叶锈病菌混生，叶锈病菌所占比例增加。9 月以后，小麦条锈病菌所占比例增加，在抽穗的小麦叶片上出现典型的条状病斑，夏孢子堆颜色鲜黄。在海拔 1 900m 的地区，小麦条锈病表现为典型的条状病斑，一直持续到 11 月上中旬。

（2）自生麦苗生长和发病情况　豫西、豫北山区的小麦多是人工收割、人工打场，在小麦收、打过程中，有相当数量的麦粒脱落到田间、地头、路边、打麦场及沟边。经过 5 年的调查，卢氏县、栾川县、济源市、林州市高海拔山区均有大量的自生麦苗生长（图 2-22-2），小麦收获后 5~7d 自生麦苗就生长出

图 2-22-2　河南省不同海拔高度的自生麦苗及发病情况调查（于思勤、冯社方　摄）

来，最早 7 月 5 日在卢氏县低海拔地区的自生麦苗上就发现小麦条锈病的零星病斑，到 7 月中下旬，病情不再发展，8 月初病叶全部死亡，8 月下旬又从高海拔地区自生麦苗上获得条锈病菌而再度被侵染。据卢氏县 2004—2008 年 9 月上旬调查，海拔 580~1 287m 各种地貌下的自生麦苗上均发生条锈病（表 2-22-1），10 月上旬发病达到高峰。山区平均每个村民组约有 4 亩打麦场，全县 3 110 个村民组有 12 000 亩以上打麦场，相当于约 3 000 亩自生麦苗，且闲置不用，自生麦苗生长旺盛，为小麦条锈病菌的越夏繁殖提供了有利条件。

表 2-22-1　自生麦苗上条锈病菌越夏情况（河南卢氏；调查时间：2008 年 9 月 7—10 日）

海拔 （m）	地貌 类型	自生麦苗面积 （m²）	生育期	密度 （株/m²）	病叶率 （%）	严重度 （%）	条锈发病率 （%）
580	打麦场	2 000.1	拔节期	180	80	19.3	37.5
611	公路边	1.5	拔节期	47	39	21.2	92.0
655	打麦场	666.7	拔节期	45	40	13.6	71.0
700	公路边	5	拔节期	30	30	9.2	74
730	打麦场	666.7	穗期	65	70	31.0	78.8
787	打麦场	333.5	拔节期	47	31	19.2	100.0
802	打麦场	1 333.4	拔节期	55	70	19.0	56.4
846	打麦场	666.7	拔节期	41	27	8.3	20.4
870	公路边	3	穗期	45	60	51.7	76.6
900	打麦场	666.7	拔节期	80	55	67.5	90.5
960	公路边	30	拔节期	48	38	25.4	85.1
1 051	公路边	2	拔节期	32	29	18.4	85.3
1 127	公路边	2	拔节期	35	45	12.1	88.7
1 160	公路边	3	拔节期	45	40	21.2	77.6
1 210	打麦场	333.5	拔节期	47	38	11.2	80.1
1 251	公路边	1	拔节期	54	29	23.2	95.4

（3）小麦收获历期、播种时期及秋苗发病情况　济源市、卢氏县、栾川县、林州市等川区平塬（海拔 400~550m）6 月上旬开始收麦，高寒山区（海拔 1 200~1 500m）7 月上旬开始收麦，前后相差 30d 以上，晚熟小麦与自生麦苗重叠生长期达 25~30d。低海拔地区早出土的自生麦苗从高海拔地区晚熟小麦上获得条锈病菌源，经过连续侵染，再由低海拔地区向高海拔地区自生麦苗上传播，在高寒山区自生麦苗越夏后，再向低海拔地区传播，经过不断传播蔓延形成条锈病菌越夏基地。

卢氏县、栾川县高海拔地区 9 月 20 日开始播种小麦，播期从 9 月 20 日至 10 月 15 日，小麦出苗后就受到来自自生麦苗上条锈病菌的侵染，引起当地及豫西南地区小麦秋苗发病。据卢氏县调查，2006 年受暖冬影响，官坡镇庙台村二组 9 月 20—23 日播种的 300 亩小麦，2006 年 11 月上旬普遍感染条锈病，严重的麦田病株率达到了 23%，病叶率 2%；在沙河等乡也发现种植早的麦田零星发生小麦条锈病，全县冬前小麦条锈病发生面积在 500 亩左右。据栾川县调查，2006 年 12 月 8 日在白土乡、狮子庙乡大田发现小麦条锈病病株，严重田病株率 3%，发生部位均在小麦最下部叶片基部。据淅川县调查，2005 年 12 月

15 日在滔河乡凌岗村发现小麦条锈病，2006 年 12 月 26 日在寺湾镇上街村发现小麦条锈病。

以上研究结果表明，越夏后的条锈病菌能够侵染当地和豫西南冬繁区的小麦秋苗，造成小麦冬前发病，经过冬春不断繁殖和重复侵染，引起豫南麦区小麦条锈病发生流行。

（4）试验田小气候情况　卢氏县植保站 2005—2009 年人工记录了海拔 1 160m 试验田 6—8 月的温度及降雨情况。经过统计分析显示，全年中以 7 月至 8 月上旬的天气最热。除 2008 年降雨少、气温相对较高（7 月下旬的旬平均温度为 23.4℃、8 月上旬的旬平均温度为 22.5℃）外，其他各年 7 月的月平均温度为18.1~22.1℃，7 月下旬的旬平均温度为 18.1~21.4℃，8 月上旬的旬平均温度为 17.9~22.1℃。一般而言，雨日多、降雨多的年份气温也相对降低。济源市植保站 2005—2009 年人工记录了海拔 1 200m 试验田 6—9 月的温度及降雨情况（表 2-22-2），经过统计分析显示，全年中以 7 月的天气最热，月平均温度 19.4~21.0℃。

卢氏县和济源市的田间小气候观测结果表明，在海拔 1 100m 以上地区，全年中以 7 月下旬和 8 月上旬天气最热，最高旬平均温度未超过 23℃，降雨多的年份，湿度增大，温度降低，能够满足小麦条锈病菌越夏的温度条件。

表 2-22-2　济源市思礼镇水洪池村海拔 1 200m 试验田气温（℃）

年份	6 月平均温度			7 月平均温度			8 月平均温度			9 月平均温度		
	上旬	中旬	下旬	上旬	中旬	下旬	上旬	中旬	下旬	上旬	中旬	下旬
2005	16.2	17.6	18.7	17.5	19.4	20.5	18.9	19.6	20.8	20.1	16.7	19.2
2006	16.9	17.9	19.8	18.2	20.3	21.4	18.7	20.1	18.6	19.7	17.8	18.7
2007	17.4	16.8	17.7	17.3	17.9	18.6	21.7	19.4	21.3	19.3	20.6	20.4
2008	19.2	19.3	20.9	19.8	20.4	20.9	21.1	20.8	19.4	19.2	18.7	19.1
2009	16.5	17.7	20.8	18.4	21.8	21.0	20.3	21.0	21.3	20.5	20.4	20.8

（5）小麦条锈病菌的寄主　野外调查发现，小麦条锈病菌的寄主有小麦、纤毛鹅冠草、鹅冠草、早熟禾、看麦娘、雀麦、野燕麦、硬草、山羊草，优势种为小麦、纤毛鹅冠草、鹅冠草、看麦娘，以纤毛鹅冠草分布最广，条锈病发生最为普遍。卢氏县野外调查证明，每年 5 月 10 日前后条锈病菌侵染鹅冠草，6 月上旬引起纤毛鹅冠草发病，经过反复侵染，9 月中旬达到为害高峰，病株率可达 60%，病叶率 30%。发病末期在 12 月中旬，草死菌亡。在实验室利用小麦条锈菌、禾本科杂草上的锈菌对一些杂草和小麦苗进行了交互接种试验，结果表明，小麦条锈病菌可侵染鹅冠草、纤毛鹅冠草等，在这些禾本科杂草叶片上产生大量的夏孢子堆；采集野外发病的纤毛鹅冠草，在实验室内接种小麦幼苗，小麦叶片上出现零星病斑，经过镜检为同一种病原菌。证明禾本科杂草在小麦条锈病侵染循环中具有一定的作用（图 2-22-3）。

3. 结论与讨论

（1）小麦条锈病菌在河南能够越夏　通过 2004—2009 年在 8 个县（市）不同海拔地区的调查研究表明，小麦条锈病菌在正常年份可以在河南省豫北（济源、林州、辉县）、豫西（卢氏、栾川、西峡县）海拔 1 100m 以上地区越夏。遇到温度高、降雨少的年份，越夏的海拔高度增加，在海拔 1 400m 以上地区才能顺利越夏。海拔 1 100~1 400m 属于小麦条锈病菌越夏的过渡区域。越夏后的条锈病菌侵染当地及豫西南地区的小麦秋苗，引起冬前发病，经过连续侵染循环，导致春季小麦条锈病的发生和流行。

（2）豫北、豫西山区具备小麦条锈病菌越夏的条件　大量调查研究结果表明，豫北、豫西山区的晚熟小麦与自生麦苗重叠生长达 30d 左右，当地生长有大量的自生麦苗，正常年份，在海拔 1 100m 以上地

1、2.条锈病菌侵染纤毛鹅冠草；3.锈病菌侵染早熟禾；4.条锈病菌在杂草与小麦互相传播试验

图 2-22-3　小麦条锈病菌侵染杂草（于思勤、王安超　提供）

区，7 月下旬和 8 月上旬天气最热，最热旬平均温度不超过 23℃，降雨多的年份温度更低，能够满足小麦条锈病菌越夏的条件。近年来，高海拔地区森林覆盖率逐渐提高，区域性阵雨天气多，形成了温度低、湿度大的生态小气候，有利小麦条锈病菌越夏，越夏的海拔高度下移，越夏地区范围扩大，越夏的条锈病菌源量增加。

（3）需要继续研究的问题　一是小麦条锈病菌在河南省豫北、豫西高寒山区越夏后，秋季的传播路线、侵入范围尚不完全清楚；二是越夏地区的条锈病菌能引起豫西南地区小麦冬前发病，在河南省小麦条锈病春季大流行中的作用需要进一步评估；三是根据小麦条锈病菌能够在豫北、豫西高寒山区越夏的研究结果，将河南省小麦条锈病的发生区域划分为越夏区（济源市、林州市、辉县、卢氏县、栾川县、西峡县等海拔 1 100m 以上地区）、豫南常发区（淮河以南地区）和波及流行区（淮河以北的其他区域）等 3 个区域，针对每个区域小麦条锈病的发生规律，需要重新开展综合治理技术研究和推广应用，以便实现小麦条锈病的可持续防控。

二、小麦苗期条锈病鉴定方法

小麦条锈病和叶锈病在苗期的症状特征非常相似，其夏孢子堆均是散乱的排列在叶片上，特别是温度较低时，叶锈菌的夏孢子堆也较小，颜色较黄，不易与条锈菌的夏孢子堆相区分。为了准确对条锈病和叶锈病进行早期鉴定，就需要建立小麦条锈病菌的检测体系。目前可以采用形态鉴别、浓盐酸处理夏孢子及 RAPD 技术、ITS 标记、SSR 技术、AFLP 技术等分子鉴定技术对小麦条锈病菌进行早期检测和诊断。

1. 浓盐酸处理夏孢子

（1）**材料与方法**　从实验室麦苗上分别挑取新鲜的条锈病、叶锈病夏孢子，涂于滴有一滴浓盐酸的载玻片上，轻轻盖上盖玻片，在显微镜下观察夏孢子内部原生质的变化状况，并拍摄典型照片。

（2）**结果与分析**　经浓盐酸处理后，小麦条锈病菌夏孢子内部的原生质收缩成多个小球，无论任何情况下原生质都不会成单个球状体（图2-22-4）。而叶锈病菌的夏孢子经浓盐酸处理后，轻轻地放上盖玻片，不施加压力，则夏孢子内部的原生质在中央收缩成单个球状体；若在盖玻片上再施加些压力，则少部分夏孢子内部的原生质收缩成多个小球，这可能是单个球状体被压破而成多个球状体（图2-22-5）。

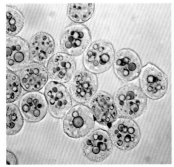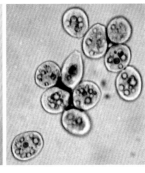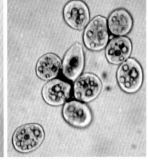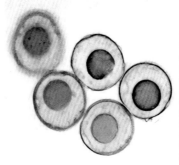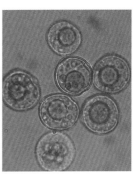

图2-22-4　小麦条锈病菌夏孢子经浓盐酸处理后内部原生质的状况（于思勤、林晓民　提供）　　图2-22-5　叶锈病菌的夏孢子经浓盐酸处理后内部原生质的状况（于思勤、林晓民　提供）

2. 夏孢子堆的排列情况

（1）**材料与方法**　供试小麦条锈病菌为条中32号和水源11-9两个菌系；小麦叶锈病菌采自洛阳郊区。将各供试菌系多批次接种于各供试小麦品种的幼苗上，仔细观察小麦条锈病菌与叶锈病菌在小麦幼苗上的症状特点。

（2）**结果与分析**　在大田麦苗上接种条锈病菌与叶锈病菌夏孢子，发病叶片上的夏孢子堆均散乱分布，小麦条锈病菌的夏孢子堆小、狭长形至椭圆形、鲜黄色，部分叶片上条锈病菌的夏孢子堆表现为多重轮状排列（图2-22-6）；叶锈病菌的夏孢子堆小、圆形至长椭圆、橙黄色、不规则散生。

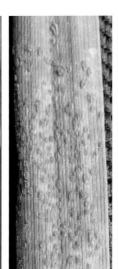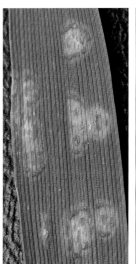

图2-22-6　小麦苗期条锈病夏孢子堆排列情况（于思勤　摄）

3. SSR 分子标记鉴定方法

（1）材料与方法   SSR 反应体系为 20μL：2.0μL 10×PCR Buffer；1.6μL MgCl$_2$（25 mmol/L）；1.5μL 模板 DNA（35 ng/μL）；3.0μL 引物（2 μmol/L）；1.0μL Taq 酶（5U/μL）；0.4μL dNTP（25 mmol/L）；10.67μL ddH$_2$O。

采用 0.8% 的琼脂糖凝胶电泳检测，每孔上样量为样品 2μL，6×loading Buffer 2μL。电泳时电压控制在 5V/cm，整个电泳过程需要 2~3h，当溴酚兰染料距离凝胶底部 1cm 左右时停止电泳，在紫外凝胶成像系统下观察电泳结果。

（2）结果与分析   共用条锈病菌 SSR 引物 12 对，分别为 RJ3、RJ4、RJ12、RJ13、RJ15、RJ17、RJ18、RJ20、RJ21、RJ22、RJ24、RJ27，从 12 对条锈菌 SSR 引物中筛选出 4 对引物在小麦条锈病菌、叶锈病菌、白粉病菌、纹枯病菌及对照中存在差异；经过多次的重复实验发现引物 RJ3 和 RJ21 可以稳定扩增出条锈病菌特异性条带。通过 RJ3 和 RJ21 对不同地区样品的扩增结果，表明 RJ3 和 RJ21 可以用于小麦条锈病菌的分子检测，RJ3 扩增出的条锈病菌特异性条带大小大概是 250bp（图 2-22-7），RJ21 扩增出的条锈病菌特异性条带大小大概是 200bp（图 2-22-8）。

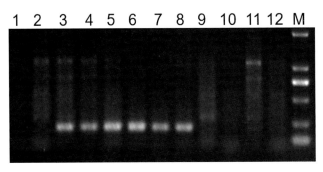

1. 健康叶片；2. 小麦白粉病病叶；3. 条锈病标样 -1；4. 条锈病标样 -2；5. 采自淅川的条锈病病叶（2009.5）；6. 采自新野的条锈病病叶（2009.5）；7. 采自林州的条锈病病叶（2007.9）；8. 采自卢氏的条锈病病叶（2007.9）；9. 采自安阳的叶锈病病叶（2007.5）；10. 采自卢氏的叶锈病病叶（2007.5）；11. 叶锈病标样 -1；12. 叶锈病标样 -2

图 2-22-7   RJ3 对来自河南省不同地区样品的扩增结果（代君丽 摄）

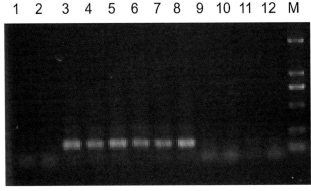

1. 健康叶片；2. 小麦白粉病病叶；3. 条锈病标样 -1；4. 条锈病标样 -2；5. 采自淅川的条锈病病叶（2009.5）；6. 采自新野的条锈病病叶（2009.5）；7. 采自林州的条锈病病叶（2007.9）；8. 采自卢氏的条锈病病叶（2007.9）；9. 采自安阳的叶锈病病叶（2007.5）；10. 采自卢氏的叶锈病病叶（2007.5）；11. 叶锈病标样 -1；12. 叶锈病标样 -2

图 2-22-8   RJ21 对来自河南省不同地区样品的扩增结果（代君丽   摄）

4. rDNA ITS 序列鉴定方法

（1）材料与方法   ① 用 10μL 移液枪吸取 5μL 去离子水，从发病的叶片上取单个夏孢子堆移入 PCR

管内，在适宜的温度下培养 10h，使夏孢子萌发产生芽管（因芽管非常脆弱，便于通过研磨使其破裂释放出 DNA）；② 加入灭菌石英砂（约为夏孢子体积的 5 倍）进行研磨；③ 加入含有外引物的 20μL PCR 反应液进行 PCR 扩增；④ PCR 结束后，将反应液稀释 100~500 倍，再取 2μL 作为模板，加入含有内引物 ITS1 和 ITS4 的 PCR 反应液 20μL 进行第二次 PCR 扩增；⑤ 扩增产物用 1% 琼脂糖凝胶在 1×TAE 电泳缓冲液中电泳，通过凝胶成像系统检测扩增效果；⑥ 第二次 PCR 的扩增产物经回收纯化后测序，获得 rDNA ITS 区段的序列；⑦ 用 BLAST 软件将测出的 DNA 序列与数据库中的 DNA 序列进行比较，鉴定所测锈菌的种类。

（2）结果与分析　利用第二次 PCR 扩增产物进行测序，测序图的峰与峰区之间十分清晰。利用测出的 ITS 区段序列，可准确地区分小麦条锈病菌与叶锈病菌的夏孢子。并且该方法只需一个夏孢子堆的菌量，不需进行菌系的扩大繁殖，具有花费时间短、操作简便，鉴定准确的优点，适合作为小麦条锈病菌与叶锈病菌夏孢子区分的首选分子生物学方法。

2009 年 9 月采自卢氏县狮子坪乡村花园寺村（海拔 1 900m）的一个小麦锈病菌系，与一个小麦条锈病菌系 rDNA 内转录间隔区（Internal transcribed spacer，简称 ITS）的序列比较，738 个碱基中有 735 个相同，相似性 99%，供试的卢氏菌系被鉴定为小麦条锈病菌。

在目前技术条件下，形态特征识别和浓盐酸处理方法比较适合基层植保部门快速区别小麦苗期条锈病和叶锈病；为了提高鉴别的准确性，特别是发病时期早、范围广泛的情况下，需要采取 SSR 技术、ITS 技术进行鉴别，以便准确发布小麦条锈病苗期发病信息，为开展长期预报和科学防控提供依据。

三、小麦条锈病综合防治技术集成与应用

（一）防治技术研究

1. 筛选和推广抗条锈病小麦品种

对全省推广的 70 多个小麦品种进行接菌鉴定和大田自然发病调查，没有发现免疫品种。周麦 18、周麦 22、周麦 28、周麦 30、周麦 36、郑麦 366、郑麦 618、豫麦 158、众麦 1 号、豫麦 49-198、西农 511、中育 9307、洛麦 31、新麦 20、新麦 36 等对小麦条锈病抗性较好，各地可根据生产需要，有选择地推广抗病品种，减少感病品种种植面积，减轻小麦条锈病的发生为害。

2. 农业防治措施

（1）科学施肥　根据测土化验结果，制定了"增施有机肥、稳氮增磷补钾配微"的施肥方案，通过秸秆还田及施用农家肥来增加土壤有机质含量，培肥地力；推广使用小麦配方肥，增施磷、钾肥，配施微量元素肥料；提倡化肥深施，创造有利于小麦生长的生态环境条件，促进小麦健壮生长，提高小麦植株的抗逆性能。

（2）适期、适量播种　避免早播，适当推迟播期，有助于减轻病虫害发生，避免冬前小麦旺长。豫北地区适播期：半冬性品种 10 月 5—15 日，弱春性品种 10 月 13—20 日。豫中、东地区适播期：半冬性品种 10 月 10—20 日，弱春性品种 10 月 15—25 日。豫南地区适播期：半冬性品种 10 月 15—25 日，弱春性品种 10 月 20—30 日。一般高产田块每亩基本苗 15 万 ~20 万株，中产田 20 万 ~25 万株。根据产量水平、整地质量和土壤墒情，亩播种量 9~13kg。错过适播期，每推迟 3d，增加 0.5kg 种子，最多不超过 15kg。

（3）清除杂草及病残体　小麦播种前，清除地头、沟边、路边的杂草及病残体，尤其是清除自生麦

苗，消灭蚜虫、麦蜘蛛、灰飞虱等害虫的越冬场所和繁殖基地，减少小麦条锈病、白粉病的初侵染来源和传播桥梁。条锈病菌越夏地区更应该做好消灭自生麦苗及禾本科杂草工作，减少传播寄主，切断条锈病菌侵染循环的链条，最大限度减少小麦条锈病的越夏菌源量，减轻对秋季小麦的侵染为害。

3. 化学防治措施

（1）小麦种子包衣或药剂拌种　使用6%戊唑醇悬浮剂5~6mL或3%苯醚甲环唑悬浮剂30~40mL、15%三唑酮可湿性粉剂15g拌10kg麦种，注意拌匀，有条件的地区，统一使用种子包衣机械进行包衣，消灭小麦种子携带的病原菌，使小麦幼苗体内带药，减轻秋苗发病，促进小麦健壮生长。

（2）早春喷雾防治　小麦返青拔节期，结合小麦纹枯病、根腐病、全蚀病防治，每亩用20%三唑酮可乳油50~60mL或12.5%烯唑醇可湿性粉剂30g或25%丙环唑可湿性粉剂20g，对水30~45kg喷雾，预防小麦条锈病、白粉病。3—4月，加强小麦病虫害预测预报，全面推广"准确监测，带药侦察，发现一点，控制一片"的条锈病防控策略，组织技术人员定期进行调查，随时发现，随时防治，将小麦条锈病控制在点片发生阶段，减少病菌向北方广大麦区传播，减轻后期防治的压力。

（3）大面积统一防治　小麦进入灌浆期以后，加强病情监测和应急防控，当条锈病病叶率达到1%时，组织开展大面积统防统治，每亩使用12.5%烯唑醇可湿性粉剂30~40g或43%戊唑醇悬浮剂15~25mL、25%丙环唑可湿性粉剂20~30g，对水30~45kg均匀喷雾。在上述药液中加入适量杀虫剂、微肥和芸苔素内酯，将病虫防治与促进生长结合起来。提倡使用机动喷雾器和大型施药设备喷雾，集中连片开展统一防治，提高防治的时效性，将小麦条锈病控制在豫中南地区，减轻广大华北麦区防治的压力。

（二）综合防治技术的推广应用

在分项研究的基础上，将各种防治措施优化集成，结合河南省小麦生产实际，构建了小麦条锈病综合防治技术模式，内容包括推广抗病品种、农业防治、高效种子处理剂的应用和化学防治等，重点做好高效种子处理剂、抗病品种利用和化学防控的推广应用。

核心技术为"抗病品种＋农业防治＋科学使用农药"。

采取制订综合防治技术方案、加强病虫害监测预警、开展技术培训宣传、建设示范区和辐射带动区、组织召开现场会、开展大面积统防统治、利用媒体广泛宣传等措施，在小麦条锈病越夏区、豫南常发区及波及流行区大力推广综合防治技术。2007—2010年间，累计印发技术资料54.7万份，举办培训班153期、现场培训会216期、培训技术干部1 520多人次、培训农民25.8万人次，建设综合防治示范区460多个，推广应用小麦条锈病综合防治技术532.7万亩，平均每亩挽回小麦42.8kg，累计挽回损失22 799.5万kg，总经济效益28 925.6万元，取得了显著的经济、社会和生态效益。

第三章　小麦虫害

全世界已报道的小麦害虫有 400 多种，其中不少是世界广泛分布的种类，如麦蚜、蝼蛄、灰飞虱、二点叶蝉等。中国 1980 年统计，小麦害虫达 237 种（包括螨类），分属于 11 目 57 科，其中取食茎叶种子的 87 种，刺吸、锉吸的 82 种，地下害虫 55 种。常见的害虫有 20 多种，包括蚜虫、麦蜘蛛、地下害虫、吸浆虫、黏虫、麦叶蜂、麦秆蝇等。其中蚜虫、麦蜘蛛、地下害虫、吸浆虫等为害较重，严重影响小麦的产量和品质。河南省麦田发生的主要害虫有 5 类：为害小麦地下部分的蛴螬、金针虫、蝼蛄和根土蝽等地下害虫；刺吸叶、茎和穗部汁液的麦蚜、麦蜘蛛、灰飞虱、叶蝉等；钻蛀茎叶的麦秆蝇、麦茎蜂、麦茎叶甲、潜叶蝇等；啃食叶片的黏虫、麦叶蜂、棉铃虫等；为害花器、吸食麦浆的吸浆虫。

这些害虫当中，一些种类除直接取食造成为害外，还能传播病毒病，如蚜虫通过取食为害传播小麦黄矮病，灰飞虱能传播小麦丛矮病，一旦病毒病流行，所造成的损失远远超过媒介害虫自身的为害，特别应该注意提前防治。在一般情况下，小麦因害虫减产约 10%，当一些害虫大发生时，减产达 30%~50%，甚至颗粒无收。因此有效防控各种小麦虫害，对保证小麦高产优质具有极为重要的作用。

第一节　蚜虫

一、分布与为害

蚜虫俗称腻虫，是我国乃至世界上小麦生产中的一类重要害虫，主要种类包括中国麦长管蚜［也称荻草谷网蚜 *Sitobion miscanthi* 或 *Macrosiphum miscanthi*（Takahashi），原名麦长管蚜 *Sitobion avenae*（Fabricius）］、禾谷缢管蚜 *Rhopalosiphum padi*（Linnaeus）、麦二叉蚜 *Schizaphis graminum*（Rondani）和麦无网长管蚜 *Metopolophium dirhodun*（Walker）。

麦长管蚜在全国麦区均有发生，是大多数麦区的主要蚜虫，不同种类的小麦蚜虫在我国的分布区域有所差别。其中，麦二叉蚜主要分布在我国北方冬麦区，特别是华北、西北等地发生严重；禾谷缢管蚜分布于华北、东北、华南、华东、西南等麦区，在多雨潮湿麦区常为优势种；麦无网长管蚜主要分布在北京、河北、河南、宁夏、云南和西藏等地。

20 世纪 50—60 年代，我国麦蚜为害较轻，年发生面积一般在 2 800 万 ~6 900 万亩；70 年代以后，麦蚜由间歇性严重发生变为常发性主要害虫，发生面积及为害损失呈不断上升趋势，由 1972 年的 5 130 万亩上升到 1999 年的 27 575 万亩。虽经大力防治，每年仍然损失小麦 50 万 t 以上，其中 1995 年、1999 年分别损失 83.2 万 t 和 82.7 万 t，造成的损失是小麦病虫害中最大的种类。2004 年以来，以麦长管蚜为主的小麦穗期蚜虫在黄淮海麦区及北方麦区偏重发生或大发生，2008 年、2009 年、2012 年麦蚜大发生，分别造成 114.8 万 t、162.4 万 t、100.7 万 t 的产量损失。麦蚜既能直接刺吸小麦汁液，也能传播病毒引起小麦黄矮病的发生，还能诱发煤污病，因此，依据其发生面积、对产量和品质的直接及间接影响，小麦蚜虫已上升为我国小麦虫害的首位。

河南省 1986 年以前麦蚜发生面积不足 1 500 万亩，部分水浇地、高产麦区受害较重；1986 年以后，发生面积达到 2 000 万亩以上，1991 年发生面积达到 4 012.3 万亩，1993 年发生面积达到 6 244.3 万亩，其后发生面积一直在 4 000 万亩以上，发生为害呈逐渐加重趋势；2004 年以后发生面积均在 5 000 万亩以上，近 10 年平均发生面积 5 708.2 万亩、实际损失 25.3 万 t，蚜虫已经成为河南省小麦生产上第一大害虫（图 3-1-1）。

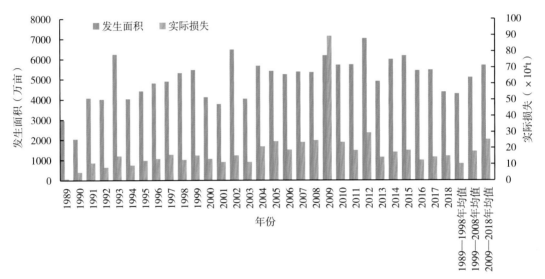

图 3-1-1　河南省小麦蚜虫发生情况

小麦蚜虫的寄主种类较多，除为害小麦、大麦、燕麦等麦类作物外，还为害水稻、玉米、高粱、甘蔗等禾本科作物以及早熟禾、看麦娘、马唐、棒头草、狗尾草、莎草、白羊草等。

蚜虫主要以成蚜、若蚜吸食小麦叶片、茎、嫩穗的汁液。在小麦苗期，麦蚜多集中在麦叶背面、叶鞘及心叶处；小麦拔节、抽穗后，多集中在茎、叶和穗部为害，并排泄蜜露，影响植株的呼吸和光合作用。被害处呈浅黄色斑点，严重时叶片发黄，甚至整株枯死。穗期为害，造成小麦灌浆不足，籽粒干瘪，千粒重下降，引起小麦减产（图 3-1-2）。一般年份蚜虫为害可造成小麦减产 5%~16%，大发生年份减产超过 40%，同时，严重影响小麦的品质和商品价值。

二、形态特征

1. 禾谷缢管蚜（*Rhopalosiphum padi,* bird cherry-oat aphid）

无翅孤雌蚜　体宽卵形，体长约 1.9mm，体宽约 1.1mm。活体橄榄绿色至黑绿色，杂以黄绿色纹，常被薄粉，腹管基部周围常有淡褐色或锈色斑，腹部后部体表可见到小脂肪球样结构。

有翅孤雌蚜　体长卵形，体长约 2.1mm，体宽约 1.1mm。活体头部、胸部黑色，腹部绿色至深绿色（图 3-1-3、图 3-1-4）。

1. 为害叶片；2. 为害茎秆；3. 为害麦穗；4. 苗期为害状；5. 成株期为害状

图 3-1-2　蚜虫为害情况状态（于思勤　提供）

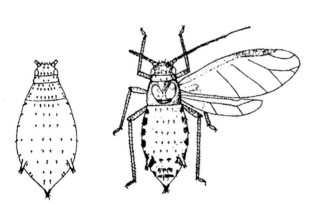

图 3-1-3　禾谷缢管蚜无翅孤雌蚜和有翅孤雌蚜
（引自张广学）

图 3-1-4　禾谷缢管蚜无翅孤雌蚜和有翅孤雌蚜
（左图引自姜立云，右图引自 InfluentialPoints.com）

2. 中国麦长管蚜

中国麦长管蚜也称荻草谷网蚜 *Sitobion miscanthi*（Takahashi），Indian grain aphid，曾用名麦长管蚜 *Sitobion avenae*（Fabricius），英文名为 England grain aphid。

无翅孤雌蚜　体长2.8mm，宽1.4mm，长卵形，体色有草绿、黄绿、橘红，腹两侧各有不太明显的褐斑3~4个：触角黑色，长于体，额瘤显著外倾，喙粗大，超过中足基节。腹管长筒形、黑色，端部1/4有网纹；尾片长锥形，有毛6~8根。

有翅孤雌蚜　体长2.5mm，头、胸部黑褐色，腹部黄绿至橘红色。触角长于体，第3节有感觉孔8~12个（图3-1-5、图3-1-6）。

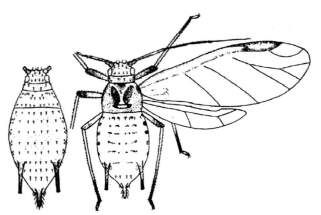

图3-1-5　中国麦长管蚜无翅孤雌蚜和有翅孤雌蚜
（引自张广学）

图3-1-6　中国麦长管蚜无翅孤雌蚜和有翅孤雌蚜
（巩中军　摄）

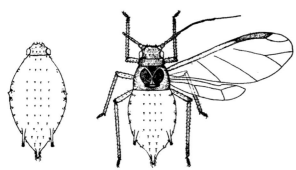

图3-1-7　麦二叉蚜无翅孤雌蚜和有翅孤雌蚜
（引自张广学）

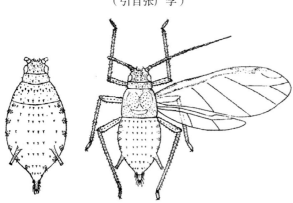

图3-1-8　麦无网长管蚜无翅孤雌蚜和有翅孤雌蚜
（引自张广学）

3. 麦二叉蚜 *Schizaphis graminum*（Rondani）

无翅孤雌蚜　体长2mm，宽0.99mm。体淡绿至黄绿色，背面中央有一条深绿色中纵线。触角为体长一半或稍长，第3~6节黑色。腹管长筒形，顶端黑色。尾片长圆锥形，有长毛5~6根。

有翅孤雌蚜　体长约1.6mm。头、胸部深褐色，腹部黄绿色，在背面有1条深绿色背中线。触角第三节有感觉孔4~10个，腹管灰绿色，顶端黑色（图3-1-7）。

4. 麦无网长管蚜（*Metopolophium dirhodum*, rose-grain aphid）

无翅孤雌蚜　体纺锤形，体长约2.5mm，宽约1.1mm。

有翅孤雌蚜　体纺锤形，体长约2.3mm，宽约0.9mm。活体蜡白色，体表光滑，腹管长管状，顶端深色，有瓦纹。前翅中脉三叉。中额显著，额槽浅宽。触角细长，有瓦纹，长度超过体长之半（图3-1-8）。

4种麦田蚜虫的形态区别详见表3-1-1。

表 3-1-1 4种麦田蚜虫的形态区别

形态特征	中国麦长管蚜	禾谷缢管蚜	麦二叉蚜	麦无网长管蚜
腹部体色	淡绿色、绿色至橘红色	深绿色或墨色，后端有赤色至深紫色横带	淡绿色或黄绿色，背面有绿色纵条带	白绿色或淡赤色，背部有绿色或褐色纵带
翅脉	中脉分支2次，分叉大	中脉分支2次，分叉小	中脉分支1次	中脉分支2次，分叉大
复眼	鲜红至暗红色	黑色	漆黑色	黑紫色

三、生活史及习性

禾谷缢管蚜 喜温畏光，嗜食茎秆、叶鞘，多分布于植物下部的叶鞘、叶背，甚至根茎部。在中国，禾谷缢管蚜生活周期存在全生活周期型与不全生活周期型，从北到南1年发生10~20代。在北方寒冷地区，禾谷缢管蚜为异寄主全周期型，春、夏均在禾本科植物上生活，以孤雌胎生的方式进行繁殖；秋末，在桃、杏、李等木本植物上产生性蚜，交尾产卵，以卵越冬；翌年春季，卵孵化为干母，干母产生干雌，然后形成有翅蚜，由原生寄主转移到麦类作物和禾本科杂草上。越冬卵的孵化起点温度为4℃左右。在南方温暖地区，禾谷缢管蚜可全年行孤雌生殖，不发生性蚜世代，以胎生雌蚜的成虫、若虫越冬，表现为不全生活周期型。禾谷缢管蚜一般于3月上旬开始活动，在小麦上繁殖数代，小麦黄熟期，迁至春播玉米、高粱等早秋作物及禾本科杂草上，而后又为害夏播玉米。秋季小麦出苗后，又回迁到小麦上为害。

中国麦长管蚜 每年发生10~20代，以成、若蚜在麦苗基部及心叶中越冬。次年小麦返青时即恢复正常活动，为害盛期在4月下旬至5月上中旬。在河南新乡和江苏扬州的冬春季节出现过有性虫态。中国麦长管蚜是一种迁飞害虫，每年4—5月由郑州以南麦区（北纬32.5°~35°）迁入郑州以北麦区（北纬35°~41°），是异地测报和区域治理的主要依据。

麦二叉蚜 最耐低温、喜干旱。麦二叉蚜在5℃左右时开始活动，繁殖适温为8.2~20℃，最适温度是13~18℃。适宜的相对湿度是35%~67%，大多发生在年降水量500mm以下的地区。每年发生10~20代，以成若蚜在麦苗基部越冬。翌年2—3月开始为害，4月为害最重。

麦无网长管蚜 喜欢在小麦底部的叶子上取食，而随着小麦的生长，最终多在旗叶上为害，其种群密度将在小麦乳熟期后出现明显的下降。在中国北方寒冷地区，麦无网长管蚜为异寄主全周期型，春、夏均在禾本科植物上生活，以孤雌胎生的方式进行繁殖；秋末，在蔷薇属植物上产生性蚜，交尾产卵，以卵越冬；翌年春季，卵孵化为干母，干母产生干雌，然后形成有翅蚜，由原生寄主转移到麦类作物和禾本科杂草上。在南方温暖地区，麦无网长管蚜为不全生活周期型，可全年行孤雌生殖，不发生性蚜世代，以胎生雌蚜的成虫、若虫越冬。

四、发生规律

麦蚜发生与消长受温度、湿度、风雨等气象因素影响，同时还与寄主植物、栽培管理措施、天敌等因素密切相关。

【气象要素】

禾谷缢管蚜 一般在日均温8℃左右开始活动，以18~24℃最适；禾谷缢管蚜无翅型全若虫期的发育起点温度约为1.76℃，有翅型全若虫期的发育起点温度约为0.43℃。禾谷缢管蚜可耐高温，若蚜在30℃

仍可正常发育，1月月均温低于−2℃的地区成蚜、若蚜均不能越冬。禾谷缢管蚜喜湿，不耐干旱，年降水量少于250mm的地区不利于发生，最适湿度为68%~80%，在高温高湿的季节发生严重。

中国麦长管蚜　在8℃以下活动甚少，适宜温度为16~25℃，最适温度是16~20℃，28℃以上时生育停滞。适宜的相对湿度范围是40%~80%，最适为61%~72%，大多在雨量充足的地方和水浇地发生。

麦二叉蚜　最耐低温、喜干旱。麦二叉蚜在5℃左右时开始活动，繁殖适温为8.2~20℃，最适温度是13~18℃。适宜的相对湿度是35%~67%，大多发生在年降水量500mm以下的地区。

麦无网长管蚜　喜干，厌湿，春夏温暖少雨的天气将有利于其种群扩张，强风或大雨则会增加其死亡率，不耐高温，温度达到30℃以上时将对繁殖产生严重的不利影响。

【寄主植物】

麦类作物是麦蚜的主要寄主植物，但蚜虫对不同寄主的喜好程度存在差异，依次为小麦、大麦、燕麦和黑麦。小麦品种不同，自身物理和生化特性不同，麦蚜发生程度也不相同。如小麦某些营养成分也可使蚜虫取食后因营养不良而不能正常发育或饿死；同时小麦挥发性次生物质也对蚜虫具有一定的趋避作用。另外，小麦长势不同的麦田，麦蚜发生程度有很大差异。长势好的一类麦田麦蚜密度最大；长势一般的二类麦田，其蚜量是一类麦田的50%；长势差的三类麦田，其蚜量仅是一类麦田的15%左右。

【栽培条件】

麦蚜种群数量变动与小麦播期、耕作方式、肥水等条件有密切关系。秋季早播麦田蚜量多于晚播麦田，春季则晚播麦田蚜量多于早播麦田；与蔬菜、棉花、林木、油菜等其他开花植物间作的麦田，麦蚜发生轻。春季肥水充足的麦田蚜虫量多。

【天敌】

麦蚜的天敌种类丰富，常见的有50余种，分为捕食性天敌和寄生性天敌两大类。对麦蚜控制作用较强的捕食性天敌为瓢虫科的七星瓢虫（图3−1−9）、异色瓢虫、龟纹瓢虫；食蚜蝇科的大灰食蚜蝇、斜斑鼓额食蚜蝇和黑带食蚜蝇；草蛉科的中华草蛉、大草蛉和丽草蛉；草间小黑蛛与三突花蛛；另外还有寄生性的蚜茧蜂科的烟蚜茧蜂和燕麦蚜茧蜂等。异色瓢虫和烟蚜茧蜂均已实现工厂化繁育、人工集中释放。

1. 卵；2. 幼虫；3. 蛹；4. 成虫

图3−1−9　七星瓢虫（1、3、4. 于思勤　摄；2. 陈国政　摄）

五、防治技术

小麦蚜虫的防治应采取协调应用物理防治、生物防治、生态调控、化学防治等多种措施的综合防治策略，充分发挥天敌的自然控制作用，尽量推迟用药时间，提倡达标防治，减少化学农药的使用量。

【农业防治】

加强栽培管理是控制麦蚜发生为害的重要途径。清除田间杂草与自生麦苗，可减少麦蚜的适生地和越夏寄主。

【抗虫品种】

利用抗虫品种控制麦蚜为害是一种安全、经济、有效的措施。目前已筛选出一些具有中等抗性的品种材料，如中四无芒、小白冬麦、陕167、小偃22等品种（系）对麦蚜尤其是麦长管蚜抗性较好。河南可选择种植豫麦68、新麦19、兰考大穗、周麦18、郑丰6号等对麦长管蚜有一定抗性的品种，同时加强抗蚜育种研究。

【生态调控】

生物多样性是自然界中维持生态平衡、抑制植物虫害暴发成灾的基础。多系品种和品种混合增加麦田生物多样性，增加天敌种类和数量。例如，小麦与油菜、大蒜、豌豆、绿豆间作或者邻作对保护利用麦蚜天敌资源、控制蚜害有较好效果。冬麦适当晚播，春麦适时早播，有利减轻蚜害（图3-1-10）。

图 3-1-10 生态防控（小麦油菜间作）（巩中军 摄）

【区域治理】

麦蚜是一类具有迁飞习性的昆虫，吸虫塔是一种国际上常用的监测小型昆虫迁飞的设施，河南省于2009年开始在麦田中架设吸虫塔装置，目前已在豫北（原阳）、豫南（信阳）、豫中（漯河）、豫东（商丘）、豫西（洛阳）共架设5台吸虫塔装置，已初步形成了河南麦区吸虫塔网络。在迁飞虫源地开展区域治理，精准施药，可以减少其他地区农药的使用量。

【生物防治】

充分保护利用天敌昆虫，如瓢虫、食蚜蝇、草蛉、蚜茧蜂、螨和蜘蛛等，必要时可人工繁殖释放或助迁天敌，使其有效地控制蚜虫（图3-1-11）。河南省植保植检站组织大面积推广应用结果表明，在小麦穗蚜发生初期，根据蚜虫虫口基数及预测预报结果，每亩释放异色瓢虫卵2 000粒或幼虫1 000~1 500头，10d后调查，对蚜虫的平均防效达90%以上；小麦抽穗后，在蚜虫数量上升初期，每亩释放被烟蚜茧蜂寄生的僵蚜4 000~6 000头，15d后调查，对蚜虫的寄生率达85%以上。当天敌与麦蚜比大于1∶120时，天敌控制麦蚜效果较好，不必进行化学防治；当益害虫比在1∶150以上时，若天敌呈明显上升趋势，也可不用药剂防治。当防治适期遇风雨天气时可推迟或不进行化学防治。

1.蚜茧蜂寄生（于思勤　摄）；2.瓢虫幼虫捕食蚜虫（巩中军　摄）
图 3-1-11　天敌昆虫防治小麦蚜虫

【化学防治】

当麦蚜发生数量大，以农业防治和生物防治等措施不能控制其为害时，化学防治是控制蚜害的有效措施。当苗期蚜量达到百株 100~200 头时，应进行重点防治。扬花灌浆期，以麦长管蚜为主的百株蚜量达到 500 头以上，以禾谷缢管蚜为主的百株蚜量 4 000 头以上为化学防治指标。当百株蚜量达到防治指标，益害比小于 1∶150，近日又无大风雨时，应及时进行药剂防治。在小麦穗期蚜虫初发生期，每亩用 3% 啶虫脒乳油 20~30mL，对水 30~45kg 均匀喷雾；每亩用 50% 抗蚜威可湿性粉剂 10~15g，对水 30~45kg 均匀喷雾，可防治小麦苗期蚜虫和穗期蚜虫。也可选用植物源杀虫剂，如用 0.2% 苦参碱水剂每亩 150g、30% 增效烟碱乳油每亩 20g 和 10% 皂素烟碱 1 000 倍液以及抗生素类的 1.8% 阿维菌素乳油 2 000 倍液等喷雾防治麦蚜，防效均在 90% 以上。

要注意改进施药技术，选用对天敌安全的选择性药剂，减少用药次数和数量，保护天敌免受伤害。注意轮换使用不同作用机理的杀虫剂，避免蚜虫产生抗药性。

第二节　麦蜘蛛

一、分布与为害

麦蜘蛛，也称小麦红蜘蛛、麦叶螨等，属于蛛形纲蜱螨目，为害小麦、大麦、豌豆、苜蓿等多种作物及杂草。我国小麦红蜘蛛主要有两种，麦长腿蜘蛛（*Petrobia latens* Müller）和麦圆蜘蛛（*Penthaleus major* Duges）。

【分布区域】

麦长腿蜘蛛喜欢干燥冷凉气候，主要分布于黄淮海平原的黄河以北到长城以南，及海拔较高的丘陵旱地，如河北、山东、山西、内蒙古、河南西部和北部的丘陵山地。麦圆蜘蛛喜阴湿，分布于北纬 37° 以南的小麦产区如河北、河南、湖北、江苏、浙江等。在河北、河南、山西、山东等黄淮麦区的许多地区 2 种红蜘蛛可以混合发生。

20世纪70年代以前，麦蜘蛛仅在我国局部麦区发生，发生面积不足5 000万亩，造成产量损失在10万t以下；80年代以后发生为害呈现加重趋势，在主要麦区普遍发生，1987年全国发生面积6 199.6万亩，损失小麦11.6万t；1994年、1997年全国麦蜘蛛发生面积分别达10 065.7万亩、10 934.5万亩，发生范围进一步扩大，为害程度加重；进入21世纪，随着气候的变暖及生态环境的变化，麦蜘蛛已经成为我国小麦生产上的主要害虫，发生面积一直在1亿亩左右，2002年、2009年全国麦蜘蛛偏重发生，发生面积11 861.8万亩、11 205.4万亩，造成损失分别为30.0万t、37.9万t。

20世纪70年代麦蜘蛛仅在河南省豫东、豫西点片发生，发生面积500万亩以下。80年代初期开始在上述地区严重发生，发生面积快速上升到1 500万亩；其后发生范围遍布全省，为害损失明显加重，1989年发生面积达到2 995.9万亩、实际损失小麦6.0万t；1994年发生面积达4 443.8万亩，1997年发生面积达5 098.67万亩，2002年发生面积为5 492.7万亩。最近10年发生面积均值为2 806.6万亩，平均损失小麦7.5万t，麦蜘蛛已经成为河南省小麦生产上的主要害虫。秋冬季气温高，导致麦蜘蛛越冬基数大，春季气温偏高，有利于麦蜘蛛发生与为害。一般情况下可造成小麦减产15%~20%，严重地块减产达50%~70%（图3-2-1）。

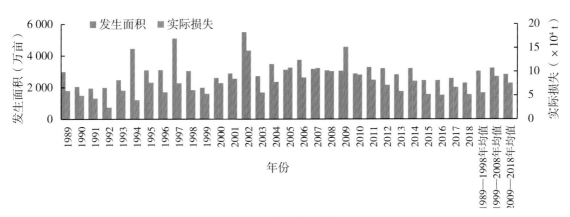

图3-2-1 河南省麦蜘蛛发生情况

【为害特征】

麦蜘蛛在春秋两季均能为害，以春季为主。麦蜘蛛成虫、若虫均以刺吸式口器吸食寄主植物的汁液，在叶片上吸食形成白点，破坏组织，影响光合作用。受害叶片先出现白斑，继而变黄，受害轻时植株矮小，麦穗少而小，严重时整个叶片发黄干枯甚至枯死，不能抽穗，植株枯干而死，田间成垄的小麦形成火龙状（图3-2-2）。

图3-2-2 小麦生育期受麦圆蜘蛛为害症状（1.陈国政 摄；2.张玉华 摄）

二、形态特征

图 3-2-3　麦长腿蜘蛛

【麦长腿蜘蛛 / 麦岩螨】（图 3-2-3）

成螨　雌成螨卵圆形，深褐色，体长 0.6mm，宽 0.45mm，体背有指纹状斑点，第一对足淡橘红色，长度是第 2 对足的 2 倍。雄成螨体长 0.45mm，宽 0.27mm。卵　越夏卵（滞育卵）白色、圆柱形，长 0.18mm，草帽状，卵顶有放射状条纹；非滞育卵红色球形，直径 0.15mm，表面有十数条隆起纹。幼螨　3 对足，鲜红色，吸食后变成褐色，蜕皮一次后变成若螨。

【麦圆蜘蛛 / 麦叶爪螨】（图 3-2-4）

成螨　体长 0.6~0.98mm，宽 0.43~0.65mm，卵圆形，黑褐色。4 对足，第一对最长，第四对居第二，第二、第三对等长。具背肛。足、肛门周围红色。卵　长 0.2mm 左右，椭圆形，初暗褐色，后变浅红色。若螨共 4 龄。幼螨　初孵幼螨 3 对足，初浅红色，后变草绿色至黑褐色。若螨　2、3、4 龄若螨 4 对足，体型似成螨。

2 种麦蜘蛛的形态区别详见表 3-2-1。

图 3-2-4　麦圆蜘蛛（巩中军　摄）

表 3-2-1　2 种麦蜘蛛的形态区别

形态部位	麦长腿蜘蛛	麦圆蜘蛛
体色	红褐色	黑褐色
体形	卵圆形，头胸部尖削	椭圆形，头胸部突起
腹背部面	无背肛，背中央有不太明显的指状斑纹	背肛在腹背稍隆起，周围红色
足	第一对最长，超过第二、第三对的 1 ~ 2 倍	第一对最长，第四对次之，第二、第三对略等长

三、生活习性

麦长腿蜘蛛　在黄淮海及华北麦区每年发生 3~4 代，第一代发生在 3 月；第二代在 4 月；第三代在 4 月下旬到 5 月下旬，该代产卵为滞育卵越夏；第四代在 10 月到 11 月上旬。暖冬季节在秋苗上常见为害。

螨量发生最大时期为 4—5 月，与孕穗期、抽穗期基本一致。主要营孤雌生殖，卵产于土块、落叶、秸秆上。越夏卵在土块上离地表 1~4cm 的土层中，以 1cm 内最多（85% 左右）。成螨、若螨有聚集性和负趋光性，叶背取食，遇到惊扰落地。9：00 起活动，20：00 潜伏。发生消长与地势、坡走向、降水量和土质有关，丘陵地区阳坡重。4—5 月降水量大而集中时，能降低其种群数量。

麦圆蜘蛛　一年发生 2~3 代，以成螨或卵在麦株或杂草上越冬。越冬成螨抗寒能力强，若气温回升迅速取食为害小麦并产卵繁殖。3 月中下旬是种群的第一个高峰期，到 4 月上中旬完成第一代。一代成螨产卵为夏滞育卵，并在土块、落叶、杂草根部上越夏。10 月上中旬孵化在 11 月形成第二个发生高峰，为第二代。第二代成螨产卵于越冬麦苗上，卵孵化后继续为害。

成螨、若螨有群集习性，早春气温低时可集结成团。爬行敏捷，遇惊动即纷纷坠地或很快向下爬行。卵堆产或排成串，单雌平均产卵20多粒，最多可达80多粒，春季75%的卵产于麦株分蘖丛或土块上，秋季86%的卵产于麦苗和杂草近根部土块、干叶或须根上。越夏滞育卵主要在麦茬和土块上，以麦茬为主，在19.5℃和相对湿度74%开始孵化。越冬卵在4.8℃，相对湿度87%时开始孵化。该螨喜阴凉湿润，这与麦长腿蜘蛛相反。9：00以前和16：00以后活动。21：00以后爬回土表；冬季14：00活动最盛。春季发生适合温度为8~15℃，20℃以上时会导致其大量死亡，因此，水浇地、阴湿或密植麦田常发生严重，干旱麦田发生轻。

四、防治技术

加强农业防治，重视田间虫情监测，及时发现，及早防治，将麦蜘蛛控制在点片发生期。

1. 农业防治

农业防治目前是最佳方法。提高秸秆还田质量、注重麦播前的整地质量；深耕耙压，可明显降低苗期虫口密度。清除田边杂草，减少麦田虫源；可以利用其惊扰落地的习性，浇水前先扫动麦株，使其假死落地，随机放水，浇水淹死栖息在土表和落叶上的害螨，收效较好。加强田间管理，施足底肥，保证苗齐苗壮，增加磷肥、钾肥的施入量，增强小麦自身免疫力；同时早春及时进行田间除草，以减轻其为害。

2. 化学防治

当平均33cm行长螨量达200头以上时即可施药防治。防治方法以挑治为主，即哪里有虫防治哪里，重点地块重点防治，这样不但可以减少农药使用量，降低防治成本，同时可提高防治效果。小麦起身拔节期于中午喷药，小麦抽穗后气温较高，10：00以前和16：00以后喷药效果最好。防治麦蜘蛛最佳药剂是阿维菌素，每亩用5%阿维菌素悬浮剂4~8mL、1.5%阿维菌素超低容量液剂40~80mL，对水40~50kg均匀喷雾；其次是15%哒螨灵乳油1 500~2 000倍液或40%氧化乐果乳油1 000倍液喷雾。

第三节　叶蝉

一、分布与为害

叶蝉均为植食性。我国麦田发生的叶蝉主要有两种。

条沙叶蝉　学名：*Psammotettix striatus*（Linnaeus），属同翅目叶蝉科，别名：条斑叶蝉、火燎子、麦猴子等。在我国以西北、华北发生较重。为害禾本科植物，如小麦、大麦、雀麦、水稻、青稞、燕麦、莜麦、谷子、糜子、高粱、玉米、画眉草、狗尾草、马唐、赖草、鹅冠草、棒槌草、稗草。

二点叶蝉　学名：*Macrosteles fascifrons*（Stål），属同翅目叶蝉科，为害小麦、大麦、水稻、玉米、高粱、甘蔗、谷子、棉花、大豆、胡萝卜等。在河南分布于固始、郾城、沈丘、中牟、封丘。

叶蝉为害影响小麦植株的光合作用、养分积累和分蘖及根系的发育，还会降低小麦的抗寒性和籽粒的饱满度，传播红矮病、蓝矮病、矮缩病等小麦病毒病，导致病毒病流行，其造成的间接为害远远超过直接为害。

二、形态特征

条沙叶蝉（图3-3-1）　全体灰黄色，体长4~4.3mm，其头部呈钝角突出，头冠近端处具浅褐色斑纹1对，后与黑褐色中线接连，两侧中部各具1不规则的大型斑块，近后缘处又各生逗点形纹2个，颜面两侧有黑褐色横纹。复眼黑褐色，1对单眼，前胸背板具5条浅黄色至灰白色条纹纵贯前胸背板上与4条灰黄色至褐色较宽纵带相间排列。小盾板2侧角有暗褐色斑，中间具明显的褐色点2个，横刻纹褐黑色，前翅浅灰色，半透明，翅脉黄白色。胸部、腹部黑色。足浅黄色。若虫共5个龄期，初孵化或蜕皮后，体乳白色，而后变淡黄到灰褐色。1~2龄头部比例特别大，腹部细小，3龄后翅芽显露，无明显特征，只是体型大小差异。卵长0.93mm，长圆形，中间稍弯曲，浅黄色。

图3-3-1　条沙叶蝉（引自赵立钦）

图3-3-2　二点叶蝉
（引自 https://pbase.com/tmurray74/imag）

二点叶蝉（图3-3-2）　成虫体长3.5~4.4mm，体黄绿色。头冠向前宽圆突出，中央略呈角状，头冠与颜面同为黄绿色，在头冠后部接近后缘处有2个明显的黑色圆点，前部具有2对黑色横纹，其中前1对位于头冠前缘，与颜面额唇基的两侧区黑色横纹相接并列；颜面额唇基区的黑色横纹有数对，常常在横纹间还有1条暗色纵纹。复眼黑褐色，单眼淡黄色。前胸背板黄绿色，中后部隐现出暗色。小盾板鲜黄绿色，基缘近两侧角处各有1个三角形黑斑。前翅狭长，淡灰黄色，无斑纹，半透明，端部色泽较暗，仅有2个端前室；后翅具3个端室。胸、腹部腹面中间黑色，周缘及端部黄绿色，腹部背面黑色。雌虫产卵器亦为黑色。足淡黄色，股节与胫节上具有黑色条纹，后足胫刺基部具黑点。

三、发生规律

条沙叶蝉　在北方冬麦区每年发生3~4代，春麦区3代。以卵越冬，越冬卵集中产在麦田腐朽秸秆组织缝间，夏季卵产于小麦的叶片和叶鞘皮下。越冬卵于3月初开始孵化，4月中旬麦田可见成虫，4—5月间麦田成虫和若虫混合盛发，6月底小麦黄熟期以成虫迁移到大秋作物和杂草上繁殖过夏，秋季麦苗出土后，成虫又向麦田迁回取食并传播病毒病。

成虫耐低温力较强，冬季0℃左右时麦田仍有成虫活动，夏季高温对其生活繁殖不利。夏季干旱月平均温度达28℃左右时，活动受到抑制。成虫有弱趋光性，善跳动，遇惊扰可飞行3~5m，春秋两季集中在麦田为害并传播病毒病，夜间或有大风的白天，多蛰伏于麦丛基部叶下，14:00—16:00为活动最盛。喜温暖干燥气候，在向阳干暖的环境中，其生命力强，繁殖率高。

条沙叶蝉的发生，与气候、地形、地势、耕作栽培和作物布局等关系密切。以小麦为主，一年一熟制地区，粟、糜黍春播面积较大的地区或丘陵地区，是条沙叶蝉适生易发的地理条件。早播麦田虫口密度最大，向阳温暖地块虫口又高于背坡阴凉处，夏季高温对当年麦田虫口有减轻作用。寄生性天敌也是影响叶蝉发生的原因之一，已发现有叶蝉缨小蜂和赤眼蜂等，越冬卵寄生率为10%~15%，寄生在成虫、若虫体内的螯蜂类比率也相当高，对条沙叶蝉的发生有一定抑制作用。

二点叶蝉 一年发生 4 代，以成虫在麦株基部越冬。翌年春天先在小麦上为害，而后侵入其他作物田块。成虫、若虫喜栖息在寄主茎叶上，被害叶不出现白色条斑。

四、防治技术

【生态防治】

通过合理密植，增施基肥、种肥，合理灌溉，改变麦田小气候，增强小麦长势，抑制该虫发生。合理规划，实行农作物大区种植，科学安排，及时清除禾本科杂草，控制越冬基地，减少虫源。

【药剂防治】

小麦幼苗期，用直径 33cm 的捕虫网捕捉成虫、若虫，当每 30 单次网捕 10~20 头时，用 10% 吡虫啉可湿性粉剂 1 000 倍液、1.8% 阿维菌素乳油 3 000 倍液、20% 丁硫克百威乳油 2 000 倍液喷雾，5~7d 后根据虫量大小决定是否再次喷药。

第四节 条赤须盲蝽

一、分布与为害

条赤须盲蝽 *Trigonotylus coelestialium*（Kirkaldy）又称赤角盲蝽，属半翅目盲蝽科。分布在青海、甘肃、宁西、内蒙古、吉林、黑龙江、辽宁、河北、河南等地。河南分布于许昌、郑州、安阳。条赤须盲蝽以成虫、若虫刺吸叶片汁液或嫩茎及穗部，叶片被害，初为淡黄色小点，渐成黄褐色大斑，叶片顶端向内卷曲，叶片布满白色雪花斑，严重时整个田块植株叶片上就像落了一层雪花，随后叶片出现失水状，植株生长缓慢、植株矮小，甚至枯死。

二、形态特征（图 3-4-1）

成虫 身体细长，长 5~6mm，宽 1~2mm，鲜绿色。触角 4 节，红色或橘红色，第 1 节短而粗，有黄色细毛。头长而尖，向前伸出。头顶中央有 1 纵沟。复眼银灰色，半球形，紧接前胸背板前缘。前胸背板梯形，有 4 个暗色条纹，前缘有不完整的领片。小盾片三角形，黄绿色，基部不被前胸背板后缘覆盖。前翅稍长于腹部末端，革片绿色，膜片白色透明。足淡绿或黄绿色，胫节末端及跗节暗色，被黄色细毛，跗节 3 节，第 1 跗节长于第 2、第 3 跗节之和，爪垫片状。

若虫 5 龄若虫体长约 5mm，黄绿色，触角红色，略短于体，翅芽超过腹部第 3 节。

卵 口袋状，长约 1mm，宽 0.4mm，白色透明，卵盖上有不规则突起。

1. 成虫；2. 若虫

图 3-4-1 条赤须盲蝽

（引自 https://agroscience.com.ua/insecta/zlakovyi-klopyk）

三、生活史和习性

赤须盲蝽在华北地区1年发生3代，第1代若虫5月上旬孵化盛期，中下旬羽化。第2代若虫6月中旬盛发，下旬羽化。第3代若虫7月中下旬盛发，8月下旬至9月上旬，雌虫在杂草茎叶组织内产卵越冬。由于成虫产卵期长，故有世代重叠现象。每次产卵一般5~10粒。初孵若虫在卵壳附近停留片刻后，便开始活动取食。成虫在9：00—17：00这段时间活跃，夜间或阴雨天多潜伏在植株中下部叶背面。

四、防治技术

【农业防治】

选用优质抗虫、抗病品种。适时早播、早间苗、早培土、早施肥，及时中耕培土，培育壮苗。合理密植，增加田间通风透光度。合理间作、套作、轮作，减少越冬虫源。在早春及时清除地边、沟内的杂草，集中深埋或烧毁，防止其越冬卵的孵化，同时切断其越冬代若虫的食物来源。

【化学防治】

在若虫发生初期，每亩用2.5%氯氟氰菊酯乳油15g+10%吡虫啉15g或烯啶虫胺10mL，对水30kg，均匀茎叶喷雾。10：00以后16：00以前喷药。也可结合秋季麦田除草一起喷药。

第五节　灰飞虱

一、分布与为害

灰飞虱 *Laodelphax striatella*（Fallen），属于同翅目飞虱科，主要为害小麦、水稻、大麦、玉米、高粱等，国内各省、自治区、直辖市均有分布，河南各地均有发生，以稻麦连作区、麦棉套种地区发生为害严重。

灰飞虱对小麦的为害主要有3种：一是直接刺吸为害，造成小麦千粒重下降，空秕粒增多，严重时造成"冒穿"倒伏，生长后期出现成片枯死现象，造成大面积减产；二是间接为害，通过灰飞虱传毒引起小麦病毒病，如小麦条纹叶枯病和小麦丛矮病，小麦丛矮病一般在冬前或早春开始发病，病株生长停滞，分蘖增多，叶色浓厚，最后逐步死亡，小麦条纹叶枯病症状同水稻条纹叶枯病症状相似，一般在抽穗以后表现症状，心叶发黄，叶脉出现黄绿相间的条纹，抽出的穗子颜色淡黄，无法灌浆；三是通过灰飞虱排泄蜜露造成煤污，俗称"煤黑穗"，小麦穗子发黑，品质下降。灰飞虱寄主范围广泛，除为害小麦外，还为害水稻、玉米、大麦、高粱、谷子、甘蔗等作物及多种禾本科杂草，其中以水稻和小麦为害最重。

二、形态特征

灰飞虱长翅型体长3.5~4.0mm，短翅型体长2.2~2.6mm。雄虫体黑褐色，雌虫体黄褐色。头顶四方形稍突出于复眼前方，雌雄虫额颊区均为黑褐色。雄虫中胸背板黑褐色，雌虫中胸背板中域淡黄色，两侧具暗褐色宽条斑。前翅淡黄褐色，透明，翅斑黑褐色。末龄若虫灰褐色，腹节3~4节背面各有一个"八"字形斑纹，第6~8节背中部有浅色横带。

三、发生规律

灰飞虱每年发生4~5代，以若虫在麦田内、枯叶及杂草中越冬。翌年3月开始活动。第1~2代主要为害小麦，第3~4代为害水稻等，第5代迁到麦田及杂草地越冬。

四、防治方法

灰飞虱种群的消长主要与耕作制度、气候、天敌、寄主食料条件等因素相关，可采用农业防治、化学防治等措施进行防治。

【农业防治】

灰飞虱可在小麦田越冬，通过清除麦田四周及路边的杂草，减少灰飞虱繁殖及越冬场所，减少灰飞虱发生量。调整小麦、玉米、水稻轮作或小麦玉米间作的耕作模式，可以采用小麦与油菜等作物轮作减轻或消灭其为害。

【化学防治】

在灰飞虱发生严重地块，可在3月中下旬进行越冬代灰飞虱的防治；小麦齐穗至灌浆期用25%吡蚜酮可湿性粉剂、10%氯氰菊酯乳油、40%毒死蜱乳油喷雾防治。在防治时要加大用水量，尽量把药液淋到麦苗的中下部，以提高防治效果，达到压低灰飞虱虫量的目的。

第六节　吸浆虫

一、分布与为害

小麦吸浆虫 Wheat Blossom Midge 主要有麦红吸浆虫 *Sitodiplosis mosellana*（Gehin）和麦黄吸浆虫 *Contarinia tritici*（Kirby），属双翅目瘿蚊科。以麦红吸浆虫分布广、为害大。麦红吸浆虫主要分布于我国冬小麦主产区包括黄淮海、长江流域和西北麦区，20世纪50年代西南麦区也发生为害，是我国最重要的虫害之一。麦黄吸浆虫分布于降雨量较多、土壤阴湿的高山地带，如秦岭—伏牛山区，20世纪50年代的湖北天门县、四川南部县、河南栾川县均有严重为害的报道。目前我国小麦主产区以麦红吸浆虫为主。主要为害小麦、大麦、黑麦、燕麦、青稞以及鹅观草、节节麦等植物。

小麦吸浆虫是小麦毁灭性害虫，以幼虫潜伏在颖壳内吸食正在灌浆的汁液，造成麦粒瘪疮、空壳或霉烂而减产。在我国曾于20世纪50年代初期猖獗发生，常年减产10%~20%，大发生年份减产30%~50%，甚至颗粒无收。经过大力推广抗虫品种与药剂防治相结合的综合措施，到1960年基本控制了其为害，虫口密度明显下降；70年代后期有不同程度的回升，尤其是"六六六"等有机氯杀虫剂禁用后，80年代虫口密度回升较快，1988年全国发生面积达3 059.6万亩、损失小麦12.6万t；之后持续上升，1994年全国发生面积4 156.2万亩，通过开展有效防治，仍然损失小麦8.7万t；随着"林丹"杀虫剂处理土壤及成虫期防治工作的开展，发生为害出现下降趋势，2000年全国吸浆虫发生面积为1 772.1万亩，损失小麦5.6万t；2001年以后，随着"林丹"杀虫剂禁止使用，吸浆虫发生为害再次出现回升趋势，2010年全国发生3 600.4万亩，损失小麦11.4万t；随着气候变化的影响，吸浆虫在全国的发生呈北扩东移趋势，近年来由于轻简化防控技术的推广及成虫期大面积防治工作的开展，发生面积逐渐下降。2014年发生面积下降到2 785.2万亩，2016年发生面积1 959.9万亩，2018年下降到1 445.3万亩、损失小麦2.9万t，基本得到了有效控制。

吸浆虫在20世纪50年代曾是河南省小麦的主要害虫，经过近20年的持续防治，已基本得到控制，1963—1982年全省平均年发生面积仅100万亩左右；随着"六六六"等高毒杀虫剂禁用及土地分散经营导致土壤处理面积急剧减少，1983年以后虫口密度迅速回升，1986年发生面积达623.70万亩，1989年达1 042.3万亩，1994年发生面积达到2678.2万亩，分布在16个地市、88个县（市、区），有虫面积5 000万亩以上；随着"林丹"杀虫剂处理土壤的推广应用、小麦后期"一喷三防"技术大面积应用及气候变暖导致吸浆虫成虫出土期提前等因素的综合影响，2003年以后吸浆虫发生为害上升的势头得到了遏制，发生面积和为害损失呈下降趋势；经过大规模持续防控，2011年以后发生面积下降到1 000万亩以下，2015年以后发生面积下降到500万亩以下，近10年来平均发生面积556.3万亩，2019年全省发生面积171.2万亩，发生范围明显缩小，为害程度显著减轻，仅在南阳、驻马店、洛阳、焦作、濮阳等部分地区发生较重，呈现出向河南东北部转移的趋势（图3-6-1）。

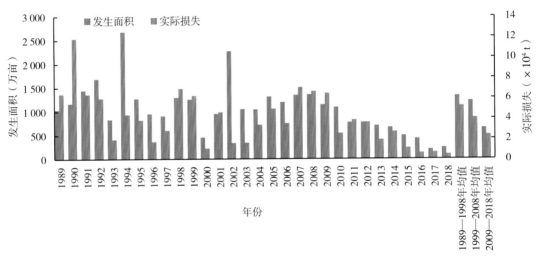

图3-6-1　河南省小麦吸浆虫发生情况

二、形态特征

1. 麦红吸浆虫（图3-6-2、图3-6-3）

成虫　雌成虫体微小纤细，似蚊子，体色橙黄，全身被有细毛，体长2~2.5mm，翅展约5mm。头部下口式，折转覆在前胸下面，复眼黑色，没有单眼。触角细长，念珠状共14节；胸部前小后大，足细长，前翅阔卵圆形，后翅退化成平衡棍；腹部9节，近纺锤形，第八、第九两节之间有产卵管，全部伸出时约为腹长的一半。

雄成虫　体型稍小，长约2mm，翅展约4mm。触角远长于雌虫，念珠状，26节，基部两节橙黄色，短圆柱形；鞭节灰色，每节基部有圆球形的膨大，端部呈细长的颈状，每节的膨大部分除有很多细的毛状突起和两圈刚毛外，还生有一圈很大的环状线称为"环状毛"，和雌虫触角有显著的差别。腹部较雌虫为细，末端略向上弯曲，具外生殖器或交配器，其两侧有抱握器一对，末端生尖锐黄褐色的钩，器面生长毛，中间有阳具。

卵　长圆形，一端较钝，末端细长的卵柄附属物。淡红色，透明，表面光滑。卵初产出时为淡红色，

| 前蛹期 | 初蛹 | 中蛹 | 后蛹 |

图 3-6-2 麦红吸浆虫蛹的分级（郭线茹 提供）

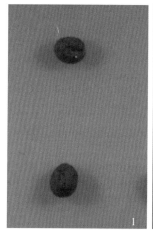
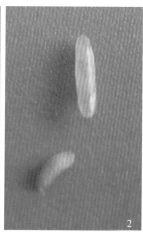

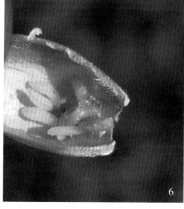

健粒　　　　　被害粒

1. 圆茧；2. 出土幼虫；3. 蛹；4. 成虫在穗上产卵；5. 幼虫为害籽粒；6. 颖壳内幼虫；7. 被害籽粒与对照

图 3-6-3 麦红吸浆虫不同虫态及为害（1、3. 巩中军 提供，2、4-7. 寿永前 提供）

快孵化时变为红色。

幼虫 老熟幼虫体长 2.5~3mm，椭圆形，前端稍尖，腹部粗大，后端较钝，橙黄色。头 1 节，胸 3 节，腹 9 节，无足；头分为两部分，前部短小，后部较大。没有单眼和复眼，头部的背面与腹面剑状胸骨片相对稍偏前处有黑色眼点。在第一胸节的腹面，第 2 龄可见 "Y" 形剑骨片。口器周围肌肉发达，着生锐刺 5 对，第一对叉状，位于口的上方，第二对钩状，第三、第四、第五对尖直，分列两侧。另有叉状刺 3 对，位于前口刺外缘的后方。

蛹 体赤褐色，长2mm，前端略大，头部有短的感觉毛，头的后面前胸处有一对长毛状黑褐色呼吸管（表3-6-1）。

圆茧 幼虫入土3d后形成。囊包圆形，黄泥浆色，似粗沙粒，呈豌豆状。幼虫至化蛹前另外会结成一种长形茧居其中化蛹。

表3-6-1 麦红吸浆虫蛹的分级和历期

蛹　期	主要形态特征	至羽化历期（d）
前蛹期	幼虫准备化蛹，头部缩入体内，体缩短，不活跃，胸部白色透明	8~10
初蛹期	蛹已形成，体色橘黄，有翅和足，翅芽短且淡黄色，仅及腹部第一节，前胸背面一对呼吸管显著伸出	5~8
中蛹期	化蛹后2~3d，复眼变红色，翅芽由淡黄色变红	3~4
后蛹期	复眼、翅、足和呼吸管变为黑色，腹部变为橘黄色	1~2

2. 麦黄吸浆虫

成虫 雌虫体长2mm左右，翅展4.5mm，全身被细毛，黄色。复眼黑色，触角念珠状，灰黄色，为2+12型，两基节短圆柱形，第一鞭节由两节愈合而成，其余各节中部微缩近似葫芦形，端部缩小成颈状，每节膨大部分生有几个小圈的长的刚毛。胸部黄色，前胸狭长，中胸发达，盾片大。腹部9节，黄色，末节细小形成产卵管，能伸缩，管端细长如针，约为腹长的2倍。翅宽卵圆形，膜质透明，微带淡黄色，翅脉简单仅4条，胫脉总支到达后缘处不明显。足灰黄色，腿节长度约为腹部长度的2/3，胫节与腿节等长，跗节5节。

雄虫 体较雌虫略小，长约1.5mm，触角较雌虫长，鞭节各节中部收缩使上下成两个圆球形膨大。交配器的攫握器部分的内缘部光滑无齿，腹瓣分裂。

卵 长卵形，长约为宽的4倍，末端无附属物。

幼虫 姜黄色，体表光滑，前胸"Y"形剑骨片中间呈弧形凹陷，腹部末端突起2对，圆形。

蛹 幼虫准备化蛹时结长茧居其中，初变蛹时淡黄色，头前部有一对感觉小毛与胸呼吸管等长。

三、生活史及习性

麦红吸浆虫 一般是一年一代，也可多年一代，圆茧在土壤中越夏和越冬，最长可存活12年。圆茧需要感受冬季120d的10℃以下或者4℃以下105d的低温才能打破滞育，翌年春天土壤温度上升到（9.8±1.1）℃，开始破茧上移，12℃以上，开始在土表化蛹；土温达到15℃以上，正值小麦开始抽穗，蛹开始羽化为成虫，至土温20℃以上，成虫盛发。

成虫出土1d即进行交配，并在麦穗上产卵，卵一般散产于护颖内侧和外颖背面上方，产卵活动一般在傍晚进行，少则1~2粒或3~5粒，多的可达20~30粒。每雌虫可产30~60粒，最多的可超过90粒。

卵经过4~5d孵化，幼虫随即爬到外颖基部，由内外颖缝合处折转进入颖壳，附于子房或刚坐仁的麦粒上，以口器锉破麦粒表皮吸食流出的浆液，经过15~20d发育成老熟幼虫，至小麦成熟前遇到足够的湿度，幼虫爬到颖壳外或者麦芒上，随雨水露滴落入土表；初入土的幼虫大约3d后结圆茧，也有结成长茧的现象。圆茧一般在10cm的土壤深度越冬。幼虫在纯水中或小麦颖壳干旱的条件下可存活10个月。圆茧过冷却点可达-28.50℃。

幼虫对小麦的为害程度取决于入侵麦穗时间，成虫发生期与抽穗期相逢，小麦受害最重。小麦扬花后成虫产卵于麦穗上，小麦受害急剧减轻。

成虫一般在每天的早、晚羽化，白日畏强光和高温，在早晨和傍晚飞行活动活跃，风雨天气或晴天中午在麦株下阴凉处休息，夜间对紫外光和偏振光有强烈趋性。雄虫多在麦株下部活动，雌虫常在高于麦株10cm处飞行，晚上甚至可随气流上升到70m以上的高空，随气流进行远距离扩散。以17：00—20：00产卵最为活跃，成虫产卵期3~5d，不取食，寿命3~7d。成虫陆续发生时间最长可达1个月，一般年份是一个羽化高峰，在空中高空系留气球上捕捉到的成虫有两个高峰，具有迁出和迁入的特征。

麦黄吸浆虫　因产卵管长，产卵时成虫落在小穗的顶端，产卵管自内外颖尖端从合孔处插入，大多数产于内颖的内面上半部或1/4处。卵粒排列不规则，集中成块。成虫产卵对寄主没有多大选择，只要刚抽穗就产卵。产卵时间以傍晚18：00—20：00活动最盛。成虫微有趋光性。

四、发生规律

【气候因素】

小麦吸浆虫对温度、湿度有不同的敏感时期。羽化前需要高湿度（如4月上中旬雨日雨量），如不能满足则不再化蛹重新结茧直到翌年再进行活动。幼虫有隔年或多年休眠习性。麦红吸浆虫可滞留7年以上，甚至长达12年；而麦黄吸浆虫在土中可滞留4~5年。

与20世纪50年代相比，2010年发生北界北移了4个纬度，华北北部成为麦红吸浆虫的主要发生区，而这些地区在50年代并无吸浆虫发生的报道。自新中国成立以来的70多年间华北北部冬春平均气温大幅度上升，麦红吸浆虫的发育进度加快，羽化期大幅度提前，能够与小麦抽穗期相遇，成为吸浆虫新的适生区。春季温度达到6.8℃时，麦红吸浆虫就会发生。

【寄主植物】

豫西洛河沿岸林地中，有大量的纤毛鹅观草被麦红吸浆虫侵染，可能是麦红吸浆虫的重要庇护所，同时我国华北麦田杂草节节麦的侵染率也较高，可能是吸浆虫随杂草传播的扩散途径之一。

【农田生态条件】

华北平原麦区基本具备了灌溉条件，使得土壤湿度满足了麦红吸浆虫发生的需要。河北栾城调查发现两年取土筛检出的幼虫数量依次为秸秆还田免耕田＞秸秆站立免耕田＞秸秆还田旋耕田，表明免耕有利于幼虫的越冬和虫量的积累。

五、防治技术

【生态治理】

合理的耕作栽培制度：适时早播和种植晚熟品种，使抽穗期和成虫羽化高峰期错开；调整作物布局，在吸浆虫重发生区的虫口密度大，在抗虫品种缺乏的情况下，可实行轮作倒茬，改种油菜、水稻以及其他经济作物。同时茬后深翻耕20cm以上等可有效控制吸浆虫的发生。

【生物防治】

从欧洲引进稀毛大眼金小蜂防治麦红吸浆虫，同时注重田间蜘蛛的保护利用。

捕食性天敌：小麦吸浆虫成虫在羽化过程中常被田间蚂蚁捕食；捕食小麦吸浆虫的天敌有8类23种，包括麦田常见的蜘蛛、瓢虫、草蛉等。

寄生性天敌：卵寄生蜂宽腹姬小蜂和尖腹寄生蜂是我国吸浆虫的主要寄生天敌。20世纪90年代调查陕西关中地区和秦巴山区田间有近10种寄生蜂。

【抗性品种】

20世纪50年代南大2419和西农6028曾在吸浆虫防治中发挥了重要作用，目前我国的生产品种缺乏对吸浆虫的抗性。1996年加拿大发现了具有抗吸浆虫的硬粒春小麦品种，能够明显减低小麦吸浆虫低龄幼虫的成活率。近年来经过田间鉴定，济麦21、济麦22、太空6号、洛麦24、西农979、郑麦9023、豫麦49-198、新麦19等对吸浆虫有一定抗性，可在重发区推广应用。

【化学防治】

小麦抽穗期是麦红吸浆虫的侵染敏感期，在孕穗到抽穗初期（抽穗率16%以内）早晨或傍晚10网复次10头成虫，或手扒麦垄发现有成虫在飞，或在10块粘板累计1头成虫时，即可进行穗期化学保护。抽穗70%至齐穗期（扬花前）每亩用4.5%高效氯氰菊酯乳油30mL，或用2.5%溴氰菊酯乳油15~20mL、40%毒死蜱乳油20~30mL、20%呋虫胺15~20mL，对水30~45kg进行均匀喷雾，重点喷洒小麦穗部。扬花盛期（扬花84%）以后不再进行化学防治。

第七节　蓟马

一、分布与为害

小麦上发生为害的蓟马有3类：一是为害穗部的，有小麦皮蓟马、黄蓟马和禾蓟马；二是为害造成卷叶（多为旗叶）的，有黄蓟马、禾蓟马和稻管蓟马，剥开卷曲的叶片，叶面有银灰色的膜和蓟马；三是为害叶片造成田间似火烧状的蓟马，主要在小麦上部叶片的内侧叶舌、叶耳、叶鞘内吸食汁液，使叶片上出现黄白点，远看成片麦田似火烧状。

小麦皮蓟马（*Haplothrips tritici* Kurdjumov）又叫小麦管蓟马、麦简管蓟马，属缨翅目、皮蓟马科，是优势种蓟马。国外分布于西欧、北美、东南亚、俄罗斯等地，国内分布于新疆、甘肃、宁夏、内蒙古、黑龙江、天津、河北、山东、河南等地。2002年在天津静海县小麦田普遍发生，一般田块百株虫量400~800头，个别严重麦田达1000头以上，有虫株率60%~90%。2006年河南陕县小麦皮蓟马发生严重，百穗有若虫327头，最高单穗有若虫23头，有虫株率60%~90%；同年洛阳市也发现小麦皮蓟马为害。

小麦皮蓟马寄主广泛，可为害禾本科、豆科、十字花科等作物及禾本科杂草，其中小麦、大麦、黑麦、燕麦、向日葵、蒲公英、狗尾草等是其主要寄主。皮蓟马以成虫、若虫为害小麦花器，乳熟灌浆期吸食麦粒浆液，致麦粒灌浆不饱满或麦粒空秕。此外还为害小穗的护颖和外颖。受害颖片皱缩或枯萎，发黄或呈黑褐色，易遭病菌侵染，诱发霉烂或腐败。由于该虫体小，多隐蔽在叶鞘及麦穗内为害，造成产量和品质下降，往往被人们忽视。

二、形态特征（图3-7-1）

1. 小麦皮蓟马

成虫　体长1.5~2.2mm，体黑褐色，翅2对，边缘具长缨毛，前翅无色，仅近基部较暗。头略呈方形，3个单眼呈三角形排列在复眼间。触角8节，第3节长是宽的2倍，第3、第4、第5节基部较黄。腹部末端延长成管状，叫作尾管。

卵　长约0.45mm，长椭圆形，黄色。

若虫　无翅，初孵若虫浅黄色，后变橙红色，触角、尾管黑色。

蛹　前蛹较2龄若虫短，浅红色，翅芽显露。伪蛹触角伸向头两侧，翅芽增长，色深。

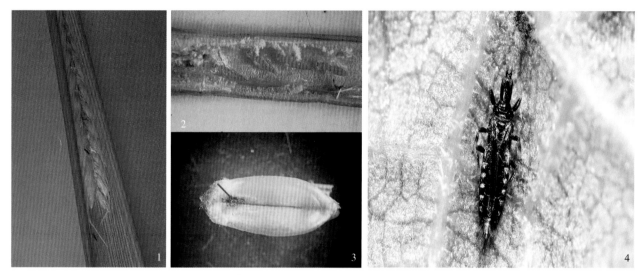

图3-7-1　小麦皮蓟马（1.成虫；2.蛹；3.为害麦粒）和中华管蓟马（4）

（引自 https://www7.inra.fr/hyppz/RAVAGEUR/6haptri.htm#ima）

2.中华管蓟马

学名：*Haplothrips chinensis* Priesner，又称中华简管蓟马、中华皮蓟马，成虫体长1.7mm，呈暗褐色至黑褐色；触角第3~6节黄色，翅无色，体鬃较暗。成虫、若虫为害植物幼嫩部位，吸食汁液。北方年发生5~6代。

三、生活习性

小麦皮蓟马　年生1代，以若虫在麦根或地下10cm处越冬。翌年日均温8℃时开始活动，5月中旬进入化蛹盛期，5月中下旬羽化，6月上旬进入羽化盛期，羽化后进入麦田，在麦株上部叶片内侧叶耳、叶舌处吸食汁液，后从小麦旗叶叶鞘顶部或叶鞘缝隙处侵入尚未抽出的麦穗上，为害花器，有时一个旗叶内群集数十头至数百头成虫，待穗头抽出后，成虫又转移到未抽出或半抽出的麦穗里，成虫为害及产卵时间仅2~3d。成虫羽化后7~15d开始产卵，把卵产在麦穗顶端2~3个小穗基部或护颖尖端内侧，卵排列不整齐，卵期6.5~8.4d。7月上旬冬麦收获时，部分若虫掉到地上，就此爬至土缝中或集中在麦捆或麦堆下，大部分爬至麦茬丛中或叶鞘里，有的随麦捆运到麦场越夏或越冬。新垦麦地、春小麦及晚熟品种受害重。

中华管蓟马　在河南省发生世代及为害特点不详。

四、防治技术

合理轮作倒茬；适时早播，躲过为害盛期；秋季或麦收后及时进行深耕，清除麦场四周杂草，破坏其越冬场所，可压低越冬虫口基数；在小麦孕穗期，大批蓟马成虫飞到麦田产卵时，是防治成虫的有利时期，可用3%啶虫脒乳油、1.8%阿维菌素、10%吡虫啉可湿性粉剂2 000倍液喷雾防治；在小麦扬花期是防治初孵若虫的有利时期。可用10%吡虫啉可湿性粉剂、2.5%高效氟氯氰菊酯2 000倍液，均匀喷雾，重点喷洒小麦穗部。

第八节　黏虫

一、分布与为害

我国黏虫种类有60多种，常见的有东方黏虫、劳氏黏虫、白脉黏虫、谷黏虫等，其中分布最广、为害最重的是东方黏虫 *Mythimna separate*（Walker）。东方黏虫，又名剃枝虫、五色虫、麦蚕等，属鳞翅目、夜蛾科。黏虫是一种迁飞性害虫，在我国分布很广，除西藏、新疆未见报道外，其余各省、区均有发生。河南各地均有发生，主要发生地区是信阳、南阳、驻马店、周口、洛阳、三门峡、许昌与商丘地区南部。为害小麦、水稻、玉米、高粱、谷子、甘蔗等禾本科作物。以幼虫咬食叶片、嫩茎、小穗等。能将叶片全部吃光，穗茎部咬断，往往使千粒重减少5%~10%，严重时减产40%以上，甚至绝收。

20世纪70年代至1980年，河南省黏虫发生面积1 000万亩左右，是小麦生产上的主要害虫之一，由于生态环境条件的改变及不同生态类型区的协同防控，1981年以后，发生面积及为害程度明显下降，仅1984年、1991年、1994年发生面积超过1 000万亩，其他年份发生面积都在500万亩以下；2000年以后，受到迁入虫量下降和小麦生长后期"一喷三防"工作的全面开展，一代黏虫的发生面积进一步下降，2008年以后发生面积下降到200万亩以下，近10年发生面积均值为103.0万亩、实际损失0.2万t，为害损失明显减轻，仅豫西丘陵地区发生较重（图3-8-1）。

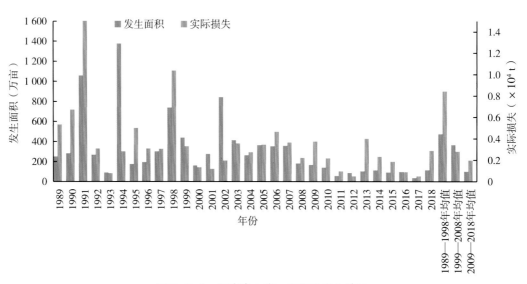

图3-8-1　河南省小麦一代黏虫发生情况

二、形态特征（图3-8-2）

成虫 体长20mm，翅展36~45mm。全身呈淡黄褐或灰褐色，个别略呈红褐色。复眼发达，雌雄触角均为丝状。前翅有环形斑，肾状斑，较其余翅面颜色为浅，边界不很清晰。中室下角处有一极小的白点，其两侧各有一个小黑斑。外线由若干连续小黑点组成，从翅尖向内有一斜黑纹。翅外缘有7枚左右的小黑点。后翅淡褐，缘毛黄白。基区颜色淡灰，外缘颜色深。渐向内侧颜色渐浅，雄蛾翅基有一根翅缰，雌蛾有3根，较细尖。

卵 半球形，稍见光泽，卵长约0.5mm。初产卵时白色，渐变黄色或褐色，孵化前黑色。卵常排成2~4行，产于寄主叶片上。

幼虫 共6龄，老熟时体长约38mm。体色随龄期、密度和食物等环境因子变化，初龄幼虫为灰褐色，二、三龄时变黄褐、灰褐或暗红，或前半部为绿色，后半部为褐红色。在高的虫口密度下，幼虫体色发黑或灰黑。低密度时幼虫体色较淡，呈黄褐或黄绿色。老熟幼虫头部为黄褐或淡红褐色有暗褐色网纹案，额缝深紫红色，酷似"八"字形。

蛹 初为乳白色，渐变黄褐色至红褐色，长19~23cm，最宽处约7mm。胸部背面有几条横皱纹，腹部5~7节背面前沿有横脊上面有成列刻点，刻点尖端指向尾部。尾端有3对尾刺，中央一对粗直，两侧的较细小而弯曲。

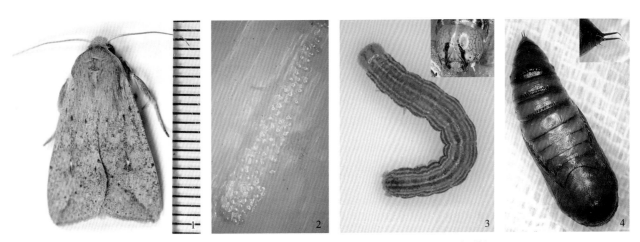

图3-8-2 黏虫形态（1.成虫；2.卵；3.幼虫；4.蛹，李国平提供）

三、生活史及习性

黏虫无滞育现象，在我国不同地带每年发生代数颇不相同，主要为害世代的发生期也很不一致。河南省中部及南部全年有4~5代，以第一代发生数量最大，于4—5月为害小麦。一般于4月下旬至5月上中旬为一代幼虫盛发为害期。豫北及豫东一带，全年发生3~4代，以第三代发生数量较多，于7—8月为害谷子、玉米、高粱及水稻等。

黏虫上半年发生的世代，成虫是由南方虫源地带的成虫，由南向北迁飞并降落到该地区繁殖为害而生，下半年的世代则可逐步自北向南，迁飞繁殖。黏虫的这一特点可以使各地根据每年春季此虫在我国南方虫源地区发生的动态，进行异地测报，及时报出其成虫飞来日期与大体数量，从而做好一切防治准备。

我国各地黏虫每年的虫源均来自北纬33°以南的5~6代和6~8代地区。这些地区的越冬代成虫于春季2—4月间陆续羽化，3月中下旬至4月上旬为羽化盛期。个别年份可提前到2月底至3月上中旬。大部分成虫向北方迁飞，于3月下旬至4月上中旬飞到4~5代区繁殖为害。主要为害小麦。幼虫（第一代）发生于4月下旬至5月上旬，此时正是河南省小麦挑旗、抽穗、开花阶段，不久，自5月中旬到6月上中旬陆续化蛹、羽化。小麦收割时（6月上旬）为羽化盛期。这些蛾子（第一代成虫），大部分仍向北飞入2~3代区繁殖为害。在2~3代地区的世代是第二代，其成虫出现于7月中下旬，大部分于7月下旬至8月间向南（回程）飞到3~4代区。如豫北及商丘地区产卵（第三代）繁殖，为害谷子、玉米、高粱及水稻等。8月上中旬为幼虫大量为害期。8月下旬至9月上中旬大部分化蛹至羽化，成虫向南飞回5~6代和6~8代的虫源区，继续繁殖或过冬。每年，黏虫就是这样在春季由南向北迁飞，秋季又由北向南回飞繁殖为害。河南省处于中间地段，是黏虫由南向北，和自北向南迁飞的"跳板"（中转站）。根据中国农业科学院植物保护研究所及河南省许昌市农业科学研究所进行的大规模黏虫蛾的标放、回收试验来看，河南一代成虫的向外迁飞航向是放射型的，向东北迁飞到沈阳，向西迁飞到陕西、甘肃，向西南迁飞到四川和贵州等地。因此，防治好河南麦田一代黏虫对全国的黏虫防治事业具有极为重要的战略意义。

黏虫的成虫白天一般潜藏于柴草、屋檐、墙缝、麦秸垛的隙缝中，傍晚和夜间活动。成虫羽化后即要进行大量补充营养，喜食桃、李、杏、苹果、苜蓿、油菜、小蓟等植物的花蜜，也喜食蚜虫等分泌的蜜露、腐果液汁及发酵过的酸甜液汁。成虫多在午夜至黎明时间进行交配，产卵部位有强烈选择性，卵多产于作物植株顶部三、四叶片的尖端或枯叶、叶鞘内。在小麦上多产于枯心苗或中下部干叶卷缝中，在玉米、高粱上多产于枯叶尖和穗部苞叶或花丝间。卵排列成行，每雌平均能产700多粒幼虫于晨8：00前及夜晚进行活动，一般忌怕阳光，但阴凉天气，白天也取食为害低龄幼虫常躲藏于心叶，小穗缝隙及叶鞘内，或在下部叶丛中。三龄以后有入土潜伏特性，入土深度约2cm。初龄幼虫会吐丝悬挂，三龄之后有假死性，惊动后即蜷身堕落地面，装死片刻，然后重新活动。五、六龄虫进入暴食期，常大量吃光叶片，并能成群结队向别处转移为害。幼虫共6个龄期，老熟后即钻到作物根际2~3cm深处作土室化蛹于其中，水稻田的幼虫常在田埂或稻茬中化蛹。

四、发生规律

黏虫发生的数量与为害程度，受气候条件、食料营养及天敌的影响很大，如环境适合，发生就严重，反之，为害较轻。

【虫源基数和数量】

黏虫发生消长程度与虫源基数的关系非常密切。虫源基数大、质量高，生态环境适宜，则易导致大发生。另外，成虫脂肪体含量、交配次数、雌蛾卵巢发育情况与抱卵量直接决定下一世代的发生程度。

【气候条件】

气候因素是决定黏虫发生消长的主导因素，直接影响发育世代数、各虫态发育速度、交配产卵等。温湿度对黏虫的发生影响很大，雨水多的年份黏虫往往大发生，成虫产卵适温为15~30℃，最适温为19~25℃，相对湿度为75%以上。

【食物营养】

成虫卵巢发育需要大量的碳水化合物，主要是糖类。早春蜜源植物多的地区，第1代幼虫就多。幼虫喜食禾本科植物，取食后发育较快，而且蛹重较大，成虫也较健壮。

【天敌】

黏虫在麦田内有许多天敌，包括寄生性昆虫、捕食性昆虫、螨类、线虫、菌类、鸟类及蛙类等。天敌的种类和数量对抑制黏虫的发生与为害具有重要作用。

五、防治技术

黏虫是间歇性猖獗的害虫，具有突发性和远距离迁飞的特性，因此防治黏虫的关键措施是做好预测预报，掌握有利防治时机，采取综合防治措施，及时控害。在做好成虫诱测、产卵量、田间查卵的基础上，在第二龄盛期开展"两查两定"，即查虫口密度，定防治田块；查虫龄，定防治时间。

【农业防治】

在黏虫越冬区及冬季为害区，结合深耕细作等各项农事操作，清理杂草，减少越冬黏虫，减少其产卵机会，压低麦田虫源基数。

【物理防治】

利用成虫多在禾本科作物叶片上产卵的习性，在麦田插谷草把或稻草把，每亩插20~50个，每5d更换新草把，把换下的草集中销毁；也可用频振式杀虫灯、糖醋液等诱杀成虫，减少田间落卵量，压低虫口基数。

【化学防治】

防治幼虫于3龄以前，最好消灭黏虫于虫卵阶段。在卵孵化盛期至幼虫3龄前，及时选择喷洒下列药剂：每亩用2.5%氯氟氰菊酯乳油12~20mL、2.5%溴氰菊酯乳油10~15mL、25%除虫脲可湿性粉剂6~20g、25%灭幼脲悬浮剂40mL、80%敌敌畏乳油50mL，对水40~50kg，均匀茎叶喷雾。

第九节　麦叶蜂

一、分布与为害

麦叶蜂 *Dolerus tritici* Chu，英文名称 Wheat Sawfly，俗称齐头虫、小黏虫、青布袋虫，属膜翅目 Hymenoptera、叶蜂科 Tenthredinidae。主要分布在华北、东北、华东、甘肃、安徽、江苏等地区。寄主植物除麦类外，尚可取食看麦娘、野燕麦、雀麦等禾本科杂草。近年来，在局部地区为害加重，已上升为主要害虫。河南各地均有发生，近11年平均发生311.4万亩、年均损失5 345.3t，以豫西、豫北局部地区发生较重。

以幼虫为害小麦上部主要功能叶片，从叶的边缘向内咬食成缺刻，或全部吃光仅留主脉。严重发生年份，麦株可被吃成光秆，仅剩麦穗，使麦粒灌浆不足，影响产量（图3-9-1）。

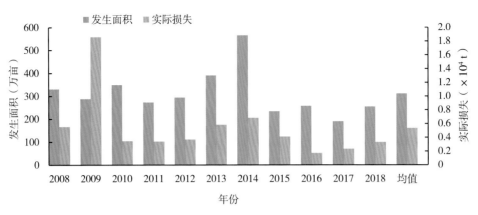

图 3-9-1　河南省麦田叶蜂发生情况

二、形态特征（图 3-9-2）

成虫　雌蜂体长 9~10mm，雄蜂体长 8~9mm。大体黑色，腹背闪蓝色光。头部黑色，粗糙具网状纹及刻点，复眼大而突出，触角线状 9 节，头部后缘曲折，头顶沟明显。前胸背板、中胸前盾片前叶、两侧叶及翅基片锈黄色；翅膜质透明，前翅略带黄色，后翅无色；翅痣及翅脉黑褐色。后胸背面两侧各有一白斑。小盾片黑色近三角形，有细稀刻点。

卵　卵呈肾形，初产时翠绿色，然后变为淡绿色，孵化前为灰黄褐色，有明显的暗红色眼点。

幼虫　共 5 龄，老龄幼虫 18~19mm，体细圆筒状，胸部稍粗，腹末稍细，各节具横皱纹。头部深褐色，上唇不对称，胸腹部灰绿色，背面暗蓝色。末节背面有 2 个暗纹。腹足 7 对，腹足基部各有一条暗纹。

1.成虫；2.幼虫

图 3-9-2　麦叶蜂

蛹　长约 9mm，裸蛹。初蛹为淡黄绿色，逐渐变为浅栗色、深栗色至胸部背面锈黄色部分与成虫相同。头、胸部粗大，顶端圆；腹部细小，末端分叉。

三、生活史及习性

1. 生活史

在北方麦区 1 年发生 1 代，以蛹在土中 20cm 左右处结茧越冬。翌年 3 月气温回升后开始羽化，在麦田内产卵。4 月中旬幼虫进入为害盛期，5 月上中旬幼虫老熟入土做土茧滞育越夏，至 9 月、10 月蜕皮化蛹越冬。

2. 习性

成虫喜在 9：00—15：00 活动，飞翔能力不强，夜晚或阴天隐蔽在麦株根际或浅土中，白天活动、交尾、产卵。成虫寿命 2~7d。成虫交尾后 3~5min 即可产卵，产卵的选择性较强，用锯状产卵器将卵产在刚展开的新叶背面中脉附近的组织内，少数产在叶片正面与叶尖。卵粒单产，也有串产，产卵处鼓起。雌虫产卵时头向麦叶基部，1 头雄虫可交尾 2~4 次。初孵幼虫多在附近的麦苗心叶取食；3 龄前多集中在小麦中、下部叶片或无效分蘖上为害；3 龄后则为害有效分蘖的上部叶片；3 龄后畏强光，白天隐藏在麦株中下部或土缝中，傍晚为害；进入 4 龄后，食量剧增。幼虫有假死性，遇振动即落地。

四、发生规律

【气候条件】

麦叶蜂的发生为害与气候因素密切相关。冬季酷寒、土壤干旱、成虫羽化期雨水多、湿度大，都能抑制其发生为害；反之，则有利于该虫发生。

【种植结构】

生长旺盛、通风透光不良的麦田以及背风向阳的麦田，落卵量偏高，一般较其他地块发生严重。

【土壤类型】

沙质土壤麦田比黏性土壤麦田受害重。

五、防治技术

【农业防治】

在小麦播种前深耕细耙，可把土中休眠的幼虫或蛹翻出地面，破坏其越冬环境，有效降低其越冬基数。有条件的地区实行水旱轮作，进行稻麦倒茬，可减轻虫害。

【人工捕捉】

利用麦叶蜂幼虫的假死习性，于发生盛期清晨和傍晚进行人工捕捉。

【生物防治】

保护利用卵寄生蜂，如姬蜂等。

【化学防治】

在小麦孕穗期，幼虫 3 龄前，当 40 头幼虫 /m² 时，每亩选用 5% 甲氨基阿维菌素苯甲酸盐乳油 20~30mL、20% 甲氰菊酯乳油 30~40mL、25% 甲维·虫酰肼悬浮剂 40~60mL、2.5% 高效氯氟氰菊酯乳油 30~40mL，对水 30~45kg，均匀喷雾，可以结合吸浆虫、蚜虫防治一起进行。

第十节　地下害虫

地下害虫是指在为害期间主要生活在土中的害虫，为害植物的地下部分（种子、根、茎）和地上部靠近地面的嫩茎。地下害虫种类很多，食性杂、分布广、为害重。由于其潜伏为害，不易及时发现，为害期也比较长，因而增加了防治上的困难，是许多国家和地区农林业生产上的严重障碍，引起人们的普遍重视。

我国地下害虫主要有蝼蛄、蛴螬、金针虫、地老虎、根蝽、根蛆、拟步甲、蟋蟀、根蚜、象虫和珠绵蚜等，共 150 余种，分属 8 目 20 科，以蛴螬、金针虫、地老虎、蝼蛄和根蛆发生严重，长江以北旱粮地区发生为害最重，长江以南地区发生为害较轻。20 世纪 80—90 年代中期我国麦田地下害虫发生为害较重，年均发生 1.19 亿亩，损失小麦 19.4 万 t。其中 1990 年发生 1.43 亿亩，损失小麦 24.8 万 t，是小麦生产上的主要害虫；1998 年以后发生面积下降到 9 000 万亩以下，2008—2012 年出现小幅回升，发生面积在 9 000 万~9 400 万亩；2013 年以来地下害虫的发生为害呈持续下降趋势，2013 年发生 8 378 万亩，2015 年发生 6 921 万亩，2018 年发生 5 740 万亩。

地下害虫也是河南小麦生产上的重要害虫，发生普遍、为害严重的有蛴螬、金针虫、蝼蛄三类，蛴螬占总数的 65% 以上、金针虫占总数的 30% 以上；局部地区发生为害较重的地下害虫有根土蝽、麦茎叶甲与小麦沟牙甲等。20 世纪 80 年代至 90 年代中期河南麦田地下害虫发生为害较重，1989—1998 年平均发生 4 423.9 万亩，年平均损失小麦 5.8 万 t；1993 年国家批准"林丹"杀虫剂用于吸浆虫和地下害虫防治，通过推广"林丹"处理土壤及有机磷拌种处理，1997 年以后地下害虫发生为害出现下降趋势；后来由于禁用"林丹"杀虫剂，土壤处理面积减少，2001 年以后地下害虫发生为害有出现反弹，2002 年发生面积达 5 359.2 万亩，其后发生面积一直在 3 500 万亩左右，通过大面积种子处理、土壤处理及成虫期防治相结合的综合防治，2011 年以后，河南地下害虫发生为害呈下降趋势，近 10 年平均发生面积 2 642.0 万亩，年平均损失小麦 5.6 万 t（图 3-10-1、图 3-10-2）。

一、蛴螬

（一）分布与为害

蛴螬是金龟子的幼虫，种类很多，均属于鞘翅目金龟子科，俗称白土蚕、地狗子等。成虫俗称瞎碰、金蛣螂、暮糊虫等。河南省已采到 130 多种金龟子标本，暗黑鳃金龟（*Holotrichia parallela* Motschulsky）、华北大黑鳃金龟［*H. oblita*（Faldermann）］和铜绿丽金龟（*Anomala corpulenta* Motschulsky）3 种蛴螬是河南省及黄、淮、海流域为害小麦最严重的优势种。其中前 2 种主要发生在黏壤土与沙壤土的地区或地段，沙土地区发生甚少；铜绿丽金龟则与以上两种相反，它主要发生在沙土或沙壤土的地区或地段，黏壤土地区发生很少。

蛴螬主要为害小麦的种子、种芽、幼苗与成株期的须根。据调查越冬前，每头蛴螬对早播小麦可为害幼苗 40~50 株。从为害时间上说，华北大黑蛴螬从播种开始一直为害到 11 月上旬，历期达 30~45 d，此期主要造成死苗，形成缺苗断垄。春季从 3 月末到 5 月中旬，为害期达 50 d 左右，主要是为害须根形成死株与白穗。暗黑与铜绿两种蛴螬，主要为害时间是从播种到 10 月下旬，造成死苗形成缺苗断垄。它们在春季为害甚轻，未见为害成死株与白穗。

20 世纪 70 年代初期，河南省蛴螬约占地下害虫总数的 30%，发生面积为 1 000 万~1 500 万亩；70 年代中后期明显上升，1983 年 50 个县调查结果蛴螬占地下害虫总数的 86.3%、金针虫占 10.8%、蝼蛄占 2.9%；90 年代初期蛴螬占地下害虫总数的 70% 左右，发生面积近 3 000 万亩，平均密度每亩 1 500 头左右；由于持续治理及种植业结构调整，蛴螬的发生为害呈下降趋势，近 10 年蛴螬年平均发生面积 1249.7 万亩，损失小麦 2.7 万 t，发生量占地下害虫总数的 65% 以上，仍然为第一优势种群（图 3-10-3）。

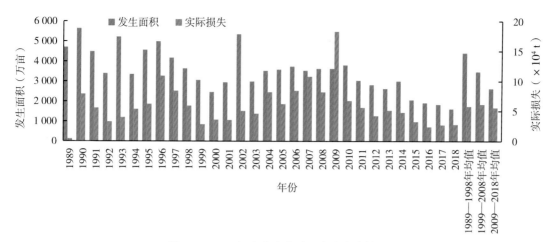

图 3-10-1 河南省小麦地下害虫发生情况

1. 蛴螬；2. 金针虫；3. 蝼蛄；4. 田间为害状；5. 受害麦苗；6. 金针虫为害；7. 金龟子为害

图 3-10-2 地下害虫种类及为害状

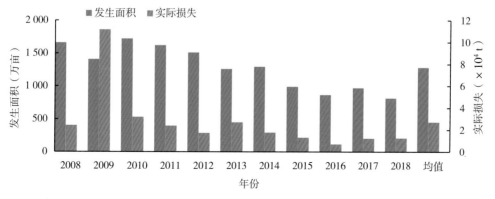

图 3-10-3 2008—2018 年河南省麦田蛴螬发生情况

（二）形态特征

1. 华北大黑鳃金龟（图 3-10-4）

成虫　成虫长椭圆形，体长 21~23mm，体宽 11~12mm。初羽化时体为红棕色逐渐变黑褐色至黑色，有光泽。翅肩瘤明显，鞘翅长为前胸背板宽的 2 倍，鞘翅上散生小点刻，每侧有 3 条明显的纵隆线。小盾片近半圆形。臀板隆凸，顶点圆尖，接近后缘。

卵　初产时长椭圆形，白色略带黄绿色光泽，发育后期近圆球形。孵化前卵壳透明，可辨幼虫体节和上颚，幼虫在卵壳内间断蠕动。

幼虫　幼虫中等，体长 35~45mm。头部红褐色，前顶毛每侧 3 根（冠缝侧 2 根，额缝侧 1 根），后顶毛每侧 1 根。臀节较尖，其腹面上无刺毛列，只有钩状毛呈三角形分布，肛门孔呈三射裂缝状。老熟幼虫身体弯曲近"C"形，体壁较柔软，多皱纹。

蛹　蛹为裸蛹，体长 21~23mm，化蛹初期为白色，后渐变为乳褐色至黄褐色，近羽化前深褐色。前 3 对气门明显，围气门片为深褐色，气门孔圆形，腹背部有 2 对发音器。尾节瘦长三角形，端部生 1 对尾角。尾节腹面雄蛹有 3 个毗连的瘤状突起，雌蛹则无。

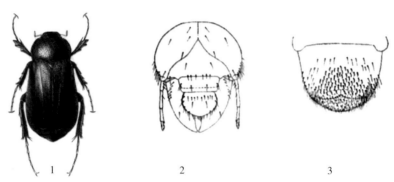

1. 成虫；2. 幼虫头部正面；3. 幼虫臀节腹面

图 3-10-4　华北大黑鳃金龟

2. 暗黑鳃金龟（图 3-10-5、图 3-10-6）

成虫　体长 16~21mm，体宽 7.8~11.1mm。体色变幅很大，以黑褐色个体为多，体被淡蓝灰色粉状闪光薄层，全体光泽较暗淡。体型中等，长椭圆形，后方常稍膨阔。头阔大，唇基长、大，前缘中凹微缓，侧角圆形，密布粗大刻点。触角 10 节，鳃片部甚短小，由 3 节组成。前胸背板密布深大椭圆刻点，

1. 成虫、2. 幼虫、3. 卵

图 3-10-5　暗黑鳃金龟（刘顺通　摄）

常有宽亮中纵带，前侧角钝角，后侧角直角，后缘边框阔，为大型椭圆刻点所断。小盾片短阔，近半圆形。鞘翅散布脐形刻点，4条纵隆线清楚，纵肋 I 后方显著扩阔，并与缝肋及纵肋 II 相接。臀板长，几乎不隆起，掺杂分布深大刻点。胸下密被绒毛后足跗节第一节明显长于第二节。

幼虫　中型，体长 35~45mm，头宽 5.6~6.1mm，头部前顶刚毛每侧一根，位于冠缝两侧。臀节腹面无刺毛，仅具钩状刚毛，肛门孔三裂。

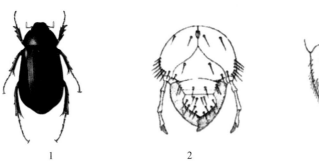

1. 成虫；2. 幼虫头部正面；3. 幼虫臀节腹面

图 3-10-6　暗黑鳃金龟

3. 铜绿丽金龟（图 3-10-7）

成虫　体长 15~21mm，宽 8~11.3mm，体背铜绿色，有金属光泽，前胸背板及鞘翅侧缘黄褐色或褐色。唇基褐绿色且前缘上卷；复眼黑色：触角 9 节，黄褐色；有膜状缘的前胸背板前缘弧状内弯。侧、缘弧形外弯，前角锐而后角钝，密布刻点。鞘翅黄铜绿色，有 4 条纵隆线，合缝隆较明显。雄虫腹面棕黄且密生细毛，雌虫乳白色且末节横带棕黄色，臀板黑斑近三角形。足黄褐色，胫、跗节深褐色，前足心节外侧 2 齿、内侧 1 棘刺，2 附爪不等大，后足大爪不分叉。初羽化成虫前翅淡白，后渐变黄褐、青绿到铜绿具光泽。

卵　白色，初产时长椭圆形，长 1.65~1.94mm、宽 1.30~1.45mm；后逐渐膨大近球形，长 234mm、宽 2.16mm。卵壳光滑。

幼虫　三龄幼虫体长 29~33mm、头宽约 4.8mm。暗黄色头部近圆形，头部前顶毛排各 8 根，后顶毛 10~14 根，额中侧毛列各 2~4 根。前爪大、后爪小。腹部末端两节自背面观为泥褐色且带有微蓝色。臀腹面具刺毛列，多由 13~14 根长锥刺组成，两列刺尖相交或相遇，其后端稍向外岔开，钩状毛分布在刺毛列周围。肛门孔横裂状。

蛹　略呈扁椭圆形，长约 18mm、宽约 9.5mm，土黄色。腹部背面有 6 对发音器。雌蛹末节腹面平坦且有 1 个细小的飞鸟形皱纹，雄蛹末节腹面中央阳基呈乳头状。临羽化时前胸背板、翅芽、足变绿（表 3-10-1，表 3-10-2）。

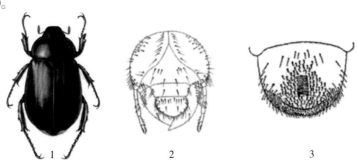

1. 成虫；2. 幼虫头部正面；3. 幼虫臀节腹面

图 3-10-7　铜绿丽金龟

3种金龟成虫形态区别详见表3-10-1；7种常见蛴螬形态区别详见表3-10-2。

表3-10-1　3种金龟成虫形态区别

特　征	华北大黑鳃金龟	暗黑鳃金龟	铜绿丽金龟
体长	21~23mm	16~21mm	15~21mm
体宽	11~12mm	7.8~11.1mm	8~11.3mm
体色	黑褐色，有光泽	黑色或黑褐色，无光泽	体背铜绿色，有金属光泽
前胸背板最宽处	两侧缘中点以前	两侧缘中点以后	两后角之间
前足胫节	外齿3个，尖锐	外齿3个，较钝	外齿2个，尖锐
鞘翅纵隆线	3条	4条	4条

表3-10-2　7种常见蛴螬形态区别

虫　名	前顶毛	肛腹片	肛门孔
华北大黑鳃金龟	每侧3根	钩状毛呈三角形分布，无刺毛列	三射裂状
暗黑鳃金龟	每侧1根	钩状毛多，约占肛腹片的2/3，无刺毛列	三射裂状
铜绿丽金龟	每侧8根	钩状毛群中有一纵向刺毛列，由13~14对长锥刺组成，刺尖相对	横裂状
苹毛丽金龟	每侧5根	刺毛列由19~20对长短锥刺组成，后端岔开，刺不相交，前端与钩状毛区前缘平齐	横裂状
黄褐丽金龟	每侧5根	刺毛列较长，前端超出钩状毛前缘，且刺毛列由前向后逐渐加长	横裂状
毛黄鳃金龟	每侧6根	刺状毛尖端向内，中间有近椭圆形裸区	三射裂状
黑绒鳃金龟	每侧1根	肛门孔前刺毛列呈弧形横带，中间略断开	三射裂状

（三）生活习性

华北大黑鳃金龟　在华北、华东、华中、西北、东北等地一般2年1代，华南地区1年1代。在河北、山东、山西、安徽等2年发生1代的省区，以成虫、幼虫隔年交替越冬。越冬幼虫翌年春季气温达14℃左右时上升为害，6月开始化蛹，7月开始羽化为成虫。当年羽化的成虫在原处不食不动，直至越冬。越冬代成虫4月中下旬开始出土，盛发期在几乎整个5月，5—8月产卵，6月中下旬至7月中旬为卵孵化盛期，8月以后幼虫进入2龄，为害夏播作物。10月中旬以后，当地温下降至10℃以下，幼虫则向深土层转移，5℃以下全部越冬。成虫昼伏夜出。每日大约在18：00以后出土，20：00—21：00是出土、取食、交尾高峰，22：00以后活动减弱，午夜后相继入土潜居。成虫有假死性，性诱现象明显，趋光性不强，雌虫几乎无趋光性。成虫对食物有选择性，喜食大豆叶、花生叶、榆树叶、洋蹄草等。成虫飞翔力不强，出土后先在地面爬行，后作短距离飞翔寻找食料。特别喜在灌木丛中或杂草较多的路旁、地边聚集取食交尾，就近处土壤内产卵。交尾时雌虫仍继续取食或爬行，交尾时间一般为1h左右，个别虫子达3h以上，短则几分钟至十几分钟。成虫有多次交尾分批产卵的习性，卵大多散产于湿润土壤内10~15cm处，初产卵常附有土粒，在田间呈核心分布；卵期13~18d，在含水量18%、未经翻动的土壤中，卵的孵化率可达92.8%。

暗黑鳃金龟　一年或一年多发生一代，以幼虫为主和少数成虫在土壤30~40cm深的土层中越冬。越冬成虫在4月中下旬到5月上旬，在月平均气温达19.5℃时，多于19：00—20：00出土，取食一段时间后交配产卵；越冬幼虫于5月上中旬在土中化蛹，5月下旬到6月上旬羽化，6月中旬到7月下旬，为成虫出土取食与交配产卵盛期；8月上旬以后成虫渐少，10月上旬绝迹。一般成虫羽化后18d交配，每头雌、雄虫先后交配3~9次。历期48~91d，雌虫交配后7~10d产卵，卵分散产在5~9cm的湿润的黏土或壤土里，一头雌虫可累计产卵58~117粒。卵在10cm地温25.7~26℃时，卵期7~12d，平均8.4天。当年孵化并于当年9月羽化的蛴螬，历期120d左右。越冬蛴螬历期达300d左右。蛴螬化蛹前有10d左右的预蛹期，然后化蛹，蛹期11~17d，平均13.7d，完成一代历期需392~402d。成虫昼伏夜出，在盛发期隔日出现高峰日，具有明显的双倍节律。高峰日的20∶00，为雌雄虫集中交配时间。其交配场所主要在灌木丛、榆、杨、柳、桃、梨、玉米、高粱和其他物体上，交配时则静止不动，是人工捕捉的良机，交配结束后，立即飞到喜食的榆、杨、犁、桃、大豆、花生、苘麻等植物上取食为害。暗黑金龟子有较强的趋光性，可开展灯光诱杀。

铜绿丽金龟　一年发生一代，完全以三龄幼虫在沙土或沙壤土中越冬。5月上中旬，当10cm地温上升到20℃左右时，便在15cm的土层中化蛹，预蛹期13d，蛹期10d，成虫羽化后在原地停留3~5d后出土。在郑州的出土初期是5月10日后，盛期在6月上旬到7月中旬，末期在8月下旬，10月初绝迹。成虫昼伏夜出，下午19∶30—20∶00为一天中的出土最盛时。傍晚在草丛、灌木丛中交尾。每头雌虫先后交配2~3次，每次间隔4~10d；交配后1~3d将卵散产在3~15cm深的沙土或沙壤土中，每雌虫累计产卵40~58粒。平均49粒。成虫交配与产卵后3~10天死亡，寿命25~30d。卵期在25℃以上的20cm地温时9~22d，平均15.5d。幼虫分3龄：一龄16~23d，二龄13~35d，三龄经过越冬历期达265d左右。3个龄期之和为294~323d，4种虫态历期之和达356~403d。

（四）发生规律

【土壤温度】

蛴螬在土壤中的活动与土壤温度关系密切，特别是影响蛴螬在土中的垂直活动。铜绿丽金龟在19~31℃范围内，随着温度的升高，各虫态发育历期逐渐缩短。成虫活动适温为25℃以上，低温与降雨天，很少活动，闷热、无雨天夜间活动最盛。

【土壤湿度】

土壤湿度对华北大黑鳃金龟卵发育影响较大，土壤湿度在18%时，卵孵化率最高，过干过湿都不利于卵的孵化。幼虫生长最适湿度为15%~18%。而铜绿丽金龟幼虫生长最适湿度为18%~20%。

【地势】

一般背风向阳地的蛴螬虫量高于迎风背阴地，坡地的虫量高于平地。地势与发生量的关系，其决定因素归根结底是土壤温湿度，特别是土壤含水量。

【土壤理化性质】

蛴螬是地下害虫，其发生与土壤有密不可分的关系。凡土层厚、较湿润、有机质含量高的肥沃中性土壤，蛴螬发生普遍。暗黑与华北大黑主要发生在黏壤土与沙壤土的地区或地段，沙土地区发生甚少。铜绿蛴螬则与以上两种相反，它主要发生在沙土或沙壤土的地区或地段，黏壤土地区发生很少。

【天敌】

蛴螬的天敌包括寄生性天敌和捕食性天敌。目前，研究报道了蛴螬的寄生性天敌有盗蝇、黑土蜂寄生蝇、寄生螨虫和线虫类；蛴螬的捕食性天敌有食虫虻、鸟类、刺猬、黄鼠狼、青蛙、蟾蜍、蛇、虎甲、螳螂等。此外，如白僵菌 *Beauveria* spp.（图3-10-8）、绿僵菌 *Metarhiaium* sp.、黏质沙雷氏杆菌 *Serratia*

图 3-10-8　暗黑鳃金龟幼虫及被白僵菌寄生（刘顺通　摄）

marcescens 等土壤中的病原菌微生物也是蛴螬常见的致病菌，这些病原菌的侵染可导致其死亡。蛴螬的发生量与天敌的关系呈现出此消彼长的趋势，即天敌种群密度越大，蛴螬的发生量就相对越少。

二、蝼蛄

（一）分布与为害

我国记载的蝼蛄有 6 种，其中分布最广泛、为害最严重的种类有华北蝼蛄（*Gryllotalpa unispina* Saussure）和东方蝼蛄（*G. orientalis* Burmeister）。华北蝼蛄是我国北方的重要种类，主要分布于北纬 32° 以北地区，尤以华北、西北地区干旱贫瘠的山坡地和塬区为害严重，河南省分布在沙河以北、京广铁路以东的冲积平原地区及豫西、豫西北伊洛河、黄河、汝河、沁河、卫河等河川地区的沙土、沙壤土和盐碱土地区。东方蝼蛄是我国分布最为普遍的蝼蛄种类，在全国各地均有分布，河南省主要分布在沙河以南的淮河、白河、唐河流域及黄河流域稻改区的黏土或黏壤土地区。

蝼蛄是最活跃的地下害虫，而且食性杂，成虫、若虫均为害严重。咬食各种作物种子和幼苗，特别喜食刚发芽的种子，咬食幼根和嫩茎成乱麻状或丝状；使幼苗生长不良甚至死亡，造成严重缺苗断垄。特别是蝼蛄在土壤表层窜行为害，造成种子架空漏风，幼苗吊根，导致种子不能发芽，幼苗失水而死，麦苗和谷苗最怕蝼蛄窜，一窜一大片，损失非常严重。一头蝼蛄的为害程度甚于其他地下害虫。蝼蛄是河南省第三大麦田地下害虫，占地下害虫总数的 3% 以上，每年均有发生，局部地块为害严重，近 11 年来平均发生面积达 353.2 万亩，损失小麦 7 120t（图 3-10-9）。

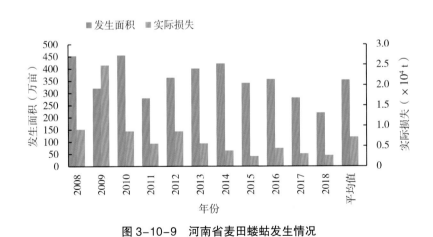

图 3-10-9　河南省麦田蝼蛄发生情况

（二）形态特征（图 3-10-10）

华北蝼蛄别名大蝼蛄。体长雄性 39mm，雌性 45mm。体椭圆形，密被细毛，黄褐或灰色腹面略淡。头小狭长，触角丝状。前胸背板盾形，中央由无细毛细条形成的光滑而不正的纺锤形小区。前翅黄褐色甚短，覆盖腹部不到一半。后翅皱褶成条，突出腹端。前足扁宽，便于掘土作巢。后足胫节背侧内缘有

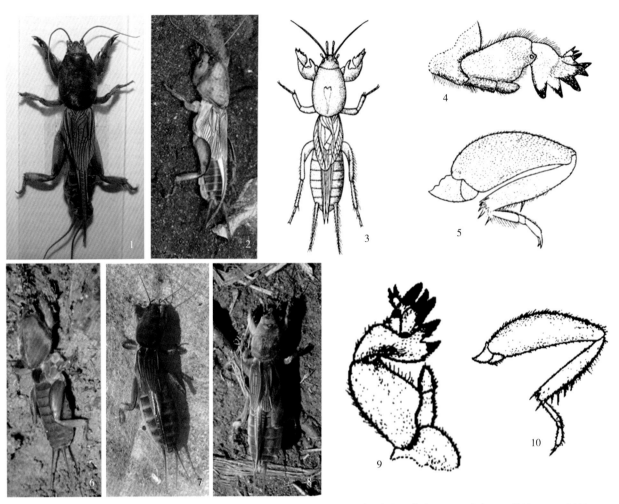

图 3-10-10　华北蝼蛄（1-3. 成虫；4. 前足；5. 后足）和东方蝼蛄（6. 若虫；7-8. 成虫；9. 前足；10. 后足）

1 个可动的棘刺，间有 2 个或无刺者。卵椭圆形，长约 2mm，初产时白色，后变为灰色，每一个卵室有 300~400 粒。若虫初孵时乳白色，后变褐色。

东方蝼蛄别名小蝼蛄、非洲蝼蛄。体长雄虫 30mm，雌性 33mm，较华北蝼蛄小。体黑褐色，密被细毛。后足胫节背侧内缘有 3~4 个能动的棘刺。卵长椭圆形，长约 2.8mm，初产时乳白色，渐变黄褐，孵化前为暗紫色。每一卵室有卵 10~40 粒。初孵化若虫乳白渐变褐色。河南一年发生一代，以成虫及若虫在土穴内越冬。翌年 4—5 月间越冬成虫开始活动，为害早春作物，并交配产卵。越冬若虫此时亦渐长大为成虫。卵产于地下 20~30cm 深的土室中，1 头雌虫能产数巢，共产卵 33~250 粒。若虫先取食穴内腐殖质，1~2d 后爬出，分散活动为害（表 3-10-3）。

表 3-10-3　华北蝼蛄和东方蝼蛄成虫的形态区别

特　征	华北蝼蛄	东方蝼蛄
体长	39~56mm	30~35mm
体色	较浅，黄褐色	较深，灰褐色
前胸背板	中央凹陷的心脏形坑斑不明显	中央凹陷的心脏形坑斑明显
腹部	近似于圆筒形	近似于纺锤形

（续表）

特　征	华北蝼蛄	东方蝼蛄
前足腿节	下缘呈"S"形弯曲	下缘平直
后足胫节	背侧内缘有棘 1 个或消失	背侧内缘有棘 3~4 个

（三）生活习性

华北蝼蛄　是我国北方的重要地下害虫，在河南 3 年完成 1 代，以成虫、若虫在土内 60cm 深处越冬。越冬成虫于翌年春季 3—5 月开始活动，6 月间产卵，雌虫每次产卵 120~160 粒，7 月中下旬孵化为若虫。9—10 月间若虫经过 8 次蜕皮便越冬，翌年继续蜕皮 3~4 次，至秋季达 12 龄、13 龄时再越冬，第三年春又活动为害，秋季羽化为成虫越冬。成虫、若虫在作物幼小时咬断嫩茎或啃食种子，将根部咬成纤维状或把茎咬断。活动多在夜间，开掘纵横隧道，通达作物根际，大肆啃食，并因隧道通过使幼苗根与土壤分离而枯萎死亡，造成严重地缺苗现象。此虫有趋向马粪等有机质的习性。至第四年 5 月成虫开始交配产卵。

东方蝼蛄　在华中、长江流域及其以南各省（自治区、直辖市）每年发生 1 代华北、东北、西北 2 年左右完成 1 代；陕西南部约 1 年 1 代，西部和关中 1~2 年 1 代。在黄淮地区，越冬成虫 5 月开始产卵，盛期为 6—7 月，卵经 15~28d 孵化，当年孵化的若虫发育至 4~7 龄后，在 4~6cm 深土中越冬。翌年春季恢复活动，为害至 8 月开始羽化为成虫，若虫期长达 400 天以上。当年羽化的成虫少数可产卵，大部分越冬后，至第三年才产卵。在黑龙江越冬成虫活动盛期在 6 月上中旬，越冬若虫的羽化盛期在 8 月中下旬。

（四）发生规律

几种蝼蛄均是昼伏夜出，21：00—23：00 为活动取食高峰。蝼蛄具有强烈的趋光性、趋化性和趋粪性，特别嗜食煮至半熟的谷子、棉籽及炒香的豆饼、麦麸等；对马粪、有机肥等未腐烂有机物也具有趋性。蝼蛄有群集性，初孵若虫群集、怕光、怕风、怕水。东方蝼蛄孵化后 3~6d 群集在一起，以后分散为害；华北蝼蛄若虫三龄后才分散为害。另外，蝼蛄喜欢栖息在河岸、渠旁、菜园地及轻度盐碱潮湿地，有"蝼蛄跑湿不跑干"之说。东方蝼蛄比华北蝼蛄更喜湿。

三、金针虫

（一）分布与为害

金针虫是叩头甲幼虫的通称，是一类重要地下害虫。在我国为害农作物的金针虫有数十种，其中发生普遍、对小麦为害严重的种类有沟金针虫（*Pleonomus canaliculatus* Faldermann）、细胸金针虫（*Agriotes fusciollis* Miwa）和褐纹金针虫（*Melanotus caudex* Lewis）。

20 世纪 50—60 年代，河南省金针虫占地下害虫总数的 20% 左右，经过大面积土壤处理，虫口密度下降；由于六六六、滴滴涕等高毒杀虫剂的禁用，1983 年后逐年回升，造成不同程度的缺苗断垄和枯心苗；1990 年占地下害虫总数的 32.2%，其后一直稳定在 25% 以上；近 11 年种群数量占地下害虫总数均值为 31.5%，年平均发生面积 931.8 万亩，损失小麦 2.1 万 t，豫中南地区金针虫的密度相对较大、为害较重（图 3—10—11）。

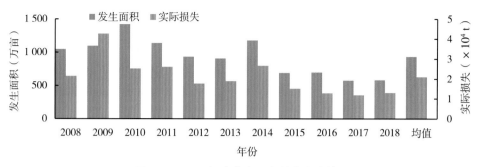

图 3-10-11 河南省麦田金针虫发生情况

（二）形态特征（图 3-10-12、图 3-10-13）

金针虫的为害主要看幼虫，其幼虫期长，而且幼虫是为害小麦等农作物的主要虫态。成虫一般为害很轻或不为害。常见的金针虫有 3 个优势种。简单识别方法是先看体背有纵沟的就是沟金针虫，其他两种没有纵沟。再可根据尾节特征进行区分，褐纹金针虫和细胸金针虫尾节都是圆锥形、末端不分叉，但褐纹金针虫的体色为茶褐色，细胸金针虫是淡黄色；沟金针虫尾节都分叉，但体背上仅沟金针虫每节中央都有 1 条纵沟（表 3-10-4）。

1. 沟金针虫成虫；2. 沟金针虫幼虫；3. 细胸金针虫成虫；4. 细胸金针虫幼虫；5. 褐纹金针虫成虫

图 3-10-12 金针虫类

细胸金针虫 体长 8.0~9.0mm，宽 2.5mm 左右，细长，表面具均匀的灰色绒毛，有光泽。头、胸部棕黑色，鞘翅、触角和足棕红色。头顶刻点紧密。触角短，第 1 节最粗长，第 2 节球形。前胸背板基部与鞘翅等宽，侧边很细，中部之前明显向下弯曲，直抵复眼下缘，后角尖锐，表面拱凸，刻点深密，小盾片略似心脏形，被毛极密。鞘翅狭长，末端趋尖；翅面细粒状，每翅具 9 行深的刻点沟，十分规则。足粗，各足腿节向外不超过体侧，跗节 1~4 节节长渐短，爪单齿式。幼虫淡黄色，口器深褐色，尾节圆锥形，近基部两侧各有 1 个褐色圆斑和 4 条褐色纵纹，顶端具 1 个圆形突起。

沟金针虫 体长 14.0~18.0mm，宽 3.5~5.0mm；体形较扁或较窄长，深栗色，全体密布黄色细毛。头部扁平，头顶有三角形凹洼。雌虫触角 11 节，略呈锯齿状，长约为前胸的 2 倍；雄虫触角 12 节，丝

图 3-10-13　沟金针虫及为害状（刘顺通　摄）

状，长达鞘翅末端。雌虫前胸发达，背面呈半球形隆起，前狭后宽，密布刻点，中央有细纵沟，后缘角向后方突出。鞘翅长约为前胸的 4 倍，其上纵沟不明显，密生小刻点，后翅退化。雄虫鞘翅长约前胸的 5 倍，其上纵沟明显，有后翅。雄虫足细长，浅褐色。幼虫体长 20~30mm，金黄色，宽而略扁，背面中央有 1 条细纵沟，体表被有黄细毛。末节黄褐色，分为尖锐上弯的二叉，每叉内侧各有 1 小齿，外侧各有 3 个齿状突起。

褐纹金针虫　体淡黄色，体形较细长，圆筒形，有光泽。末龄幼虫体长 23mm，宽约 1.7mm，体背中央无纵沟，尾节末端不分叉，圆锥形；扁平而长，尖端具 3 个小突起，前半部分有 4 条纵线（表 3-10-4）。

表 3-10-4　4 种金针虫的形态区别

特　征	细胸金针虫	沟金针虫	褐纹金针虫	宽背金针虫
末龄幼虫体长、体宽	长 23mm、宽约 1.3mm	长 20~30mm、宽 3.5~4mm	长 30mm、宽约 1.7mm	长 20~22mm、宽约 3mm
体形、体色	体细长，圆筒形，淡黄色，有光泽	体宽而扁圆，金黄色，体节宽大于长	体细长，圆筒形，茶褐色，有光泽	体较宽扁，细长，棕褐色，有光泽
体背纵沟	无	体背中央有 1 条细纵沟	无	隐约可见
尾节	尾节末端不分叉，圆锥形，背面近前缘两侧各有褐色圆斑 1 个，有 4 条褐色纵纹	尾节背面略凹入，尾节末端分 2 叉，并稍向上弯，每叉内侧各有 1 个小齿	尾节末端不分叉，近圆锥形，背面前缘两侧各有半月形褐色斑 1 个，有 4 条褐色纵纹	尾节末端分 2 叉，每叉端有 4 个齿，上面 2 齿大向上弯曲，下面 2 齿小

（三）生活习性

细胸金针虫　在河南省约 3 年完成 1 代，多以幼虫在土中越冬。细胸金针虫越冬成虫在 3 月当 10cm 深的土温达 8~11℃时，开始出土活动；越冬幼虫 2 月下旬 10cm 深的土温达 4.8℃时，开始上升活动与为害。成虫地上食禾谷类和豆类等作物叶片，为害性不大；幼虫生活于土壤内，为害地下刚播的种子，咬食须根、主根或地下茎，使幼苗枯死。

沟金针虫　以各龄幼虫和成虫在地下越冬。当 3、4 月 10cm 深的土温达到 9~12℃时，上升活动并为害正在返青拔节的小麦。主要以幼虫取食植物地下部分。

褐纹金针虫　生活周期长，3 年完成 1 代，且有世代重叠的现象，在同一田块可看到不同龄期幼虫为害。适宜在较低温度下生活，形成春、秋两个为害高峰。褐纹金针虫越冬成虫于 5 月上旬，当旬平均 10cm 深的土温 17℃时开始出土，活动适宜气温为 20~27℃；越冬幼虫于 4 月上中旬，当旬平均 10cm 深的土温 9.1~12.1℃时在表土层活动和为害；在夏季高温期（7—8 月）下潜到 20cm 以下的土层栖息，9 月上中旬幼虫上移到表土层为害秋播麦苗。进入冬季低温阶段（10 月下旬至翌年 5 月初）则下移到 40cm 以下深度越冬。

当小麦返青至拔节期雨水多时，细胸金针虫与褐纹金针虫发生重，进入为害活动盛期。

（四）发生规律

发生程度主要与金针虫的生物学特性密切相关。其生物学特性是长期生存在地下受土壤环境、气象条件等因素影响所形成的生态适应性。

【世代周期】

在金针虫的生物学特性中其世代历期的差异突出。一般 2~3 年完成 1 代，有的种类 5 年以上才能完成 1 代，例如，沟金针虫发育很不整齐，常需 2~5 年才能完成 1 代，一般 3 年完成 1 代。

【土壤环境】

不同土质、地势、水浇地、旱地、茬口及耕作方式对金针虫有影响。以保水性好、水浇地、有机质丰富的地块发生较多。

四、根土蝽

（一）分布与为害

学名 *Stibaropus formosanus* Takado et Yamagihara 属半翅目土蝽科。别名根蝽象、地蝽、地臭虫等。分布华北、东北、西北，如河北、山西、内蒙古、辽宁、吉林、黑龙江、天津、河南等地。河南分布于巩义、中牟。寄主有小麦、玉米、谷子、高粱及禾本科杂草。根土蝽的食性范围较窄，对作物有选择性，主要为害小麦、玉米、高粱、谷子等禾本科作物，在小麦乳熟期为害较重，由于其为害，重则造成小麦植株干枯死亡，轻则秆矮穗小，籽粒瘦秕，千粒重大为减轻，造成减产，在山西临猗、河津一般减产 30%，在山西原平、忻县一带根土蝽为害复播玉米，受害后植株变得又矮又黄，造成植株不能结实，或在抽穗前死亡，颗粒不收。谷子受害后，常成片死亡。尤其在禾本科作物连作的地块，虫害猖獗，受害更为严重。

根土蝽是一种为害严重的地下害虫，一生均在土壤中生活，成虫、若虫在土壤中掘洞穿行，聚集在禾本科作物的根部，以口器刺吸汁液，摄取营养，它们的食性较窄，主要为害小麦、玉米、高粱、谷子等禾本科作物。一株小麦根部，可聚集根土蝽 20 头，甚或多达 40 ~50 头，在个别地区数量更大。但在瓜、菜、禾苗的根部，经调查未见有此虫为害的情况。成虫、若虫有群集的习性，它们的臭腺都很发达，常散发出恶臭的气体，使它们生活的土壤中也具有恶臭的气味，故群众称之为土臭虫。

（二）形态特征（图 3-10-14）

成虫　体长 4.2~5mm，宽 2.4~3.4mm。体略呈椭圆形，棕褐或浅棕色，全体微具光泽。头部黄褐色，前端向前突出略向下方倾斜，侧叶略长于中叶，微微向上翘起，上具有深的皱纹。头部前端边缘不整齐，呈锯齿状，具有一列短刺，一般为 18~20 个，其中 2 个位于中叶的前端，前缘下方具一列刚毛。眼小，橘红色。触角 4 节，其长度约为头长的 2

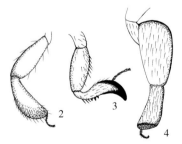

1. 成虫；2. 前足；3. 中足；4. 后足

图 3-10-14　**根土蝽**（图 1 引自 https://www.zw3e.com/ ；图 2、3、4 引自朱耿平）

倍，第二节很短，长不及第一节的1/2，第三、第四节依次序递长，均为纺锤形。前胸背板宽阔，中央隆起，前部光滑，后部具刻点和横皱纹，侧缘有一些不整齐的长毛，小盾片略呈等腰三角形。各足黄褐色，前足胫节镰刀状，近端部色黑而光秃，其余部分具刺而多毛；中足胫节棒状；后足腿节粗壮，胫节呈马蹄形，多毛，具刺，马蹄底面和周缘有粗刺（数目为中部11个，周缘30个左右）。

卵　椭圆形，长约1.2mm，横宽约1mm，初产时透明，乳白色，逐渐变为浅灰色。

若虫　共分5龄。1龄：体长约1mm，乳白色。3龄：体长约2.2mm，黄白色，头、胸部色较深，腹部背板上有3条黄色横纹，翅芽出现，臭腺隐约可见。5龄：体长4.5mm左右，头、胸和翅芽为黄褐色，其余部分体色浅黄，翅芽长达腹部长的2/5。

（三）生活习性

根土蝽的生活史，经在河北、山西二省部分地区观察，一般为2年1代，以成虫、若虫的虫态越冬。每年3月下旬，天气转暖，土壤20cm深处地温上升到10℃以上时，开始由越冬潜伏处上升活动，在4月下旬到5月上中旬，地温达16~20℃时，大部分越冬成虫、若虫上升到土表20cm处活动，开始为害小麦，刺吸小麦根部汁液，毛根、次生根部分是主要受害部位。成虫3月下旬开始上升活动后即可交尾产卵，直到10月下旬在土壤中都可见到成虫交尾的现象，因此在一年当中成、若、卵3种虫态重叠出现。交尾时，雄虫在上，雌虫在下，雄虫直立于雌虫后端上方，两虫体呈直角状态。交尾时间较长，可达20h左右。交尾后12~15d开始产卵，产卵盛期为6月中旬至7月上旬，卵多产于20cm深的土壤内，产卵方式为散产，每头雌虫一般可产100粒左右，卵期为15~25d，卵孵化盛期在7月上旬至9月上旬（土壤温度在26℃，含水量达10%~15%时是卵孵化最适期）。初孵若虫静伏1~2d才开始爬行觅食。若虫出现数量最多时间在6月下旬至9月下旬，成虫、若虫常年混生。

（四）发生规律

根土蝽的发生数量变动和土壤的土质、湿度、温度的关系很大。

【与土壤、湿度的关系】

根土蝽喜欢生活于沙壤和轻沙壤土内，这些土质松，透水、通气性能好，不易积水和板结，最适于其活动和繁殖。而在土质黏重，易积水，渗水和通气能力都较差的黏壤土内，根本见不到此虫活动。在田间雨后低洼积水、不易排涝的地块，常可见到成虫大量钻出表土层外活动，也有时由于积水时间过长而引起虫体大量死亡的情况。一般分布在水浇高处坡地麦田，数量多于平地麦田。当土壤中含水量在10%~20%时，根土蝽的活动最活跃，这时它们对作物的为害也最为严重。当土壤含水量大于25%时，虫的活动减弱，且大部分钻到土壤表层。当土壤含水量小于10%，虫体水分消耗，活动明显减弱，并向土壤深层下潜，因此在根土蝽每年为害盛期6—9月，土壤湿度过大，此虫集中在表土层活动，土壤干燥时则下潜到较深的土层中活动。

【与温度的关系】

温度的变化对根土蝽的活动有很大的影响，根土蝽在土壤中的升降直接受温度的制约，在5月上旬，气温较平稳地稳定在12℃左右，土壤20cm深度地温稳定在10℃，这时此虫开始由深层向地表浅层转移活动。在6月上旬至9月上旬，土壤温度稳定在26℃左右，根土蝽的活动最为活跃，是它们产卵和孵化的盛期，对作物为害最为严重的时期。当9月下旬气温下降，20cm深处土壤温度下降到15℃以下，根土蝽开始向土壤深层下潜转移，潜藏越冬。

五、小麦沟牙甲

（一）分布与为害

小麦沟牙甲 *Helophorus auriculatus* Sharp，又称耳垂五沟甲，属鞘翅目水龟虫科。幼虫从小麦播种出芽至拔节期钻蛀取食地下部分。对此虫的为害过去很少记载，20 世纪 80 年代初在河南鲁山、南台县的稻麦两熟区为害小麦成灾。嵩县与鲁山交界处和内乡与南台接壤处亦有分布。受害的稻茬麦田受害率平均在 70% 以上，轻者受害 35% 左右，严重者绝苗毁种，致使一年两熟变为一年一熟，是贫困山区农业生产上严重灾害之一。

（二）形态特征（图 3-10-15）

成虫　体长 4.5~5.0mm，黑褐色，被淡黄色细毛，腹面颜色较背面浅。头顶中央有一"人"字形凹陷，复眼发达，黑色，向外突。触角 9 节，基部 5 节淡黄色，余为黄褐色；第一、第二节细长，3~6 节短，端部 3 节膨大成锤状，密生金黄色细毛。前胸背极发达，有 6 条粗细不匀的纵脊，中央两条向外呈弧形弯曲。前缘角呈锐角，向前突出，使前缘呈弧形，侧缘向内弯曲，后缘角呈钝角，后缘窄于前缘。小盾片近圆形。鞘翅肩角处有 1 大瘤突，翅鞘上有 5 条纵脊，近前缘的第三、第四、第五条纵脊基部和中部及翅端 1/3 处各有 1 明显的纵瘤突，中部的较大，近翅端的最小，各纵脊间有两行排列整齐的凹入刻点，近中缝第一排点刻基部加有 6 个点刻。足淡黄色，腿节基部灰褐色，胫节黄褐色，着生成排的小刺，跗节 5 节，第 1 节短小，第 3 节长，端部褐色，腹板可见 5 节。

卵　长椭圆形，大小为（0.7~0.8）mm×0.3mm，乳白色。

幼虫　末龄幼虫体长 7.0~7.5mm，体扁长，污白色，从头部至腹部第 8 节渐变肥大。头褐色，背面有两条凹陷纵沟，两侧各有单眼 6 个，排成两横列，横列间有黑斑。胸部淡褐色，背面有 1 条细纵沟，节间处有 1 横排的褐色纵纹，各节背板上有刚毛 4 根，前胸排列为前 2 后 2，其余两节排列呈 1 行。腹部可见 9 节。背面有 1 淡色纵线，两侧淡褐色，第 1~8 节侧上方有 1 淡褐色新月形斑，下方有 2 个椭圆形淡褐色斑，前小后大，除小斑外，其余各斑上均生有褐色刚毛；第九节腹面有 1 肉质突起，腹末有 1 对尾须，3 节，第 1 节近端部刚毛 1 根，两侧下方各 1 根，第 2、第 3 节刚毛各 1 根。蛹裸蛹，体长 4.0~5.0mm，乳白色。体上着生黑褐色刚毛。复眼内侧 2 根，内上方 1 根，前胸前缘中部 2 根，较长，每根内侧有 2 根短毛，中后胸背面有 2 根刚毛。腹部 1~8 节背面有刚毛 4 根，2~8 节侧面 1 根刚毛，第 9 节背刚毛 2 根，腹面有突起。腹末有 1 对分节不明显的尾须，其上各生 1 根刚毛。

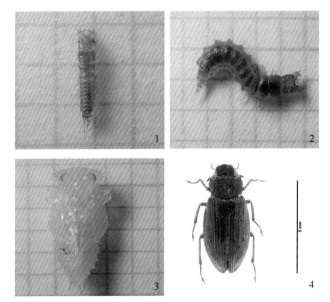

1. 一龄幼虫；2. 三龄幼虫；3. 蛹；4. 成虫

图 3-10-15　小麦沟牙甲（引自 Watanabe R）

（三）生活习性

1年发生1代。4月上旬成虫羽化，4月中旬成虫羽化盛期，4月中旬末至4月下旬羽化盛末期。羽化后的成虫体翅乳白色，在上室内不动，待体壁和翅硬化后出土，在土壤耕层活动，以土壤潮湿处的缝隙里、杂草、枯枝落叶和土块下较多。水稻插秧后，成虫多在田埂边、杂草、粮渣下、土壤中及稻桩与水面接触处活动。收稻后，成虫在田埂边、田间脚窝处、枯枝杂草下生存。体上常覆盖泥土，不易发现，有假死性、畏光性、飞翔力不强，未见成虫取食为害。成虫历期达180d以上，产卵前期140~160d。10月上旬开始交配产卵，卵期6~10d，平均7d。成虫产卵后大部分相继死亡，个别可以越冬到2月底。卵产在土壤中，多是散产，少数堆产。10月中下旬卵孵化。孵化后的幼虫在3~4cm的土层中活动，从10月小麦播种到翌年3月小麦拔节期的整个冬季均在小麦基部活动为害。小麦拔节后，植株组织老化，老熟幼虫在土中3~6cm处作一土室化蛹。幼虫有畏光性、假死性，无冬眠现象。当冬季气温下降到-1.8℃时，幼虫在9：00—16：00仍可为害。16：00后温度下降，幼虫停止取食，在小麦基部栖息。受害早的幼芽不能出土，三叶期前（11月中旬前）受害幼苗整株枯死；三叶期后幼虫在根茎处蛀1孔，头部钻入茎内（个别幼虫整体钻入茎内）取食，形成枯心苗，经一段时间枯心苗整株死亡。有些枯心苗可延迟到翌年3—4月，叶片灰绿或浓绿，且窄小老化，变硬变脆。田间虫口密度大时，一株麦苗的根茎处可蛀多个为害孔。植株受害后仅剩一薄层表皮，组织软化，继而整株萎蔫倒伏变黄枯死。幼虫蛀孔处留有残渣粪便。有些受害株可从蛀孔处或下部长出多个小分蘖，但多生长畸形，不能成穗。受害轻或年后受害的幼苗多是单根独苗，或有分蘖但不能成穗，偶能成穗，千粒重下降7.7~11.6g。幼虫可转株为害。有幼虫17.5~27.5头/m²时，被害率可达60%~96.8%，受害严重地块每平方米幼虫可达127.5~142.5头。

（四）发生规律

连年稻麦轮作，重茬时间长，生态条件相对稳定的田块受害重。早播受害较轻，晚播受害重；分蘖力强的品种受害轻，分蘖力弱的品种受害重；精耕细作，适时管理的田块受害轻；多施有机肥，有利提高地温，促进分蘖，可减轻为害。

六、麦茎叶甲

（一）分布与为害

麦茎叶甲 *Apophylia thalassina* Faldermann，别名麦茎异跗萤叶甲、小麦金花虫，鞘翅目叶甲科。地理分布北起黑龙江、内蒙古，南限未过淮河，西达甘肃、青海。山西、甘肃、河北日趋严重。幼虫从土下1.5cm处钻入麦茎内为害，造成枯心死苗和白穗，致大片麦田缺苗断垄，是小麦的毁灭性害虫。

（二）形态特征

成虫　雌虫体长7~9mm，鞘翅古铜色，抱卵后腹部伸长增大超过鞘翅盖外；雄虫体长6~7mm，头前端黄褐色，后部黑褐色，触角11节，鞭状，前胸背板黄褐色，上有3个黑色斑纹，中间的较大，鞘翅翠绿色有荧光，密生黄色细毛（图3-10-16）。

卵　长0.8~1.5mm，椭圆形，初浅黄色，越冬时青灰色。

幼虫 末龄幼虫体长 9~12mm，黄褐色，前胸盾板和臀板黑褐色，身体背面各节有大小不一的暗黑色斑点排列整齐。

蛹 裸蛹，长 6~9mm，米黄色，圆柱形，端部具臀刺 2 根。

图 3-10-16　麦茎叶甲成虫
（引自 https://www.zin.ru/Animalia/
Coleoptera/images/alter/Apophylia-
thalassina.jpg）

（三）生活习性

华北每年发生 1 代，以卵在地表 1~3cm 处越冬，翌年 3 月下旬，小麦拔节，卵开始孵化，4 月上旬小麦拔节盛期进入卵孵化盛期。小麦拔节至孕穗期是麦茎叶甲幼虫为害盛期，小麦孕穗初期幼虫开始化蛹，小麦扬花、灌浆进入蛹羽化盛期。幼虫有转株为害习性，每头幼虫能为害 7~16.9 株。成虫常在早晨和傍晚群集在小蓟上，将叶片食成大量孔洞，甚至仅剩主脉的一小部分。卵散产在土缝和疏松的土中。

（四）发生规律

麦茎叶甲发生与地形、植被、耕作、气象条件关系密切，一般浅山丘陵区、连作麦田、耕作粗放田块易发生，桔梗、柴胡等药用植物毗邻的麦田也发生重，卵孵化盛期雨水偏多的年份发生重。

七、地下害虫综合防治技术

防治地下害虫的重点是"保苗"，防治的策略是"地下害虫地上治，成虫、幼虫结合治，田内田外选择治"。在具体措施上应当做好预测预报，采取以农业防治为主，在播种期使用药剂处理种子或土壤，出苗后挑治发生严重的田块，成虫期集中进行诱杀的绿色防控措施，达到灭虫保苗，减药增效的目标。

1. 农业防治

换茬时进行深耕细耙、翻耕暴晒。施用腐熟有机肥。清洁田园，铲除地头及田间杂草。合理灌溉，调节土壤含水量。氨味对蛴螬有一定的熏杀作用，合理施用碳酸氢铵。

2. 物理防治

（1）趋性诱杀 利用各种金龟、东方蝼蛄和细胸金针虫的趋光性，在害虫活动盛期，19：00—21：00用黑光灯、高压汞灯或在榆树、杨树、苹果树、梨树果园附近堆火，可诱杀大量金龟等地下害虫。

利用细胸金针虫成虫喜食植物幼苗断茎流出的汁液的习性，于 4—5 月在该虫发生田，每亩堆直径 50cm、厚 10~15cm 的草堆 15~20 堆，并在草堆上喷洒药液，即可杀死大量细胸金针虫成虫。在田边、沟边等空地种植蓖麻，诱集后毒杀金龟子。

（2）性信息素诱杀 田间设置性诱剂和食诱剂诱杀地下害虫成虫。

（3）人工捕杀 如结合犁地，随犁拾虫。利用金龟子的假死性，在其夜晚取食树叶时，振动树干，将伪死坠地的成虫捡拾杀死。

3. 生物防治

（1）保护利用天敌 蝼蛄、蛴螬、金针虫的天敌很多，动物方面有鸡、鸭、刺猬、黄鼠狼与各种青蛙和蟾蜍；鸟类是蝼蛄的天敌。可在苗圃等地块周边种植杨、刺槐等防风林，招引红脚隼、戴胜、喜鹊、黑枕黄鹂和红尾伯劳等食虫鸟控制虫害。

天敌昆虫有中华步甲、金星步甲、虎甲、短鞘步甲、盗蝇和各种寄生蝇、寄生蜂、寄生螨与线虫等。此外，还有寄生蝼蛄、蛴螬、金针虫的白僵菌、绿僵菌与乳酸菌等，这些天敌都能消灭甚至控制各种地下害虫的繁殖为害，应注意保护与利用。

（2）昆虫病原微生物　应用金龟子绿僵菌、球孢白僵菌、昆虫病原线虫、苦参碱和布氏白僵菌等生防制剂进行防控。

4. 化学防治

每亩有蛴螬、金针虫等1 000头或蝼蛄100头以上时必须防治。

（1）种子处理　播种前用60%吡虫啉悬浮种衣剂按药种比1∶500处理小麦种子，或在小麦播种期用50%辛硫磷乳油等，按药∶水∶种子=1∶25∶500拌种后，堆闷6~12h，摊开晾干后播种。

（2）土壤处理　结合播前整地，每亩选用3%毒死蜱颗粒剂2~3kg、5%辛硫磷颗粒剂2~2.5kg，拌细干土（沙）20~30kg配制成毒土（沙），混合均匀撒施于地面，然后翻入或耙入土中。或将配成的毒土（沙），播种时顺沟撒施（覆盖于种子上）。也可每亩用50%辛硫磷乳油250~300mL，结合灌水施于水中。

（3）毒谷、毒饵　每亩用50%辛硫磷乳剂30~40mL，加水50~100mL与炒好的麦麸1~1.5kg；或用90%晶体敌百虫150g对水4.5kg混匀，拌炒香的麦麸或豆饼5kg，混拌均匀和麦种同播或傍晚撒于田间，可防治蝼蛄并兼治蛴螬与金针虫。在夏季作物生长季节，春夏播作物的幼苗期，每亩地用麦麸2~3kg，与20~30mL的50%敌百虫加水100~200mL混拌均匀，在傍晚时撒施被害地里，可以防治蝼蛄，既可减轻当季作物的受害，又可降低麦田地下害虫的发生量。

（4）灌根处理　小麦苗期地下害虫发生程度达到防治指标（死苗率3%）时，可选用50%辛硫磷乳油2 000倍液、30%毒死蜱微囊悬浮剂1 000倍液等顺垄浇灌防治，每亩用药液量40~50kg。

第十一节　棉铃虫

一、分布与为害

棉铃虫 *Helicoverpa armigera* Hübner，英文名 Cotton boll worm，异名棉铃实夜蛾，属鳞翅目夜蛾科，棉铃虫是世界性害虫，分布于亚洲、非洲、大洋洲和欧洲等地区，我国各地均有发生，河南普遍发生。棉铃虫是多食性害虫，寄主植物达30多科200余种，主要为害棉花、玉米、小麦、大豆、烟草、番茄、辣椒、茄子、芝麻、苘麻、向日葵等。以幼虫为害麦穗、麦秆和麦叶，取食麦粒汁液，受害后的麦粒只留下外壳，排出白色粪便落于麦穗和麦叶上；为害嫩叶成缺刻或孔洞，粪便堆积在叶面，严重影响小麦生长。

二、形态特征（图3-11-1）

棉铃虫成虫体长14~18mm，翅展30~38mm，头胸腹淡灰褐色或青灰色。前翅淡红褐色或淡青灰色，基横线双线，内横线双线褐色，锯齿形；环形纹褐边，中央有1个褐点；肾形纹褐色，中央有1块深褐色肾形斑，肾形纹前方的前缘脉上有2条褐纹；中横线褐色，微波浪形；外横线双线褐色，锯齿形，齿尖在翅脉上为白点；亚端线褐色，锯齿形，与外横脉间成一褐色宽带，端区各脉间有黑点。后翅灰白，沿外缘有褐色宽带，在宽带中央有2个相连的白斑，前缘中部有1褐色月牙形斑纹。

老熟幼虫体长 40~50mm，头部淡黄色有深黄斑点，身体颜色变异较多，有淡红、淡绿、绿或黄白色，前胸气门前侧的两根刚毛基部连线与气门在一直线上，腹部第 1、第 2、第 5 节各有 2 个毛突特别明显。

三、生活习性

棉铃虫成虫白天隐蔽在麦丛基部栖息，黄昏时开始活动，晚上有两个活动高峰，第 1 个高峰在 20:00—22:00，第 2 个高峰在 3:00—4:30。雌蛾产卵有趋向浓绿茂密的习性，故长势好的麦田落卵量多，卵为散产，主要产在小麦的穗部。幼虫主要分布于小麦穗部，可取食麦粒、茎、叶为主，其中以取食麦粒为主。

河南省一年发生 4 代，以蛹

1. 雌成虫；2. 雄成虫；3. 卵；4-5. 不同体色幼虫；6. 蛹
图 3-11-1　棉铃虫形态及为害状（程清泉、王瑞华　提供）

在土中越冬，翌年 4 月下旬成虫羽化，第一代主要在小麦上发生为害，以第 2、3 代幼虫为害棉花严重，6 月下旬、7 月下旬为第 2、3 代幼虫为害棉花盛期。

四、发生规律

当气温 25~28℃，相对湿度在 70% 以上，有利于棉铃虫大发生。气温的变化可直接影响第 1 代棉铃虫羽化的早晚和产卵动态。气温连续几天（4~5d）20℃以上时，成虫开始产卵。如 5 月气温一直不上升或者受到寒冷的天气，成虫的产卵量可能会大大降低。每年的降水量也直接影响各代棉铃虫的为害。春节降水量多，死亡率也高，则下一代为害会减轻；第 3 代时，干旱天气有利于群体的迅速蔓延。

五、防治技术

由于棉铃虫发生为害在小麦生育后期，防治其他小麦害虫是不能完全兼治，在棉铃虫大发生地区可以采用频振式杀虫灯或高压汞灯诱杀成虫。生物食诱剂与 90% 灭多威可溶性粉剂 5g/L 混用，采用条带洒施法，对棉铃虫越冬代成虫有很好的诱杀效果，可有效控制 1 代幼虫的发生为害。同时注意自然天敌的保护，利用瓢虫、草蛉、步甲、蜘蛛、寄生蜂等发挥天敌的自然控制作用。麦田棉铃虫防治多结合蚜虫、黏虫防治进行，选用 10% 吡虫啉可湿性粉剂 1 500 倍液、4.5% 高效氯氰菊酯乳油 1 500 倍液、

0.5%阿维菌素苯甲酸盐微乳剂1 000~1 500倍液喷雾。麦收后及时中耕灭茬，消灭部分一代蛹，降低成虫羽化率。

第十二节　麦蛾

一、分布与为害

麦蛾 *Sitotroga cerealella* Olivier，属鳞翅目麦蛾科。原产于墨西哥，现为世界性分布。我国除新疆、西藏外其余各省均有分布，以秦岭、淮河以南各省发生为害较重，秦岭、淮河以北各省为害逐渐减轻，河南各地均匀分布。麦蛾是一种既可为害储粮又可为害大田小麦的重要害虫。作为储粮害虫，其重要性仅次于玉米象，可为害小麦、水稻、玉米、高粱、荞麦等及禾本科杂草种子、食用菌等。幼虫蛀食谷粒，有食完一粒又蛀入另一粒的习性。每粒被害小麦重量损失13%~24%，严重影响其发芽力。近年来麦蛾对田间小麦为害逐渐加重，幼虫蛀食颖壳，然后蛀入种皮下为害胚乳，为害早的影响正常灌浆，失去食用价值，一般田块麦粒被害率5%~10%。

二、形态特征（图3-12-1）

成虫　麦蛾成虫体长4~6.5mm，翅展12~15mm。体黄褐色或淡褐色。复眼黑色。前翅竹叶形，淡黄色；后翅菜刀形，银灰色，外缘凹入致使翅尖突出，后缘毛特长，与翅面等宽。雌蛾腹部较雄蛾粗。

卵　卵扁平椭圆形，长0.5~0.6mm，一端较小且平截，表面有纵横凹凸条纹。初产时乳白色，后变淡红色。

幼虫　幼虫体长5~8mm，初孵时淡红色，2龄后变为淡黄白色，老熟时乳白色。头小，胸部较肥大，向后逐渐细小。全体较光滑无皱纹，无斑点。刚毛乳白色，微小。胸足极短小。腹足及臀足退化呈肉质突，各生极微小褐色趾钩1~3个。雄虫腹部第5节背面中央有紫黑色斑1对（睾丸）。

蛹　蛹体长4~6mm，细长，全体黄褐色。翅狭长，伸达第6腹节。腹末圆而小，疏生灰白色微毛，两侧及背面各有1褐色刺突。

1.成虫；2.幼虫
图3-12-1　麦蛾

三、生活习性

一年发生4~6代，以幼虫在稻、麦、玉米等粮粒内越冬。翌年春天羽化为成虫，飞到田间或在粮堆的表层产卵。幼虫孵化后，多从胚部或粮食种皮破伤处侵入，除玉米外，一般一粒一虫，幼虫在粮堆向上20cm内最多。在田间当稻、麦成熟时，成虫在穗上产卵，幼虫蛀入粮粒内，随种子入仓后继续在粮堆上层繁殖为害。

四、发生规律

大田期影响一代麦蛾发生的主要因素是温度。如果4月上中旬平均气温偏低，越冬代化蛹期就推迟；5月上旬平均气温偏低，越冬代成虫的羽化期推迟，发生在小麦大田期的一代卵高峰期也相应推迟，一代麦蛾在大田期的为害就相对减轻。

五、防治技术

麦蛾越冬代的化蛹、羽化高峰期短，且成虫羽化后飞到抽穗扬花至灌浆初期的大田麦穗上产卵，可以利用这一时期防治麦蛾成虫。在幼虫发生初期，结合麦蚜防治，选用3%啶虫脒乳油20~30mL、2.5%高效氯氟氰菊酯乳油20~30mL，对水30~40kg均匀喷雾。同时利用天敌昆虫猎蝽、瓢虫、寄生蜂等捕食麦蛾的卵。

第十三节　麦秆蝇

一、分布与为害

麦秆蝇 *Meromyza saltarix*（Linnaeus），俗称麦钻心虫、麦蛆，属双翅目黄潜蝇科。是我国北部春麦区及华北平原中熟冬麦区的主要害虫之一。河南省分布于南阳、内乡、镇平、栾川、郾城、项城、沈丘、郸城、夏邑、开封、封丘等地。近11年河南平均发生面积34.6万亩，损失小麦222.9t（图3-13-1）。麦秆蝇主要为害小麦，偶尔为害大麦或黑麦，野生寄主多禾本科和莎草科的杂草。

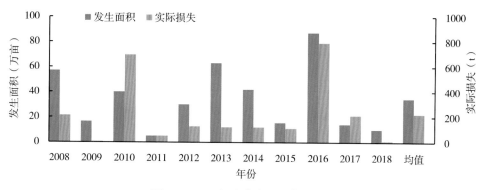

图3-13-1　河南省麦秆蝇发生情况

麦秆蝇以幼虫为害。幼虫孵化后，从叶鞘与节间或心叶的缝隙钻入，或在幼嫩的心叶或穗节基部1/5~1/4处或近基部呈螺旋状向下蛀食幼嫩组织。为害状依幼虫入茎时小麦的生育期而不同，分蘖、拔节期受害形成"枯心苗"，孕穗初期形成"烂穗"，孕穗末期形成"坏穗"，抽穗初期形成"白穗"。以上4种情况，除"坏穗"还可收部分籽粒外，其他3种被害茎均完全无收，对产量影响很大。

二、形态特征（图3-13-2）

成虫　雄虫体长3.0~3.5mm，雌虫体长3.7~4.5mm。体黄绿色；复眼黑色；触角黄色。下颚须基部黄绿色，端部2/3部分膨大为棍棒状为黑色；胸部背面有3条纵线，中央的中线宽而长，其后端宽度大于前端宽度的1/2，两侧纵线各在后端分叉为二，越冬代成虫胸背纵线为深褐至黑色，其他世代成虫则为土黄至黄棕色。翅透明，有光泽，翅脉黄色。足黄绿色。后足腿节显著膨大，内侧有黑色刺列，胫节显著弯曲。腹部背面有纵线，越冬代成虫为3条，呈黑褐色，其他世代成虫腹背纵线仅中央1条明显，两侧不明显。

卵　白色，长约1mm，长圆形，两端较长，表面有10余条纵向脊纹，光泽不显著。

幼虫　老熟幼虫体长6~6.5mm，蛆形，细长，黄绿色或淡黄绿色，口钩黑色。前气门分枝和气门小孔数为6~9个，多数为7个。

蛹　围体长4.3~5.3mm，初期色，后期黄绿色，通过壳可见复眼，胸部纵线和下端部的黑色部分，口钩黑色。

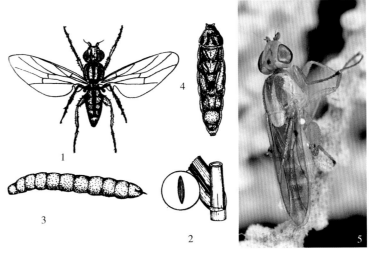

1.成虫；2.卵及着生部位；3.幼虫；4.蛹；5.成虫

图3-13-2　麦秆蝇

三、生活习性

河南省一年发生3代，以老熟幼虫在麦苗心叶处越冬，翌年3月为化蛹盛期，第一代成虫4月羽化，在拔节的小麦上产卵。5月为第一代幼虫为害盛期，以幼虫钻入小麦茎内蛀食为害，初孵幼虫从叶鞘或茎节间钻入麦茎，或在幼嫩新叶及穗节基部1/5~1/4处呈螺旋状向下蛀食，形成枯心、白穗、烂穗，不能结实。6月上中旬第二代成虫羽化飞离麦田，在杂草上产卵寄生，第三代成虫羽化后产卵于秋播麦苗上，孵化寄生至越冬，在冬季较暖之日仍活动取食。

成虫早晚及夜间栖息于叶片背面，一日间有两次活动盛期，晴天10∶00左右，大量活动交尾，中午潜伏植株下部，至14∶00左右以后，又逐渐活动，17∶00—18∶00活动最盛，雌虫于田间产卵也以此时为主。成虫活动受风的影响较大，微风情况下，活动性较强，风速增大到4~5级以上则显著减弱，常潜伏于植株中、下部叶片上，调查虫情时应予注意。

成虫产卵时，对寄主及田间小气候有明显的选择性。卵大部分产在叶片上，占总数的95.4%，尤以叶面最多，占总数的91%左右。拔节、孕穗期是小麦易受麦秆蝇为害的危险时期，进入抽穗后着卵显著减少，而且幼虫入茎后也不能成活。一般早熟品种比晚熟品种受害轻，同一品种由于适期早播等措施。成虫不喜欢阴暗通风差的环境，故在生长茂密的麦田里，成虫密度低，着卵少，受害轻，而生长稀疏的麦田则相反。

四、防治技术

【农业防治】

（1）加强小麦栽培管理　采用因地制宜，深翻、精耕细作、增施肥料及适时排水，适当早播以避开成虫产卵、合理密植等一系列丰产措施，促进小麦生长发育，提高其抗虫能力，造成不利于麦秆蝇生活的条件，从而避免或减轻受害。

（2）选育抗虫品种　选用抗虫品种是防治其最经济有效的途径，选择适合当地气候条件、丰产抗病又抗麦秆蝇的良种。

【化学防治】

药剂防治正确掌握虫情，指导药剂防治。目前对麦秆蝇的测报主要是短期测报，其具体方法是选取有代表性的麦田和麦秆蝇为害严重田附近的杂草地，系统网捕。在春季麦田中，每200网扫得麦秆蝇成虫2~3头时发出第一次预报，预计半个月后越冬代成虫即将开始盛发，应做好防治准备，在越冬代成虫开始盛发，每网虫数达0.5~1头时，即可进行第一次喷药。隔6~7d后视虫情变化，对生育期晚尚未进入抽穗开花期，植株生长差，虫口密度仍高的麦田应进行第二次喷药。药剂可选择1.8%阿维菌素乳油、10%吡虫啉可湿性粉剂。

第十四节　潜叶蝇

一、分布与为害

小麦潜叶蝇 *Phytomyza nigra* Meigen，属双翅目、潜蝇科，寄主为小麦、大麦，分布于河南郸城、封丘。小麦黑潜蝇 *Agromyza cineracens* Macquart，属双翅目、潜蝇科，寄主为小麦、大麦，分布于河南中牟、栾川、沈丘、固始、永城。潜入叶中的幼虫取食叶肉，仅存表皮，造成小麦减产。

二、形态特征（图3-14-1）

小麦潜叶蝇成虫体暗灰褐色，前翅的前缘脉仅一次断裂，翅缘第二、第三、第四室宽度为4∶1∶2。幼虫潜食小麦和大麦叶片，潜道较宽呈长蛇状，内有虫粪。

小麦黑潜蝇体长3mm，体黑色有光泽，前缘脉仅一次断裂，翅的径脉第一支（R_0）刚刚到达翅中间

1. 幼虫；2. 蛹；3. 成株期为害状；4. 成虫；5. 幼苗期为害状

图3-14-1　潜叶蝇为害状

横脉（r–m）的位置。翅缘第二、第三、第四室宽度的比例为 3.5∶1.0∶0.9。幼虫为害小麦和大麦叶片，潜道呈袋状，内有虫粪。

三、生活习性

1 年发生 2 代，10 月中旬初见幼虫，11 月中旬为第一代幼虫盛期。11 月下旬入土化蛹，翌年 2 月底 3 月初羽化，4 月中旬为第二代幼虫高峰期，也是田间为害盛期。5 月初落土化蛹。4 月 10 日前幼虫主要为害下部叶片，4 月下旬主要为害上部叶片，成虫有趋光性。

四、防治技术

【农业防治】

选用抗病虫品种；避免过早播种，适期晚播；合理施肥，重施磷、钾肥等可减轻为害。

【化学防治】

以防治成虫为主，幼虫防治为辅。

（1）防治成虫　于冬麦返青时，4 月初成虫发生期，在田间喷洒 2.5% 敌百虫粉 2~2.5kg 或 80% 敌敌畏 100g/ 亩，加细土 25kg，混匀后撒施，消灭成虫，防止其产卵。

（2）防治幼虫　4 月上中旬幼虫为害初期，田间受害株率达 5% 时，可选用 30% 灭蝇胺悬浮剂 100 倍液、40% 毒死蜱乳油 1 000 倍液或、1% 阿维菌素 300 倍液、4% 阿维·啶虫乳油 3 000 倍液喷雾，同时兼治蚜虫、麦叶蜂等害虫。

第十五节　麦茎蜂

一、分布与为害

麦茎蜂 *Cephus pygmaeus* Linnaeus，属膜翅目茎蜂科。分布在四川、青海、甘肃、河南等省，河南主要分布在豫西南地区。寄主为麦类，幼虫钻蛀茎秆，影响茎内养分和水分的传导使麦芒及麦颖变黄，干枯失色，严重时整个茎秆被食空；后期茎节变黄或黑色，不能结实，或造成白穗，籽粒秕瘦，千粒重下降。老熟幼虫钻入根茎部，从根茎部将秸秆咬断或仅留少量表皮连接，断面整齐，受害小麦易折倒。

图 3-15-1　麦茎蜂成虫
（引自《农业病虫草害防治新技术精解》）

二、形态特征（图 3-15-1）

成虫　成虫体黑色，复眼发达，触角丝状共 19 节，端部数节稍肥大。腹部细长。雌性腹部第 4、第 6、第 9 节镶有黄色横带；雄性第 3~9 节腹节也有横带。第 1、第 3、第 5、第 6 节腹侧各有 1 个较大的淡绿色斑点，后胸背面有三角形淡绿色点1个。

卵　初产卵白色透亮，长椭圆形，将孵化时变成水渍状透明圆形。

幼虫　黄白色，前进时呈"S"状，白色或淡黄褐色，头部褐色，体光滑，胸足退化成圆形肉疣状突起，臀节延长成坚硬的短管，体多褶皱。蛹为裸蛹，外被薄茧。

三、生活习性

1年发生1代，以幼虫在茎基部越冬。翌年4月化蛹、羽化，成虫产卵于麦秆内。幼虫孵化后，取食茎壁内部、咬穿茎节，渐渐向下蛀食到茎基部，倒伏不能抽穗，枯黄状或切裂茎秆，上部麦穗变白。成虫白天活动，每日9：00—11：00及15：00—16：00活动最盛，阴雨及大风天不活动，卵多散产于穗下第一茎节的茎内薄壁组织中，幼虫于上部一二节为害最重。

四、防治技术

麦茎蜂由于卵、幼虫隐蔽在麦茎内为害，越冬幼虫在根茬潜伏，故麦收后碾压根茬，机耕深翻，重灾区大面积轮作倒茬。

在小麦抽穗前孕穗期成虫出土盛期，每亩可选用48%毒死蜱乳油30mL、80%敌敌畏乳油50mL，对水40kg均匀喷雾，间隔7~10d喷施一次，连喷2次。

第十六节　瓦矛夜蛾

一、分布与为害

瓦矛夜蛾 *Spaelotis valida* Walker 属鳞翅目夜蛾科，除为害小麦外，还可为害菠菜、生菜、甘蓝、韭菜、大蒜等蔬菜，2012年在河北首次发现该虫，目前发生区为北京、河北、山东、河南，2018年在河南省安阳市殷都区发现，在安阳、濮阳、长葛市等局部麦田发生。

二、形态特征（图3-16-1）

成虫　头部和鳞片为棕褐色，胸部和肩片为黑褐色。前翅灰褐色至黑褐色，翅基片黄褐色；内横线与外横线均为双线黑色波浪形；中室内环纹与中室末端肾形纹均为灰色具黑边，环纹略扁圆，前端开放。后翅黄白色，外缘暗褐色，腹部暗褐色。室内饲养观察，其成虫飞行能力弱，喜黑暗避光环境，惊扰后近距离飞行，喜群体聚集不动。

幼虫　体长30~50mm，体为棕黄色，背部每体节有1个黑色的倒"八"字纹。该虫有假死性现象，受惊扰呈"C"字形。以高龄幼虫在麦田土中越冬。

蛹　被蛹，纺锤形，体长20mm左右，蛹期23~26d。化蛹初为白色，逐渐加深至黄褐色、红褐色，羽化前变黑。身体末端生殖孔、排泄孔清晰可见，有两根尾刺。雄蛹的生殖孔在第9腹节形成瘤状突起，排泄孔位于第 10 腹节；雌蛹的生殖孔位于第 8 腹节，不明显，且周围平滑，排泄孔位于第 10 腹节，第 10 腹节与第 9 腹节边缘向前延伸在第 8 腹节形成一个倒 "Y" 状结构。

图 3-16-1　瓦矛夜蛾（寿永前　提供）

三、生活习性

瓦矛夜蛾幼虫多藏于松软的土壤中，一般躲藏在土下 0.5~3.0cm 处，在灌水前不易发现，且田间植株被害症状不明显。在麦田灌水后，其幼虫则爬至小麦植株上或周边蔬菜上咬食叶片。该虫为杂食性害虫，与地老虎从禾苗根部或心叶处开始取食为害的习惯不同，它从小麦叶片叶缘开始咬成缺刻，严重时整株叶片被蚕食一空。因此，一旦发现该害虫，要及时防治，将其消灭在幼虫初发期，防范虫口积累至暴发的风险。

作为新发害虫，对其生物学和为害特点尚不明确，尚未有监测和预测预报技术，根据已有的为害特点可结合麦田春季浇水，开展对该虫的越冬虫源全面普查。利用夜蛾科害虫成虫趋光性，监测越冬代成虫数量，以便预测其发生时期、发生范围及种群趋势。

四、防治技术

小麦返青拔节期，结合地下害虫防治，用 5% 毒死蜱颗粒剂 600g/ 亩，拌细土后撒施于土表。或用 48% 毒死蜱乳油 200mL+ 炒香麦麸 5kg+1.5kg 碎青叶，对水拌匀，傍晚时分成小堆撒至麦田防治幼虫。在幼虫为害严重的麦田，用辛硫磷、甲维盐、氟氯氰菊酯或氯虫苯甲酰胺进行均匀喷雾。

第四章　麦田杂草

第一节　麦田杂草发生概况

杂草为害一直是影响小麦产量的主要因素之一，据统计，麦田草害发生面积占小麦播种面积的60%~80%，为害较重的达1 000多万 hm²，占小麦播种面积的30%~40%。小麦从播种至收获，始终与杂草互相竞争。我国麦田杂草多达300余种，常见的有80多种，其中为害较重的有40余种，如播娘蒿、荠菜、猪殃殃、繁缕、婆婆纳、野燕麦、看麦娘、日本看麦娘、菵草、硬草、雀麦、棒头草、藜、小藜、打碗花、麦家公、香薷、酸模叶蓼、牛繁缕、大巢菜、萹蓄、遏蓝菜和卷茎蓼等，多年生杂草田旋花、刺儿菜、芦苇、苣荬菜、白茅等。

黄淮海冬小麦产区，小麦田杂草种类有230余种。主要阔叶杂草种类有播娘蒿、荠菜、猪殃殃、麦家公、佛座、泽漆、牛繁缕、婆婆纳、小蓟、稻槎菜、繁缕、大巢菜、小花糖芥、碎米芥、泥胡菜、附地菜、委陵菜等；主要禾本科杂草种类有野燕麦、节节麦、硬草、雀麦、多花黑麦草、大穗看麦娘、看麦娘、日本看麦娘、菵草等。为害最重的优势杂草为播娘蒿、荠菜、猪殃殃、佛座、婆婆纳、麦家公、泽漆、野燕麦、节节麦等。从总体上看，阔叶杂草的为害更普遍，但禾本科杂草扩散蔓延速度很快。

河南各地自然条件差别较大，麦田优势杂草种类也互不相同。新乡、安阳、濮阳等豫北平原区：优势杂草有猪殃殃、播娘蒿、荠菜、节节麦、野燕麦、麦家公、婆婆纳，沿黄稻麦轮作区硬草发生严重；郑州、许昌、漯河、驻马店等豫中南平原区，优势杂草有猪殃殃、播娘蒿、佛座、荠菜、泽漆、野燕麦、婆婆纳等；周口、商丘和开封等豫东平原区，优势杂草有播娘蒿、猪殃殃、荠菜、婆婆纳、泽漆、野燕麦等，其中开封稻麦轮作区麦田杂草主要以硬草为主；洛阳和三门峡等豫西丘陵区，优势杂草有播娘蒿、荠菜、猪殃殃、泽漆、佛座、婆婆纳、野燕麦等；信阳等豫南平原区，属于亚热带冬麦草害区，主要以小麦－水稻轮作为主，优势杂草有猪殃殃、婆婆纳、看麦娘、稻槎菜等。

一些杂草植株高大，茎秆粗壮，枝繁叶茂，遮光力强，对麦类作物产量造成极大威胁，如野燕麦、播娘蒿和芦苇等；一些杂草植株虽比麦类作物的植株矮小，但数量多，同样能对麦类作物造成为害，影响产量，如看麦娘、婆婆纳和繁缕等；还有一些杂草还攀缘缠绕麦类作物，生长后期覆盖于麦类植株之上，造成减产，如猪殃殃、打碗花和卷茎蓼等。

房锋等报道了大穗看麦娘、播娘蒿对小麦造成的产量损失主要是影响小麦的有效穗数，其次为穗粒数，对千粒重的影响最小或基本无影响。小麦的亩播种量为13.5kg时，当大穗看麦娘密度为120株/m²时，有效茎数为590茎/m²，小麦有效穗数减少23.9%，穗粒数减少8.5%，小麦实测产量损失率为

31.3%；当大穗看麦娘密度为 210 株 /m² 时，茎数为 680 茎 /m²，小麦有效穗数减少 28.4%，穗粒数减少 9.2%，小麦实测产量损失率为 38.7%。小麦的亩播种量为 9kg 时，当播娘蒿的密度为 40 株 /m² 时，小麦有效穗数减少 17.7%，穗粒数减少 11.0%，小麦实测产量损失率为 27.9%；当播娘蒿的密度为 160 株 /m² 时，小麦有效穗数减少 33.0%，穗粒数减少 25.0%，小麦实测产量损失率为 48.5%。

第二节　麦田杂草识别

一、蓼科 Polygonaceae

萹蓄 *Polygonum aviculare* L. 地蓼、猪牙菜

【识别要点】成株高 10~40 cm，常有白色粉霜。茎自基部分枝，平卧、斜上或近直立。叶互生，具短柄或近无柄；叶片狭椭圆形或线状披针形；托叶鞘抱茎，白色膜质。花小，常数朵簇生于叶腋；花被 5 片深裂，边缘白色或淡红色。瘦果卵状三棱形（图 4-2-1）。

【生物学特性】一年生草本，种子繁殖。种子发芽的适宜温度为 10~20℃，适宜土层深度为 1~4cm。在我国中北部地区，集中于 3—4 月出苗，5—9 月开花结果。6 月以后果实渐次成熟。种子落地，经越冬休眠后萌发。

【分布与为害】分布于全国各地，北方更为普遍。主要为害麦类、油菜、果树等作物，但数量不多，为害不重。

图 4-2-1A　单株
图 4-2-1B　花
图 4-2-1C　幼苗
图 4-2-1D　花序

腋花蓼 *Polygonum plebeium* R.Br. 习见蓼、小萹蓄

【识别要点】茎匍匐，多分枝，呈丛生状，长 15~30 cm，节间通常较叶为短；小枝表面有沟纹，无毛或近无毛。叶片线状长圆形、狭倒卵形或匙形，长 5~20 mm，宽约 3 mm，先端急尖，基部楔形；托叶鞘膜质，无脉纹，顶端数裂。花小，簇生于叶腋，粉红色，花被 5 深裂，裂片长圆形，长约 2 mm；雄蕊 5，中部以下与花被合生，短于花被；花柱 3，柱头头状。瘦果长 2 mm 以下，卵状三棱形，两端尖，褐黑色（图 4-2-2）。

【生物学特性】一年生匍匐草本。花果期 5—8 月。种子及匍匐茎繁殖。

【分布与为害】常生于荒芜草地、山坡路旁。为一般性果园及路埂杂草，为害轻。主要分布于长江以南及台湾等地区，最北可达陕西及河北。

图 4-2-2A　花

图 4-2-2B　单株

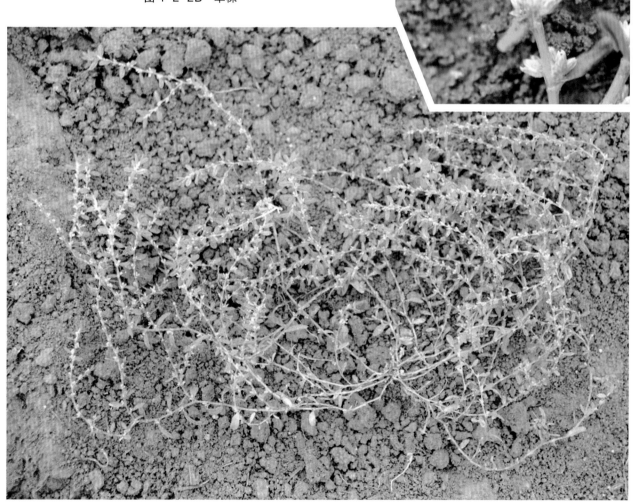

旱型两栖蓼 *Polygonum amphibium* L.var. *terrestre* Leyss 毛叶两栖蓼

【识别要点】根茎发达，节部生根。茎直立或斜上。高 20 ~ 40 cm，基部有分枝，被长硬毛。叶互生，具短柄；叶片宽披针形或披针形，先端急尖，基部近圆形，两面密生短硬毛，全缘，有缘毛；托叶鞘筒状，密生长硬毛。穗状花序顶生或腋生，花绿白色或淡红色。瘦果卵圆形，有钝棱，熟时深褐色。以根茎繁殖为主，种子也能繁殖（图 4-2-3）。

【生物学特性】多年生草本，根苗秋季或次年春季出土，实生苗极少见。

【分布与为害】分布与正种两栖蓼略同。生于农田、路旁、沟渠等处，水中也能生长；主要为害小麦、棉花、豆类、蔬菜。

图 4-2-3A　群体 ┃ 图 4-2-3B　幼苗

酸模叶蓼 *Polygonum lapathifolium* L. 苋酸子

【识别要点】高 50~100 cm，茎直立，多分枝，绿色，节间具紫斑。叶互生，有柄，叶柄有短刺毛，叶片长椭圆状披针形，叶面具黑斑，背面具白绵毛；托叶鞘状，膜质。花较小，密生呈穗状，粉红色（图4-2-4）。

【生物学特性】种子繁殖，一年生草本。种子发芽的适宜温度为 15~20℃，适宜土层深度为 2~3 cm。多次开花结实，东北及黄河流域 4—5 月出苗，花果期 7—9 月。种子经冬天休眠后萌发。喜欢生于农田、路旁、河床等湿润处或低湿地。

【分布与为害】为一种适应性较强的杂草。在东北、河北、山西、河南及长江中下游地区水旱轮作或土壤湿度较大的油菜或小麦田有轻度为害；在广东、福建、广西等水旱轮作的油菜或小麦田为主要杂草。

酸模叶蓼生长竞争性强，为害较大，可致作物严重减产，在油菜田达 26 株 /m² 时，油菜角果数明显减少，油菜产量损失可达 8.1%，生产上须进行防治。

图 4-2-4A　单株　　图 4-2-4B　花序

二、藜科 Chenopod

藜 *Chenopodium album* L. 灰菜、落藜

【识别要点】茎直立，高 60~120cm。叶互生，菱状卵形或近三角形，基部宽楔形，叶缘具不整齐锯齿；花两性，数个花集成团伞花簇，花小（图 4-2-5）。

【生物学特性】种子繁殖。适应性强，抗寒、耐旱，喜肥喜光。从早春到晚秋可随时发芽出苗。适宜的发芽温度为 10~40℃，适宜的土层深度在 4 cm 以内。3—4 月出苗，7—8 月开花，8—9 月成熟。种子落地或借外力传播。每株结种子可达 22 400 粒，种子经冬眠后萌发。

【分布与为害】全国各地都有分布。是农田重要杂草，发生量大、为害严重，密度 1.45~1.83 株 /m²时应防治。

图 4-2-5A 单株
图 4-2-5B 花序
图 4-2-5C 幼苗

小藜 *Chenopodium serotinum* L. 灰条菜、小灰条

【识别要点】茎直立，高 20~50cm。叶互生，具柄；叶片长卵形或长圆形，边缘有波状缺齿，叶两面疏生粉粒，短穗状花序，腋生或顶生（图 4-2-6）。

【生物学特性】种子繁殖、越冬，1 年 2 代。在河南省内，第一代 3 月发苗，5 月开花，5 月底至 6 月初果实渐次成熟；第二代随着秋作物的早晚不同，其物候期不一，通常 7—8 月发芽，9 月开花，10 月果实成熟，成株每株产种子数万至数十万粒。生殖力强，在土层深处能保持 10 年以上仍有发芽能力，被牲畜食后排出体外还能发芽。

【分布与为害】除西藏外，全国各地均有分布。部分小麦、玉米、花生、大豆、棉花、蔬菜、果园等作物受害较重。生长快，密度大，强烈地消耗地力，为农田主要杂草。

| 图 4-2-6A　花序 | 图 4-2-6B　种子 |
| 图 4-2-6C　单株 | 图 4-2-6D　幼苗 |

灰绿藜 *Chenopodium glaucum* L. 灰灰菜、翻白藤

【识别要点】高 10~30 cm，分枝平卧或斜升，有绿色或紫红色条纹。叶互生，长圆状卵圆形至披针形，叶缘具波状齿，上面深绿色，下面有较厚的灰白色或淡紫色白粉粒。花序排列成穗状或圆锥状花序；花被 3~4 片，浅绿色，肥厚，基部合生（图 4-2-7）。

【生物学特性】种子繁殖，一年生或二年生草本。种子发芽的最低温度为 5℃，最适 15~30℃，最高 40℃；适宜土层深度在 3 cm 以内。在河南，果园、麦田 3 月发生，5 月见花，6 月果实渐次成熟；棉田 5 月出苗，菜地 6—7 月屡见幼苗。花果期 7—10 月。

【分布与为害】分布于东北、华北、西北等地。适生于轻盐碱地。发生量大，为害重，为果园、麦田主要杂草。

图 4-2-7B 花序

图 4-2-7A 单株

地肤 *Kochia scoparia* (L.) Schrad. 扫帚苗、扫帚菜

【识别要点】高 50~150 cm。茎直立，多分枝，秋天常变为红紫色，幼时具白色柔毛，后变光滑。单叶互生，稠密；几无柄，叶片狭长圆形或长圆状披针形，长 2~5 cm，宽 0.3~0.7 cm，先端渐尖，基部楔形。花小、杂性、黄绿色、无梗，1 朵或数朵生于叶腋（图 4-2-8）。

【生物学特性】一年生草本，种子繁殖，在河南，3 月发芽出苗，花期 7—9 月，果期 9—10 月。

【分布与为害】分布全国，尤以北部各省最普遍。以轻度盐碱地较多，适生于湿地，亦较耐旱，部分农田发生量较大，为害较重。为农田常见杂草。

图 4-2-8A 单株　图 4-2-8B 幼苗　图 4-2-8C 花序

猪毛菜 *Salsola collina* Pall. 猪毛英、沙蓬

【识别要点】茎直立，基部分枝开展，淡绿色，叶互生，无柄，叶片丝状圆柱形，肉质，深绿色，有时带红色，生短硬毛，先端有硬刺尖。穗状花序，细长，生于枝的上部（图4-2-9）。

【生物学特性】一年生草本，种子繁殖。3—4月发芽，花期6—9月，果期8—10月。通常于种子成熟后，整个植株于根茎处断裂，植株由于被风吹而于地面滚动，从而散布种子。每株可产种子数万粒。

【分布与为害】分布于东北、华北、西北及四川等地。在湿润肥沃的土壤上常长成巨大株丛。本种适应性强，在各种土壤均能生长，以沙质地和轻盐碱地较多，在夏、秋作物田均较常见，有时数量很多，为害较重。

图4-2-9A　幼苗

图4-2-9B　花序

图4-2-9C　单株

三、石竹科 Caryophyllaceae

牛繁缕 *Malachium aquaticum* (L.) Fries 鹅儿肠、鹅肠菜

【识别要点】茎带紫色，茎自基部分枝，上部斜立，下部伏地生根。叶对生，卵形或宽卵形，先端锐尖。聚伞花序顶生；花梗细长，萼片5片，基部略合生，花瓣5片，白色，顶端2深裂达基部。蒴果卵形或长圆形；种子近圆形，深褐色（图4-2-10）。

【生物学特点】一至二年生或多年生草本植物。种子和匍匐茎繁殖。在黄河流域以南地区多于冬前出苗，以北地区多于春季出苗。花果期5—6月。牛繁缕的繁殖能力也比较强，平均一株结子1 370粒左右。

【分布与为害】分布几乎遍及全国，是长江流域夏熟作物恶性杂草。喜潮湿，全国稻作地区的稻茬夏熟作物田均有发生和为害。

图 4-2-10A　单株
图 4-2-10B　幼苗
图 4-2-10C　花

繁缕 *Stellaria media* (L.) Cyrillus 鹅肠草

【识别要点】茎自基部分枝，常假二叉分枝。平卧或近直立。叶片卵形，基部圆形，先端急尖，全缘，下部叶有柄，上部叶较小，具短柄。花单生于叶腋或疏散排列于茎顶；萼片5；花瓣5，白色，2深裂几达基部。蒴果卵圆形（图4-2-11）。

【生物学特性】一年或二年生草本。种子繁殖。种子发芽最适宜温度为12~20℃；最适宜土层深度为1cm，最深限于2cm。冬麦田9—11月集中出苗，4月开花结实，5月渐次成熟，种子经2~3个月休眠后萌发。繁缕较耐低温，种子繁殖量大、生活力强，每株可结籽500~2 500粒；浅埋的种子可存活10年以上，深埋的可存活60年以上。

【分布与为害】分布我国中南部各地，其他地区也有少量分布。主要为害小麦、油菜等。

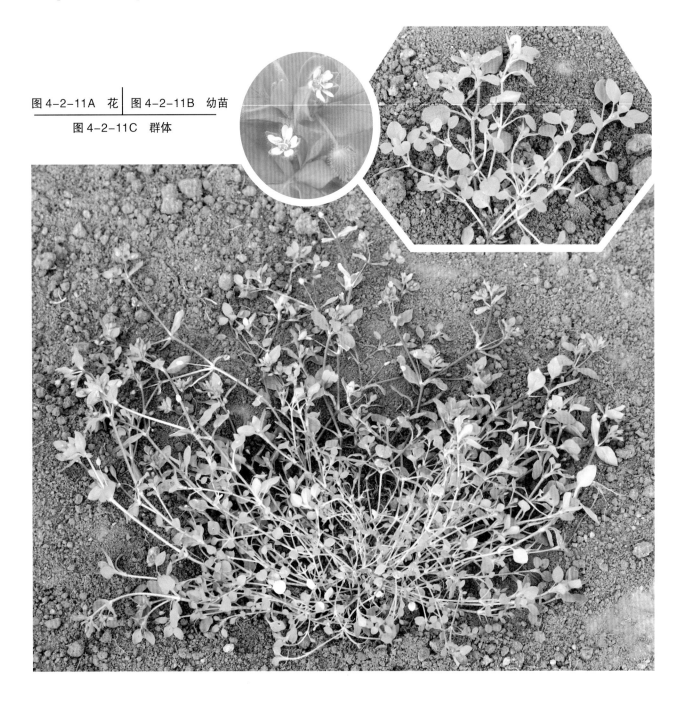

图4-2-11A　花　图4-2-11B　幼苗

图4-2-11C　群体

米瓦罐 *Silene conoidea* L. 麦瓶草

【识别要点】有腺毛，茎单生或叉状分枝，节部略膨大。叶对生，基部连合，基生叶匙形，茎生叶长圆形或披针形。花序聚伞状顶生或腋生；花萼筒状，结果后逐渐膨大成葫芦形；花瓣5，粉红色（图4-2-12）。

【生物学特性】越年生或一年生草本。种子繁殖。9—10月间出苗，早春出苗数量较少。花果期4—6月。

【分布与为害】华北和西北地区夏熟作物田的主要杂草。

图 4-2-12A 单株　图 4-2-12B 花
　　　　　　　　　图 4-2-12C 幼苗

王不留行 *Vaccaria segetalis* (Neck.) Garcke 麦蓝菜

【识别要点】高 30~70 cm，全株光滑无毛。茎直立，茎节处略膨大，上部二叉状分枝。叶无柄，线状披针形至卵状披针形，先端渐尖，基部圆形或近心形，略抱茎，背面中脉隆起。聚伞花序顶生，花瓣 5，淡红色（图 4-2-13）。

【生物学特性】一至二年生草本。种子繁殖。

【分布与为害】分布整个北方地区及西南高海拔地区。主要为害麦、油菜。在我国局部地区（如黄淮海地区）对小麦为害较重。

图 4-2-13A　单株 ┃ 图 4-2-13B　幼苗

簇生卷耳 *Cerastium caespitosum* Gilib

【识别要点】高 10~30 cm，茎单一或簇生，有短柔毛。茎生叶匙形或倒卵状披针形，先端急尖，基部渐狭成柄，中、上部叶近无柄，狭卵形至披针形，长 1~3 cm，宽 3~10 cm，两面均贴生短柔毛，叶缘有睫毛。二歧聚伞花序顶生；花梗密生长腺毛，花后顶端下弯，苞片叶状，萼片 5，花瓣 5，白色。子房长圆形，花柱 5。蒴果圆柱形，种子褐色，卵圆形，有疣状突起（图 4-2-14）。

【生物学特性】越年生或一年生草本。种子繁殖。种子及幼苗越冬，花期 4—7 月，果期 5—8 月。

【分布与为害】分布于全国各地。适生于较湿润的环境。是农田常见杂草。有时形成小片群丛，为害麦田、菜地及果园。

图 4-2-14A　单株

图 4-2-14B　幼苗

四、十字花科 Cruciferae

播娘蒿 *Descurainia sophia* (L.) Schur. 米米蒿、麦蒿

【识别要点】高 30~100 cm，上部多分枝。叶互生，下部叶有柄，上部叶无柄，2~3 回羽状全裂。总状花序顶生，花多数；萼片 4，直立；花瓣 4，淡黄色。长角果（图 4-2-15）。

【生物学特性】一年生或二年生草本。种子繁殖。种子发芽适宜温度 8~15℃。冬小麦区，10 月中下旬为出苗高峰期，4—5 月种子渐次成熟落地。繁殖能力较强。

【分布与为害】分布于华北、东北、西北、华东、四川等地。播娘蒿较耐盐碱，可生长在 pH 值较高的土地上。在华北地区是为害小麦的主要恶性杂草之一。据统计，在密度 50 株 /m² 时，产量损失达 12.4%。

图 4-2-15A　单株　　图 4-2-15B　幼苗

图 4-2-15C　花序

荠菜 *Capsella bursa-pastoris* (L.) Medic. 荠荠菜

【识别要点】茎直立，有分枝，高 20~50 cm。基生叶莲座状，大头羽状分裂；茎生叶狭披针形至长圆形，基部抱茎，边缘有缺刻或锯齿。总状花序顶生和腋生；花瓣 4，白色。短角果，倒心形（图 4-2-16）。

【生物学特性】种子繁殖。种子和幼苗越冬，一年生或二年生草本。华北地区 10 月（或早春）出苗，翌年 4 月开花，5 月果实成熟。种子经短期休眠后萌发。种子量很大，每株种子可达数千粒。

【分布与为害】遍布全国。适生于较湿润而肥沃的土壤，亦耐干旱，是华北地区麦田主要杂草，形成单优势种群落或与播娘蒿一起形成群落。大量发生时，密布地面，强烈地抑制作物生长，为害值达 16.94%。

图 4-2-16A 单株 ｜ 图 4-2-16B 花 ｜ 图 4-2-16C 果
图 4-2-16D 幼苗

遏蓝菜 *Thlaspi arvense* L. 败酱草

【识别要点】茎直立，高 10~60 cm，全体光滑无毛，呈鲜绿色。单叶互生，基生叶有柄，倒卵状长圆形，茎生叶长圆状披针形或倒披针形，先端钝圆，基部抱茎，两侧箭形，缘具稀锯齿。总状花序顶生；花瓣 4，白色，花瓣先端圆或微凹。短角果倒卵形或近圆形（图 4-2-17）。

【生物学特性】一年或二年生草本。苗期冬季或迟至春季，花期 3—4 月，果期 5—6 月，种子陆续从成熟果实中散落于土壤。

【分布与为害】遍布全国，以华北及西北、东北为其重发区。旱地发生较多，为夏收作物田主要杂草之一。

图 4-2-17A 单株

图 4-2-17B 花

图 4-2-17C 幼苗

碎米荠 *Cardamine hirsuta* L.

【识别要点】高 6~30 cm，茎基部分枝，下部呈淡紫色。基生叶有柄，奇数羽状复叶，顶生小叶圆卵形。总状花序顶生，萼片 4，绿色或淡紫色；花瓣 4，白色。长角果狭线形（图 4-2-18）。

【生物学特性】种子繁殖，越年生或一年生杂草。冬前出苗，花期 2—4 月，种子 4—6 月成熟。

【分布与为害】主要分布于长江流域。生于较湿润肥沃的农田中，为油菜、麦田主要杂草。

图 4-2-18A　单株

图 4-2-18B　幼苗

图 4-2-18C　花

离子草 *Chorispora tenella* (Pall.) DC. 水萝卜棵、离子芥、红花荠菜

【识别要点】高 15~40 cm，茎自基部分枝，枝斜上或呈铺散状。基生叶和茎下部的叶长椭圆形或长圆形，羽状分裂；上部叶近无柄，叶片披针形，边缘有稀齿或全缘。总状花序顶生，萼片 4，绿色或暗紫色；花瓣 4，淡紫色至粉红色线形（图 4-2-19）。

【生物学特性】种子繁殖，越年生或一年生杂草。黄河中、下游 9—10 月出苗，花果期翌年 3—8 月，种子 5 月即渐次成熟，经夏季休眠后萌发。种子繁殖。

【分布与为害】分布于华北、东北等地区。生于较湿润肥沃的农田中，为夏收作物田杂草，主要为害麦类。

图 4-2-19A　单株

图 4-2-19B　花

图 4-2-19C　幼苗

离蕊芥 *Malcolmia africana* (L.) R.Br. 千果草、涩荠菜、涩芥

【识别要点】高 20~35 cm，全株密生星状硬毛，茎基部分枝。基生叶有柄，叶片卵形、狭长圆形或披针形，边缘具疏齿或全缘；上部叶片无柄，狭小全缘。总状花序顶生，萼片 4，狭长圆形，密生白毛；花瓣 4，粉红色至淡紫色。长角果圆柱状（图 4-2-20）。

【生物学特性】越年生或一年生草本，种子繁殖。幼苗或种子越冬，春季也有少量出苗，3 月中下旬见花，4—5 月果实逐渐成熟开裂；种子经短期休眠后即可萌发。

【分布与为害】淮河以北分布比较普遍，尤以华北地区发生较重，喜沙碱地，耐干旱。在华北沙地麦田受害较重。

图 4-2-20A 单株

图 4-2-20B 花 | 图 4-2-20C 幼苗

小花糖芥 *Erysimum cheiranthoides* L. 桂竹糖芥、野菜子

【识别要点】高 15~50 cm。基生叶莲座状，无柄，大头羽裂；茎生叶披针形或线形，先端急尖，基部渐狭，全缘或具波状疏齿，两面具 3 叉毛。总状花序顶生，花淡黄色。长角果（图 4-2-21）。

【生物学特性】种子繁殖，幼苗或种子越冬。10 月出苗，春季发生较少，花期 4—5 月，果期 5—8 月。种子休眠后萌发。

【分布与为害】除华南外，全国均有分布。为夏收作物田常见杂草，对麦类及油菜有轻度为害。

图 4-2-21B　幼苗

图 4-2-21A　单株

风花菜 *Rorippa islandica* (Oed.) Borb. 沼生蔊菜

【识别要点】植株光滑无毛或稀有单毛，高 20~50 cm；茎直立，上部有分枝，下部常带紫色，具棱。基生叶具柄，叶片长圆形至狭长圆形，羽状深裂或大头羽裂，裂片 3~7 对，边缘不规则浅裂或呈深波状；茎生叶近无柄，基部耳状抱茎，叶片羽状深裂或具齿。总状花序顶生或腋生，无苞片，花梗纤细；花小，黄色或淡黄色；花瓣 4。角果近圆柱形（图 4-2-22）。

【生物学特性】二年生草本。花期 4—7 月，果期 6—8 月。种子繁殖。

【分布与为害】分布于东北、华北、西北以及安徽、江苏、湖南、贵州、云南等地区。适生于潮湿环境，为夏收作物田常见杂草，对麦类、油菜等农作物为害较重。

图 4-2-22A 花、果　图 4-2-22B 幼苗

图 4-2-22C 单株

印度蔊菜 *Rorippa indica* (L.) Hiern 印蔊、葶苈、野油菜

【识别要点】株高 15~50cm，茎直立，粗壮，有或无分枝，常带紫红色。基生叶和下部叶有柄，大头羽状分裂，长（4）7~15cm，宽 1~2.5cm，顶裂片较大，卵形或长圆形，先端圆钝，边缘有不整齐牙齿，侧裂片 2~5 对，向下渐小，全缘，两面无毛；上部叶长圆形，无柄。总状花序顶生，花小，直径 2.5mm，黄色，萼片长圆形，长 2~4mm；花瓣匙形，基部渐狭成短爪，与萼片等长。长角果圆柱形，斜上开展，稍弯曲，长 1~2cm，宽 1~1.5mm，成熟时果瓣隆起，果梗长 2~5mm；种子多数，每室 2 行，细小，卵形而扁，一端微凹，褐色（图 4-2-23）。

【生物学特性】一年生或二年生草本。花期 4—6 月，果期 6—8 月。种子繁殖。

【分布与为害】生于农作物地中、田埂、路边、果园等处，为旱作物地常见杂草，蔬菜等农作物有轻度为害。分布于山东、河南、陕西、甘肃、江苏、浙江、福建、江西、湖南、广东、台湾、四川、云南等省区。

图 4-2-23A　花果

图 4-2-23B　单株

无瓣蔊菜 *Rorippa montana* (Wall.) Small　野油菜、蔊菜

【识别要点】高 10~50 cm。茎多分枝，直立或铺散，无毛，具明显的纵条纹。基生叶和茎下部叶有柄，羽状分裂或不裂，长 2~10 cm，顶生裂片宽卵形，侧生裂片小；上部叶无柄，卵形或宽披针形，先端渐尖，基部渐狭，稍抱茎，边缘具齿牙或不整齐锯齿，稍有毛。总状花序顶生；萼片长圆形，长约 2 mm，有时呈淡紫色，花瓣黄色，匙形，与萼片等长或稍长。长角果线形，长 2~2.5（3.5）cm；果梗长 4~5 mm，纤细；种子 2 列，多数细小，卵形，褐色，有皱纹（图 4-2-24）。

【生物学特性】一年生草本，花期 4—6 月；果熟期 5—7 月。

【分布与为害】分布于华中、华东、西南、华南。生于较湿润的田边、路旁或农田中。主要为害蔬菜、豆类、薯类等作物。

图 4-2-24A　单株 ┃ 图 4-2-24B　花果

独行菜 *Lepidium apetalum* **Willd.** 鸡积菜、辣根菜

【识别要点】高 10~30 cm，多分枝，全体黄色腺毛。叶互生，无柄；茎下部叶狭匙形或长椭圆形，全缘或上端具疏齿；茎上部叶条形，有疏齿或全缘。总状花序顶生，结果时伸长，花小，数多；萼片4，花瓣4，白色，退化成狭匙形或线形。短角果近圆形（图4-2-25）。

【生物学特性】越年生或一年生草本。种子繁殖。幼苗或种子越冬，春季也有少量出苗，4—5月开花，5—6月果实逐渐成熟开裂；种子经短期休眠后即可萌发。

【分布与为害】分布于华北、东北、西北及西南各地。部分麦田受害较重。

图4-2-25A　单株 ｜ 图4-2-25B　花果

五、豆科 Leguminosae

大巢菜 *Vicas ativa* L. 救荒野豌豆

【识别要点】常以叶轴卷须攀附，高 25~50 cm，茎上具纵棱。偶数羽状复叶，具小叶 4~8 对，椭圆形或倒卵形，先端截形，凹入，有细尖，基部楔形，叶顶端变为卷须；托叶戟形。花 1~2 朵，腋生，萼钟状，萼齿 5 个；花冠紫色或红色。荚果（图 4-2-26）。

【生物学特性】种子或根芽繁殖。二年生或一年生蔓性草本。苗期 11 月至翌年春，花果期 3—6 月。

【分布与为害】遍布全国。长江流域麦区为害较重。

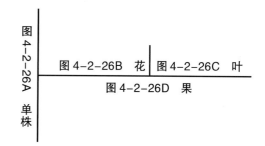

图 4-2-26A　单株　　图 4-2-26B　花　图 4-2-26C　叶　　图 4-2-26D　果

小巢菜 *Vicia hirsuta* (L.) S.F.Gray. 雀野豆

【识别要点】株高 10~30（50）cm，茎纤细，有棱，基部分枝，无毛或疏被柔毛。偶数羽状复叶，长 5~6cm，有分枝卷须；托叶半边戟形，下部裂片分裂为 2 个线形齿；小叶 8~16mm，线状长圆形或倒披针形，长 5~15mm，宽 1~4mm，先端截形，微凹，有短尖，基部楔形，两面无毛。总状花序腋生，有 2~5 朵花，花长约 3.5mm，花梗长约 1.5mm，花序轴及花梗均有短柔毛；萼钟状，长约 3mm，外面疏被柔毛，萼齿 5，披针形，长约 1.5mm，被短柔毛；花冠白色或淡紫色。子房密被褐色长硬毛，无柄，花柱上部周围被柔毛。荚果长圆形，扁，被黄色长柔毛，含种子 1~2 粒；种子近球形，稍扁（图 4-2-27）。

【分布与为害】生于旱作地、路边、荒地；在有些地区对麦田及豆类等作物造成比较严重的为害，其种子常混杂在粮食如豆类种子中传播蔓延，是长江以南麦田重要杂草之一。我国陕西、江苏、安徽、浙江、江西、台湾、河南、湖北、湖南、四川、云南等省均有分布。

【生物学特性】一年生蔓性草本。花期 4—6 月，果期 5—7 月。种子繁殖。

图 4-2-27A 单株	图 4-2-27B 花
	图 4-2-27C 叶
	图 4-2-27D 果

广布野豌豆 *Vicia cracca* L. 草藤、细叶落豆秧、肥田豆

【识别要点】茎有微毛，高 60~120 cm。羽状复叶，有卷须；小叶 8~24 个，狭椭圆形或狭披针形，长 10~30mm，宽 2~8mm，先端突尖，基部圆形，表面无毛，背面有短柔毛；叶轴有淡黄色柔毛，托叶披针形或戟形，有毛。总状花序腋生，与叶同长或稍短；萼斜钟形，萼齿 5 个，上边 2 齿长，有疏生短柔毛，花冠紫色或蓝色；旗瓣提琴形，长 8~15mm，宽 4.5~6.5mm，先端圆，微凹，翼瓣与旗瓣等长，爪长 4.6mm；子房具长柄，无毛，花柱上部周围被黄色腺毛。荚果长圆形，褐色，膨胀，两端急尖，长 1.5~2.5mm；种子 3~5 个，黑色（图 4-2-28）。

【生物学特性】多年生蔓性草本。华北地区花期 6—8 月，果期 8—9 月。种子繁殖。

【分布与为害】生于山坡草地、田边、路旁或灌丛中。分布于我国东北、华北及陕西、甘肃、四川、贵州、浙江、安徽、湖北、江西、福建、广东、广西等省（区）。

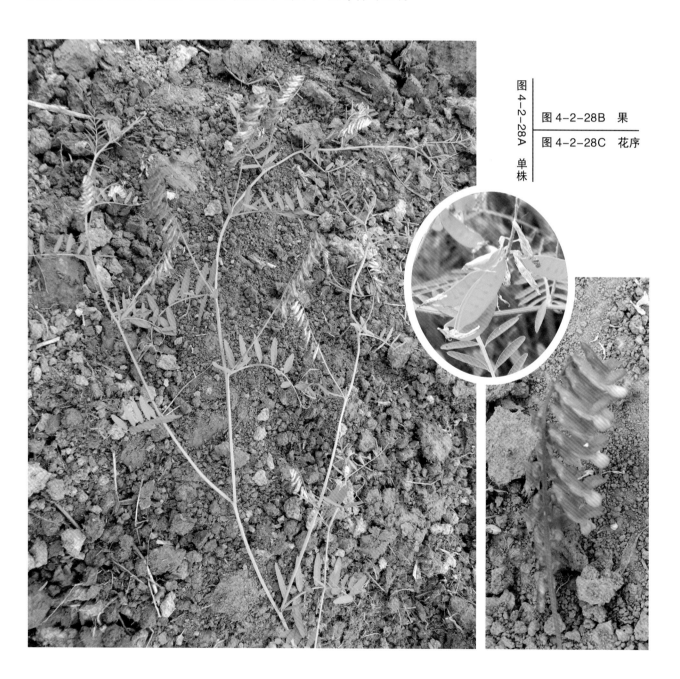

图 4-2-28A　单株

图 4-2-28B　果

图 4-2-28C　花序

米口袋 *Gueldenstaedlia multiflora* Bunge 地丁

【识别要点】根圆锥状。茎短缩，在根茎处丛生。奇数羽状复叶，小叶椭圆形、卵形或长椭圆形，托叶三角形，基部合生。伞形花序腋生，有 4~6 朵花，花萼钟状，上面 2 个萼齿较大，花冠紫色。荚果圆柱状（图 4-2-29）。

【生物学特性】多年生草本，种子及根繁殖。冬前出苗较多，花期 4—5 月，果期 5—6 月。

【分布与为害】分布于华北。

图 4-2-29A 单株　　图 4-2-29B 果
　　　　　　　　　　图 4-2-29C 花
　　　　　　　　　　图 4-2-29D 幼苗

天蓝苜蓿 *Medicago lupulina* L.

【识别要点】茎自基部分枝，匍匐或斜向上，长20~60cm，有疏毛。叶为三出复叶，小叶倒卵形或椭圆形，长5~20mm，宽4~16mm，先端钝圆，微缺，上部具锯齿，基部宽楔形，两面均有白色柔毛，小叶柄长3~7mm，有毛，托叶斜卵形，缘部有小齿。总状花序具10~15朵花密集成头状，总花梗细长，花萼钟状，萼齿长于萼筒，有柔毛，花冠黄色，稍长于萼。荚果弯曲呈肾形，成熟时黑色，无刺，具脉状细棱，疏生柔毛，含1粒种子（图4-2-30）。

【生物学特性】越年生或一年生草本。9—10月开始出苗，花果期4—6月。种子繁殖。种子经3~4个月的休眠后萌发。

【分布与为害】分布于我国东北、华北、西北、华中和四川、云南等地，以北方更普遍。生于较湿润的田边、荒地或农田中；对小麦、蔬菜、果树等作物为害较重。

图4-2-30B　果

图4-2-30C　花序

图4-2-30A　群体

六、大戟科 Euphorbiaceae

泽漆 *Euphorbia helioscopia* L. 猫儿眼、五朵云

【识别要点】株高 10~30cm，茎自基部分枝。叶互生，倒卵形或匙形，先端钝或微凹，基部楔形，在中部以上边缘有细齿。多歧聚伞花序，顶生，有 5 伞梗；杯状总苞钟形，顶端 4 浅裂（图 4-2-31）。

【生物学特性】种子繁殖，幼苗或种子越冬。在河南麦田，10 月下旬至 11 月上旬发芽，早春发苗较少。4 月下旬开花，5 月中下旬果实渐次成熟。种子经夏季休眠后萌发。

【分布与为害】除新疆、西藏外，全国均有分布。适应性强，喜生于潮湿地区，为害较重。在浅山丘陵地区滩地麦田中为杂草优势种和亚优势种。

图 4-2-31A　单株

图 4-2-31B　幼苗

图 4-2-31C　花序和汁液

地锦 *Euphorbia humifusa* Willd. 红丝草、地锦草

【识别要点】含乳汁。茎纤细，匍匐，长10~30cm，近基部多分枝，带紫红色。叶对生，长圆形，先端钝圆，基部偏斜。杯状花序单生于叶腋；总苞倒圆锥形，顶端4裂，裂片长三角形，膜质。花单性，雌雄同序，无花被。蒴果三棱状球形（图4-2-32）。

【生物学特性】一年生草本，种子繁殖。华北地区4—5月出苗，花期6—7月，果期7—10月。1株可产种子数百至数千粒。种子经冬眠萌发，在土层深层的种子若干年后仍能发芽。

【分布与为害】除广东、广西外，遍布全国，局部地区有为害。适生于较湿润而肥沃的土壤，亦耐干旱。

图 4-2-32A　花果

图 4-2-32B　单株

七、旋花科 Convolvulaceae

田旋花 *Convolvulus arvensis* L. 箭叶旋花

【识别要点】具直根和根状茎。直根入土深，根状茎横走。茎蔓性，长 1~3 m，缠绕或匍匐生长。叶互生，有柄；叶片卵状长椭圆形或戟形。花序腋生，有花 1~3 朵，具细长梗，萼片 5，花冠漏斗状，红色。蒴果卵状球形或圆锥形（图 4-2-33）。

【生物学特性】多年生缠绕草本，地下茎及种子繁殖。地下茎深达 30~50 cm。秋季近地面处的根茎产生越冬芽，翌年出苗。花期 5—8 月，果期 6—9 月。

【分布与为害】分布于我国东北、华北、西北、四川、西藏等地区。为旱作物地常见杂草，近年来华北地区为害较严重，已成为难除的杂草之一。

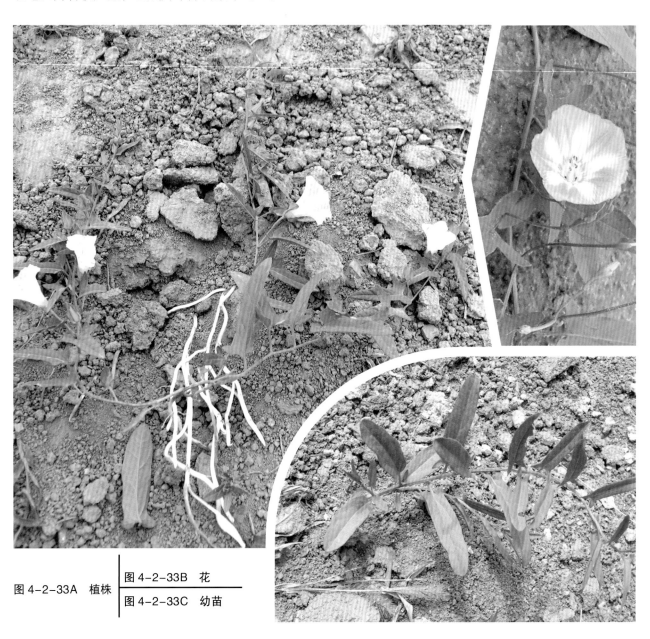

图 4-2-33A　植株	图 4-2-33B　花
	图 4-2-33C　幼苗

打碗花 *Calystegia hederacea* Wall. ex Roxb. 小旋花

【识别要点】具白色根茎，茎蔓生缠绕或匍匐分枝。叶互生，具长柄；基部的叶全缘，近椭圆形，先端钝圆，基部心形；茎中上部的叶三角状戟形，中裂片披针形或卵状三角形，顶端钝尖，基部心形，侧裂片戟形、开展，通常二裂。花单生于叶腋，花梗具角棱，萼片5，花冠漏斗状，粉红色或淡紫色。蒴果卵圆形（图4-2-34）。

【生物学特性】多年生蔓性草本。以地下茎茎芽和种子繁殖。田间以无性繁殖为主，地下茎质脆易断，每个带节的断体都能长出新的植株。华北地区4—5月出苗，花期7—9月，果期8—10月。

【分布与为害】分布全国。适生湿润肥沃的土壤，亦耐瘠薄、干旱，由于地下茎蔓延迅速，在有些地区成为恶性杂草。

图4-2-34A　植株

图4-2-34B　幼苗

八、紫草科 Boraginaceae

麦家公 *Lithospermum arvense* L. 田紫草

【识别要点】高 20~40cm，茎直立或斜升，茎的基部或根的上部略带淡紫色，被糙状毛。叶倒披针形或线形，顶端圆钝，基部狭楔形，两面被短糙状毛，叶无柄或近无柄。聚伞花序，花萼 5 裂至近基部，花冠白色或淡蓝色，筒部 5 裂。小坚果（图 4-2-35）。

【生物学特性】种子繁殖，一年生草本。秋冬或翌年春出苗，花果期 4—5 月。

【分布与为害】分布于北部地区。生于丘陵、低山坡地。在淮河流域及华北地区部分麦田，发生数量较大，为害较重。

| 图 4-2-35A　花 | 图 4-2-35C　单株 |
| 图 4-2-35B　幼苗 | |

狼紫草 *Lycopsis orientalis* L. 水私利

【识别要点】高 20~40cm，有长硬毛。基生叶具柄，叶片匙形，倒披针形或线状长圆形；茎上部的叶渐小，无柄，边缘有微波状的小牙齿。聚伞花序，花生于苞腋或腋外，有短梗；花萼 5，花冠蓝色（图 4-2-36）。

【生物学特点】种子繁殖，二年生或一年生草本。秋季或次年早春出苗，花果期 4—7 月，5 月下旬即渐次成熟落地。

【分布与为害】分布于西北、华北。生于丘陵或低山地农田，为夏收作物田常见杂草，数量较多，受害较重。

图 4-2-36B 花

图 4-2-36A 单株

九、唇形科 Labiatae

佛座 *Lamium amplexicaule* L. 宝盖草

【识别要点】高 10~30 cm。基部多分枝。叶对生，下部叶具长柄，上部叶无柄，圆形或肾形，边缘具深圆齿，两面均疏生小糙状毛。轮伞花序 6~10 花；花萼管状钟形，萼齿 5，花冠紫红色（图 4-2-37）。

【生物学特性】一年生或二年生草本，种子繁殖。10 月出苗，花期 3—5 月，果期 6—8 月。

【分布与为害】华东、华中、西北、西南等地区有分布。为夏收作物田常见杂草，部分地区对麦类、油菜等为害较重。

图 4-2-37A　单株

图 4-2-37B　花

图 4-2-37C　幼苗

夏至草 *Lagopsis supine* (Steph.) Ik. 灯笼棵、白花夏枯草

【识别要点】成株株高 15~45cm。茎直立或上升，密被有倒向微小的伏毛，常于基部分枝。叶近圆形或卵形，掌状 3 深裂，基部心形或楔形，裂片边缘有牙齿或圆齿，两面绿色，均被短柔毛及腺点。轮伞花序，花萼管状钟形，萼齿 5，三角形，先端具刺；花冠白色，稍伸出萼筒，外部被短柔毛，上唇直立，全缘，下唇 3 浅裂。小坚果长卵形或倒卵状三棱形（图 4-2-38）。

【生物学特性】种子繁殖，二年生或一年生草本。种子于当年萌发，产生具莲座状叶的植株越冬，翌年才开花结果。花期 3—4 月，果期 5—6 月。

【分布与为害】分布广泛。在菜园、田边生长较多，为害较轻。

图 4-2-38A　单株

图 4-2-38B　幼苗

图 4-2-38C　花序

益母草 *Leonurus artermisia* (Lour.) S.Y.Hu

【识别要点】株高 30~120 cm。茎直立，粗壮，有倒向糙伏毛，通常多分枝。叶形变化大，基生叶肾形至心形，浅裂；下部茎生叶轮廓卵形，掌状 3 裂，裂片再分裂；中部茎生叶轮廓为菱形，3 裂或多裂；顶部叶不裂，线形或披针形，全缘或具稀齿，两面均被短柔毛；基部叶具长柄，上部的短或无。轮伞花序腋生，多花，球形，多轮远离而组成长穗状花序；小苞片刺状，长约 5 mm，被贴生微柔毛；花萼管状钟形，长 6~8 mm，齿 5，前 2 齿靠合，后 3 齿较短；花冠粉红色至淡紫红色，长 1.2~1.5 cm，外面被毛，内面近基部有毛环，上唇直立，长圆形，全缘，下唇与上唇近等长或稍短，3 裂，中裂片大，先端凹，基部楔形，侧裂片短小，卵圆形；雄蕊 4，延伸至上唇片之下。花柱丝状，先端等 2 浅裂。花盘平顶。子房无毛。小坚果长圆状三棱形，先端截平而略宽大，基部楔形，淡褐色，光滑（图 4-2-39）。

【生物学特性】一年生或二年生草本。花期 6—9 月，果期 9—10 月。种子繁殖。

【分布与为害】分布于全国各地。适生于潮湿、多肥的开旷地上，耐旱、耐寒、喜光，适应性强，可生长在多种生态环境。为常见果园及路埂杂草，常成片生长，发生量较大，为害较重。

图 4-2-39A　单株

图 4-2-39B　幼苗

图 4-2-39C　花序

荔枝草 *Salvia plebeia* R.Br. 雪见草、虾蟆草

【识别要点】茎直立，高 15~90cm，被疏柔毛。叶长圆状披针形，先端钝或急尖，基部圆形或楔形，边缘有圆齿、牙齿或尖锯齿，两面被疏毛。轮伞花序。茎和枝端密集成总状或总状圆锥花序，苞片细小，披针形，花萼钟形，长约 2.7mm，外面被疏柔毛和金黄色腺点，唇形花冠，紫色至蓝色。小坚果倒卵圆形，直径 0.4mm，褐色，成熟时干燥，光滑（图 4-2-40）。

【生物学特性】一年生或二年生草本。花期 4—5 月，果期 6—7 月。种子繁殖。

【分布与为害】为夏收作物田及路埂常见杂草，轻度为害麦类、油菜和蔬菜等农作物。除新疆、甘肃、青海及西藏外，几分布于全国各地。

图 4-2-40A　单株	图 4-2-40B　幼苗
	图 4-2-40C　花序

十、玄参科 Scrophulariaceae

婆婆纳 *Veronica didyma* Tenore

【识别要点】茎自基部分枝成丛，纤细，匍匐或向上斜升。叶对生，具短柄；叶片三角状圆形，边缘有稀钝锯齿。总状花序顶生；苞片叶状，互生，花生于苞腋，花梗细长；花萼 4 片，深裂，花冠淡紫色，有深红色脉纹。蒴果近肾形（图 4-2-41）。

【生物学特性】种子繁殖，越年生或一年生杂草。9—10 月出苗，早春发生数量极少，花期 3—5 月，种子于 4 月渐次成熟，经 3~4 个月的休眠后萌发。

【分布与为害】分布于中南各省区。喜湿润肥沃的土壤。主要为害小麦、油菜、蔬菜、果树等作物。

图 4-2-41B　花

图 4-2-41A　单株

阿拉伯婆婆纳 *Veronica persica* Poir. 波斯婆婆纳

【识别要点】茎基部多分枝，下部伏生地面。叶在茎基部对生，上部互生，卵圆形及肾状圆形，缘具钝锯齿。花有柄，花萼4片深裂，裂片狭卵形，宿存；花冠淡蓝色，有放射状深蓝条纹。蒴果近肾形（图4-2-42）。

【生物学特性】种子繁殖，二年或一年生草本。秋冬季出苗，偶尔延至翌年春季；花期3—4月，果期4—5月。

【分布与为害】为夏熟作物田杂草，在长江沿岸及其以南的西南地区的旱地发生较多，为害较重，防除也较为困难。

图 4-2-42A　花	图 4-2-42B　单株
图 4-2-42C　群体	图 4-2-42D　幼苗

十一、茜草科 Rubiaceae

猪殃殃 *Galium aparine* L. var. *tenerum* (Gren. et Godr.) Rcbb.

【识别要点】茎四棱形，茎和叶均有倒生细刺。叶 6~8 片轮生，线状倒披针形，顶端有刺尖。聚伞花序顶生或腋生，有花 3~10 朵；花小，花萼细小，花瓣黄绿色，4 裂。小坚果（图 4-2-43）。

【生物学特性】种子繁殖，以幼苗或种子越冬，二年生或一年生蔓状或攀缘状草本。多于冬前 9—10 月出苗，亦可在早春出苗；4—5 月现蕾开花，果期 5 个月。果实落于土壤或随收获的作物种子传播。

【分布与为害】分布广泛。为夏熟旱作物田恶性杂草。华北及淮河流域地区麦和油菜田有大面积发生和为害。攀缘作物，不仅和作物争阳光、争空间，且可引起作物倒伏，造成更大的减产，并且影响作物的收割。

图 4-2-43A　花
图 4-2-43B　枝
图 4-2-43C　幼苗
图 4-2-43D　果
图 4-2-43E　群体

十二、菊科 Compositae

小蓟 *Cephalanoplos segetum* (Bunge) Kitsm. 刺儿菜

【识别要点】根状茎细长。茎直立，株高 20~50 cm。单叶互生，无柄，缘具刺状齿，叶椭圆状或披针形，全缘或有浅齿裂，两面被白色蛛丝状毛。雌雄异株，雄株头状花序较小，雌株花序则较大，总苞片多层，具刺；花冠紫红色（图 4-2-44）。

【生物学特性】以根芽繁殖为主，种子繁殖为辅，多年生草本。在我国中北部，最早于 3—4 月出苗，5—6 月开花、结果，6—10 月果实渐次成熟。种子借风力飞散。实生苗当年只进行营养生长，翌年才能抽茎开花。

【分布与为害】全国均有分布和为害，以北方更为普遍。

图 4-2-44A　单株

图 4-2-44B　花

图 4-2-44C　根

图 4-2-44D　幼苗

大蓟 *Cephalanoplos segetum* (Willd.) Kitam.

【识别要点】成株茎直立，株高 40~100 cm，具纵条棱，近无毛或疏被蛛丝状毛，上部有分枝，中部叶长圆形、椭圆形至椭圆状披针形，先端钝形，有刺尖，边缘有缺刻状粗锯羽状浅裂，有细刺，上面绿色，背面被蛛丝状毛。雌雄异株，头状花序多数集生于顶部，排列成疏松的伞房状；总苞钟形，总苞片多层，外层短，披针形，内层较长，线状披针形；花冠紫红色，花冠管长度为檐部的 4~5 倍，花冠深裂至檐部的基部。瘦果倒卵形或长圆形（图 4-2-45）。

【生物学特性】多年生草本。花、果期 6—9 月。在水平生长的根上产生不定芽，进行无性繁殖，或种子繁殖。

【分布与为害】分布于东北、华北、陕西、甘肃、宁夏、青海、四川和江苏等地。常为害夏收作物（麦类、油菜和马铃薯）及秋收作物（玉米、大豆、谷子和甜菜等），也在牧场及果园为害，在耕作粗放的农田中，发生量大，为害重，很难防治，尤其在北方地区，为害更大。

图 4-2-45A　幼苗
图 4-2-45B　单株

鼠麴草 *Gnaphalium affine* D. Don 佛耳草

【识别要点】株高 10~50 cm。茎直立，簇生，基部常有匍匐或斜上的分枝。茎、枝、叶均密生白色绵毛。叶互生，基部叶花期枯萎，上部叶和中部叶匙形或倒披针形，长 2~7 cm，宽 4~12 mm，顶端有小尖，基部渐狭并下延，无柄，全缘。头状花序多数，在顶端密集成伞房状；总苞球状钟形，直径约 3 mm；总苞片 3 层，金黄色，干膜质，顶端钝，外层宽卵形，内层长圆形；花黄色，外围雌花花冠丝状，中央两性花管状。瘦果椭圆形，长约 0.5 mm，有乳头状突起；冠毛污白色（图 4-2-46）。

【生物学特性】二年生草本。秋季出苗，翌年春季返青，4—6 月为花、果期。以种子繁殖。

【分布与为害】生于旱作物地、水稻田边、路旁、荒地。在收割后的农田中亦常见。主要为害夏收作物（麦类、油菜、马铃薯）和蔬菜，但发生量小，为害轻。分布于华东、华中、华南、西南、河北、陕西、河南及台湾等省区。

图 4-2-46A　花

图 4-2-46B　单株

泥胡菜 *Hemistepta lyrata* Bunge

【识别要点】成株株高 30~80cm。茎直立，具纵棱，有白色蛛丝状毛或无。基生叶莲座状，有柄，倒披针状椭圆形或倒披针形羽状分裂；顶裂片较大，三角形，有时 3 裂，侧裂片 7~8 对，长椭圆状倒被针形，上面绿色，下面密被白色蛛丝状毛；中部叶椭圆形，先端渐尖，无柄，羽状分裂；上部叶线状披针形至线形。头状花序多数，于茎顶排列成伞房状。总苞球形，总苞片 5~8 层；外层卵形，较短，中层椭圆形，内层条状披针形。背部顶端下有 1 紫红色鸡冠状的附片。花冠管状，紫红色，筒部远较冠檐为长（约 5 倍），裂片 5。瘦果圆柱形略扁平（图 4-2-47）。

【生物学特性】种子繁殖，一年或二年生草本植物。通常 9—10 月出苗，花果期翌年 5—8 月。

【分布与为害】分布于全国。常侵入夏收作物（麦类和油菜）田中为害，在长江流域的局部农田为害严重，是发生量大、为害重的恶性杂草。

图 4-2-47A 单株

图 4-2-47B 花
图 4-2-47C 幼苗

稻槎菜 *Lapsana apogonoides* Maxim.

【识别要点】植株细柔，高 10~20cm，叶多于基部丛生，有柄，羽状分裂，长 4~10cm，宽 1~3cm，顶端裂片最大，近卵圆形，顶端钝或短尖，两侧裂片向下逐渐变小；茎生叶较小，通常 1~2cm，有短柄或近无柄。头状花序果时常下垂，常再排成稀疏的伞房状；总苞椭圆形，长约 1mm，内层总苞片 5~6cm，长约 4.5mm；小花全部舌状，两性，结实，花冠黄色。瘦果椭圆状披针形，长 4~5mm，多少压扁，上部收缩，顶端两侧各具钩刺 1 枚，背腹面各有 5~7 肋，无冠毛（图 4-2-48）。

【生物学特性】一、二年生草本。在长江流域，于秋、冬季出苗，花、果期翌年 4—5 月，果实随熟随落。以种子繁殖。

【分布与为害】生于田野、荒野及沟边，为夏熟作物田杂草。多发生于稻、麦或稻、油菜轮作田，在初春，麦类和油菜等作物生长前、中期时，大量发生，为害重，是区域性的恶性杂草。分布于我国华东、华中、华南、河南、四川和贵州等省区。

图 4-2-48A	花	图 4-2-48B	根
图 4-2-48C	单株	图 4-2-48D	幼苗

飞廉 *Carduus crispus* L. 丝毛飞廉

【识别要点】株高 40~150cm。茎直立，有条棱，上部或头状花序下方有蛛丝状毛或蛛丝状绵毛。下部茎生叶椭圆形、长椭圆形或倒披针形，长 5~18cm，宽 17cm，羽状深裂或半裂，侧裂片 7~12 对，边缘有大小不等的三角形刺齿，齿顶及齿缘有浅褐色或淡黄色的针刺。全部茎生叶两面异色，上面绿色，沿脉有稀疏多细胞长节毛，下面灰绿色或浅灰白色，被薄蛛丝状绵毛，基部渐狭，两侧沿茎下延成茎翼，茎翼边缘齿裂，齿顶及齿缘有针刺。头状花序通常 3~5 个集生于分枝顶端或茎端；头状花序小，总苞卵形或卵球形，直径 1.5~2（2.5）cm；中、外层总苞片狭窄。花红色或紫色，长 1.5cm，花冠 5 深裂，裂片线形。瘦果稍压扁，楔状椭圆形，长约 4mm，顶端斜截形，有软骨质果缘，无锯齿。冠毛多层，白色，不等长，呈锯齿状，长达 1.3cm，顶端扁平扩大，基部连合成环，整体脱落（图 4-2-49）。

【生物学特性】二年生或多年生草本。花果期 4—10 月。以种子繁殖。

【分布与为害】生于荒野、路旁、田边等处，较耐干旱，为麦田和路埂常见的杂草。全国各地均有分布。

图 4-2-49A　单株

图 4-2-49B　花

图 4-2-49C　茎

图 4-2-49D　幼苗

猪毛蒿 *Artemisia scoparia* Waldst. et Kit. 黄蒿、滨蒿、茵陈蒿

【识别要点】茎直立，高 30~120cm，暗紫色，有条棱，被微柔毛或近无毛，分枝细而密，直立或稍斜升。基生叶 2~3 回羽状分裂，有长柄，裂片线状披针形，灰绿色，密生灰白色长柔毛，中部茎生叶无柄，1~2 回羽状分裂，裂片毛发状，先端尖，幼时有毛，后渐脱落。头状花序极多数，有梗或无梗，有线形苞叶，在茎及侧枝上排列成圆锥状；总苞近卵形，花黄绿色，先端紫褐色。瘦果长椭圆状倒卵形至长圆形，深红褐色，有纵沟，无毛（图 4-2-50）。

【生物学特性】一年生或越年生杂草。借种子繁殖，以幼苗或种子越冬。春、秋出苗，以秋季出苗数量最多。花期 8—10 月，种子于 9 月即渐次成熟，落入土中或随风而传播。

【分布与为害】生于低山区和平原的农田、路旁、地埂或荒地，耐干旱和瘠薄，在各种土壤上均能生长。主要为害谷子（粟）、玉米、豆类、马铃薯、小麦、棉花等作物，也于果、桑及茶园中为害，但发生量小，为害轻，是常见杂草。分布遍及全国各地。

图 4-2-50A 花序

图 4-2-50B 单株

小蓬草 *Conyza canadensis* (L.) Cronq. 小飞蓬、小白酒草

【识别要点】成株高 40~120cm。茎直立，有细条纹及脱落性疏长毛，上部多分枝。基生叶近匙形，上部叶线形或线状披针形，全缘或有齿裂，边缘有睫毛。头状花序，有短梗，再密集成圆锥状或伞房状圆锥花序；头状花序外围花雌性，细筒状，先端有舌片，白色或紫色；管状花位于花序内方，檐部 4 齿裂，稀少为 3 齿裂。瘦果长圆形（图 4-2-51）。

【生物学特性】种子繁殖，1—2 年生草本。以幼苗或种子越冬，花果期 7—10 月。

【分布与为害】遍布于我国东北和陕西、山西、河南、山东、江西等地。河滩、渠旁、路旁常见大片群落，部分小麦、棉花、果树受害较重。

图 4-2-51A　单株　｜　图 4-2-51B　花
图 4-2-51C　幼苗

蒲公英 *Taraxacum mongolicum* Hand. –Mazz.

【识别要点】叶根生，排列成莲座状，倒披针形或长圆状倒披针形，羽裂，裂片三角形，侧裂片 3 对，全缘或有齿，裂片间常夹生小齿，两面疏被蛛丝状毛或无毛。花葶数个，与叶等长或长于叶。总苞钟状，外层总苞片卵状披针形至披针形，内层呈长圆状线形，顶端常有角状突起。舌状花冠黄色，背面有紫红色条纹。瘦果椭圆形至倒卵形，暗褐色，常稍弯曲（图 4-2-52）。

【生物学特性】多年生草本，以种子及地下芽繁殖。花果期 3—7 月。

【分布与为害】广泛分布于我国东北、华北、华东、华中、西北及西南等地。为害果树、桑及茶树等，发生量小，为害轻。

图 4-2-52A 单株

图 4-2-52B 花

图 4-2-52C 果实

十三、牻牛儿苗科 Geraniaceae

牻牛儿苗 *Erodium stephanianum* Willd. 太阳花、老鸦嘴

【识别要点】根直立，细圆柱形，株高 15~45cm，多自基部分枝，分枝常平铺地面或稍斜升，有节，被柔毛。叶对生，长卵形或长圆状三角形，长约 6cm，二回羽状深裂至全裂，羽片 5~9 对，基部下延，小裂片线形，全缘或有 1~3 粗齿，叶柄长 4~6cm。托叶线状披针形。伞形花序腋生，总梗细长，5~15cm，常有 2~5 朵花，花柄长 2~3cm，萼片长圆形，长 6~7mm，先端有长芒，花瓣淡紫蓝色，倒卵形，长不超过萼片，花丝短，仅 5 枚有花药。蒴果长约 4cm，顶端有长喙，成熟时 5 个果瓣与中轴分离，喙部呈螺旋状卷曲，种子条状长圆形，褐色（图 4-2-53）。

【生物学特性】一年生或有时越年生草本。冬前出苗。花果期 4—8 月。种子成熟时蒴果卷裂，种子被弹射到他处。以种子和幼苗越冬。种子繁殖。

【分布与为害】常生于山坡草地或河岸沙地。为常见的果园、茶园及路埂杂草，发生量较大，为害较重，偶侵入麦田。分布于我国东北、华北、西北、西南（云南西部）。

图 4-2-53A　群体

图 4-2-53B　花

图 4-2-53C　果

野老鹳草 *Geranium carolinianum* L.

【识别要点】株高20~50cm。茎直立或斜升，有倒向下的密柔毛，有分枝。叶圆肾形，宽4~7cm，长2~3cm，下部互生，上部对生，5~7深裂，每裂又3~5裂，小裂片线形，先端尖，两面有柔毛，下部茎叶有长达10cm的叶柄，上部的叶柄等于或短于叶片。花成对集生于茎端或叶腋，花序柄短或几乎无柄；花柄长1~1.5cm，有腺毛（腺体早落），萼片宽卵形，有长白毛，果期增大，长5~7mm；花瓣淡红色，与萼片等长或略长。蒴果长约2cm，先端有长喙，成熟时裂开，5果瓣向上卷曲，种子宽椭圆形，表面有网纹（图4-2-54）。

【生物学特性】多年生草本植物。花果期4—8月。种子繁殖。

【分布与为害】喜生于荒地、路旁草丛中，为夏收作物田中常见之杂草。对麦类及油菜等作物轻度为害。分布于我国河南、江苏、浙江、江西、四川及云南。

图 4-2-54A　单株

图 4-2-54B　花、叶

图 4-2-54C　花、果

图 4-2-54D　幼苗

十四、蔷薇科 Rosaceae

朝天委陵菜 *Potentilla supina* L.

【识别要点】株高 10~50cm，茎平铺或倾斜伸展，分枝多，疏生柔毛。羽状复叶，基生叶有小叶 7~13 片，小叶倒卵形或长圆形，边缘有缺刻状锯齿，上面无毛，下面微生柔毛或近无毛，具长柄。茎生叶与基生叶相似，有时为三出复叶，叶柄较短或近无柄。花单生于叶腋；有花梗，被柔毛；花黄色。瘦果卵形（图 4-2-55）。

【生物学特性】种子繁殖，二年生或一年生草本，华北地区越年生的 3—4 月返青，5 月始花，花期较长，花、果期 5—9 月。

【分布与为害】分布于我国东北、内蒙古、新疆、河北、河南、甘肃、山西、陕西、山东、四川、安徽、江苏等地。适生水边、沙滩地；为旱地、果园杂草，为害小麦、棉花、蔬菜、花生、果木等，极为常见，但为害不重。

图 4-2-55A 幼苗

图 4-2-55B 花

图 4-2-55C 单株

匍枝委陵菜 *Potentilla flagellaris* Willd.

【识别要点】茎匍匐，幼时有长柔毛，渐脱落。基生叶为掌状复叶；小叶5，稀3，菱状倒卵形，基部楔形，先端渐尖，边缘有不整齐的浅裂，上面幼时有柔毛，后脱落近无毛；背面沿叶脉有柔毛；叶柄长4~7cm，微生柔毛；茎生叶与基生叶相似，小叶片较小。花单生于叶腋，花黄色，花瓣5。瘦果长圆状卵形（图4-2-56）。

【生物学特性】多年生草本。春季萌发，花期4—7月，果期6—9月，冬季地上部分枯萎。种子、根茎及匍匐枝繁殖。

【分布与为害】常生长在水田边、田埂、麦地及茶山、果园等处，与作物、果、茶争夺水肥，对产量有一定影响。分布于我国黑龙江、河北、山东、山西、江苏等省。

图4-2-56A 花

图4-2-56B 单株

十五、菫菜科 Violaceae

紫花地丁 *Viola philippica* Cav. 野菫菜、光瓣菫菜

【识别要点】植株无毛或有绿色短毛，高 4~14cm，无匍匐枝。根状茎短，淡褐色，节密生，其上着生数条细不定根。叶多数，基生，叶片通常较狭长，呈三角状卵形或狭卵形，长 1.5~4cm，先端圆钝，叶基楔形或心形，边缘有浅圆齿；托叶膜质，2/3~4/5 与叶柄合生，离生部分线状披针形，边缘疏生具腺体的细齿或近全缘。花中等大；花梗多数，细弱；萼片卵状披针形，花瓣紫菫色或淡紫色，稀呈白色。蒴果长圆形，淡黄色（图 4-2-57）。

【生物学特性】多年生草本。花果期 4 月中下旬至 9 月，以根状茎和种子繁殖。

【分布与为害】生于田间、荒地、山坡草丛、灌丛或林缘等处，在庭园较湿润处常形成群落。为夏秋作物田和菜园一般性杂草，为害轻。分布于我国东北、华北、华东、西南、福建、台湾等地。

图 4-2-57A　幼苗

图 4-2-57B　单株

十六、禾本科 Grammineae

看麦娘 *Alopecurus aequalis* Sobol. 麦娘娘、棒槌草

【识别要点】株高 15~40cm。秆疏丛生，基部膝曲。叶鞘短于节间，叶舌薄膜质。圆锥花序，灰绿色，花药橙黄色（图 4-2-58）。

【生物学特性】种子繁殖，越年生或一年生草本。苗期 11 月至翌年 2 月，花果期 4—6 月。

【分布与为害】适生于潮湿土壤，主要分布于中南各省。主要为害稻茬麦田、油菜等作物。看麦娘繁殖力强，对小麦易造成较重的为害。

图 4-2-58A　穗 ｜ 图 4-2-58B　幼苗

图 4-2-58C　单株

日本看麦娘 *Alopecurus japonicuss* Steud.

【识别要点】成株高 20~50cm。须根柔弱；秆少数丛生。叶鞘松弛，其内常有分枝；叶舌薄膜质，叶片质地柔软、粉绿色。圆锥花序圆柱状，黄绿色，小穗长圆状卵形。颖果半圆球形（图 4-2-59）。

【生物学特性】种子繁殖，一年或二年生草本，其基本生物学特性与看麦娘相似。以幼苗或种子越冬。在长江中下游地区，10 月下旬出苗，冬前可长出 5~6 叶，越冬后于 2 月中下旬返青，3 月中下旬拔节，4 月下旬至 5 月上旬抽穗开花，5 月下旬开始成熟。籽实随熟随落，带稃颖漂浮水面传播。

【分布与为害】主要分布于华东、中南的湖北、江苏、浙江、广西及西北的陕西等地。多生长于稻区中性至微酸性黏土或壤土的低湿麦田。另外，也为害油菜、绿肥。

图 4-2-59A　穗
图 4-2-59B　幼苗
图 4-2-59C　单株

大穗看麦娘 *Alopecurus myosuroides* Huds. 鼠尾看麦娘

【识别要点】秆直立，基部常膝曲，高 10~50（80）cm，直径约 2mm。叶鞘无毛；叶舌膜质，流苏状，长 2~4mm；叶片线形至披针形，长 5~15（20）cm，宽 2~8mm，两面均微粗糙；圆锥花序紧密，圆柱形，长 4~12cm，宽 3~6mm，分枝极短，成熟期花序一般高过小麦；小穗披针形，含 1 小花，长 5~7mm，宽 1.9~2.3mm，几无柄，草黄色或稍带紫色；外稃与颖近相等，具 4~5 脉，先端钝；芒自稃体近基部伸出，芒长 6~10mm，芒柱扭转；内稃缺。花药初期白色，逐渐变为浅褐色，长约 2mm（图 4-2-60）。

【生物学特性】种子繁殖，一年或二年生草本。以幼苗或种子越冬。籽实随熟随落，带稃颖漂浮水面传播。

【分布与为害】主要分布于我国华东、华中等地。

图 4-2-60A　穗　｜ 图 4-2-60C　单株
图 4-2-60B　幼苗

硬草 *Sclerochloa kengiana* Tzvel.

【识别要点】秆直立或基部卧地，株高 15~40cm，节较肿胀。叶鞘平滑，有脊，下部闭合，长于节间；叶舌干膜质，先端截平或具裂齿。圆锥花序较密集而紧缩，坚硬而直立，分枝孪生，1 长 1 短，小穗，粗壮而平滑，直立或平展，小穗柄粗壮（图 4-2-61）。

【生物学特性】种子繁殖，一年或二年生草本。秋、冬季或迟至春季萌发出苗，花果期 4—5 月。

【分布与为害】分布于我国安徽、江苏、河南等地区。在潮湿土壤中发生数量较大。

	图 4-2-61B	穗
图 4-2-61A　单株	图 4-2-61C	叶舌
	图 4-2-61D	幼苗

早熟禾 *Poe annua* L. 小鸡草

【识别要点】植株矮小，秆丛生，直立或基部稍倾斜，细弱，株高 7~25cm。叶鞘光滑无毛，常自中部以下闭合，长于节间，或在中部的短于节间；叶舌薄膜质，圆头形，叶片柔软，先端船形。圆锥花序开展，每节有 1~3 个分枝；分枝光滑。颖果纺锤形（图 4-2-62）。

【生物学特性】种子繁殖，二年生草本；苗期为秋季、冬初，北方地区可迟至翌年春天萌发，一般早春抽穗开花，果期 3—5 月。

【分布与为害】分布于全国。为夏熟作物田及蔬菜田杂草，亦常发生于路边、宅旁。局部地区蔬菜及小麦和油菜田为害较重。

图 4-2-62A　穗 ｜ 图 4-2-62B　幼苗
图 4-2-62C　单株

菵草 *Beckmannia syzigachne* (steud.) Fernald.

【识别要点】秆丛生，直立，不分枝，株高15~90cm。叶鞘无毛，多长于节间；叶片阔条形，叶舌透明膜质。圆锥花序，狭窄，分枝稀疏，直立或斜生；小穗两侧压扁，近圆形，灰绿色（图4-2-63）。

【生物学特性】种子繁殖，一年生或越年生草本。冬前或早春出苗，4—5月开花，5—6月成熟。

【分布与为害】主要分布于我国长江流域。为稻茬麦田主要杂草，在局部地区成为恶性杂草。

图 4-2-63A　籽
图 4-2-63B　幼苗
图 4-2-63C　单株

雀麦 *Bromus japonicus* Thund.

【识别要点】须根细而稠密。秆直立、丛生，株高30~100cm。叶鞘紧密抱茎，被白色柔毛，叶舌透明膜质，顶端具不规则的裂齿；叶片均被白色柔毛，有时背面脱落无毛。圆锥花序开展，向下弯曲，分枝细弱；小穗幼时圆筒状，成熟后压扁，颖披针形，具膜质边缘。颖果背腹压扁，呈线状（图4-2-64）。

【生物学特点】种子繁殖，越年生或一年生草本。早播麦田10月初发生，10月上中旬出现高峰期。花果期5—6月。种子经夏季休眠后萌发，幼苗越冬。

【分布与为害】主要分布于我国长江、黄河流域、华北部分麦区。部分麦田受害较重。

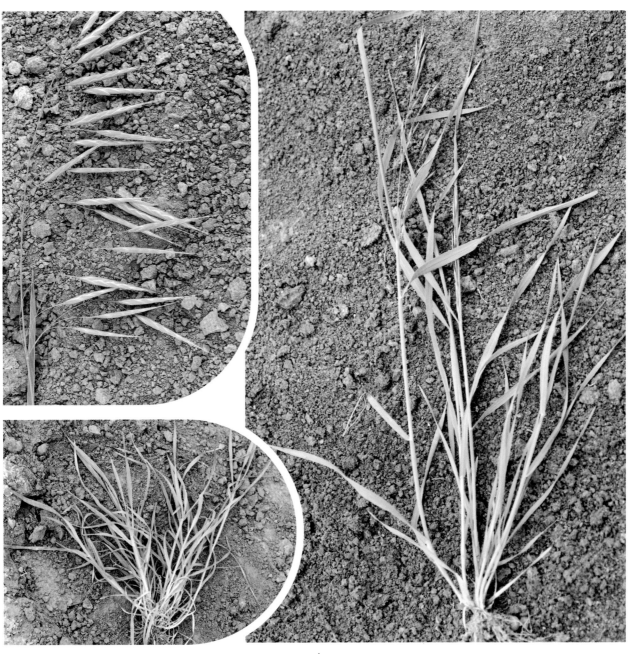

图4-2-64A　穗
图4-2-64B　幼苗
图4-2-64C　单株

野燕麦 *Avena fatua* L. 燕麦草

【识别要点】株高 30~120cm。单生或丛生，叶鞘长于节间，叶鞘松弛；叶舌膜质透明。圆锥花序，开展，长 10~25cm；小穗长 18~25mm，花 2~3 朵（图 4-2-65）。

【生物学特性】种子繁殖，越年生或一年生草本。秋、春季出苗，4 月抽穗，5 月成熟。生长快，强烈抑制作物生长。

【分布与为害】分布于全国，以西北、东北地区为害最为严重。适生于旱作物地，为麦田重要杂草。

图 4-2-65A　穗

图 4-2-65B　幼苗

图 4-2-65C　单株

棒头草 *Polypogon fugax* Nesser Steud.

【识别要点】成株秆丛生，光滑无毛，株高 15~75 cm。叶鞘光滑无毛，大都短于或下部长于节间；叶舌膜质，长圆形，常 2 裂或顶端呈不整齐的齿裂；叶片扁平，微粗糙或背部光滑。圆锥花序穗状，长圆形或兼卵形，较疏松，具缺刻或有间断；小穗灰绿色或部分带紫色；颖几相等，长圆形，全部粗糙，先端 2 浅裂；芒从裂口伸出，细直，微粗糙。颖果椭圆形（图 4-2-66）。

【生物学特性】种子繁殖，一年生草本，以幼苗或种子越冬。

【分布及为害】除东北、西北外几乎分布于全国各地。多发生潮湿地。为夏熟作物田杂草，主要为害小麦、油菜、绿肥和蔬菜等作物。

图 4-2-66A　穗
图 4-2-66B　幼苗
图 4-2-66C　单株
图 4-2-66D　叶舌

长芒棒头草 *Polypogon monspeliensis* (Linn.) Desf.

【识别要点】茎秆光滑无毛，株高20~80cm。叶鞘疏松抱秆，叶舌长4~8cm，两深裂或不规则破裂；表面及边缘粗糙，背面光滑。穗圆锥形花序呈棒状；颖倒卵状长圆形，粗糙，脊与边缘有细纤毛，顶端两浅裂，裂口伸出细长芒。颖果倒卵状椭圆形（图4-2-67）。

【生物学特性】一年或二年生草本，苗期秋冬季或迟至翌年春季；花果期4—6月。

【分布与为害】几乎遍布全国，以西南及长江流域的局部地区为害较重。为夏熟作物田杂草，低洼田块发生数量大，有时形成纯种群，为害性更大。

图4-2-67A　幼苗 ┃ 图4-2-67B　穗

图4-2-67C　单株

纤毛鹅观草 *Elymus ciliaris* (Trinius ex Bunge) Tzvelev

【识别要点】根须状；秆单生或成疏丛，直立，高40~80cm，平滑无毛，常被白粉，具3~4节，基部的节呈膝曲状；叶鞘平滑无毛，除上部二叶鞘外，余均较节间为长；叶片扁平，长10~20cm，宽3~10mm，两面均无毛，边缘粗糙；穗状花序直立或稍下垂，小穗轴节间长1~1.5mm，贴生短毛；颖椭圆状披针形，先端具短尖头，两侧或一边常具齿，具有明显又强壮的5~7脉，边缘与边脉上具纤毛。内稃与颖果贴生，不易分离（图4-2-68）。

【生物学特性】多年生草本，春夏季抽穗。种子繁殖。

【分布与为害】生于农田地边、路旁、沟边、林地或草丛中。偶入农田，为害不重。广布于我国南北各地。

图4-2-68B　单株

图4-2-68A　穗

鹅观草 *Roegneria kamoji* Ohwi

【识别要点】根须状，秆丛生，直立或基部倾斜，高 30~100cm，叶鞘光滑，长于节间或上部的较短，外侧边缘常具纤毛；叶舌纸质，截平，叶片扁平，光滑或较粗糙。穗状花序，下垂，小穗绿色或带紫色，长 13~25mm(芒除外)，有 3~10 小花，颖卵状披针形至长圆状披针形芒长（图 4-2-69）。

【生物学特性】多年生草本。早春抽穗。种子繁殖为主。

【分布与为害】多生于山坡或湿地，为一般性杂草。除新疆、青海、西藏等地外，分布几遍全国。

图 4-2-69A　穗 ｜ 图 4-2-69B　植株

多花黑麦草 *Lolium multiflorum* Lam.

【识别要点】秆多数丛生，直立，高50~70cm。叶鞘较疏松；叶舌较小或退化而不显著；叶片长10~15cm，宽3~5mm。穗状花序长10~20cm，宽5~8mm，穗轴节间长7~13mm（下部者可达20mm）；小穗长10~18mm，宽3~5mm，有10~15小花；小穗轴节间长约1mm，光滑无毛；颖质地较硬，具狭膜质边缘，具5~7脉，长5~8mm，通常与第一小花等长；上部小花可无芒，内稃约与外稃等长，边缘内折，脊上具微小纤毛。颖果倒卵形或矩圆形，长2.6~3.4mm，宽1~1.2mm，褐色至棕色（图4-2-70）。

【生物学特性】一年生草本。种子繁殖。果期6—7月。

【分布与为害】多生于草地上。我国引种作牧草。为赤霉病和冠锈病的寄主。

图4-2-70A 穗
图4-2-70B 群体
图4-2-70C 单株

黑麦草 *Lolium perenne* L. 多年生黑麦草

【识别要点】秆成疏丛，质地柔软，基部常斜卧，高 30~60cm。叶鞘疏松，通常短于节间；叶舌短小，叶片质地柔软，被微柔毛，长 10~20cm，宽 3~6mm。穗状花序长 10~20cm，宽 5~7mm，穗轴节间长 5 ~ 10(20)mm；小穗有 7~11 小花，长 1~1.4cm，宽 3~7mm；小穗轴节间长约 1mm，光滑无毛；颖短于小穗，通常较长于第一小花，具 5 脉，边缘狭膜质，外稃披针形，质地较柔软，具脉，基部有明显基盘，顶端通常无芒，或在上部小穗具有短芒，第一小花外稃长 7mm，内稃与外稃等长，脊上生短纤毛。颖果矩圆形，长 2.8~3.4mm，宽 1.1~1.3mm，棕褐色至深棕色，顶端具毛茸，腹面凹，胚卵形，长占颖果的 1/6~1/4（图 4-2-71）。

【生物学特性】多年生草本。种子或分根繁殖。

【分布与为害】分布于欧洲、非洲北部、亚洲热带地区、北美洲及大洋洲。生于草原、牧场、草坪和荒地。我国引种作牧草。一般性杂草。为赤霉病和冠锈病寄主。

图 4-2-71A 单株　图 4-2-71B 穗

蜡烛草 *Phleum paniculatum* Huds. 假看麦娘

【识别要点】株高 15~50cm，秆丛生，直立或斜上，具 3~4 节。叶片扁平，多斜向上生；叶鞘短于节间，叶舌膜质。圆锥花序紧密呈圆柱状，幼时绿色，成熟后变黄。颖果瘦小（图 4-2-72）。

【生物学特性】种子繁殖，越年生或一年生草本。秋季或早春出苗，春、夏季抽穗成熟。

【分布与为害】分布于我国长江流域和山西、河南、陕西等地。多生于潮湿处、麦田中。

图 4-2-72A	幼苗	图 4-2-72C　单株
图 4-2-72B	穗	

星星草 *Puccinellia tenuiflora* (Turcz.) Scribn.et Merr.

【识别要点】秆丛生，直立或基部膝曲上升，高 30~60cm，直径约 1mm，具 3~4 节，顶生者远长于叶片；叶舌膜质，长约 1mm，先端截平；叶片条形，常内卷。圆锥花序长 10~20cm，疏松开展，主轴平滑；每节有 2~3 个分枝，下部裸露，细弱平展，微粗糙；小穗柄短而粗糙；小穗长 3~4mm，含 2~4 小花，带紫色；草绿色后变为紫色，颖质近膜质，第一颖约 6mm，具 1 脉，第二颖长于第一颖，3 脉，外稃先端钝，基部略生微毛，具不明显 5 脉，内稃等长于外稃，平滑无毛或脊上有数个小刺；花药线形，长 1~1.2mm（图 4-2-73）。

【生物学特性】多年生或越年生草本，以种子繁殖。

【分布与为害】分布于我国东北、华北、陕西等地，生于较低洼湿润处，为低湿麦田常见杂草，部分麦田受害较重。

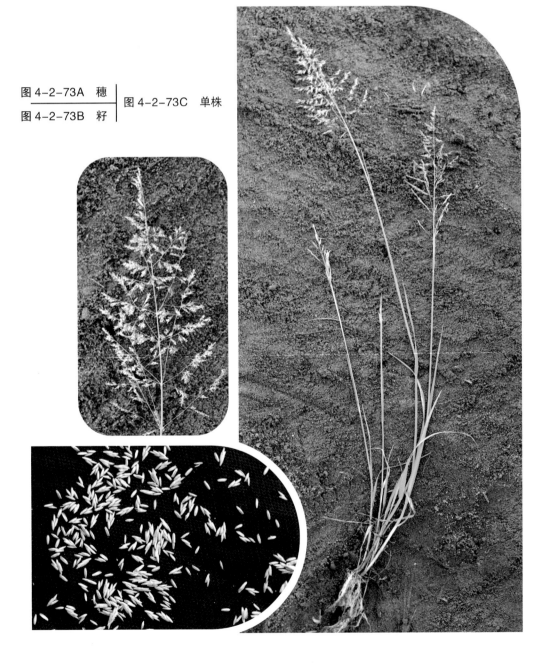

图 4-2-73A　穗
图 4-2-73B　籽
图 4-2-73C　单株

臭草 *Melica scabrosa* Trin. 肥马草、枪草

【识别要点】须根细弱，较稠密，秆丛生，直立或基部膝曲，高30~70cm，基部常密生分蘖，叶鞘光滑或微粗糙，下部的长而上部的短于节间，叶舌透明膜质，长1~3mm，先端撕裂而两侧下延，叶片质较薄，长6~15cm，宽2~7mm，干时常卷折，无毛或腹面疏生柔毛，圆锥花序窄狭，长8~16cm，宽1~2cm，分枝直立或斜向上升，主枝长达5cm，小穗柄短，线形弯曲，上部被微毛，小穗长5~7mm，有2~4朵孕性小花，淡绿或乳脂色；顶部由数个不育外稃集成小球形，颖几等长，膜质，具3~5脉，背部中脉常生微小纤毛，长4~7mm，外稃先端尖或钝而为膜质，第一外稃长5~6mm；内稃短于或在上部花中者等于外稃，先端钝，脊具微小纤毛，花药长约1.3mm。颖果纺锤形（图4-2-74）。

【生物学特性】多年生草本，夏秋季抽穗，多以种子繁殖。

【分布与为害】于农田地边、路旁，山坡林缘和荒芜场所。有时侵入果园和麦地，但数量不多，为害不重。分布于我国华北，西北诸省区，朝鲜也有分布。

图4-2-74A 单株 ｜ 图4-2-74B 穗

节节麦 *Aegilops squarrosa* Auct. Non Linn.

【识别要点】须根细弱。秆高 20~40cm，丛生，基部弯曲，叶鞘紧密包秆，平滑无毛而边缘有纤毛；叶舌薄膜质，长 0.5~1mm；叶片微粗糙，腹面疏生柔毛。穗状花序圆柱形，含小穗（5）7~10（13）枚，长约 10cm(包括芒)，成熟时逐节脱落；小穗圆柱形，长约 9mm，含 3~4（5）小花，颖革质，长 4~6mm，通常具 7~9 脉（有时达 10 脉以上），先端截平而有 1 或 2 齿；外稃先端略截平而具长芒，芒长 0.5~4cm，具 5 脉，脉仅在先端显著；第 1 外稃长约 7mm，内稃与外稃等长，脊上有纤毛。颖果暗黄褐色，表面乌暗无光泽，椭圆形至长椭圆形（图 4-2-75）。

【生物学特性】一年生草本。花果期 5—6 月。种子繁殖。

【分布与为害】耐干旱，喜生于旱作物田或草地，为麦田一般性杂草，发生量小，为害轻。分布于我国陕西、河南、山东和江苏。

图 4-2-75A　单株

图 4-2-75B　穗

图 4-2-75C　幼苗

十七、木贼科 Equisetaceae

问荆 *Equisetum arvense* L. 笔头草、接骨草

【识别要点】根茎发达，黑褐色，入土深 1~2m，并具有小球茎。地上茎直立，二型，分为育茎与不育茎。能育茎单一，无色或带褐色，不育茎绿色，多分枝。叶鞘齿每 2~3 个连接。叶退化，下部联合成鞘。茎枝因沉积有大量的硅质，故质地很粗糙。孢子囊穗具柄，长椭圆形，顶生、钝头。孢子叶六角盾形（图 4-2-76）。

【生物学特性】多年生草本植物，以根茎繁殖为主，孢子也能繁殖。在北方，4—5 月生孢子茎，不久孢子成熟散出，孢子茎枯死；5 月中下旬生营养茎，9 月营养茎死亡。

【分布与为害】广泛分布在我国东北、华北、西北等地区，在东北地区发生与为害较重。部分小麦、大豆、花生、玉米等作物受害较重。

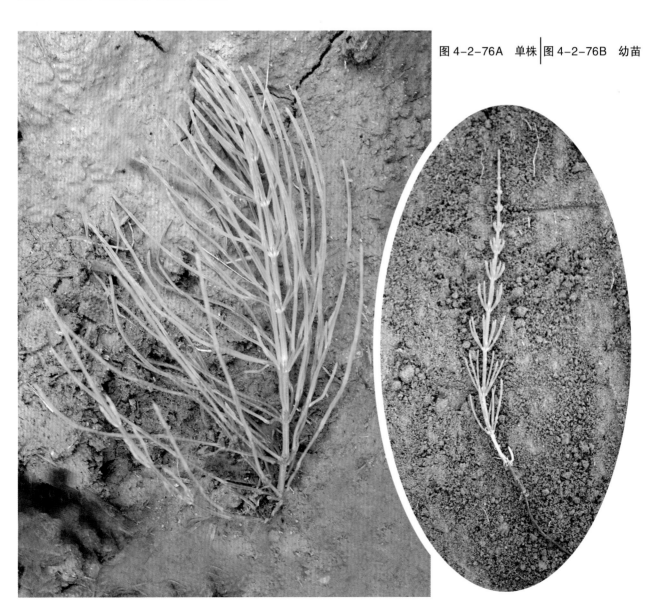

图 4-2-76A 单株 图 4-2-76B 幼苗

第三节　麦田杂草发生规律与防治策略

一、麦田主要杂草的生物学及发生规律

（一）麦田主要杂草的生物学特点

黄淮海冬麦区，90% 以上的杂草为种子繁殖，少数为根茎繁殖；种子出苗深度一般为 0~3cm，个别杂草出苗深度达 5~10cm；杂草多以冬前出苗，4—5 月开花结实，其生育周期与小麦相似，严重影响小麦的生长发育。现将黄淮海冬麦区主要杂草的生物学特点归结见表 4-3-1。

表 4-3-1　黄淮海冬麦区主要杂草及其生物学特点

杂草名称	繁殖方式	种子出苗最适深度（cm）	冬前出苗期（第一出苗高峰）（月）	春天出苗期（第一出苗高峰）（月）	开花成熟期（月）
看麦娘	种子	0~3（0.6~2）	10—11	3—4 少量	4—5
野燕麦	种子	1~20（3~7）	9—10		4—5
硬草	种子	0.1~2.4	10		4 中—5 下
播娘蒿	种子	1~7（1~3）	9—10（10 中下最多）	3—4 少量	4—5
荠菜	种子	1~5	10—11（10 中最多）	3—4 少量	3—5
萹蓄	种子	0~4		3—4	5—10
猪殃殃	种子	0~3	9—11(11 中最多)	3—4 少量	4—5
牛繁缕	种子	0~3（0~1）	9—11（10 下—11 上最多）	3—4 少量	4—5
婆婆纳	种子	0~3	10—11	3—4 少量	3—5
小蓟	种子、根茎	0~5	7—10 少量发生	3—4 大量发生	5—6
打碗花	根茎、种子			3—4	6—8
泽漆	种子	0~3	10—11	3—4 少量	4—5
佛座	种子	1~3	9—11（10 下最多）	2—3	5—6
大巢菜	种子	0~3	10—11	3—4 少量	4—5
日本看麦娘	种子	0~3	10—11	3—4 少量	4—5

（二）麦田杂草的发生规律

麦田杂草在田间萌芽出土的高峰期一般均以冬前为多，只有个别种类在次年返青期还可以出现一次小高峰。麦田杂草的发生规律见图 4-3-1。大多数杂草出苗高峰期都在小麦播种后 15~20d 内出苗，即 10 月下旬至 11 月中旬是麦田杂草出苗的高峰期，此期间出苗的杂草约占杂草总数的 95%，部分杂草在次年的 3 月间还可能出现一次小的出苗高峰期。

据田间观察，麦田杂草的发生与播种期、土壤状况关系较大，多种环境条件影响着麦田杂草的发生量和发生期，一般在随小麦出苗而相继发生。

麦田杂草出苗高峰期在小麦播种后 15~20d，这是麦田杂草出苗的第一个高峰期，也是最大的高峰；部分杂草在次年的 3 月间还可能出现一次小的出苗高峰期。

通过大量试验观察，麦田杂草防治适期有 3 个时期。小麦播种后出苗前是麦田杂草防治的一个重要时期，小麦幼苗期（11 月中下旬至 12 月上旬）是防治麦田杂草的最佳时期，小麦返青期（2 月下旬至 3 月中旬）是麦田杂草防治的补充时期。小麦幼苗期施药效果最佳，此时杂草已基本出土，麦苗较小，杂草组织幼嫩、抗药性弱，气温较高（日平均温度在 10℃以上），药剂能充分发挥药效见图 4-3-1。

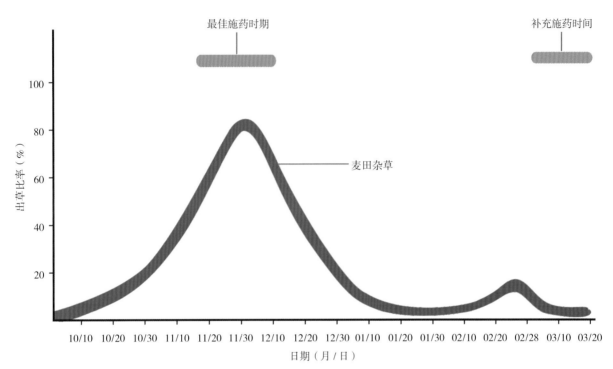

图 4-3-1　麦田杂草出苗与施药时期

二、不同类型麦田杂草防治策略

近年来，麦田杂草发生严重，麦田杂草种类较多、草相差异较大；同时，各地小麦的生长情况和栽培模式不同，除草剂的应用历史不同；另外，还要考虑土质、环境条件等因素，应针对不同情况正确地选择麦田除草剂品种。

（一）豫南稻麦轮作麦田禾本科杂草防治

长江流域稻麦轮作田，主要是看麦娘等禾本科杂草和牛繁缕等阔叶杂草，但以禾本科杂草为主，看麦娘、日本看麦娘、菵草等杂草发生严重，另外，还有少量的棒头草、长芒棒头草、蜡烛草、纤毛鹅观草等，这些禾本科杂草发生早，在水稻收割小麦播种后很快形成出苗高峰，难于控制，严重地为害小麦的生长见图 4-3-2。生产上应在小麦苗后冬前进行及时防治，正确地选用除草剂种类和施药方法，一次施药有效地控制杂草的为害。

在豫南部分麦田，前茬水稻腾茬早、雨水大，在播前就有大量看麦娘等杂草出土的田块见图 4-3-3。需要在播前灭茬除草，可以在播前 5~7d 施药防治，可以用下列除草剂：

41% 草甘膦水剂 50~100mL/ 亩；加水 30kg/ 亩喷施，防治这些已出苗杂草，播后视草情再用其他麦田除草剂。该期施用草甘膦后，最好间隔 5~7d，不要马上撒播小麦，一方面可以提高杀草效果；同时，现在田间有机质下降，草甘膦分解缓慢，间隔期太短，易对小麦发生药害。

图 4-3-2　长江流域稻麦轮作区麦田禾本科杂草
发生为害情况　　　　图 4-3-3　稻茬小麦播种前发生大量杂草

在小麦冬前期，对于信阳等长江流域稻作麦区，是麦田防治杂草的最好时期，这一时期杂草基本出齐，且多处于幼苗期，防治目标明确，应视杂草的生长情况，于 11 月中下旬至 12 月上旬施药，防治一次即可达到较好的防治效果。

以看麦娘等禾本科杂草为主的地块，在杂草发生较早的时期，且大量杂草已出苗时见图 4-3-4 至图 4-3-6，可以用：

图 4-3-4　小麦冬前苗期禾本科　　图 4-3-5　小麦冬前苗期禾本科　　图 4-3-6　小麦冬前苗期禾本科
杂草发生早期为害情况　　　　杂草发生为害情况　　　　杂草发生较大时为害情况

50% 异丙隆可湿性粉剂 150~200g/ 亩，加水 30kg/ 亩，均一喷雾进行土壤处理。

对于以看麦娘等禾本科杂草为主的地块，杂草大量出苗后，可以用：

10% 精恶唑禾草灵乳油 75~100mL/ 亩；

50% 异丙隆可湿型粉剂 120~150g/ 亩 +6.9% 精恶唑禾草灵水乳剂 50~75mL/ 亩；

70% 氟唑磺隆水分散粒剂 3~5g/ 亩 + 助剂 10g/ 亩；

15% 炔草酯可湿性粉剂 30~50g/ 亩。对水 30kg/ 亩，均匀喷施。

对于以日本看麦娘、茵草等为主的地块，尽量在杂草基本出齐、且处于幼苗期时及时施药，可以用：

5% 唑啉草酯乳油 60~100mL/ 亩，加水 30kg/ 亩，均一喷雾进行处理。

在小麦返青期，杂草快速生长，前期防治效果不好的田块，应于 2 月中下旬杂草充分返青且未太大时及时施药见图 4-3-7。

以看麦娘等禾本科杂草为主的地块，可以用：

6.9% 精恶唑禾草灵水乳剂 75~100mL/ 亩；

10% 精恶唑禾草灵乳油 75~100mL/ 亩；

70% 氟唑磺隆水分散粒剂 4~5g/ 亩 + 助剂 10g/ 亩；

15% 炔草酯可湿性粉剂 18~22g/ 亩。

对水 30kg/ 亩，均匀喷施。

以日本看麦娘、茵草等为主的地块，可以用：

70% 氟唑磺隆水分散粒剂 4~6g/ 亩 + 助剂 10g/ 亩；

3% 甲基二磺隆油悬剂 25~30mL/ 亩加入助剂。

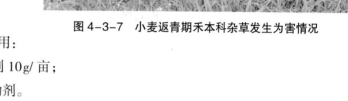

图 4-3-7　小麦返青期禾本科杂草发生为害情况

加水 30kg 均一喷雾进行土壤处理。施药时务必均匀施药；选择药剂时应选择质量较好的产品；同时，考虑安全剂加入要足量。

（二）豫南稻麦轮作麦田禾本科杂草——牛繁缕等杂草防治

长江流域稻麦轮作田，看麦娘、日本看麦娘、茵草等杂草发生严重；另外，还有少量的棒头草、长芒棒头草、蜡烛草、纤毛鹅观草等；同时，田间还有牛繁缕、碎米荠、大巢菜等阔叶杂草，这些杂草发生早，在水稻收割小麦播种后很快形成出苗高峰见图 4-3-8，应在小麦冬前早期进行及时防治。

在一些腾茬早，在播前就有大量看麦娘、牛繁缕、碎米荠等杂草出土的田块，播前 5~7d 用 41% 草甘膦水剂 100mL/ 亩，加水 30kg/ 亩喷施，防治这些已出苗杂草，播后视草情再用其他麦田除草剂。该期施用草甘膦后，不能马上撒播小麦，以免发生药害。

一般性麦田，应在前茬收获后进行翻耕、整地。在小麦播后苗前，田间为看麦娘、日本看麦娘、茵草、棒头草、长芒棒头草、蜡烛草、纤毛鹅观草、牛繁缕、碎米荠、大巢菜等杂草，在墒情较好情况下，可以用：

50% 乙草胺乳油 50~100mL/ 亩 +50% 异丙隆可湿性粉剂 120~150g/ 亩；

图 4-3-8　麦田禾本科杂草牛繁缕等的发生为害情况

50%异丙隆可湿性粉剂 150~200g/ 亩。

加水 30kg/ 亩，均匀喷雾，进行土壤处理。

对于湿度较大、气温较低的麦田，用乙草胺、丁草胺可能会出现暂时性抑制小麦的生长，施药时应加以注意施药技术。

图 4-3-9　小麦冬前苗期禾本科杂草牛繁缕等
杂草发生为害情况

在小麦冬前期，对于信阳等长江流域稻作麦区，可于 11 月中下旬至 12 月上旬，这一时期杂草基本出齐，且多处于幼苗期，防治目标明确，是防治上比较有利的时期，见图 4-3-9。施药过晚药效下降，且易于发生药害；施药过早药效不稳定。

对于以看麦娘、牛繁缕、碎米荠、大巢菜等杂草为主的地块，可以用：

6.9%精恶唑禾草灵水乳剂 50~75mL/ 亩 +10%苯磺隆可湿性粉剂 10~20g/ 亩；

10%精恶唑禾草灵乳油 50~75mL/ 亩 +10%苄嘧磺隆可湿性粉剂 30~40g/ 亩；

50%异丙隆可湿性粉剂 120~175g/ 亩 +10%苄嘧磺隆可湿性粉剂 30~40g/ 亩；

70%氟唑磺隆水分散粒剂 4~5g/ 亩 + 助剂 10g/ 亩 +10%苄嘧磺隆可湿性粉剂 30~40g/ 亩；

15%炔草酯可湿性粉剂 18~22g/ 亩 +10%苄嘧磺隆可湿性粉剂 30~40g/ 亩。

对水 30kg/ 亩，均匀喷施。

对于以日本看麦娘、菵草、牛繁缕、碎米荠、大巢菜等为主的地块，可以用：

10%苄嘧磺隆可湿性粉剂 30g/ 亩 +3%甲基二磺隆油悬剂 25~30m 亩加入助剂；

50%异丙隆可湿性粉剂 100~120g/ 亩 +5%唑啉草酯乳油 60~100mL/ 亩。

加水 30kg/ 亩均匀喷雾，进行土壤处理。

在小麦返青期，杂草快速生长，前期防治效果不好的田块，应于 2 月中下旬杂草充分返青且未太大时及时施药，见图 4-3-10。

对于以看麦娘、牛繁缕、碎米荠、大巢菜等杂草为主的地块，可以用：

6.9%精恶唑禾草灵水乳剂 75~100mL/ 亩 +10%苯磺隆可湿性粉剂 10~20g/ 亩；

图 4-3-10　小麦返青期禾本科杂草牛繁缕等
杂草发生为害情况

10%精恶唑禾草灵乳油 75~100mL/ 亩 +10%苄嘧磺隆可湿性粉剂 30~40g/ 亩；

70%氟唑磺隆水分散粒剂 4~5g/ 亩 + 助剂 10g/ 亩 +10%苄嘧磺隆可湿性粉剂 30~40g/ 亩；

15%炔草酯可湿性粉剂 30~50g/ 亩 +10%苄嘧磺隆可湿性粉剂 30~40g/ 亩。

对水 30kg/ 亩，均匀喷施。

对于以日本看麦娘、菵草等为主的地块，可以用：

6.9% 精噁唑禾草灵水乳剂 100~125mL/亩 +10% 苄嘧磺隆可湿性粉剂 30~40g/亩；

70% 氟唑磺隆水分散粒剂 4~6g/亩 + 助剂 10g/亩 +10% 苄嘧磺隆可湿性粉剂 30~40g/亩；

5% 唑啉草酯乳油 60~100mL/亩 +10% 苄嘧磺隆可湿性粉剂 30~40g/亩。

加水 30kg 均匀喷雾进行处理。因为精噁唑禾草灵对小麦有一定的药害，施药时务必均匀施药；选择药剂时应选择质量较好的产品；同时，考察安全剂加入要足量。

（三）豫南稻麦轮作麦田禾本科杂草——猪殃殃等杂草防治

长江流域稻麦轮作田，对于长期施用除草剂的田块，特别是高处积水较少的地块，田间日本看麦娘、菵草、猪殃殃等杂草发生严重，见图 4-3-11；另外，还有看麦娘、早熟禾、硬草、雀麦、棒头草、长芒棒头草、蜡烛草、纤毛鹅观草、节节麦、碱茅、牛繁缕、碎米荠、大巢菜、婆婆纳等杂草。该类草相主要发生在皖中北部、苏北、豫南等地，这些杂草发生早，在水稻收割小麦播种后很快形成出苗高峰，应抓好早期防治。一般于冬前期防治除草效果最好。

图 4-3-11 小麦田禾本科杂草猪殃殃等的发生为害情况

一般性麦田，应在前茬收获后进行翻耕、整地。在小麦播后苗前，田间为日本看麦娘、菵草、猪殃殃、婆婆纳、棒头草、看麦娘、长芒棒头草、蜡烛草、纤毛鹅观草、牛繁缕、碎米荠、大巢菜等杂草，在墒情较好情况下，可以用：

50% 异丙隆可湿性粉剂 150~200g/亩 +10% 苄嘧磺隆可湿性粉剂 30~40g/亩；

50% 异丙隆可湿性粉剂 120~150g/亩 +5% 唑啉草酯乳油 60~100mL/亩。

加水 30kg/亩均匀喷雾，进行土壤处理。

在小麦冬前期，对于信阳等长江流域稻作麦区，可于 11 月中旬至 12 月上旬，这一时期杂草基本出齐，且多处于幼苗期见图 4-3-12，防治目标明确。

对于以看麦娘、猪殃殃、婆婆纳、牛繁缕、碎米荠、大巢菜等杂草为主的地块，可以用以下除草剂：

15% 炔草酯可湿性粉剂 30~50g/亩 +10% 苯磺隆可湿性粉剂 15~20g/亩；

图 4-3-12 小麦冬前苗期禾本科杂草猪殃殃等杂草发生为害情况

10% 精噁唑禾草灵乳油 50~75mL/ 亩 +10% 苄嘧磺隆可湿性粉剂 30~40g/ 亩；

70% 氟唑磺隆水分散粒剂 4~5g/ 亩 + 助剂 10g/ 亩 +10% 苄嘧磺隆可湿性粉剂 30~40g/ 亩；

15% 炔草酯可湿性粉剂 18~22g/ 亩 +10% 苄嘧磺隆可湿性粉剂 30~40g/ 亩。

加水 30kg/ 亩均匀喷雾，进行土壤处理。

对于以日本看麦娘、菵草、猪殃殃、婆婆纳、牛繁缕、碎米荠、大巢菜等为主的地块，可以用以下除草剂：

70% 氟唑磺隆水分散粒剂 4~5g/ 亩 + 助剂 10g/ 亩 +10% 苄嘧磺隆可湿性粉剂 30~40g/ 亩；

5% 唑啉草酯乳油 60~100mL/ 亩 +10% 苄嘧磺隆可湿性粉剂 30~40g/ 亩。

加水 30kg/ 亩均匀喷雾，进行土壤处理。

在小麦返青期，杂草快速生长，前期防治效果不好的田块见图 4-3-13，应于 2 月中下旬杂草充分返青且未太大时见图 4-3-13 之左图及时施药，施药过晚见图 4-3-13 之右图效果下降。

图 4-3-13　小麦返青期禾本科杂草猪殃殃等杂草发生为害情况

对于以看麦娘、猪殃殃、婆婆纳、牛繁缕、碎米荠、大巢菜等杂草为主的地块，可以用以下除草剂配方：

6.9% 精噁唑禾草灵水乳剂 75~100mL/ 亩 +20% 氯氟吡氧乙酸乳油 40~60mL/ 亩；

15% 炔草酯可湿性粉剂 15~20g/ 亩 +20% 氯氟吡氧乙酸乳油 40~60mL/ 亩；

加水 30kg 均匀喷雾。因为精噁唑禾草灵对小麦有一定的药害，施药时务必均匀施药；同时，考虑安全剂加入要足量。施药不宜过晚，小麦拔节期可能会发生一定程度的药害。

对于以日本看麦娘、菵草、猪殃殃、婆婆纳、牛繁缕、碎米荠、大巢菜等杂草为主的地块，可以用 5% 唑啉草酯乳油 60~100mL/ 亩 +20% 氯氟吡氧乙酸乳油 40~60mL/ 亩，加水 30kg 均匀喷雾。

（四）豫南稻麦轮作麦田禾本科杂草——稻槎菜等杂草防治

长江流域稻麦轮作田，对于长期施用除草剂的田块，田间日本看麦娘、菵草、稻槎菜等杂草发生严重；另外，还有看麦娘、早熟禾、硬草、雀麦、棒头草、长芒棒头草、蜡烛草、纤毛鹅观草、牛繁缕、碎米荠、大巢菜等杂草。该类杂草发生严重、防治上比较困难，一般应抓好冬前期防治。

在小麦冬前期，杂草大量发生，11 月至 12 月上旬杂草基本出齐且多处于幼苗期时防治比较有利见图

4-3-14，应及时采取防治措施。

对于以看麦娘、稻槎菜、牛繁缕、碎米荠、大巢菜等杂草为主的地块，可以用以下除草剂：

10%精恶唑禾草灵乳油 75~100mL/亩 +20%氯氟吡氧乙酸乳油 40~60mL/亩；

70%氟唑磺隆水分散粒剂 4~5g/亩 + 助剂 10g/亩 +20%氯氟吡氧乙酸乳油 40~60mL/亩；

15%炔草酯可湿性粉剂 15~20g/亩 +20%氯氟吡氧乙酸乳油 40~60mL/亩。

加水 30kg 均匀喷雾。因为精恶唑禾草灵对小麦有一定的药害，施药时务必均匀施药；同时，考虑安全剂加入要足量。施药不宜过早，因为两种除草剂没有封闭除草效果，杂草未出苗时无效；也不能施药过晚，进入低温后除草效果和安全性均大大降低。

在小麦返青期，杂草快速生长，前期防治效果不好的田块，应于 2 月中下旬杂草充分返青且未太大时及时施药见图 4-3-15。

对于以看麦娘、日本看麦娘、茵草、稻槎菜、牛繁缕、碎米荠、大巢菜等杂草为主的地块，可以用以下除草剂配方：

5%唑啉草酯乳油 60~100mL/亩 +20%‰氯氟吡氧乙酸乳油 40~60mL/亩；

70%氟唑磺隆水分散粒剂 4~5g/亩 + 助剂 10g/亩 +20%氯氟吡氧乙酸乳油 40~60mL/亩。

加水 30kg 均匀喷雾。施药不宜过晚，小麦拔节期可能会发生一定程度的药害。

图 4-3-14 小麦冬前苗期禾本科杂草稻槎菜等杂草发生为害情况

图 4-3-15 小麦返青期禾本科杂草稻槎菜等杂草发生为害情况

（五）沿黄稻麦轮作麦田硬草等杂草防治

沿黄稻麦轮作田，硬草发生量大，一般年份在小麦播种后 2 周开始大量发生，个别干旱年份发生较晚。在小麦返青后开始快速生长，难于防治，常对小麦造成严重的为害见图 4-3-16。生产上应主要抓好冬前期防治，对于雨水较大的年份则应抓好播后芽前期施药防治；因为沿黄稻作麦区温度较低，小麦返青期及时防治也能收到较好的防治效果。

在小麦播后苗前见图 4-3-17，可以施用封闭除草剂进行防治，可以用下列除草剂：

图 4-3-16 沿黄稻麦轮作麦田硬草等杂草发生为害情况

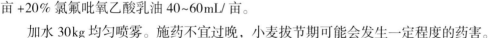
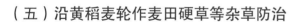

图 4-3-17　小麦播后苗前田间情况

图 4-3-18　小麦冬前苗期硬草发生为害情况

50% 异丙隆可湿性粉剂 120~150g/ 亩；

50% 乙草胺乳油 50~75mL/ 亩 +50% 异丙隆可湿性粉剂 80~100g/ 亩。

加水 30kg 均匀喷雾。遇连阴雨或低洼积水地块见图 4-3-17 之右图，对于湿度较大、播种较晚的麦田，用丁草胺、乙草胺可能会出现暂时性抑制小麦的生长，重的可致小麦不能发芽出苗。

小麦冬前期 11 月中旬至 12 月上旬，麦田杂草基本出齐、且处于幼苗期，温度适宜，对于沿黄稻作麦区是杂草防治的最好时期见图 4-3-18，应及时采取防治措施。

对于以硬草、播娘蒿、荠菜为主的地块，可以用下列除草剂：

50% 异丙隆可湿性粉剂 150~175g/ 亩；

3% 甲基二磺隆油悬剂 25~30mL/ 亩加入助剂。

对水 30~45kg/ 亩喷施。部分地区农民为了争取农时和墒情，习惯于对小麦种子撒播于水稻行间见图 4-3-19，这种小麦栽培模式下麦田除草剂不宜施药过早，应在水稻收获后让小麦充分炼苗，生长 2~3 周后麦苗恢复健壮生长时施药，施药过早小麦易于发生药害、小麦黄化，生长受抑制见图 4-3-20。

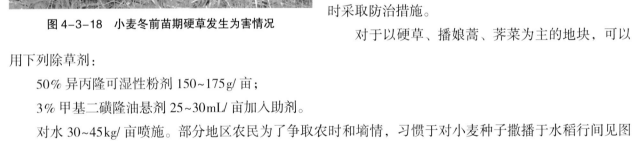

图 4-3-19　小麦种子撒播于水稻行间的栽培模式

图 4-3-20　麦苗过弱时施用异丙隆的药害情况

对于杂草较多、防治较晚地块见图 4-3-21，应在 11 月中旬至 12 月上旬或 3 月上中旬小麦返青期，温度适宜，及时采取防治措施。

图 4-3-21　小麦冬前苗期硬草较大时发生为害情况

对于以硬草、播娘蒿、荠菜为主的地块，可以用下列除草剂：

50% 异丙隆可湿性粉剂 150~175g/ 亩；

3% 甲基二磺隆油悬剂 25~30mL/ 亩加入助剂；

70% 氟唑磺隆水分散粒剂 4~5g/ 亩 + 助剂 10g/ 亩。

对水 30kg/ 亩，均匀喷施。注意不要冬前施药太晚或返青期施药过早，低温下施药效果差，对小麦的安全性降低，会出现黄化、枯死现象。

对于沿黄稻作麦区以硬草、猪殃殃、播娘蒿、荠菜为主的地块见图 4-3-22，在小麦冬前期，是杂草防治的最好时期。

对于水稻收获后整地播种的小麦，在小麦出苗

图 4-3-22　小麦冬前苗期硬草和其他阔叶杂草
发生为害情况

后 5~7 周，即 11 月中下旬，可以用下列除草剂：

50% 异丙隆可湿性粉剂 100~150g/ 亩 +10% 苄嘧磺隆可湿性粉剂 30~40g/ 亩；

15% 炔草酯可湿性粉剂 15~20g/ 亩 +10% 苯磺隆可湿性粉剂 15~20g/ 亩 +20% 氯氟吡氧乙酸 30mL/亩；

70% 氟唑磺隆水分散粒剂 4~5g/ 亩 +10% 苄嘧磺隆可湿性粉剂 30~40g/ 亩；

3% 甲基二磺隆油悬剂 25~30mL/ 亩加入助剂 +10% 苯磺隆可湿性粉剂 15~20g/ 亩。

对水 30~45kg/ 亩喷施。注意不要施药太晚，低温下施药效果差，对小麦的安全性降低，会出现黄化、枯死现象。

图 4-3-23　小麦返青期硬草和其他阔叶杂草发生为害情况

在小麦返青期，沿黄稻作麦区小麦返青较慢，一般在 3 月上中旬开始施药。因为这一时期天气多变、气温不稳定，应根据天气情况选择药剂及时施药。对于硬草、播娘蒿、荠菜、猪殃殃为主的地块见图 4-3-23，可以用下列除草剂：

6.9% 精恶唑禾草灵水乳剂 75~100mL/ 亩 +10% 苯磺隆可湿性粉剂 15~20g/ 亩 +20% 氯氟吡氧乙酸 30mL/ 亩；

10% 精恶唑禾草灵乳油 75~100mL/ 亩 +10% 苄嘧磺隆可湿性粉剂 30~40g/ 亩 +20% 氯氟吡氧乙酸 30mL/ 亩；

15% 炔草酯可湿性粉剂 15~20g/ 亩 +10% 苄嘧磺隆可湿性粉剂 30~40g/ 亩 +20% 氯氟吡氧乙酸 30mL/亩；

3% 甲基二磺隆油悬剂 25~30mL/ 亩加入助剂 +20% 氯氟吡氧乙酸 30mL/ 亩。

对水 30~45kg/亩喷施。硬草较大密度较高时，会降低除草效果，施药时应适当加大施药水量和药剂量。

在小麦返青期，沿黄稻作麦区小麦返青较慢，一般在 3 月上中旬开始施药。因为这一时期由于天气多变、气温不稳定，应根据天气情况选择药剂及时施药。对于以硬草、猪殃殃为主的地块见图 4-3-24，可以用下列除草剂：

6.9% 精恶唑禾草灵水乳剂 75~100mL/ 亩 +20% 氯氟吡氧乙酸乳油 40~60mL/ 亩；

图 4-3-24　小麦返青期硬草和猪殃殃等阔叶杂草发生为害情况

10% 精恶唑禾草灵乳油 75~100mL/ 亩 +10% 苄嘧磺隆可湿性粉剂 35~45g/ 亩 +20% 氯氟吡氧乙酸 30mL/ 亩；

15% 炔草酯可湿性粉剂 15~20g/ 亩 +10% 苄嘧磺隆可湿性粉剂 35~45g/ 亩 +20% 氯氟吡氧乙酸 30mL/亩。

对水 30~45kg/ 亩喷施。硬草等杂草较大和密度较高时，会降低除草效果，施药时应适当加大施药水量和药剂量。

（六）旱田野燕麦和阔叶杂草混生麦田杂草防治

河南省麦田野燕麦发生较重，对于以野燕麦和阔叶杂草混用的麦田应抓好小麦播后芽前和冬前期防治的有利时期，对于前期未能有效防治的田块应在小麦拔节后及时防治见图4-3-25。

图4-3-25　小麦田野燕麦发生为害情况

在小麦播后芽前见图4-3-26，对于以野燕麦为主的麦田，可以用下列除草剂：

图4-3-26　小麦播后苗前杂草防治

图 4-3-27　小麦苗期田间野燕麦发生为害情况

40% 野麦畏乳油 150~200mL/ 亩（施药后立即浅混土）；

50% 异丙隆可湿性粉剂 125~175g/ 亩；

50% 乙草胺乳油 50~75mL/ 亩 +50% 异丙隆可湿性粉剂 120~150g/ 亩加水 40kg/ 亩，均匀喷施。

在小麦冬前期或小麦返青期，对于野燕麦为主的地块见图 4-3-27，在野燕麦 3~4 片叶到分蘖期，可以用下列除草剂：

50% 异丙隆可湿性粉剂 125~175g/ 亩；

6.9% 精恶唑禾草灵水乳剂 75~100mL/ 亩；

10% 精恶唑禾草灵乳油 75~100mL/ 亩；

15% 炔草酯可湿性粉剂 15~20g/ 亩；

3% 甲基二磺隆油悬剂 25~30mL/ 亩加入助剂。

对水 25~30kg/ 亩，茎叶喷雾处理。

在小麦冬前期或小麦返青期，对于野燕麦、播娘蒿、荠菜为主的地块，可以用下列除草剂：

6.9% 精恶唑禾草灵水乳剂 75~100mL/ 亩 +15% 噻磺隆可湿性粉剂 10~20g/ 亩 +20% 氯氟吡氧乙酸 30~50mL/ 亩；

6.9% 精恶唑禾草灵水乳剂 75~100mL/ 亩 +10% 苯磺隆可湿性粉剂 10~20g/ 亩 +20% 氯氟吡氧乙酸 30~50mL/ 亩。

对水 25~30kg/ 亩，茎叶喷雾处理。冬前不宜施药过早，杂草未出齐时效果下降；冬前施药太晚、气温较低，杂草生长缓慢施药效果较差，且小麦易于发生药害。小麦返青期施药时，施药过早、气温较低，杂草未充分返青和开始生长时施药除草效果和小麦安全性下降；施药太晚、杂草较大时，施药效果较差。

（七）播娘蒿、荠菜等混生麦田杂草防治

在华北冬小麦产区，特别是除草剂应用较少的地区，麦田主要是播娘蒿、荠菜，个别地块有少量米瓦罐、麦家公、猪殃殃、佛座、泽漆等，杂草种类较多，但播娘蒿和荠菜占有绝对优势见图 4-3-28。这类作物田杂草易于防治，多数除草剂均能达到较好的除草效果。一般年份在小麦播种后 2~3 周杂草开始发生，墒情好时杂草发生量大；个别干旱年份发生较晚，杂草发生量较小，多数于 11 月中下旬到 12 月上旬基本出苗，幼苗期易于防治；在小麦返青后开始快速生长，难于防治，常对小麦造成严重的。

图 4-3-28　小麦田播娘蒿发生为害情况

在小麦冬前期见图 4-3-29，于 11 月中下旬，选择墒情较好、杂草长势较旺较绿、气温较高且较稳

定、5~7d 内无寒流时施药除草效果较好。可以用下列除草剂：

10% 苯磺隆可湿性粉剂 10~15g/ 亩 +20% 氯氟吡氧乙酸 20~30mL/ 亩；

15% 噻磺隆可湿性粉剂 10~15g/ 亩 +20% 氯氟吡氧乙酸 20~30mL/ 亩。

对水 30~45kg/ 亩，均匀喷施，可以有效防治杂草，基本上可以控制小麦整个生育期的杂草为害。施药过早时除草效果不好，杂草未出齐、天气干旱时除草效果下降；冬前施药过晚、气温下降、杂草色泽变暗入冬时施药效果不好。

在小麦返青期，杂草开始返青旺盛生长时见图 4-3-30，一般在 3 月上中旬开始施药。因为这一时期天气多变、气温不稳定，应根据天气情况选择药剂及时施药。一般情况下可以用下列除草剂：

10% 苯磺隆可湿性粉剂 10~15g/ 亩 +20% 氯氟吡氧乙酸 30~50mL/ 亩；

15% 噻磺隆可湿性粉剂 10~15g/ 亩 +20% 氯氟吡氧乙酸 30~50mL/ 亩。

对水 30~45kg/ 亩，均匀喷施。小麦返青期施药时，施药过早、气温较低，杂草未充分返青和开始生长时施药除草效果和小麦安全性下降；施药太晚、杂草较大时，施药效果较差。

在小麦返青后拔节前，杂草较大时见图 4-3-31，特别是近年来播娘蒿和荠菜等杂草抗药性增强，应正确地选择除草剂品种和施药方法。应于 3 月上中旬，

图 4-3-29 小麦冬前期田间播娘蒿发生为害情况

图 4-3-30 小麦返青期田间播娘蒿发生为害情况

图 4-3-31 小麦返青期田间播娘蒿较大时发生为害情况

图 4-3-32　苯磺隆防治播娘蒿的田间死草过程和防治效果

2,4- 滴丁酯对播娘蒿防治效果较好，杀草迅速，但施药较晚时，小麦易出现药害

图 4-3-33　2,4- 滴异辛酯防治麦田播娘蒿的田间效果

图 4-3-34　苯磺隆和乙羧氟草醚混用防治播娘蒿的死草过程

天气晴朗、气温高于 10℃，且天气预报未来几天天气较好的情况下，可以用下列除草剂：

10% 苯磺隆可湿性粉剂 10~15g/ 亩+40% 唑草酮干燥悬浮剂 3g/ 亩 +20% 氯氟吡氧乙酸 30~50mL/ 亩；

15% 噻磺隆可湿性粉剂 15~20g/ 亩+10% 乙羧氟草醚乳油 10~15mL/ 亩+20% 氯氟吡氧乙酸 30~50mL/亩。

对水 30kg/ 亩均匀喷施，施药过晚药效不好，对小麦和后茬的安全性降低。

在小麦返青后拔节封行前，田间播娘蒿较大时，应正确选择除草剂品种、正确的施药时期和施药方法，充分了解除草剂的防治对象和施药技术要求，施药不当会降低除草效果见图 4-3-32，也有可能影响小麦的安全性和产量见图 4-3-33，施药得当时，除草迅速而彻底见图 4-3-34。

（八）猪殃殃、播娘蒿、荠菜等混生麦田杂草防治

在华北冬小麦产区，近几年麦田杂草群落发生了较大的变化，猪殃殃等恶性杂草逐年增加，麦田杂草主要是猪殃殃、佛座、播娘蒿、荠菜，另外还有麦家公、米瓦罐等。这类作物田杂草难于防治，必须针对不同地块的草情选择适宜的除草剂种类和适宜的施药时期，否则，就不能达到较好的除草效果。一般年份在小麦播种后 2~3 周杂草开始发生，个别干旱年份发生较晚，多数于 11 月中旬到 12 月上旬基本出苗，幼苗期易于防治；在小麦返青后开始快速生长，难于防治，常对小麦造成严重的为害见图 4-3-35。生产上应主要抓好冬前期防治。

图 4-3-35　小麦田猪殃殃、播娘蒿、荠菜等发生为害情况

在小麦冬前期，于 11 月中下旬，杂草基本出齐、且杂草处于幼苗期、温度适宜，是防治上的最佳时期见图 4-3-36，应及时进行施药除草。

可以用下列除草剂：

10% 苯磺隆可湿性粉剂 15~20g/ 亩 20% 氯氟吡氧乙酸乳油 20~30mL/ 亩；

15% 噻磺隆可湿性粉剂 15~20g/ 亩 20% 氯氟吡氧乙酸乳油 20~30mL/ 亩。

对水 30~45kg/ 亩，均匀喷施，可以有效防治杂草，基本上可以控制小麦整个生育期的杂草为害。根据杂草种类和大小适当调整除草剂用量；对于猪殃殃较多的地块，可以适当增加药剂用量。氯

图 4-3-36　小麦冬前期田间猪殃殃、播娘蒿发生为害情况

氟吡氧乙酸不能施药过早，小麦 4 叶前施药，对小麦会有一定程度的药害。

在小麦冬前期杂草较大时，或在小麦返青期，对于猪殃殃发生较多的地块防治适期已过；但在前期未能进行有效防治的麦田，应在 11 月下旬至 12 月上旬、2 月下旬至 3 月上旬气温较高、杂草青绿旺盛时及时施药见图 4-3-37。

图 4-3-37　小麦冬前晚期或返青期田间猪殃殃、播娘蒿发生为害情况

可以使用下列除草剂：

10%苯磺隆可湿性粉剂15~20g/亩+40%唑草酮干燥悬浮剂2~3g/亩+20%氯氟吡氧乙酸乳油20~40mL/亩；

15%噻磺隆可湿性粉剂15~20g/亩+40%唑草酮干燥悬浮剂2~3g/亩+20%氯氟吡氧乙酸乳油20~40mL/亩。

对水30~45kg/亩，均匀喷施，可以有效防治杂草，基本上可以控制小麦整个生育期的杂草为害。因为这一时期天气多变、气温不稳定，应根据天气情况选择药剂及时施药。田间小麦未封行、猪殃殃不高时，可以用苯磺隆、噻磺隆、苄嘧磺隆加唑草酮；对于猪殃殃较多较大的地块，最好加入20%氯氟吡氧乙酸乳油30~50mL/亩，对水30~45kg/亩，均匀喷施，但小麦冬前不能施药太晚、小麦返青后不能施药太早，否则效果下降，安全性差；同时小麦返青后不能施药过晚，小麦拔节后施药，对小麦会有一定程度的药害。

（九）猪殃殃等杂草严重发生的麦田杂草防治

在黄淮海冬小麦产区，特别是中南部除草剂应用较多的地区，近几年麦田杂草群落发生了较大的变化，猪殃殃等恶性杂草逐年增加，麦田杂草主要是猪殃殃，另外还发生有佛座、播娘蒿、荠菜、麦家公、米瓦罐等。这类作物田杂草难于防治，必须针对不同地块的草情和生育时期选择适宜的除草剂种类和适宜的施药剂量，否则就不能达到较好的除草效果，对小麦为害严重见图4-3-38。该区常年温度较高，进入冬季寒冷较晚，麦田冬前杂草适宜发生和生长的时期较长，一般年份在小麦播种后2~3周杂草开始发生，多数于11月中下旬达到出苗高峰，一般年份到12月上旬还有大量猪殃殃等阔叶杂草不断地发芽出苗旺盛生长，杂草发生适期较华北麦区明显延长，为麦田杂草的防治增加了困难。该区小麦返青期开始的较早、春后气温回升较快，前期未能防治的杂草，在小麦返青后开始快速生长，难于防治，常对小麦造成严重的为害。该区域麦田杂草的防治应分为3个阶段，针对每一阶段的特点采取相应的防治措施，生产上抓好冬前期防治特别关键。

图4-3-38 小麦田猪殃殃等杂草发生为害情况

第一阶段：对于黄淮海中南部除草剂应用较多的冬小麦产区，小麦冬前早期，于10月中下旬到11月上旬，对于适期播种的小麦，猪殃殃等阔叶杂草基本出苗见图4-3-39，防治上并不有利，施药防治后易于复发。对于豫南等中南部麦区，气温较高，在小麦冬前期，于10月中下旬到11月上旬，小麦播种出苗后猪殃殃等阔叶杂草大量出苗，本期施药一般取得较好的杀草效果；但施药量偏低时，

图4-3-39 黄淮海中南部麦区早期猪殃殃发生情况

以后还会有杂草发生，影响整体除草效果；所以在小麦冬前早期（10月中下旬到11月上旬）施药必须考虑在杀死出苗杂草的同时，还要封闭住未来一个多月内（即11月中旬至12月上旬）不出杂草，兼有封闭和杀草双重功能。

这一时期可以使用下列除草剂：

10%苯磺隆可湿性粉剂20~30g/亩；

15%噻磺隆可湿性粉剂20~30g/亩。

对水30~45kg/亩，均匀喷施，可以有效防治杂草，基本上可以控制小麦整个生育期的杂草为害。该期施药应注意墒情、杂草大小和施药时期，适当调整药剂种类和剂量，施药越早药量越应适当加大。

第二阶段：小麦冬前期，于11月中下旬到12月上旬，是防治上比较有利的时期，这一时期杂草已基本出齐，气温较高，应及时进行施药除草。但对于猪殃殃发生较重、较大的麦田见图4-3-40，应注意采用一些速效除草剂。

图4-3-40 麦田冬前期猪殃殃发生情况

这一时期可以使用下列除草剂：

10%苯磺隆可湿性粉剂15~20g/亩+40%唑草酮干燥悬浮剂2~3g/亩+20%氯氟吡氧乙酸乳油20~30mL/亩；

15%噻磺隆可湿性粉剂15~20g/亩+40%唑草酮干燥悬浮剂2~3g/亩+20%氯氟吡氧乙酸乳油20~30mL/亩；

50g/L双氟磺草胺悬浮剂5~10mL/亩+20%氯氟吡氧乙酸乳油20~30mL/亩；

15%噻磺隆可湿性粉剂 15~20g亩 +10%乙羧氟草醚乳油 10~15m亩 +20%氯氟吡氧乙酸乳油 20~30mL/亩。

对水 30~45kg/亩，均匀喷施，可以有效防治杂草，基本上可以控制小麦整个生育期的杂草为害。该期施药应注意墒情、杂草大小和施药时期，适当调整药剂种类和剂量；施药过早时药量应适当加大，施药过晚、猪殃殃过大时可用 20%氯氟吡氧乙酸乳油 30~50mL/亩以提高除草效果（该期不能施药过晚），在气温低于 8℃时，除草效果降低，对小麦的安全性较差或出现药害现象。

图 4-3-41　南部麦区小麦返青期猪殃殃发生情况

第三阶段：对于豫南、皖中北部麦区，在小麦返青期，对于猪殃殃发生较多的地块防治适期已过，见图 4-3-41；但在前期未能进行有效防治的麦田，应在 2 月下旬至 3 月上旬尽早施药。

对于田间小麦未封行、猪殃殃不高时，一般情况下可以用下列除草剂：

10%苯磺隆可湿性粉剂 15~20g/亩 +10%乙羧氟草醚乳油 10~15mL/亩 +20%氯氟吡氧乙酸乳油 30~40mL/亩；

50g/L 双氟磺草胺 5~10mL/亩 +20%氯氟吡氧乙酸乳油 30~40mL/亩。

对水 30~45kg/亩，均匀喷施。应根据草情和后茬作物调整药剂种类和剂量，不宜施药过早，杂草未充分返青时药效不好；也不宜施药过晚，杂草过大时效果下降；施药过早和过晚均影响对小麦的安全性。

（十）猪殃殃、佛座、播娘蒿、荠菜等混生麦田杂草防治

在黄淮海冬小麦产区，特别是中部除草剂应用较多的部分麦区，如河南省的漯河、平顶山许昌、周口等地市，安徽省北部、江苏徐州等地，近几年麦田杂草群落发生了较大的变化，猪殃殃、佛座发生量较大，防治比较困难见图 4-3-42，必须针对不同地块的草情和生育时期选择适宜的除草剂种类和适宜的施药剂量，否则就不能达到较好的除草效果。一般年份在小麦播种后 2~3 周杂草开始发生，多数于 11 月中下旬达到出苗高峰，应抓好冬前期杂草的防治，在小麦返青后开始快速生长，难于防治，常对小麦造成严重的为害。

图 4-3-42　小麦田猪殃殃、佛座、播娘蒿、荠菜等杂草发生为害情况

小麦冬前早期，于 11 月中下旬，对于适期播种的小麦，猪殃殃、佛座、播娘蒿、荠菜、麦家公、米瓦罐等阔叶杂草大量出苗、且多处于幼苗期，见图 4-3-43，防治上比较有利，应及时进行施药除草。

图 4-3-43　麦田冬前期猪殃殃、佛座、播娘蒿、荠菜等杂草发生情况

对于施药较早、杂草较小时，可以使用下列除草剂：

10% 苯磺隆可湿性粉剂 15~25g/ 亩 +40% 唑草酮干悬浮剂 2~4g/ 亩；

15% 噻磺隆可湿性粉剂 15~25g/ 亩 +40% 唑草酮干悬浮剂 2~4g/ 亩。

对水 30~45kg/ 亩，均匀喷施，可以有效防治杂草，基本上可以控制小麦整个生育期的杂草为害。该期施药应注意墒情、杂草大小和施药时期，适当调整药剂种类和剂量，施药越早药量越应适当加大。该期施药应注意墒情、杂草大小和施药时期，适当调整药剂种类和剂量；施药过早时药量应当加大，施药过晚、猪殃殃过大时可用 20% 氯氟吡氧乙酸乳油 30~50mL/ 亩以提高除草效果；该期不能施药过晚，在气温低于 8℃时，除草效果降低，对小麦的安全性较差或出现药害现象。

在小麦返青期，对于猪殃殃、佛座发生较多的地块防治适期已过，佛座入春后即开花成熟，难于防治，见图 4-3-44；对前期未能进行有效防治的麦田，杂草充分返青且杂草不太大时，应在 2 月下旬至 3 月上旬尽早施药，以尽量减轻杂草的为害。

图 4-3-44　麦田冬前晚期或返青期猪殃殃、佛座、播娘蒿、荠菜等杂草发生情况

对于田间小麦未封行、猪殃殃和佛座较小时，一般情况下可以用下列除草剂：

10% 苯磺隆可湿性粉剂 15~20g/亩 +40% 氟唑草酮干悬浮剂 3~4g/亩 +20% 氯氟吡氧乙酸乳油 3050mL/亩；

15% 噻磺隆可湿性粉剂 15~20g/亩 +40% 氟唑草酮干悬浮剂 3~4g/亩 +20% 氯氟吡氧乙酸乳油 30~50mL/亩。

对水 30~45kg/亩，均匀喷施。应根据草情和后茬作物调整药剂种类和剂量。因为这一时期天气多变、气温不稳定，应根据天气情况选择药剂及时施药。施药过早，杂草未充分返青时，施药效果不好；杂草太大、小麦封行时除草效果下降，且小麦易发生斑点性药害。

（十一）婆婆纳、播娘蒿、荠菜等阔叶杂草混生麦田杂草防治

在黄淮海冬小麦产区，部分除草剂应用较多的麦区，近几年麦田杂草群落发生了较大的变化，婆婆纳发生量较大，防治比较困难见图 4-3-45，必须针对不同地块的草情和生育时期选择适宜的除草剂种类和适宜的施药剂量，否则就不能达到较好的除草效果。一般年份婆婆纳在小麦播种后 2~3 周开始发生，多数于 11 月达到出苗高峰，小麦返青期婆婆纳快速生长，3 月即逐渐开花成熟。防治时应抓好冬前期杂草的防治，在小麦返青后开始快速生长，难于防治。

图 4-3-45　小麦田婆婆纳、播娘蒿、荠菜等杂草发生为害情况

小麦冬前期，对于中南部麦区，气温较高，于 10 月下旬到 11 月上中旬，对于适期播种的小麦，婆婆纳、播娘蒿、荠菜、猪殃殃、麦家公、米瓦罐等阔叶杂草基本出苗、且多处于幼苗期，防治上比较有利，见图 4-3-46，应及时进行施药除草。

对于施药较早、杂草较小时，可以使用下列除草剂：

10% 苯磺隆可湿性粉剂 15~25g/亩 +40% 氟唑草酮干悬浮剂 3~4g/亩；

15% 噻磺隆可湿性粉剂 15~25g/亩 +40% 氟唑草酮干悬浮剂 3~4g/亩。

对水 30~45kg/ 亩，均匀喷施，可以有效防治杂草，基本上可以控制小麦整个生育期的杂草为害。该期施药应注意墒情、杂草大小和施药时期，适当调整药剂种类和剂量，施药越早药量越大。

小麦冬前期，对于中南部麦区，气温较高，于 11 月下旬到 12 月上旬；对于华北麦区 10 月下旬到 11 月上中旬，对于适期播种的小麦，婆婆纳、播娘蒿、荠菜、猪殃殃、麦家公、米瓦罐等阔叶杂草大量出苗，且杂草较大较多时，见图 4-3-47，应及时进行防治。

图 4-3-46　小麦冬前期婆婆纳、播娘蒿、荠菜等杂草发生为害情况

图 4-3-47　小麦冬前较晚时婆婆纳、播娘蒿、荠菜等杂草发生为害情况

对于施药较晚，可以使用下列除草剂：

10% 苯磺隆可湿性粉剂 15~20g/ 亩 +10% 乙羧氟草醚乳油 10~15mL/ 亩 +20% 氯氟吡氧乙酸乳油 20~30mL/ 亩；

10% 苯磺隆可湿性粉剂 15~20g/ 亩 +40% 氟唑草酮干悬浮剂 3~4g/ 亩 +20% 氯氟吡氧乙酸乳油。

对水 20~30kg/ 亩，均匀喷施，可以有效防治杂草，基本上可以控制小麦整个生育期的杂草为害。该期施药应注意墒情、杂草大小和施药时期，适当调整药剂种类和剂量；对于中南部麦区施药过早时药量应适当加大；该期不能施药过晚，在气温低于 8℃时、杂草色泽暗黑开始入冬时，除草效果降低，对小麦的安全性较差或出现药害现象。

在小麦返青期，对于婆婆纳发生较多的地块防治适期已过，婆婆纳入春后即开花成熟，难于防治；对前期未能进行有效防治的麦田见图 4-3-48，应在 2 月下旬至 3 月上旬尽早施药，以尽量减轻杂草的为害。

图 4-3-48　小麦返青期婆婆纳、播娘蒿、荠菜等杂草发生为害情况

（十二）麦家公、婆婆纳等阔叶杂草混生麦田杂草防治

在黄淮海冬小麦产区，部分除草剂应用较多的麦区，近几年麦田杂草群落发生了较大的变化，麦家公、婆婆纳发生量较大，防治比较困难，见图4-3-49，必须针对不同地块的草情和生育时期选择适宜的除草剂种类和适宜的施药剂量，否则就不能达到较好的除草效果。一般年份麦家公、婆婆纳在小麦播种后2~3周开始发生，多数于11月达到出苗高峰，小麦返青期麦家公、婆婆纳快速生长，3月即逐渐开花成熟。防治时应抓好冬前期杂草的防治，在小麦返青后开始快速生长，难于防治。

图4-3-49　小麦田麦家公、婆婆纳等杂草发生为害情况

图4-3-50　小麦冬前期麦家公、婆婆纳等杂草发生为害情况

小麦冬前期，对于中南部麦区，气温较高，于11月中下旬到12月上旬，对于华北麦区11月中下旬，对于适期播种的小麦，麦家公、婆婆纳、播娘蒿、荠菜、猪殃殃、米瓦罐等阔叶杂草大量出苗且杂草较大较多时，见图4-3-50，应及时进行防治。可以使用下列除草剂：

10%苯磺隆可湿性粉剂15~20g/亩+40%唑草酮干悬浮剂3~4g/亩；

15%噻磺隆可湿性粉剂15~20g/亩+40%唑草酮干悬浮剂3~4g/亩；

10%苯磺隆可湿性粉剂15~20g/亩+10%乙羧氟草醚乳油10~15mL/亩；

15%噻磺隆可湿性粉剂15~20g/亩+10%乙羧氟草醚乳油10~15mL/亩。

对水20~30kg/亩，均匀喷施，可以有效防治杂草，基本上可以控制小麦整个生育期的杂草为害。该期施药应注意墒情、杂草大小和施药时期，适当调整药剂种类和剂量；对于中南部麦区施药过早时药量应适当加大，不要用唑草酮和乙羧氟草醚；该期不能施药过晚，在气温低于8℃时，除草效果降低，对小麦的安全性较差或出现药害现象。

在小麦返青期，对于麦家公、婆婆纳发生较多的地块防治适期已过，麦家公、婆婆纳入春后即开花成熟，难于防治；对前期未能进行有效防治的麦田，应在2月下旬至3月上旬尽早施药，以尽量减轻杂草的为害。对于田间小麦未封行、麦家公和婆婆纳等杂草较小时，见图4-3-51，应及时喷施除草剂。

图 4-3-51　小麦返青期麦家公、婆婆纳等杂草发生为害情况

（十三）泽漆、播娘蒿、荠菜等混生麦田杂草防治

在华北冬小麦产区，特别是中北部除草剂应用较多的地区，近几年麦田杂草群落发生了较大的变化，泽漆等恶性杂草逐年增加，麦田杂草主要是泽漆、播娘蒿、荠菜，另外还会有狼紫草、麦家公、米瓦罐等，见图 4-3-52。这类作物田杂草难于防治，必须针对不同地块的草情选择适宜的除草剂种类和适宜的施药时期。泽漆多在 10—11 月发生，但有一部分在 2—3 月发芽出苗。对于雨水较多或墒情较好的年份应抓好冬前期防治，但一般在小麦返青期防治效果更好。

图 4-3-52　小麦田泽漆发生为害情况

在小麦冬前期，对于正常播种的麦田，如果田间泽漆等杂草大量发生，泽漆、播娘蒿、荠菜、麦家公、狼紫草等发生较多见图 4-3-53，可以于 11 月中下旬进行施药防治。

可以施用下列除草剂：

图 4-3-53   小麦冬前期田间泽漆发生前期为害情况

10% 苯磺隆可湿性粉剂 15~20g/ 亩 +10% 乙羧氟草醚乳油 10~15mL/ 亩 +20% 氯氟吡氧乙酸乳油 25~40mL/ 亩。

15% 噻磺隆可湿性粉剂 15~20g/ 亩 +10% 乙羧氟草醚乳油 10~15mL/ 亩 +20% 氯氟吡氧乙酸乳油 25~40mL/ 亩；

10% 苯磺隆可湿性粉剂 15~20g/ 亩 +10% 乙羧氟草醚乳油 10~15mL/ 亩；

15% 噻磺隆可湿性粉剂 15~20g/ 亩 +10% 乙羧氟草醚乳油 10~15mL/ 亩。

图 4-3-54   小麦返青期田间泽漆发生为害情况

对水 30g 亩喷施，注意不要施药太早，泽漆未出齐时药效不好，也不要施药过晚，气温下降后药下降，对小麦的安全性不好，易于发生药害。

冬前杂草较少或冬前没能及时防治的麦田，对于泽漆、播娘蒿、荠菜、麦家公、狼紫草等杂草发生较多的田块，见图 4-3-54，应抓好小麦返青期的防治，一般在 3 月上中旬开始施药。因为这一时期天气多变、气温不稳定，应根据天气情况选择药剂及时施药。

一般情况下可以用下列除草剂：

10% 苯磺隆可湿性粉剂 15~20g/ 亩 +20% 氯氟吡氧乙酸乳油 30~50mL/ 亩；

15% 噻磺隆可湿性粉剂 15~20g/ 亩 +20% 氯氟吡氧乙酸乳油 30~50mL/ 亩；

10% 苯磺隆可湿性粉剂 15~20g/ 亩 +40% 唑草酮干燥悬浮剂 3~4g/ 亩 +20% 氯氟吡氧乙酸乳油 30~50mL/ 亩；

15% 噻磺隆可湿性粉剂 15~20g/ 亩 +40% 唑草酮干燥悬浮剂 3~4g/ 亩 +20% 氯氟吡氧乙酸乳油 30~50mL/ 亩；

10% 苯磺隆可湿性粉剂 15~20g/ 亩 +10% 乙羧氟草醚乳油 10~15mL/ 亩 +20% 氯氟吡氧乙酸乳油 30~50mL/ 亩。

对水 30kg/ 亩均匀喷施，注意不要施药太早，温度较低（低于 10℃）、泽漆未返青时药效不好，小麦易于发生药害；也不要施药过晚晚，杂草过大、小麦拔节后施药，药效下降，对小麦的安全性不好，易于发生药害。

对于泽漆发生严重、小麦已封行的田块，见图 4-3-55，应抓好小麦返青期泽漆返青后及时施药防治一般在 3 月上中旬开始施药。因为这一时期天气多变、气温不稳定，一般在天气晴朗、气温高于 10℃，且天气预报未来几天天气较好，应根据天气情况选用下列除草剂：

10% 苯磺隆可湿性粉剂 15~20g/ 亩 +20% 氯氟吡氧乙酸乳油 40~60mL/ 亩；

图 4-3-55　小麦返青期田间泽漆严重发生为害情况

15% 噻磺隆可湿性粉剂 15~20g/ 亩 +20% 氯氟吡氧乙酸乳油 40~60mL/ 亩。

对水 30kg/ 亩均匀喷施，一定要注意天气和小麦生育时期。注意不要施药太早，温度较低（低于 10℃）、泽漆未返青时药效不好，小麦易于发生药害；也不要施药过晚，杂草过大、小麦拔节后施药，药效下降，对小麦的安全性不好，易于发生严重的药害。

（十四）麦辣椒、麦瓜等套作麦田杂草防治

在冬小麦产区，小麦与辣椒、小麦与西瓜等套作栽培方式较为普遍。该类麦区麦田的主要杂草有播娘蒿、荠菜、猪殃殃，个别地块有少量麦家公、佛座、泽漆等见图 4-3-56。该类麦区小麦播种较晚杂草发生规律性较差，冬前防治往往不能被重视；小麦返青期盲目使用除草剂，经常性出现药害。生产上应注意选择除草剂品种和施药技术。

图 4-3-56　小麦与辣椒套作田杂草发生为害情况

在小麦冬前期见图 4-3-57，要注意选择持效期相对较短的除草剂品种。于 11 月中下旬到 12 月上旬选择墒情较好、气温稳定在 8℃施药除草效果较好，可以用下列除草剂：

15% 噻磺隆可湿性粉剂 8~10g/ 亩 +10% 乙羧氟草醚乳油 10~15mL/ 亩 +20% 氯氟吡氧乙酸乳油 20~30mL/ 亩，对水 30kg，均匀喷施，可以有效防治杂草，基本上可以控制杂草的为害。

在小麦返青后拔节前见图 4-3-58，一般在 3 月上中旬开始施药。因为这一时期天气多变、气温不稳

图 4-3-57   麦辣椒套作田小麦冬前期杂草发生为害情况

图 4-3-58   麦辣椒套作田小麦返青期杂草发生为害情况

定，应根据天气情况选择药剂及时施药。在天气晴朗、气温高于 10℃，且天气预报未来几天天气较好的情况下，可以用下列除草剂：

25% 溴苯腈乳油 120~150mL/ 亩 +20% 氯氟吡氧乙酸乳油 40~60mL/ 亩；

10% 乙羧氟草醚乳油 10~15mL/ 亩 +20%2 甲 4 氯水剂 150~200mL/ 亩；

10% 乙羧氟草醚乳油 10~15mL/ 亩 +20% 氯氟吡氧乙酸乳油 40~60mL/ 亩。

对水 30kg 均匀喷施，一定要注意天气和小麦生育时期。注意不要施药太早，温度较低（低于 10℃）、泽漆未返青时药效不好，小麦易发生药害；也不要施药过晚，杂草过大、小麦拔节后施药，药效下降，对小麦的安全性不好，易发生严重的药害。

（十五）麦花生轮套作麦田杂草防治

在冬小麦产区，麦花生套作方式较为普遍。该类麦区麦田主要是播娘蒿、荠菜，个别地块有少量米瓦罐、麦家公、猪殃殃、佛座、泽漆等。该类麦区小麦播种较晚，又多为沙壤土或砂碱地，常常由于墒情、天气、管理等方面存在较大差异，杂草发生规律性较差，冬前防治往往不能被重视；同时，在麦花生套作区，花生常在小麦收获前点播在小麦行间，小麦返青期盲目使用除草剂，经常性出现药害。生产上应注意选择除草品种和施药技术图 4-3-59。

图 4-3-59 小麦与花生轮作或套播田杂草发生为害情况

在小麦冬前期见图 4-3-60，要注意选择持效期相对较短或对花生安全的除草剂品种。于 11 月中下旬到 12 月上旬，选择墒情较好、气温稳定在 8℃ 施药除草效果较好，可以用下列除草剂：

15% 噻磺隆可湿性粉剂 10~15g/ 亩 +20% 氯氟吡氧乙酸乳油 20~30mL/ 亩，对水 30kg 均匀喷施，可以控制杂草为害。

在小麦返青期见图 4-3-61，一般在 2 月下旬至 3 月上旬开始施药。因为这一时期由于天气多变、气温不稳定，应根据天气情况选择药剂及时施药。一般情况下可以用下列除草剂：

15% 噻磺隆可湿性粉剂 10~15g/ 亩 +20% 氯氟吡氧乙酸乳油 40~60mL/ 亩；

15% 噻磺隆可湿性粉剂 15~20g/ 亩 +40% 唑草酮干燥悬浮剂 3~4g/ 亩 +20% 氯氟吡氧乙酸乳油 30~50mL/ 亩。

对水 30kg 均匀喷施，一定要注意天气和小麦生育时期。注意不要施药太早，温度较低（低于

图 4-3-60 小麦与花生轮作或套播田冬前
杂草发生为害情况

图 4-3-61 小麦与花生轮作或套播田返青期
杂草发生为害情况

10℃）、泽漆未返青时药效不好，小麦易于发生药害；也不要施药过晚，杂草过大、小麦拔节后施药，药效下降，对小麦的安全性不好，易于发生严重的药害。

（十六）麦田中后期田旋花、小蓟等杂草的防治

在华北冬小麦产区，特别是中北麦区，近几年随着除草剂的推广应用，麦田杂草群落发生了较大的变化，在小麦返青后，田间还会发生大量的田旋花、小蓟，影响小麦的生长。必须针对不同地块的草情选择适宜的除草剂种类及时防治见图 4-3-62。

在小麦返青期见图 4-3-63，如果田旋花、小蓟大量发生，一般在 3 月施药。因为这一时期天气多变、气温不稳定，应根据天气情况选择药剂及时施药。在天气晴朗、气温高于 10℃，且天气预报未来几天天气较好的情况下，选用合适的除草剂。

图 4-3-62　小麦田田旋花、小蓟等杂草发生为害情况　　　　图 4-3-63　小麦返青期杂草发生为害情况

视杂草的大小，可以用 20% 氯氟吡氧乙酸乳油 50~75mL/ 亩，对水 30kg，最好有针对性的喷施，一定要注意天气情况和小麦生育时期。注意不要施药太早，温度较低（低于 10℃）、杂草未出苗时药效不好，小麦易发生药害；也不要施药过晚，杂草过大，药效下降，对小麦的安全性不好，易发生严重的药害。如果施药过晚，应压低喷头喷到麦行间下部杂草上，注意不能喷到上部嫩穗上。该期施药对小麦有一定的药害，尽量采用人工锄草的方法。

（十七）麦田节节麦等恶性禾本科杂草的防治

在华北冬小麦产区，特别是中北麦区，近几年随着除草剂的推广应用，部分麦田的杂草群落发生了较大的变化，田间还发生了大量的节节麦、黑麦草等禾本科杂草，影响小麦的生长。必须针对不同地块的草情选择适宜的除草剂种类及时防治。

豫中南部在 11 月中下旬、豫中北部在 2 月下旬至 3 月上旬，对于田间节节麦发生严重的麦田，见图 4-3-64，可以用 3% 甲基二磺隆油悬剂 25~30mL/ 亩，并加入专用助剂，对水 30kg 进行机械标准化喷药，一定要注意天气情况和小麦生育时期。注意不要施药太早，温度较低（低于 10℃）、药效不好，小麦易发生药害；也不要施药过晚，杂草过大、小麦拔节后施药，药效下降对小麦的安全性不好，易发生严重的药害。

部分麦田多花黑麦草发生严重，在 11 月中下旬、豫中北部在 2 月下旬至 3 月上旬，可以用 5% 唑啉草酯乳油 60~100mL/ 亩，对水 30kg 进行机械标准化喷药，一定要注意天气情况和小麦生育时期。

图 4-3-64　小麦田节节麦的发生为害情况

第五章 其他有害生物

第一节 麦田鼠害

一、大仓鼠

（一）分布与为害

1. 鼠名

大仓鼠（*Tscherskia triton* de Winton），隶属啮齿目、仓鼠科、大仓鼠属，也称大腮鼠、灰仓鼠。

2. 分布

大仓鼠分布于中国长江以北地区，主要分布于华北平原、东北平原、华中平原农作区及临近山谷川地，包括黑龙江、吉林、辽宁、内蒙古、北京、天津、河北、河南、山东、山西、陕西、甘肃、宁夏、安徽、江苏和四川等省（自治区、直辖市）。除中国以外，则分布于俄罗斯乌苏里、蒙古和朝鲜等地。

3. 为害

大仓鼠是农田主要鼠害之一，广泛分布于我国北方地区的农田中，室内偶见。在河南省农田占绝对优势，2014—2018 年监测数量占比 28.7%~54.4%。除农田外，在阔叶林、灌木丛、草地等生境也有分布。大仓鼠在麦田危害小麦作物，盗食种子，在苗期啃食茎叶，在小麦成熟期大量盗运小麦。大仓鼠能传播鼠疫、流行性出血热、钩端螺旋体病、恙虫病、蜱传立克次体病、毒浆体病和李司特菌病，影响人类健康。

（二）形态特征

1. 外形

大仓鼠体型较大，成体体长 140~180mm。尾短小，长度不超过体长的一半。头钝圆，具发达的颊囊。耳短而圆，具很窄的白边。乳头 4 对（图 5-1-1）。

2. 毛色

背部和体侧毛色为黄褐色，毛基部深灰黑色，毛尖灰黄色。随着年龄的增长，毛色加深。腹部毛灰白色。耳的内外侧均被棕褐色短毛，边缘灰白色。尾毛上下均呈暗色，尾尖白色。后脚背面为纯白

图 5-1-1 大仓鼠（郭永旺 提供）

色。幼体毛色深，几乎呈纯黑灰色。

3. 头骨

头骨粗大，棱角明显。顶间骨大，近长方形。在前颌骨两侧，上门齿根凸起，伸至前颌骨与上颌骨的缝合线附近。听泡凸起且较窄，两个听泡的间距与翼骨间宽相等。

4. 牙齿

第一上臼齿最大，具 6 个齿突，第二上臼齿有 4 个齿突。第三上臼齿最小，具 3 个齿突。第一、第二下臼齿齿突数与第一、第二上臼齿相同，第三下臼齿有 4 个齿突，其内侧 1 个较小，不明显。

（三）生活习性

1. 栖息地

大仓鼠喜栖息于土质疏松干燥、远离和高于水源的农田、荒草地、低山灌木丛和丘陵地带。

2. 洞穴

除繁殖期外，雌雄大仓鼠独居生活，但洞穴相距不远。洞系构造较复杂，有洞、洞道、仓库和巢室。一般有 1 个与地面垂直的洞口，另外还有 3 个斜滑口。地表上常有浮土堵塞，称暗洞，建筑在隐蔽处，略高于地表成圆形土丘，明洞为鼠的进出口，建筑在稍高的向阳处，洞口光滑，无遮盖物。垂直洞洞深 40~60cm，然后转为与地面平行的水平通道。巢室 1~2 个，位置离地面 1m 以下的不冻土层壁，内有杂草，谷叶，作产仔和居住之用。粮仓 2~3 个，短径 7~10cm，长径 35~140cm，可储粮 800~1 200g，多时达 4~10kg。

3. 活动规律

大仓鼠属于昼伏夜出型，主要以夜间活动为主，活动多集中在 18：00 至翌日 8：00，活动高峰出现在日落后 2h 左右，在作物成熟期活动更频繁，甚至在白天也频繁。

4. 繁殖特征

大仓鼠繁殖能力强。一般 3 月初开始交尾繁殖，至 10 月底结束，越冬成鼠一年产 3~4 胎，每胎最少 4 只，最多可达 20 多只，平均 6~10 只。幼鼠 2.5 月龄即可达性成熟。当年鼠一般一年 1~2 胎，一般 8~11 只。母鼠在哺乳期有堵塞洞口现象。

（四）防治技术

1. 农业防治

采取深翻耕和精耕细作，合理冬灌，破坏其洞系，清除田间、地头、沟渠旁杂草杂物，减少害鼠栖息藏身之处。

2. 物理机械灭鼠

采用铁夹、木板夹、电猫、夹鼠笼等捕鼠工具进行机械捕杀。

3. 化学防治

防治适期在大仓鼠繁殖盛期的 4—5 月（冬后田间觅食高峰期）、7—8 月（活动猖獗期）、储粮越冬活动盛期的 10 月。防治药剂：敌鼠钠盐，使用浓度为 0.02%~0.03%；溴敌隆，常用毒饵浓度为 0.005%，用大米（小麦）毒饵在农田连续投放毒饵 3 次，投饵量 150g/ 亩。

4. 生物防治

增设鹰架、放养狐狸，提供有利于天敌的适合生存和繁殖的环境，保护害鼠天敌，维持和增加天敌种群数量，控制鼠害种群数量。

二、棕色田鼠

（一）分布与危害

1. 鼠名

棕色田鼠（*Lasiopodomys mandarinus* Milne-Edwards），隶属啮齿目、仓鼠科、毛足田鼠属，也称北方田鼠、地老鼠。

2. 分布

主要分布在我国吉林、辽宁、内蒙古、河北、山东、河南、山西、陕西、安徽、江苏等北方各省（自治区）。国外分布于朝鲜、蒙古、俄罗斯等国。

3. 为害

棕色田鼠食性广泛，可取食16个科近40种植物，包括多种农作物和大部分田间杂草，几乎所有的农作物都为其取食为害的对象。2014—2018年在河南农田监测占比9.9%~25.8%。棕色田鼠在小麦秋冬及春季苗期为害根茎叶，造成小麦缺苗断垄，在小麦生育中后期，根中所含水分减少，棕色田鼠对其喜食度开始下降。棕色田鼠在夏季喜食花生、山药等。

（二）形态特征

棕色田鼠身体短粗，系小型田鼠，体圆筒状，静止时缩成短粗的小球状。成体体长88~115mm，平均102mm。头部钝圆，两眼小，相距较近。耳短而圆，被毛所掩盖。尾短，长15~37mm。后足长略短于尾长。夏季毛色棕褐色、冬季毛色较淡。体毛厚而长，背中部的冬毛可达11mm。体背棕黄或棕黑色，中部杂有黑毛，体侧毛色较浅，为黄褐色。腹面毛基灰色或暗灰色。尾背色同体背色接近（图5-1-2）。

图5-1-2　棕色田鼠（关祥斌　提供）

头骨宽而短、棱角清晰，颧弓粗壮发达，眶间部较宽。棕色田鼠的门齿甚为发达，特别是下门齿。第一上臼齿内外侧均有3个突出角。第二上臼齿横叶之后外侧有2个、内侧有1个突出角。第三上臼齿横叶后内外侧各仅有1个突出角。

（三）生活习性

1. 栖息地

棕色田鼠多栖息于灌丛、草坡及河流沿岸土层较深厚或沙质较重的环境中。棕色田鼠不冬眠，营地下群居生活，一般一个洞系有4~6只，多达16只。在土中挖掘洞道和觅食，较少到地面活动。有推土封洞习性，当期洞道被打开后7~15min即将其堵住。洞道复杂，占地75~150m²，洞系内部有洞道、仓库、窝巢等。地面有数量不等的土丘，约18cm×20cm×14cm，数量一般为25~28个，多则50~85个。洞道分上下两层，上层为取食道，距地面10~15cm，下层为主干道，距地面20~45cm，通向仓库和窝巢。窝巢内铺两层垫草，外层较粗糙，内层较柔细。有两条通道，一条通向干道，一条为应急道。仓库数量不等，多的有 5~6 个，深度为 44~85cm，可储粮草 1kg 以上。

2. 食物

以植物的根、茎及块茎为食，喜食多汁、含糖高的植物根部。

3. 活动规律

常年营地下生活，日活动规律不明显，活动较为随机分散。

4. 繁殖特性

一年可生育多次，3—4 月是全年的第一个繁殖高峰，8—9 月为第二个高峰，每胎产 2~5 仔。

（四）防治技术

1. 农业防治

采取深翻耕和精耕细作，合理冬灌，对田块进行伏翻和冬翻，破坏其洞系。

2. 物理机械灭鼠

铁板夹的控制效果较好，穿洞式捕鼠箭和银恒快速捕鼠器对棕色田鼠均有一定的控制作用。

3. 化学防治

杀鼠药剂选择抗凝血杀鼠剂。防治药剂有敌鼠钠盐（使用浓度为 0.02%~0.03%），溴敌隆（毒饵浓度为 0.005%），用甘薯、苹果、小麦苗、蔬菜等做毒饵，将毒饵投入洞道，每个洞口投入毒饵 30g。

三、褐家鼠

（一）分布与为害

1. 鼠名

褐家鼠（*Rattus norvegicus* Berkenhout），隶属啮齿目、鼠科、大鼠属，也称为大家鼠、粪鼠、沟鼠。

2. 分布

分布于全世界各地，凡是有人居住的地方，都有该鼠的存在。在我国几乎各地均有分布，西藏地区已有褐家鼠零星捕获记录。

3. 为害

褐家鼠家野两栖，是全国农区鼠害中平均捕获率第二高的种类，2014—2018 年在河南农田监测占比 10.8%~34.0%。褐家鼠为杂食动物，食性极广，最喜食肉类和瓜果等含脂肪高或含水分多的食物。我国主要粮食作物水稻、玉米、小麦、大豆都是褐家鼠的喜食作物。在作物的播种期，主要盗食刚播的种子，造成缺苗断垄；在灌浆期和收获期，盗食灌浆或成熟的种子，粮食入库后，褐家鼠是为害最重的害鼠之一。

（二）形态特征

1. 外形

褐家鼠为中等体型鼠类，体粗壮，雄性体重 133g 左右，体长 133~238mm，雌性体重 106g 左右，体长 127~188mm。尾短而粗，尾长明显短于体长。尾毛稀疏，尾上环状鳞片清晰可见（图 5-1-3）。

图 5-1-3　褐家鼠（郭永旺　提供）

头小，吻短，耳短而厚，向前翻不能遮住眼睛。后足粗大。雌鼠乳头 6 对。

2. 毛色

褐家鼠背毛棕褐色或灰褐色，毛基深灰色，毛尖棕色或褐色。背部白头顶至尾端中央有一些黑色长毛，故中央颜色较深。腹毛灰白色。足背毛白色。尾双色，上面黑褐色，下面灰白色。尾部鳞环明显，尾背部生有一些褐色细长毛，尾背部色调较深。

3. 头骨

褐家鼠头骨较粗壮，脑颅较狭窄，颧弓较粗壮，眶上嵴发达，左右颞嵴向后平行延伸而不向外扩展。第一上臼齿第 1 横嵴外齿突不发达，中齿突、内齿突发育正常，第二横嵴齿突正常，第三横嵴中齿突发达，内外齿突均不发达。第二上臼齿第一横嵴只有 1 内齿突，中外齿突退化，第二横嵴正常，第三横嵴中齿突发达，内外齿突不明显。第三上臼齿第一横嵴只有内齿突，第二、第三横嵴连成一环状。

（三）生活习性

1. 栖息地

褐家鼠栖息地非常广泛，在河边草地、灌丛、庄稼地、荒草地以及林缘池边都有，但以家栖为主，主要栖居于人的住房和各类建筑物中，特别是在牲畜圈棚、仓库、食堂、屠宰场等处数量最多。在田间喜欢栖息于临近水源的堤坡、杂草丛生的田埂。有群居习性及等级制度，级别高的强健雄鼠常把弱者赶出洞穴，独占几只雌鼠，占领多个洞穴。

2. 洞穴

洞系结构比较复杂。一般洞系有 2~4 个口，洞道长 50~210cm、分支多，地下洞最深可达 1.5m。一般有一个窝巢，内垫有杂草、谷壳、破布等。

3. 食物

褐家鼠为杂食性动物，食性与栖息环境有关。褐家鼠取食所有的粮食、蔬菜、瓜果类作物，以及鱼、肉、蛋等，环境适应能力极强。

4. 活动规律

以夜间活动为主，日间各个时段也有活动。活动区域以洞穴为中心的 0.5km 范围活动为主。有对新物回避习性。

5. 繁殖特征

褐家鼠繁殖力很强，一年四季均可繁殖。5—9 月为繁殖高峰期。一年生 6~10 胎，每胎 8~10 仔，最高可达 16 仔。母鼠产后即可受孕，怀孕期 20~22d。初生仔鼠生长快，一周内长毛，9~14d 开眼，3 个月性成熟即可交配生殖。

（四）防治技术

1. 农业防治

统筹安排农田布局，减少田埂、田间草地、荒地面积，减少褐家鼠栖息地及避难所。加强田间管理，对闲置土地进行伏翻、冬翻，破坏害鼠的栖息环境和食物条件，及时秋收，减少成熟作物在田间存留时间。提高储粮条件，减少晾晒时间，加强储粮防鼠。

2. 物理防治

鼠夹是最常用的灭鼠器械，栏诱捕系统 TBS 是近年来主推的灭鼠技术。

3. 化学防治

褐家鼠的化学防治以每年 4—5 月进入怀孕高峰前为最佳防治时期，主要采用抗凝血杀鼠剂，如敌鼠钠盐、溴敌隆等，可用商品化的毒饵站进行防治。

4. 生物防治

保护猫科动物及猫头鹰等动物，对低密度鼠害种群有较强的控制作用。

四、黑线姬鼠

（一）分布与为害

1. 鼠名

黑线姬鼠（*Apodemus agrarius* Pallas），隶属啮齿目、鼠科、姬鼠属，也称为田姬鼠、黑线鼠、长尾黑线鼠。

2. 分布

在我国分布广泛，是我国广大农区的主要害鼠之一。在我国广泛分布，分布于除青海、西藏、海南以外的其余各省（直辖市、自治区）。

3. 为害

黑线姬鼠主要以各种农作物的种子、茎叶、果穗为食，为害期从作物播种到成熟为止，一般咬断作物的茎秆，取食作物的果实。为害小麦时啃咬麦苗、麦穗，尤其当小麦成熟时倒伏株较多为害加重在小麦成熟时造成倒伏。2014—2018 年在河南农田监测占比 9.9%~18.9%。该鼠经常迁入室内，且为流行性出血热和钩端螺旋体病的重要宿主，传播的疾病多达 17 种。

（二）形态特征

1. 外形

黑线姬鼠为中小型鼠类，成体体长 65~117mm，身体纤细灵巧，尾长 50~107mm，体重约 100g。体细瘦，头小、吻尖。耳短，折向前方达不到眼部。尾毛不发达，鳞清晰呈环状。四肢较短小。乳头 4 对，胸部和鼠蹊部各 2 对（图 5-1-4）。

2. 毛色

体背毛一般为浅棕褐色，各亚种和栖息环境的不同而有一定的变化。生活在农田的棕色较重或为浅褐色。体背部杂有较多的黑褐色毛尖，体侧较少，自头顶部至尾部沿背中央有黑色毛形成一长条黑色条纹。体侧毛棕色，无黑色毛尖，腹面略深。腹面毛基淡灰，毛尖白色，背腹面毛色有明显界限。四足背毛白色，尾明显二色，上面暗棕色，下面灰白色。

3. 头骨

黑线姬鼠颅骨吻部较发达，眶上嵴明显。额骨与顶骨的交接缝多向后成"人"字形，顶间骨较大，其前外角明显向前突入顶骨，整个顶间骨略成长方形。上枕骨倾斜度较大，颅骨背面观可见上枕骨的大

图 5-1-4　黑线姬鼠（郭永旺　提供）

部。门齿孔较短，一般不及或几乎到达第一上臼齿前缘之连线。臼齿咀嚼面有 3 纵列丘状齿突，第二上臼齿缺 1 个前外齿突，第三上臼齿颇为退化，内侧仅 2 个齿突。

（三）生活习性

1. 栖息地

黑线姬鼠属小型野栖鼠类。栖息环境广泛，主要栖息于各种农田、旱地耕作区及山坡灌木、草丛中，喜栖于温暖、雨量充沛、种子食源丰富的地区。

2. 洞系

黑线姬鼠属洞穴鼠种，洞穴多建于农田毗邻的沟渠、堤坡、路基、坟地、田埂等非耕作区。洞穴结构比较简单，洞系一般有 3~4 个洞口，也有暗窗，洞径 2.0~2.5cm。在洞道下行到地下 40~60cm 时，即转向与地面平行或略向下斜，在洞道的一端或中间有扩大的巢室或仓库，洞道的全长不超过 2m。巢室距地面不及 1m，内有松软的垫草，仓库内常储有粮食和草籽。

3. 食性

黑线姬鼠食性较杂，但以取食农作物为主，喜食种子、果实，偏食水稻、小麦、大麦、豆类、甘薯等，食性随田间作物生长发育而变化，秋、冬两季以种子为主，佐以植物根茎；春天开犁播种后，盗食种子和青苗；夏季取食植物的绿色部分及瓜果并捕食昆虫。

4. 活动规律

以夜间活动为主，黄昏和清晨活动最盛，白天也能出洞觅食。一年中以春秋两季活动最为频繁。随自然条件和食源变化而作短距离迁徙。无冬眠习性，即使在严寒的冬季仍能田间取食。

5. 繁殖特征

每年产 3~5 胎，每胎 5~7 仔。仔鼠 3 个月发育成熟，平均寿命 1 年半左右。

（四）防治技术

1. 农业防治

农田结合春耕、夏耕，修整田埂，翻耕农田，减少田埂、地头荒角、田间坟地和杂草较多的荒地。结合农时进行灌溉，及时采收作物，破坏黑线姬鼠栖息场所，恶化鼠类生存环境。

2. 物理防治

利用鼠夹、鼠笼、粘鼠板等捕鼠装置捕杀。捕鼠装置放置在洞口附近、田埂、渠道、沟边或者害鼠常活动的地方。放置时间在鼠类活动高峰期到来之前，一般晚上放早晨收。诱饵一般选择鼠类喜欢吃的花生仁、甘薯块，瓜果、蔬菜等。捕鼠后，应用开水洗净或太阳晒捕鼠器械。

3. 化学防治

杀鼠药剂选择抗凝血杀鼠剂。防治药剂有敌鼠钠盐（使用浓度为 0.02%~0.03%），溴敌隆（毒饵浓度为 0.005%），用大米、小麦粒、玉米粒等做毒饵，用毒饵站技术进行田间灭鼠。

4. 生物防治

保护利用黄鼬、猫头鹰、蛇类等天敌进行灭鼠。

五、小家鼠

（一）分布与为害

1. 鼠名

小家鼠（*Mus musculus* Linnaeus），隶属啮齿目、鼠科、小鼠属，也称小鼠、鼷鼠、小耗子、米鼠。

2. 分布

小家鼠是家、野双栖鼠，分布于世界各地，在我国各省（自治区、直辖市）均有分布。

3. 为害

小家鼠为害所有农作物，盗食粮食。2014—2018年在河南农田监测占比4.9%~9.1%。主要为害期为作物青苗期和收获季节。为害时一般不咬断植株，只盗食谷穗，受害株很少倒伏。而在居民区内以及库房为害很大，无孔不入，往往啮咬衣服、食品、家具、书籍，其他家用物品均可遭其破坏和污染。同时大量出入于人类的住所，可传播某些自然疫源性疾病。

（二）形态特征

图 5-1-5　小家鼠（郭永旺　提供）

1. 外形

体型小，成年体重12~30g不等，体长50~100mm，尾长等于或短于体长，耳长10~15.5mm，前折达不到眼部。后足长小于14~18mm。乳头5对，胸部3对，鼠蹊部2对（图5-1-5）。

2. 毛色

毛色变化很大，背毛由灰褐色至黑灰色，腹毛由纯白到灰黄。前后足的背面为暗褐色或灰白色。尾毛上面的颜色较下面深，有时上下二色不明显。体侧面毛色有时界限分明。四足背面呈暗色或污白色。

3. 头骨

头颅小，呈长椭圆形。头骨纤细，颧弓细弱，上颌门齿内侧，从侧面看有一明显的缺刻，这是区别黑线姬鼠、小林姬鼠的主要特征。

（三）生活习性

1. 栖息地

小家鼠为家野两栖类，住房、厨房、仓库等各种建筑物、衣箱、厨柜、打谷场、荒地、草原等都是小家鼠的栖息处。

2. 洞系

在居民区通常在墙角或地面掘洞营巢，洞口直径2~2.5cm，洞口不止一个，分别通向室内外。野外栖息的多利用自然缝隙、其他鼠类的废弃洞营巢于地下。

3. 食性

对食物要求不严格，喜食新鲜谷粒和植物嫩芽，有时吃少量昆虫。对水分不敏感。觅食时，很少一次将食物吃净。取食主要在夜间。

4.活动规律

以夜间活动为主，在高密度情况下，白天也可见其活动，甚至不怕人。具有季节迁移习性，每年3—4月天气变暖，开始春播时，从住房、库房等处迁往农田，秋季集中于作物成熟的农田中。作物收获后，它们随之也转移到打谷场、粮草垛下，后又随粮食入库而进入住房。

5.繁殖特征

繁殖力很强，一年四季都能繁殖，春、秋两季繁殖高峰期。小家鼠一般全年均能繁殖，体重7g时即能性成熟，发情周期为4~6d之久，持续时间不到1d；雌性生产后又会经历长达12~18h的发情期。全年6~8胎，平均每胎4~8只幼仔，甚至多达14只幼仔。孕期20d左右。初生鼠于当年可达到性成熟并参与繁殖。数量变动幅度极大，条件适宜时，数量急剧上升造成大暴发。

（四）防治技术

1.农业措施

农田应铲除不必要的杂草。秋季多聚集在稻草堆下，可翻开草堆捕杀。

2.物理防治

小家鼠型小体轻，对所用捕鼠工具的灵敏度一定要高，鼠夹用小号，布放地点之间小于2m；用鼠笼时笼网眼要小。群众使用的碗扣、坛陷等方法效果也好；用粘鼠胶或粘蝇纸捕捉，安全有效。

3.化学防治

小家鼠取食具有时断时续和取食场所不固定的特点，同时其耐药力特强、取食量少，化学灭鼠时，应适当提高毒饵的浓度，小堆多放。溴敌隆是灭杀小家鼠的首选药物，可制成毒水、毒粉、毒糊使用。

4.生物防治

保护猫、狐狸、黄鼠狼、白鼬、鼬、大蜥蜴、蛇、鹰、隼、猫头鹰等天敌。

第二节　蜗牛

蜗牛是指腹足纲的陆生所有种类。在西方国家不区分水生的螺类和陆生的蜗牛，在我国蜗牛只指陆生种类，而广义的蜗牛还包括巨盾蛞蝓。蜗牛是一类包括许多不同科、属的动物。小麦田常见有灰巴蜗牛 [*Bradybaena ravida*（Benson）] 和同型巴蜗牛两种 [*Bradybaena similaris*（Ferussac）]，两种蜗牛均属于腹足纲、柄眼目、巴蜗牛科、巴蜗牛属。

一、分布与为害

1.分布

灰巴蜗牛主要分布于黑龙江、吉林、河北、河南、山东、山西、湖北、安徽、江苏、浙江、福建、广东、新疆、台湾等省（自治区）；同型巴蜗牛主要分布在内蒙古、山东、河南、河北、陕西、甘肃、湖北、湖南、江西、江苏、浙江、福建、广东、广西、台湾、四川、云南等地。河南省广泛分布，豫东地区密度较大。

2. 为害

灰巴蜗牛和同型巴蜗牛在我国常混合发生，均为杂食，寄主植物种类繁多。蜗牛通过舐刮式口器的齿舌和颚片刮锉植物幼嫩组织，造成植物叶茎失绿、干裂、缺刻或孔洞，同时分泌黏液污染植物，影响光合作用及其产品品质。从 20 世纪 90 年代以来，受种植结构调整和复种指数增加的影响，蜗牛逐渐从一般性有害生物上升为主要有害生物。蜗牛具有繁殖快、食性杂、食量大、密度高、活动隐蔽等特点，对小麦、玉米、大豆、薯类、油菜、蔬菜等为害严重。

二、形态特征（图5-2-1）

（一）灰巴蜗牛

成贝　壳质稍厚，坚固，呈圆球形。壳高 19mm、宽 21mm，有 5.5~6 个螺层，顶部几个螺层增长缓慢、略膨胀、体螺层急骤增长、膨大。壳面黄褐色或琥珀色，具有细致而稠密的生长线和螺纹。壳顶尖，缝合线深。壳口呈椭圆形，口缘完整略外折，锋利，易碎。轴缘在脐孔处外折，略遮盖脐孔。脐孔狭小，呈缝隙状。爬行时体长 30~36mm。头部发达，具有 2 对触角，前触角较短为 1.5~2mm，后触角较长为 8~10mm，后触角顶端有黑色眼。生殖孔位于头左后下侧。个体大小、颜色变异较大。

卵　圆球形，直径 1.7~2.1mm，初产时乳白色具光泽，近孵化时呈土黄色。

幼贝　仅具一个螺层，壳体宽度 1.5~1.9mm，体形与成体相似。壳质脆弱，淡黄色，有光泽，随着生长，壳体颜色变深，失去光泽。

图 5-2-1　蜗牛成贝及为害小麦叶片、穗部

（二）同型巴蜗牛

成贝　贝壳中等大小，壳质厚，坚实，呈扁球形。壳高 9.1~13.6mm、宽 11.2~18.4mm，壳面呈黄褐色、红褐色或者梨色，具有细致密集的生长线和螺纹。有 5~6 个螺层，顶部几个螺层增长缓慢，略膨胀，螺旋部低矮，体螺层增长迅速、膨大。壳顶钝，缝合线深。体螺层周缘或缝合线处常有一条暗褐色带（有

些个体无）。壳口呈马蹄形，口缘锋利，轴缘略外折，遮盖部分脐孔。脐孔小而深，呈洞穴状。头部发达，在身体前端具有 2 对触角，后触角顶端有眼。口位于头部腹面，足在身体腹面。

卵　圆球形，直径 1.0~1.5mm，初产时乳白色有光泽，渐变淡黄色，近孵化时为土黄色。

幼贝　贝壳高 0.8~1.7mm，有 1~2 个螺层，150d 后螺层增至 4~5 层，270d 后螺层增至 5~6 层。

三、生活习性

1. 生活时期

灰巴蜗牛与同型巴蜗牛生活习性比较接近，通常 1 年发生 1 代，其寿命一般不会超过 2 年。蜗牛一生经历卵、幼贝和成贝 3 个阶段。其生活史可分 4 个时期：越冬休眠期、苏醒为害期、越夏休眠期、秋季暴食期。温度和湿度是影响蜗牛休眠的主要因素。每年冬季，当旬气温低至 10℃ 以下，相对湿度低于 76% 时，蜗牛以成贝和幼贝在田埂土缝、残株落叶、宅前屋后的物体下越冬。翌年 3 月，当旬气温高于 10℃ 以上，相对湿度高于 76% 时开始活动，白天潜伏，傍晚或清晨取食，遇有阴雨天多整天栖息在植株上为害。4 月下旬到 5 月上中旬成贝开始交配，后不久把卵成堆产在植株根茎部的湿土中，初产的卵表面具黏液，干燥后把卵粒粘在一起成块状，初孵幼贝多群集在一起取食，长大后分散为害，喜栖息在植株茂密低洼潮湿处。温暖多雨天气及田间潮湿地块受害重；遇有高温干燥条件，蜗牛常把壳口封住，潜伏在潮湿的土缝中或茎叶下，待条件适宜时，如下雨或灌溉后，于傍晚或早晨外出取食。11 月中下旬又开始越冬。

2. 繁殖特征

蜗牛为雌雄同体动物，每只蜗牛体内均有完整的雌雄生殖器官，但通常需异体交配才能完成受精。交配时间一般在黄昏或黎明。每年交配产卵 2 次，第 1 次在 4—5 月，第 2 次在 8—9 月，9 月为蜗牛田间产卵量最高时期，在产卵后成贝即死亡。蜗牛成贝从交配到产卵需 8~23d，平均 15d。卵表面有黏液，常黏结成堆，一般每堆有卵 30~60 粒，多产于植物根际附近松软湿润的土下 1~3cm 处，干燥板结土壤多在 6~7cm 处。

3. 发生规律

蜗牛性喜阴湿环境，当地面相对湿度高于 70% 时，蜗牛纷纷开始活动。蜗牛最适活动气温为 15~25℃，超过 25℃ 或低于 15℃ 时，其活动逐渐减弱。阴雨绵绵对蜗牛发生十分有利，蜗牛在阴雨天，整天都能活动。但大雨过后，蜗牛也常大量死亡。如遇连续干旱，便分泌黏液封住出口，不食不动隐藏起来，干旱过后便又出来活动。

4. 为害特点

初孵幼贝只取食叶肉，稍大后刮食叶、茎，形成孔洞或缺刻，严重时将幼苗咬断，造成缺苗断垄。蜗牛取食小麦叶肉，留下表皮，造成叶片撕裂。蜗牛爬过后留有白色闪光分泌物，有时还留下青绿色如细头蝇状的粪便，可与害虫的为害状相区别。

四、防治技术

1. 农业防治

一是轮作倒茬。种植葱蒜类、韭菜等作物，轮作 2 年。二是在蜗牛发生严重地块，清除田间秸秆和覆盖物，保持地面清洁、平整，破坏蜗牛保护场所。农田雨后及时排水，及时中耕除草，降低土壤湿度，保持地表干燥状态，破坏蜗牛活动和生存条件。

2. 物理防治

利用蜗牛昼伏夜出的生活习性，进行人工捕捉，或者在田间设置草堆或菜叶堆进行诱集，次日清晨日出前集中捕杀。冬季休闲时翻耕，深埋地表越冬个体。

3. 生物防治

保护蜗牛的天敌，如步行虫、蚂蚁、青蛙、鸟类及病原微生物，田间也可放鸡啄食。选用生物农药1.1% 苦参碱乳油 200 倍液、2% 苏·阿维可湿性粉剂 500 倍液等进行叶面喷雾处理。

4. 化学防治

在春秋雨季的蜗牛活动盛期，选用 80% 四聚乙醛可湿性粉剂 800~1 500 倍液、氨水 70~400 倍液、70% 杀螺胺粉剂 1 500~2 000 倍液叶面喷雾。喷雾处理需要选择露水、多雾的清晨或黄昏用药，着药要均匀周到，叶片背面及植株中下部要喷到。

第六章　生理性病害和气象灾害

　　小麦在生长发育和贮存运输过程中，由于遭受生物的和非生物的不良因素影响，使小麦正常的生长和发育受到干扰和破坏，从生理机能到组织结构上发生一系列变化，以致在外部形态上发生反常的表现，最终导致产量降低或品质下降，这就是小麦病害。按照病原的不同，可将小麦病害分为两类：一类是由于寄生物的侵染而引起的侵染性病害；一类是由于不良环境条件而引起的生理性病害和气象灾害。不论哪类病害，只要严重发生，都能够给小麦带来严重减产。

　　以往，人们只注重了侵染性病害，而对生理性病害和气象灾害有所忽视，其实，随着小麦生产水平的不断提高，生理性病害的发生面积、发生程度和危害损失会越来越大，越来越引起人们的重视。如1982年小麦青枯病在河南省发生3 000多万亩，受害小麦的千粒重降低3~7g，平均每亩减产16.8~39.2kg，损失小麦11.76亿 kg。河南省常见的小麦生理性病害和气象灾害有主要有青枯病、旱灾、干热风、冻害、风雹灾害、渍害、旺长、缺素症等。

第一节　小麦青枯病

　　青枯病是指小麦植株未能正常衰老落黄而提前枯萎死亡的现象。它是由于在小麦生产中采用了不适当的栽培措施和小麦生长后期遇到相应的灾害性天气，使小麦植株体内代谢失调，过多的含氮化合物不能正常代谢，一些有毒的中间代谢产物在体内积累引起植株中毒死亡的一种生理性病害。青枯病在河南省发生频率较高，为害严重。如1982年小麦青枯病在河南省发生3 000多万亩，受害小麦的千粒重降低3~7g，平均每亩减产16.8~39.2kg，损失小麦11.76亿 kg。信阳市为青枯病常发区，应引起重视。

一、发病原因

1. 气候因素

　　河南省地处中原，属于亚热带向暖温带气候过渡地区，气候温和，阳光充足，年降水量为500~1 300mm，且季节分配差异较大，春季气温回升快，5月下旬平均气温较中旬上升2~3℃，特别是最高气温大于30℃的日数增加，5月下旬最高气温大于30℃的日数每年平均4~5d；春末夏初的季节交替时期，天气有时受西风带分裂的小槽东移，或受局部地形影响，往往出现降雨，降水量常年平均值在15~20mm，雨日平均2~3d；由于降雨的影响，易出现大幅度降温现象，且雨后骤晴，气温猛然升高，呈出高—低—高"V"字形温差曲线，使处在灌浆期的小麦植株适应不了气候的骤变，体内代谢发生紊乱，出现青枯症状，有人形象地称之为"感冒"。

小麦灌浆较适宜的气象条件是土壤含水量为田间最大持水量的70%~75%，日平均气温22~24℃，日最高气温不超过30℃，不低于20℃，空气相对湿度60%~80%，晴朗微风。但是，往往气象各要素实际要远远超出这些适宜的范围，因而，可以根据气象预报的结果，对青枯病是否发生及发生程度做出预测预报。

据有关研究资料，河南省5月小麦灌浆阶段的总积温、总降水量和总日照时数等基本上能够满足小麦生长发育的需要，引起小麦产量波动主要是由于这些气象因素的时间分配不合理，某个阶段的多雨和明显的温度升降，必然造成小麦明显的青枯逼熟（表6-1-1）。

表6-1-1　小麦青枯病的气象指标

项目		气象指标
小麦青枯发生的条件		1. 5月23日至6月1日之间一次降水量大于10mm 2. 降雨前后3d内有一日以上最高气温大于30℃
小麦青枯发生的类型	轻型	1. 青枯出现在5月23—25日 2. 降雨前后温差小于10℃，日最高气温有一日大于30℃
	重型	1. 青枯出现在5月25—29日 2. 降雨前后温差大于10℃，有一日以上日最高温气大于30℃

2. 生理原因

氮代谢紊乱，体内氮素水平一般较高，过多的氮化物刺激植株生长，改变内部代谢和形态建成，使代谢和生长处于恶性循环状态中，抗逆能力差；小麦灌浆期正处于高温天气，因降雨气温陡降，雨后骤晴，气温猛然升高，使植株体内降解的氨基酸不能再合成或运转出去，积累在叶片内，被迫走脱羧途径，使有毒物质过量积累，对机体产生毒害作用，因而引起植株中毒死亡，发生青枯，这就是青枯病发生的生理原因。

3. 品种

一般说来，小麦品种之间的抗青枯能力有明显差异，从小麦形态特征和生理特征两个方面衡量，抗青枯小麦品种具有以下特点。

① 形态特征：植株紧凑，叶片挺立、厚小，表皮气孔密度大，根系发达，分蘖力强。② 生理特征：抗青枯小麦品种植株体内的碳、氮量比较稳定，在整个生长发育期间，叶片、叶鞘、茎秆内的含糖量波动不大。

4. 播期

适期早播的小麦，由于开花早，灌浆时间相对较长，受青枯为害较晚播小麦就相应为轻，特别是早熟麦田，可以避开后期不良环境条件的影响，减少青枯为害。

5. 施肥

氮肥过量使用导致植株体内的生理生化发生很大变化，从而造成代谢系统紊乱，使体内氮水平过高，碳水平下降，营养生长过旺，生殖器官发育延迟，易导致青枯逼死。小麦生长后期缺钙易导致青枯病发生。

二、症状（图6-1-1）

小麦发生青枯后，首先是穗下茎节由青绿色变成青灰色，然后转为灰褐色；接着穗顶部小穗枯萎，芒炸开，颖壳呈青灰色发暗无光泽；最后叶片卷曲出现枯斑；籽粒秕瘦，种皮皱缩，腹沟深，千粒重明显降低。

图6-1-1　小麦青枯病症状及为害（于思勤　提供）

三、防御措施

1. 选种抗病品种

据研究，小麦旗叶上表皮气孔密度大，气体交换能力强，后期对叶温、碳代谢的调节能力就强，因此，抗青枯病品种体内碳与氮比例协调，在相同条件下抗青枯病能力就强。周麦18、豫麦18-99、郑麦9023等品种对青枯病抗性较好。

2. 适期早播

在选好抗病品种的基础上，适期早播是抗御青枯病的关键措施，据全省各地多年试验，豫北地区适播期：半冬性品种10月5—15日，弱春性品种10月13—20日。豫中、东地区适播期：半冬性品种10月10—20日，弱春性品种10月15—25日。豫南地区适播期：半冬性品种10月15—25日，弱春性品种10月20—30日。

3. 合理施肥

小麦使用配比合理的氮、磷、钾复合肥可以有效预防青枯病发生。研究证明。在黏土、壤土、沙土麦田使用速效氮、磷、钾肥配比以 2:1:2（N:P_2O_5:K_2O）为宜：每亩施纯氮不应超过18kg（除淮南稻茬麦区），磷（P_2O_5）不应超过8kg，钾（K_2O）12~15kg，并根据土壤肥力和小麦长势来调整底施和追施的比例，适当降低氮肥用量和后期追施氮肥的比例。土壤缺钙的麦田，底肥以选用含钙的肥料为佳，如钙镁磷肥、过磷酸钙等。小麦生长期出现缺钙症状，一般亩用0.1%的氯化钙溶液30~50kg作茎叶喷施或在浇地时亩撒施熟石灰10~15kg。

4. 喷施激素和植物营养液

①喷施化学物质：在小麦生长后期，使用芸苔素内酯、抗旱剂1号（FA）、亚硫酸氢钠等，能提高植

株的整体活性，加速物质运转，避免或降低青枯病发生。② 喷施营养液：在小麦返青至拔节期，每亩喷洒 0.2% 硫酸锌溶液 50kg 或在孕穗期喷洒 0.4% 磷酸二氢钾溶液 50~60kg。

5. 注意排涝防渍

豫南稻茬麦区，除采用上述几项措施外，还注意降湿防渍。豫南麦区后期雨水较多，加之土壤黏重，小麦易受水渍危害而导致伤根，使游离氨过多形成有毒物质积累引起青枯死亡。

第二节　干旱灾害

干旱是在一定地区一段时间内近地面生态系统和社会经济水分缺乏的一种自然现象。由于各行业间对干旱理解的不同，干旱可以分为大气干旱、农业干旱和水文干旱。小麦干旱灾害是指由于土壤干旱或大气干旱，导致小麦根系从土壤中吸收到的水分难以补偿蒸腾的消耗，使植株体内水分收支平衡失调，引起小麦生育异常甚至萎蔫死亡，并最终导致减产和品质下降。

干旱是黄淮海地区小麦生产的主要农业气象灾害之一，在小麦生长季，每年都有不同程度的旱情发生，成为该区小麦生产的重要限制因子。因此，从小麦干旱发生的气候成因出发，探讨小麦干旱发生的规律和风险，并从防灾减灾角度提出防御干旱减轻危害的措施，以减轻对社会经济和人民生活的影响损失，是一项重要的长期战略性任务。

一、小麦干旱灾害发生的气候成因

干旱是河南省历来发生频率高、影响范围大、持续时间长、成灾程度重的农业气象灾害。干旱灾害形成的原因极其复杂，有自然的、社会的多方面的因素影响，但是气候方面的原因仍然是最主要的。大气降水偏少是干旱灾害形成的直接气候背景，干旱的季节性、区域性及阶段持续性等特点的形成都与本区域降水气候的基本特点一致，这取决于影响降水的大气环流系统活动的异常。

河南省处于亚热带向暖温带气候过渡地区，正是夏季风影响的北缘地带，农业气象干旱与大气季风环流形势密切相关，主要表现在西太平洋副热带高压与中纬西风带的相互冲突和异常移动，西太平洋副热带高压是东南海洋上的暖湿气流向内陆输运的主要原动力，而中纬西风带异常移动则不能将北方干冷空气正常输送到华北广大平原，长期缺乏水汽来源或没有较强冷暖空气交汇、相互作用，必然导致降水缺少，引发气候干旱和农业干旱。河南省小麦生育期间（10月至翌年6月初）自然降水空间分布不均，从东南向西北递减。豫南常年降水量在 500mm 以上，其他地区为 300~500mm，黄河以北 250mm 左右。加之年际间变异较大，小麦生育期间干旱时有发生，且干旱面积大、频率高、程度重。干旱造成小麦平均减产10% 以上，个别地区高达 30%。

每年 3 月左右，即小麦返青至拔节期，我国北方受长波脊控制，东亚大槽较强，河南省处于脊前深厚的高压系统内，天气晴好，较少有冷空气活动，或冷空气活动偏北、偏东。同时若当年西太平洋副热带高压比常年同期偏弱、偏西时，孟加拉湾的暖湿气流位置偏南，冷暖空气交汇的结果多是在江南地区发生冲突形成雨区，黄淮海冲积平原长时间处于高压脊的控制下，气温回升幅度逐渐变大，加上暖湿气流不能及时输送，缺乏冷暖空气交汇的大气环流条件，从而导致春季降水偏少，加之春季增温加快，小麦需水量快速增加，土壤失墒较快，供需矛盾加剧，给小麦生长造成严重影响。所以，河南有"十年九旱""春雨贵如油"之说。

初夏，正值小麦灌浆至成熟期，极地的冷空气往往不能向我国华北地区流动或冷空气开始逐渐衰退；同时副热带高压偏弱、偏南，大范围降水很难形成，不能满足冬小麦生殖生长的需水要求，造成小麦早衰，灌浆期缩短，粒重下降；局部大量降水反而对小麦造成渍害。

10月上中旬，全省冬小麦开始播种，若副热带高压南撤较早，或冷空气活动开始增强，冷暖空气不能配合出现，易造成全省秋季少雨干旱和光温条件的不稳定变化。冬季受北方蒙古冷高压控制，全省大部盛行西北风，气候干冷，降水少而弱，不利于土壤保水和小麦安全越冬。

二、干旱灾害对小麦生产的影响（图6-2-1）

小麦生育期间的干旱主要是春旱、后期干旱和播种期干旱。随着水资源的减少，小麦干旱灾害在全球普遍发生，旱灾发生对小麦生产的影响与干旱发生的时间、发生程度及干旱持续时间有关。我国北方春季干旱，尤其是拔节以后的干旱发生频繁，加上小麦生理需水量增大，干旱对小麦正常生长影响较大。冬小麦相对气象产量和不同时段降水距平百分率的相关分析表明，全生育期（10月1日到翌年6月10日）的降水对产量影响最大，其次为拔节到抽穗期（3月1日到4月20日），拔节期缺失显著影响小麦成穗数和穗粒数。确定相对气象产量减少≤10%的年份为轻干旱，相对气象产量减少10%~20%的年份为中旱，相对气象产量减少20%~30%的年份为重旱，相对气象产量减少≥30%的年份为严重干旱。

干旱引起植株生长缓慢、株高降低、干物质积累减少，植株早衰、生育期缩短，导致粒重和产量显著降低（王晨阳等，1996）。播种阶段的干旱常造成小麦播种期推迟，播种质量差、缺苗断垄，不利于培育壮苗。春季正值小麦返青—起身—拔节时期，是小麦需水的关键期，这个时期干旱显著影响小麦成穗数

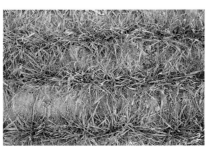
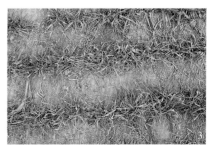

1.苗期轻度干旱；2.苗期中度干旱；3.苗期重度干旱；4.抽穗期干旱；5.灌浆后期严重干旱

图6-2-1　小麦不同时期干旱危害（王晨阳、吴少辉　提供）

和穗粒数。小麦灌浆期干旱胁迫主要影响粒重、穗粒数，导致产量下降。干旱同时导致小麦根系活力和根系呼吸速率下降，小麦孕穗至扬花期间是一生中对水分最为敏感、需求最为迫切的时期，因此生产上应特别重视中后期麦田的水分管理，保证小麦孕穗至扬花期的水分供应。

三、干旱灾害的防御

干旱是小麦主要气象灾害之一，结合河南省干旱灾害的发生特点及冬小麦生育期内的不同水分需求，开展干旱灾害的防御应从以下几个方面入手。

1. 选用抗旱节水的小麦品种

不同品种抗旱性差异很大，在遇到干旱季节或年份产量差异显著，对水分的利用效率也明显不同。抗旱品种较一般品种的根系发达具有较好的贮水性，受旱后具有较强的水分补偿能力。如洛旱19、洛旱22、洛旱25、中麦36、西农219、新麦39、周麦18、周麦22、丰德存麦12、中麦175、洛麦28、衡观35等抗旱能力较强，适合降水少的丘陵、干旱地区种植。现在普遍存在旱地种植水浇地品种的现象，导致干旱年份减产幅度较大。因此，做好旱地品种布局是提高水分利用率、实现抗旱增产的重要措施。

2. 加强抗旱栽培管理措施应用

小麦播种前进行土壤湿度测定，如果0~100cm土壤相对湿度低于80%，则应灌底墒水，造墒后播种；玉米等上茬作物秸秆应充分粉碎还田，然后进行深耕，深耕深度达25cm以上，将秸秆翻埋于土中，及时耙耱，增加土层贮水，扩大根系吸收范围；在灌溉或雨后及时采取划锄等技术，注重蓄水保墒，防止土壤水分散失。

3. 加强灌溉

开展高标准农田建设，加快中低产田改造，扩大有效灌溉面积，加强灌溉技术的研究，大力推广节水灌溉，树立为作物浇水而不是为土壤灌水的理念，提高水分利用率，降低干旱灾害的危害。

4. 推广应用预防干旱的新技术

在小麦生长期间通过测定土壤湿度，及时进行灌溉；在小麦拔节期至乳熟期，当土壤相对湿度低于70%时，喷施黄腐酸盐、硼砂、阿司匹林、氯化钙或多功能防旱剂，增强根系活力，增加植株的水分吸持能力和光合作用，减少叶面蒸发，提高小麦抗旱能力。4月中下旬至5月初，喷施磷酸二氢钾、芸苔素内酯等预防干热风制剂，提高小麦灌浆速度；在半干旱区域开展秸秆覆盖、少（免）耕、垄作等技术，以减少土壤水分蒸发。

第三节　小麦干热风

干热风是指小麦生育后期出现的一种高温、低湿并伴有一定风力的农业气象灾害，又称火风、热风、干旱风。干热风是我国北方小麦生产上的重大农业气象灾害之一，多发生在5月中下旬，这时正值小麦扬花、灌浆之际，轻者灌浆速率下降，粒重降低；重者提前枯死，麦粒瘪瘦，减产严重。据调查，一般年份可减产5%~10%，严重年份减产20%以上。

一、干热风的成因及危害

1. 干热风的成因

干热风起源于大西洋上空的暖高压气团，经撒哈拉大沙漠，增温跨过伊朗高原。从新疆南部进入我国境内，经过新疆沙漠时，再次增温。变得又干又热，由于受地形影响，这股气团被迫经河西走廊东移南下，所到之处便引起气候剧烈变化，从而出现气温升高、相对湿度降低和持续的西南风天气。当这种干热风气团到达河南省时，对正处于灌浆阶段的小麦带来干热风危害。

2. 干热风的类型

河南省干热风活动主要有两种类型。一是高温低湿型，这是河南小麦干热风的主要类型，其特点是高温低湿，主要发生在小麦灌浆期间。干热风发生时温度猛升，空气湿度剧降，最高气温可达 32℃ 以上，甚至可达 37~38℃，相对湿度可降至 25%~35% 以下，风力在 3~4m/s。二是雨后枯熟型，特点是雨后出现高温低湿天气，即在高温天气里先有一次降水过程，雨后猛晴，温度骤升，湿度剧降，造成小麦青枯死亡。其指标为：小麦成熟前 10d 以内，有 1 次小雨过程，降水量 5~10mm，雨后猛晴，3d 内有 1d 以上日最高气温 ≥ 30℃，相对湿度较低，风速 ≥ 3m/s，即 1 个雨后青枯日。

干热风按照其强度及对小麦造成的危害程度，可划分为轻、重两级，具体指标如下：

① 轻型干热风：14：00 气温 ≥ 30℃，相对湿度 ≤ 30%，风速 ≥ 2m/s，持续时间 2d 以上，风向为西南风或南风。② 重型干热风：14：00 气温 ≥ 32℃，相对湿度 ≤ 25%，风速 ≥ 3m/s，持续时间在 3d 以上，风向为西南风或南风。

3. 干热风危害程度的影响因子

小麦受干热风的危害程度，除决定于自身生育时期和干热风出现的强度、持续时间等因素外，还与小麦的生长状况、品种、播期、肥水管理、病虫发生、地形，土质和环境条件等多种因素有密切的关系。一般说来，小麦单株营养好、生长健壮和根系发达，抗御不良环境的能力较强，受干热风危害就较轻；同时，种植早熟品种，适期播种，合理密植，科学使用氮肥，氮、磷、钾合理配比，加强病虫害防治，后期注意浇水等，有利于小麦生长，提高抗逆能力。

二、干热风危害的症状（图 6-3-1）

干热风危害的实质是高温、低湿引起小麦生理干旱，风只是加重了危害程度。小麦受干热风危害后，各部位失水变干，顺序由其芒尖到芒基、由穗顶到穗基和由叶尖到叶基，茎秆青干发白，叶片卷缩凋萎，

图 6-3-1　干热风危害症状（王晨阳　提供）

颜色由青变黄，逐渐变为灰白色，颖壳呈白色或灰绿色，有的叶片撕裂下垂、变脆，无枯斑出现，籽粒干秕，千粒重明显下降。干热风迫使小麦提前成熟，生育期缩短，造成产量和品质下降。

三、防御措施

干热风的防御必须采取综合措施。概括起来应做好"改、躲、抗、防"4个字。

1."改"

改是指通过植树造林、改土治水，改善小麦生育的生态环境条件，逐步建设成高标准农田，提升抵御自然灾害的能力。

2."躲"

就是通过选用早熟高产品种和采用适时早播等科学的栽培管理技术，促使小麦提前成熟，躲开或减轻干热风的危害。

3."抗"

即选育耐高温和干热风的优良品种，采取相应的农业措施增强小麦抗干热风的能力。

4."防"

就是在小麦干热风来临之前，采用灌水、施肥、喷施化学物质等技术措施。

（1）改善农田生态环境　通过植树造林，加强农田林网建设，减轻干热风的危害。

（2）农业技术措施　主要有以下3种措施。

一是选用抗干热风良种：推广灌浆速度快、早熟、抗旱，耐高温，抗病虫害的小麦品种，这是防御干热风的根本措施，如周麦18、周麦22、矮抗58、百农207、洛旱17、中麦895、兰考198等。

二是增施有机肥和磷肥，适当控制氮肥使用量：试验结果说明，将土杂肥早施作基肥，除了能供应大量的养分以外，对改良土壤结构，提高蓄水保墒能力和防御干热风有着明显的作用；增施磷肥可使植株根系发达，生长健壮，对抗御干热风也有一定作用；合理使用氮肥，主要能使麦株稳健，避免旺长和增强抗御干热风的能力。

三是适时灌水：在干热风来临前采取灌水，可以降低地表温度3~4℃，增大小麦株间湿度4%~5%，减轻干热风的危害。

（3）化学措施　在干热风来临之前，或小麦生育后期喷施化学制剂，调节小麦的新陈代谢能力，增强植株活力，增强光合作用，提高灌浆速度，减少水分蒸发，减轻干热风危害。

一是喷施抗旱剂一号：该剂主要成分为黄腐酸盐，在小麦孕穗前后亩用抗旱剂一号40~50g，对水30~45kg，茎叶均匀喷雾，能有效抗御干热风危害。

二是喷施磷酸二氢钾：在小麦孕穗至开花期喷施0.2%~0.4%磷酸二氢钾溶液，每次每亩50~60kg，均匀喷施。防止叶片早衰，加速灌浆进程，提高麦秆内磷钾含量，增强抗御干热风的能力。

三是在小麦扬花至灌初浆期，叶面喷施黄腐酸盐、硼锌肥、氯化钙、三十烷醇、萘乙酸、草木灰浸提液等，对防御干热风也有明显作用。

第四节　小麦渍害

渍害是淮河以南稻茬小麦生产中最常见的灾害，发生频率比较大，危害较重，渍害临界期为孕穗期，产量下降显著。做好渍害的防治工作，是夺取淮南小麦高产稳产的重要措施。

一、小麦渍害发生的原因与危害

小麦渍害是指地面水、潜层水和地下水对小麦生长造成的危害。特别是根系密集层土壤含水量过大，使根部较长时间处于缺氧的不利环境，降低了根系活力，削弱了根系的吸收功能，甚至土壤中还产生大量还原性有毒物质，毒害根系，造成小麦生长缓慢、叶片变黄、根系腐烂，甚至死亡，减产十分严重（图6-4-1）。渍害是河南省南部地区主要气象灾害，其产生主要原因是淮南地区小麦生长期降水量较多，麦田地下水位较高，土壤保水能力强，透水性差，遇到降雨量大或连阴雨天气，易形成渍害。渍害对小麦的影响主要表现在以下3个方面。

1. 对小麦根系吸收功能的影响

土壤经过长时间淹水或湿度饱和，根系在缺氧条件下生理活性明显减弱，水分和矿物质养分被根系吸收传导受到阻碍，根系活力减弱，影响植株的生长。灌浆期至成熟期小麦根系活力逐渐衰弱，长时间淹水或湿度饱和加速了根系死亡，对小麦生长影响更大。

2. 渍害对小麦氮代谢的影响

小麦受渍害后，随着根系功能下降，导致叶片内全氮含量大幅度下降，加速蛋白质的分解，使叶片枯

1. 苗期田间积水；2、3. 苗期渍害影响生长；4. 穗期渍害

图6-4-1　小麦不同时期渍害症状及危害（王晨阳、周国勤　提供）

萎早衰，光合作用显著降低。

3. 渍害对小麦不同生育期的影响

渍害在小麦全生育期都能发生，苗期发生渍害主要症状表现为僵种、霉烂，出苗率降低，已出麦苗迟迟不分蘖，次生根少，苗小叶黄；越冬期表现为植株较矮，叶片小而呈灰白色；拔节至抽穗期受渍害，上部功能叶发黄，叶片变短，株高降低，成穗数和穗粒数减少；扬花至灌浆期受渍害，导致根系死亡，功能叶早衰，光合作用减弱，提早成熟，千粒重明显下降，这个时期渍害经常发生，对小麦产量影响最大。

二、渍害发生的规律

渍害的发生与小麦生育期内所处的生态条件有着密切的关系，主要表现在以下 3 个方面。

1. 小麦生育期间多雨

淮南地区小麦生育期间降水量 550mm 以上，表现为由北向南降雨量增加，主要集中在小麦秋播期和中后期阶段。播种期降水多，导致播期推迟，小麦大面积烂种、烂根，出现苗期渍害；拔节至成熟期降水量大、雨日多、光照不足、空气湿度大，导致多种病害严重发生，引起根系早衰，叶片早枯，千粒重降低。尤其是在 5 月，小麦进入灌浆中后期，往往因大雨后猛晴，气温骤然上升，根系因渍害吸收和传导功能降低，叶片蒸腾量加大，很容易形成渍害型的高温逼熟，千粒重比常年降低 5~10g。

2. 地下水位高

地势低洼，地下水位高，再加上土壤透水性差，田间沟渠不配套，麦田地下水位易升不易降，使麦根长时间处于缺氧环境，影响根系下扎和发育。

3. 土壤黏重，透水性差

淮南地区土质多为黏土或黏壤土，保水力强，透水性差。稻麦两熟耕作制度的形成，使耕作层中黏粒下移淀积，形成了黏重坚实不透水的犁底层，不利于排除"潜层水"，造成"土壤渍害"。

三、麦田渍害防治方法

麦田渍害的形成，根本原因是耕层土壤含水量过多，根系长期缺氧造成的危害。防除渍害的主要方法是降低耕作层土壤含水量，增强土壤透气性。

1. 建好田间排水系统

要在短时间内排除麦田内过多的地面水、潜层水、地下水，必须在田间建好排水系统。既要建成排除田间积水的干、支、斗渠，又要健全河网系统工程，综合治理，实现内河水位能控制得住，田间水挡得住，田内水排得快的目标。

2. 田内开好"三沟"

整地播种阶段要做好田内"三沟"即厢沟、腰沟、围沟的开挖工作，做到深沟高厢，"三沟"相配套，沟渠相通，利于排除"三水"。起沟的方式要因地制宜，本着厢沟浅、围沟深的原则，一般"三沟"宽40cm，厢沟深25cm，腰沟深30cm，围沟深35cm。厢沟的多少及厢宽要根据土地的大小及类型来确定，尽量使土地利用率稻茬麦田达到 90% 以上，旱地达到 95% 以上。先起沟后播种，播种后及时清沟；出苗后，在降雨或农事活动后及时清理田沟，保证沟内无积泥积水，沟沟相通，明水能排，暗渍自落。保持适宜的墒情，降低田间湿度，减轻病害发生，促进小麦正常生长。

3. 改善土壤环境

前茬作物应以早熟品种为主，收割后要及时翻耕晒垡，切断土壤毛细管，阻止地下水向上输送，增加土壤透气性。实行深耕，耕作深度 25cm 以上，破除坚硬的犁底层，促进耕作层水分下渗，降低潜层水，加厚活土层，扩大小麦根系的生长范围。增施有机肥，增强土壤的团粒结构，改善土壤通透性，加快雨水渗透速度。降雨后，及时中耕松土，改善土壤透气性，促进土壤风化和微生物活动，促进根系发育。

4. 选用耐湿的小麦品种

选用经过国家或省级农作物品种审定委员会审定、适合淮南地区及稻茬麦区种植的小麦品种。

5. 喷施植物生长调节剂

从小麦孕穗期开始，喷施芸苔素内酯、磷酸二氢钾、微肥及杀菌剂，护叶防病，促进小麦健壮生长，延缓植株衰老进程。

第五节　小麦冻害

小麦属于耐低温作物，但低温的强度如果超过了小麦不同生长发育时期所能承受的范围，就会引起冻害。黄淮麦区冻害是仅次于干旱的灾害，具有发生频繁、范围广泛、危害严重的特点，时常造成小麦的减产，对小麦生产危害极大。冻害在河南省的局部地区每年都有发生，严重时可波及全省大部分范围。受冻小麦一般减产 20%~30%，严重的减产 50%~60%。

一、小麦冻害发生的原因

小麦抗寒性强弱的生理基础，首先决定于阶段发育类型。一般是冬性品种抗寒能力强于半冬性品种，半冬性品种的抗寒能力又强于春性品种。春性品种通过春化阶段需要的温度范围较宽（5~20℃）、春化时间较短（5~15d），过早播种情况下，春化阶段可在冬前通过，麦苗抗寒力下降；如果光照阶段再提前通过（小麦光照阶段结束于雌雄蕊分化期），则麦苗抗寒力基本解除，故拔节以后的麦苗极易发生冻害。其次是决定于麦苗抗寒锻炼的程度，麦苗在生理上所产生的一系列对低温的适应过程，称为抗寒锻炼。据研究，小麦的抗寒锻炼包括两个过程。第一个过程是细胞内积累防御性物质阶段，这个阶段是在越冬始期以前，秋季光照比较充足和昼夜温差较大的条件下完成的，光照充足，昼夜温差大，有利光合作用进行，糖分得以积累，从而提高了细胞的渗透压，降低了细胞液的冰点，因而有利于细胞对低温的抵抗。所以小麦出苗以后，光照不足而气温偏高的年份，小麦易受低温危害。抗寒锻炼的第二个过程是细胞的失水阶段，这个阶段主要是在越冬期间进行的。由于越冬期间温度进一步降低，根系活力大为减弱，吸水量减少，而植株地上部因蒸腾作用促使细胞中游离水含量下降，从而使细胞液的浓度相对提高和抗寒性的增强。旺长的小麦，茎叶嫩绿，组织柔软多汁，冰点低，所以易遭受冻害。早春气温回升快，小麦生长旺盛，迅速进入拔节阶段，拔节后植株抗冻能力下降，当遇到冷空气突然侵袭，气温陡降，降温幅度大，植株体结霜即可造成晚霜冻害。

二、小麦冻害发生的类型

小麦虽然有上述抗寒性锻炼的生理基础，但当外界环境条件（主要是温度）发生较大变化时，仍会发生不同类型的冻害。小麦冻害分为越冬冻害、冬季冻害和晚霜冻害。

1. 越冬冻害

越冬冻害是指小麦在进入越冬时发生的冻害。其主要特征是冻伤部分叶片，冻死分蘖的现象很少。在越冬时气温下降过快的情况下，春性较强的小麦品种或播种过早的旺长苗易发生冻死主茎和大分蘖现象，此外，播种过晚、播种过深、整地质量较差地块形成的弱苗也易遭受冻害。

2. 冬季冻害

冬季冻害是指小麦越冬以后发生的冻害，主要是越冬冻害后加重冻害的程度，对小麦产量的影响相对较小。小麦是耐低温的越冬作物，抗冻性较强。秋播后向冬季过渡期间，随着温度降低，植株细胞内发生了一系列的变化，提高了其抵抗严寒低温的能力。因此，在一般情况下，小麦幼苗能够安全越冬，真正发生冬季冻害的频率较小，该期冻害多以冻死叶片为主要特征，大面积冻死植株或分蘖的情况比较少见。

3. 晚霜冻害

晚霜冻害是小麦生理拔节以后发生的冻害。晚霜冻害的气候特点是早春气温快速回升，植株生长旺盛，抗冻能力下降，当遇到突然冷空气侵袭，即可造成晚霜冻害。拔节期极端低温在 −1.5℃以下时易发生轻度冻害，达 −3.5℃则遭受重度冻害；拔节后 10d（孕穗期），极端低温低于 0℃可造成轻度冻害，低于 −1.5℃则易造成重度晚霜冻害。晚霜冻害在黄淮麦区发生频率高达 30%~45%，由于小麦由以营养生长为主转为营养生长与生殖生长并进阶段，小麦幼穗对低温非常敏感，所以此时冻害对小麦影响较大，应当引起人们的重视。

三、小麦抗寒性形态、生理指标

1. 株型

抗寒性较强的冬性品种多为匍匐型；抗寒性较弱的半冬性品种多为半匍匐型；不抗寒的春性品种则多为直立型。

2. 分蘖节深度

抗寒性强的冬性品种分蘖节处于较深土层，而抗寒性较弱的半冬性品种和春性品种，由于根茎的调节作用，分蘖节多处于浅土层。

3. 麦苗的长势

根系发达、带蘖适龄壮苗的抗寒性较强；播种过早的拔节苗、播种过晚的独脚苗、整地粗放被垡块架空的吊根苗、烂耕烂种的湿僵苗，播种不匀的丛生苗、排水不良的水渍苗、播种过浅的露籽苗、肥力不足的瘦弱苗和施肥过多的旺长苗等，抗寒性均较弱。

4. 生长锥的发育状态

春化阶段短的品种，生长锥开始分化早而快，抗寒性弱，如春性品种在叶龄 3.5 左右时，生长锥开始伸长，春化阶段结束抗寒性减弱；而抗寒性较强的半冬性品种和冬性品种，生长锥开始伸长则要在叶龄达 4.5 和 5.5 以后，春化阶段才结束，抗寒性才减弱。

5. 细胞含水量及束缚水和自由水的比值

一般抗寒性强的品种细胞含水量少，束缚水与自由水比值大。

6. 细胞透性

抗寒性较强的品种细胞透性小，抗寒性弱的品种在低温下由于原生质结构的破坏，失去了对外渗电解质的控制能力，因而透性骤增。

此外，尚有用原生质弹性、黏度、细胞渗透压、呼吸强度等作为小麦抗寒性的生理指标的。

四、小麦冻害的症状（图6-5-1）

小麦遭受冻害后，主要表现为叶色暗绿，叶片像用开水烫过一样，以后逐渐枯黄。由于生长锥的分生细胞对低温的反应较叶肉细胞敏感，所以，往往受冻的麦苗，首先从生长锥表现症状，受冻的生长锥初期症状表现为不透明状（正常的生长锥对着太阳光观察时呈水晶状透明体），以后细胞解体萎缩而变形。小麦生长中后期遭受冻害，轻度时叶尖失绿变黄，然后干枯，大叶型品种则易从叶片中部的垂弯处失绿变黄和干枯；重度时则会造成整株死亡或地上部干枯死亡。

1. 越冬冻害；2. 旺长导致冬季冻害；3-4. 晚霜冻害导致穗部分不孕

图6-5-1　小麦不同时期冻害的症状及危害（蒋向、王晨阳　提供）

五、小麦冻害的预防和补救措施

1.选用抗寒性强的良种，培育壮苗

选用抗寒性较强的冬性或半冬性高产良种，并做到精细整地，增施有机肥，适时播种，早施苗肥，培育壮苗越冬。矮抗58、周麦27、郑麦379、郑麦583、商麦156、百农4199等抗冻害能力较强。

2.分类管理，促进壮苗

对旺长苗，要及早镇压蹲苗。镇压对麦苗往往有近控远促的作用，一般镇压一次可控制1周左右；对烂耕烂种的湿僵苗和排水不良的水渍苗，首先要做好中耕散湿和排水降渍工作，以增强土壤通透性，提高抗寒能力；对播种过浅的露籽苗，要结合培土或增施农家肥，以盖没种子，保护好分蘖节；对肥力不足的瘦弱苗，要及时追施速效肥料，促进生长；对丛生苗则应通过疏苗来改善生长环境。

3.合理施肥

注意不要偏施氮素化肥，以防旺长导致抗寒性降低。

4.采取积极补救措施

小麦发生冻害以后，要采取分类补救措施。对分蘖节尚未冻死的麦田，及时追施速效肥料并灌水，促苗早发，提高次级分蘖成穗率，一般每亩可追施尿素4~5kg；及时中耕，蓄水保墒，促进分蘖成穗，弥补主茎穗损失；喷施磷酸二氢钾和叶面肥，以缓解冻害，促进生长发育。对分蘖节已经冻死的麦田，则可毁掉采取改种春性较强的早熟品种，改种春麦的最迟播期不宜迟于2月中下旬，且要注意施足速效基肥，基本苗一般掌握在每亩30万株左右。

5.适时浇水

适时开展冬灌对小麦生长极为有利，但若冬灌太晚，会导致人为的冻害发生，出现严重的凌抬现象。农谚说："夜冻日消、冬灌正好。"各地可根据当地的实际情况，加以灵活运用。小麦进入拔节初期，根据气象预报，在低温寒潮天气到来之前，抓紧浇水防霜，提高土壤的含水量和比热容，减轻晚霜冻害的影响。浇防霜水应在霜冻前1d完成，在霜冻的当天忌浇防霜水，否则可加重小麦的冻害。

另外，还有熏烟防冻、覆盖防冻、喷施植物生长调节剂等措施。总之，防冻的措施不外乎有两种：一种是提高小麦自身抗寒能力，二是创造不利于冻害发生的生长环境。

第六节　小麦旺长

小麦旺长是由于氮素过剩而形成的一种生理性病害。因此，也有人将其称之为"氮素过剩症"。

一、小麦旺长的形态特征（图6-6-1）

小麦旺长分为两种情况：一种是由于基肥施用太多，加上"暖冬"等适宜的气候条件而形成的冬前旺长；另一种是由于追施氮素化肥太多、太晚而形成的中后期旺长。

1.冬前旺长

叶片嫩绿，大而披，分蘖增多，但有效分蘖率低；根系发育不良，地上部与根部的比例变大，过早起身生长，易遭受冻害。

2.中后期旺长

若冬前或冬后追氮素化肥过多，随着气温的迅速回升，导致小麦中后期旺长，其形态表现为茎叶徒长，叶片嫩绿，茎秆厚壁细胞层变薄，组织柔软多汁，抗逆力弱，易遭受病虫害、冻害、干热风危害和倒伏等，后期贪青晚熟，产量降低。

1.早播导致冬前旺长；2.氮肥过量造成前期旺长；3.拔节后旺长；4.旺长导致后期倒伏

图 6-6-1　小麦旺长表现及危害（李向东　提供）

二、预防措施

预防小麦旺长，重点是合理施肥，切忌偏施氮肥，追肥不能过晚、过多。一旦发生了旺长，可采用如下相应措施加以控制。

1.控制水肥

控制水肥，避免群体继续扩大。

2.及时疏苗

拔除成堆苗和较稠的苗子，每亩留 3 片叶以上的大分蘖 50 万 ~60 万株。

3.中耕深锄

中耕深锄可切断毛细根，减少植株对养分的吸收。中耕深度以 10~13cm 为宜，中耕的同时，要结合培土，以便抑制小分蘖的继续生长。

4. 镇压

冬前出现旺长，可及时进行镇压，这样不仅可以控制旺长，而且还可以减轻冻害和预防后期倒伏。但是，小麦镇压要看苗、看天、看地进行，就是有条件的，也并不是只要一发生旺长，不论什么情况都可以镇压。归纳起来，小麦镇压有四忌。

（1）忌雨后镇压　雨后土壤潮湿，镇压会造成土壤板结，透气性差，影响发根，造成僵苗，不利于小麦生长、分蘖。镇压时应掌握在土壤湿度适宜、不烂不干时进行，一般说来，以土壤含水量在 14%~18% 时比较适宜。

（2）忌阴天镇压　阴天麦苗脆，镇压极易造成折断；另外，镇压后土壤板结，如再遇雨或连阴天，田内易发生径流，使肥料流失大。

（3）忌早晨镇压　早晨有露水或霜冻，镇压后会使麦叶粘泥、压伤。受伤的叶片再粘上泥土，从而影响光合作用。镇压一般在下午晴朗无风时为宜。

（4）忌硬垡镇压　垡头过硬，不易压碎，会带来叶、节损伤过重，而且恢复较慢。所以，镇压时既要掌握适宜气候，又要考虑土壤状况。

第七节　小麦倒伏

随着小麦生产水平的不断提高，高产与倒伏的矛盾愈来愈突出。因此，采取有效措施，防止小麦倒伏，是确保小麦高产稳产的关键之一。

一、小麦倒伏的类型及原因

1. 倒伏的类型

小麦倒伏从形式上可分为两种类型：一种是根倒，从根部开始倒伏或平铺于地，根倒多发生在晚期，相对茎倒而言减产较小；另一种是茎倒，从茎基部弯曲倾斜或折断后平铺于地，茎倒在中期和晚期均可发生，是主要的倒伏形式，尤其是发生较早的茎倒，往往造成较大减产（图 6-7-1）。

图 6-7-1　小麦倒伏的症状（蒋向　提供）

2. 造成小麦倒伏的原因

造成小麦倒伏的原因是多方面的，一是品种选择不当，茎秆过高或缺乏弹性的品种抗倒伏能力较差，后期遇雨易发生倒伏；二是早播或播种量过大，造成群体过大，个体发育不良，茎秆细弱抗倒伏能力差；三是偏施氮肥、群体过大，麦苗旺长，形成田间郁闭，通风透光不良，叶片肥大，下部节间较长，组织柔嫩，造成"头重脚轻"，引起倒伏；四是病虫草害的影响，如小麦纹枯病、茎基腐病、根腐病的发生使茎基节腐烂变软，杂草丛生使田间通风透光不良等，个体发育不良；五是气候条件的影响，如风、雨交加或浇水后遇大风，造成倒伏。

另外，倒伏多发生在后期，尤其是小麦抽穗以后，随着灌浆的不断进行，麦穗越来越重，这也给倒伏创造了很好的内在条件。

二、防止小麦倒伏的措施

1. 选用抗倒性强的品种

不同小麦品种的株高、茎秆机械组织发达程度及其韧性有很大差别，根系长势强弱也不同。因此，在高产地区应选用矮秆或半矮秆、机械组织发达、茎秆韧性强、株型紧凑、根系发达的抗倒品种。如矮抗58、周麦 22、丰德存麦 1 号、百农 207、郑麦 366、郑麦 379、郑麦 0943、新麦 19、百农 418、洛麦 23、山农 20、中麦 175、扬麦 15 等抗倒性较强。

2. 提高整地质量

大力推广深耕深松技术，加深耕层，打破犁底层，高产麦田耕层要达到 25cm 以上。秸秆还田的地块，每 3 年至少深耕 1 次，深耕必须与细耙配套，达到秸秆深埋、土壤上虚下实，有利于次生根早发、多发，根系向深层下扎。

3. 构建合理群体

生产上群体过大、个体偏弱是造成小麦倒伏的主要原因。一般高产麦田每亩基本苗 15 万 ~18 万株，中产田为 20 万 ~25 万株，根据种子的发芽率和整地质量，确定亩播种量，避免播种量过大。尽量做到播量准确、深浅一致。在高质量播种的前提下，大力推广宽幅播种、宽窄行播种、等行距匀播等播种方式，保证小麦壮而不旺，安全越冬。根据测土结果施用配方肥，早春根据群体动态，合理肥水促控。对于群体偏大，有旺长趋势的麦田，推迟追肥灌水，并实行镇压或深中耕，以控制小分蘖滋生，促进大分蘖生长。镇压可在小麦分蘖盛期（返青—起身）连续进行 2 次（间隔 7~10d），以控上促下，使植株基部节间缩短，充实度提高，促进根系发育，增强抗倒伏能力。

4. 喷施植物生长调节剂，控制植株高度

对苗期生长偏旺，后期有倒伏危险的地块，在拔节之前或拔节初期，喷施 50% 矮壮素水剂 300~500 倍液或 15% 多效唑可湿性粉剂 1 000~1 500 倍液，能明显缩短节间长度，矮化植株高度，增强茎秆强度和韧性，有利于防止和减轻倒伏，增加产量。

5. 防治病虫草害

病虫草害导致植株群体抗性下降，增加倒伏风险，尤其是小麦纹枯病、茎基腐病、根腐病等小麦根茎部病害使小麦根系受损、茎秆抗性降低，因此应从播种期开始做好小麦全生育期病虫草害综合防治，提高小麦的抗倒伏能力。

6. 倒伏后的补救措施

小麦发生倒伏以后，千万不要进行人工扶理和扎把，可让其自然恢复生长。与此同时，可喷洒磷酸二氢钾（每亩 150~200g）溶液或 10% 草木灰浸提液等，每亩 40~50kg，以促进生长和灌浆，尽量减轻因倒伏而造成的危害。除此之外，因倒伏的麦田容易发生条锈病、白粉病、赤霉病等病害，所以，还要加强对这些病害的防治工作。

第八节　小麦穗发芽

一、小麦穗发芽的危害

小麦穗发芽是指收获前遇到阴雨时籽粒在穗上发芽的现象（图 6-8-1）。穗发芽在世界上许多国家都有发生，是一种世界性的气象灾害。小麦穗发芽对产量和品质影响较大，严重地区一般减产 5%~10%，严重年份损失高达 20% 以上。在加拿大、美国、英国、澳大利亚、巴西、德国、瑞典等小麦主产国穗发芽发生频繁而严重。在我国，小麦穗发芽主要发生在长江中下游冬麦区、西南地区和东北春麦区，河南省小麦穗发芽在不同地区几乎每年都有发生，尤其是豫南地区小麦成熟期遇到多雨年份，易引起穗发芽，大面积穗发芽三年一遇。白粒小麦品种对穗发芽高度敏感，收获期遇雨易引起穗发芽。1991 年全国由于阴雨导致大面积小麦穗发芽，造成小麦损失 100×10^8 kg；2009 年、2018 年小麦穗发芽造成江苏、湖北、安徽、河南等多个省份大面积商品小麦质量下降，穗发芽往往诱发小麦籽粒毒素含量超标，人畜不能食用。

图 6-8-1　小麦穗发芽症状（周国勤　提供）

20 世纪 80 年代以后，随着小麦产量的提高，温饱问题基本得到解决，全国面粉加工企业和农户偏爱出粉率较高的白皮小麦品种，使小麦生产中的穗发芽问题日趋严重。穗发芽的主要危害是导致小麦产量、籽粒容重、出粉率和降落值等降低，面粉的营养品质下降，加工品质恶化。严重穗发芽可使小麦加工价值和种用价值丧失，严重威胁粮食安全。

二、穗发芽的防治方法

小麦穗发芽是敏感品种在收获期遇到连阴雨天气造成的灾害，防治穗发芽的方法应从以下几个方面入手。

1. 选育和推广抗穗发芽的小麦品种

近年来对穗发芽的研究结果证明，α-淀粉酶活性提高是造成小麦穗发芽的直接原因，利用 α-淀粉酶抑制基因，或将该基因导入小麦推广品种的遗传背景来抑制穗发芽和 α-淀粉酶活性，选育出抗穗发芽的品种，在穗发芽易发区推广应用，能够从根本上预防穗发芽及其危害。西农 529、豫信 11、百农 207、郑麦 136、驻麦 305 等抗性较好、穗发芽较轻、耐湿性较好，适宜在豫南稻茬麦区种植。

2. 应用化学调控制剂

在目前优良白皮小麦抗源缺乏的情况下，应用化学物质减轻小麦穗发芽是一条有效、简便、经济的措施。小麦穗发芽既是遗传性状，又是受生理生化因素调节的生理性状，抗穗发芽能力与赤霉素（GA）、脱落酸（ABA）、生长素（IAA）等内源激素、α-淀粉酶活性、籽粒吸水速率等有关，因此通过外源化学物质调节小麦籽粒激素平衡或改变种胚的水分、氧气状态等，可以达到控制穗发芽的作用。

3. 加强田间栽培管理

推广早熟小麦品种或适期早播，合理密植来调节小麦生育进程，实现小麦早熟早收；科学运筹水肥，避免小麦贪青晚熟，使小麦成熟期避开连阴雨天气，穗发芽就会避免或减轻。在穗发芽易发地区，推广早熟小麦品种和适期早播，淘汰晚熟小麦品种，避免迟播，降低穗发芽的风险。合理密植并在小麦拔节初期使用多效唑、矮壮素来降低植株高度，增强茎秆的强度，防止倒伏，减轻穗发芽的发生和危害。

4. 建好田间配套排灌系统

在小麦播种前，建好田间排灌沟系，确保旱能浇，涝能排，合理调节田间湿度，尤其是豫南地区更为必要，不仅有助于防治小麦渍害，保障小麦正常生长，又能预防赤霉病危害及穗发芽。

5. 适期收获

未收获的小麦在遇湿或雨水后持续的时间与小麦最终的品质有很大关系，当天遇雨立即收获和隔几天再收获的小麦穗发芽的程度会明显不同。小麦进入蜡熟后期，要密切关注天气预报，尽可能赶在雨前收获小麦，或雨后及早收割晾晒、趁雨停间隙收割小麦，减少穗发芽造成的危害。

6. 机械烘干

为了减少粮食霉变和毒素含量，近年来，各级政府利用涉农资金扶持农民专业合作社和种粮大户，建设粮食烘干系统，利用专门设备及时烘干粮食，快速降低小麦等粮食籽粒含水量，减少发芽和霉变，降低毒素含量，保障了粮食丰产丰收。

第九节　小麦缺素症

小麦在生长发育过程中，需要多种营养元素，如果缺少某种营养元素，小麦就会从外部形态上表现出相应的特征，患上缺素症，从而影响小麦产量和品质。因此，在生产上，可以根据麦苗表现出来的外部症状，及时采取相应的补救措施，保证小麦正常生长。小麦缺素症主要表现为缺氮、磷、钾、锌、硼、钙、铜、锰、铁、钼 10 种元素。

一、缺氮症状及防治方法

（一）缺氮症状

氮是构成植株体内蛋白质、叶绿素、酶和多种维生素的成分，小麦的生长和发育需要大量的氮素营养。氮素不足时，植株生长不良，植株矮小，分蘖减少，幼苗细弱，叶片窄而短，茎基叶色发黄，叶尖干枯，并逐渐向上部叶片发展，下部老叶提早枯死。缺氮麦苗根系生长差，次生根少而细，最终导致穗小粒少，减产减收（图 6-9-1）。

图 6-9-1　小麦缺氮症状

（二）防治方法

小麦播种期以有机肥、50%~70% 氮素化肥作底肥，30%~50% 氮肥作返青至拔节期追施，具体数量可根据土壤养分状况、产量目标等确定。中后期呈现缺氮症状时，视群体与长势，亩用 1%~2% 的尿素溶液 30~50kg 进行叶面喷施，隔 7~10d 喷施 1 次，连喷 2~3 次。

二、缺磷症状及防治方法

（一）缺磷症状

叶片暗绿，带紫红色，无光泽，植株细小，分蘖少，次生根极少，茎基部呈紫色。前期生长停滞，出现缩苗。冬前至返青期叶尖紫红色，抽穗成熟延迟。穗小粒少，籽粒不饱满，千粒重低。分蘖期缺磷幼苗在三叶期以后，开始显出缺磷症状。一般植株长相瘦弱，叶片上表现为紫红色，叶鞘上呈条状紫红色，长势慢，分蘖弱且少。当土壤中不缺氮而严重缺磷时，叶色暗绿，植株不分蘖，根系生长不良。小麦返青后，叶片和叶鞘仍表现紫红色，多无春季分蘖，新生根生长慢而少，烂根现象不断扩展。拔节期缺磷，除苗期主要的缺磷症状更为明显外，下层叶片逐渐变成浅黄色，从叶尖和叶缘渐渐枯萎。植株内的幼穗分化发育不良，新生根少，尤其是根毛坏死，烂根现象严重。抽穗开花期缺磷，随着穗部生长发育，叶片从下层开始，从叶尖和边缘逐渐枯萎引起花粉不育与胚珠不孕，增加退化小花数，小穗数和粒数减少，籽粒不饱满，千粒重明显下降。严重时，出现不能抽穗或出现假"早熟现象"和瘦秕的死穗（图6-9-2）。

图6-9-2　小麦缺磷症状

（二）防治方法

小麦播种期，一般亩基施纯磷5~10kg，具体用量可根据土壤磷素丰缺状况，参照测土配方施肥指导意见而定。基肥未施磷肥，可于冬前亩追施过磷酸钙25~35kg。若后期呈现缺磷症状，可叶面喷施0.1%~0.2%的磷酸二氢钾溶液30~50kg/亩，隔7~8d再喷1次，连喷2~3次。

三、缺钾症状及防治方法

（一）缺钾症状

植株矮小，生长迟缓，茎秆矮、细而脆弱，机械组织、输导组织发育不良，后期易引起倒伏。初期下部老叶尖端变黄，随后变褐，呈褐斑状，并逐渐向全叶蔓延，但叶脉与叶片中部仍保持绿色，呈烧灼状，严重时下部叶片枯死，根系发育不良，抽穗和成熟期明显提前，穗小粒少，灌浆不良，品质下降（图6-9-3）。

图6-9-3　小麦缺钾症状

图6-9-4　不同化肥对小麦生长和产量影响（黄绍敏　提供）

（二）防治方法

小麦播种期，一般亩基施纯钾6~9kg。具体用量可根据土壤钾素丰缺状况，参照测土配方施肥指导意见而定。基肥未施钾肥，可于冬前开沟追施氯化钾7~8kg/亩或硫酸钾8~15kg/亩。若后期呈现缺钾症状，可亩用磷酸二氢钾150~200g，对水30~50kg均匀喷雾，隔7~8d喷1次，连续喷2~3次，可以将叶面追肥和防治病虫害结合起来进行。

四、缺锌症状及防治方法

（一）缺锌症状

缺锌型黄苗主要表现为叶的全部颜色减退，心叶白化，叶尖停止生长，叶片失绿，节间缩短，植株矮化丛生，俗称"小叶症"。

（二）防治方法

土壤缺锌麦田，作基肥时，亩基施硫酸锌肥1~2kg，但不要与磷肥混合施用。作种肥时，可浸种、拌种，浸种以0.02%~0.05%的浓度为宜，浸泡24h，以肥液能淹没种子为度；拌种2~6g/kg，首先用种子量8%~10%的水溶解，然后喷到种子上，边喷边搅拌，晾干后即可播种。经过浸种或拌种处理过的种子，如果还需要进行农药处理，一定要在种子晾干后进行。若生长期出现缺锌症状，以根外喷施较为经济有效，常用0.3%~0.4%硫酸锌溶液进行叶面喷施。苗期呈现缺锌症状，分别于春节前后和拔节前各喷1次，中后期随发现随喷施。

五、缺硼症状及防治方法

（一）缺硼症状

植株顶端分生组织死亡，产生顶枯现象，这是田间诊断缺硼症较为典型的症状之一。根尖膨大变色，花丝伸展不正常，花药退化干瘪，颖壳张开，整个麦穗发育不良，麦茎紧缩，生育期推迟，叶鞘有时呈紫褐色。

（二）防治方法

缺硼麦田，可底施或追施硼肥，常用硼肥为硼酸和硼砂两种，硼酸亩用量为0.15~0.2kg，硼砂亩用量为0.15~0.5kg。小麦缺硼主要以叶面喷施为主，于小麦返青、拔节期，用0.1%~0.2%硼酸或硼砂溶液喷施一次以上，亩用量为30~50kg。

六、缺钙症状及防治方法

（一）缺钙症状

麦苗缺钙，生长点及茎尖端死亡，植株矮小或呈簇生状，幼叶不能展开，根系短，根毛少，根尖分泌透明黏液，似球形黏附在根尖上，吸收无机盐的能力大大降低。叶片光合作用减弱，养分积累减少。后期缺钙易造成青枯病。

（二）防治方法

土壤缺钙时，底肥以选用含钙的肥料为佳，如钙镁磷肥、过磷酸钙等；严重缺钙的土壤，可基施石灰50~100kg，不仅能防止小麦缺钙病的发生，而且还能起到改良土壤、提高产量的作用。生长期出现缺钙症状，一般亩用0.1%氯化钙溶液30~50kg作茎叶喷施或在浇地时亩撒施熟石灰10~15kg。

七、缺铜症状及防治方法

（一）缺铜症状

小麦缺铜的潜伏期很长，苗期无症状，一般到小麦孕穗期才开始表现症状。其典型症状是叶片柔软下垂，不能直立，贪青不实。生长期间遇湿度小、风速大的天气或光照充足的晴朗天气，植株会迅速干枯，而在湿度较大的阴雨天气，叶片会逐步萎蔫。主要表现为顶叶呈浅绿色，老叶多弯曲，叶片失绿变灰，严重时叶片死亡。

（二）防治方法

土壤缺铜时，可在播种前亩撒施硫酸铜粉末1.5~2.5kg做基肥，然后均匀耙入熟土层中。河南省缺铜麦田相对较少，一般不作底肥施用，常用的方法是以0.6~1.2g/kg硫酸铜拌种，也可在出现缺铜症状时，亩喷施0.02%~0.04%硫酸铜溶30~50kg。为了防止药害的发生，可在溶液中加入0.15%~0.25%的熟石灰。

八、缺锰症状及防治方法

（一）缺锰症状

小麦缺锰时，叶片柔软、下披，新叶叶脉间呈条纹状失绿，变黄绿色到黄色，叶脉仍为绿色；有时叶片呈浅绿色，黄色条纹扩大成为褐色斑点，叶尖焦枯。在三叶期出现，四、五叶期最重，有时称之为花叶缩苗病。根系不发达，须根少而发黑。生长缓慢，分蘖少或不分蘖，严重的死亡。

（二）防治方法

防止麦田缺锰，每亩可施硫酸锰1kg，或喷施0.1%~0.3%硫酸锰溶液2~3次，也可亩用硫酸锰40~80g拌种。

九、缺铁症状及防治方法

（一）缺铁症状

一般小麦不会发生缺铁，但通气良好的石灰性土壤易出现缺铁。主要表现为缺绿症或失绿症，多在嫩叶上发生，较老的叶子仍保持绿色。初期幼叶的叶脉间失绿黄化，出现小斑点，嫩叶出现白色斑块或条纹，以后逐渐扩大，严重时整个叶片呈黄绿色或黄白色，老叶早枯。

（二）防治方法

在小麦生长前期或发现植株缺铁时，用0.2%~0.3%硫酸亚铁溶液进行叶面喷施，每隔5d喷1次，连喷3次。

十、缺钼症状及防治方法

（一）缺钼症状

主要表现为叶片失绿黄化，先从老叶的叶尖开始向叶边缘发展，再由叶缘向内扩散，先是斑点，然后连成线，心叶正常，心叶下二三叶下垂，略呈螺旋状。叶脉间产生黄绿色斑点，继而从叶尖开始枯萎，以致坏死。

（二）防治方法

可喷施0.05%钼酸铵溶液1~2次，间隔7~10d；也可亩用钼酸铵20~30g拌种。

第七章　农药安全使用技术

第一节　农药应用基本知识

一、农药的含义

农药是指用于防治为害农林作物及其产品的昆虫、螨类、病菌、杂草、线虫、鼠类等有害生物的化学物质及调节植物生长的化学药品,通常把改善药剂理化性状的各种助剂也包括在内。

农药不仅广泛应用于农林业生产的产前、产中和产后的全过程,同时也应用于卫生防疫、工业品防蛀及防霉、农林业产品的防腐和保鲜等。本章共介绍了在小麦上登记的农药140种,其中种子处理剂31种、杀虫剂30种、杀菌剂39种、除草剂30种及植物生长调节剂10种。

二、农药的分类

(一)根据原料来源分类

1.化学农药

又可分为有机农药和无机农药两大类。有机农药是一类通过人工合成的对有害生物具有杀伤能力或调节其生长发育的有机化合物,如戊唑醇、炔草酯等。无机农药包括天然矿物,可直接用来杀伤有害生物,如硫黄和石硫合剂等。

2.生物农药

包括微生物源农药、植物源农药、昆虫信息素、活体微生物农药、天敌昆虫、植物农药等。

(1)微生物源农药　也称农用抗生素,是指由细菌、真菌和放线菌等产生的可以在较低浓度下抑制或杀死其他生物的低分子量的次生代谢产物。抗生素绝大部分来自土壤放线菌,其次是真菌和细菌。如杀虫抗生素阿维菌素、多杀霉素,杀菌抗生素有效霉素,除草抗生素双丙氨膦等。

(2)植物源农药　植物源农药又称植物性农药,是利用植物资源开发的农药,包括从植物中提取的活性成分、植物本身和按活性结构合成的化合物及衍生物。类别有植物毒素、植物内源激素、植物源昆虫激素、拒食剂、引诱剂、驱避剂、绝育剂、增效剂、植物防卫素、异株克生物质等。按有效成分、化学结构及用途分类:生物碱、萜烯类、黄酮类、精油类、光活化毒素。植物源农药所利用的植物资源为有毒植物，所以，植物源农药又通称为"草药农药"。

（3）昆虫信息素　是由昆虫体内释放到体外，可引起同种其他个体某种行为或生理反应的微量挥发性化学物质。如桃小食心虫性信息素。

（4）天敌昆虫　包括捕食性天敌和寄生性天敌。如玉米螟赤眼蜂、巴氏钝绥螨。

（5）活体微生物农药　是指利用生物活体（细菌、真菌、昆虫病毒、转基因生物、天敌及植物等）开发的用于农业有害生物防治的制剂。如 Bt、白僵菌、球孢白僵菌、NPV、蝗虫微孢子虫、枯草芽孢杆菌、哈茨木霉。

（6）植物农药　主要指表达农药活性的转基因植物。如表达 Bt 毒素的转基因棉花。

（二）根据防治对象分类

农药可分为杀虫剂、杀螨剂、杀菌剂、除草剂、杀鼠剂和植物生长调节剂等。

1. 杀虫剂

是一类用于防治农、林、牧及卫生害虫的药剂。不少杀虫剂还兼有杀螨作用。杀虫剂按照来源可以分为植物性杀虫剂（如除虫菊等）、微生物杀虫剂（如苏云金杆菌等）、无机杀虫剂（如砷酸铅等）和有机杀虫剂。有机杀虫剂又可分为天然的有机杀虫剂（如矿物油、植物油乳剂等）和人工合成的有机杀虫剂。人工合成的有机杀虫剂主要包括有机氯杀虫剂、有机磷类杀虫剂、氨基甲酸酯类杀虫剂、有机氮杀虫剂、拟除虫菊酯类杀虫剂等。

2. 杀螨剂

专门防治螨类的药剂。如炔螨特、双甲脒和噻螨酮等。

3. 杀菌剂

对病原体（如为害作物的真菌、细菌等）具有抑制和毒杀作用的药物。根据化学组成及来源，杀菌剂可分为无机杀菌剂（如石硫合剂等）、有机合成杀菌剂（包括有机磷杀菌剂、有机砷杀菌剂、有机锡杀菌剂、醌类杀菌剂、苯类杀菌剂和杂环类杀菌剂等）、生物源类杀菌剂（如木霉菌等）和抗生素类杀菌剂（如井冈霉素、春雷霉素等）。

4. 除草剂

用来防除杂草的药剂。如灭草松等。除草剂可以分为选择性除草剂（如苯磺隆）和灭生性除草剂（如草甘膦）。

5. 杀软体动物剂

专门用来防治蜗牛、蛞蝓等软体动物的药剂。如蜗牛敌等。

6. 杀线虫剂

用于防治植物病原线虫的药剂。老的杀线虫剂品种多具熏蒸作用，而一些新的杀线虫剂则具有其他的作用方式，如灭线磷就具有触杀作用，氯唑磷具有内吸作用。另外，有些杀虫剂也兼有杀线虫活性（如阿维菌素）。

7. 杀鼠剂

杀鼠剂是用来毒杀鼠类的药剂。按化学成分可以分为无机杀鼠剂（如磷化锌等）和有机合成杀鼠剂（如杀鼠醚等）。

8. 植物生长调节剂

对植物生长机能起促进或抑制作用的药剂。如赤霉素和三十烷醇等。

（三）根据作用方式分类

1. 杀虫（螨）剂

（1）触杀剂　药剂接触害虫，通过体壁及气门进入害虫、害螨体内，使之中毒死亡。如氰戊菊酯等。

（2）胃毒剂　药剂通过害虫取食而进入其消化系统，使之中毒死亡。如敌百虫等。

（3）内吸剂　药剂被植物的茎、叶、根或种子吸收而进入植物体内，并在物体内传导扩散，或产生更毒的代谢物，使取食植物的害虫中毒死亡。如氧乐果等。

（4）熏蒸剂　药剂在常温下气化为有害气体，通过呼吸系统进入害虫体内，使之中毒死亡（如磷化铝等）。

（5）昆虫生长调节剂　药剂阻碍害虫的正常生理功能，阻止正常变态，使幼虫不能变蛹或蛹不能变成虫，形成没有生命力或不能繁殖的畸形个体。如早熟素等。

还有驱避剂（如樟脑等）、不育剂（如喜树碱等）、拒食剂（如印楝素等）、性诱剂（如棉铃虫性诱剂等）。

2. 杀菌剂

（1）保护剂　在植物感病前，将药剂喷洒于植物体表面，以阻止病原物的侵染，从而使植物免受其害的药剂。如代森锌、百菌清。

（2）治疗剂　在植物感病后，喷洒药剂，以杀死或抑制病原物，使植物病害减轻或恢复健康的药剂。如三唑酮、多菌灵。

（3）铲除剂　药剂在植物表皮或渗入植物组织内部与病原菌直接接触，而杀死病原物的药剂。如烯唑醇、福美砷。

3. 除草剂

（1）内吸型除草剂　施用后通过内吸作用传至植物的其他部位或整个植株，使之中毒死亡的药剂。如2,4-滴丁酯等、苯磺隆。

（2）触杀型除草剂　不能在植物体传导移动，只能杀死所接触到的植物组织的药剂。如敌稗、百草枯等。

三、农药的名称

农药名称是它的生物活性有效成分的称谓。一般来说，一种农药的名称有化学名称、通用名称和商品名称。

1. 化学名称

按有效成分的化学结构，根据化学命名原则，定出化合物的名称。

2. 通用名称

即农药品种简短的"学名"，是标准化机构规定农药生物活性有效成分的名称。

3. 商品名称

农药生产厂为其产品流通需要，在有关管理机关登记注册所用名称。

四、农药毒性

农药的毒性是其能否危害环境与人畜安全的主要指标。国际上对农药毒性的分级常以农药经口 LD_{50}、经皮 LD_{50}、吸入致死中浓度 LC_{50} 作为分级依据。我国将农药产品按其急性毒性分为剧毒、高毒、中等毒、低毒、微毒 5 个等级（表 7-1-1）。

表 7-1-1　我国农药产品毒性分级

毒性分级	经口 LD_{50}（mg／kg）	经皮 LD_{50}（mg／kg）	吸入 LC_{50}（mg／m³）
剧毒	≤ 5	≤ 20	≤ 20
高毒	>5, ≤ 50	>20, ≤ 200	>20, ≤ 200
中等毒	>50, ≤ 500	>200, ≤ 2 000	>200, ≤ 2 000
低毒	>500, ≤ 5 000	>2 000, ≤ 5 000	>2 000, ≤ 5 000
微毒	>5 000	>5 000	>5 000

五、常用农药剂型

由农药生产企业经化学合成生产的农药有效成分称为原药。原药呈固体的称为原粉，呈液体的称为原油。农药原药除少数品种可直接使用外，大多数品种都必须根据原药的特性和使用的需要与农药助剂混合加工后才能够在生产上使用。加工后的农药称为农药制剂。为适应使用的各种需要，又常常将农药加工成各种形态的制剂，如乳油、可湿性粉剂等。目前国际上能生产的农药剂型有近百种，常用的也有几十种。这些剂型按物质形态可分为固态、液态和气态三大类。粉剂、颗粒剂、可湿性粉剂、水分散粒剂、片剂等属于固态；悬浮剂、乳油、微乳剂、水乳剂、水剂等属于液态；熏蒸剂属于气态。按施用方法分类，有直接施用、稀释后施用和特殊用法三大类。

小型无人机农田飞防用药剂在国际上尚无剂型标准，需建立配套标准规范。首先要选择适合药剂和配套助剂，根据产品形态及配套设备制定相关技术指标，如黏度、挥发性（雾滴失重率）、雾滴粒径、闪点等，以避免漂移产生药害，聚焦雾滴控制与精准施药，提高农药使用率。

高效、安全、环保、使用方便是农药新剂型的发展方向，在今后一段时间必将逐步取代那些污染大的传统剂型。这些新剂型的特点：水性化、粒状化、缓释化、低毒化、多功能化和省力化。水性化指的是以水为基质制备的农药剂型，如悬浮剂、水乳剂、微乳剂等；粒状片状化指的是农药以颗粒、片状的形式进入市场，如水分散粒剂、泡腾片等；缓释化指的是农药在使用时缓慢释放，如微胶囊剂；而低毒化、多功能化与省力化包含在各种新剂型中。

1. 水分散粒剂（WG）

水分散粒剂是由固体农药原药、湿润剂、分散剂、增稠剂等助剂和填料加工造粒而成的农药剂型。其助剂系统较为复杂，既有湿润剂、分散剂，还有崩解剂、黏结剂、润滑剂等。该剂型的特点是流动性能好，使用方便，无粉尘飞扬，而且储存稳定性好，是在可湿性粉剂和悬浮剂基础上发展起来的一种新剂型。该剂型的产品多为球状或圆柱状颗粒，加水后立即被湿润，在沉入水中的过程中可迅速崩解成细小的颗粒，稍加搅拌就能很快地分散在水中，具有比可湿性粉剂更高的悬浮率和更好的防效，是替代可湿性粉剂并具有良好发展前景的一种剂型。

2. 悬浮剂（SC）

悬浮剂又称胶悬剂或水悬浮剂，是由不溶于水的固体原药、多种助剂（湿润剂、分散剂、防冻剂、填料、增稠剂、稳定剂等）和水混合后，通过湿法研磨粉碎形成使固体粒子均匀分散于水介质中的一种农药剂型。悬浮剂兼具乳油和可湿性粉剂的优点，主要用于常规喷雾。

悬浮剂具有加工、运输、储藏和使用安全，附着力强，耐雨水冲刷，药效高等优点。质量合格的悬浮剂放置久了也会产生沉淀，充分摇匀后才可使用。

3. 水乳剂（EW）

水乳剂也称浓乳剂。它是将农药原药与溶剂溶解制得的液体农药以微小液滴（20μm以下）分散于水中的农药剂型。该制剂以水为基质，减少了制剂中有机溶剂用量，提高了生产与储运安全性，降低了毒性和对环境污染。不易燃，使用对人畜和作物安全。加工水乳剂时需加入乳化剂、增稠剂、防冻剂等助剂。水乳剂是目前我国大力提倡发展的剂型。

4. 微乳剂（ME）

微乳剂是由原药、乳化剂、防冻剂及水经加工制成的农药剂型。微乳剂的加工工艺比水乳剂复杂，一般油相、水相分别配制，然后再混合形成微乳剂。微乳剂比水乳剂分散度高得多，提高了施药后渗透性，从而提高了药效。农药微乳剂还有不易燃、储存稳定性好、运输安全、不易产生作物药害等优点。微乳剂是乳油剂型的替代发展方向。

5. 缓释剂（BR）

缓释剂是利用物理或化学的方法使农药储存于制剂中，使有效成分缓慢地、有控制地释放出来发挥药效的农药剂型。该剂型可使农药按需要的剂量、特定的时间、持续稳定的释放以达到最经济、安全、有效地控制有害生物。该剂型具有降低毒性、减轻环境污染及持效期长等优点。目前该制剂已成功应用的技术有微胶囊剂等。

随着环境保护、食品安全和可持续发展等意识不断增强，微胶囊剂成为农药剂型发展的一个重要方向。微胶囊有多种剂型，其中典型的有两种：一种是微囊悬浮剂（CS），如22%噻虫·高氯氟微囊悬浮–悬浮剂；另一种是微囊粒剂（CG），如噻虫嗪微囊粒剂。

6. 水剂（AS）

水剂是农药原药的水溶液剂型，是药剂以分子或离子状态分散在水中的真溶液，药剂浓度取决于有效成分的水溶解度，一般在使用时再加水稀释。水剂与乳油相比，不用有机溶剂，仅需加适量表面活性剂即可喷雾使用，药效也很好，且对环境的污染小，是今后应发展的一种剂型。

7. 可分散油悬浮剂（OD）

可分散油悬浮剂是有效成分以固体微粒分散在非水介质（即油类）中成稳定的悬浮液体制剂，一般用水稀释使用。可分散油悬浮剂在使用时具有良好的黏着性和展着性、抗雨水冲刷能力强等优点。是一种相对较新的农药剂型，其具有安全性好，并兼具有传统剂型的优点，被认为是综合性能较全面和完善的一种农药剂型，已经成为农药剂型发展的一个重要方向。

8. 颗粒剂（GR）

颗粒剂是由农药原药、辅助剂与载体等助剂经过加工制成的颗粒状固体制剂。颗粒剂的优点是在施用过程中，沉降性好、飘移性小、对环境污染轻、持效期长、施用方便、省工省时。尤其是作为除草剂使用，不易因飘移问题给周围作物带来药害。

9. 种衣剂（FS）

种衣剂是用于种子处理的流动性黏稠制剂，或水中可分散的固体制剂，加水后调成浆状。处理种子后，药剂有效成分可紧贴种子表面形成一层药膜保护种子免受地下害虫和苗期病虫害的为害。用作种衣剂的药剂往往需要兼治多种病虫害，所以有效成分往往是复配的品种。种衣剂使用安全、持效期长，且体现了预防为主、隐蔽施药的优点，是目前较受欢迎的一种农药制剂。

10. 超低容量喷雾剂（UL）

超低容量喷雾剂是由农药原药、高沸点油质溶剂为有效成分分散介质及少量助剂加工而成的专供超低容量喷雾使用的一种油剂。超低容量喷雾剂一般含农药有效成分 20%~50%，不需稀释直接喷洒。这种制剂要求有效成分高效、低毒、低残留，对作物无药害，其中的溶剂必须对有效成分有较好的溶解度，且挥发性低、黏度小、燃点高、无药害等，以充分保证对人畜和作物的安全。

11. 粉剂（DP）

粉剂是由农药原药、填料和少量助剂经混合、粉碎至一定细度的粉状固体制剂。粉剂加工的技术指标主要是粉粒细度。粉剂具有使用方便，施药工效高，不受水源限制的优点，但鉴于粉剂喷粉时粉粒易于飘失、污染环境、药粒不易附着于植物表面上、沉积量低、药效较差等原因，近年来，粉剂的生产呈明显下降趋势，且多用于拌种和土壤处理。20 世纪 90 年代后生产的粉尘剂，则主要用于温室或大棚防治蔬菜病虫害。

12. 可湿性粉剂（WP）

可湿性粉剂是由农药原药与载体或填料及一定量的湿润剂、分散剂等混合，粉碎成一定细度的农药剂型。它易被水湿润，在水里经搅拌后可形成均匀的悬浮液。除了用作喷雾外，还可用作拌种、撒毒土、土壤处理和泼浇使用。根据使用、储藏等方面的要求，可湿性粉剂必须具有良好的湿润性、分散性、流动性及较高的冷、热储藏稳定性。可湿性粉剂加工的技术指标除粉粒细度外，还有制剂被水湿润所需要的时间及悬浮率等。可湿性粉剂是目前我国的主要农药剂型之一。它具有包装成本低、储运安全方便、有效成分含量高、较耐储存、药效比粉剂高等优点。

13. 乳油（EC）

乳油是由农药原药、溶剂、乳化剂等按一定比例制成的均相透明的农药剂型，加水后能形成稳定的乳状液。在乳油的加工中，根据需要可以加入适量的助溶剂、渗透剂、增效剂等。乳油在水中是不能溶解的，但加水搅拌后，即被搅成无数微小的油滴，靠乳化剂的作用，使这些微小的油滴均匀地悬浮在水里，成为乳白色的乳状液。喷洒时能在植株表面湿润展布，可喷雾、泼浇、涂抹、拌种、浸种和处理土壤等。乳油目前是我国的主要农药剂型之一，具有加工简便、有效成分含量高、药效高（优于可湿性粉剂）、使用方便、耐储藏等优点。它的最大问题是制剂中使用了大量的有机溶剂，生产与储运存在安全隐患，使用中也存在易造成环境污染和人畜中毒等问题，因而也面临逐步被淘汰的趋势。

14. 可溶性粉剂（SP）

可溶性粉剂是将水溶性农药原药、填料和适量的助剂混合制成的可溶解于水中的粉状制剂。供加水稀释后使用，形态上和加工上与可湿性粉剂类似。

15. 烟剂（FU）

烟剂是由农药原药、燃料（蔗糖、木粉、煤粉等）、助燃剂（氯酸钾、硝酸钾等）、阻燃剂（陶土、氯化铵等）按一定比例混合加工而成的固态农药制剂。根据使用要求可以加工成粉状、片状或锭状。通过点燃，使有效成分升华或汽化到大气中凝结成 0.1~2.0μm 的烟状固体微粒，并在空气中长时间悬浮和扩散，从而起到防治病虫害的作用。烟剂的最大特点是药剂的分散度高、扩散快，且施用时不需施药机械、不需加水稀释，使用简便、省力。烟剂主要适用于防治温室、大棚、仓库、森林等相对密闭环境中的病虫害。一种理想的烟剂，要求一次点燃无明火，烟雾连续不断，成烟率高（有效成分成烟率在80%以上）。

16. 泡腾颗粒剂（KPP）

泡腾颗粒剂是在药物制剂中加入碳酸盐和有机酸，遇水后产生CO_2气体而调节释药行为的农药制剂。泡腾剂的主要组成包括有效成分、泡腾崩解剂、稀释剂、黏合剂、表面活性剂、润滑剂、助流剂等组分。具有溶解性好、无粉尘污染、无特殊器械要求、施药效率高、药效好等优点。如5%调环酸钙泡腾颗粒剂。

17. 展膜油剂（SO）

展膜油剂是指配有水面扩散功能的特殊助剂，施于水面形成薄膜的油剂。主要用于稻田。只要把药液直接滴到水田中，药液就可迅速扩散至整田形成药膜，并借水稻茎基部向上爬升到害虫栖息处或发病处，达到防病治虫的目的，克服了水稻生长后期茎叶喷雾或撒施农药难以直接达到防治效果的困难。如8%噻嗪酮展膜油剂。

18. 撒滴剂（SDS）

撒滴剂含有水面扩散功能的特殊助剂，使农药入水后迅速扩散、分布全田。主要用于稻田。如杀虫双撒滴剂。

19. 纳米剂型（NP）

纳米剂型包含纳米微乳剂、固体微乳剂、纳米微囊剂、纳米混悬剂等，比普通剂型具有更好的分散性、稳定性和安全性，能大大提高农药利用率。如戊唑醇纳米农药。

20. 气雾剂（AE）

气雾剂是由原药、溶剂、香精及推进剂制成的制剂。使用时打开阀门，药液在推进剂的作用下喷出，主要用于防治蚊、蝇、蟑螂等卫生害虫。除此之外，气雾剂还用于空气清新及化妆品、医疗卫生等方面。

六、农药的施用方法

农药的使用方法多种多样，有喷雾、喷粉、浸种、拌种、熏蒸、毒饵、毒土和涂抹等方法，使用最多的是喷雾法。

（一）种苗处理法

种苗处理法具有许多优点：一是提高病虫防治效果，如种衣剂中的杀虫杀菌剂包被于种子表面的衣膜内，随着种子的发芽，种衣剂依靠其缓释及内吸作用不断地被作物吸收，传导到植株各部分，从而达到综合防治苗期病虫害的作用；二是减少农药用量，如种衣剂直接应用于种子，比应用于田间所需活性成分的量要少得多，种子处理所需的活性成分用量仅相当于叶面喷雾的1/200、沟施（颗粒剂）的1/10；三是增加产量，种子处理通过防治病虫害，促进幼苗生长、增强抗逆性、培育壮苗，促进成穗以及增加有效穗数，达到增产的效果；四是环保，种子处理是一种隐蔽施药技术，对人、畜及天敌安全。

1. 浸种法

浸种法是将种子浸渍在一定浓度的药剂水分散液里，经过一定的时间使种子吸收或黏附药剂，然后取出晾干，从而消灭种子表面和内部所带病原菌或害虫的方法。种子吸收的药剂，也可防止播种后种子或幼苗遭受病虫的为害。浸种法处理种子操作比较简单，一般不需要特殊的设备，可以将待处理的种子直接放入制好的药液中，稍加搅拌，使种子与药液充分接触即可。浸种使用的药剂剂型范围较广，能均匀分散在水中并与水形成较稳定药液的剂型均可，如可湿性粉剂、乳油、悬浮剂、水剂等。

为了避免种子吸水膨胀后露出药液而影响浸种效果，浸种药液一般需要高出浸渍种子 10~15cm。浸过的种子一般需要晾晒，对药剂忍受力差的种子浸种后还应按要求用清水冲洗，以免发生药害；有的浸种后可以直接播种。

2. 浸苗法

浸苗法是将作物幼苗、苗木或插条浸入一定浓度的药液里，浸渍一定的时间以杀死其携带的病菌或害虫的一种方法。

3. 闷种法

闷种法是将配成一定浓度的药液均匀地喷洒在种子上，然后堆闷一定的时间，再进行播种的一种方法。是介于浸种法和拌种法之间的种子处理技术，又称半干法。闷种法一般多采用挥发性强、蒸气压高、内吸性强的药剂，通过堆闷使药剂通过内吸、渗透、熏蒸等作用，杀死种子内外的病菌或害虫，同时吸入种子内部的药剂，还可控制作物苗期病虫害的发生。可湿性粉剂、乳油等剂型均可。需要注意的是，由于闷种后种子已经吸收了较多水分，因此不宜久储，以免储存过程中的热量过高影响发芽率。

4. 拌种法

拌种法是将所选用的药剂按一定比例与种子混合，使种子外表覆盖均匀药层的种子处理方法。采用药剂拌种，既可杀死种子表面所携带的病菌等有害生物，又可杀死或抑制种子播种后土壤中的害虫、病菌，还可控制作物幼苗期一些病虫的发生和为害。药剂拌种既可湿拌，也可干拌。可选用粉剂、水分散粒剂、可湿性粉剂、水剂、乳油等多种剂型。拌种应避免出现药剂黏附不均、易脱落等现象。拌种完毕后需要晾晒，并尽快播种，以免发生药害。

拌种使用的农药有效成分一般以内吸性药剂为好。拌种防治病虫效果不仅与药剂有关，还与拌种质量有关。尽可能使用专用拌种器拌种，如果确实没有专用拌种器，也可以使用圆柱形铁桶、烧瓶、自封袋等，将药剂和种子按照规定的比例加入容器内，封闭后快速滚动或摇动拌种。

5. 包衣法

包衣法是通过种子包衣机械将种衣剂包裹在种子表面的一种处理方法。具有护种苗（防止有害生物对种子和幼苗的为害）、促生长（为种子萌发和幼苗生长提供相关营养物质）和易播种（调整种子大小、形状，利于机械播种，起到种子丸粒化、标准化的作用）等优点。种子包衣剂除可以包含杀菌剂、杀虫剂、植物生长调节剂外，还可以包含肥料、微量元素等营养物质。种衣剂包被在种子表面可快速形成固化膜，在土中遇水只能吸胀而不易被溶解和脱落，不易发生药剂流失。包衣种子播种后，药膜随即吸收土壤水分，药剂有效成分通过成膜剂空间网状结构中孔道释放，被种子吸收或在种子周围和土壤中形成一个"药圈"或"蓄水球囊"，对种子及土壤中的病原菌发生作用，亦可为种子和秧苗的健壮生长创造适宜的条件。种子包衣是一个涉及多学科、多因子的复杂过程，对种子（脱粒精选）、种衣剂（药剂选择）、包衣机（包衣处理）和操作程序（计量包装）等均有一定的要求。

（二）土壤处理法

土壤处理法是采用适宜的施药方法把农药施到土壤表面或土壤耕作层中对土壤进行药剂处理，而防治有害生物的方法。土壤处理的目的通常有：① 杀灭土壤中的植物病原菌、害虫、线虫和杂草；② 阻杀由种子带入土壤的病原菌；③ 内吸性杀虫剂、杀菌剂由种子、幼芽及根吸收传送到幼苗中防治作物地上部分的病虫害；④ 内吸性植物生长调节剂通过根吸收进入植物体内，对作物的生长和发育进行化学调控。可在播种前处理，也可在生长期间施于植株基部附近的土壤，如用药液浇灌或在地面打洞后投入颗粒状的内吸药剂。按施药方式，可分为撒施、沟施、穴施、浇施、根区施药等。

土壤处理的药剂分为熏蒸剂和非熏蒸剂。熏蒸化学药剂包括溴甲烷、氯化苦、棉隆、威百亩、敌线酯、1,3- 二氯丙烯等；非熏蒸性化学药剂包括苯线磷、双氯酚、硫线磷、线螨磷、灭草松、多菌灵、五氯硝基苯、三唑酮、异菌脲、噁霉灵、苯菌灵和甲霜灵等。

（三）喷雾法

1. 基本理论

喷雾法是指用喷雾机械将液态农药喷洒成雾状分散体系（即雾化），均匀地覆盖在防治对象及其寄主表面上的施药方法。是目前防治小麦病虫草害最常用的方法，其防治效果受作业者、施药器具、药剂理化性质、靶标发生部位及环境条件的影响。用于喷雾法的农药剂型有水分散粒剂、悬浮剂、水乳剂、微乳剂、可湿性粉剂、乳油、可溶性粉剂、水剂、超低容量喷雾剂、可分散油悬浮剂、缓释剂等。

喷液量是喷雾法的一项重要技术指标，是根据田间作物上的农药有效成分沉积量以及不可避免的药液流失量的总和来表示的。根据喷液量的大小，可以把喷雾法分为高容量喷雾法、中容量喷雾法、低容量喷雾法、微量喷雾法和超低容量喷雾 5 种。高容量喷雾采用液力式喷头雾化，每亩喷液量大于 40L，雾滴大于 400μm（粗雾），可用于杀虫剂、杀菌剂和除草剂等的使用，存在聚集弹跳、滚落叶面、农药散失较多、农药利用率低等缺点，一般不提倡使用；中容量喷雾采用液力式喷头雾化，每亩喷液量在 13.3~40L，雾滴 201~400μm（中等雾），比高容量喷雾农药利用率有所提高；低容量喷雾采用双流体雾化、小孔径喷片、控制药液流量等技术实现，每亩喷液量在 3.3~13.3L，雾滴 101~200μm（细雾），具有喷洒速度快、分散性好等特点，减少了雾滴在靶标作物表面的聚集弹跳和滚落现象，农药利用率高于中容量喷雾，适用于叶面病虫害防治，但不适宜喷洒除草剂；微量喷雾采用双流体雾化、低速离心雾化或液力式雾化等技术实现，每亩喷液量在 0.3~3.3L，雾滴 51~100μm（中弥雾），耐雨水冲刷，农药利用率高于低容量喷雾，但不适宜喷洒除草剂，要注意作物药害；超低容量喷雾采用高能雾化装置使药液雾化为细小雾滴，每亩喷液量小于 0.3L，雾滴 5~50μm（气雾），雾滴雾化程度高，省水省药，农药利用率较高，但需专用施药器械，且对操作技术要求较高，不适宜喷洒除草剂。

同等体积的药液，经器具雾化后形成的雾滴数越多、越细，其对靶标作物的分布特性（包括沉降量、覆盖密度、穿透性和均匀性）就越好，对农田病虫害和杂草的防效就越高。但是，过细的雾滴具较强的飘移性和蒸发性，易造成飘移污染和农药利用率降低；反之，若雾滴粗大，撞击到靶标后的附着力差，易发生弹跳和滚落流失，造成农药流失并污染环境。因此，实际作业过程中，需要结合药剂特性、防治对象、作业机械，选择合适的方法，在不造成环境污染的前提下，充分发挥细小雾滴的优势，有效防治病虫害。

按照雾滴沉降方式，喷雾法可分为飘移喷雾法、定向喷雾法和静电喷雾法等。飘移喷雾法是指利用风力把雾滴分散、飘移、穿透、沉积在靶标上的喷雾方法。定向喷雾法是指调整喷头的角度或者利用遮挡材料，使喷出的雾流针对农作物的顶部、背面或株膛进行喷雾，或者覆盖作物而对杂草进行喷雾。静电喷雾法是指通过高压静电发生装置使雾滴带电喷施，雾滴在静电引力作用下，较易沉积在作物表面，大幅度提高农药利用率；与常规喷雾相比，利用静电喷雾技术喷洒农药，具有雾滴小、雾滴沉积量和均匀性高、用药量少、农药利用率高、耐雨水冲刷等特点。

2. 喷雾助剂

喷雾助剂在使用时与农药产品混用，可以降低药液的表面张力、增加雾滴黏附与沉积、提高润湿和展布性能、溶解或渗透昆虫或植物叶片表面蜡质层、促进药剂的吸收和传导，从而提高农药的药效，是促进雾滴在植株上的吸附、减少雾滴飘移、提高农药利用率的重要途径。

喷雾助剂按功能分为展着剂、润湿剂、渗透剂、防飘移剂、增效剂等；按化学类别可分为无机盐类（尿素、硫酸铵、硝酸铵等）、表面活性剂类（OP10、JFC）、有机硅类（杰效利、速润）、矿物油类（迈道、领美）、植物油类（大豆油、玉米油）等。

（1）无机盐类助剂　能促进植物叶片对农药的吸收，消除金属离子对农药的拮抗作用，如在除草剂中添加氮肥等含铵离子的无机盐助剂来提高药效。使用时，对环境要求较高，高温干旱影响效果，且有安全隐患。

（2）表面活性剂类助剂　能降低液体表面张力，具有乳化、增溶等性质，表面活性剂用于除草剂的增效作用时，在高温干旱环境中，容易出现药害。

（3）有机硅类助剂　通过降低喷雾液表面张力，改善雾液在植物或昆虫体表的润湿分布性，增加药液的铺展面积，提高雾液通过叶面气孔时被叶片吸收的能力。有机硅助剂在草甘膦上用量最大，同时在其他除草剂、杀虫剂、杀菌剂、叶面肥、植物生长调节剂和生物农药中也得到广泛的应用，具有明显的减药增效作用。但是，有机硅助剂也有其局限性：① 高温干旱环境中，有机硅助剂的增效作用降低；② 与农作物相容性差，在发挥增效作用的同时会溶解农作物叶片表面的角质层和细胞膜；③ 在水中不稳定，易分解，需现混现用。④ 药液的 pH 值和药液储存时间对其影响较大，在中性（pH 值为 6~8）药液的条件下，有机硅表面活性剂在药液中稳定性好，可长期保持活性，而 pH 值 <5 或 >9 下会发生缩聚反应，失去增效作用。因此，在使用有机硅助剂时，要充分考虑药液的理化性质。

（4）矿物油类助剂　能增加药液黏度，减少挥发和飘移损失，防止雨水冲刷，提高农药利用率，对农药的增效作用远远高于表面活性剂类喷雾助剂，其突出特点是在干旱、高温等不良环境条件下仍有良好的增效性能。

（5）植物油类助剂　植物油类助剂从植物种子、果肉及其他部分的原料中提取，对环境相对友好，在大多数除草剂和杀虫剂、杀菌剂中都有明显的增效作用，其本身还具有一定的杀虫作用。

（6）飞防专用助剂　植保飞机喷雾雾滴较小，施药时需要采取措施防止飘移和蒸发，添加助剂是重要手段。目前已开发了较多的航空专用助剂，涉及高分子聚合物、油类助剂、有机硅等不同类型。飞防专用助剂通过改变雾滴大小（适量的助剂能改变药液的动态表面张力、黏度等，在相同的喷头和压力下，添加油类助剂可增加雾滴粒径）、抗蒸发、抗飘失、促沉积等来提高农药利用率。

（四）喷粉法

喷粉法是利用喷粉器械将粉剂农药均匀喷施于防治对象及活动场所、寄主表面的施药方法。粉剂的喷施一般需要专用的喷粉器具，以形成足够的风力克服粉粒的絮结。为提高药剂的沉积量，喷粉最好在清晨露水未干时或相对封闭的环境（温室大棚）中施用。

近年来温室或大棚中推广的"粉尘法施药技术"防治病虫害，使用的粉粒更小，施药后能够使药粉在温室或大棚中飘浮并扩散到茂密的植物中间，从而形成非常均匀的药粒沉积分布，药效良好。温室或大棚中粉尘法对棚内湿度、温度影响较小。粉尘法施药因药粉细、颗粒小、在空气中飘浮时间长，故喷药后应密闭 2h 左右。

（五）撒施法

撒施法是将颗粒剂或配成的毒土（沙）直接撒施在田间地面、水面或植株特定部位的一种施药方法。撒施法特别适合于在下列情况：一是土壤处理；二是水田施用除草剂。药剂快速沉入水底以便迅速被田泥吸附或被水稻根系吸收；三是多种作物的心叶期施药。有些钻心虫如玉米螟、草地贪夜蛾藏匿在喇叭状的心叶中为害，往心叶中撒入适用的颗粒剂，可以取得很好的效果，而且非常简便。

（六）毒饵法

毒饵法是用害虫喜欢吃的食物如花生饼、豆饼等为饵料，加适量的水拌和，再加入具有胃毒作用的农药，如敌百虫、辛硫磷等，拌匀而成。毒饵以晚上施用为好。防治蝼蛄、地老虎、蟋蟀效果良好，对金针虫、蛴螬也有一定防效。杀鼠剂毒饵用于防治鼠类。

（七）熏蒸法

熏蒸法是利用气态农药或在常温下容易气化的农药，通过反应生成的气体毒杀病虫害的方法。熏蒸法只有采用熏蒸药剂才能实施，通常在密闭的环境里进行。采用硫黄电热熏蒸技术，在草莓白粉病和番茄疫病等的防治中均取得了优异的效果。土壤覆膜熏蒸是杀灭土传病原菌、病原线虫和地下害虫及杂草的有效措施。

（八）涂抹法

用涂抹器将药液涂抹在植株某一部位的局部施药方法称为涂抹法。涂抹用的药剂为内吸剂或触杀剂，为使药剂牢固地黏附在植株表面，通常需要加入黏着剂。涂抹法施药，农药有效利用率高，没有雾滴飘移，不污染环境，不杀伤天敌。涂抹法适用于果树和树木，以及大田除草剂的使用。

防除敏感作物的行间杂草，可以利用内吸传导强的除草剂和除草剂的位差选择原理，以高浓度的药液通过一种特制的涂抹装置，将除草剂药液涂抹在杂草植株上，通过杂草茎叶吸收和传导，使药剂进入杂草体内，甚至达到根部，达到除草的目的，农田、果园、苗圃等均可使用。果树的流胶病，在刮去流胶后，涂抹石硫合剂有很好的防治效果。

（九）注射法

注射法是利用注射器将一定量的药剂直接注入植物体内的一种施药方法。如利用有机磷或菊酯类杀虫剂的高浓度稀释液直接注入果树树干的害虫蛀孔内，而后用棉花或泥堵孔可有效防治天牛等蛀干害虫。

七、农药的稀释

（一）农药浓度的表示方法

制剂在使用前需配制成一定浓度的药液才能使用，这种使用浓度通常包括有效浓度和稀释浓度两种。前者是指农药的有效成分稀释液，用百分比浓度表示；后者是指农药制剂的稀释液，用倍数法或单位面积用药量表示。

1. 百分比浓度

指 100 份药液中所含有效成分的份数。又分重量百分比浓度和容量百分比浓度。固体之间或固体与液体之间配药时常用重量百分比浓度；液体之间配药时常用容量百分比浓度。

2. 倍数法

指 1 份药剂经稀释后成为原来量的多少倍的表示法。该法反映的是制剂的稀释倍数。

3. 单位面积用药量

是指单位面积田块需施入农药制剂或有效成分的量，单位多为 g 或 mL。其中单位面积有效成分用量的表示方法，具有可使不同有效成分含量的同一种农药在用药量上便于换算的优点，值得提倡。

（二）农药使用量的计算

（1）如果农药标签或说明书上已注有单位面积上的农药制剂量 可以用下式计算农药制剂用量：

农药制剂用量 = 单位面积农药制剂用量 × 施药面积

（2）如果农药标签上只有单位面积上的有效成分用量 其制剂用量可以用下式计算：

$$农药制剂用量 = \frac{单位面积有效成分用量}{制剂中有效成分百分含量} × 施药面积$$

（3）如果已知农药制剂要稀释的倍数 可通过下式计算农药制剂用量：

$$农药制剂用量 = \frac{要配制的药液量或喷雾器容量}{稀释倍数}$$

稀释倍数在 100 倍以下时：稀释剂用量 = 农药制剂量 ×（稀释倍数 −1）

稀释倍数在 100 倍以上时：稀释剂用量 = 农药制剂量 × 稀释倍数

八、农药的科学使用

农作物有害生物的防控应遵循"预防为主、综合防治"的原则，贯彻"公共植保、绿色植保"的理念，以 IPM 理论作为防治指导，充分发挥自然因子的作用，通过生态调控，创造不利于有害生物发生的生态环境，减少有害生物基数，降低发生频率，在必要时，采用化学农药进行应急防控。统防统治是当前最有效的防治形式，也是科学用药技术的重要载体。

（一）我国农药科学使用方面存在的突出问题

1. 安全用药意识偏低

一是缺乏自我保护意识，农户在使用农药时鲜有穿戴防护服的，身体暴露在施药环境中；二是缺乏环保意识，在水源地、沟渠和机井旁清洗施药机械或配药，农药残液和包装废弃物随手丢弃，不懂避开蜜源植物花期施药；三是缺乏社会责任意识，受利益驱动，违规使用禁限用农药，不按照安全间隔期使用农药。

2. 农药选择中存在困难

一是不能阅读或理解标签，对标签中"轮换用药"提示缺乏理解和执行能力；二是有些病虫害防治超出农民的认知范围，对于线虫病的防治，由于缺乏高效药剂，有时农户会出现病急乱投医的现象，小麦田禾本科杂草的防除，要求的技术性和针对性更高，时常出现用药不对症、防除效果不理想、造成农药浪费或出现药害的现象；三是经销商误导，近年来，农药生产企业和经销商为了抢占市场，使经济效益最大化，往往推出药肥一体化的"套餐"产品，这些产品中尽可能多地囊括杀虫剂、杀菌剂、生长调节剂以及水溶性肥料，不关心药剂之间的科学配伍，一种药剂在一个作物生长季节推荐使用3次以上，有些药剂甚至缺少"三证"。这些产品使农民被动选择过量、不合理使用农药，而缺乏对症选药的自主权。

3. 农药配制中存在问题

一是不懂"先固体→后液体→再其他"的桶混顺序；二是不采用"二次稀释法"来配药，药液浓度前后不一致；三是不清洗农药包装物。

4. 农药施用水平较低

一是施药机械落后，不懂机械的保养和维护，导致机械关键部位受农药腐蚀，出现跑冒滴漏现象，也不进行维修或更换部件，致使喷雾严重不匀，重喷、漏喷现象严重；二是施药不精准，不能根据作物生育期、防治对象及农药特性选择最佳用药时期、适宜的施药机械、喷液量和施药方式，造成农药有效利用率较低；三是超剂量使用，为了提高防治效果，盲目增加农药使用量，导致过量用药和抗性风险增加。

（二）农药科学使用技术

1. 安全用药

严格按照《农作物病虫害防治条例》《农药管理条例》《农药管理条例实施办法》《农药安全使用规范总则》《农药合理使用准则》等法规来使用农药，严格遵守农药安全间隔期，避免使用高毒、高残留、高风险农药，切实保障农业生产安全、农产品质量安全和生态环境安全。

2. 科学选药

优先选用理化诱控、生物农药进行防治；选择毒性低、活性高、环境兼容性好、残留量低的农药品种和剂型；防治时，尽量做到一药多效、一喷多防；对于套餐产品，要谨慎选用；对于防除难度较大的有害生物，要询问当地农技人员，帮助选择合适的农药品种和施药方法。

3. 科学配药

液体农药要用有刻度的量具，固体农药要用秤称取；量取好农药和配料后，要在专用的容器里混匀；不能用瓶盖倒农药或用饮水桶配药；不能用盛过农药的水桶直接到沟、河、井中取水；使用清洁水源、采用二次稀释法配药。

4. 科学施药

（1）适时施药　根据有害生物的发育期、作物生长进度和农药特性来确定最佳防治时期。如除草剂，施药时要兼顾草情、苗情、土壤墒情、温度等环境条件以及农药特性等，否则，将会影响防效或造成药害；小麦赤霉病、条锈病的防控，要在病情监测的基础上，抓住防控关键时机，适时开展大规模统一应急防控，来提高防治效果、防治效率和效益，解决分散防治的难题；大田施药时，还应避开蜜源植物花期，避免传粉昆虫中毒。

（2）适量用药　农药的使用剂量要按照使用说明书来执行，严格遵守农药的剂量使用范围，不能超剂量使用，以免造成农药残留超标、药害、杀伤天敌、增强抗药性、环境污染等负面影响。施药次数要根据害虫的生物学特性（个体发育整齐度等）、病虫的侵染循环特点（再侵染次数）、所使用药剂的持效期长短及当次施药后的防治效果来确定。

（3）选用高效施药机械　要根据作物生育期、防治对象、农药特性等，选择合适的施药机械。严禁使用"跑、冒、滴、漏"喷洒设备，要及时更换由于磨损而喷雾不匀的喷头；选用带有变量喷雾系统、防飘移装置、定位系统的植保机械，能提高农药利用率；对于大面积流行性、暴发性病虫害的应急防治，可选用高效智能化植保机械。

（4）采用科学的施药方法　利用种子处理技术来减轻后期病虫害防治压力，达到减药增效的目的；根据作物生育期和施药设备，采用适宜的喷液量，如小麦田中，地面机械的喷液量要达到每亩10~15L，无人机的喷液量要在1L以上；要根据喷液量、喷头流量、喷幅等指标，计算作业速度，作业时要匀速前进，避免重喷漏喷；使用植保无人机进行超低量喷雾时，要控制飞行高度和速度，采用专用剂型或助剂，防止药剂飘移和蒸发而影响防效；施用除草剂时要避免对周边作物的飘移药害和对后茬作物的残留药害；应用增效剂，提高农药在植株上的展布、吸附和渗透能力，来提高农药利用率；对于在植株叶背或下部为害的病虫，要针对性地采用双风或沉降施药技术进行对靶施药。

（5）抗药性风险管理　① 轮换用药，降低农药对病虫害的选择压力，延缓抗药性的发生和发展。连续两次用药之间应选择无交互抗性或者作用机理不同的药剂进行交替轮换使用；避免单一药剂连续两次使用；在作物的一个生长季节，同一作用机理的农药原则上使用不能超过两次。② 限制用药，对已产生中抗或低抗的农药品种，应限制使用次数。③ 暂停用药，对已产生高抗的农药品种或与其有交互抗性的农药品种，应暂停使用。如多菌灵在豫南地区防控赤霉病，建议暂停使用。④ 混合用药，尽量选用复配制剂或不同作用机理的农药混合使用，来延缓抗性产生和发展。

（三）施药后的处理

1. 警示标志

施过农药的田块，作物、杂草上都附有一定量的农药，一般经4~5d后会基本消失。因此，要在施用过农药的田块树立明显的警示标志，在一定的时间内禁止人、畜进入。

2. 残余药液的处理

（1）配制后未喷完药液（粉）的处理　在该农药标签许可的情况下，可再将剩余药液用完。

（2）拆包装后未用完农药的处理　农药喷施结束后，对包装内未配制的农药必须保存在其原有的包装中，并密封储存于上锁的地方，不能用其他容器盛装，严禁用空饮料瓶分装剩余农药，农药要存放到儿童拿不到的地方。

3. 农药包装废弃物的处理

农药包装物要清洗3次以上，并将洗液倒回配药装置；包装废弃物要回收并交由指定机构进行统一处理。

4. 用药记录

每次施药应记录天气状况、用药时间、药剂品种、防治对象、用药量、对水量、喷洒药液量、施用面积、防治效果、安全性。

5. 施药器械的清洗

施过农药的器械不得在小溪、河流或池塘等水源中洗涮，洗涮过施药器械的废液应倒在远离居民点、水源和作物的地方。

九、药效试验

进行农药田间药效试验之前，必须制定试验计划和方案，明确试验目的、要求、方法以及各种试验样品的规格要求。重点注意以下几个方面。

1. 试验地的选择

试验地的作物生长整齐、长势一致，防治对象常年发生较重且为害程度比较均匀，每小区的害虫虫口密度和病害的发病情况大致相同。特别是杀菌剂试验，要选择高度感染供试病害的品种进行试验。

2. 试验药剂处理

供试农药和对照农药的剂型和含量要合乎规格，无变质、失效现象，并有详细的标签和说明书，标明生产厂家、出厂日期等。评价一种农药产品不同剂量的药效试验，至少要有供试产品的 3 个浓度梯度、1 个常规标准农药的常用浓度和 1 个空白对照等 5 个处理。

3. 设置重复次数

试验设置重复次数越多，试验误差越少。但在实际应用中，并不是重复次数越多就越好。重复次数的多少，一般应根据试验所要求的精确度、试验地土壤差异的大小、供试作物的数量、试验地面积、小区的大小等具体决定。对试验精确度要求高、试验地土壤差异大、小区面积小的试验，重复次数可多些，否则可少些。一般每个处理的重复次数以 3~5 次为宜。大区试验和大面积示范可不设重复。

4. 采用随机区组排列

为使各种偶然因素作用于每小区的机会均等，那么在每个重复内设置的各种处理只有用"随机排列"才能符合这种要求，反映实际误差。可将试验地按重复次数划分为数量相同的区组（即重复），再将每一区组按处理数目划分小区（包含药剂处理和对照区），然后将每种药剂在区组中随机排列，即每种药剂在区组中仅出现一次。用随机区组和重复组合，才能减少试验误差。

5. 施药设备

施药设备是否完好无损，也关系到试验结果的准确度。在试验前要认真检查施药机械是否完好无损、性能良好、不漏水、无堵塞等现象；试验前要认真清洗施药机械；喷头的型号、孔径的大小要记载。

6. 调查方法

由于各种有害生物的生物学特性不同、被害作物在田间的分布也不同，在取样调查时，必须明确调查的对象、项目和内容。根据调查对象在田间的分布型，采用适当的取样方法和足够的样本数，使调查得到的数据更能反映出客观真实的情况。在田间调查病虫草对作物的为害情况，取样通常有以下 5 种方法：五点取样法、对角线取样法、棋盘式取样法、平行线取样法、"Z"字形取样法。在进行田间药效试验时，田间调查采用哪种取样方法，应根据该种病虫及其被害作物在田间的空间分布型来确定。

具体试验操作，可参考 GB/T 17980 来实施。

十、药效计算

1. 杀虫剂药效试验

（1）检查药效时能看到害虫的情况下　可用以下公式计算防效：

$$虫口减退率（\%）=\frac{防治前活虫数-防治后活虫数}{防治前活虫数}\times100$$

$$防治效果（\%）=\frac{处理区虫口减退率\pm空白对照区虫口减退率}{1\pm空白对照区虫口减退率}\times100$$

或　防治效果（%）＝$\left(1-\dfrac{空白对照区药前活虫数 \times 处理区药后活虫数}{空白对照区药后活虫数 \times 处理区药前活虫数}\right) \times 100$

空白对照区虫口增加时用"+"，空白对照区虫口减少时用"-"

（2）对钻蛀性害虫或地下害虫（检查药效时看不到害虫）的防效以被害率表示

$$被害率（\%）＝\frac{被害叶（株、果、枝等）数}{调查总数} \times 100$$

$$防治效果（\%）＝\frac{空白对照区被害率 - 处理区被害率}{空白对照区被害率} \times 100$$

2. 杀菌剂药效试验

（1）对于一次侵染全株发病的病害　如小麦黑穗病等，一般以防治前后的发病率来计算防效：

$$发病率（\%）＝\frac{病苗（株、果、枝等）}{调查总苗（株、果、枝等）} \times 100$$

$$防治效果（\%）＝\frac{空白对照区发病率 - 处理区发病率}{空白对照区发病率} \times 100$$

（2）对于局部发病的病害　则用病情指数反映发病情况：

$$病情指数＝\frac{\Sigma（病级叶数 \times 相对级数值）}{调查总叶数 \times 最高级数值} \times 100$$

$$防治效果（\%）＝\left(1-\frac{空白对照区药前病指 \times 处理区药后病指}{空白对照区药后病指 \times 处理区药前病指}\right) \times 100$$

或　防治效果（%）（施药前无基数）＝$\dfrac{空白对照区病指 - 处理区病指}{空白对照区病指} \times 100$

3. 除草剂药效试验

$$防除效果（\%）＝\frac{空白对照区杂草株数（或鲜重）- 处理区杂草株数（或鲜重）}{空白对照区杂草株数（或鲜重）} \times 100$$

4. 考察保产效果

$$保产效果（\%）＝\frac{处理区产量 - 对照区产量}{对照区产量} \times 100$$

第二节　种子处理剂

　　种子处理剂有效成分主要是杀虫剂、杀菌剂及杀虫剂与杀菌剂的混剂。从农药类别上看，杀菌剂占大多数，主要成分有苯醚甲环唑、咯菌腈、戊唑醇等，防治对象主要为小麦纹枯病、黑穗病类、根腐病、茎基腐病、全蚀病等土传与种传病害，对苗期锈病、白粉病有一定的预防作用。杀虫剂主要成分有吡虫啉、噻虫嗪、噻虫胺、毒死蜱等，防治对象主要为蚜虫、地下害虫等。剂型以悬浮种衣剂最多，其次是种子处理悬浮剂。据调查，2014—2018年全国小麦平均种子处理面积2.18亿亩，种衣剂的使用量及种子处理面积呈上升趋势，种子处理已经成为农药减量控害的重要措施。本节主要介绍了在小麦上登记并有较好防病虫效果的种衣剂31种，包括单剂11种、二元复配剂14种、三元复配剂6种。

一、单剂

1. 苯醚甲环唑 difenoconazole

【其他名称】 思科、世高。

【理化性质】 原药外观为灰白色粉状物，相对密度1.40（20℃），熔点76℃，蒸气压3.3×10^{-8}Pa（25℃）。溶解度（g/L，25℃）：水0.015、乙醇330、丙酮610、甲苯490、正己烷3.4、正辛醇95。常温下贮存稳定。

【毒　　性】 低毒。大鼠急性经口LD_{50}为1 453mg/kg，兔急性经皮LD_{50}>2 010mg/kg，大鼠急性吸入LC_{50}（4h）≥3 300mg/L。对眼睛和皮肤无刺激性。对鱼毒性LC_{50}（96h）：虹鳟鱼0.81mg/L、蓝鳃翻车鱼1.2mg/L。对蜜蜂无毒。

【剂　　型】 30g/L、3%悬浮种衣剂。

【作用特点】 该药属三唑类杀菌剂，是甾醇脱甲基化抑制剂，具有高效、广谱、低毒的特点，是三唑类杀菌剂的优良品种。内吸性极强，通过抑制病菌细胞麦角甾醇的生物合成，从而破坏病原菌细胞膜结构与功能。杀菌谱广，对子囊菌、担子菌，包括链格孢属、壳二孢属、尾孢霉属、刺盘孢属、球座菌属、茎点霉属、柱隔孢属、壳针孢属、黑星菌属以及某些种传病原菌有持久的保护和治疗作用，对小麦颖枯病、叶枯病、锈病防治效果较好。

【应用技术】 防治小麦全蚀病，按照每100kg种子使用30g/L苯醚甲环唑悬浮种衣剂500~600mL拌种或包衣处理；防治小麦纹枯病、散黑穗病，按照每100kg种子使用30g/L苯醚甲环唑悬浮种衣剂200~400mL拌种或包衣处理。按推荐用药量，用水稀释至1~2L，将药浆与种子充分搅拌，直到药液均匀分布到种子表面，晾干后即可。

【注意事项】 本品不宜与铜制剂混用，因为铜制剂能降低其杀菌力。处理过的种子必须放置在有明显标签的容器内，勿与食物、饲料放在一起，不得饲喂禽畜，更不得用来加工饲料或食品；播种后必须覆土，严禁畜禽进入；使用过的空包装物，用清水冲洗3次后妥善处理，切勿重复使用或改作其他用途；勿将本品及其废液弃于池塘、河溪、湖泊等，以免污染水源；未用完的制剂应放在原包装内密封保存，切勿将本品置于饮食容器内。

2. 戊唑醇 tebuconazole

【其他名称】 立克秀。

【理化性质】 纯品为无色晶体，熔点为102~105℃，相对密度1.25（26℃），蒸气压1.33×10^{-5}Pa（20℃）。溶解度（g/L，20℃）：水0.032、二氯甲烷>200、己烷<0.1、异丙醇和甲苯50~100。稳定性好，水解半衰期超过1年。

【毒　　性】 低毒。大鼠急性经口LD_{50}为4 000mg/kg，大鼠急性经皮LD_{50}>5 000mg/kg，大鼠急性吸入LC_{50}（4h）>5.1mg/L。对皮肤和眼睛有刺激作用。大鼠饲喂试验无作用剂量（2年）为300mg/kg（饲料）。在试验条件下，未见致畸、致癌、致突变作用。虹鳟鱼LC_{50}（96h）4.4mg/L、蓝鳃翻车鱼LC_{50}（96h）5.7mg/L、金鱼LC_{50}（96h）6.4mg/L，水蚤LC_{50}（48h）10~12mg/L，日本鹌鹑LD_{50}2 912~4 438mg/kg，北美

鹌鹑 LD$_{50}$1 988mg/kg。

【剂　　型】　60g/L、6%、2%悬浮种衣剂；60g/L、0.2%种子处理悬浮剂；2%种子处理可分散粉剂；2%湿拌种剂；5%悬浮拌种剂。

【作用特点】　本品是一种高效、广谱、内吸性三唑类杀菌剂，麦角甾醇生物合成抑制剂，具有保护、治疗、铲除三大功能，可用作种子处理剂和叶面喷雾，杀菌谱广，不仅活性高，而且持效期长。种子处理剂用于防治小麦纹枯病、根腐病、黑穗病等多种真菌病害。

【应用技术】　防治小麦散黑穗病，每100kg种子使用60g/L戊唑醇悬浮种衣剂30~60mL；防治小麦纹枯病，每100kg种子使用60g/L戊唑醇悬浮种衣剂50~66.7mL。先将药剂调成浆状液，通常处理10kg种子的药量需加150~200mL水调制药液，再与种子充分搅拌混合，使药液均匀分布在种子上，晾干后即可播种。

【注意事项】　本品不可与呈碱性的农药、肥料等物质混合使用；包衣前应将本品摇匀，如出现少量沉淀不影响药效；建议与其他作用机制不同的杀菌剂轮换使用，以延缓抗性产生；本品对蜜蜂、家蚕有毒，施药期间应避免对周围蜂群的影响，周围作物花期、蚕室和桑园附近禁用；本品对鱼类、藻类等水生生物有毒，水产养殖区、河塘等水体养殖附近禁用，禁止在河塘等水体中清洗施药器具；本品包衣后的种子应妥善保管，设警示标志，禁止人畜接触；播种后应立即覆土；施药后，使用的器具，要立即用清洁剂和水彻底清洗干净；清洗或冲洗容器的废水，应避免污染河流、水塘及其他水体；废弃物要妥善处理，不能做他用，也不可随意丢弃。

3. 三唑醇 triadimenol

【其他名称】　百坦、羟锈宁、拜丹。

【理化性质】　纯品为无色结晶。熔点：非对映异构体 A138.2℃，非对映异构体 B 133.5℃，共晶体 A+B 110℃。蒸气压（20℃）：A 为 6×10^{-7}Pa，B 为 4×10^{-7}Pa。相对密度（22℃）：A 为 1.237，B 为 1.299。溶解度（g/L，20℃）：异丙醇140、己烷0.45、甲苯20~50、二甲苯18。在中性或弱酸性介质中稳定，在强酸性介质中煮沸时易分解。

【毒　　性】　低毒。大鼠急性经口 LD$_{50}$700mg/kg，大鼠急性经皮 LD$_{50}$>5 000mg/kg，大鼠急性吸入 LC$_{50}$（4h）>0.95mg/L。对兔眼睛和皮肤无刺激作用。对鱼有毒，虹鳟鱼 LC$_{50}$（96h）21.3mg/L。山齿鹑 LD$_{50}$>2 000mg/kg。对蜜蜂无影响。

【剂　　型】　15%、25%可湿性粉剂；25%干拌剂。

【作用特点】　本品属于内吸性三唑类杀菌剂，对作物病害具有预防、治疗、铲除作用。可做拌种处理，其作用机理主要是抑制麦角甾醇合成，因而抑制和干扰菌体的生长发育。可用于防治小麦散黑穗病、网腥黑穗病、纹枯病等。

【应用技术】　防治小麦纹枯病，按照每100kg种子使用15%三唑醇可湿性粉剂200~300g，先将药剂调成浆状液，通常处理10kg种子的药量需加150~200mL水调制药液，再与种子充分搅拌混合，使药液均匀分布在种子上，晾干后即可播种。

【注意事项】　处理后的种子禁止供人、畜食用，也不要与未处理种子混合或一起存放；本品对鱼、家蚕有毒，施药时避免药剂飘移到附近桑园；禁止在水井、河塘等水体中清洗施药器械；用完后的包装物应妥善处理，不可乱扔；本品不宜与酸性农药混合使用；建议与其他作用机制不同的杀菌剂轮换使用，以延缓抗药性产生。

4. 灭菌唑 triaconazole

【其他名称】　环菌唑、扑力猛。

【理化性质】　纯品为无嗅、白色粉状固体。熔点 139~140.5℃，相对密度 1.326~1.369（20℃），蒸气压 $<1 \times 10^{-8}$Pa（20℃）。溶解度（mg/L，20℃）：水 8.4、己烷 120、丙酮 74 500、甲醇 18 200、甲苯 12 600。在 25℃，pH 值 5、7、9 条件下稳定，对光敏感。

【毒　　性】　低毒。大鼠急性经口 LD_{50}>2 000mg/kg，大鼠急性经皮 LD_{50}>2 000mg/kg，大鼠急性吸入 LC_{50}（4h）>1.4mg/L。对兔眼睛和皮肤无刺激。山齿鹑急性经口 LD_{50}>2 000mg/kg，虹鳟鱼 LC_{50}（96h）>10mg/L，水蚤 LC_{50}（48h）>9.3mg/L，对蚯蚓无毒。

【剂　　型】　25g/L、28% 悬浮种衣剂。

【作用特点】　本品属于三唑类杀菌剂，是甾醇生物合成中 C-14 脱甲基化酶抑制剂，具有触杀和内吸传导作用，主要用于防治禾谷类作物的土传和种传真菌病害，如镰孢属、柄锈菌属、黑粉菌属、白粉菌属，壳针孢属、柱隔孢属引起的白粉病、锈病、黑穗病等，对种传病害有特效。

【应用技术】　防治小麦散黑穗病、腥黑穗病，每 100kg 种子使用 25g/L 灭菌唑悬浮种衣剂 100~200mL，用水稀释至 1~2L 药液，将药液缓缓倒在种子上，边倒边迅速搅拌，直至种子着药均匀，稍晾干至种子不粘手时即可播种。

【注意事项】　处理后的种子切勿食用或作为饲料；建议与其他作用机制不同的种衣剂轮换使用，以延缓抗性产生；防止药液污染水源地。

5. 咯菌腈 fludioxoniL

【其他名称】　适乐时。

【理化性质】　纯品为无色结晶，熔点 199.8℃，相对密度 1.54（20℃），蒸气压 3.9×10^{-7}Pa（25℃），溶解度（g/L，25℃）：水 1.8×10^{-3}、丙酮 190、乙醇 44、正辛醇 20、甲苯 2.7、己烷 0.01。在 pH 值为 5~9 的范围内，70℃条件下不水解。

【毒　　性】　低毒。大鼠急性经口 LD_{50}>5 000mg/kg，大鼠急性经皮 LD_{50}>2 000mg/kg，大鼠急性吸入 LC_{50}（4h）>2.6mg/m³，对兔眼睛和皮肤无刺激作用。在试验条件下，无致畸、致癌、致突变作用。野鸭和鹌鹑急性经口 LD_{50}>2 000mg/kg，LC_{50}>5 200mg/kg（饲料）。蓝鳃翻车鱼 LC_{50} 为 0.31mg/L，鲤鱼 LC_{50} 为 1.5mg/L，虹鳟鱼 LC_{50} 为 0.5mg/L，水蚤 LC_{50}（48h）为 1.1mg/L。对蜜蜂无毒。

【剂　　型】　25g/L 悬浮种衣剂。

【作用特点】　广谱、非内吸吡咯类杀菌剂，通过抑制高渗透甘油信号途径中的组氨酸激酶，抑制真菌菌丝体的生长，最终导致病原菌死亡。对小麦种子处理，可防治种传和土传病菌，如链格孢属、壳二孢属、曲霉属、镰孢属、长蠕孢属、丝核菌属等。

【应用技术】　防治小麦腥黑穗病，每 100kg 种子用 25g/L 咯菌腈悬浮种衣剂 200~300mL；防治小麦根腐病，每 100kg 种子用 25g/L 咯菌腈悬浮种衣剂 150~200mL。将药剂稀释后（即 100kg 种子加水 1~2L），与种子充分搅拌，直到药液均匀分布到种子表面，晾干后即可播种。

【注意事项】　处理过的种子必须放置在有明显标签的容器内，勿与食物、饲料放在一起，不得饲喂禽畜，更不得用来加工饲料或食品；播后必须覆土，严禁畜禽进入；使用过的空包装物，用清水冲洗 3 次后妥善处理，切勿重复使用或改作其他用途；勿将本品及其废液弃于池塘、河溪、湖泊等，以免污染水源；未用完的制剂应放在原包装内密封保存，切勿将本品置于饮食容器内。

6. 嘧菌酯 azoxystrobin

【其他名称】 阿米西达。

【理化性质】 纯品为白色结晶固体，熔点118~119℃，相对密度1.34（20℃），蒸气压1.1×10^{-10}Pa（20℃）。溶解度（20℃）：水6×10^{-3}g/L，微溶于己烷、正辛醇，溶于甲醇、甲苯、丙酮，易溶于乙酸乙酯、乙腈、二氯甲烷。水溶液中光解半衰期为2周，对水解稳定。

【毒　　性】 低毒。大鼠急性经口LD_{50}>5 000mg/kg，大鼠急性经皮LD_{50}>2 000mg/kg。对兔眼睛和皮肤具有轻微刺激作用。

【剂　　型】 15%悬浮种衣剂。

【作用特点】 属于甲氧基丙烯酸酯类杀菌剂，具有高效、广谱、内吸等特点。用于种子处理，对子囊菌、担子菌、半知菌和卵菌类病菌孢子的萌发及产生有抑制作用，也可控制菌丝体的生长，还可抑制病原孢子侵入，具有良好的保护活性，能有效控制小麦真菌病害，如白粉病、锈病、颖枯病等。该杀菌剂喷施到小麦叶片上24h和8d后，可被植物吸收20%和45%，并在植物体内向顶性输导和跨层转移，均匀分布。虽然内吸速度较慢，但喷施后2h降雨对药效没有影响。对多种植物病害都有很好的保护作用，但治疗和铲除作用的大小因病害而异。能够抑制真菌的分生孢子产生，减少再侵染来源。对14-脱甲基化酶抑制剂、苯甲酰胺类、二羧酰亚胺类和苯并咪唑类产生抗性的菌株有效。该杀菌剂能够增强植物的抗逆性，促进植物生长，具有延缓衰老，增加光合产物，提高作物产量和品质的作用。本品施用适期宽、环境条件宽松，对许多作物相当安全。一次用药可保持药效14d左右。

【应用技术】 防治小麦全蚀病，每100kg种子使用15%嘧菌酯悬浮种衣剂180~260mL，先将药剂调成浆状液，通常处理10kg种子的药量需加150~200mL水调制药液，再与种子充分搅拌混合，使药液均匀分布在种子上，晾干后即可播种。

【注意事项】 不能与杀虫剂乳油，尤其是有机磷乳油混用，也不能与有机硅类增效剂混用；处理过的种子必须放置在有明显标签的容器内；勿与食物、饲料放在一起，不得饲喂禽畜，更不得用来加工饲料或食品；鸟类保护区附近禁用；播种后必须覆土，严禁畜禽进入；使用过的包装物应妥善处理，切勿重复使用或改作其他用途；所有施药器具，用后应立即用清水或适当的洗涤剂清洗；水产养殖区、河塘等水体附近禁用，禁止在河塘等水域清洗施药器具；未用完的制剂应放在原包装内密封保存，切勿将本品置于饮食容器内。

7. 硅噻菌胺 silthiofam

【其他名称】 全蚀净。

【理化性质】 纯品为白色晶状粉末，熔点86.1~88.3℃，沸点>280℃，蒸气压8.1×10^{-2}Pa（20℃）。溶解度（g/L，20℃）：水0.039 9，正己烷15.5，对二甲苯、1，2-二氯乙烷、甲醇、丙酮、乙酸乙酯均>250。

【毒　　性】 低毒。大鼠急性经口LD_{50}>5 000mg/kg，大鼠急性经皮LD_{50}>5 000mg/kg，大鼠吸入毒性LC_{50}>2.8mg/L。对兔眼睛和皮肤无刺激。鹌鹑LC_{50}（5d）>5 670mg/kg（饲料）、野鸭LC_{50}（5d）>5 400mg/kg（饲料），虹鳟鱼LC_{50}（96h）14mg/L，蓝鳃翻车鱼LC_{50}（96h）11mg/L，水蚤EC_{50}（48h）14mg/L。蜜蜂LD_{50}>104μg/只（口服），LD_{50}>100μg/只（接触）。

【剂　　型】 12%种子处理悬浮剂；125g/L悬浮剂；15%、10%悬浮种衣剂。

【作用特点】 本品属于酰胺类杀菌剂，通过干扰靶标菌线粒体的腺嘌呤核苷酸转运达到抗菌目的。具有良好的保护活性，持效期长，主要用作种子处理，在土壤中的种子周围形成药剂保护圈，随种子生长发育，药剂圈向水平和下部逐渐扩大，其根系生长发育始终处在药剂保护圈内，保护根系不被病菌侵染，对小麦种子和小麦根系实施全方位的有效保护，对小麦全蚀病有较好的预防和治疗效果，可有效延缓病原菌的生长和侵染，减少病原菌侵入小麦根部的数量，并延迟病原菌侵染小麦根部的时间，减少根部腐烂和白穗的发生。

【应用技术】　防治小麦全蚀病，每100kg种子使用12%硅噻菌胺悬浮种衣剂250~330mL，先将药剂调成浆状液，通常处理10kg种子的药量需加150~200mL水调制药液，再与种子充分搅拌混合，使药液均匀分布在种子上，晾干后即可播种。

【注意事项】　处理过的种子需放在有明显标签的容器内，勿与食品、饲料放在一起，不得饲喂禽畜，更不能用来加工饲料及食品；药剂及其废液不得污染各类水域、土壤等环境；播种后必须覆土，严禁禽畜进入。

8. 吡虫啉 imidacloprid

【其他名称】　高巧、福蝶。

【理化性质】　纯品为白色或无色晶体，有微弱气味。熔点143.8℃，相对密度1.54（23℃），蒸气压4×10^{-10}Pa（20℃）。溶解度（g/L，20℃）：水0.51、二氯甲烷50~100、异丙醇1~2、甲苯0.5~1、正己烷<0.1。pH值5~11介质中对水解稳定。

【毒　　性】　中等毒，大鼠急性经口LD_{50}为450mg/kg，大鼠急性经皮LD_{50}>5 000mg/kg，大鼠急性吸入（4h）>522mg/kg（粉剂）。对兔眼睛和皮肤无刺激作用。在试验条件下，无致突变、致畸和致敏性。对鱼低毒，虹鳟鱼LC_{50}（96h）211mg/L。对鸟类有毒，日本鹌鹑急性经口LD_{50}为31mg/kg，白喉鹑LD_{50}为152mg/kg。叶面喷洒时对蜜蜂有危害。在土壤中不移动，不会淋渗到深层土中。

【剂　　型】　30%悬浮种衣剂、600g/L悬浮种衣剂、70%种子处理可分散粉剂。

【作用特点】　吡虫啉是第一代新烟碱类杀虫剂，作用于烟碱乙酰胆碱受体，干扰昆虫神经系统的刺激传导，引起神经通路的阻塞。这种阻塞造成神经递质乙酰胆碱在突触部位的积累，从而导致昆虫麻痹，并最终死亡。其作用方式主要为胃毒和触杀，兼具内吸活性，特别适用于种子处理和撒颗粒剂方式施药。主要用于防治刺吸式口器害虫，如蚜虫、粉虱、叶蝉，对部分鞘翅目、双翅目和鳞翅目的害虫，如金针虫、潜叶蛾、蛴螬等也有效。本品结构新颖，与传统的杀虫剂无交互抗性。持效期较长，对蚜虫、叶蝉、飞虱、粉虱等刺吸式口器害虫有很好的防治效果。对蚯蚓和蜘蛛等有益生物较安全。用于叶面施用时，特别是在花期，对蜜蜂高毒，但种子处理时对蜜蜂无毒，对地下水安全。

【应用技术】　根据种子量确定制剂用药量，加适量清水，混合均匀调成浆状药液，倒在种子上充分搅拌，待均匀着药后，摊开晾干后播种。防治小麦蚜虫，每100kg种子用600g/L吡虫啉悬浮种衣剂300~600mL包衣。

【注意事项】　拌种后要及时将麦种摊开晾干，严禁堆闷；本品对蜜蜂、家蚕有毒，施药期间应避免对周围蜂群的影响，开花植物花期、蚕室和桑园附近禁用；处理后的种子禁止供人畜食用，也不要与未处理种子混合或一起存放；赤眼蜂等天敌放飞区域禁用。

9. 噻虫嗪 thiamethoxam

【其他名称】　阿克泰、锐胜。

【理化性质】　纯品为白色结晶粉末。熔点139.1℃，相对密度1.57，蒸气压6.6×10^{-9}Pa（25℃）。溶解度（g/L，25℃）：水4.1、丙酮48、乙酸乙酯7.0、甲醇13、二氯甲烷110、己烷>1×10^{-3}、辛醇0.62、甲苯0.68。

【毒　　性】　低毒，大鼠急性经口 LD_{50} 为 1 563mg/kg，大鼠急性经皮 LD_{50}>2 000mg/kg，大鼠急性吸入（4h）3.72g/m³，对兔眼睛和皮肤无刺激性。

【剂　　型】　30% 种子处理悬浮剂、35% 种子处理微囊悬浮剂、70% 种子处理可分散粉剂。

【作用特点】　第二代新烟碱类杀虫剂，可选择性抑制昆虫中枢神经系统烟碱乙酰胆碱受体，进而阻断昆虫中枢神经系统的正常传导，造成害虫麻痹死亡，具有触杀、胃毒、内吸活性，作用速度快、持效期长。内吸速度快，传导性能好，能被植物很快吸收并均匀分布，对新生组织提供持效的保护。可有效防治各种蚜虫、叶蝉、粉虱、蛴螬、马铃薯甲虫等害虫及线虫。

【应用技术】　防治小麦蚜虫，每 100kg 种子用 30% 悬浮种衣剂 200~400g 包衣。以药浆与种子比为1:（50~100）的比例将药剂稀释后（即 100kg 种子加水 1~2L），与种子充分搅拌，直到药液均匀分布到种子表面，摊开晾干后播种。

【注意事项】　本品为固定剂型，不能加其他农药和肥料，以免引起药效或毒性变化；包衣后的种子不得摊晾在阳光下暴晒，以免发生光解影响药效；不能与碱性农药、铜制剂混用；本品对蜜蜂及其他授粉昆虫有毒，如按照推荐剂量及种子处理使用不会伤害蜜蜂及其他授粉昆虫；鸟类保护区附近禁用，播种后必须立即覆土；本品对水生生物有毒；勿将本品及其废液弃于池塘、河溪、湖泊等，以免污染水源；禁止在河塘等水域清洗施药器具。

10. 噻虫胺 clothianidin

【其他名称】　伴美粒、护粒丹。

【理化性质】　纯品为白色结晶体，无嗅。熔点 176.8℃，蒸气压（25℃）1.3×10^{-7}Pa。溶解度（g/L，25℃）：水 0.327、乙酸乙酯 2.03、二甲苯 0.0128、二氯甲烷 1.32、辛醇 0.938、丙酮 15.2、甲醇 6.26。

【毒　　性】　低毒。大鼠急性经口 LD_{50}>5 000mg/kg，大鼠急性经皮 LD_{50}>2 000mg/kg，大鼠急性吸入 LC_{50}（4h）>6.14g/L。对家兔眼睛和皮肤无刺激性，对豚鼠皮肤无致敏性。对鱼中等毒，低风险性；对鸟中等毒，低风险性；对家蚕和蜜蜂剧毒，极高风险性。

【剂　　型】　30% 悬浮种衣剂。

【作用特点】　该产品属第二代新烟碱类杀虫剂，是一种活性高、具有内吸性、触杀和胃毒作用的广谱杀虫剂。作用机理是结合位于神经后突触的烟碱乙酰胆碱受体。主要用于水稻、蔬菜、果树及其他作物上防治蚜虫、叶蝉、蓟马、飞虱等半翅目、鞘翅目、双翅目和某些鳞翅目类害虫的杀虫剂，具有高效、广谱、用量少、毒性低、药效持效期长、对作物无药害、使用安全、与常规农药无交互抗性等优点，有卓越的内吸和渗透作用。

【应用技术】　防治小麦蚜虫，每 100kg 种子用 30% 噻虫胺悬浮种衣剂 470~700mL 包衣。按推荐制剂用药量加适量清水，倒入种子中充分翻拌，待种子均匀着药后，倒出摊开置于通风处，阴干后播种。

【注意事项】　本品对蜜蜂、家蚕有毒，施药期间应避免对周围蜂群的影响，开花植物花期、蚕室、桑园和鸟类保护区附近禁用；远离水产养殖区、河塘等水体施药，禁止在河塘等水体中清洗施药器具，禁止在赤眼蜂等天敌放飞区使用；本品勿与碱性农药等物质混合使用；用过的容器应妥善处理，不可做他用，也不可随意丢弃；施药后立即覆土。

11. 丁硫克百威 carbosulfan

【其他名称】　克百丁威、好年冬、丁呋丹、丁硫威。

【理化性质】　原药为褐色黏稠液体，沸点为 124~128℃，蒸气压为 0.041MPa，密度为 1.056~1.083（20℃）。溶解度（25℃）：水 3mg/L，在二甲苯、己烷、氯仿、二氯甲烷、甲醇和丙酮中的溶解度均 >50%。

【毒　　性】　中等毒。雄、雌大鼠急性经口 LD_{50} 分别为 250mg/kg 和 185mg/kg，兔急性经皮 > 2 000mg/kg，大鼠急性吸入 LC_{50}（1h）为 1.53mg/L。

【剂　　型】　35% 干拌种剂、47% 种子处理乳剂。

【作用特点】　本品具有触杀、胃毒和内吸作用，杀虫广谱，持效期长，在昆虫体内代谢为有毒物质起杀虫作用，其杀虫机理是抑制乙酰胆碱酯酶活性，干扰昆虫神经系统。对害虫以胃毒作用为主，有较强的内吸性，较长的残效期，对成虫、幼虫都有防效。

【应用技术】　可以防治蚜虫、金针虫、螨虫、甜菜隐食甲、甜菜跳甲、马铃薯甲虫、果树卷叶蛾、稻瘿蚊、苹果蠹蛾、梨小食心虫、介壳虫等。土壤处理可防治小麦地下害虫和叶面害虫。

防治小麦地下害虫，按照每 100kg 种子用 47% 种子处理乳剂 143~200g，通常处理 10kg 种子的药量需加 150~200mL 水调制药液，再与种子充分搅拌混合，使药液均匀分布在种子上，晾干后即可播种。

【注意事项】　本品不得与碱性物质混用，以免引起药害或毒性变化。包衣后的种子有毒，不得食用和作饲料。如在使用过程中感觉不适，应立即将病人送医院诊治。不慎将药剂接触到皮肤或溅入眼睛，应立即用大量清水冲洗至少 15min，仍有不适，立即就医。如吸入中毒，立即将病人移至空气新鲜的地方，并请医生诊治。

二、二元复配剂

1. 苯醚甲环唑·咯菌腈

【其他名称】　适麦丹。

【毒　　性】　微毒。

【剂　　型】　4.8% 悬浮种衣剂。

【作用特点】　本品由苯醚甲环唑和咯菌腈复配而成。苯醚甲环唑具内吸传导功能，兼具预防和治疗的活性，通过抑制真菌的麦角甾醇生物合成，使细胞膜形成受阻，从而导致真菌细胞死亡。咯菌腈对子囊菌、担子菌、半知菌等病原菌引起的种传和土传病害有非常好的防效。种子处理后，对小麦散黑穗病有很好的防治效果。

【应用技术】　防治小麦散黑穗病，按照每 100kg 种子使用 4.8% 苯醚·咯菌腈悬浮种衣剂 200~300mL，先将药剂调成浆状液，通常处理 10kg 种子的药量需加 150~200mL 水调制药液，再与种子充分搅拌混合，使药液均匀分布在种子上，晾干后即可播种。

【注意事项】　处理后的种子禁止供人畜食用，也不要与未处理种子混合或一起存放；本品对鱼等水生生物高毒，禁止在河塘等水域清洗施药器具；勿将本品及其废液弃于池塘、河溪、湖泊等，以免污染水源；鸟类取食区及保护区附近禁用；赤眼蜂等天敌放飞区域禁用；蚕室和桑园附近禁用。

2. 苯醚甲环唑·戊唑醇

【毒　　性】　低毒。

【剂　　型】　5% 种子处理悬浮剂。

【作用特点】　本品由苯醚甲环唑与戊唑醇混配而成，属三唑类内吸传导广谱性种子处理杀菌剂。可用于防治小麦纹枯病。

【应用技术】　防治小麦纹枯病，每 100kg 种子使用 5% 苯甲·戊唑醇种子处理悬浮剂 55~70mL，先将药剂调成浆状液，再与种子充分搅拌混合，使药液均匀分布在种子上，晾干后即可播种。

【注意事项】　处理过的种子必须放置在有明显标签的容器内，勿与食物、饲料放在一起，不得饲喂禽畜，更不得用来加工饲料或食品；播种后必须覆土，严禁畜禽进入；使用过的空包装，用清水冲洗 3 次后妥善处理，切勿重复使用或改作其他用途；勿将本品及其废液弃于池塘、河溪、湖泊等，以免污染水源；未用完的制剂应放在原包装内密封保存，切勿将本品置于饮食容器内。

3. 咯菌腈·戊唑醇

【毒　　性】　微毒。

【剂　　型】　10% 悬浮种衣剂。

【作用特点】　本品是一种广谱触杀性杀菌剂和三唑类杀菌剂混配的种子处理剂，通过抑制与葡萄糖磷酰化有关的转移、抑制真菌的麦角甾醇的生物合成等综合作用，抑制真菌菌丝体的生长，最终导致病菌死亡。具有保护、触杀、治疗、铲除、内吸等多重防效。本品对小麦散黑穗病有较好的防治效果。

【应用技术】　防治小麦散黑穗病，按照每 100kg 种子使用 10% 咯菌·戊唑醇悬浮种衣剂 30~50mL，先将药剂调成浆状液，再与种子充分搅拌混合，使药液均匀分布在种子上，晾干后即可播种。

【注意事项】　本品不可与呈碱性的农药等物质混合使用；用过的容器应妥善处理，不可做他用，也不可随意丢弃；播后立即覆土。

4. 咯菌腈·嘧菌酯

【毒　　性】　低毒。

【剂　　型】　4% 种子处理微囊悬浮剂。

【作用特点】　本品是由嘧菌酯和咯菌腈复配而成的杀菌剂，具有预防、保护和治疗多重作用。嘧菌酯为甲氧基丙烯酸酯类杀菌剂，咯菌腈为非内吸苯吡咯类杀菌剂。

【应用技术】　防治小麦纹枯病，按照每 100kg 种子使用 4% 咯菌·嘧菌酯种子处理微囊悬浮剂 100~150mL，先将药剂调成浆状液，再与种子充分搅拌混合，使药液均匀分布在种子上，晾干后即可播种。

【注意事项】　拌种处理后的种子放置在有明显标签的容器内，勿与食物、饲料一起存放，禁止用于饲喂禽畜；本品对鱼类、藻类高毒，勿将本品及其废液弃于池塘、河溪、湖泊等，以免污染水源；禁止在河塘等水体中清洗施药器具；使用后的包装袋应妥善处理，不得他用或随意丢弃。

5. 戊唑醇·福美双

【毒　　性】　低毒。

【剂　　型】　23%、16%、14%、10.2% 悬浮种衣剂；6% 干粉种衣剂。

【作用特点】　本品是由不同作用机制的杀菌剂混配而成，为内吸传导作用的保护性种子处理杀菌剂，用于种子处理可有效防治黑穗病等种传病害。

【应用技术】　防治小麦纹枯病、黑穗病，按照每 100kg 种子使用 16% 戊唑·福美双悬浮种衣剂 2 000~3 333mL，先将药剂调成浆状液，再与种子充分搅拌混合，使药液均匀分布在种子上，晾干后即可播种。

【注意事项】　用本品处理过的种子播种深度以 2~5cm 为宜；处理过的种子必须放置在有明显标签的容器内，勿与食物、饲料放在一起，不得饲喂禽畜，更不得用来加工饲料或食品；播种后必须覆土，严禁畜禽进入；使用过的空包装物，用清水冲洗后妥善处理，切勿重复使用或改作其他用途，所有施药器具，用后应立即用清水或适当的洗涤剂清洗；勿将本品及其废液弃于池塘、河溪、湖泊等，以免污染水源；未用完的制剂应放在原包装内密封保存，切勿将本品置于饮食容器内。

6. 腈菌唑·戊唑醇

【毒　性】　低毒。

【剂　型】　0.8%悬浮种衣剂。

【作用特点】　本产品由具有内吸性的杀菌剂腈菌唑和戊唑醇混配而成，应用于小麦种子包衣，防治小麦全蚀病，具有低毒性、内吸性较强、药效较高、持效期较长等特点。

【应用技术】　防治小麦全蚀病，每100kg种子使用0.8%腈菌·戊唑醇悬浮种衣剂2 500~3 330mL，与种子充分搅拌混合，使药液均匀分布在种子上，晾干后即可播种。

【注意事项】　本品允许分层，使用时应充分摇匀；只作种子包衣处理，严禁田间喷雾；不能加水且不能与其他肥料、农药混配使用；剩余药液不可直接倒入鱼塘、河流等水体；禁止在河塘等水域清洗施药用具；废弃物应妥善处理，不能乱丢乱放，也不能做他用。

7. 三唑醇·福美双

【毒　性】　低毒。

【剂　型】　24%悬浮种衣剂。

【作用特点】　本品为三唑类农药与硫代氨基甲酸酯类农药复配而成的混剂，具杀菌作用，用于小麦种子处理，能有效防治小麦苗期黑穗病和锈病。

【应用技术】　防治小麦黑穗病、锈病，按照1∶（120~150）（药种比）包衣，然后静置不动，待自然干燥成膜后，即可播种；若需装袋贮存，则应摊晾干燥1~2d再装袋。

【注意事项】　本品为小麦种子包衣专用，不能做其他用途；不能与其他农药、化肥混合使用；包衣种子不能用其他药剂进行种子处理，以免造成药害或影响药效；包衣种子不能食用或饲用，避免儿童触摸；禁止在河塘等水体中清洗用药器具；用过的容器应妥善处理，不可做他用，也不可随意丢弃。

8. 吡唑醚菌酯·灭菌唑

【其他名称】　禾跃。

【毒　性】　低毒。大鼠急性经口LD_{50}>2 000mg/kg，大鼠急性经皮LD_{50}>5 000mg/kg，大鼠急性吸入LC_{50}>5.5mg/L。对兔皮肤有轻微刺激，对豚鼠皮肤无致敏性。

【剂　型】　11%种子处理悬浮剂。

【作用特点】　本品为吡唑醚菌酯和灭菌唑的混配制剂。吡唑醚菌酯为甲氧基丙烯酸酯类杀菌剂，具有保护，治疗和良好的渗透传导作用；灭菌唑是甾醇生物合成中C-14脱甲基化酶抑制剂，具有触杀和内吸作用。

【应用技术】　防治小麦腥黑穗病，每100kg种子使用11%唑醚·灭菌唑种子处理悬浮剂65~75mL，先将药剂调成浆状液，将药液缓缓倒洒在种子上，边倒边迅速搅拌，直至种子着药均匀，拌种后稍晾干至种子不粘手时即可播种。

【注意事项】　处理后的种子晾干后及时使用，切勿食用或作饲料；药液及其废液不得污染各类水域、土壤等环境；禁止在河塘等水域清洗施药器具。

9. 咯菌腈·噻霉酮

【毒　性】　低毒。

【剂　型】　4%悬浮种衣剂。

【作用特点】　噻霉酮是一种新型内吸性杀菌剂，对细菌性和真菌性病害具有预防和治疗作用。咯菌腈属于非内吸性的杀菌剂，通过抑制与葡萄糖磷酰化有关的转移，并抑制真菌菌丝的生长，最终导致病菌死亡。该产品结合噻霉酮和咯菌腈的优点，对小麦根腐病和腥黑穗病有较好防效。

【应用技术】　防治小麦根腐病和腥黑穗病，每100kg种子使用4%咯菌·噻霉酮悬浮种衣剂100~175mL，与种子充分搅拌混合，使药液均匀分布在种子上，晾干后即可播种。

【注意事项】　本品对藻类毒性较高；处理过的种子必须放置在有明显标签的容器内，勿与粮食、饲料放在一起，不得饲喂禽畜；废弃物应妥善处理，不可做他用，也不可随意丢弃。

10. 噻呋酰胺·呋虫胺

【毒　　性】　低毒。

【剂　　型】　15%悬浮种衣剂、15%种子处理可分散粉剂。

【作用特点】　噻呋酰胺为三羧酸循环中琥珀酸脱氢酶抑制剂，具较强的内吸性，植物根和叶片均可迅速吸收，再经木质部和质外体传导至整个植株。呋虫胺为新型烟碱类杀虫剂，具有较强的内吸活性，兼具触杀、胃毒作用，主要通过与烟碱乙酰胆碱受体结合，干扰昆虫神经系统正常传导，引起昆虫异常兴奋，全身痉挛、麻痹而死。两者混配后，可用于防治小麦纹枯病和小麦蚜虫。

【应用技术】　防治小麦纹枯病和蚜虫，每100kg种子使用15%噻呋酰胺·呋虫胺悬浮种衣剂1 333~1 667mL，与种子充分搅拌混合，使药液均匀分布在种子上，晾干后即可播种。

【注意事项】　处理后的种子禁止供人畜食用，也不要与未处理的种子混合或一起存放；本品对水蚤等水生生物有毒，对蜜蜂有毒，开花作物花期禁止施药，远离水产养殖区施药，禁止在河塘等水体中清洗施药器具，清洗施药器具的水也不能排入河塘等水体；用过的容器应妥善处理，不可做他用，也不可随意丢弃。

11. 阿维菌素·噻虫嗪

【毒　　性】　低毒。

【剂　　型】　30%悬浮种衣剂。

【作用特点】　本品为大杂环内酯类生物杀线虫剂与噻虫嗪混配而成，具有触杀、渗透和内吸作用，药效持久，可有效防治线虫，特别对孢囊线虫有较好的防治作用，促进作物良好生长。

【应用技术】　防治小麦孢囊线虫，每100kg种子使用30%阿维·噻虫嗪悬浮种衣剂560~840mL，先将药剂调成浆状液，再与种子充分搅拌混合，使药液均匀分布在种子上，晾干后即可播种。

【注意事项】　本品不可与呈碱性的农药等物质混合使用；禁止在河塘等水体中清洗施药器具；本品对蜜蜂、鱼类等水生生物、家蚕、鸟类有毒，播种后即覆土。

12. 苯醚甲环唑·噻虫嗪

【毒　　性】　低毒。

【剂　　型】　34%悬浮种衣剂。

【作用特点】　本品是由苯醚甲环唑和噻虫嗪复配而成的杀虫杀菌种衣剂，苯醚甲环唑对真菌尤其是担子菌门和子囊菌门引起的病害有保护和治疗作用。噻虫嗪其作用机理是阻断害虫中枢神经系统的正常传导，使害虫出现麻痹导致死亡，以触杀和胃毒作用为主，兼一定的内吸作用。按推荐剂量使用时，对小麦全蚀病、蚜虫有较好的防治效果。

【应用技术】　防治小麦全蚀病、蚜虫，每100kg种子使用34%苯甲·噻虫嗪悬浮种衣剂91~118mL，先将药剂调成浆状液，再与种子充分搅拌混合，使药液均匀分布在种子上，晾干后即可播种。

【注意事项】　严格按照规定用药量和方法使用；本品不可与碱性农药等物质混合使用；建议与其他不同作用机制的杀虫杀菌种衣剂交替使用，以延缓抗性的产生；本品对蜜蜂毒性高，水产养殖区、河塘等水体附近禁用；禁止在河塘等水体中清洗施药器具；鸟类保护区附近禁用，播种后立即覆土。

13. 苯醚甲环唑·吡虫啉

【毒　　性】　低毒。

【剂　　型】　48%、36%、26%、25%、19%、10%、9%悬浮种衣剂；35%种子处理悬浮剂。

【作用特点】　本品为新烟碱类杀虫剂吡虫啉和三唑类杀菌剂苯醚甲环唑复配的新型杀虫杀菌拌种剂，具有内吸传导功能。拌种后药剂随种子的吸胀和水分一起进入种子体内，通过内吸遍布作物根、茎、叶，并在作物体表长期存在，对作物形成全方位有效保护。对小麦纹枯病和蚜虫有很好的防治效果。

【应用技术】　防治小麦纹枯病和蚜虫，按照每100kg种子使用26%苯醚·吡虫啉悬浮种衣剂600~1 200mL，先将药剂调成浆状液，通常处理10kg种子的药量需加150~200mL水调制药液，再与种子充分搅拌混合，使药液均匀分布在种子上，晾干后即可播种。

【注意事项】　将药剂按照要求对水配好后，均匀地洒在种子上进行拌种；本品对蜜蜂、鱼类等水生生物有毒，施药期间应避免对周围蜂群的影响，禁止在开花植物花期使用；拌种后不能闷种、不能晒种；远离水产养殖区、河塘等水域施药，禁止在河塘等水体中清洗施药器具；鸟类保护区附近禁用，施药后立即覆土。

14. 戊唑醇·吡虫啉

【其他名称】　奥拜瑞。

【毒　　性】　低毒。大鼠急性经口LD_{50}为1 000mg/kg（雌）、1 470mg/kg（雄），大鼠急性经皮$LD_{50}>2 000$mg/kg。对眼睛和皮肤无刺激性。

【剂　　型】　11%、16%、32%悬浮种衣剂。

【作用特点】　本品是新烟碱类杀虫剂吡虫啉与三唑类杀菌剂戊唑醇复配制剂，具有内吸传导作用。吡虫啉内吸性较强，具备胃毒和触杀作用，对蚜虫具有较高的防效和较长的持效期；戊唑醇为内吸性杀菌剂，防治小麦散黑穗病、纹枯病，用量低，持效期较长。

【应用技术】　防治小麦散黑穗病，每100kg种子使用32%戊唑·吡虫啉悬浮种衣剂300~500mL；防治小麦蚜虫、纹枯病，每100kg种子使用32%戊唑·吡虫啉悬浮种衣剂300~700mL。先将药剂调成浆状液，通常处理1kg种子加稀释后的药液10~20mL，与种子充分混匀，待种子均匀着药后，摊开于通风阴凉处晾干后播种。

【注意事项】　配制好的药液应在24h内使用；处理过的种子放置在有明显标签的容器内；鸟类保护区禁用，播种后必须覆土，严禁畜禽进入；水产养殖区、河塘等水体附近禁用，禁止在河塘等水体清洗施药器具。

三、三元复配剂

1. 苯甲环唑·咯菌腈·吡虫啉

【毒　　性】　低毒。

【剂　　型】　23%、52%悬浮种衣剂。

【作用特点】　本品为三元复配杀虫杀菌剂。吡虫啉是新烟碱类杀虫剂，内吸性较强，活性较高，同时具备胃毒和触杀作用，主要防治蚜虫等刺吸性害虫；咯菌腈为非内吸苯吡咯类化合物，对子囊菌、担子菌、半知菌等许多病原菌有非常好的防效；苯醚甲环唑具有保护、治疗和内吸活性，是甾醇脱甲基化抑制剂，抑制细胞壁甾醇的生物合成，阻止真菌的生长，杀菌谱广泛，能有效防治小麦种传、土传病害。

【应用技术】　防治小麦蚜虫、纹枯病、全蚀病，按照每100kg种子使用23%吡虫·咯·苯甲悬浮种衣剂600~800mL，推荐剂量用水稀释至1~2L，将药浆与种子充分搅拌，直到药液均匀分布到种子表面，晾干后即可播种。

【注意事项】　配制好的药液应在24h内使用；处理后的种子必须放置在有明显标签的容器内，勿与食物、饲料一起存放，禁止用于饲喂禽畜；鸟类保护区附近禁用；播种后必须覆土，严禁畜禽进入。

2. 吡虫啉·毒死蜱·苯醚甲环唑

【毒　　性】　低毒。

【剂　　型】　15%悬浮种衣剂。

【作用特点】　该产品是由新烟碱类内吸性杀虫剂吡虫啉、有机磷类杀虫剂毒死蜱和三唑类内吸传导型杀菌剂苯醚甲环唑三元复配而成，具有较好的内吸、触杀、胃毒和熏蒸作用；对小麦刺吸式口器害虫蚜虫、地下害虫金针虫和土传真菌病害全蚀病防效良好，持效期长，活性高。

【应用技术】　防治小麦金针虫、蚜虫、全蚀病，每100kg种子使用15%吡虫·毒·苯甲悬浮种衣剂1 250~1 500mL，将药浆与种子充分搅拌，直到药液均匀分布到种子表面，晾干后即可播种。

【注意事项】　本品不能与碱性物质混用，或前后紧接着使用；建议与其他作用机制不同的杀虫杀菌剂轮换使用；只作种子包衣处理，严禁田间喷雾；不能加水且不能与其他肥料、农药混配使用；本品允许分层，使用时应充分摇匀；用过的容器和使用过的空包装，用清水冲洗3次后妥善处理，切勿重复使用或改作其他用途；鸟类保护区禁用，播种后立即覆土。

3. 苯醚甲环唑·咯菌腈·噻虫嗪

【其他名称】　酷拉斯。

【毒　　性】　低毒。

【剂　　型】　27%、22%、12%、9%悬浮种衣剂。

【作用特点】　本品为三元复配杀虫杀菌种衣剂。噻虫嗪是一种结构全新的烟碱类杀虫剂，用于种子处理，可被作物根部迅速内吸，并传导到植株各部位；咯菌腈为非内吸苯吡咯类化合物，对子囊菌、担子菌、半知菌等许多病原菌引起的种传和土传病害有非常好的防效；苯醚甲环唑是三唑类中最安全的种子处理剂之一，内吸传导，兼具预防和治疗活性，通过抑制真菌的麦角甾醇生物合成，使细胞膜形成受阻，从而导致真菌细胞死亡，有极广的杀菌谱，对许多小麦种传、土传病害均有效。

【应用技术】　防治小麦金针虫、散黑穗病，每100kg种子使用27%苯醚·咯·噻虫悬浮种衣剂200~600mL，推荐剂量用水稀释至1~2L，将药浆与种子充分搅拌，直到药液均匀分布到种子表面，晾干后即可播种。

【注意事项】　配制好的药液应在24h内使用；处理过的种子必须放置在有明显标签的容器内，勿与食物、饲料放在一起，不得饲喂禽畜，更不得用来加工饲料或食品；本品对蜜蜂高毒，开花植物花期禁用；勿将本品及其废液弃于池塘、河溪、湖泊等，以免污染水源；禁止在河塘等水域清洗施药器具；鸟类保护区禁用。

4. 嘧菌酯·咪鲜胺铜盐·噻虫嗪

【其他名称】　健仓。

【毒　　性】　低毒。

【剂　　型】　30%悬浮种衣剂。

【作用特点】 本品是一种广谱性杀虫杀菌剂，噻虫嗪对害虫具有内吸、触杀和胃毒作用；嘧菌酯通过抑制病原菌线粒体呼吸而起到保护和治疗作用；咪鲜胺铜盐主要通过抑制病原菌麦角甾醇的生物合成而起到保护和治疗作用，能有效防治小麦蚜虫、根腐病、黑穗病。

【应用技术】 防治小麦蚜虫、根腐病、黑穗病，每100kg种子使用30%嘧·咪盐·噻虫嗪悬浮种衣剂333~500mL，先将药剂调成浆状液，通常处理10kg种子的药量需加150~200mL水调制药液，再与种子充分搅拌混合，使药液均匀分布在种子上，晾干后即可播种。

【注意事项】 处理过的种子必须放置在有明显标签的容器内，不得饲喂禽畜，更不得用来加工饲料或食品；施药时应避免对周围蜂群的影响，远离水产养殖区、河塘等水体施药；禁止在河塘等水域清洗施药器具。

5. 烯肟菌胺·苯醚甲环唑·噻虫嗪

【其他名称】 腾收。

【毒　　性】 低毒。

【剂　　型】 45%悬浮种衣剂。

【作用特点】 本品为三元复配杀虫杀菌种衣剂。烯肟菌胺具有广谱的杀菌活性，其作用机理是通过阻止细胞色素 b 和 c1 之间的电子传导而抑制线粒体的呼吸作用；苯醚甲环唑是三唑类中最安全的种子处理剂之一，具内吸传导作用，兼具预防和治疗活性，通过抑制真菌的麦角甾醇生物合成，使细胞膜形成受阻，从而导致真菌细胞死亡，有极广的杀菌谱，对许多小麦种传、土传病害均有效；噻虫嗪是一种结构全新的烟碱类杀虫剂，用于种子处理，可被作物根迅速内吸，并传导到植株各部位。

【应用技术】 防治小麦蚜虫、纹枯病，每100kg种子使用45%烯肟·苯·噻虫悬浮种衣剂400~800mL，先将药剂调成浆状液，通常处理10kg种子的药量需加150~200mL水调制药液，再与种子充分搅拌混合，使药液均匀分布在种子上，晾干后即可播种。

【注意事项】 处理过的种子必须放置在有明显标签的容器内；勿与食物、饲料一起，不得饲喂禽畜，更不得用来加工饲料或食品；播种后必须覆土，严禁禽畜进入；本品对蜜蜂高毒，开花植物花期禁用；勿将本品及其废液弃于池塘、河溪、湖泊等，以免污染水源；鸟类保护区禁用。

6. 氟唑环菌胺·咯菌腈·苯醚甲环唑

【毒　　性】 低毒。

【剂　　型】 9%种子处理悬浮剂。

【作用特点】 本品含有氟唑环菌胺、咯菌腈和苯醚甲环唑 3 种有效成分。氟唑环菌胺为琥珀酸脱氢酶抑制剂类杀菌剂，通过与琥珀酸脱氢酶结合从而抑制三羧酸循环，影响线粒体电子传递链；咯菌腈为非内吸苯吡咯类杀菌剂，通过抑制与葡萄糖磷酰化有关转运来抑制菌丝生长；苯醚甲环唑是甾醇甲基化抑制剂，属于三唑类杀菌剂，杀菌谱广，活性高。

【应用技术】 防治小麦散黑穗病，每100kg种子使用9%氟环·咯·苯甲种子处理悬浮剂100~200mL，先将药剂调成浆状液，再与种子充分搅拌混合，使药液均匀分布在种子上，晾干后即可播种。

【注意事项】 严格按照批准剂量使用，不能超量，施药时药液包裹务必均匀；处理过的种子播种后必须覆土；剩余种子不得饲喂动物，种子处理区严禁畜禽进入；本品对水生生物有毒，勿将本品及其废液弃于池塘、河溪、湖泊等，以免污染水源；未用完的制剂应放在原包装内密封保存，切勿将本品置于饮食容器内。

第三节 杀虫剂

高效、低毒、低残留是现代优良杀虫剂的重要条件，利用高等动物与昆虫间生理上的差别，是研制低毒药剂的重要途径。近年来，杀虫作用机理的研究有了很大发展，已进入到分子毒理学水平，这对新杀虫剂类型的研制以及高度生理选择性药剂的发现，都很有帮助。

目前大量使用的杀虫剂，例如，有机磷类、氨基甲酸酯类、拟除虫菊酯类杀虫剂等都是神经毒剂，非神经毒剂不占主要地位。从全部杀虫剂的作用机制看，大致可分为以下两大类。

第一类为神经系统毒剂：① 对突触后膜作用，如烟碱、杀螟丹、杀虫脒；② 对刺激传导化学物质分解酶作用，包括抑制胆碱酯酶，如有机磷、氨基甲酸酯杀虫剂，抑制单胺氧化酶，如杀虫脒；③ 作用于神经纤维膜（包括膜的 Na^+、K^+ 活化，抑制 ATP 分解酶）。

第二类为干扰代谢毒剂：① 破坏能量代谢，如鱼藤酮、氰氢酸、磷化氢等；② 抑制几丁质合成，如取代苯基脲类；③ 抑制激素代谢，如保幼激素类似物等；④ 抑制毒物代谢酶系，如多功能氧化酶［增效醚等 3,4- 亚甲二氧苯基类化合物（MDP）］、水解酶［三磷甲苯磷酸酯（TOCP）和正丙基对氧磷等］、转移酶（如杀螨醇等）。

我国小麦生产上发生的害虫有 230 多种，较为常见的有 30 多种，其中麦蚜、麦蜘蛛、吸浆虫和地下害虫为害最为严重。据调查，2014—2018 年全国麦田害虫平均发生面积 4.60 亿亩次，防治面积 5.51 亿亩次，通过防治挽回小麦损失 701.37 万 t。近几年，我国每年杀虫剂用量在 2 万 t 以上（有效成分），药剂类型主要包括有机磷、拟除虫菊酯、新烟碱类等。目前适合小麦生产上使用的杀虫剂剂型以乳油和可湿性粉剂为主，悬浮剂、微乳剂、水分散粒剂等环保剂型已进入小麦杀虫剂领域，使用量呈上升趋势。本节主要介绍了在小麦上登记并有较好防治效果的杀虫剂 30 种，分属于 6 大类型。

一、有机磷类杀虫剂

有机磷类杀虫剂曾经是我国使用品种较多、应用较广且比较重要的一类杀虫剂，随着环境保护意识的增强，一些对人畜毒性大的品种已经陆续被禁用或限用，目前常用的品种有十多种。

有机磷类杀虫剂属于神经系统毒剂，主要作用于害虫神经系统的突触部位，通过抑制胆碱酯酶的活性，造成大量的乙酰胆碱积累，从而破坏正常的神经传导，引起一系列的急性中毒症状而使害虫死亡。

1. 敌百虫 trichlorfon

【其他名称】 毒霸、必歼、虫决杀。

【理化性质】 纯品为无色结晶。熔点 83~84℃，相对密度为 1.73（20℃）。室温下水中溶解度为 15%，易溶于苯、乙醇、甲醇等有机溶剂，但不溶于石油。挥发性较小。固体状态时，化学性质很稳定，配成水溶液后逐渐分解失效，在酸性溶液中较稳定，碱性溶液中转变为毒性更高、挥发性更强的敌敌畏。

【毒　　性】 低毒。雄大鼠急性口服 LD_{50} 值为 630mg/kg，雌大鼠为 560mg/kg；大鼠急性经皮 LD_{50}>2 000mg/kg。对兔眼睛和皮肤无刺激。对蜜蜂和其他益虫低毒。

【剂　　型】 97%、90% 原药，90% 工业品原粉；25%、50% 可湿性粉剂，80% 可溶液剂，80%、90% 可溶性粉剂；30%、40% 乳油。

【作用特点】 毒性低、杀虫谱广的有机磷杀虫剂。在弱碱中可变成敌敌畏，但不稳定，很快分解失效。对害虫有很强的胃毒作用，并有触杀作用，对植物具有渗透性，但无内吸传导作用。主要用于防治咀嚼式口器害虫，对害螨和蚜虫防效差。

【应用技术】 对双翅目、鳞翅目、鞘翅目害虫都很有效，对螨类和某些蚜虫防治效果很差。

防治小麦田黏虫可以用 80% 可湿性粉剂 150g/ 亩，对水 40~50kg 喷雾，或用 5% 粉剂 12g/ 亩喷粉。

另据资料报道，可防治地老虎、蝼蛄等地下害虫，掌握在 2 龄幼虫盛期，用有效成分 50~100g/ 亩，先以少量水将敌百虫溶化，然后与 60~75kg 炒香的棉仁饼或菜籽饼拌匀；亦可与切碎鲜草 300~450kg 拌匀成毒饵，在傍晚撒施于作物根部土表诱杀害虫；防治蛴螬，在卵孵化盛期至 1 龄幼虫初期，用 2.5% 粉剂 2kg/ 亩，拌细土 20~25kg，撒施根部附近，结合中耕、翻地培土埋入浅层土中。

【注意事项】 一般使用浓度 0.1% 左右对作物无药害。玉米、苹果（早期）对敌百虫较敏感，高粱和豆类特别敏感，在使用该产品时，应避免药液溅及和漂移到这些作物上，防止产生药害。在小麦收获前 7d 停止使用。药剂稀释液不宜放置过久，应现配现用。使用本品时，应避开饲养蜂、蚕场地；应避免药液流入湖泊、河流或鱼塘中。解毒治疗以阿托品类药物为主。

2. 敌敌畏 dichlorvos

【其他名称】 DDV、DDVP（JMAF）、百扑杀、杀虫优。

【理化性质】 纯品为无色至琥珀色液体。芳香味，沸点 74℃（0.133kPa），相对密度为 1.42（20℃），20℃时蒸气压 1.6Pa。在室温下水中溶解度为 10g/L，在煤油中溶解度为 2~3g/kg，能与大多数有机溶剂和气溶胶推进剂混溶。对热稳定，但能水解。对钢、铁有腐蚀性，对不锈钢、铝、镍没有腐蚀性。

【毒 性】 中等毒。原药雄大鼠急性经口 LD_{50} 为 80mg/kg，雌大鼠经口 LD_{50} 为 80mg/kg，雄大鼠经皮 LD_{50} 为 107mg/kg，雌大鼠经皮 LD_{50} 为 75mg/kg。对鱼毒性大，对蜜蜂有毒。对瓢虫、食蚜虻等天敌有较大杀伤力。

【剂 型】 80%、50% 乳油，48% 油剂。

【作用特点】 是一种高效、速效广谱的有机磷杀虫剂。主要是抑制胆碱酯酶（ChE）活性，使其失去分解乙酰胆碱（Ach）的能力，造成乙酰胆碱积聚，引起神经功能紊乱。具有熏蒸、胃毒和触杀作用。对咀嚼式口器和刺吸式口器害虫均有良好的防治效果，敌敌畏蒸气压较高，对害虫特别是对同翅目、鳞翅目的昆虫有极强的击倒力，药后易分解，残效期短，无残留。对仓储害虫同样具有良好的效果。

【应用技术】 适用于防治小麦、棉花、果树、蔬菜、甘蔗、烟草、茶以及用材林上的多种害虫。对蚊、蝇等家庭卫生害虫以及仓库害虫米象、谷盗等也有良好的防治效果。

防治小麦蚜虫、黏虫，用 80% 乳油 50mL/ 亩，加水 30~45kg 均匀喷雾。防治麦二叉蚜，用 80% 乳油 50~75mL/ 亩，加水 1.5kg，均匀喷洒在 150kg 稻糠（或麦糠）中，边喷边拌匀，然后用长柄勺均匀撒施于麦田中。

【注意事项】 不宜与碱性药剂配用。施药时避免药液溅到高粱、月季花、玉米、豆类、瓜类幼苗及柳树等对本品敏感的作物上，以免产生药害。敌敌畏对蜜蜂、鱼类等水生生物、家蚕有毒，施药期间应避免对周围蜂群的影响、开花植物花期、蚕室和桑园附近禁用。远离水产养殖区施药，禁止在河塘等水体中清洗施药器具。敌敌畏用于室内（特别是居室）卫生害虫防治必须注意成人儿童安全。中毒治疗以阿托品为主。

3. 辛硫磷 phoxim

【其他名称】 腈肟磷、倍腈松、肟硫磷。

【理化性质】　纯品为浅黄色油状液体，工业品为红棕色油状液体，熔点 5~6℃，相对密度为 1.176（20℃），溶解度 100g 水中可溶解 0.7mg（20℃），易溶于醇、酮、芳烃、卤代烃等有机溶剂，稍溶于脂肪烃、植物油及矿物油。在中性和酸性介质中稳定，遇碱易分解。阳光照射下不稳定，蒸馏时易分解。

【毒　　性】　低毒。大鼠急性经口 LD_{50} 为 1 976mg/kg（雌）、2 170mg/kg（雄），急性经皮 LD_{50}>1 120mg/kg。对鱼有一定毒性，对蜜蜂有接触、熏蒸毒性，对蚜虫天敌七星瓢虫的卵、幼虫、成虫均有强烈的杀伤作用。

【剂　　型】　40%、50% 乳油；0.3%、1.5%、3%、4%、5% 颗粒剂。

【作用特点】　具有触杀、胃毒作用，无内吸作用。杀虫谱广，击倒力强，对鳞翅目幼虫很有效。当害虫接触药液后，抑制害虫体内胆碱酶的活性，神经系统麻痹中毒停食导致死亡。在田间因对光不稳定，很快分解，所以残留期短，残留危险小。但该药施入土中，持效期长，适合于防治地下害虫。

【应用技术】　适宜于小麦、花生、水稻、棉花、玉米等作物的害虫防治，也可防治果树、蔬菜、桑、茶等作物的害虫，还可防治蚊蝇等卫生害虫及仓储害虫。尤以防治花生、大豆、小麦田的蛴螬、蝼蛄等地下害虫有良好效果。

防治小麦蚜虫、麦叶蜂、黏虫等，可以用 50% 乳油 1 000~1 500 倍液喷雾；防治小麦蛴螬、蝼蛄，用 50% 乳油 100~165mL，对水 5~7.5kg，拌麦种 50kg。

【注意事项】　使用前要将药液摇均匀。该品残效期 3~5d，因此，在作物收获前 3~5d 不得用药；必须在害虫盛发期施药，才能发挥最大药效。辛硫磷无内吸传导作用，喷药应均匀。本品有毒，使用时应遵守一般农药安全操作规程，严禁人、畜中毒。白天阳光下不宜使用，药液要随配随用，配好的药液不宜超过 4h，以免影响药效。

4. 三唑磷 triazophos

【其他名称】　三唑硫磷、特力克。

【理化性质】　纯品为浅黄色油状物，熔点 2~5℃；23℃时水中的溶解度为 39mg/L，可溶于大多数有机溶剂。20℃时在下列溶剂中的溶解度（g/100mL）分别为：乙醇 30，甲苯 30，正己烷 0.7，丙酮 0.1，二氯甲烷小于 0.1，乙酸乙酯 230.1。对光稳定，在酸碱介质中水解；200℃分解。

【毒　　性】　中等毒。大鼠急性口服 LD_{50} 为 82mg/kg，经皮 LD_{50} 为 1 100mg/kg；鱼 LC_{50}（48h），鲫鱼 8.4mg/L，鲤鱼 1mg/L。对蜜蜂、鱼均有毒。

【剂　　型】　20%、25%、30%、40% 乳油；250 g/L、400g/L 超低容量喷雾剂；12%、15% 高渗乳油；15%、25% 微乳剂。

【作用特点】　触杀、胃毒，可内渗入植物组织，但不是内吸剂。杀虫广谱，可以用于多种作物防治不同害虫，是防治水稻螟虫的高效杀虫剂。渗透性强，在作物组织和虫体表面有很强的渗透性，具有良好的触杀作用，对虫卵尤其是鳞翅目害虫卵有明显的杀伤作用。

【应用技术】　为广谱的杀虫、杀螨剂，同时对线虫有一定杀伤作用。一般用于防治农作物、果树、蔬菜上的鳞翅目害虫；也可在种植前用其处理土壤，防治地老虎等夜蛾科害虫。对为害粮食、棉花、果树、蔬菜等主要农作物的害虫（螟虫、棉铃虫、红蜘蛛、蚜虫、菜青虫等）都有良好的防治效果，尤其对植物线虫和松毛虫的作用更为显著。

防治小麦蚜虫，可以用 25% 微乳剂 50~70mL/ 亩，对水 30~45kg 均匀喷雾。据报道，防治谷类作物上的蚜虫、红蜘蛛，可以用 40% 乳油 20~40mL/ 亩对水 40~50kg 喷雾。

【注意事项】　本品不能与碱性物质混用，以免分解失效。建议与其他作用机制不同的杀虫剂轮换使用，以延缓抗性产生。对家蚕、蜜蜂、鱼类等生物有毒。若误食中毒，应及时送医院诊治，可用阿托品或解磷啶解毒。残效期长，最后一次用药距收获期应不少于 7d。本品易燃，远离火种并存放阴凉处。

5. 甲基嘧啶磷 pirimiphos-methyl

【其他名称】 虫螨磷、甲基灭定磷、安定磷。

【理化性质】 原药（90%）为黄色液体，纯化合物为淡黄色液体，熔点 15~18℃。常温下几乎不溶于水（30℃水中溶解度约为 5mg/L），易溶于多数有机溶剂。在 30℃时蒸气压为 0.015Pa，可被强酸和碱水解，对光不稳定，对黄铜、不锈钢、尼龙、聚乙烯和铝无腐蚀性，对未加保护的马口铁有轻微的腐蚀性。

【毒　　性】 低毒。经口 LD_{50}：大白鼠雌性为 2 050mg/kg，小白鼠雄性为 1 180mg/kg，豚鼠雌性为 1~2g/kg，兔雄性为 1 150~2 300mg/kg，猫雌性为 575~1 150mg/kg，狗雄性为 1 150mg/kg。鸟类毒性较大，LD_{50} 黄雀为 200~400mg/kg，鹌鹑为 140mg/kg，母鸡为 30~50mg/kg。

【剂　　型】 2% 粉剂，25%、50% 乳油。

【作用特点】 是一种对储粮害虫、害螨毒力较大的有机磷杀虫剂，作用机理是抑制生物体内胆碱酯酶的活性。具有胃毒、触杀和一定的熏蒸作用，也能侵入叶片组织具有叶面输导作用，是一种广谱性杀虫药剂，可防治多种作物害虫。甲基嘧啶磷用药量低，对防治甲虫和蛾类有较好的效果，尤其是对防治储粮害螨药效较高，所以又称为虫螨磷。

【应用技术】 甲基嘧啶磷对于储粮甲虫、象鼻虫、蛾类和螨类都有良好的效果。唯对谷蠹效果较差。作为储粮保护剂使用，可防治在粮食粒内部发育的各个阶段的害虫，防治对马拉硫磷有抗性的赤拟谷盗也有效。作为保护剂用于储粮，药效持久。在 30℃和相对湿度 50% 条件下，药效可达 45~70 周。

用 2% 粉剂以 4mg/kg 的剂量拌入粮食中，能有效控制粗脚粉螨、粉尘螨、腐食酪螨及普通肉食螨。甲基嘧啶磷对于抗有机磷杀虫剂的赤拟谷盗品系的毒力也较其他一些杀虫剂为佳，施药方法主要有机械喷雾法、砻糠载体法、超低量喷雾法、粉剂拌粮等；甲基嘧啶磷在我国目前还在试用阶段，作为粮食保护剂，剂量为 5~10mg/kg，农户储粮应用，剂量可增加 50%。按每平方米有效成分 250~500mg 的药量处理麻袋，6 个月内可使袋中粮食不受锯谷盗、赤拟谷盗、米谷蠹、粉斑螟和麦蛾的侵害，若以浸渍法处理麻袋，则有效期更长，以喷雾法处理的聚乙烯粮袋和建筑物都有良好的防虫效果；处理种子，即使用药量高达 300mg/kg，对小麦、玉米、高粱的发芽力也无影响，作为储粮保护剂使用时，在有机械输送设备的粮库，可采用喷雾法处理入库粮流；在无机械输送设备的粮库，可采取谷壳载体的方法，澳大利亚曾以硅藻土作为载体，按 6~7mg/kg 的药量处理小麦，可有效防治米象和玉米象 9 个月，以其乳油和粉剂处理粮食后，降解速度无明显差别。

【注意事项】 对鱼和蜜蜂有毒，切勿将本品及其废液弃于水中，以免影响鱼类。该药有毒、易燃，应将本药剂贮放在远离火源和儿童接触不到的地方。解毒药为阿托品或解磷啶。

6. 毒死蜱 chlorpyrifos

【其他名称】 氯蜱硫磷、Dursban、乐斯本、好劳力。

【理化性质】 原药为无色颗粒状结晶，室温下稳定，有硫黄臭味，密度 1.398（43.5℃），熔点 41.5~43.5℃，蒸气压为 2.5MPa（25℃），水中溶解度为 1.2mg/L，溶于大多数有机溶剂。

【毒　　性】 中等毒。原药对大鼠急性经口 LD_{50} 为 163mg/kg（雄）、135mg/kg（雌），急性经皮 $LD_{50} > 2 000mg/kg$。对动物眼睛有轻度刺激，对皮肤有明显刺激，多次接触产生灼伤。对蜜蜂、家蚕及鱼类等水生生物有毒。

【剂　　型】 48%、45%、40%、20% 乳油，20% 微囊悬浮剂，5% 颗粒剂。

【作用特点】　具有触杀、胃毒和熏蒸作用，无内吸作用。在叶片上的残留期不长，但在土壤中的残留期则较长，因此对地下害虫的防治效果较好。在推荐剂量下，对多数作物没有药害，但对烟草敏感。毒死蜱主要通过触杀、胃毒及熏蒸3种作用方式控制害虫。杀虫谱可与甲胺磷相比，但毒性比甲胺磷低很多，属中等毒性。在有机磷杀虫剂中属低毒。与土壤有机质吸附能力极强，因此对地下害虫（小地老虎、金针虫、蛴螬、白蚁、蝼蛄等）防效好，控制期长。

【应用技术】　小麦害虫的防治，防治黏虫，在低龄幼虫期，用40%乳油50mL/亩，对水40~50kg均匀喷雾；防治麦蚜，用40%乳油30~40mL/亩，对水40~50kg喷雾；防治地下害虫，3月中旬，正值地下害虫为害盛期，用20%乳油550~650mL/亩对水100~150kg，对麦根基部均匀喷雾，使药液渗入土中，防治效较好，持效期长，保苗效果显著，对小麦安全。防治小麦吸浆虫，使用5%颗粒剂1~2kg/亩，拌细土20~25kg，均匀撒于麦田，撒后浇水可以提高药效。

【注意事项】　为保护蜜蜂，应避开作物开花期使用，不能与碱性农药混用。远离水产养殖区、河塘等水域施药。收获前停止用药的安全间隔期10d。发生中毒时应立即送医院治疗，可注射阿托品作解毒剂。

7. 氧乐果 omethoate

【其他名称】　氧化乐果、克蚧灵。

【理化性质】　纯品为无色透明油状液体，相对密度1.32（20℃），沸点约135℃，有分解，折射率1.4987，可与水、乙醇和烃类等多种溶剂混溶，微溶于乙醚，几乎不溶于石油醚。在中性及酸性介质中较稳定，遇碱易分解。应贮存在遮光、阴凉的地方。原油为浅黄至黄色透明油状液体，氧乐果乳油为淡黄色油状液体。

【毒　　性】　高毒。纯品大鼠经口LD_{50}为50mg/kg；经皮LD_{50}为700mg/kg。原油大鼠经口LD_{50}为30~60mg/kg，急性经皮LD_{50}为700~1400mg/kg。

【剂　　型】　18%、40%乳油。

【作用特点】　本品具有较强的内吸、触杀和胃毒作用。对害虫击倒力较强、击倒速度较快，可被植物的根、茎、叶吸收并传导。其作用机制为抑制昆虫体内胆碱酯酶。对抗性蚜虫具有较强的防效，在低温下仍能保持较强的活性。

【应用技术】　本品对害虫和螨类有很强的触杀作用，用于小麦、水稻、棉花等作物防治刺吸式、咀嚼式害虫，如多种蚜虫、叶螨、棉铃虫、黏虫、斜纹夜蛾、卷叶虫、花蓟马和网蝽等。低温期氧乐果的杀虫作用表现比乐果快。

防治小麦蚜虫，在小麦苗蚜或穗蚜发生始盛期，用40%乳油50~75mL/亩，对水40~50kg均匀喷雾。

【注意事项】　本品不可与呈碱性的农药等物质混合使用。本品对蜜蜂、鱼类等水生生物、家蚕有毒，施药期间应避免对周围蜂群的影响，蜜源作物花期、蚕室和桑园附近禁用。远离水产养殖区施药。地下水、饮用水源地附近禁用。禁止在河塘等水体中清洗施药器具，注意避免药液进入地表水体。勿将药液溅到眼内、皮肤和衣服上，严防由口、鼻吸入。使用时穿戴好防护用品，操作时，严禁吸烟、饮食，施药后用肥皂洗净身体暴露部分。本品不得用于防治卫生害虫，不得用于蔬菜、瓜果、茶叶、菌类、中草药材、甘蔗作物的生产，不得用于水生植物的病虫害防治。

8. 乙酰甲胺磷 acephate

【其他名称】　高灭磷、杀虫灵。

【理化性质】　纯品为白色结晶，熔点为90~91℃，相对密度1.35（20℃）。易溶于水、乙腈、甲醇、乙醇、丙酮等极性溶剂和二氯甲烷、二氯乙烷等卤代烃类。在酸性介质中稳定，在碱性介质中极易分解。

【毒　　性】 低毒。原药大鼠经口 LD_{50} 为 823mg/kg，兔经皮 LD_{50}>10 000mg/kg，小猎犬每天给药 1 000mg/kg 饲喂 1 年未发现任何病变。

【剂　　型】 30%、40% 乳油，25% 可湿性粉剂，75% 可溶性粉剂。

【作用特点】 是一种高效、低毒、广谱性的有机磷类杀虫剂，能被植物内吸输导，具有胃毒、触杀、熏蒸及杀卵作用。对鳞翅目害虫以胃毒作用为主，较长的残效期，对成虫、幼虫和卵都有防效。有一定的熏蒸作用，是缓效型杀虫剂。

【应用技术】 乙酰甲胺磷为内吸杀虫剂，具有胃毒和触杀作用，并可杀卵，有一定的熏蒸作用，是缓效型杀虫剂。在施药后初效作用缓慢，2~3d 后效果显著，后效作用强，适用于蔬菜、茶叶、烟草、果树、棉花、水稻、小麦、油菜等作物，能防治多种咀嚼式、刺吸式口器害虫和害螨。

防治小麦黏虫，在幼虫 3 龄期以前，用 30% 乳油 120~240mL/ 亩，对水 40~50kg 均匀喷雾。

【注意事项】 不可与碱性物质混用。建议与其他作用机制不同的杀虫剂轮换使用，以延缓抗性产生。本品对蜜蜂高毒，施药应避免对周围蜂群的影响，开花作物花期禁用。远离水产养殖区、河塘等水体施药，禁止在河塘等水体中清洗施药器具。使用本品应穿戴防护服、手套、口罩等，避免吸入药液；施药期间不可吃东西、饮水等；施药后应及时洗手、洗脸等。避免孕妇及哺乳期妇女接触。

二、氨基甲酸酯类杀虫剂

氨基甲酸酯类杀虫剂是在研究天然毒扁豆碱生物活性和化学结构的基础上发展起来的，该类杀虫剂虽不如有机磷杀虫剂杀虫范围广泛，但却有很多特点。氨基甲酸酯类杀虫剂的化学结构类型较多，不同结构类型的品种，其毒力和防治对象差别很大。多数品种的速效性好，毒性低，在自然界易分解，残留低，对天敌安全；少数品种毒性高，需要加工成颗粒剂、种衣剂等安全的剂型。

氨基甲酸酯类杀虫剂属于神经系统毒剂，主要作用于害虫神经系统的突触部位，通过抑制胆碱酯酶的活性，造成大量的乙酰胆碱积累，从而破坏正常的神经传导，引起生理生化过程的失调，使害虫中毒死亡。与其他神经系统毒剂作用机制不同的是，氨基甲酸酯类杀虫剂对胆碱酯酶的抑制是可逆的。

抗蚜威 pirimicarb

【其他名称】 灭定威、蚜宁、辟蚜雾。

【理化性质】 原药为白色无味结晶体，熔点 90.5℃，蒸气压 4.0MPa（30℃），25℃时水中溶解 0.27g/100mL，溶于大多数有机溶剂，易溶于醇、酮、酯、芳烃、氯代烷烃。在一般条件下存放比较稳定，但遇强酸或强碱或在酸碱中煮沸分解。紫外光照射易分解。

【毒　　性】 中等毒。大鼠急性口服 LD_{50} 为 147mg/kg，小鼠急性口服 LD_{50} 为 107mg/kg，家禽 LD_{50} 为 25~50mg/kg。狗 LD_{50} 为 100~200mg/kg。具有接触毒性和呼吸毒性。大鼠经皮 LD_{50} 为 500mg/kg。

【剂　　型】 25%、50% 可湿性粉剂，25%、50% 水分散粒剂。

【作用特点】 具有触杀、熏蒸和渗透叶面作用的选择性杀蚜虫剂，为植物根部吸收，可向上输导；但从叶面进入是由于穿透而非传导。和其他氨基甲酸酯类杀虫剂一样，是胆碱酯酶的抑制型。能防治对有机磷杀虫剂产生抗性的、除棉花外的所有蚜虫。该药剂杀虫迅速，施药后数分钟即可迅速杀死蚜虫。

【应用技术】 为高效、中等毒性、低残留的选择性杀蚜剂（包括对有机磷农药已产生抗性的蚜虫），在推荐浓度下不伤害蜜蜂和天敌，对双翅目害虫亦很有效。对多种作物无药害，可用于谷类、果树、浆果类、豆类、甘蓝、油菜、莴苣、甜菜、马铃薯、花卉及一些观赏植物上，有速效性，持效期不长。抗蚜威对瓢虫、食蚜蝇和蚜茧蜂等蚜虫天敌没有不良影响，可有效延长天敌对蚜虫的控制期，是害虫绿色防控的理想药剂。

防治小麦蚜虫，用50%可湿性粉剂10~20g/亩对水40~50kg，在蚜虫发生始盛期叶面喷雾。

【注意事项】 抗蚜威在小麦上的安全间隔期为14d，每个作物周期最多使用2次，建议与其他作用机制不同的杀虫剂轮换使用。抗蚜威药效与温度关系紧密，20℃以上主要是熏蒸作用。15℃以下以触杀作用为主，基本无熏蒸作用。因此温度低时，施药要均匀，最好选择无风，温暖天气施药，效果较好。药后24h，禁止家畜家禽进入施药区。在确定是抗蚜威中毒后，先引吐，再洗胃。出现严重中毒症状时，需立即肌注1~4mg阿托品。

三、拟除虫菊酯类杀虫剂

拟除虫菊酯类杀虫剂是模拟除虫菊中所含天然除虫菊素的化学结构人工合成的一类新型杀虫剂。该类杀虫剂比天然除虫菊酯活性更强，并且克服了天然除虫菊酯对日光和空气不稳定的缺点。具有杀虫广谱、高效、速效、低毒、生物活性强、用药量极少、对人畜和环境安全等特点。作用方式主要是触杀和胃毒作用，有些品种具有一定的渗透作用，使用时要注意均匀施药。

拟除虫菊酯类杀虫剂属于神经毒剂，作用于神经突触和神经纤维，主要作用于害虫神经突触的末梢，引起反复兴奋，中毒死亡。害虫接触药剂后，几秒钟就有反应，半分钟后进入昏迷状态被击倒。

1.联苯菊酯 bifenthrin

【其他名称】 氟氯菊酯、天王星、虫螨灵、毕芬宁、茶宝。

【理化性质】 纯品为灰白色固体，原药为浅褐色固体。熔点51~70℃，密度1.210g/cm³（25℃）。溶解度：在水中溶解度为0.1mg/L，溶于丙酮（1.25kg/L）、氯仿、二氯甲烷、乙醚、甲苯、庚烷（89g/L）。稳定性：在25℃稳定1年以上，在常温下贮存，稳定性>1年，对光稳定，但在碱性介质中会分解。

【毒   性】 中等毒。原药大鼠急性经口LD_{50}为54.5mg/kg，兔急性经皮LD_{50}>2 000mg/kg，对皮肤和眼无刺激作用。对蜜蜂、鱼、家蚕等高毒。

【剂   型】 2.5%、4%微乳剂，4.5%、10%水乳剂。

【作用特点】 联苯菊酯是一种高效合成除虫菊酯杀虫、杀螨剂。具有触杀、胃毒作用，无内吸、熏蒸作用。杀虫谱广，对螨也有较好防效。击倒力强、作用迅速。在土壤中不移动，对环境较为安全，残效期长。

【应用技术】 用于防治小麦蚜虫、棉铃虫、棉红蜘蛛、桃小食心虫、梨小食心虫、苹果全爪螨、山楂叶螨、柑橘红蜘蛛、黄斑蝽、茶翅蝽、菜蚜、菜青虫、小菜蛾、茄子红蜘蛛、温室白粉虱、茶尺蠖、茶毛虫、茶细蛾等多种害虫。

防治禾谷类作物上的蚜虫，于蚜虫发生初期，用2.5%微乳剂50~60mL/亩，对水40~50kg均匀喷雾。

防治小麦红蜘蛛，在害螨发生初期，用4%微乳剂30~50mL/亩，对水30~45kg均匀喷雾，注意喷施叶背面和下层叶片。

【注意事项】 施药时一定要均匀周到，在小麦作物上使用的安全间隔期为7d。可与其他类型的杀虫剂轮换施用，以延缓抗性的产生；本品对鱼类、蜜蜂、家蚕剧毒，对水蚤高毒，对鸟类中毒，对绿藻、蚯蚓低毒，对赤眼蜂具有极高风险性。施药时应避免对周围蜂群的影响、蜜源作物花期、蚕室和桑园附近慎用。远离水产养殖区施药，应避免药液流入河塘等水体中，清洗喷药器械时切忌污染水源。

2. 氯氰菊酯 cypermethrin

【其他名称】 安绿宝（Arrivo）、灭百可（Ripcord）、兴棉宝、倍力散。

【理化性质】 原药为黄色或棕色黏稠半固体物质。在水中溶解度极低，易溶于酮类、醇类及芳烃类溶剂，在中性、酸性条件下稳定，在强碱条件下水解，热稳定性良好，常温贮存稳定性2年以上。

【毒　　性】 中等毒。大鼠急性经口 LD_{50} 为 251mg/kg，经皮 LD_{50} 为 1 600mg/kg。对鸟类毒性较低，对蜜蜂、家蚕和蚯蚓剧毒。

【剂　　型】 5%、10%、12%、20%、25%乳油，30%悬浮种剂，8%微囊剂。

【作用特点】 具有触杀和胃毒作用，无内吸和熏蒸作用。杀虫谱广，药效迅速，对光、热稳定。对某些害虫的卵具有杀伤作用。用此药防治对有机磷产生抗性的害虫效果良好，但对螨类和盲蝽防治效果差。该药残效期长，正确使用时对作物安全。

【应用技术】 杀虫范围较广。防治禾谷类、大豆、棉花、果树、葡萄、柑橘、烟草、番茄、蔬菜、油菜和其他作物上的鳞翅目、鞘翅目和双翅目害虫效果很好。也可防治地下害虫，并有很好的残留活性。

防治小麦、玉米地下害虫，用30%悬浮种衣剂50~60g/100kg种子进行种子包衣。

防治小麦穗蚜，在小麦灌浆期，用5%乳油1 000~2 000倍液喷雾。

【注意事项】 用药量及施药次数不要随意增加，注意与非菊酯类农药交替使用。不得与碱性物质混用。对蜜蜂、鱼类等水生生物、家蚕有毒，施药期间应避免对周围蜂群的影响、蜜源作物花期、蚕室和桑园附近禁用。

3. 顺式氯氰菊酯 alpha-cypermethrin

【其他名称】 高效灭百可、高效安绿宝、高顺氯氰菊酯、快杀敌、百事达。

【理化性质】 原药为白色或奶油色结晶或粉末，有效成分含量不低于90%，熔点78~81℃（纯品熔点82~83℃）。常温下在水中溶解度极低，易溶于酮类、醇类及芳烃类溶剂。在中性、酸性条件下稳定，在强碱条件下水解，热稳定性良好。

【毒　　性】 中等毒。大鼠急性经口 LD_{50} 为 79mg/kg，大鼠急性经皮 LD_{50} 为 500mg/kg。对皮肤、眼睛有刺激性，但不会使皮肤过敏。对蜜蜂、鱼类高毒。

【剂　　型】 50g/L、5%、10%乳油，5%可湿性粉剂。

【作用特点】 具有触杀、胃毒作用，杀虫速效。具杀卵活性。在植物上有良好的稳定性，能耐雨水冲刷，顺式氯氰菊酯为一种生物活性较高的拟除虫菊酯类杀虫剂，由氯氰菊酯的高效异构体组成。其杀虫活性约为氯氰菊酯的1~3倍，因此单位面积用量更少，效果更好。神经触突毒剂，可引起昆虫极度兴奋、痉挛、麻痹，并产生神经毒素，最终可导致神经传导完全阻断，也可引起神经系统以外的其他细胞组织产生病变而死亡。

【应用技术】 用于防治小麦、棉花、果树、蔬菜、大豆和烟草等作物上的多种害虫。

防治小麦蚜虫，在小麦灌浆期，用5%乳油18~27mL/亩，对水30~45kg均匀喷雾。

【注意事项】 忌与碱性农药如波尔多液、石硫合剂等混用，以免分解失效。用药量与用药次数不要随意增加，注意与非菊酯类农药交替混用。在小麦上的安全间隔期31d，每季作物最多使用2次。对蜜蜂、鱼类等水生生物、家蚕有毒，施药期间应避免对周围蜂群的影响、开花植物花期、蚕室和桑园附近禁用。远离水产养殖区施药，禁止在河塘等水体中清洗施药器具。

4. 高效氯氰菊酯 beta-cypermethrin

【其他名称】 爱克宁、高灭灵、三敌粉、歼灭、三氟氯氰菊酯。

【理化性质】 白色或略带奶油色的结晶或粉末，熔点 60~65℃。难溶于水，易溶于酮类（如丙酮）及芳烃（如苯、二甲苯）中，也能溶于醇类。在中性及弱酸性下稳定，遇碱易分解。

【毒　　性】 低毒。大鼠急性口服 LD_{50} 为 649mg/kg，急性经皮 $LD_{50}>5\,000$mg/kg，急性吸入 $LC_{50}>1.97$mg/kg。对兔皮肤、黏膜和眼睛有轻微刺激。

【剂　　型】 4.5%、10% 乳油，5.0% 可湿性粉剂。

【作用特点】 高效氯氰菊酯是氯氰菊酯的高效异构体，具有触杀和胃毒作用。杀虫谱广，击倒速度快，杀虫活性较氯氰菊酯高。该药主要用于防治小麦、棉花、蔬菜、果树、茶等多种作物上的害虫及卫生害虫。

【应用技术】 对小麦、棉花、蔬菜、果树等作物上的鳞翅目、半翅目、双翅目、同翅目、鞘翅目等农林害虫及蚊蝇、蟑螂、跳蚤、臭虫、虱子和蚂蚁等卫生害虫都有极高的杀灭效果。本品在农作物上的残效可保持 5~7d，在室内作滞留处理可达 3 个月以上。

防治小麦蚜虫，用 10% 乳油 7~10mL/ 亩，对水均匀喷雾。

防治小麦黏虫，应在卵孵盛期至 3 龄前，用 10% 乳油 10~12mL/ 亩对水 40~50kg 均匀喷雾。

【注意事项】 喷雾要均匀、仔细、周到，雾滴覆盖整个植株。忌与碱性物质混用，以免分解失效。在小麦上的安全间隔期为 31d，每季最多使用 2 次。

5. 高效氯氟氰菊酯 lambda cyhalothrin

【其他名称】 功夫、功夫菊酯、爱克宁、空手道。

【理化性质】 纯品为白色固体，熔点 49.2℃。易溶于丙酮、甲醇、甲苯、乙酸乙酯等多种有机溶剂，不溶于水。常温下可稳定贮存半年以上，在酸性介质中稳定，在碱性介质中易分解。

【毒　　性】 中等毒。雄大鼠急性经皮 LD_{50} 为 632mg/kg，雌大鼠急性经皮 LD_{50} 为 696mg/kg。对皮肤无刺激作用，对眼睛稍有刺激。动物试验未发现致癌、致畸、致突变作用。

【剂　　型】 2.5%、25% 乳油，10%、25% 可湿性粉剂，2.5% 悬浮剂，5%、10% 水乳剂，5% 微乳剂。

【作用特点】 是含氟的拟除虫菊酯类杀虫剂，杀虫活性很高，以触杀、胃毒为主，也有驱避作用，无内吸作用。杀虫谱广，药效迅速，耐雨水冲刷。对害螨有一定防效，可兼治螨类。

【应用技术】 可有效防治小麦、蔬菜、棉花、马铃薯上的鳞翅目、鞘翅目和半翅目害虫，也可用来防治多种地表及公共卫生害虫。

防治小麦蚜虫，用 2.5% 乳油 12~20mL/ 亩，对水 40~50kg，在小麦苗蚜或穗蚜发生始盛期喷雾。

【注意事项】 不能与碱性物质如波尔多液混用。本品无内吸作用，喷雾要均匀、仔细、周到，雾滴覆盖整个植株。避免连用，注意与非菊酯类农药交替使用。在小麦上的安全间隔期为 15d，每季最多使用 2 次。本品对鱼、蜜蜂、家蚕剧毒，禁止污染水源、蜂场和桑园。

6. 氰戊菊酯 fenvalerate

【其他名称】 速灭菊酯、杀灭菊酯、杀灭速丁、速灭杀丁。

【理化性质】 纯品为黄色透明油状液体，原药为棕黄色黏稠液体，相对密度 1.175（25℃）。23℃时在水中溶解度为 0.02mg/L。耐光性强，光照 7h 的分解率，波长 212.4μm 时为 46.8%，494.1μm 时为 0.2%。热稳定性好，在酸性条件下稳定，碱性条件下不稳定。

【毒　　性】　中等毒。大鼠急性经口 LD_{50} 为 451mg/kg，大鼠急性经皮 LD_{50}>5 000mg/kg。对兔皮肤有轻度刺激性，对眼睛有中度刺激性。

【剂　　型】　10%、20%、30%、40% 乳油；20% 水乳剂；10% 微乳剂。

【作用特点】　具有较高生物活性非三元环结构的合成拟除虫菊酯杀虫剂。杀虫谱广，对天敌无选择性，以触杀和胃毒作用为主，无内吸传导和熏蒸作用。

【应用技术】　对鳞翅目幼虫效果好。对同翅目、直翅目、半翅目等害虫也有较好效果，但对螨类无效。适用于小麦、棉花、果树、蔬菜、大豆等作物。

防治麦蚜、黏虫，于麦蚜发生期、黏虫 2~3 龄幼虫发生期，用 20% 乳油 2 000~3 000 倍液喷雾，残效期 5~7d。

【注意事项】　施药要均匀周到，方能有效控制害虫。害虫、害螨并发的作物上使用此药，由于对螨无效，要配合使用杀螨剂。蚜虫、棉铃虫等害虫对此药易产生抗性，使用时尽可能轮用、混用。在小麦上施用的安全间隔期为 21d，每季最多施药次数 2 次。不可与碱性农药等物质混用。对蚕毒性强，不可在桑园附近使用。

7. 顺式氰戊菊酯 esfenvalerate

【其他名称】　来福灵、S-氰戊菊酯、高效氰戊菊酯、高氰戊菊酯。

【理化性质】　纯品为白色结晶固体，熔点 59.0~60.2℃。25℃时的溶解度（%）：二甲苯、丙酮、甲基异丁酮、醋酸乙酯、氯仿、乙腈、二甲基甲酰胺、二甲亚砜、Tenneco500~100 等均 >60，α-甲基萘 50~60，乙基溶纤剂 40~50，甲醇 7~10，正己烷 1~5，煤油 <1。

【毒　　性】　中等毒。鼠急性口服 LD_{50} 为 325mg/kg，急性经皮 LD_{50}>5 000mg/kg。兔急性经皮 LD_{50}>5 000mg/kg，对兔皮肤有轻微刺激，对兔眼睛有中等刺激。

【剂　　型】　2.5%、5%、50g/L 乳油。

【作用特点】　属拟除虫菊酯类杀虫剂，具广谱触杀和胃毒特性，无内吸和熏蒸作用，是氰戊菊酯所含 4 个异构体中最高效的 1 个，杀虫活性比氰戊菊酯高出约 4 倍，同时在阳光下较稳定，且耐雨水淋洗。

【应用技术】　用于防治蚜虫、棉铃虫、红铃虫、桃小食心虫、菜青虫、梨小食心虫、豆荚螟、大豆蚜、茶尺蠖、茶毛虫、小绿叶蝉、玉米螟、甘蓝夜蛾、菜粉蝶、苹果蛀蛾、苹果蚜、桃蚜和螨类等多种害虫。

防治小麦黏虫、麦蚜，在黏虫 3 龄以前或蚜虫始盛期，用 50g/L 乳油 12~15mL/ 亩对水 40~50kg 喷雾。

【注意事项】　本品不宜与碱性物质混用；喷药应均匀周到，尽量减少用药次数及用药量，而且应与其他杀虫剂交替使用或混用，以延缓抗药性的产生；由于该药对螨无效，要配合使用杀螨剂。

8. 溴氰菊酯 deltamethrin

【其他名称】　敌杀死、凯素灵。

【理化性质】　无色晶体，熔点 101~102℃。常温下几乎不溶于水。在酸性介质中较稳定，在碱性介质中不稳定，对光稳定，在玻璃瓶中暴露在空气和光下，两年仍无分解现象。

【毒　　性】　大鼠急性经口 LD_{50} 为 138.7mg/kg，急性经皮 LD_{50}>2 940mg/kg，吸入 LC_{50} 为 600mg/m³。对皮肤无刺激作用，对眼睛有轻度刺激作用，但在短期内即可消失。

【剂　　型】　2.5% 乳油、1.5% 超低量喷雾剂、0.5% 超低量喷雾剂、2.5% 可湿性粉剂。

【作用特点】　触杀和胃毒，也有一定的驱避和拒食作用。但无内吸及熏蒸作用。杀虫谱广，击倒速度快，尤其对鳞翅目幼虫及蚜虫杀伤力大，是当代最高效的拟除虫菊酯类杀虫剂之一，药效比氯菊酯高，但对螨类无效。对家蝇的毒力比天然除虫菊素高约 1 000 倍。本品性质稳定，持效长。

【应用技术】 适用于防治小麦、棉花、水稻、果树、蔬菜、旱粮作物、茶和烟草等作物的多种害虫，尤其是对鳞翅目幼虫，某些卫生害虫有特效，但对螨类无效。

防治小麦黏虫、蚜虫，于黏虫幼虫 3 龄前或蚜虫始盛期，用 2.5% 乳油 15~25mL/ 亩对水 40~50kg 喷雾。

【注意事项】 使用时应避开高温天气。喷药要均匀周到，否则，效果偏低。要尽可能减少用药次数和用药量，或与有机磷等非菊酯类农药交替使用或混用，有利于减缓害虫抗药性产生。在小麦上安全间隔期 15d，每季最多使用 2 次。对蜜蜂、鱼类等水生生物、家蚕有毒，施药期间应避免对周围蜂群的影响，开花植物花期、蚕室和桑园附近禁用。远离水产养殖区施药，禁止在河塘等水体中清洗施药器具。

四、新烟碱类杀虫剂

新烟碱类杀虫剂是人工合成烟碱的衍生物，对害虫具有触杀、内吸、胃毒、拒食和趋避作用，以及高效、低毒、安全、广谱的特点，一经问世便成为市场成长最快、销售最成功、活性最出色的杀虫剂品种之一。

新烟碱类杀虫剂主要是作用于昆虫神经突触后膜上的烟碱乙酰胆碱受体，阻断昆虫中枢神经系统的正常传导，从而导致害虫出现麻痹进而死亡。由于该类杀虫剂具有独特的作用机制，与常规杀虫剂没有交互抗性，对哺乳动物毒性低，可有效防治同翅目、鞘翅目、双翅目和鳞翅目等害虫，对用传统杀虫剂防治产生抗药性的害虫也有良好的活性。新烟碱类杀虫剂既可用于茎叶处理，也可用于土壤、种子处理。但是，自从新烟碱类杀虫剂面世以来，大量授粉昆虫数量骤减，这引起全世界种植业者的普遍关注，也导致各国纷纷出台政策应对此事。

1. 吡虫啉 imidacloprid

理化性质、毒性、作用特点等可参阅本章第二节吡虫啉。

【其他名称】 灭虫精、咪蚜胺、蚜虱净、艾美乐、康福多、虱蚜清、虱必克。

【剂　　型】 10%、20% 可湿性粉剂，10% 乳油，70% 水分散性粒剂，5% 油剂，3%、30% 微乳剂。

【应用技术】 用于防治刺吸式口器害虫，如蚜虫、叶蝉、飞虱、蓟马、粉虱及其抗性品系。对鞘翅目、双翅目和鳞翅目也有效。对线虫和红蜘蛛无活性。由于其优良的内吸性，特别适于种子处理和以颗粒剂施用。在禾谷类作物、马铃薯、甜菜和棉花上可早期持续防治害虫，上述作物及柑橘、落叶果树、蔬菜等生长后期的害虫可叶面喷雾。叶面喷雾对黑尾叶蝉、飞虱类（稻褐飞虱、灰飞虱、白背飞虱）、蚜虫类（桃蚜、棉蚜）和蓟马类（温室条蓟马）有优异的防效，优于噻嗪酮、醚菊酯、抗蚜威和杀螟丹。

土壤处理、种子处理和叶面喷雾均可。生长期喷雾防治多种蚜虫，在蚜虫发生始盛期，用 20% 乳油 1 000~2 000 倍液喷雾，防效可达 1 个月以上。

防治小麦蚜虫，在小麦苗蚜或穗蚜发生始盛期，用 10% 可湿性粉剂 10~20g/ 亩对水 40~50kg 均匀喷雾。

【注意事项】 该药对天敌毒性低。在推荐剂量下使用安全，能和多数农药或肥料混用。不能用于防治线虫和螨。施药时应做好个人防护，应穿戴防护服、手套、口罩。工作完后应用肥皂和清水洗手和身体暴露部分。避免与药剂直接接触。不宜在强阳光下喷雾使用，以免降低药效。用药处理后的种子禁止供人、畜食用，也不得与未处理的种子混合。

2. 噻虫嗪 thiamethoxam

理化性质、毒性、作用特点等可参阅本章第二节噻虫嗪。

【其他名称】 阿克泰、锐胜、快胜。

【剂　型】 21%、25%悬浮剂；25%、70%水分散粒剂；0.08%、0.12%颗粒剂。

【应用技术】 本产品为内吸型杀虫剂，种子包衣后可用于防治棉花蚜虫、玉米蚜虫、小麦蚜虫和金针虫。

生长期防治小麦蚜虫：在小麦苗蚜或穗蚜发生始盛期，用25%水分散粒剂6~10g，对水30~45kg均匀喷雾。

【注意事项】 包衣后的种子不得食用和不得作为饲料。播种时不能用手直接接触有毒种子。包衣后的种子不得摊晾在阳光下曝晒，以免发生光解影响药效。本品有毒，使用时应穿戴防毒用具，不得抽烟进食，使用后用肥皂水洗脸、手和裸露的皮肤。本品对蜜蜂和家蚕高毒，开花植物花期和桑园、蚕室附近禁用。施药期间应密切关注对附近蜂群的影响。请勿将制剂及其废液弃于池塘、河溪和湖泊等，以免污染水源。施药后的地块24h内禁止放牧和畜禽进入。建议与作用机制不同的杀虫剂轮换使用，以延缓抗性产生。

3. 噻虫胺 clothianidin

理化性质、毒性、作用特点等可参阅本章第二节噻虫胺。

【剂　型】 30%悬浮种衣剂、50%水分散粒剂等。

【应用技术】 防治小麦蚜虫，按照每100kg种子用30%悬浮种衣剂470~700mL包衣。防治烟粉虱、蚜虫，在为害初期，用50%水分散粒剂6~8g/亩对水40~50kg喷雾。

【注意事项】 本品对蜜蜂、家蚕有毒，施药期间应避免对周围蜂群的影响，桑园附近禁用。远离水产养殖区、河塘等水体施药。处理后的种子禁止供人畜食用。

4. 呋虫胺 dinotefuran

【其他名称】 呋碇胺、护瑞。

[理化性质] 纯品为白色结晶，熔点104~106℃，相对密度1.40。在水中溶解度39g/L，正己烷9.0×10⁻⁶g/L，二甲苯73×10⁻³g/L，甲醇57g/L。

【毒　性】 低毒。大鼠急性经口LD_{50}>2 000mg/kg，大鼠急性经皮LD_{50}>2 000mg/kg。对兔眼睛和皮肤无刺激性。无致畸、致癌和致突变性。对蜜蜂和蚕高毒，对鱼和鸟低毒。

【剂　型】 20%悬浮剂，20%可溶粒剂，8%悬浮种衣剂。

【作用特点】 第三代新烟碱类杀虫剂，烟碱乙酰胆碱受体的兴奋剂，影响昆虫中枢神经系统的突触，具有较强的内吸活性，具有触杀、胃毒和根部内吸性强、速效高、持效期长4~8周、杀虫谱广等特点，且对刺吸口器害虫有优异防效，并在很低的剂量即显示了很高的杀虫活性。主要用于防治小麦、水稻、棉花、蔬菜、果树、烟叶等多种作物上的蚜虫、叶蝉、飞虱、蓟马、粉虱及其抗性品系，同时对鞘翅目、双翅目和鳞翅目和同翅目害虫有高效，并对蜚蠊、白蚁、家蝇等卫生害虫有高效。

【应用技术】 可以快速被植物吸收并向顶传导，可用于防治水稻稻飞虱和小麦蚜虫。

防治小麦蚜虫，在蚜虫发生始盛期，用20%悬浮剂25~40mL/亩，对水40~50kg喷雾。

【注意事项】 使用本品后的小麦至少应间隔21d收获，每季最多使用2次。建议与作用机制不同的杀虫剂轮换使用，以延缓抗性产生。对蜜蜂有毒，应避免对周围蜂群的影响，周围开花植物花期及花期前

7d 禁用；对家蚕有毒，蚕室及桑园附近禁用。使用本品应穿防护服，戴防护手套、口罩等，避免皮肤接触及口鼻吸入。使用中不可吸烟、饮水及吃东西，使用后及时用大量清水和肥皂清洗手、脸等暴露部位皮肤并更换衣物。用过的容器应妥善处理，不可作他用，不可随意丢弃。

5. 啶虫脒 acetamiprid

【其他名称】 莫比朗、吡虫氰、乙虫脒。

【理化性质】 原药为白色晶体，熔点为 101.0~103.3℃。25℃时在水中的溶解度 4 200mg/L，能溶于丙酮、甲醇、乙醇、二氯甲烷、氯仿、乙腈、四氢呋喃等。在 pH 值 7 的水中稳定，pH 值 9 时，于 45℃逐渐水解，在日光下稳定。

【毒　性】 中等毒。大鼠急性口服 LD_{50}：雄 217mg/kg，雌 146 mg/kg；小鼠：雄 198mg/kg，雌 184 mg/kg；大鼠急性经皮 LD_{50}：雄、雌 >2 000mg/kg。对兔眼睛和皮肤无刺激性。对人畜低毒，对天敌杀伤力小，对鱼毒性较低，对蜜蜂影响小。

【剂　型】 5%、10%、20%、60%、70% 可湿性粉剂；20%、40% 可溶粉剂；3%、7.5%、41.5% 微乳剂；5%、41.5% 乳油。

【作用特点】 吡啶类杀虫剂，作用于昆虫神经系统突触部位的烟碱乙酰胆碱受体，干扰昆虫神经系统的刺激传导，引起神经系统通路阻塞，造成神经递质乙酰胆碱在突触部位的积累，从而导致昆虫麻痹，最终死亡。它除了具有触杀和胃毒作用，还有较强的渗透作用，由于作用机制独特，对小麦蚜虫有较好的防治效果。杀虫速效，用量少、活性高、杀虫谱广、持效期长达 20d 左右，对环境相容性好等。

【应用技术】 啶虫脒主要通过喷雾防治害虫，具体使用倍数或用药量因制剂含量不同而异。

防治小麦蚜虫，在小麦苗蚜或穗蚜发生始盛期，用 5% 可湿性粉剂 30~40g/ 亩，对水 40~50kg 喷雾。

【注意事项】 本品安全间隔期为 14d，每季最多使用次数为 2 次。施药时应远离蜜蜂养殖及鸟类活动区，同时不要污染附近桑树。赤眼蜂等天敌放飞区域禁用。不能与碱性物质混用（如波尔多液、石硫合剂）。施药要注意防护，如戴口罩、防护帽等，施药结束后，要立即洗手及换衣。施药结束后，要立即用清水清洗并换衣。施用过程中产生的残剩药剂和废旧包装物不能随意丢弃，应作统一处理，清洗施药器具的水不要污染鱼塘、河流等水体。

五、生物源类杀虫剂

生物源类杀虫剂是指生物及其代谢产生的具有杀虫活性的物质，包括植物源杀虫剂、微生物杀虫剂、微生物源杀虫剂（抗生素）、外激素及昆虫生长调节剂。

1. 阿维菌素 abamectin

【其他名称】 螨虫素、齐螨素、爱福丁。

【理化性质】 原药为白色或黄色结晶，熔点 150~155℃，21℃时溶解度（μg/L）：水中 7.8、丙酮中 100、甲苯中 350、异丙醇 70，氯仿 25（g/L）。常温下不易分解。在 25℃，pH 值 5~9 的溶液中无分解现象。

【毒　性】 原药高毒、制剂低毒。大鼠急性经口 LD_{50} 为 10mg/kg，急性经皮 LD_{50}>2 000mg/kg（兔）。对蜜蜂高毒，水土中被土壤微生物迅速降解，无生物富集现象。

【剂　型】 1.5% 超低容量液剂，1.8%、2%、2.8%、5% 乳油，5% 悬浮剂，1.8% 微乳剂，1.8% 水乳剂，0.5% 颗粒剂。

【作用特点】　它是一种大环内酯双糖类化合物。是从土壤微生物中分离的天然产物，对昆虫和螨类具有触杀和胃毒作用并有微弱的熏蒸作用，无内吸作用。但它对叶片有很强的渗透作用，可杀死表皮下的害虫，且残效期长。它不杀卵。其作用机制与一般杀虫剂不同的是它干扰神经生理活动，刺激释放 γ-氨基丁酸，而 γ-氨基丁酸对节肢动物的神经传导有抑制作用，螨类成螨、若螨和昆虫与幼虫与药剂接触后即出现麻痹症状，不活动不取食，2~4d 后死亡。因不引起昆虫迅速脱水，所以它的致死作用较慢。但对捕食性和寄生性天敌虽有直接杀伤作用，但因植物表面残留少，因此对益虫的损伤小。

【应用技术】　阿维菌素是一种广谱杀虫杀螨剂，可用于防治多种叶螨、鳞翅目、同翅目和鞘翅目害虫，也可用于防治根结线虫等地下害虫。

防治麦田蚜虫、麦蜘蛛，用 1.8% 乳油 1 000~3 000 倍液喷雾防治。

【注意事项】　阿维菌素特别适合于防治对其他类型农药已产生抗药性的害虫。为了防止害虫对其产生抗药性，应与其他类型杀虫剂轮换使用。药液应随配随用，不能与碱性农药混用。在小麦上使用的安全间隔期为 14d，每季作物最多使用 2 次。对蜜蜂、鸟类、蚕等毒性高，养蜂地区及开花作物花期禁止使用，使用时应密切关注对附近蜂群的影响。大风天气禁用，使用时密切关注雾滴漂移。远离水产养殖场、河塘等水体施药，禁止在河塘等水体中清洗施药器具。

2. 苦参碱 matrine

【其他名称】　苦参素、绿宝清、百草一号、绿宝灵、维绿特、碧绿。

【理化性质】　纯品外观为类白色至白色粉末。主要成分有苦参碱、槐果碱、氧化槐果碱、槐定碱等多种生物碱，以苦参碱、氧化苦参碱含量最高。

【毒　　性】　低毒。原药大鼠急性经口、经皮 LD_{50} 均 >5 000mg/kg，大鼠经腹腔 LD_{50}：125mg/kg、小鼠经腹腔 LC_{50}：150mg/kg、小鼠经静脉 LC_{50}：64 850μg/kg、小鼠经肌内 LC_{50}：74 150μg/kg。

【剂　　型】　1.5% 可溶液剂，0.5% 水剂。

【作用特点】　苦参碱是由中草药苦参的根、茎、叶、果实经乙醇等有机溶剂提取制成的生物碱。苦参碱是天然植物农药，害虫一旦触及本药，即麻痹神经中枢，继而使虫体蛋白质凝固，堵死虫体气孔，使害虫窒息而死，本品对人畜低毒，是广谱杀虫剂，具有胃毒和触杀作用。

【应用技术】　防治农作物、蔬菜、果树、茶叶、烟草等作物一些害虫取得良好防效。对蔬菜刺吸式口器昆虫蚜虫、鳞翅目昆虫菜青虫、茶毛虫、小菜蛾，以及茶小绿叶蝉、白粉虱等都具有理想的防效。

防治小麦蚜虫，在苗蚜或穗蚜发生始盛期，用 0.5% 水剂 60~90mL/ 亩，对水 40~50kg 均匀喷雾。

【注意事项】　本品不能与呈碱性的农药等物质混用。本品鱼类等水生生物、蜜蜂、家蚕有毒。施药期间应避免对周围蜂群的影响，开花作物花期、蚕室和桑园附近禁用。远离水产养殖区施药，禁止在河塘等水体中清洗施药器具。使用本品时应采取相应的安全防护措施，穿防护服、戴防护手套、口罩等，避免皮肤接触及口鼻吸入。使用中不可吸烟、饮水及吃东西，使用后及时清洗手、脸等暴露部位皮肤并更换衣物。建议与其他作用机制不同的杀虫剂轮换使用，以延缓抗性产生。用过的容器应妥善处理，不可他用，也不要随意丢弃。避免孕妇及哺乳期妇女接触。

3. 藜芦碱 vertrine

【其他名称】　西代丁、藜芦定、绿藜芦碱、塞凡丁、四伐丁、藜芦汀。

【理化性质】　纯品为扁平针状结晶（乙醚），熔点 213~214.5℃（分解）。1g 可溶于 15mL 乙醇或乙醚中，溶于大多数有机溶剂，微溶于水。

【毒　　性】　低毒。制剂对小白鼠急性经口致死中量 LD_{50} 为 20 000mg/kg。对人畜安全，在环境中易分解，不会造成环境污染。

【剂　　型】　0.5% 可溶液剂。

【作用特点】　本品为植物源杀虫剂，对害虫具有触杀、胃毒作用。经虫体表皮或吸食进入消化系统，造成局部刺激，引起反射性虫体兴奋，继之抑制虫体感觉神经末梢，经传导抑制中枢神经而致害虫死亡。

【应用技术】　有效防治多种作物蚜虫、茶树茶小绿叶蝉、蔬菜白粉虱等刺吸式害虫及菜青虫、棉铃虫等鳞翅目害虫。

防治小麦蚜虫，在苗蚜或穗蚜发生始盛期，用 0.5% 可溶液剂 100~133mL/ 亩，对水 40~50kg 喷雾。

【注意事项】　本品在小麦上的安全间隔期为 14d，每季最多使用次数 2 次。施药后应及时清洗药械，不可将废液、清洗液倒入河塘等水源。本品对蜂蜜、鱼类等水生生物、家蚕有毒，周围开花植物花期、蚕室及桑园附近禁用，施药期间要密切关注对附近蜂群的影响；远离水产养殖区、河塘等水体附近施药，禁止在河塘等水体中清洗施药器具。不可与呈强酸、强碱性的农药等物质混合使用。建议与其他不同作用机制的杀虫剂轮换使用，以延缓抗性产生。

4. 金龟子绿僵菌 CQMa421 *Metarhizium anisopliae* CQMa421

【毒　　性】　微毒。对人、畜、作物、环境无毒害，使用安全。

【剂　　型】　80 亿孢子 /mL 可分散油悬浮剂。

【作用特点】　本品有效成分为杀虫真菌绿僵菌分生孢子，能直接通过稻飞虱、稻纵卷叶螟等害虫体壁侵入体内，害虫取食量递减最终死亡。金龟子绿僵菌 CQMa421 属于微生物农药，是最新一代环保、广谱、高效的真菌活体杀虫剂。相对于化学杀虫剂，真菌杀虫剂的杀虫速率缓慢，理想条件下需要 3~7d。

【应用技术】　本品在害虫卵孵化盛期或低龄幼虫期使用，因作用方式为触杀，故喷雾应尽量全面、周到。

防治小麦蚜虫，在蚜虫发生始盛期，用 80 亿孢子 /mL 可分散油悬浮剂 60~90mL/ 亩，对水 40~50kg 均匀喷雾。

【注意事项】　配药时采用 2 次稀释法，现配现用：先加少量清水至瓶身刻度线，摇匀至瓶壁无墨绿色附着物，再加水搅拌均匀后喷雾。使用时尽量使药剂喷在虫体上或易与害虫接触的植物表面部位。药后 12h 内下雨，要补施。不可与呈碱性的农药和杀菌剂等物质混合使用。使用时应采取相应的防护措施，戴口罩、手套等，避免口鼻吸入与皮肤接触。使用中有任何不良反应请及时携标签就医。

5. 球孢白僵菌 *Beauveria bassiana*

【毒　　性】　微毒。大鼠急性经口 $LD_{50}>18 \times 10^8$ 菌落数 /kg，大鼠急性经皮 $LD_{50}>1.2 \times 10^8$ 菌落数 /kg。对眼睛、皮肤、呼吸系统可能产生刺激作用。

【剂　　型】　150 亿孢子 /g 可湿性粉剂。

【作用特点】　本品是一种真菌类微生物杀虫剂，作用方式是球孢白僵接触虫体感染，分生孢子侵入虫体内进行繁殖并破坏其组织，菌丝侵入虫体后，受感染的昆虫 3~5d 就会致死。死亡的虫体外可以产生新的分生孢子。

【应用技术】　球孢白僵菌寄主范围极广，主要寄主昆虫有鳞翅目、鞘翅目、膜翅目、同翅目、双翅目、半翅目、直翅目、等翅目、缨翅目、脉翅目、革翅目、蚤目、螳螂目、蜚蠊目和纺足目等 15 目 149 科 521 属 707 种。在我国主要用来防治甘薯象甲、大豆食心虫、地老虎、玉米螟、棉铃虫、黏虫、稻黑尾叶蝉、稻飞虱、三化螟、稻苞虫类、茶树小黄卷叶蛾、茶毛虫、三叶草夜蛾、甜菜象甲、油菜象甲、金龟甲、叶甲、油菜尺蠖、马铃薯二十八星瓢虫、菜青虫、甘蓝夜蛾、苹果蠹蛾、桃小实心虫、天牛、松毛虫等害虫。

防治小麦蚜虫，在蚜虫发生始盛期，用 150 亿孢子 /g 可湿性粉剂 15~20g/ 亩，对水 40~50kg 均匀喷雾。

【注意事项】 使用本品时应穿戴防护服、手套等，避免吸入药液；施药期间不可吃东西、饮水等；施药后应及时洗手、洗脸等。本品包装一旦开启，应尽快用完，以免影响孢子活力。本品可以和杀虫剂混合使用，不可与杀菌剂混用。清洗器具的废水不能排入河流、池塘等水源。禁止在河塘等水域清洗施药器具。废弃物应妥善处理，不可做他用，也不可随意丢弃。孕妇及哺乳期妇女避免接触本品。

6. 耳霉菌 *Conidioblous thromboides*

【理化性质】 制剂外观为土黄色悬浮液，pH 值 4.0~5.5。对人畜安全，不污染环境，不伤害天敌。

【毒　　性】 急性经口：>5 000mg/kg（制剂）；急性经皮：>5 000mg/kg（制剂）。

【剂　　型】 200 万个 /mL 悬浮剂。

[作用特点] 本品为块状耳霉菌生物农药，对多种蚜虫具有较强的毒杀作用。

【应用技术】 于小麦蚜虫发生初期，密度达到当地防治阈值时开始施药；用药次数应根据当地用药习惯及蚜虫发生情况而定。可与菊酯类、有机磷类农药混用。

防治小麦蚜虫，在蚜虫发生始盛期，用 200 万个 /mL 悬浮剂 150~200mL/ 亩，对水 40~50kg 均匀喷雾。施药 7d 后，如有蚜虫回升现象，可重复喷药一次。

【注意事项】 大风天或预计 1h 内降雨，请勿施药。远离水产养殖区施药，禁止在河塘等水体中清洗施药器具。废弃物要妥善处理，不可他用。喷雾必须均匀，全面接触蚜虫隐藏处。不要与杀菌剂混用。施药时穿长衣裤、戴手套、口罩等；此时不能饮食、吸烟等；施药后洗干净手脸等。与其他杀虫剂轮换使用。

六、其他类杀虫剂

1. 吡蚜酮 pymetrozine

【其他名称】 吡嗪酮、飞电。

【理化性质】 原药外观为白色或淡黄色固体粉末，熔点 234℃，溶解性（g/L，20℃）：乙醇中 2.25，正己烷中 <0.01，水中 0.27。对光热稳定，在强碱性条件下有一定的分解。

【毒　　性】 大鼠急性经口 LD_{50} 为 5 820mg/kg，大鼠急性经皮 LD_{50}>2 000mg/kg，大鼠急性吸入 LC_{50}（4h）>1 800mg/L；本品对兔眼睛和皮肤无刺激，无致突变性。

【剂　　型】 25% 可湿性粉剂、25% 悬浮剂、50% 水分散粒剂。

【作用特点】 本品属于选择性取食抑制剂，害虫一旦接触该药剂，立即停止取食，产生口针穿刺阻塞效果，且该过程为不可逆的物理作用。通过触杀、胃毒、内吸三种方式都会立即产生口针穿刺阻塞作用，丧失对植物的为害能力，最终饥饿而死。该产品具有独特作用方式、低毒、对环境及生态安全等特点，用于防治大部分同翅目害虫，尤其是蚜虫科、粉虱科、叶蝉科及飞虱科害虫。防治十字花科蔬菜蚜虫效果良好。

【应用技术】 本品为触杀性杀虫剂，可用于防治大部分同翅目害虫，尤其是蚜虫科、粉虱科、叶蝉科及飞虱科害虫，适用于蔬菜、水稻、棉花、果树及多种大田作物。

防治小麦蚜虫，在苗蚜或穗蚜发生始盛期，用 25% 可湿性粉剂 16~20g/ 亩，对水 30~45kg 均匀喷雾。

【注意事项】 不能与碱性物质混用。对瓜类、莴苣苗期及烟草有毒，应避免药液漂移到上述作物上。为延缓抗性产生，可与其他作用机制不同的杀虫剂轮换使用。对小麦的安全间隔期为 30d，每季最多使用 2 次。对蜜蜂、鱼类等水生生物、家蚕有毒，施药期间应避免对周围蜂群的影响，蜜源作物花期、蚕室和桑园附近禁用。远离水产养殖区施药，禁止在河塘等水体中清洗施药器具。

2. 除虫脲 diflubenzuron

【其他名称】 敌灭灵、蜕宝、斯盖特、雄威。

【理化性质】 纯品为白色晶体，熔点 230~232℃（分解）相对密度 1.56（20℃），蒸气压 1.2×10^{-7}Pa（25℃）。溶解于水 0.08mg/L（pH 值 5.5，20℃），丙酮 6.5g/L（20℃），二甲基甲酰胺 104g/L（25℃），中度溶于极性有机溶剂，微溶于非极性有机溶剂（<10g/L）。溶液对光敏感，以固体存在时对光稳定。

【毒　　性】 低毒。大鼠急性经口 LD_{50}>4 640mg/kg，大鼠急性经皮 LD_{50}>10 000mg/kg，大鼠急性吸入 LC_{50}>2.88mg/L。对兔眼睛和皮肤有轻微刺激性。对鱼、蜜蜂、鸟低毒。对天敌昆虫安全。

【剂　　型】 25% 可湿性粉剂。

【作用特点】 除虫脲是一种特异性低毒杀虫剂，属苯甲酰脲类几丁质合成抑制剂，对害虫具有胃毒和触杀作用，同时具杀卵作用。通过抑制昆虫几丁质合成使幼虫在蜕皮时不能形成新表皮，虫体畸形而死亡，但药效缓慢，持效期较长。该药对鳞翅目害虫有特效，对部分鞘翅目和双翅目害虫也有效。本品在水及土壤中能迅速分解，正常使用技术条件下对蜜蜂、鱼类、鸟类、天敌及人畜都较安全。

【应用技术】 除虫脲适用植物很广，可广泛使用于小麦、玉米、水稻、棉花、花生等粮棉油作物，苹果、梨、桃、柑橘等果树，十字花科蔬菜、茄果类蔬菜、瓜类等蔬菜，以及茶树、森林等多种植物。主要用于防治鳞翅目害虫，如菜青虫、小菜蛾、甜菜夜蛾、斜纹夜蛾、金纹细蛾、桃线潜叶蛾、柑橘潜叶蛾、黏虫、茶尺蠖、棉铃虫、美国白蛾、松毛虫、卷叶蛾、卷叶螟等。

防治小麦黏虫，在幼虫 3 龄以前，用 25% 可湿性粉剂 6~20g/ 亩，对水 40~50kg 均匀喷雾。

【注意事项】 施药应掌握在幼虫 3 龄以前，宜早期喷施，注意喷匀喷透。在小麦上的安全间隔期为 21d。用药前应仔细阅读标签，按照标签的建议使用和处置产品。不能与碱性物质混用。本品对水生无脊椎动物毒性较高，应避免流入水体。使用过的包装及废弃物应作集中焚烧处理，避免其污染地下水，沟渠等水源。建议与其他作用机制不同的杀虫剂轮换使用，以延缓抗性产生。

第四节　杀菌剂

能够杀死植物病原微生物或抑制其生长发育，从而防治植物病害的农药称为杀菌剂。植物病害绝大多数是由植物病原真菌引起，少数由植物病原细菌、植物病原病毒、植物病原线虫引起。因此，杀菌剂可分为杀真菌剂、杀细菌剂、杀病毒剂和杀线虫剂，通常将杀真菌剂简称为杀菌剂。按照杀菌剂来源，将杀菌剂分为矿物源杀菌剂、植物源杀菌剂、微生物源杀菌剂和有机杀菌剂。按照作用方式，将杀菌剂分为保护性杀菌剂、治疗性杀菌剂和铲除性杀菌剂。按传导特异性，将杀菌剂分为内吸性杀菌剂和非内吸性杀菌剂。

我国小麦生产上发生的病害有 80 多种，发生较为普遍的有 20 多种，其中纹枯病、赤霉病、锈病、白粉病是主要病害。据调查，2014—2018 年全国麦田病害平均发生面积 4.39 亿亩次，防治面积 6.85 亿亩次，通过防治挽回小麦损失 914.48 万 t。近几年，我国每年杀菌剂用量在 3.5 万 t 以上（有效成分），药剂类型主要包括三唑类、苯并咪唑类、甲氧基丙烯酸酯类等。适合小麦使用的剂型主要有乳油、可湿性粉剂、悬浮剂等。本节主要介绍了在小麦上登记并有较好防病效果的杀菌剂39种，分属于4大类型。

一、无机杀菌剂

以天然矿物为原料，加工制成的具有杀菌作用的元素或无机化合物。多为保护性杀菌剂，缺乏渗透和内吸作用，一般用量较高，对作物安全性较差，对敏感性作物易产生药害。

1. 硫黄 sulphur

【其他名称】　果腐宁、高洁、保叶灵、先灭、果麦收、硫黄粉。

【理化性质】　纯品为黄色粉末，有几种同素异形体。熔点：114℃（斜方晶体112.8℃，单斜晶体119℃）。沸点444.6℃。难溶于水，微溶于乙醇和乙醚，结晶状物溶于二硫化碳中，无定形物则不溶于二硫化碳中，不溶于石油醚中，溶于热苯和丙酮中，有吸湿性，易燃，自燃温度为248~266℃，与氧化剂混合能发生爆炸。

【毒　　性】　低毒。大鼠急性经口 LD_{50}>5 000mg/kg。对兔皮肤和眼睛有刺激性。对人和畜无毒。80%干悬浮剂大鼠急性经口 LD_{50}>2 200mg/kg；大鼠急性经皮 LD_{50}>2 200mg/kg；大鼠急性吸入（4h）LD_{50}>5.4mg/L。对兔皮肤、兔眼无刺激作用。

【剂　　型】　45%悬浮剂、50%悬浮剂、91%粉剂、80%干悬浮剂、10%油膏剂。

【作用特点】　硫是一种无机杀菌剂，兼有杀虫和杀螨作用，对小麦白粉病有良好的防效，对枸杞锈螨防效也很高。其杀虫杀菌效力与粉粒大小有着密切关系，粉粒越细，杀菌力越大；但粉粒过细，容易聚结成团，不能很好分散，因而也影响喷粉质量和效力。除了某些对硫敏感的作物外，一般无植物药害。杀菌机理据认为是作用于病菌氧化还原体系细胞色素 b 和 c 之间电子传递过程，夺取电子，干扰正常"氧化—还原"。具有保护和治疗作用，但没有内吸活性。50%悬浮剂以硫为活性成分，它对螨、菌、虫均有生物活性，对其有杀灭铲除功能。在适当的温度、湿度条件下释放出有效气体，它对病虫害的呼吸系统产生抑制作用，使其不能进行正常的新陈代谢窒息而死亡。

【应用技术】　用于防治小麦白粉病、锈病、黑穗病、赤霉病，瓜类白粉病，苹果、梨、桃黑星病，葡萄白粉病等，除了具有杀菌活性外，硫黄还具有杀螨作用，如用于防治柑橘锈螨等。

防治小麦白粉病，发病初期，用50%悬浮剂300~400g对水40~50kg喷雾，间隔7~10d喷1次；防治稻瘟病，水稻抽穗扬花期，用50%悬浮剂25~30g/亩对水40~50kg喷雾，隔8d再喷1次，共喷2次；防治蚕豆锈病，发病初期，用50%悬浮剂200倍液喷雾。

【注意事项】　本剂属保护剂，在田间刚发现少量病株时就应开始施药；当病情已普遍发生时施药，防效会降低。本剂不要与硫酸铜等金属盐类药剂混用，以防降低药效。本剂对黄瓜、大豆、马铃薯、桃、李、梨树、葡萄等敏感，施药时避免药液飘移到上述作物上。本剂虽属低毒杀菌剂使用时仍需执行一般农药的安全操作要求，并严防由呼吸道吸入。

2. 石硫合剂 calcium polysulpHide

【其他名称】　达克快宁、基得、速战、多硫化钙、石灰硫黄合剂。

【理化性质】　本药剂为褐色液体，具有强烈的臭蛋味，比重1.28/60℃；主要成分为五硫化钙，并含有多种多硫化物和少量硫酸钙与亚硫酸钙。呈碱性反应，遇酸易分解，在空气中易被氧化，而生成游离的硫黄及硫酸钙，特别是在高温及日光照射下，易引起这种变化，故贮存时应严加密封。

【毒　　性】　低毒。石硫合剂对人的皮肤有腐蚀性，并刺激眼鼻。此剂对人的皮肤有强烈腐蚀性。45% 石硫合剂雄大鼠急性经口 LD_{50} 为 619mg/kg，雌大鼠急性经口 LD_{50} 为 501mg/kg，家兔急性经皮 LD_{50}>5 000mg/kg，对眼和皮肤有强刺激性。

【剂　　型】　20% 膏剂、29% 水剂、30% 固体、45% 固体、45% 结晶。

【作用特点】　石硫合剂是用生石灰、硫黄加水煮制而成，具有杀菌和杀螨作用。喷布于植物体上后，其中的多硫化钙在空气中经氧、水和二氧化碳的影响而发生一系列化学变化，形成硫黄微粒而起杀菌作用，其效力比其他硫黄制剂强大，可作为保护性杀菌剂，用在苜蓿、大豆、果树上防治白粉病、黑星病、炭疽病等；同时，因为该制剂呈碱性，有侵蚀昆虫表皮蜡质层的作用，故可杀介壳虫等蜡质层较厚的害虫和一些螨卵。不同植物对石硫合剂的敏感性差异很大，尤其是叶组织脆嫩的植物易发生药害，温度越高，药效越高，而药害也越大。

【应用技术】　防治小麦锈病、白粉病、赤霉病及小麦上的红蜘蛛等。

使用浓度，根据作物的种类、喷洒时期以及当时的温度条件来决定。防治小麦锈病、白粉病，在早春使用波美 0.5 度，在后期使用 0.3 度。冬季气温低，一般应用波美 15 度涂抹果树；果树生长时期防治病害及介壳虫等，使用波美 0.3~0.5 度药液喷洒。

防治麦类锈病、白粉病，在发病刚开始时用药，用 45% 固体 150 倍液喷雾，喷药液 50kg/ 亩；防治茶树害虫，用 45% 固体 150 倍液喷雾；防治茶园害螨，用 45% 固体 150 倍液喷雾。

【注意事项】　对硫较敏感的作物如豆类、马铃薯、黄瓜、桃、李、梅、梨、杏、葡萄、番茄、洋葱等易产生药害，不宜使用。使用前要充分搅匀，长时间连续使用易产生药害，夏季高温 32℃以上，春季低温 4℃以下时不宜使用。石硫合剂为碱性，不能与有机磷类及大多数怕碱农药混用，也不能与油乳剂、松脂合剂、肥皂、铜制剂、波尔多液混用。

二、有机杀菌剂

是指在一定剂量或浓度下，具有杀死危害作物病原菌或抑制其生长发育的有机化合物。这类杀菌剂种类繁多，不同品种间在化学结构、化学性质、作用特点、使用范围及应用技术等方面存在着较大的差异。

有机杀菌剂包括有机硫杀菌剂、有机氯杀菌剂、有机磷杀菌剂、有机砷杀菌剂、有机锡杀菌剂、有机汞杀菌剂（已禁用），酰胺类杀菌剂，酰亚胺类杀菌剂，取代苯类杀菌剂，苯并咪唑类杀菌剂，三唑类杀菌剂，杂环类杀菌剂和农用抗生素及植物杀菌素。

1. 代森锌 zineb

【其他名称】　蓝克。

【理化性质】　纯品为白色粉末，原药为灰白色或淡黄色粉末，有臭鸡蛋味，挥发性小。闪点 138~143℃。室温下在水中的溶解度约为 10mg/L，不溶于大多数有机溶剂，在潮湿空气中能吸收水分而分解失效，遇光、热和碱性物质也易分解，放出二硫化碳，故代森锌不宜放在潮湿和高温地方。

【毒　　性】　低毒。原粉大鼠急性经口 LD_{50}>5 200mg/kg，对人急性经口发现的最低致死剂量为 5 000mg/kg，大鼠急性经皮 LD_{50}>2 500mg/kg。对皮肤、黏膜有刺激性。对鱼剧毒，对蜜蜂无毒。

【剂　　型】　65% 可湿性粉剂、80% 可湿性粉剂、4% 粉剂。

【作用特点】　是一种叶面喷洒使用的保护剂，对许多病菌如霜霉病菌、晚疫病菌及炭疽病菌等有较强触杀作用。有效成分化学性质较活泼，在水中易被氧化成异硫氰化合物，对病原菌体内含有 –SH 基的酶有强烈的抑制作用，并能直接杀死病菌孢子，抑制孢子的发芽，阻止病菌侵入植物体内，但对已侵入植物体内的病原菌丝体的杀伤作用很小。因此使用代森锌防治病害应掌握在病害始见期进行，才能取得较好的效果。代森锌的药效期短，在日光照射及吸收空气中的水分后分解较快，其残效期约 7d。对植物较安全，一般无药害，但烟草及葫芦科植物对锌较敏感，施药时应注意，避免发生药害。

【应用技术】　可以用于粮、果、菜等作物防治由真菌引起的大多数病害。对番茄早疫病、晚疫病、马铃薯晚疫病、蔬菜疫霉病、霜霉病、炭疽病、桃褐腐病、苹果叶斑病等防治效果显著。

防治麦类锈病，发病初期，用 80% 可湿性粉剂 500 倍液喷雾，每隔 7~10d 喷药 1 次，连续 2~3 次。

【注意事项】　本品为保护性杀菌剂，故应在病害发生初期使用方能起到防病效果，对植物安全。本剂不能与铜制剂或碱性药物混用，以免降低药效。按农药安全使用操作规程使用，工作完毕用肥皂洗净手和脸。

2. 福美双　thiram

【其他名称】　秋兰姆、赛欧散。

【理化性质】　纯品为白色无味结晶（工业品为淡黄色粉末，有鱼腥味）。熔点 155~156℃，相对密度 1.29。室温下溶解度，水中 30mg/L，不溶于水。遇碱易分解。在酸性介质中分解，长期暴露在空气、热及潮湿环境下易变质，DT_{50}（估计值）（22℃）128d（pH 值 4），18d（pH 值 7），9h（pH 值 9）。

【毒　　性】　低毒。原粉大鼠急性经口 LD_{50} 为 2 600mg/kg，小鼠急性经口 LD_{50} 为 1 500~2 000mg/kg。大鼠急性吸入 LC_{50}（4h）4.42mg/L（空气）。对皮肤、黏膜有刺激性。对鱼高毒。

【剂　　型】　50%、70%、80% 可湿性粉剂，10% 膏剂。

【作用特点】　具保护作用的广谱杀菌剂，主要用于种子和土壤处理，防治禾谷类黑穗病和多种作物的苗期立枯病，也可用于防治一些果树和蔬菜的病害。对人畜的毒性较低，一般使用剂量下对作物无药害。

【防治对象】　其抗菌谱广，主要用于处理种子和土壤，防治禾谷类黑穗病和多种作物的苗期立枯病。也可用于喷雾，防治一些果树、蔬菜病害。

防治小麦赤霉病、白粉病，在病害发病前或发病初期，用 50% 可湿性粉剂 500 倍液喷雾。

【注意事项】　不能与铜、汞剂及碱性药剂混用或前后紧接使用。对人体黏膜及皮肤有刺激作用，皮肤沾染则常发生接触性皮炎，裸露部位皮肤发生瘙痒，出现斑丘疹，甚至有水光、糜烂等现象，操作时应做好防护，工作完毕应及时清洗裸露部位。存置于干燥处，并远离火源，防止燃烧，运输和贮存时应有专门的车皮和仓库，不得与食物及日用品一起运输和贮存。

3. 百菌清　chlorothalonil

【其他名称】　达科宁、克达、霉必清、打克尼尔。

【理化性质】　纯品为白色无味晶体，工业品略有刺激性气味。熔点 250~251℃。沸点 350℃。在 25℃溶解度：水 0.6mg/L（几乎不溶于水），丙酮 3g/kg，二甲苯 8g/kg。对紫外光、热和酸碱水溶液都较稳定，不腐蚀容器。残效期较长、药效稳定。

【毒　　性】　低毒。原粉大鼠急性经口 LD_{50} 和兔急性经皮 LD_{50} 均大于 10 000mg/kg，大鼠急性吸入 $LC_{50}>4.7$mg/L（1h）。对兔眼结膜和角膜有严重刺激作用，可产生不可逆的角膜混浊，对某些人的皮肤有明显刺激作用。对鱼高毒。

【剂　　型】　40%、50%、60%、75% 可湿性粉剂。

【作用特点】　属广谱性杀菌剂，主要是保护作用，对某些病害有治疗作用。能与真菌细胞中的 3-磷酸甘油醛脱氢酶发生作用，与该酶体中含有谷胱氨酸的蛋白质结合，破坏酶的活力，使真菌细胞的代谢受到破坏而丧失生命力。在植物已受到病菌侵害，病菌进入植物体内后，杀菌作用很小。百菌清没有内吸传导作用，不会从喷药部位及植物的根系被吸收，但百菌清在植物表面有良好的黏着性，不易受雨水冲刷，因此具有较长的药效期，在常规用量下，一般药效期 7~10d。

【应用技术】　防治小麦叶锈病、叶斑病，发病初期，用 75％ 可湿性粉剂 100~127g/ 亩对水 40~50kg 喷雾。

【注意事项】　百菌清对人的皮肤和眼睛有刺激作用，少数人有过敏反应。一般可引起轻度接触性皮炎，如同被太阳轻度灼烧反应，不经治疗，大约 2 周之内，皮肤经脱皮而恢复。百菌清接触眼睛会立刻感到疼痛并发红。过敏反应表现为支气管刺激、皮疹、眼结膜和眼睑水肿、发炎，停止接触百菌清症状会消失。

4. 萎锈灵 carboxin

【理化性质】　纯品为米色结晶，两种结晶结构的熔点为 91.5~92.5℃ 和 98~100℃。25℃ 时 100g 溶剂中的溶解度：水中 0.017g，苯中 15g。正常温度条件下贮存较稳定。

【毒　　性】　低毒，原药大鼠急性经口 LD_{50} 为 3 820mg/kg，兔急性经皮 LD_{50}>8 000mg/kg，对兔眼睛和皮肤有轻微刺激作用。

【剂　　型】　20％ 乳油、12％ 可湿性粉剂、50％ 可湿性粉剂。

【作用特点】　为选择性内吸杀菌剂，它能渗入萌芽的种子而杀死种子内的病菌。萎锈灵对植物生长有刺激作用，并能使小麦增产。

【应用技术】　主要用于防治由锈菌和黑粉菌在多种作物上引起的锈病和黑粉（穗）病。

防治麦类锈病，发病前至发病初期，用 20％ 乳油 187.5~375mL/ 亩，对水 40~50kg 均匀喷雾，间隔 10~15d 再喷 1 次；防治麦类黑穗病，用 20％ 乳油 500mL 拌种 100kg。

【注意事项】　本剂不能与强酸性药剂混用。本剂 100 倍液对麦类可能有轻微药害，使用时应注意。药剂处理过的种子不可食用或作饲料。萎锈灵虽属低毒杀菌剂，配药和用药人员仍需注意防止污染手、脸和皮肤，如有污染应及时清洗。

5. 噻呋酰胺 thifluzamide

【其他名称】　满穗、噻氟菌胺。

【理化性质】　原药为白色至淡棕色粉末，pH 值为 5~9，水溶度 1.6mg/L，熔点 177.9~178.6℃。制剂外观为褐色悬浮剂，室温贮存至少 2 年。

【毒　　性】　低毒。原药大鼠急性口服及兔急性经皮 LD_{50}>5 000mg/kg，制剂大鼠急性口服及兔急性经皮 LD_{50}>5 000mg/kg，无致畸、致突变、致癌作用。

【剂　　型】　23％、240g/L 悬浮剂。

【作用特点】　是一种新的噻唑羧基 –N– 苯酰胺类杀菌剂，具有广谱杀菌活性，可防治多种植物病害，特别是对担子菌，丝核菌属真菌所引起的病害有特效。它具有很强的内吸传导性，适用于叶面喷雾、种子处理和土壤处理等多种施药方法，成为防治水稻、花生、棉花、甜菜、马铃薯和草坪等多种作物病害的优秀杀菌剂。

【应用技术】　噻呋酰胺克服了当前市场上用于防治黑粉菌的许多药剂对作物不安全的缺点，在种子处理防治系统性病害方面将发挥更大的作用。一般处理叶面可有效防治丝核菌、锈菌和白绢病菌引起的病害；处理种子可有效防治黑粉菌、腥黑粉菌和条纹病菌引起的病害。噻呋酰胺对藻状菌类没有活性。对由叶部病原物引起的病害，如花生褐斑病和黑斑病效果不好。

用 23％ 悬浮剂 30~130g/100kg 种子进行种子处理，对黑粉菌属和小麦网腥黑粉菌亦有很好的防效。

防治小麦纹枯病，在发病初期，用 240g/L 悬浮剂 18~23mL/ 亩，对水 40~60kg 均匀喷施小麦茎基部；防治小麦锈病有很好的活性，发病初期，用 240g/L 悬浮剂 18~23mL/ 亩，对水 40~50kg 均匀喷雾。

【注意事项】 在搬运、混药和施药时，要戴好防护面具，注意不要吸入口中。施药后务必用肥皂洗净脸、手、脚。如果溅入眼中，请立即用清水冲洗 15min。

6. 多菌灵 carbendazim

【其他名称】 棉萎灵、棉萎丹。

【理化性质】 纯品为白色结晶，熔点 307~312℃（分解），密度约为 1.45。在 24℃，水中溶解度 pH 值 4 时为 29mg/L，pH 值 7 时为 8mg/L，pH 值 8 时为 7mg/L。在碱性溶液中缓慢分解。

【毒　　性】 低毒。原粉大鼠急性口服 LD_{50}>15g/kg，大鼠急性经皮 LD_{50}>15g/kg，大鼠急性腹腔注射 LD_{50}>15g/kg。对兔皮肤和眼睛无刺激作用。对鱼类和蜜蜂低毒。

【剂　　型】 40%、50% 悬浮剂，25%、40%、50%、80% 可湿性粉剂。

【作用特点】 是一种高效低毒内吸性杀菌剂，由于它有明显的向顶输导性能，除叶部喷雾外，也多作拌种和浇土使用。具有保护和治疗作用，防病谱广，对葡萄孢菌、镰孢菌、小尾孢菌、青霉菌、壳针孢菌、核盘菌、黑星菌、轮枝孢菌、丝核菌效果较好，但对藻状菌和细菌无效；对子囊菌的作用也有明显的选择，即对孔出孢子属和环痕孢子属不敏感。其主要作用机制是干扰菌的有丝分裂中纺锤体的形成，从而影响菌的细胞分裂过程。

【应用技术】 可以防治多种病害。对花生基腐病、甜菜褐斑病、苹果褐斑病、梨黑星病、桃疮痂病、葡萄白腐病和炭疽病等均有效。

防治麦类黑穗病，用 40% 悬浮剂 250mL 加水 4kg 均匀喷洒 100kg 麦种，再堆闷 6h 后播种；防治小麦赤霉病，在小麦齐穗至扬花初期，用 40% 悬浮剂 100~120mL/ 亩对水 40~50kg 喷雾，间隔 7~10h 再施药 1 次。

【注意事项】 多菌灵可与一般杀菌剂混用，但与杀虫剂、杀螨剂混用时要随混随用。不能与铜制剂混用，不能与碱性农药等物质混用。稀释的药液静置后会出现分层现象，需摇匀后用。配药和施药人员要注意防止污染手、脸和皮肤，如有污染应及时清洗。安全间隔期 20d。

7. 甲基硫菌灵 thiopHanate–methyl

【其他名称】 甲基托布津、甲基硫扑净。

【理化性质】 纯品为无色结晶。密度 1.5（20℃），熔点 168℃（分解）。几乎不溶于水。在空气中和阳光下稳定，室温条件下，酸溶液较稳定，碱溶液不稳定，50℃下制剂至少稳定两年以上。

【毒　　性】 低毒。大鼠急性经口 LD_{50} 为 7 500mg/kg（雄）和 6 640mg/kg（雌）。小鼠急性经口 LD_{50} 为 1 510mg/kg（雄）和 3 400mg/kg（雌）。大鼠和小鼠急性经皮 LD_{50}>10g/kg。皮肤、眼睛和呼吸道受刺激引起结膜炎和角膜炎，炎症消退较慢。对鱼类高毒，对蜜蜂无毒。

【剂　　型】 50%、70% 可湿性粉剂，70% 水分散粒剂，36% 悬浮剂。

【作用特点】 是一种广谱性内吸杀菌剂，能防治多种作物病害，具有内吸、预防和治疗作用。它在植物体内转化为多菌灵，干扰病菌有丝分裂过程中纺锤体的形成，影响细胞分裂，从而抑制病菌菌丝正常生长，形成畸形而死亡，其抑菌谱与多菌灵相同。

【应用技术】 对麦类赤霉病、小麦锈病、小麦白粉病防治效果良好。可用于麦类、水稻、棉花、油菜、甘薯、甜菜、蔬菜、果树、花卉等作物，防治由子囊菌、担子菌、半知菌中多种病原真菌引起的病害。但对卵菌、链格孢菌、长孔孢菌及病原细菌引起的病害无效。可以种子处理、根部浇灌、叶面喷雾。

防治麦类黑穗病，用 50% 可湿性粉剂 200g 加水 4kg 拌种 100kg，然后闷种 6h；防治麦类赤霉病，始花期，用 70% 可湿性粉剂 100~150g/ 亩对水 40~50kg 喷雾，间隔 5~7d 后喷第 2 次药。防治小麦白粉病，在病害发生初期，用 36% 悬浮剂 1 500 倍液均匀喷雾。

【注意事项】 病原菌对本药剂容易产生抗药性，在使用时应避免频繁连用，可采用与其他药剂轮换使用，或采用复配药剂，以延缓抗药性产生，但不能用多菌灵、苯菌灵、噻菌灵作替代药剂，不能与含铜制剂混用。在使用过程中，若药液溅入眼中，应立即用清水或 2% 苏打水冲洗。药剂应贮存在远离食物、饲料和儿童接触不到的地方。收获前 2 周禁止用药。

8. 嘧菌酯 azoxystrobin

理化性质、毒性、作用特点等可参阅本章第二节嘧菌酯。

【其他名称】 阿米西达、腈嘧菌酯、安灭达。

【剂　　型】 15% 悬浮种衣剂、25% 悬浮剂、50% 水分散粒剂。

【应用技术】 该杀菌剂是一种超广谱的杀菌剂，对半知菌、子囊菌、担子菌、卵菌等真菌引起的多种病害都具有很好的防治效果。茎叶喷雾、种子处理、土壤处理，也可随稻田水处理。

防治小麦全蚀病，用 15% 悬浮种衣剂 180~260g，拌麦种 100kg；防治锈病、白粉病，在发病初期，用 25% 悬浮剂 50~60mL/ 亩，对水 40~50kg 均匀喷雾。

【注意事项】 在推荐剂量下，除少数苹果品种（嘎啦品系）和烟草生长早期外，对作物安全，也不会影响种子发芽或栽播下茬作物。能在土壤中通过微生物和光学过程迅速降解，半衰期为 1~4 周，不会在环境中积累。为了延缓抗性的产生，建议与其他作用机理的药剂轮换使用。避免与乳油类农药和有机硅类助剂混用。

9. 醚菌酯 kresoxim–methyl

【其他名称】 翠贝、苯氧菌酯。

【理化性质】 纯品为白色具芳香性气味的结晶状固体，熔点 101.6~102.5℃，相对密度 1.258。蒸气压 1.3×10^{-6}Pa（25℃），水中溶解度 2g/L（20℃）。

【毒　　性】 低毒。大鼠急性经口 LD_{50}>5 000mg/kg。大鼠急性经皮 LD_{50}>2 000mg/kg。大鼠急性吸入 LC_{50}（4h）>5.6mg/L。对兔眼睛和皮肤无刺激性。

【剂　　型】 50% 水分散粒剂、30% 可湿性粉剂、30% 悬浮剂、25% 乳油。

【作用特点】 具有保护、治疗、铲除、渗透、内吸活性。该杀菌剂具有广谱的杀菌活性，主要表现为抑制真菌的孢子萌发，具有很好的抑制孢子萌发作用，阻止病害侵入发病，对植物病害的防治以保护作用为主。同时也有较强的渗透作用和局部移动的能力，具有局部治疗作用。醚菌酯作用于真菌的线粒体，与细胞色素 b 的 Q_0 位点结合，阻止电子传递，抑制呼吸作用。但不能在植物体内系统运输和二次分配。与其他常用的杀菌剂无交互抗性，且比常规杀菌剂持效期长。对子囊菌纲、担子菌纲、半知菌类和卵菌亚纲等致病真菌引起的大多数病害具有保护、治疗和铲除活性。具有高度的选择性，对作物、人、畜及有益生物安全，对环境基本无污染。

【应用技术】 防治小麦白粉病、锈病，在发病初期，用 30% 悬浮剂 40~70mL/ 亩对水 40~50kg 喷雾；防治茶树炭疽病，发病初期，用 25% 乳油 1 000~2 000 倍液喷雾。防治小麦赤霉病，于小麦齐穗至扬花初期，用 50% 水分散粒剂 8~16g/ 亩，对水 30~45kg，均匀喷雾。

【注意事项】 本品不可与呈碱性的农药等物质混合使用。药剂应现用现配，配好的药液要立即使用。本品对鱼类等水生生物有毒，不得污染各类水域。远离水产养殖区、河塘等水体施药，禁止在河塘等水体中清洗施药器具。建议与其他作用机制不同的杀菌剂轮换使用，以延缓抗性产生。

10. 吡唑醚菌酯 pyraclostrobin

【其他名称】　凯润。

【理化性质】　纯品为白色至浅米色无嗅结晶，熔点为 63.7~65.2℃，蒸气压为 2.6×10^{-8} Pa（20℃）。水中溶解度为 1.9mg/L（20℃）。纯品在水溶液中光解半衰期 0.06d，制剂常温贮存。

【毒　　性】　低毒。大鼠急性经口 LD_{50}>5 000mg/kg。大鼠急性经皮 LD_{50}>2 000mg/kg。对兔眼睛、皮肤无刺激性。对兔、大鼠无潜在致畸性，对鼠无潜在致癌性。

【剂　　型】　25%、30% 悬浮剂，250g/L 乳油，50% 水分散性粒剂。

【作用特点】　同其他的甲氧基丙烯酸酯类杀菌剂的作用机理一样，也是一种线粒体呼吸抑制剂。它通过阻止细胞色素 b 和 c1 间电子传递而抑制线粒体呼吸作用，使线粒体不能产生和提供细胞正常代谢所需要的能量（ATP），最终导致细胞死亡。具有较强的抑制病菌孢子萌发能力，对叶片内菌丝生长有很好的抑制作用，其持效期较长，并且具有潜在的治疗活性。该化合物在叶片内向叶尖或叶基传导及熏蒸作用较弱，但在植物体内的传导活性较强，总之，吡唑醚菌酯具有保护作用、治疗作用、内吸传导性和耐雨水冲刷性能，且应用范围较广。可有效地防治由子囊菌、担子菌、半知菌和卵菌等真菌引起的作物病害。虽然吡唑醚菌酯对所测试的病原菌抗药性株系均有抑制作用，但它的使用还应以推荐剂量并同其他无交互抗性的杀菌剂在桶中现混现用或者直接应用其混剂，并严格限制每个生长季节的用药次数，以延缓抗性的发生和发展。该化合物不仅毒性低，对非靶标生物安全，而且对使用者和环境均安全友好，在推荐使用剂量下，绝大部分试验结果表明对作物无药害，但对极个别美洲葡萄和梅品种在某一生长期有药害。

【应用技术】　防治小麦锈病、白粉病，在发病初期，用 25% 悬浮剂 30~40g/ 亩，对水 40~50kg 均匀喷雾。

【注意事项】　本品不可与呈强酸、强碱性物质混用。建议与作用机制不同的杀菌剂轮换使用，以延缓抗性产生。每季作物最多使用 3 次，安全间隔期 3d。本品对蜜蜂、家蚕有毒，施药期间应避免对周围蜂群的影响，禁止在开花植物花期、蚕室和桑园附近使用。本品对鱼类等水生生物有毒，远离水产养殖区、河塘等水体施药，禁止在河塘等水体内清洗施药器具。

11. 烯肟菌胺 fenaminstrobin

【其他名称】　高扑。

【理化性质】　纯品外观为白色固体粉末或结晶，熔点 131~132℃，易溶于乙腈、丙酮、乙酸乙酯及二氯乙烷，不溶于水，在强酸、强碱条件下不稳定。在常温下稳定。

【毒　　性】　低毒。大鼠急性经口 LD_{50} 为 1 470mg/kg（雄）、1 080mg/kg（雌），大鼠急性经皮 LD_{50}>2 000mg/kg。对兔眼睛为中度刺激性，无皮肤刺激性。

【剂　　型】　5% 乳油。

【作用特点】　该药以天然抗生素甲氧基丙烯酸酯为先导化合物开发的甲氧基丙烯酸酯类高效杀菌剂，杀菌谱广、活性高、具有保护和治疗作用，与环境相容性好，低毒，无致癌、致畸作用，对由鞭毛菌、接合菌、子囊菌、担子菌及半知菌引起的多种病害有良好的防治作用。

【应用技术】　对小麦白粉病、叶锈病、条锈病，黄瓜白粉病，具有非常优异的防治效果；能有效控制黄瓜霜霉病、葡萄霜霉病等植物病害的发生与为害。此外，对水稻稻瘟病、玉米小斑病、棉花黄萎病、油菜菌核病、番茄叶霉病、黄瓜灰霉病、黄瓜黑星病具有很高的离体杀菌活性。对水稻纹枯病、水稻恶苗病、小麦赤霉病、小麦根腐病、辣椒疫病、苹果树斑点落叶病也有一定防效。适宜作物为麦类、水稻、蔬菜等。

防治小麦白粉病，在发病初期，用5%乳油750~1 000倍液均匀喷雾。

【注意事项】 在小麦上使用的安全间隔期30d，每季最多使用3次。应与其他作用机制的杀菌剂交替使用。开花植物花期禁止使用，避免对周围蜂群产生不利影响。远离水产养殖区施药，禁止在河塘等水体中清洗施药器具。

12. 三唑酮 triadimefon

【其他名称】 粉锈宁、立菌克、菌克灵、代世高、去锈、百菌酮、百理通。

【理化性质】 纯品为无色结晶体。熔点82.3℃（纯品），大于70℃（原粉）。对酸碱（pH值1~13）稳定。

【毒　　性】 低毒。大鼠急性经口LD_{50}约为1 000mg/kg，大鼠急性经皮LD_{50}>5 000mg/kg。对兔眼睛为中度刺激性，无皮肤刺激性。对哺乳动物、鸟禽、鱼等低毒，对蜜蜂、家蚕无影响。对皮肤有短时间的过敏反应，对眼睛无刺激作用。三唑酮在动物（大鼠）体内代谢很快，无明显蓄积作用。

【剂　　型】 15%、25%可湿性粉剂，10%、20%乳油，9%微乳剂，15%水乳剂，44%悬浮剂。

【作用特点】 对病害具有预防、铲除和治疗作用。三唑酮具有很强的内吸性，被植物各部分吸收后，能在植物体内传导，药剂被根系吸收后向顶部传导能力很强。对病菌孢子萌发和原来母细胞的生长无抑制作用或仅有轻微的抑制作用，但能使子细胞变形，菌丝膨大，分枝畸形，生长受抑制，并能抑制孢子的形成，其作用机理是强烈抑制麦角甾醇的生物合成。麦角甾醇是构成真菌细胞的主要成分，直接影响到细胞的渗透性，除卵菌纲真菌外，对所有真菌均有抑制作用。三唑酮是通过抑制麦角甾醇的生物合成，改变孢子的形态和细胞膜的结构，并影响其功能，而使病菌死亡或受抑制。

【应用技术】 三唑酮的抗菌谱广，对子囊菌亚门、担子菌亚门、半知菌亚门的病原菌具有很强的生物活性，能有效防治的病害有50余种，如麦类（大麦、小麦）条锈病、白粉病、全蚀病、白秆病、纹枯病、叶枯病、根腐病、散黑穗病、光腥黑穗病、坚黑穗病、丝黑穗病。

种子处理，按100kg麦种拌有效成分不超过30g，可以防治种子传播和土壤传播的多种病害。防治麦类白粉病、锈病，在发病前至发病初期，用25%可湿性粉剂30~48g/亩，对水30~50kg均匀喷雾。

【注意事项】 本品虽为低毒药剂，但无特效解毒药剂，应注意贮藏和使用安全。不可与粮食、饲料一起存放。可与除强碱性药以外的一般农药混用。安全间隔期为20d。一定要按规定用药量使用，否则作物易受药害。药害表现为植株生长缓慢、株型矮化、叶片变小、颜色深绿等。受药害严重时，生长停滞。拌种处理时，要严格控制用量，特别是麦类种子，播种后如遇长期干旱容易产生药害，表现为出苗率低，已出的苗生长矮小，叶片变小，颜色深绿色等。

13. 环唑醇 cyproconazole

【其他名称】 环丙唑醇。

【理化性质】 无色晶体，熔点103~105℃，沸点大于250℃。25℃水中溶解度1.4g/kg，二甲苯1 200g/kg。70℃下稳定15d，日光下土壤表面DT_{50}为21d，pH值3~9、59℃时稳定。

【毒　　性】 低毒。雄大鼠急性经口LD_{50}为1 020mg/kg，雌大鼠为1 330mg/kg；大鼠急性经皮LD_{50}>2g/kg；大鼠急性吸入LC_{50}（4h）>5.65mg/L。对兔皮肤和眼睛无刺激作用，无致突变作用。

【剂　　型】 40%悬浮剂，10%水分散粒剂，10%、40%可湿性粉剂。

【作用特点】 对病害具有内吸治疗作用。被植物各部分吸收后，能在植物体内传导，药剂被根系吸收后向顶部传导能力很强。通过抑制麦角甾醇的生物合成，改变孢子的形态和细胞膜的结构，并影响其功能，而使病菌死亡或受抑制。对禾谷类作物、咖啡、甜菜及果树上的白粉菌目、锈菌目、尾孢霉属、喙孢属、壳针孢属、黑星菌属真菌均有效，对麦类锈病持效期为4~6周，白粉病为3~4周。

【应用技术】　资料报道，可用于防治小麦白粉病、锈病等病害。

防治小麦白粉病、锈病，发病初期，用40%悬浮剂5 000~8 000倍液均匀喷雾。

14. 烯唑醇 diniconazole

【其他名称】　特普唑、禾果利、速保利、特效灵、特普灵、力克菌。

【理化性质】　原药为无色结晶固体，熔点134~156℃。溶解性：25℃水4.1mg/L，23℃甲醇95g/kg，二甲苯14g/kg。稳定性：在通常贮存条件下稳定，对热、光和潮湿稳定。

【毒　　性】　低毒。雄大白鼠急性经口LD_{50}为629mg/kg，雄大鼠为474mg/kg，大鼠急性经皮LD_{50}>5 000mg/kg。

【剂　　型】　12.5%可湿性粉剂、25%乳油、30%悬浮剂。

【作用特点】　广谱内吸性杀菌剂，是甾醇脱甲基化抑制剂。它在真菌的麦角甾醇生物合成中抑制1,4-脱甲基化作用，引起麦角甾醇缺乏，导致真菌细胞膜不正常，最终真菌死亡。抗菌谱广，具有较高的杀菌活性和内吸性，有保护、治疗和铲除作用。特别对子囊菌和担子菌有较高活性。它对孢子萌发的抑制作用小，而明显抑制萌芽后芽管的伸长，吸器的形状及菌体在植物体内的发育、新孢子的形成等。植物种子、根、叶片均能内吸，并具有较强的向顶传导性能，残效期长。对人、畜、有益昆虫、环境安全。

【应用技术】　杀菌谱广，对白粉病菌、锈菌、黑粉病菌和黑星病菌等，另外对尾孢霉、球腔菌、核盘菌、禾生喙孢菌、青霉菌、菌核菌、丝核菌、串孢盘菌、黑腐菌、驼孢锈菌、柱锈菌属等也有较好的抑制效果。其中，对子囊菌和担子菌引起的多种作物白粉病、黑粉病、锈病等有特效。

防治小麦散黑穗病、腥黑穗病、坚黑穗病，用12.5%可湿性粉剂160~240g拌种100kg；防治小麦白粉病、锈病、云纹病、叶枯病，在病害发病初期，用12.5%可湿性粉剂30~50g/亩，对30~45kg均匀喷雾。

【注意事项】　本品不可与碱性农药混用；药品应储存于阴暗处；喷药时要穿工作服、戴好口罩、手套，要避免药液吸入或沾染皮肤，药后要及时冲洗。拌种时要先用少量水喷洒种子，将种子润湿，然后按推荐的用药剂量拌种，应充分混拌均匀，然后再播种。在小麦上安全间隔期21d，每季作物最多施药2次。建议与其他作用机制不同的杀菌剂轮换使用，以延缓抗性的产生。

15. 氟环唑 epoxiconazole

【其他名称】　环氧菌唑、福满门、欧霸。

【理化性质】　纯品为无色结晶状固体，熔点136.2℃。相对密度1.384（25℃）。溶解度（20℃，mg/L）：水6.63，丙酮14.4，二氯甲烷29.1。在pH值7和pH值9条件下12d不水解。

【毒　　性】　低毒。大鼠急性经口LD_{50}>5 000mg/kg；大鼠急性经皮LD_{50}>2 000mg/kg；大鼠急性吸入LC_{50}（4h）>5.3mg/L。对兔眼睛和皮肤无刺激。

【剂　　型】　125g/L、12.5%、20%、30%、50%悬浮剂，70%水分散粒剂。

【作用特点】　广谱内吸性杀菌剂，是甾醇脱甲基化抑制剂。它在真菌的麦角甾醇生物合成中抑制1,4-脱甲基化作用，引起麦角甾醇缺乏，导致真菌细胞膜不正常，最终真菌死亡。抗菌谱广，具有较高的杀菌活性和内吸性，有保护、治疗和铲除作用，持效期较长，特别是对子囊菌和担子菌有较高活性，推荐剂量下对作物安全、无药害。

【应用技术】　防治立枯病、白粉病等10多种病害。广谱杀菌剂。田间试验结果显示其对禾谷类作物病害，如立枯病、白粉病等 10 多种病害有很好的防治作用。

防治小麦锈病，在发病初期，用 12.5% 悬浮剂 50~60mL/ 亩，对水 40~50kg 均匀喷雾。防治小麦纹枯病，在病害发病前或初期开始施药，用 50% 悬浮剂 14~18mL/ 亩，对水均匀喷雾。

【注意事项】 本药剂现配现用，使用时搅拌均匀。不可与呈碱性的农药等物质混合使用。本品为三唑类杀菌剂，建议与其他作用机制不同的杀菌剂轮换使用，以延缓抗药性的产生。对家蚕等有益生物毒性高，禁止在蚕室及桑园附近使用，以免对桑蚕等有益生物产生危害。远离水产养殖区施药，禁止在河塘等水体中清洗施药器具。药液及其废弃液不得污染各类水域、土壤等环境。

16. 粉唑醇 flutriafol

【其他名称】 Armour、Impact。

【理化性质】 纯品为白色晶体，熔点 130℃。20℃时溶解度：水 0.18g/L（pH 值 4）、0.13g/L（pH 值 7~9），丙酮 190g/L，二甲苯 12g/L。在酸、碱、热和潮湿的环境中稳定。

【毒　　性】 低毒。原药雌、雄大鼠急性经口 LD_{50} 为 1 480mg/kg 和 1 140mg/kg，雌、雄小鼠急性经口 LD_{50} 分别为 179mg/kg 和 365mg/kg；兔急性经皮 LD_{50}>2 000mg/kg。

【剂　　型】 12.5%、25%、50% 悬浮剂，50%、80% 可湿性粉剂。

【作用特点】 广谱性内吸杀菌剂，对担子菌和子囊菌引起的许多病害具有良好的保护和治疗作用，并兼有一定的熏蒸作用，但对卵菌和细菌无活性。该药有较好的内吸作用，通过植物的根、茎、叶吸收，再由维管束向上转移，根部的内吸能力大于茎、叶，但不能在韧皮部作横向或向基输导。粉唑醇对麦类白粉病的孢子堆具有铲除作用，施药后 5~10d，原来形成的病斑可消失。粉唑醇不论在植物体内体外都能抑制真菌的生长，主要是与真菌蛋白色素相结合，抑制真菌体内麦角甾醇的生物合成。

【应用技术】 防治麦类黑穗病，用 12.5% 悬浮剂 200~300mL 拌种 100kg；防治麦类白粉病，在剑叶零星发病至病害上升期，用 12.5% 悬浮剂 45~60mL/ 亩对水 40~50kg 喷雾；防治麦类锈病，在麦类锈病发生初期，用 25% 悬浮剂 16~24mL/ 亩对水 40~50kg 喷雾。

【注意事项】 施药时，应使用安全防护用具，防止药液溅及皮肤和眼睛。如不慎溅到皮肤或眼睛，要立即用清水冲洗。本品对鸟类、蜜蜂有毒，注意保护鸟类，鸟类取食区及保护区附近禁用。施药时应注意避免对周围蜂群的不利影响，开花植物花期禁用。本品对鱼等水生生物有毒，远离水产养殖区施药，禁止在河塘等水体中清洗施药器具。

17. 己唑醇 hexaconazole

【其他名称】 叶秀、同喜、安福、洋生、翠丽。

【理化性质】 纯品为无色晶体，熔点 111℃。20℃溶解度：水 0.018g/L，甲醇 246g/L，丙酮 164g/L，甲苯 59g/L，己烷 0.8g/L。室温（40℃以下）至少 9 个月内不分解，在酸、碱性（pH 值 5.7~9）水溶液中 30d 内稳定，pH 值 7 水溶液中紫外线照射下 10d 内稳定。在土壤中快速降解。

【毒　　性】 低毒。雄大鼠急性经口 LD_{50} 为 2 189mg/kg，雌大鼠为 6 071mg/kg；大鼠急性经皮 LD_{50}>2g/kg。对兔皮肤无刺激作用，但对眼睛有轻微刺激作用，雄小鼠急性经口 LD_{50} 为 612mg/kg，雌小鼠为 918mg/kg。

【剂　　型】 5%、10%、25%、30% 悬浮剂。

【作用特点】 高效、低毒、广谱、内吸性杀菌剂。内吸传导型杀菌剂，能抑制病原菌菌丝的伸长，阻止已发芽的病菌孢子侵入作物组织。

【应用技术】 防治小麦白粉病、锈病，在发病前或发病初期，用 30% 悬浮剂 8~12mL/ 亩，对水 40~50kg 均匀喷雾；防治小麦赤霉病，在小麦齐穗至扬花初期，用 30% 悬浮剂 8~12mL/ 亩，对水 40~50kg 均匀喷雾。

【注意事项】 不可与呈碱性的农药等物质混合使用。小麦安全间隔期为 21d，每季最多使用 2 次。施药时不宜随意加大剂量，否则会抑制作物生长。施药时，应使用安全防护用具，防止药液溅及皮肤和眼睛，如不慎溅到皮肤或眼睛，要立即用清水冲洗。本品对鸟、鱼、家蚕类等生物有中毒，对水蚤、藻类有高毒，远离水产养殖区、河塘等水体施药，禁止在河塘等水体中清洗施药器具。

18. 腈菌唑 myclobutanil

【其他名称】 灭菌强、禾粉唑、果垒、富朗、世斑、诺信、纯通、菌枯、瑞毒脱、倾止、势冠、翠福。

【理化性质】 原药为淡黄色固体，熔点 63~68℃，沸点 202~208℃（133Pa）。25℃水中溶解度为 124mg/L，可溶于一般的有机溶剂，如酮、酯、乙醇和苯类为 50~100g/L；不溶于脂肪烃，如己烷。

【毒　　性】 低毒。大鼠急性经口 LD_{50}：雄 1 600mg/kg，雌 2 290mg/kg，兔急性经皮 LD_{50}>5 000mg/kg。

【剂　　型】 12.5%、40% 可湿性粉剂，5%、12.5%、25%、40% 乳油。

【作用特点】 腈菌唑是一类具保护和治疗活性的内吸性三唑类杀菌剂。主要对病原菌的麦角甾醇的生物合成起抑制作用。杀菌谱广，对子囊菌、担子菌均具有较好的防治效果。该药剂持效期长，药效高，对作物安全，有一定刺激生长作用。具有预防和治疗作用。

【应用技术】 防治小麦白粉病，发病初期，用 12.5% 乳油 24~32mL/ 亩，对水 30~45kg 均匀喷雾，持效期可达 20d。防治麦类散黑穗病、坚黑穗病、网腥黑穗病、小麦颖枯病、大麦条纹病和网斑病以及由镰刀菌引起的种传病害，用 25% 乳油 40~80mL 处理 100kg 小麦种子。

【注意事项】 本品为三唑类杀菌剂，建议与其他作用机制不同的杀菌剂轮换使用。不能与强碱性农药混用。在日光下本品水溶液易降解，药液应现配现用，以防分解失效。安全间隔期 57d，每个生产季节最多使用 2 次。

19. 丙环唑 propiconazole

【其他名称】 敌力脱、必扑尔。

【理化性质】 原药为淡黄色无嗅黏稠液体，沸点 180℃（13.3Pa），水中溶解度为 110mg/L，易溶于有机溶剂，己烷 60g/kg，与丙酮、甲醇、异丙醇互溶。320℃以下稳定，对光较稳定，水解不明显。在酸性、碱性介质中较稳定，不腐蚀金属，贮存稳定性 3 年。

【毒　　性】 低毒。大鼠急性经口 LD_{50} 为 1 517mg/kg，急性经皮 LD_{50}>4 000mg/kg。对兔眼睛和皮肤无刺激性，对鸟无毒，对蜜蜂低毒。

【剂　　型】 25%、250g/L 乳油。

【作用特点】 是一种具有保护和治疗作用的内吸性杀菌剂，可被根、茎、叶部吸收，并能很快地在植株体内向上传导。丙环唑可以防治子囊菌、担子菌和半知菌所引起的病害，特别是对小麦根腐病、白粉病、水稻恶苗病具有较好的防治效果，但对卵菌引起病害无效。残效期在 1 个月左右。

【应用技术】 防治子囊菌、担子菌和半知菌所引起的病害，特别是对小麦全蚀病、根腐病、白粉病、水稻恶苗病具有较好的防治效果。

防治小麦全蚀病，用 25% 乳油按种子重量 0.1%~0.2% 拌种或 0.1% 闷种；防治小麦纹枯病，在病害发病前或发病初期开始施药，用 250g/L 乳油 30~40mL/ 亩对水 50kg 喷雾。防治小麦白粉病、条锈病、根腐病，在发病初期，用 25% 乳油 30~35mL/ 亩对水 50kg 喷雾；防治小麦眼斑病，发病初期，用 25% 乳油 35mL/ 亩，对水 40~50kg 喷雾；防治小麦颖枯病，孕穗期，用 25% 乳油 35mL/ 亩对水 40~50kg 喷雾；防治大麦叶锈病、网斑病，发病初期，用 25% 乳油 35mL/ 亩对水 40~50kg 喷雾。

【注意事项】 不可与碱性农药等物质混用。建议与作用机制不同的杀菌剂轮换使用，以延缓抗性产生。小麦安全间隔期为 28d，每季作物最多使用 2 次。储存温度不得超过 35℃。喷药时应穿防护服，工作后要洗澡并换洗衣服，在喷雾时不要吃东西、喝水和吸烟，在吃东西、喝水和吸烟前要洗手、洗脸。本品对鱼和水生生物有毒，勿将制剂及其废液弃于池塘、沟渠和湖泊等，以免污染水源。

20. 丙硫菌唑 prothioconazole

【其他名称】 丙硫唑、Proline、Input。

【理化性质】 纯品为白色或浅灰棕色粉末状结晶，熔点为 139~144℃，相对密度 1.36（20℃）。蒸气压（20℃）小于 4×10^{-7}Pa，水中溶解度（20℃）为 0.3g/L。室温下稳定。

【毒　　性】 低毒。大鼠急性经口 LD_{50}>6 200mg/kg。大鼠急性经皮 LD_{50}>2 000mg/kg。对兔皮肤和眼睛无刺激作用。对蜜蜂无毒。

【剂　　型】 30% 可分散油悬浮剂。

【作用特点】 具有很好的内吸活性，优异的保护、治疗和铲除活性，且持效期长。丙硫菌唑的作用机理是抑制真菌中甾醇的前体 – 羊毛甾醇或 2,4– 亚甲基二氢羊毛甾醇 C–14 位上的脱甲基化作用，即脱甲基化抑制剂（DMIS）。同其他三唑类杀菌剂相比，丙硫菌唑具有更广的杀菌活性，防病治病效果好，丙硫菌唑对作物具有良好的安全性，而且增产明显。

【应用技术】 丙硫菌唑主要用于防治禾谷类作物，如小麦、大麦、油菜、花生、水稻和豆类作物等众多病害。几乎对所有麦类病害都有很好的防治效果，如小麦和大麦的白粉病、纹枯病、枯萎病、叶斑病、锈病、菌核病、网斑病、云纹病等。

防治小麦赤霉病，在小麦齐穗至扬花初期，用 30% 可分散油悬浮剂 40~45mL/ 亩，对水 40~50kg 均匀喷雾。

【注意事项】 药剂应现混现配，配好的药液要立即使用。水产养殖区、河塘水体附近禁用，操作时不要污染水源或灌渠。不要在桑蚕养殖区使用本品，赤眼蜂、瓢虫等天敌放飞区域禁用。避免在强光下施药。

21. 戊唑醇 tebuconazole

【其他名称】 立克秀、科胜、菌立克、富力库、普果、奥宁。

【理化性质】 纯品为无色晶体，熔点 102~105℃，相对密度 1.25（26℃），20℃水中溶解度 32mg/L，异丙醇、甲苯 50~100g/L。稳定性好，水解半衰期超过 1 年。在土壤中的半衰期为 1~4 个月。

【毒　　性】 低毒。大鼠急性经口 LD_{50} 为 4 000mg/kg，大鼠急性经皮 LD_{50}>5 000mg/kg。对皮肤和眼睛有刺激作用。对鱼中等毒，鱼毒 LC_{50}（96h）：虹鳟 6.4mg/L，金鱼 8.7mg/L。水蚤 LC_{50}（48h）10~12mg/L。对鸟低毒。

【剂　　型】 30%、43% 悬浮剂，12.5%、25% 水乳剂，12.5%、25% 乳油，25% 可湿性粉剂，6%、12.5% 微乳剂，6% 悬浮种衣剂，2% 干粉种衣剂。

【作用特点】 高效广谱内吸性杀菌剂。主要是对病原菌的麦角甾醇的生物合成起抑制作用，使得病原菌无法形成细胞膜，从而杀死病原菌。可以防治白粉菌属、柄锈菌属、喙孢属、核腔菌属和壳针孢属菌引起的病害。用于小麦种子拌种或做包衣种子时，既可防治附着在种子表面的病菌，也可在植物体内向顶传导，从而杀死作物内部的病菌，尤其适用于黑穗病的防治。

【应用技术】 可以防治多种锈病、白粉病、网斑病、根腐病、麦类赤霉病。戊唑醇不仅可以有效地防治上述病害，而且还可促进作物生长、根系发达、叶色浓绿、植株健壮、有效分蘖增加和提高产量。

防治小麦锈病、白粉病，在发病初期，用25%可湿性粉剂25~35g/亩，对水40~50kg均匀喷雾；防治小麦赤霉病，在小麦齐穗至扬花初期，用43%悬浮剂25~30mL/亩，对水40~50kg均匀喷雾；防治小麦纹枯病，用2%湿拌种剂100~200g/100kg种子包衣；防治小麦散黑穗病，用6%悬浮种衣剂30~60mL/100kg种子包衣；防治小麦全蚀病，用25%可湿性粉剂按种子重量的0.2%拌种。

【注意事项】 建议与作用机制不同的杀菌剂轮换使用，以延缓抗性产生。使用时应遵守农药使用防护规则，做好个人防护。拌种处理过的种子播种深度以2~5cm为宜。用该药剂处理过的种子严禁用于加工成食品或动物饲料，而且不能与饲料混合，用药剂处理过的种子必须与粮食分开存放，以免污染或误食。因对水生生物有害，不得使药剂污染水源。

22. 三唑醇 triadimenol

【其他名称】 羟锈宁、抑菌净、百坦。

【理化性质】 纯品为无色无味微细结晶粉末，熔点111.7℃；可溶于环己烷、丙醇、二氯甲烷、甲苯等有机溶剂，20℃时溶解度分别为40%、15%、10%、40%，在水中溶解度仅为120mg/L；在正常情况下，对光、热稳定，在酸性（pH值3）、中性、碱性（pH值10）情况下贮存16个月不分解。

【毒　　性】 低毒。大鼠急性经口 LD_{50} 为700~1 200mg/kg，小鼠急性经口 LD_{50} 约为1 300mg/kg，大鼠急性经皮 LD_{50}>5 000mg/kg，大鼠急性吸入 LC_{50}>1 557mg/m³（1h）和 >954mg/m³（4h）。

【剂　　型】 10%、15%、25%可湿性粉剂，25%湿拌种剂，25%干拌种剂，25%乳油。

【作用特点】 三唑醇为广谱内吸性种子处理剂。主要是抑制麦角甾醇合成，因而抑制和干扰菌体的附着孢和吸器的生长发育。主要用于禾谷类作物腥黑穗病、丝黑穗病、散黑穗病、白粉病、锈病等病害的防治。

【应用技术】 防治小麦纹枯病，用15%可湿性粉剂200~300g拌种100kg；防治小麦腥黑穗病、秆黑粉病、散穗病，用25%干拌种剂30~60g拌种100kg；防治春大麦散黑穗病、大麦网斑病、大麦白粉病、燕麦散黑穗病、麦叶斑病、苗期凋萎病、小麦网腥黑穗病、根腐病等，用25%干拌种剂80~120g拌种100kg。

防治小麦锈病、白粉病，在病害发生前或发病初期，用25%乳油20~40mL，对水40~50kg均匀喷雾。

【注意事项】 本品不宜和强碱性农药等物质混施。建议与其他作用机制不同的杀菌剂轮换使用，以延缓抗性产生。小麦安全间隔期为21d，每季作物最多使用2次。本品对蜜蜂有毒，在放蜂季节注意不要污染蜜源作物。该药剂应放到儿童接触不到的地方，不可与食物和饲料一起存放或运输，拌过药的种子也不能用作饲料或食用。如误食引起中毒时，应立即找医生诊治。中毒症状一般为呕吐、激动、昏晕等，目前无解毒药剂。

23. 咪鲜胺 prochloraz

【其他名称】 施保克、使百克、咪鲜安、丙灭菌、氯灵、丙灭菌、扑霉灵。

【理化性质】 纯品为无色无嗅结晶固体，熔点46.5~50.3℃，沸点208~210℃（0.2mmHg分解）。溶解度（25℃，g/L）：丙酮3 500、氯仿2 500、甲苯2 500、乙醚2 500、二甲苯2 500，水34.4mg/L。在20℃、pH值7的水中稳定，对浓酸或碱和阳光不稳定。

【毒　　性】 低毒。急性口服毒性 LD_{50}：大鼠1 600~2 400mg/kg，小鼠2 400mg/kg。大鼠急性经皮

LD$_{50}$>2.1g/kg，兔急性经皮 LD$_{50}$>3g/kg。对兔眼睛无刺激，对鱼有毒，对蜜蜂低毒。

【剂　　型】　25% 乳油、25% 水乳剂、45% 水乳剂、25% 可湿性粉剂、50% 可湿性粉剂。

【作用特点】　广谱性杀菌剂，具有保护作用和铲除作用。虽然不具内吸作用，但它具有一定的传导性能。通过抑制甾醇的生物合成而起作用，对于子囊菌及半知菌引起的多种作物病害有特效。可防治小麦赤霉病、白粉病等病害。对水稻恶苗病、芒果炭疽病、柑橘青、绿霉病及炭疽病和蒂腐病、香蕉炭疽病及冠腐病等有较好的防治效果，还可以用于水果采收后处理，防治贮藏期病害。用于种子处理时，对禾谷类许多种传和土传真菌病害有较好活性。单用时，对斑点病、霉腐病、立枯病、叶枯病、条斑病、胡麻叶斑病和颖枯病有良好的防治效果，与萎锈灵或多菌灵混用，对腥黑穗病和黑粉病有极佳防治效果。在土壤中主要降解为易挥发的代谢产物，易被土壤颗粒吸附，不易被雨水冲刷。对土壤中的生物低毒，但对某些土壤中的真菌有抑制作用。

【应用技术】　用于防治各类作物白粉病、叶斑病、颖斑枯病、煤污病等。咪鲜胺与三唑酮、多菌灵、乙烯菌核利、异菌脲、腐霉利、十三吗啉等杀菌剂制成的混剂，均具有明显的增效作用。

防治小麦白粉病，在病害发生前或发病初期，用 25% 乳油 50~60mL，对水 40~50kg 均匀喷雾。防治小麦赤霉病，在小麦齐穗至扬花初期，用 25% 乳油 50~60mL/ 亩，对水 30~45kg 均匀喷雾；病害发生严重时，第一次施药后 5~7d 进行第二次施药。

【注意事项】　小麦上使用的安全间隔期为 28d，每季作物最多使用 2 次。建议与其他作用机制不同的杀菌剂轮换使用。不宜与强酸、强碱性农药混用。对蜜蜂、鸟类、蚯蚓低毒，鱼类等水生生物、家蚕中等毒，施药时应避免对周围蜂群的影响、蜜源作物花期、蚕室和桑园附近慎用。远离水产养殖区施药，应避免药液流入河塘等水体中，清洗喷药器械时切忌污染水源。使用时应遵守通常的农药使用防护规则，做好个人防护。对水生动物有毒，不可污染鱼塘、河道或水沟。

24．叶菌唑 metconazole

【理化性质】　纯品为白色、无味结晶体。熔点 111.5℃；沸点 285℃；相对密度 1.307（20℃）；蒸气压 1.23×10^{-5}Pa（20℃）；溶解度（20℃，mg/L）：水 15、甲醇 235、丙酮 238.9；有很好的热稳定性和水解稳定性。

【毒　　性】　低毒。大鼠急性经口 LD$_{50}$>661mg/kg，大鼠急性经皮 LD$_{50}$>2 000mg/kg。对兔皮肤无刺激，对兔眼睛有轻微刺激。对蜜蜂、蚯蚓无毒。

【剂　　型】　50% 水分散粒剂、8% 悬浮剂。

【作用特点】　叶菌唑属于广谱内吸性三唑类杀菌剂，是一种麦角甾醇生物合成中 C-14 脱甲基化酶抑制剂。主要通过抑制麦角甾醇生物合成，破坏真菌细胞膜透性和膜结构，抑制孢子的形成和菌丝生长。叶菌唑的杀真菌谱较广泛，且活性高，兼具优良的保护和治疗作用。主要通过叶面喷洒，防治麦类赤霉病和叶锈病、玉米锈病、大豆锈病、油菜籽菌核病等。此外叶菌唑具有生长调节作用，同时也可以达到使油菜籽增产的效果。

【应用技术】　适宜小麦、大麦、燕麦、黑麦、小黑麦等作物，主对壳针孢属和锈病活性优异，对小麦的颖枯病特别有效，预防、治疗效果俱佳。

防治小麦白粉病、锈病，在发病初期，用 50% 水分散粒剂 9~12g/ 亩，对水 40~50kg 均匀喷雾。

防治小麦赤霉病，在小麦齐穗期至扬花初期，用 8% 悬浮剂 56~75mL/ 亩，对水 30~45kg 均匀喷雾。发病严重时于第一次施药后 5~7d 进行第二次施药。

【注意事项】　本品在小麦上使用安全间隔期为 14d，每个作物周期的最多使用次数为 2 次。大风天或预计 1h 内降雨，请勿喷雾施药，或雨后补喷一次。对鱼类、藻类中毒，对蜜蜂、鸟类、蚯蚓、家蚕低毒。施药时应远离水产养殖区、河塘等水体施药，应避免药液流入河塘等水体中，清洗喷药器械时切忌污染水源，禁止在河塘等水体中清洗施药器具；施药后的田水不得直接排入水体。

25. 氰烯菌酯 Phenamacril

【理化性质】 纯品为白色或淡黄色固体粉末；熔点 123~124℃；蒸气压（25℃）：4.5×10^{-5}Pa；难溶于水、石油醚、甲苯，易溶于氯仿、丙酮、二甲基亚砜、N,N-二甲基甲酰胺。在酸性、碱性介质中稳定，对光稳定。氰烯菌酯 25% 悬乳剂外观为可流动的灰白色悬浮液体，存放过程中可能出现沉淀，但经手摇动，应恢复原状，不应有结块。悬浮率 ≥ 90%；倾倒试验：倾倒后残余物 ≤ 5.0%；湿筛试验（通过 75μm 试验筛）≥ 98%，产品在常温条件下质量保证期为 2 年。

【毒　　性】 微毒。大鼠急性经口 LD_{50} >5 000mg/kg，大鼠急性经皮 LD_{50}>5 000mg/kg，对兔皮肤和眼睛无刺激性。对鱼、鸟中等毒，对蜜蜂低毒。

【剂　　型】 25% 悬浮剂。

【作用特点】 氰烯菌酯属 2-氰基丙烯酸酯类杀菌剂，氰烯菌酯通过特异性抑制肌球蛋白-Ⅰ ATP 水解酶的活性，进而抑制毒素小体的形成，降低真菌毒素的合成。对镰刀菌类引起的病害有效，具有保护作用和治疗作用。具有内吸及向顶传导活性，可以被植物根部、叶片吸收，在植物导管和木质部以短距离运输方式向上输导，面向叶片下部及叶片间的输导性较差。

【应用技术】 氰烯菌酯为新型杀菌剂，对由镰刀菌引起的小麦赤霉病、水稻恶苗病、棉花枯萎病、西瓜枯萎病等病害有较好的防效。

在小麦抽穗扬花期喷雾 1~2 次，预防赤霉病发生，用 25% 悬浮剂 100~200mL/亩，对水 40~50kg 均匀周到喷雾；发病严重时于第一次施药后 5~7d 进行第二次施药。

【注意事项】 本品在小麦上的安全间隔期为 28d，每个作物周期的最多使用次数为 2 次。本品对鱼和蜜蜂有毒。使用时应注意对鱼和蜜蜂的不利影响，开花植物禁用，药液及其废液不得污染各类水域、土壤等环境。蚕室与桑园附近禁用。远离水产养殖区施药，禁止在河塘清洗施药器具。使用本品时应穿戴防护服和手套，避免吸入药液。施药期间不可吃东西和饮水。施药后应及时洗手和洗脸。

三、抗生素类杀菌剂

是对植物病原微生物具有预防或治疗作用的农用抗生素。这类杀菌剂的有效成分来自微生物体内的代谢产物，故而也属于生物性杀菌剂，具有低毒、低残留、易降解等特点，适用于绿色食品的生产。随着绿色防控技术的广泛应用，该类杀菌剂发展较快，其中井冈霉素已经成为年产值和应用面积最大的抗生素类杀菌剂，其次是农抗 120、宁南霉素，宁南霉素已经成为国内防治植物病毒病的有效制剂之一。

1. 井冈霉素 jianggangmycin

【其他名称】 有效霉素、病毒光、纹闲、纹时林。

【理化性质】 纯品为白色结晶，熔点 125.9℃，吸湿性强，可溶于甲醇、二氧六环、二甲基甲酰胺，微溶于丙酮、乙醇，不溶于氯仿、苯、石醚等有机溶剂，易溶于水，在 pH 值 4~5 时稳定。在 0.1mol 浓度硫酸中 105℃ 10h 分解，能被多种微生物分解失去活性。

制剂外观为棕色透明液体，无臭味。井冈霉素是由吸水链霉菌井冈变种产生的水溶性抗生素—葡萄糖苷类化合物，井冈霉素为多组分抗生素，共有 A、B、C、D、E 等组分，其中 A 和 B 的比例较大，其主要活性物质为井冈霉素 A，其次是井冈霉素 B。

【毒　性】　低毒。纯品大、小鼠急性经口 LD_{50} 均 >20g/kg，大、小鼠皮下注射 LD_{50} 均 >15g/kg；小鼠静脉注射 LD_{50} 为 25g/kg，小鼠静脉注射 LD_{50} 为 10g/kg。用 5g/kg 涂抹大鼠皮肤无中毒反应。大鼠 90d 喂养试验，无作用剂量 >10g/kg。鲤鱼 LD_{50}>40mg/L。对人、畜低毒，对环境安全。

【剂　型】　5%、16%、20%、60% 可溶性粉剂，20% 可湿性粉剂，2.4%、4%、10% 水剂，2.5% 高渗水剂。

【作用特点】　主要用于防治水稻、麦类纹枯病，兼具保护和治疗作用，还可防治蔬菜等作物病害。井冈霉素是内吸性很强的农用抗生素，当水稻纹枯病菌的菌丝接触到井冈霉素后，能很快被菌体细胞吸收并在菌体内传导，干扰和抑制菌体细胞正常生长发育，从而起到治疗作用。最新研究表明井冈霉素具有激发水稻抗性防卫反应以防御水稻纹枯病为害，其防病效果可能是其自身的抑菌作用和诱导植株产生抗性防卫反应协同作用的结果。井冈霉素是防治水稻纹枯病的特效药，50mg/L 浓度的防效可达 90% 以上，相当于或优于化学农药稻脚青，而且持效期可达 20d，在水稻任何生育期使用都不会引起药害。也可以用于有效防治稻曲病。

【应用技术】　防治麦类纹枯病，用 5% 水剂 600~800mL 拌种 100kg，对少量的水，用喷雾器均匀喷在麦种上，边喷边拌，拌完后堆闷几小时播种；小麦返青至拔节期，纹枯病病株率达到 15% 以上时，用 16% 可溶性粉剂水剂 40~50g/ 亩，对水 50~60kg 均匀喷雾，重病田隔 15~20d 再喷 1 次，药液应喷于植株茎基部。

【注意事项】　可与弱酸性和中性农药混用，不可与碱性农药混用。安全间隔期 14d，每季作物最多使用本品 2 次。井冈霉素虽属低毒杀菌剂，配药和施药人员仍需注意防止污染手、脸和皮肤。如有中毒事故发生，无特效解毒剂，可采用对症处理。施药后 4h 降雨不会影响药效。建议与其他作用机制不同的杀菌剂轮换使用。

2. 多抗霉素 polyoxin

【其他名称】　多氧霉素、多效霉素、多氧清、宝丽安。

【理化性质】　纯品为无色针状结晶，熔点 180℃，相对密度 0.536（23℃），易溶于水，不溶于甲醇、乙醇、丙酮、乙醚、氯仿和苯等有机溶剂。在酸性介质、中性介质中稳定，在碱性介质中不稳定，常温下贮存 3 年以上稳定。

【毒　性】　低毒。大鼠急性经口 LD_{50}>20 000mg/kg，大鼠急性经皮 LD_{50}>2 000mg/kg。大鼠急性吸入 LC_{50}（6h，mg/L）>10mg/L（空气）。对兔眼睛和皮肤无刺激性。对野鸭无毒，鲤鱼 LC_{50}（48h）>40mg/L，水蚤 LC_{50}（48h）>0.257mg/L。对蜜蜂低毒。

【剂　型】　1.5%、3% 可湿性粉剂。

【作用特点】　多氧霉素属农用抗生素类杀菌剂。它是金色链霉菌的代谢产物，主要组分为多氧霉素 A 和 B。杀菌谱广，有良好的内吸传导性能，并有保护和治疗作用，主要干扰病菌的细胞内壁几丁质的合成，抑制病菌产生孢子和病斑扩大；病菌芽管与菌丝接触药剂后局部膨大、破裂而不能正常发育，导致死亡。低毒，无残留，对环境不污染，对天敌和植物安全。

【应用技术】　主要用于防治纹枯病、白粉病等。

防治小麦白粉病、纹枯病，在病害发病前或发病初期，用 3% 可湿性粉剂 150~300 倍液均匀喷雾。

【注意事项】　不能与碱性农药等物质混用。建议与其他作用机制不同的杀菌剂轮换使用，以延缓抗性产生。药液随配随用，喷药 3h 内若遇雨应再补喷。

3. 嘧啶核苷类抗菌素　Pyrimidine nucleoside antibiotics

【其他名称】　120 农用抗菌素（TF-120）、抗霉菌素 120、农抗 120。

【理化性质】　嘧啶核苷类抗菌素（TF-120）经鉴定为一链霉新变种，定名为刺孢吸水链霉菌北京变种，其主要组分为嘧啶核苷类抗菌素 120-B 类似下里霉素（Harimycan），次要组分 120-A 和 120-C 类似潮霉素 B（Hy-gromycan B）和星霉素（Asteromycin）。原药外观为白色粉末，熔点 165~167℃（分解）。易溶于水，不溶于有机溶剂，在酸性和中性介质中稳定，在碱性介质中不稳定。

【毒　　性】　低毒。120-A 及 B 小鼠急性静脉注射 LD_{50} 分别为 124.4mg/kg 和 112.7mg/kg，粉剂对小白鼠腹腔注射 LD_{50} 为 1 080mg/kg，兔经口亚急性毒性试验无作用剂量为 500mg/（kg·d）。

【剂　　型】　2%、4%、6% 水剂，8%、10% 可湿性粉剂。

【作用特点】　广谱抗菌素，它对许多植物病原菌有强烈的抑制作用，对瓜类白粉病、小麦白粉病、花卉白粉病和小麦锈病防效较好。对病害有预防和治疗作用，其作用机理是直接阻碍病原菌的蛋白质合成，导致病原菌死亡，并对作物有明显的刺激生长作用。

【应用技术】　抗真菌谱广，主要用于防治小麦锈病、水稻和玉米纹枯病、番茄疫病、瓜类白粉病、大白菜黑斑病、西瓜枯萎病、苹果白粉病、葡萄白粉病、果树炭疽病、花卉白粉病等多种作物病害。

防治小麦锈病，在病害发病前或发病初期，用 4% 水剂 400 倍液均匀喷雾，10~15d 再喷药 1 次。

【注意事项】　本剂可与多种农药混用，但勿与碱性农药混用。建议与其他作用机制不同的杀菌剂轮换使用，以延缓抗性产生。远离水产养殖区用药，施药器械不可在天然水域中清洗，也不可将剩余药液及洗涤废水倒入河流、池塘等，防止污染水源。

4. 申嗪霉素　shenqinmycin

【其他名称】　农乐霉素。

【理化性质】　制剂外观为可流动悬浮液体，存放过程中可能出现沉淀，但经手摇动应恢复原状，不应有结块。熔点 241~242℃，溶于醇、醚、氯仿、苯，微溶于水，在偏酸性及中性条件下稳定。

【毒　　性】　低毒。大鼠急性经口 LD_{50}>5 000mg/kg（制剂），大鼠急性经皮 LD_{50}>2 000mg/kg（制剂）。

【剂　　型】　1% 悬浮剂。

【作用特点】　广谱性杀菌剂，具有预防和治疗作用，可以防治多种农作物真菌性病害。

【应用技术】　防治小麦赤霉病，在小麦齐穗至扬花初期施药，用 1% 悬浮剂 100~120mL/亩，对水均匀喷雾，间隔 7d 再施药 1 次。

防治小麦全蚀病，播种时拌种，用 1% 悬浮剂 100~200mL/100kg 种子。

【注意事项】　本品是抗生素杀菌剂，建议与其他作用机制不同的杀菌剂轮换使用。在小麦上喷雾使用时的安全间隔期为 14d，每季作物最多使用 2 次。不能与呈碱性的农药等物质混合使用。对鱼中等毒性，远离水产养殖区、河塘等水体施药，禁止在河塘等水体中清洗施药器具，药液及其废液不得污染各类水域、土壤等环境。禁止在开花作物花期、蚕室和桑园附近使用。

5. 四霉素　tetramycin

【其他名称】　梧宁霉素。

【理化性质】　发酵液为深棕色碱性水溶液，pH 值 7~9 时较稳定对光热酸碱都比较稳定。

【毒　　性】　低毒，无致畸、致癌、致突变作用。

【剂　　型】　0.3% 水剂。

【作用特点】　四霉素为不吸水链霉菌梧州亚种的发酵代谢产物，其作用机理是通过抑制菌丝体的生长，诱导作物抗性并促进作物生长而达到防治目的。对小麦白粉病、赤霉病，黄瓜细菌性角斑病，水稻细菌性条斑病，水稻立枯病，花生根腐病，玉米丝黑穗病及杨树溃疡病有防治效果。

【应用技术】　本品用于作物病害发病前或发病初期用药。杀菌谱广，对鞭毛菌、子囊菌和半知菌亚门真菌等三大门类 26 种已知病原真菌均有极强的杀灭作用。适用各种农作物多种真菌病害的防治。

防治小麦白粉病，在病害发生前或初期开始施药，用 0.3% 水剂 50~65mL/ 亩，间隔 7~10d 喷 1 次，共施药 2 次，全株均匀喷雾。

防治小麦赤霉病，在小麦扬花初期施药，用 0.3% 水剂 50~65mL/ 亩，间隔 7d，施药 1~2 次，全株均匀喷雾，重点喷施穗部。

【注意事项】　本品不能与碱性农药混用。不宜在阳光直射下喷施，喷施后 4h 内遇雨需补施。药液及其废液不得污染水域，禁止在河塘等水体清洗器具。使用本品时应戴手套、口罩等防护用具，避免吸入药液，施药期间不可吃东西和饮水，施药后应及时洗手和洗脸等暴露部位皮肤并更换衣物。

四、生物源类杀菌剂

主要指利用细菌、真菌、放线菌等生物源物资及其代谢物中的活性成分来防治植物病害的药剂。

1. 木霉菌 *trichoderma* sp.

【其他名称】　生菌散、灭菌灵、特立克、木霉素、快杀菌。

【理化性质】　为半知菌类丛梗孢目、丛梗孢科、木霉属真菌孢子。真菌活孢子不少于 1 亿 /g，淡黄色至黄褐色粉末，pH 值 6~7。

【毒　　性】　低毒。急性经口 LD_{50}>2 150mg/kg（大鼠），急性经皮 LD_{50}>4 640mg/kg（大鼠）。水生生物：斑乌鱼 LD_{50}>3 200mg/kg。

【剂　　型】　1.5 亿活孢子 /g 可湿性粉剂、2 亿活孢子 /g 可湿性粉剂、1 亿活孢子 /g 水分散粒剂。

【作用特点】　木霉素能对多种真菌性病害有很好的控制作用，所以对蔬菜上的其他一些真菌性病害也能兼治。无药害，由于它是一种生物制剂，以菌治菌，因而对蔬菜作物很安全。不产生抗性，而化学性杀菌剂长期使用容易使病菌产生诱导抗性。无残留，它是一种理想的无公害农药，大力推广使用符合绿色农业发展的要求。投资少，节省生产成本，经济效益高。

【应用技术】　用于防治小麦纹枯病和根腐病等。

防治小麦纹枯病，用 1 亿活孢子 /g 水分散粒剂 3~5kg 拌种 100kg；在发病初期，用 1 亿活孢子 /g 水分散粒剂 50~100g/ 亩对水 60kg 顺垄灌根。

【注意事项】　本品在发病前或发病初期开始用药。露天使用时，最好于阴天或 16∶00 以后作业，喷药后 8h 内遇降雨，应在晴天后补喷。不可与防治真菌的药剂同时使用。不可与呈碱性的农药等物质混合使用。可与多种杀虫剂现混现用，但不可久置。贮存于阴凉干燥处，温度以不超过 30℃为宜，切忌阳光直射。

2. 多黏类芽孢杆菌 *Paenibacillus polymyza*

【理化性质】　淡黄褐色细粒，相对密度 0.42，有效成分可在水中溶解。多黏类芽孢杆菌属于类芽孢杆菌属，是一种产芽孢的革兰氏阳性细菌，好氧或兼性厌氧生活。其细胞呈直杆状，菌落特征多呈浅黄或白色的黏稠状，表面湿润光滑；可利用周生鞭毛运动，膨大孢子囊中产生椭圆形芽孢；最适生长 pH 值为

7.0，最适温度为 28~35℃；分解葡萄糖和其他糖类，能产酸，有时产气，在营养琼脂上无可溶性色素。多黏类芽孢杆菌可产生多种可利用的代谢活性物质，按其结构可分为肽类、蛋白质类、多糖类等，这些物质大多具有拮抗微生物、促进植物生长等功能。

【毒　　性】　低毒。大鼠急性经口 LD_{50}>5 000mg/kg，大鼠急性经皮 LD_{50}>2 000mg/kg。对兔皮肤和眼睛无刺激性。对鱼、鸟、蜜蜂、家蚕低毒。

【剂　　型】　0.1 亿活芽孢 /g 可湿性粉剂、50 亿活芽孢 /g 可湿性粉剂。

【作用特点】　本品属于微生物农药，对植物细菌性青枯病有良好的防效。

【应用技术】　防治小麦赤霉病，扬花期初期开始用药，400~600mL/ 亩，注意对穗部均匀喷雾。严重时，可使用登记批准的最高剂量或间隔 5~7d 补施一次。

【注意事项】　不宜与铜制剂直接混用或同时使用，使用过杀菌剂的容器和喷雾器需要用清水彻底清洗后使用。施用时注意安全防护，穿戴防护服和手套，避免与皮肤和眼睛接触。施药后应及时清洗手及面部，脱下防护用具，所有操作应在通风处进行。用过的容器应妥善处理，不可做他用或随意丢弃。孕妇和哺乳期妇女禁止接触。禁止任何塘池水域清洗施药器具。

3. 枯草芽孢杆菌 *Bacillus subilils*

【其他名称】　格兰、天赞好、力宝。

【理化性质】　微生物菌种，称革兰氏阳性菌。具内生孢子，为深褐色粉末。比重 0.49g/cm³，温度高于 50℃不稳定。

【毒　　性】　低毒。大鼠急性经口 LD_{50}>4 600mg/kg（可湿性粉剂），大鼠急性经皮 LD_{50}>4 600mg/kg（可湿性粉剂）。

【剂　　型】　20% 可湿性粉剂、10 亿芽孢 /g 可湿性粉剂、1 000 亿芽孢 /g 可湿性粉剂。

【作用特点】　农用杀菌剂，芽孢杆菌为细菌性杀真菌剂，它通过竞争性生长繁殖而占据生存空间的方式来阻止植物病原真菌的生长，能在植物表面迅速形成一层高密保护膜，使植物病原菌得不到生存空间，从而保护了农作物免受病原菌为害，枯草芽孢杆菌可分泌抑菌物质，抑制病菌孢子发芽和菌丝生长，从而达到预防与治疗的目的。

【应用技术】　防治小麦白粉病、锈病，在发病初期，用 1 000 亿芽孢 /g 可湿性粉剂 15~20g/ 亩 , 对水 30~45kg 均匀喷雾。防治小麦赤霉病，应于抽穗扬花期初期开始用药，用 1 000 亿芽孢 /g 可湿性粉剂 15~20g/ 亩，对水 40~50kg 均匀喷雾，连续 2 次间隔 5~7d。

【注意事项】　宜密封避光在低温（15℃左右）条件贮藏。在分装或使用前将本品充分摇匀，不能与含铜物质、402 或链霉素等杀菌剂混用，不可与呈碱性的农药等物质混合使用。若黏度过大，包衣时可适量冲水稀释但包衣后种子贮存含水量不能超过国标。本产品保质期 1 年，包衣后种子可贮存一个播种季节，若发生种子积压可经浸泡冲洗后转作饲料。

4. 地衣芽孢杆菌 *Bacillus licheniformis*

【其他名称】　"201" 微生物。

【理化性质】　原药外观为棕色液体，略有沉淀，沸点 100℃。

【毒　　性】　低毒。急性经口 LD_{50}>10 000mg/kg（大鼠），急性经皮 LD_{50}>10 000mg/kg（大鼠）。对蜜蜂无毒害作用。

【剂　　型】　10 亿个活芽孢 /mL 水剂、80 亿个活芽孢 /mL 水剂。

【作用特点】　为微生物杀菌剂，是地衣芽孢杆菌利用培养基发酵而成的细菌性防病制剂。

【应用技术】　对植物病原真菌类有强烈的颉抗作用，能有效地防治黄瓜及烟草病害。

防治小麦全蚀病，小麦播种前拌种，小麦全蚀病发病初期施药，用80亿个活芽孢/mL水剂150~300mL/亩，对水40~50kg喷雾，间隔7d连续喷药3次。

【注意事项】　本产品如有沉淀属正常现象，使用时摇匀，不会影响药效。本品不能与强酸、强碱性的农药等物质混合使用。不得与苯酚、过氧化氢、过氧乙酸、高锰酸钾、氯化汞、磺基水杨酸等物质混用。施药时需做好保护措施，戴好口罩、手套，穿长衣、长裤及胶靴。施药后用温肥皂水洗净手脸及暴露皮肤。请按规定防治对象及用药量使用。禁止在河塘、水体清洗施药器具。请勿食用，置于儿童接触不到的地方。

5. 荧光假单胞杆菌 *Pseudomonas fluorescens*

【其他名称】　青萎散、消蚀灵。

【理化性质】　制剂外观为灰色粉末，pH值6.0~7.5。

【毒　性】　低毒。大鼠急性经口 LD_{50}>5 000mg/kg（制剂），大鼠急性经皮 LD_{50}>5 000mg/kg（制剂）。对家兔眼睛和皮肤无刺激作用。

【剂　型】　15亿芽孢/g水分散粒剂、5亿芽孢/g可湿性粉剂。

【作用特点】　农用杀菌剂，本品是通过颉抗细菌的营养竞争位点占领等保护植物免受病原菌的侵染。本品主要用于番茄、烟草等植物青枯病的防治，并能催芽、壮苗，促使植物生长，具有防病和菌肥的双重作用。

【应用技术】　能有效防治小麦因病害引起的烂种、死苗及中后期的干株、白穗，对小麦全蚀病有较好的防治效果。

防治小麦全蚀病，用5亿芽孢/g可湿性粉剂1 000~1 500g拌小麦种子100kg。小麦全蚀病发病初期施药，用5亿芽孢/g可湿性粉剂100~150g/亩，对水50~60kg灌根，间隔7d再防治一次。

【注意事项】　本品严禁与其他杀菌剂和化学农药混用。拌种过程中避开阳光直射，灌根时使药液尽量顺垄进入根区，可与杀虫剂、杀菌剂混用。

6. 低聚糖素 oligosaccharins

【其他名称】　寡聚糖素。

【毒　性】　低毒。

【剂　型】　6%水剂。

【作用特点】　低聚糖素是一种植物诱导抗病剂，是从富含糖类的水果植物原料中经生物工程方法提取。当低聚糖素通过叶面喷洒，进入植物体内后，可调节植物生长发育，诱导植物合成和积累植保素等抗病物质，以抑制、阻碍病原菌的生长繁殖，提高植物抗病能力，从而达到防治病害和增加产量的目的。

【应用技术】　能有效地防治农作物的病害，特别是真菌类病害，广泛应用于小麦赤霉病的综合防治，可防治赤霉病、纹枯病、白粉病、枯萎病、锈病、炭疽病、煤烟病等。

防治小麦赤霉病，在发病前或在扬花初期，用6%水剂50~80mL/亩，对水40~50kg均匀喷雾。视病情和天气情况，隔7d再喷一次，连续施药2~3次，注意喷雾要均匀。

【注意事项】　本品不可与强碱性或强酸性的农药等物质混合使用。建议与其他作用机制不同的杀菌剂轮换使用，以延缓抗性产生。大风天或预计1h内下雨，请勿施药。施药期间应避免对周围蜂群的影响、开花植物花期、蚕室和桑园附近禁用，远离水产养殖区施药，禁止在河塘等水体中清洗施药器具。使用本品应采取相应的安全防护措施，穿防护服，戴防护手套、口罩等，避免皮肤接触及口鼻吸入。

7.蛇床子素　cnidiadin

【理化性质】　低含量工业品为黄绿色粉末，高含量为白色针状结晶粉末。熔点83~84℃，沸点145~150℃，溶于碱溶液、甲醇、乙醇、氯仿、丙酮、醋酸乙酯和沸石油醚等，不溶于水和石油醚。

【毒　　性】　低毒。

【剂　　型】　1%水乳剂。

【作用特点】　蛇床子素是一类最先从伞形科植物中提取分离出的天然香豆素类化合物，属植物源制剂，是通过抑制病原菌对葡萄糖和钙的吸收，有效抑制白粉病菌分生孢子在植物叶片上的定殖，从而保护作物免受病原菌危害。

【应用技术】　在小麦白粉病发生前或初期施用，用1%水乳剂150~200mL/亩，对水40~50kg喷雾，每7~10d施药1次，连续防治2次以上。

【注意事项】　本品不可与碱性农药、碱性肥料和碱性水等呈碱性的物质混合使用。大风天或预计6h内降雨，请勿施药。使用本品时应穿戴防护服和手套等，避免吸入药液，施药期间不可吃东西、饮水等，施药后应及时洗手和洗脸。使用过的施药器具应清洗干净，禁止在河塘等水体中清洗施药器具、倾倒废弃物。

第五节　除草剂

除草剂（herbicide）是指可使杂草彻底地或选择地发生枯死的药剂，又称除莠剂，用以消灭或抑制植物生长的一类物质。可用于防治农田杂草或杀灭非农耕地的杂草或灌木。除草剂的发现和应用成功是近代农业科学的重大成就之一，作为一项农业技术措施，它具有省工、快速、高效等优点，在农业生产中发挥了重要作用。近年来，我国除草剂生产和应用技术取得了长足发展，除草剂的应用量不断上升，目前除草剂生产和使用量已升至农药的首位。今后随着现代农业发展及劳动力资源的紧缺，化学除草仍是一项重要的农业措施。

小麦田杂草种类多、发生面积大、危害严重。根据调查，我国麦田杂草有300多种，常见的杂草种类有80多种，有40多种杂草发生危害严重；据统计，2014—2018年全国麦田杂草平均发生面积2.58亿亩次，防治面积2.68亿亩次，通过化学除草挽回小麦损失580.73万t。近几年，我国每年小麦除草剂用量在2.6万t以上（有效成分），药剂类型主要包括乙酰辅酶A羧化酶抑制剂、乙酰乳酸合成酶抑制剂、光系统Ⅱ抑制剂、原卟啉原氧化酶抑制剂、类胡萝卜素生物合成抑制剂、合成激素类等。在小麦除草剂中，目前推广的剂型主要有水分散粒剂、水剂、乳油、可分散油悬浮剂等。本节主要介绍了在小麦上登记并有较好除草效果的除草剂30种，分属于7大类型。

一、芳氧基苯氧基丙酸酯类和新苯基吡唑啉类除草剂

1.精噁唑禾草灵　fenoxaprop-p-ethyl

【其他名称】　骠马（加入了安全剂）、威霸。

【理化性质】　纯品无色无味固体，熔点89~91℃，蒸气压5.3×10^{-7}Pa（25℃），20℃时相对密度1.3。水中溶解度0.7mg/L（pH值5.8，20℃）；其他溶剂中溶解度（25℃，g/kg）：丙酮>500，甲

苯 >300，乙酸乙酯 >200，乙醇、环己烷、正丁醇 >10。50℃储藏 90d 稳定，见光不分解。强碱中分解，DT_{50}（20℃）：>1 000d（pH 值 5），100d（pH 值 7），2.4d（pH 值 9）。

【毒　　性】　低毒。大鼠急性经口 LD_{50} 为 3 040mg/kg（雄），大鼠急性经皮 LD_{50}>2 000mg/kg。对鱼类高毒，对其他水生生物中等毒，对鸟、蜜蜂低毒。

【剂　　型】　10% 乳油，6.9%、7.5% 水乳剂，6.9% 浓乳剂。

【除草特点】　选择性内吸传导型茎叶处理除草剂。用作茎叶处理，可为植物的茎、叶吸收，传导到生长点和分生组织，通过对乙酰辅酶 A 羧化酶的抑制而抑制杂草的脂肪酸合成，抑制其节、根茎、芽的生长，损坏杂草的生长点分生组织，受药杂草 2~3d 内停止生长，5~7d 心叶失绿变紫色，分生组织变褐，然后分蘖基部坏死，叶片变紫逐渐枯死。本品中加入安全剂，对小麦安全。

【适合作物】　精恶唑禾草灵含有安全剂，适于麦田除草，也可用于大豆、花生、棉花、甜菜、马铃薯、蔬菜等。

【防除对象】　可以防治一年生和多年生禾本科杂草，如看麦娘、硬草、野燕麦、稗草、狗尾草、马唐、牛筋草等。对节节麦、雀麦、旱雀麦、多花黑麦草、碱茅等防效差，对阔叶杂草无效。

【应用技术】　小麦苗期，从杂草 2 叶期到拔节期均可施用，但以冬前杂草 3~4 叶期施用最好。杂草 3~4 叶期，用 10% 乳油（加入了安全剂）50~75mL/ 亩，加水 30kg 均匀茎叶喷雾。

大豆、花生田，可以在杂草 3 叶期至分蘖期施药，用 6.9% 水乳剂 50~75mL/ 亩，对水 30kg 进行茎叶喷雾。

【注意事项】　不能用于大麦、燕麦、玉米、高粱田除草。小麦播种出苗后，看麦娘等禾本科杂草 2 叶至分蘖期施药效果最好。长期干旱后会降低药效。制剂中不含安全剂时不能用于麦田。某些小麦品种施药后会出现短时间叶色变淡现象，7~10d 逐渐恢复。施药后 5h 下雨，不影响药效的发挥。2 甲 4 氯、2,4-滴对本剂有一定拮抗作用。

2. 炔草酯 clodinafop-propargyl

【其他名称】　顶尖、麦极、炔草酸。

【理化性质】　纯品为白色结晶体，熔点 59.5℃（原药 48.2~57.1℃），相对密度为 1.37（20℃）。蒸气压 3.19×10^{-6}Pa（25℃）。水中溶解度为 4.0mg/L（25℃）。其他溶剂中溶解度（g/L，25℃）：甲苯 690、丙酮 880、乙醇 97、正己烷 0.008 6。在酸性介质中相对稳定，碱性介质中水解：DT_{50}（25℃）：64h（pH 值 7）、2.2h（pH 值 9）。

【毒　　性】　低毒。大鼠急性经口 LD_{50} 为 1 829mg/kg，小鼠急性经口 LD_{50}>2 000mg/kg。大鼠急性经皮 LD_{50}>2 000mg/kg。大鼠急性吸入 LC_{50}（4h）3.325mg/L（空气）。对兔眼和皮肤无刺激性。无致突变性、无致畸性、无致癌性、无繁殖毒性。对鱼类高毒，对鸟、蜜蜂低毒。

【剂　　型】　8%、15%、20% 水乳剂，15%、24% 微乳剂，24% 乳油，15%、25% 可湿性粉剂。

【除草特点】　乙酰辅酶 A 羧化酶（ACCase）抑制剂，内吸传导性除草剂，由植物体的叶片和叶鞘吸收，韧皮部传导，积累于植物体的分生组织内，抑制乙酰辅酶 A 羧化酶（ACCase），使脂肪酸合成停止，细胞的生长分裂不能正常进行，膜系统等含脂结构破坏，最后导致植物死亡。从炔草酯被吸收到杂草死亡比较缓慢，施药后 1 周受药杂草整体形态没有明显变化，但其心叶容易脱落，生长点坏死，随后幼叶失绿，生长停止，老叶依然保持绿色，一般全株死亡需要 1~3 周。

【防除对象】　野燕麦、早熟禾、黑麦草、硬草、看麦娘等一年生禾本科杂草，对节节麦、雀麦、早熟禾等防效较差，对阔叶杂草无效。

【适合作物】　小麦。

【应用技术】　在小麦 3~4 叶期至返青末期，用 15% 可湿性粉剂 20~30g/ 亩，对水 30kg 均匀喷雾。

【注意事项】　一季作物最多施用 1 次。药效受气温和湿度影响较大，在气温低、湿度低时施药，除草效果较差，因此，应避免在干、冷的条件下使用。不推荐与 2 甲 4 氯钠盐、百草敌等激素类除草剂混用；禁止与唑草酮、乙羧氟草醚混用。对鱼类等水生生物有毒，远离水产养殖区施药，禁止在河塘等水体中清洗施药器具。

3. 唑啉草酯　pinoxaden

【其他名称】　爱秀。

【理化性质】　原药外观为淡棕色粉末，熔点 120.5~121.6℃，相对密度 1.326，蒸气压：2.0×10^{-6}Pa（20℃），水中溶解度（20℃）200mg/L，有机溶剂中溶解度（g/L，20℃）：二氯甲烷 500、丙酮 250、乙酸乙酯 130、甲醇 260、辛醇 140、正己烷 1.0、甲苯 130。

【毒　　性】　微毒。原药大鼠急性经口 LD_{50}>5 000mg/kg，大鼠急性经皮 LD_{50}>2 000mg/kg，大鼠急性吸入 LC_{50}（4h）：雄性大鼠 4.63mg/L，雌性大鼠 6.24mg/L。对兔皮肤无刺激性，眼睛有刺激性。对鱼、鸟、蜜蜂、蚯蚓低毒。无腐蚀性。

【剂　　型】　5% 乳油、10% 可分散油悬浮剂。

【作用特点】　唑啉草酯属新苯基吡唑啉类除草剂，选择性内吸传导型芽后茎叶处理剂，作用机理为乙酰辅酶 A 羧化酶（ACC）抑制剂，造成脂肪酸合成受阻，使细胞生长分裂停止，细胞膜含脂结构被破坏，导致杂草死亡。唑啉草酯在土壤中降解快，很少被根部吸收，因此，具有较低的土壤活性。

【应用技术】　唑啉草酯为内吸传导型，加入了对麦类作物有保护作用的安全剂，对小麦、大麦安全。用于大麦田、小麦田苗后茎叶处理的新一代除草剂，可防除野燕麦、黑麦草、狗尾草、看麦娘、硬草、菌草和棒头草等大多数一年生禾本科杂草。对早熟禾、雀麦、节节麦杂草不敏感。

防除麦田禾本科杂草，在杂草 3~5 叶期，用 5% 乳油 60~80mL/ 亩，对水 30kg 茎叶均匀喷雾。

【注意事项】　在一年生禾本科杂草 3~5 叶期，杂草生长旺盛期施药，每亩对水 30kg 均匀细致茎叶喷雾。严格按推荐剂量，田间喷液量要均匀一致，严禁重喷、多喷和漏喷。杂草草龄较大或 / 和发生密度较大时，采用批准登记高剂量。避免在极端气候如气温大幅波动前 / 后 3d 内，干旱，低温（霜冻期）高温，日最高温度低于 10℃，田间积水，小麦生长不良或遭受涝害、冻害、旱害、盐碱害、病害等胁迫条件下使用，否则可能影响药效或导致作物药害。不推荐与激素类除草剂混用，如 2,4- 滴、2 甲 4 氯、麦草畏等；与其他除草剂、农药、肥料混用建议先进行测试。避免药液漂移到邻近作物田；施药后仔细清洗喷雾器避免药物残留，造成玉米、高粱及其他敏感作物药害。勿在冬前使用，避免因特殊气候的影响下，在农业生产中造成大面积药害。

二、磺酰脲类除草剂

1. 苯磺隆　tribenuron-methyl

【其他名称】　阔叶净、巨星。

【理化性质】　原药为白色固体，熔点 141℃，相对密度 1.46（20℃），蒸气压 5.2×10^{-8}Pa。水中溶解度（mg/L，25℃）：28（pH 值 4）、50（pH 值 5）、280（pH 值 6）。常温下贮存稳定，对光稳定，在 45℃时水解。

【毒　　性】　低毒。大鼠急性经口 LD_{50}>5 000mg/kg，兔急性经皮 LD_{50}>2 000mg/kg，大鼠急性吸入 LC_{50}（4h）>5mg/L。对兔皮肤无刺激性，对眼睛有轻度刺激性。对鸟、鱼、蜜蜂、蚯蚓等无毒。

【制　　剂】　10% 可湿性粉剂，20%、25% 可溶粉剂，75% 水分散粒剂，75% 干悬浮剂。

【除草特点】　选择性内吸传导型除草剂，可被植物的根、茎、叶吸收，并在体内传导。抑制芽鞘和根生长，敏感的杂草吸收药剂后立即停止生长，1~3 周后死亡。在土壤中的残效期 60d 左右。

【适合作物】　小麦。

【防除对象】　可以有效防治多种一年生阔叶杂草，如播娘蒿、荠菜、碎米荠菜等十字花科杂草以及牛繁缕、繁缕、藜、反枝苋、独行菜、委陵菜、遏蓝菜、野油菜，对田蓟、卷茎蓼、田旋花、泽漆、野燕麦等无效。

【应用技术】　在小麦 2 叶期至拔节期，阔叶杂草 2~4 叶期施药，用 75% 水分散粒剂 1~1.5g/ 亩，对水 45kg，进行杂草茎叶喷雾处理。杂草较小时，低剂量即可取得较好的防效，杂草较大时，应用量高。

【注意事项】　苯磺隆活性高、药量低，施用时应严格药量，并注意与水混匀。施药时要注意避免药剂飘移到敏感的阔叶作物上。在小麦与经济林间种的田块使用应注意在枣树、梨树萌发时禁止使用，花椒树萌发后对苯磺隆抗性较强，可以使用。在盐碱沙地，若后茬为花生，则应在冬前 11—12 月施药即间隔期至少在 4 个月以上，苯磺隆有效成分用量不要超过 1g/ 亩，沙土地较黏土、壤土易出现药害。

2. 噻吩磺隆　thifensulfuron

【其他名称】　阔叶散、宝收、噻磺隆。

【理化性质】　纯品为白色结晶，熔点 176℃，相对密度 1.58（20℃），蒸气压 1.7×10^{-8}Pa（25℃）。55℃下稳定，对光稳定。

【毒　　性】　低毒。大鼠急性经口 LD_{50}>5 000mg/kg，兔急性经皮 LD_{50}>2 000mg/kg，大鼠急性吸入 LC_{50}（4h）>7.9mg/L。对兔眼睛和皮肤无刺激性。

【制　　剂】　15%、25% 可湿性粉剂，75% 水分散粒剂。

【除草特点】　噻磺隆为苗后选择性除草剂，可被植物的茎叶、根系吸收，并迅速传导。通过抑制侧链氨基酸（亮氨酸和异亮氨酸）的生物合成，而阻止细胞分裂，使敏感植物停止生长，在受药后的 1~3 周死亡。该药剂在土壤中能迅速被土壤微生物分解，残留期 30~60d。

【适合作物】　小麦、大麦、玉米、大豆、花生。

【防除对象】　可以有效防除多种一年生阔叶杂草，如播娘蒿、荠菜、碎米荠菜等十字花科杂草以及牛繁缕、繁缕、佛座、米瓦罐、稻槎菜、大巢菜、毛茛、卷耳等。

【应用技术】　小麦苗期，阔叶杂草 2~4 叶期，用 15% 可湿性粉剂 10~20g/ 亩，对水 35kg 均匀喷施。

【注意事项】　在不良环境下，如干旱等，噻磺隆与有机磷杀虫剂混用或顺序施用，可能有短暂的叶片变黄或药害。该药剂残留期 30~60d，施药时必须注意对后茬的安全性。

3. 苄嘧磺隆　bensulfuron-methyl

【其他名称】　农得时、稻无草、苄磺隆。

【理化性质】　原药为白色略带浅黄色无嗅固体，纯品为白色固体，熔点 185~188℃，相对密度 1.41，蒸气压（25℃）2.8×10^{-12}Pa。水中溶解度（25℃）120mg/L（pH 值 7）。难溶于一般有机溶剂。在微碱性溶液中（pH 值 8）特别稳定，在酸性水溶液中缓慢降解。

【毒　　性】　低毒。大鼠急性经口 LD_{50}>5 000mg/kg，兔急性经皮 LD_{50}>2 000mg/kg，大鼠急性吸入 LC_{50}（4h）>7.5mg/L。

【制　　剂】　10%、30% 可湿性粉剂，60% 水分散粒剂。

【除草特点】　选择性内吸传导型除草剂，水稻能代谢成无毒化合物，对水稻安全，对环境安全。有效成分可在水中迅速扩散，经杂草根部和叶片吸收后转移到杂草各部，能抑制敏感杂草的生长，症状为幼嫩组织失绿、叶片萎蔫死亡，同时根生长发育也受到抑制。

【适合作物】　水稻、小麦。

【防除对象】　可以防除一年生和多年生阔叶杂草，如牛繁缕、播娘蒿、荠菜、碎米荠菜、大巢菜、猪殃殃等。

【应用技术】　苄嘧磺隆对麦田播娘蒿、荠菜、碎米荠菜、猪殃殃、繁缕、大巢菜等阔叶杂草防效显著。苄嘧磺隆在麦田的用药适期应掌握在麦苗 2~3 叶期及阔叶杂草基本出齐时施药为宜，用 10% 可湿性粉剂 30~50g/ 亩，加水 30~45kg，茎叶均匀喷雾。

【注意事项】　每季作物最多使用 1 次。大风天或预计 1h 内降雨，请勿施药。施药时要注意避免药剂飘移到敏感的阔叶作物上。施药后对后茬敏感作物的安全间隔期应在 80d 以上。若后茬为花生，则应在冬前 11—12 月施药即间隔期至少在 4 个月以上，沙土地较黏土、壤土易出现药害。

4. 甲基二磺隆 Mesosulfuron-methyl

【其他名称】　世玛。

【理化性质】　原药为乳白色粉末，具有轻微辛辣气味，相对密度 1.48，熔点 195.4℃，蒸气压（25℃）1.1×10^{-11}Pa。水中溶解度（20℃）483mg/L（pH 值 7），微溶于有机溶剂。制剂常温下贮存稳定。

【毒　　性】　低毒。大鼠急性经口 LD_{50}>5 000mg/kg，大鼠急性经皮 LD_{50}>5 000mg/kg，大鼠急性吸入 LC_{50}>1.33mg/L。对兔皮肤无刺激性，对鱼类低毒，对鸟、蜜蜂和蚯蚓无毒。

【制　　剂】　1% 可分散油悬浮剂、30g/L 可分散油悬浮剂。

【除草特点】　甲基二磺隆是内吸性传导型芽后茎叶除草剂，可为杂草茎叶和根部吸收，随后在植物体内传导，通过抑制植物体内侧链氨基酸的生物合成，造成敏感植物生长停滞、茎叶褪绿、逐渐枯死，施药后 15~30d 杂草死亡。该药加入了安全剂，因此对小麦安全。

【适合作物】　小麦。

【防除对象】　能防除一年生禾本科杂草，并可兼除部分阔叶杂草，如看麦娘、野燕麦、节节麦、硬草、早熟禾、雀麦、棒头草、茵草、播娘蒿、荠菜等。

【应用技术】　在小麦幼苗期至拔节前、杂草刚出齐苗至 3~4 叶期，用 30g/L 可分散油悬浮剂 20~35mL/ 亩，对水 30kg 茎叶喷施。

【注意事项】　小麦拔节后不宜使用。不宜与 2,4- 滴混用，以免发生药害。该药剂对小麦生长有一定的影响，如叶色变淡，株高比对照矮，施药时一定要严格把握用量，喷施均匀。遭受涝害、冻害、病害、盐碱害及缺肥的麦田不能使用，施药后 2d 内不能大水漫灌麦田，否则易产生药害。玉米、水稻、大豆、棉花、花生等作物需在施用 100d 后播种，间作、套作上述作物的麦田慎用。

5. 氟唑磺隆 flucarbazone-sodium

【其他名称】　氟酮磺隆、彪虎。

【理化性质】　原药为无色无嗅结晶体，熔点为 200℃（分解），熔点 200℃，相对密度 1.59，蒸气压 <1×10^{-9}Pa（25℃）。水中溶解度（20℃）44g/L（pH 值 4~9）。在水中和光照条件下稳定。

【毒　　性】　低毒。大鼠急性经口 LD_{50}>5 000mg/kg，大鼠急性经皮 LD_{50}>5 000mg/kg，大鼠急性吸入 LC_{50}>5.13mg/L。对兔皮肤和眼睛无刺激性，对鱼类、鸟、蜜蜂、家蚕和蚯蚓低毒。

【剂　　型】　5%、10% 可分散油悬浮剂；70%、75% 水分散粒剂。

【除草特点】　氟唑磺隆是磺酰脲类内吸型除草剂，是乙酰乳酸合成酶（ALS）的抑制剂，即通过抑制植物的 ALS 酶，阻止支链氨基酸如缬氨酸、异亮氨酸、亮氨酸的生物合成，最终破坏蛋白质的合成，干扰 DNA 的合成及细胞分裂与生长。可以通过植物的根、茎和叶吸收，受害杂草生长停止、失绿、顶端分生组织死亡，植株在 2~3 周后死亡。因该化合物在土壤中有残留活性，故对施药后长出的杂草仍有药效。

【适合作物】　小麦。

【防除对象】　雀麦、看麦娘、菵草、硬草、狗尾草、稗草、冰草、早熟禾、日本看麦娘、节节麦、猪殃殃、荠菜、繁缕、播娘蒿、泥湖菜、遏蓝菜、大巢菜、婆婆纳，对苗期杂草和喷药后 14d 内出土的杂草仍有效。对野燕麦防效良好，对节节麦防效差。

【应用技术】　冬小麦分蘖期，杂草不大于 2 叶期时，用 70% 水分散粒剂 3g/ 亩 + 助剂 10g/ 亩，对水 40kg 均匀喷雾。

春季小麦返青期，杂草 4~5 片叶时，用 70% 水分散粒剂 4g/ 亩 + 助剂 10g/ 亩，对水 40kg 均匀喷雾。冬季除草的效果明显优于春季，对以硬草、繁缕为主的田块，70% 水分散粒剂 4~5g/ 亩 + 专用助剂 10g/ 亩，春季由于草龄较大，防效不理想。

【注意事项】　该药不可以在大麦、燕麦、十字花科和豆科等敏感作物上使用。对下茬作物安全，燕麦、芥菜、扁豆除外。在干旱、低温、冰冻、洪涝、肥力不足及病虫害侵扰等不良的环境气候条件下不宜使用。在种植冬小麦的地区晚秋或初冬时，应该注意选择天气较为温暖的时间施药，施药时的气温应高于 8℃。氟唑磺隆作为播后苗前土壤处理剂，能有效抑制看麦娘、野燕麦、雀麦等麦田禾本科杂草，对节节麦也有一定的抑制作用；作为苗后茎叶处理剂，在看麦娘、野燕麦和雀麦 1.5~3 叶期使用，除草效果好，但在 5 叶期使用，除草效果明显下降；对 1.5 叶期节节麦有一定活性，对稍大的节节麦的活性差。氟唑磺隆对麦田禾本科杂草的活性大小，对叶龄很敏感。对敏感杂草看麦娘、野燕麦和雀麦需在 3 叶期或 3 叶前施用，对耐药性强的节节麦需在 1.5 叶期前使用。氟唑磺隆可作为前期土壤处理，即保证除草效果，又可降低对后茬作物残留药害的风险。在冬小麦产区对下茬作物玉米、大豆、水稻、棉花和花生的安全间隔期为 60~65d。

6. 单嘧磺酯 monosulfuron-ester

【其他名称】　谷友、麦庆。

【理化性质】　纯品为白色结晶，熔点 191~191.5℃，微溶于丙酮，碱性条件下可溶于水。在中性和弱酸性条件下稳定，在强碱和强酸条件下易发生水解反应。

【毒　　性】　低毒。大鼠急性经口 LD_{50}>4 640mg/kg，大鼠急性经皮 LD_{50}>2 000mg/kg。对兔皮肤和眼睛有轻度刺激。对鱼类、鸟、蜜蜂、家蚕低毒。

【剂　　型】　10% 可湿性粉剂。

【除草特点】　为高效磺酰脲类除草剂。具有内吸传导性，可以通过植物根、茎、叶吸收，进入植物体内，并在植物体内传导，抑制乙酰乳酸合成酶（ALS）的活性，阻止支链氨基酸的生物合成，导致杂草死亡。杂草受药后叶片变厚、发脆、心叶发黄、生长受抑制，10d 以后逐渐干枯、死亡。

【适合作物】　小麦。

【防除对象】　可有效防除小麦田常见的一年生阔叶杂草和部分一年生禾本科杂草。经田间药效试验结果表明：10% 可湿性粉剂对小麦田一年生阔叶杂草如播娘蒿、糖芥、蚤缀、佛座、密花香薷等有较好的防除效果，而对荞麦蔓、萹蓄、藜等防除效果较差。

【使用技术】　小麦苗后至返青中期、杂草 2~4 叶期，用 10% 可湿性粉剂 12~15g/ 亩，对水 30kg 均匀喷雾。持效期长，1 次施药即可控制小麦田主要阔叶杂草。

【注意事项】　不能与碱性农药等物质混用。推荐剂量下对小麦安全，对不同小麦品种的敏感性无明显差异；对小麦田后茬作物玉米、谷子安全性好，对花生、大豆、棉花安全性较差，对油菜最不安全。西北地区春小麦田后茬作物若要种植油菜，最好隔 1 年再种植。避免在干旱、低温、病虫害严重发生等不利于小麦生长的条件下施药。冬小麦整个生育期最多使用一次，一般宜在冬前用药，杂草 1~4 叶期使用效果最好。

三、磺酰胺类除草剂

1. 唑嘧磺草胺 flumetsulam

【其他名称】　阔草清。

【理化性质】　灰白色固体，熔点 251~253℃，相对密度 1.77（21℃），蒸气压 3.7×10^{-10} Pa。水溶解度随 pH 值上升而增加：49mg/L（pH 值 2.5）、5 650 mg/L（pH 值 7.0）。

【毒　　性】　低毒。大鼠急性经口 LD_{50}>5 000mg/kg，急性经皮 LD_{50}>2 000mg/kg、大鼠急性吸入 LC_{50}（4h）1.2 mg/L。鹌鹑 LD_{50}>5 000mg/kg，野鸭 LD_{50}>5 000mg/kg、银鲑鱼 LD_{50}>379mg/L。

【剂　　型】　80% 水分散粒剂。

【除草特点】　内吸传导性除草剂，杂草根系和茎叶均能吸收药剂，并能通过木质部和韧皮部向上和向下传导，最终积累在植物分生组织内，通过抑制乙酰乳酸合成酶、抑制支链氨基酸的生物合成，从而导致杂草体内蛋白质合成受阻、生长停滞、最终导致死亡。一般杂草从开始受害到死亡需用 6~10d。在土壤中的半衰期为 1~3 个月，在中性及碱性土壤中降解较快，残留时间短。在酸性土壤中降解较慢，残留时间较长。

【适合作物】　小麦、玉米、大豆、马铃薯、豌豆。

【防除对象】　可以有效防除多种一年生和多年生阔叶杂草，如藜、苋、播娘蒿、荠菜、苘麻、蓼、苍耳、龙葵、铁苋、繁缕等。对幼龄禾本科杂草也有一定的抑制作用。

【应用技术】　小麦田防除阔叶杂草，在小麦 3 叶期至分蘖期，用 80% 水分散粒剂 2~2.5g/ 亩，对水 30kg 茎叶均匀喷施。

【注意事项】　施药时应严格掌握用药量，喷施均匀。施药时应选择晴天、高温时进行，在干旱、冷凉条件下，除草效果下降。不宜在地表太干燥或下大雨时施药，如预计 24h 内有降雨不宜用药。本品兼具封闭效果，播后苗前施药后如遇干旱，宜在喷药后进行浅混土。喷药时注意避免药液飘移到其他敏感作物上。在正常用量（<4.6g/ 亩）时，次年可以安全种植大豆、玉米、花生、豌豆、马铃薯、小麦、大麦、苜蓿、三叶草等，而油菜、甜菜与棉花最敏感。

2. 双氟磺草胺 florasulam

【其他名称】　麦施达、麦喜。

【理化性质】　纯品为白色固体，熔点 193.5~230.5℃，相对密度 1.53，蒸气压 1×10^{-5} mPa（25℃）。水中溶解度（20℃，pH 值 7.0）为 6.36mg/L。土壤半衰期 DT_{50} 小于 1~4.5d，田间 DT_{50} 为 2~18d。

【毒　　性】　低毒。大鼠急性经口 LD_{50}>6 000mg/kg，兔急性经皮 LD_{50}>2 000mg/kg。对兔眼睛有刺激性，对兔皮肤无刺激性。无致畸、致癌、致突变作用，对遗传亦无不良影响。鹌鹑急性经口

$LD_{50}>6\ 000mg/kg$。鱼毒 LC_{50}（96h，mg/L）：虹鳟鱼 >86，大翻车鱼 >98。蜜蜂 LD_{50}（48h）$>100\mu g/$ 只（经口和接触）。蚯蚓 LD_{50}（14d）$>1\ 320mg/kg$ 土壤。

【剂　　型】 5% 可分散油剂、10% 可湿性粉剂、50g/L 悬浮剂。

【除草特点】 选择性内吸传导性除草剂，杂草根系和茎叶均能吸收药剂，并能通过木质部和韧皮部向上和向下传导，最终积累在植物分生组织内，通过抑制乙酰乳酸合成酶、抑制支链氨基酸的生物合成，从而导致杂草体内蛋白质合成受阻、生长停滞、死亡。喷药后数小时，植物生长便受抑制，但需经数日才能出现明显的受害症状，分生组织失绿与坏死，往往上层新生叶片凋萎，然后扩展至植物其他部位，有的植物叶脉变红，正常条件下经 7~10d 植株全部干枯死亡、在不良生育条件下，需 6~8 周植株才能死亡。双氟磺草胺在土壤中主要通过微生物降解而消失，其降解速度决定于土壤温度与湿度，20~25℃时半衰期 1.0~8.5d，5℃时 6.4~85d，所有初生与次生降解产物均对植物无害。

【适合作物】 小麦、玉米。

【防除对象】 可以防治多种阔叶杂草，如猪殃殃、播娘蒿、荠菜、龙葵、繁缕，以及蓼属、旋花科、锦葵科、菊科杂草等。

【应用技术】 防除小麦田阔叶杂草，小麦出苗后、阔叶杂草 3~5 叶期，用 50g/L 悬浮剂 5~6mL，对水 30kg 茎叶均匀喷雾。

【注意事项】 该药冬前施用比冬后施用效果理想，提倡在冬前杂草叶龄较小时施药。每季作物最多使用 1 次。该药无土壤活性，应在田间杂草大部分出苗后施药。在杂草种类较多的麦田，可与唑嘧磺草胺、2,4- 滴、2 甲 4 氯等混用扩大杀草谱。

3.啶磺草胺 pyroxsulam

【其他名称】 甲氧磺草胺、优先。

【理化性质】 原药为棕褐色粉末，相对密度 1.618，沸点 213℃，熔点 208.3℃，分解温度 213℃。蒸气压（20℃）$<1\times10^{-7}Pa$，溶解度（20℃）：纯净水 0.062 6g/L，pH 值 4 缓冲液 0.016 4g/L，pH 值 7 缓冲液 3.20g/L，pH 值 9 缓冲液 13.7g/L，甲醇 1.01g/L、丙酮 2.79g/L、正辛醇 0.073g/L、乙酸乙酯 2.17g/L、1,2- 二氯乙烷 3.94g/L、二甲苯 0.035 2g/L、庚烷 <0.001g/L。半衰期为 3.2d。

【毒　　性】 低毒。大鼠急性经口 $LD_{50}>2\ 000mg/kg$，大鼠急性经皮 $LD_{50}>2\ 000mg/kg$，对兔眼睛和皮肤无刺激性。对蜜蜂、鸟低毒。

【剂　　型】 4% 可分散油悬浮剂、7.5% 水分散粒剂。

【除草特点】 内吸传导型、选择性冬小麦苗后除草剂，杀草谱广、除草活性高、药效作用快。该药经由杂草叶片、鞘部、茎部或根部吸收在生长点累积，抑制乙酰乳酸酶，无法合成支链氨基酸，进而影响蛋白质的合成，影响杂草细胞分裂，造成杂草停止生长、黄化、然后死亡。对冬小麦田多种一年生杂草（如抗性看麦娘、日本看麦娘、野燕麦、雀麦、硬草）都有非常好的效果，对婆婆纳、野老鹳草、大巢菜、播娘蒿、米瓦罐、野油菜、荠菜等阔叶草都有极佳的防效，安全性较好，麦苗只有轻微黄化、蹲苗，不影响产量。

【应用技术】 冬小麦，于小麦 3~6 叶期，禾本科杂草 2.5~5 叶期，用 7.5% 水分散粒剂 9.4~12.5g/亩，对水 30~40kg 茎叶喷雾。

【注意事项】 请勿将本品和其他药剂混用。小麦起身拔节后不得施用。施药后杂草即停止生长，一般 2~4 周后死亡；干旱、低温时杂草枯死速度稍慢；施药 1h 后降雨不显著影响药效。不宜在霜冻低温（最低气温低于 2℃）等恶劣天气前后施药，不宜在遭受干旱、涝害、冻害、盐害、病害及营养不良的麦田施用本剂，施用前后2d内也不可大水漫灌麦田。正常施药后麦苗会出现临时的黄化和蹲苗现象，小麦返青后会逐渐恢复，不影响小麦产量。

四、脲类除草剂

1. 绿麦隆 chlortoluron

【理化性质】 纯品为白色结晶，熔点148.1℃，相对密度1.40（20℃），蒸气压0.017MPa（25℃）。溶解性较差。对光和紫外线稳定，常温下贮存稳定，遇酸碱在较高温度下能被分解。

【毒　　性】 低毒。原药大鼠急性经口LD$_{50}$>5 000mg/kg，大鼠急性经皮LD$_{50}$>2 000mg/kg，大鼠急性吸入LC$_{50}$（4h）>5.3mg/L。对兔眼睛和皮肤无刺激性，对鸟和鱼类低毒，对蜜蜂无毒。

【制　　剂】 25%可湿性粉剂。

【除草特点】 选择性内吸、传导型除草剂，主要通过植物的根系吸收，茎叶也可以少量吸收，抑制杂草的光合作用，使杂草饥饿而死亡。受害植物叶片褪绿，叶尖和心叶相继失绿，经10d左右整株枯死。在土壤中的持效期与施用剂量、土壤湿度、耕作条件有关，一般约70d。

【适合作物】 春小麦、冬小麦、大麦、玉米。

【防除对象】 可以防除多种阔叶杂草和禾本科杂草，如看麦娘、野燕麦、硬草、播娘蒿、狗尾草、藜、反枝苋、碎米荠菜、牛繁缕、早熟禾、棒头草、大巢菜等。

【应用技术】 小麦田，在播种后1~5d或小麦苗后1~3叶期、杂草1~2叶期，南方用25%可湿性粉剂200~300g/亩，北方用25%可湿性粉剂300~400g/亩，加水45kg喷雾。采用苗后处理时，按推荐剂量的下限用药。

【注意事项】 25%绿麦隆可湿性粉剂，南方一般用200~300g/亩；气温较高时和沙性土壤，以每亩200g为宜；低温和黏性土壤及有机质含量高的土壤，可提高到300g。绿麦隆性质稳定，药效期长，一般一季麦只宜用1次，且亩用量不能超过300g，否则对小麦有药害。施用时期宜在小麦播后出苗前或1~3叶期施用。干旱及气温在10℃以下均不利于药效的发挥。

对看麦娘、硬草发生严重的稻茬麦田，在适期范围内改1次用药为2次用药，防除效果可以提高到90%以上，用药量不得超过300g/亩，否则对下茬水稻有影响。第1次在小麦播后苗前，用25%绿麦隆可湿性粉剂150g/亩对水40kg喷雾，第2次在麦苗3叶1心时，此时草苗正当2叶1心或1叶1心。选择大雾天或露水较大的早晨，用25%绿麦隆150g/亩+平平加表面活性剂8~10g对水20kg喷雾。

2. 异丙隆 isoproturon

【理化性质】 纯品为白色结晶，熔点158℃，相对密度1.20（20℃），蒸气压0.003 3MPa（20℃）。溶解性较差，对光、酸、碱稳定。

【毒　　性】 低毒。原药大鼠急性经口LD$_{50}$为1 826~3 600mg/kg，大鼠急性经皮LD$_{50}$>2 000mg/kg，大鼠急性吸入LC$_{50}$（4h）>1.95mg/L。对兔眼睛和皮肤无刺激性，对鸟和鱼类低毒，对蜜蜂无毒。

【制　　剂】 25%、50%、70%、75%可湿性粉剂；50%悬浮剂；35%可分散油悬浮剂；75%水分散粒剂。

【除草特点】 选择性内吸、传导型除草剂，杂草由根部和叶片吸收，抑制光合作用，杂草多于施药后1~2周死亡。土壤中分解快，对后茬作物无影响，秋季施药持效期2~3个月。

【适合作物】 小麦。

【防除对象】　可以防除多种阔叶杂草和禾本科杂草，如看麦娘、硬草、野燕麦、播娘蒿、牛繁缕、荠菜、藜、早熟禾、碎米荠、蓼、繁缕、野油菜、猪殃殃、大巢菜等。

【应用技术】　播后苗前处理，用50%可湿性粉剂125~150g/亩，加水40kg土表喷雾；苗后处理，小麦3叶期至分蘖末期，杂草1~3叶期，用50%可湿性粉剂100~125g/亩，加水40kg于杂草茎叶喷施。

【注意事项】　该药正常用量和湿度下对小麦安全，对其他作物安全性相对较差。对油菜、蚕豆等阔叶作物敏感，喷药时禁止药液飘移到此作物上。在有机质含量高的土壤上，因持效期短只能在春季施用。作物生长不良或受冻，沙性重或排水不良地块不能施用。施药后降水或灌溉可以提高除草效果，施药后墒情差除草效果差。异丙隆防除禾本科杂草宜在杂草3叶1心期前施药，否则防效下降。施药时气温高除草效果高而且作用迅速，而气温低时除草效果差，当气温低至日均温4℃时对麦苗生长有药害，其表现为顶部1~2片叶尖褪绿，个别叶尖枯黄，作物生长可能暂时受抑制或出现黄化现象，一般情况下短期可恢复，生产中使用时要避开倒春寒天气。

五、苯氧羧酸类和苯甲酸类除草剂

1. 2甲4氯钠　MCPA-Na

【理化特性】　纯品为无色无嗅结晶，熔点120℃，相对密度1.41，蒸气压2.3×10^{-5}Pa（20℃）。易溶于水，对酸很稳定，可形成水溶性碱金属盐和胺盐。干燥的粉末易吸潮结块，但不变质。

【毒　　性】　低毒。大鼠急性经口LD_{50}为700~1 160mg/kg，大鼠急性经皮LD_{50}>4 000mg/kg，大鼠急性吸入LC_{50}（4h）>6.36mg/L。对兔皮肤无刺激性，对眼睛有刺激性。对鱼类、鸟、蜜蜂低毒。

【制　　剂】　13%水剂、56%可溶粉剂、85%可溶粉剂。

【除草特点】　为选择性激素型除草剂，可用于苗后茎叶处理，穿过角质层和细胞膜，能迅速传导至植物各个部位，影响核酸和蛋白质合成。挥发性、作用速度比2，4-滴丁酯低且慢，因而在寒冷地区使用比较安全。禾本科植物幼苗期很敏感，3~4叶期后抗性逐渐增强，分蘖末期最强，到幼穗分化期敏感性又上升，因此宜在小麦、水稻分蘖末期施药。

【适合作物】　小麦、水稻、玉米、高粱。

【防除对象】　可以防除多种阔叶杂草，如播娘蒿、荠菜、灰绿藜、离蕊芥、泽漆、藜、蓼等，对田旋花、猪殃殃、麦家公、婆婆纳、野荞麦、萹蓄、问荆、小蓟等也有一定的效果。

【应用技术】　小麦5叶期至拔节前，用56%可溶粉剂100~150g/亩，加水25~35kg，均匀喷雾，可以防治大部分一年生阔叶杂草。

【注意事项】　施药时应严格把握施药适期，否则可能会发生严重的药害。施药时温度过低（低于10℃）、过高（高于30℃）均易产生药害。喷药时应选择无风晴天，不能离敏感作物太近，药剂飘移对双子叶作物威胁极大，应尽量避开双子叶作物地块。低温天气影响药效的发挥，且易产生药害。施药后12h内如降中到大雨，需重喷1次。

2. 2甲4氯异辛酯　MCPA-isooctyl

【理化性质】　原药外观为棕色油状单相液体，熔点-48℃，相对密度1.06（20℃），与正辛醇互溶，易溶于多种有机溶剂，遇酸、碱易分解。

【剂　　型】　45%微囊悬浮剂、85%乳油。

【除草特点】　2甲4氯异辛酯为类激素型选择性苗后茎叶处理剂。药剂被茎叶和根吸收后进入植物体内，干扰植物的内源激素的平衡，从而使正常生理机能紊乱，使细胞分裂加快，呼吸作用加速，导致生理机能失去平衡。杂草受药后的症状与2，4-滴类除草剂相似，即茎叶扭曲、畸形、根变形。本品是一种选择性激素性苯氧羧酸除草剂，具有较强的内吸传导性。主要用于苗后茎叶处理，穿过角质层和细胞膜，最后传导到各部分。杀草谱广，可以防除小麦田播娘蒿、荠菜、猪殃殃等多种一年生阔叶杂草。

【适合作物】　小麦。

【防除对象】　防除对象一年生及部分多年生阔叶杂草如播娘蒿、香薷、繁缕、藜、泽泻、柳叶刺蓼、荠菜、刺儿菜、野油菜、问荆等。

【应用技术】　冬小麦在冬后返青期或分蘖盛期至拔节前期，春小麦3~4叶期，杂草2~5叶期时进行茎叶喷雾处理。最适施药温度为5~25℃。白天施药时温度应不低于2℃。严格按推荐剂量、时期和方法施用，喷雾时应恒速、均匀喷雾，避免重喷、漏喷或超范围施用。避免施药时药液飘移到邻近敏感作物田。每季作物最多使用1次。

小麦田防除一年生阔叶杂草，在冬小麦分蘖期至拔节前，杂草2~4叶期，用45%微囊悬浮剂100~120mL/亩，对水15~30kg茎叶均匀喷雾。

【注意事项】　避免施药时药液漂移到邻近敏感作物上。使用本品时应穿长衣长裤、靴子、戴手套、眼镜、口罩等适当的防护用具，避免吸入药液；施药期间不可吃东西、饮水、吸烟等；施药后应及时洗手、洗脸并洗涤施药时穿着的衣物。禁止在河塘等水体中清洗施药器具，避免药液流入湖泊，河流或鱼塘中污染水源。赤眼蜂等天敌放飞区禁用。废弃物应妥善处理，不可做他用，也不可随意丢弃。使用后施药器械应以清洗剂如洗衣粉充分洗净，建议喷雾器专机专用。

3. 2，4-滴钠盐　2，4-D-sodium salt

【其他名称】　2，4-D Na。

【理化性质】　纯品为白色粉末，熔点140.5℃，相对密度1.508（20℃），蒸气压1.86×10^{-5}Pa（25℃）。微溶于水，溶于碱溶液、醇类、乙醚，不溶于石油醚。

【毒　　性】　低毒。大鼠急性经口LD_{50} 639~764mg/kg，大鼠急性经皮LD_{50}>1 600mg/kg，大鼠急性吸入LC_{50}（24h）>1.79mg/L。对鱼类和蜜蜂低毒。

【剂　　型】　2%水剂、85%可溶性粉剂。

【除草特点】　低剂量使用时调节植物生长，高剂量可除草。它能促进番茄坐果，防止落花，加速幼果发育。

【适合作物】　小麦。

【防除对象】　可用于防除小麦田荠菜、播娘蒿、猪殃殃、繁缕、葎草、藜等一年生阔叶杂草，对禾本科杂草无效。

【应用技术】　防除小麦田一年生阔叶杂草，在小麦3叶期后至拔节前，杂草2~4叶期，用85%可溶性粉剂80~125g/亩，对水30~40kg进行茎叶喷雾。

【注意事项】　该药在大剂量下为除草剂，低剂量使用为植物生长调节剂，因此使用时必须在规定的浓度范围内使用，以免造成药害而减产。在没有使用过的地区，应通过小面积作物试验，取得经验后再扩大施用、留作种用的农田禁用本品，以免造成植物生长畸形。本品对阔叶作物敏感，施药时应避免药液漂移到这些作物上，以防产生药害。在小麦上每个作物周期最多使用次数为1次；施药应选择晴天，光照强，气温高，有利药效发挥，加速杂草死亡。大风天或预计6h内降雨，请勿施药。本品不宜与肥料混用，也不可添加助剂，否则易产生药害。

4. 2,4- 滴丁酯 2,4–D butylate

【理化特性】　纯品为无色油状液体，工业品呈深褐色，带有芳香气味，相对密度 1.248，沸点 146~147℃，难溶于水。易溶于有机溶剂。挥发性强，遇碱易水解。

【毒　　性】　低毒。大鼠急性经口 LD_{50} 为 500~1 500mg/kg，大鼠饲喂试验无作用剂量 625mg/（kg·d）（2 年）。对鱼类低毒。

【制　　剂】　57%、72%、76% 乳油。

【除草特点】　内吸传导型除草剂，苗后茎叶处理，药剂能穿过角质层和细胞质膜迅速传导至植物各个部位，通过干扰内源激素而影响植物体内多个生理代谢过程。当传导至生长点时，使其停止生长，幼嫩叶片不能展开，抑制光合作用的进行；传导至茎部，能促进茎部细胞异常分裂，根茎膨大、丧失吸收能力；当形成层膨大成团状物时，韧皮部破坏，筛管堵塞，有机营养受阻碍，造成植物死亡，这是双子叶植物对该药剂敏感的原因。施入土壤后主要通过微生物降解而逐渐消失，在温暖湿润条件下持效期为 1~4 周，干燥寒冷条件下持效期为 1~2 个月。

【适合作物】　小麦、玉米、水稻、谷子。

【防除对象】　可以防治多种阔叶杂草，如播娘蒿、荠菜、离蕊荠、泽漆、遏蓝菜、野油菜、蓼等，对猪殃殃、麦家公、婆婆纳、佛座、苦苣菜、苣荬菜、小蓟、田旋花也有一定的效果。

【应用技术】　在北方冬小麦产区，可在冬前 11 中旬至 12 月上旬麦苗达 3 大叶 2 小叶时，用 72% 乳油 20~25mL/ 亩；越冬后，可在 2 月下旬至 3 月下旬，气温稳定到 15℃时，小麦返青至分蘖末期，用 72% 乳油 50~70mL/ 亩；不宜在小麦 2 叶以前或拔节以后或气温偏低时施药，以免产生药害。

【注意事项】　小麦 2 叶前和拔节后禁止使用，小麦的安全临界期为小麦拔节期。小麦拔节期施药，能引起小麦植株倾斜匍匐，叶色明显变淡，并会产生畸形穗，其严重程度与持续时间会随用药量的增加而增加。小麦拔节后施用会造成明显减产。环境条件对药剂的除草效果和安全性影响很大，一般在气温高、光照强、空气和土壤湿度大时不易产生药害，而且能发挥药效，提高除草效果。低于 10℃的低温天气不宜使用。该药的挥发性强，施药作物田要与敏感的作物如棉花、油菜、瓜类、向日葵等有一定的距离，特别是大面积使用时，应设 100m 以上的隔离区，还应在无风或微风的天气喷药，风速≥ 3m/s 时禁止施药。据报道顺风可使 500m 以外的棉花受害。此药不能与酸碱性物质接触，以免因水解而失效。

5. 2,4- 滴异辛酯 2,4–D–ethylhexyl

【理化性质】　黄褐色液体，熔点 12℃，相对密度 1.14~1.17（20℃），沸点 317℃，蒸气压 $1.65 × 10^{-6}$Pa（25℃）。难溶于水，易溶于甲苯、二甲苯、三氯甲烷等有机溶剂。

【毒　　性】　低毒。大鼠急性经口 LD_{50}650mg/kg，大鼠急性经皮 LD_{50}>3 000mg/kg。对鱼类中等毒。

【剂　　型】　50%、77%、87.5% 乳油。

【除草特点】　同 2,4- 滴丁酯，选择性苗后茎叶处理除草剂。比 2,4- 滴丁酯挥发性差，对邻近作物安全性相对较好，活性略低于 2,4- 滴丁酯。

【适合作物】　小麦、玉米、大豆。

【防除对象】　小蓟、苣荬菜、鸭跖草、问荆、藜、蓼、米瓦罐、龙葵、苘麻、遏蓝菜、离子草、繁缕、苋菜、葎草、苍耳、田旋花等一年生或多年生阔叶杂草。

【应用技术】　防治小麦田阔叶杂草，在小麦 3 叶期至拔节前，阔叶杂草 2~4 叶期，用 50% 乳油 75~100mL/ 亩，对水 30~40kg 茎叶喷雾。

【注意事项】　棉花、油菜、豆类、瓜类、蔬菜等双子叶作物对该药剂敏感，施药时谨防漂移，施用时要保持一定的隔离区，以免产生药害。小麦拔节期及拔节后不能用药，否则会产生畸形穗。小麦田每季最多使用一次。大风天或预计 1h 内降雨，请勿施药。

6. 2,4–滴二甲胺盐 2,4–D dimethyl amine salt

【理化性质】 浅黄色固体颗粒；熔点为 140.5℃，蒸气压为 53Pa（160℃），25℃以下水中溶解度为 620mg/L，可溶于乙醇、乙醚、丙酮等有机溶剂，不溶于石油。

【毒　　性】 低毒。原药大鼠急性经口 LD_{50} 为 2 150mg/L，急性经皮 LD_{50} 为 1 260mg/kg（制剂）。对鱼和蜜蜂低毒。

【剂　　型】 55%、60%、70% 水剂；720g/L、860g/L 水剂。

【除草特点】 同 2,4–滴丁酯，是激素型选择性除草剂。具有较强的内吸传导作用，微量对植物生长有刺激作用。本剂与其他除草剂混配使用，可增加安全性，扩大杀草谱。

【适合作物】 小麦、甘蔗、果园、水稻等。

【防除对象】 可用于小麦田防除荠菜、播娘蒿、猪殃殃、繁缕、藜等一年生阔叶杂草，对禾本科杂草无效。

【应用技术】 小麦田防除一年生阔叶杂草，在小麦 3 叶期后至拔节期前，用 720g/L 水剂 50~70mL/亩，对水 30~40kg 均匀喷雾；对于非耕地杂草，用 55% 水剂 195~293mL/亩对水 30~40kg 喷雾。

【注意事项】 严格掌握施药适期，勿在小麦 3 叶期前或拔节开始后施药，否则会产生药害，植株畸形、葱管叶，匍匐或产生畸形穗。施药最好选择无风、空气相对湿度大于 65%，气温低于 28℃的气候条件下进行或晴天 8∶00 前或 17∶00 后进行。使用本药剂的喷雾器及其他器具必须专用，否则要用碱水多次冲洗，以防药害。不可与呈碱性的农药等物质混合使用。清洗器具的废水不能排入河流、池塘等水源。本品对鱼类、藻类等水生生物有毒，远离水产养殖区、河塘等水体施药；禁止在河塘等水体清洗施药器具，禁止将残液倒入湖泊、河流或池塘等，以免污染水源；对家蚕、赤眼蜂有毒，蚕室、赤眼蜂等天敌放飞区及蜜源附近禁用。

7. 麦草畏 dicamba

【其他名称】 百草敌。

【理化特性】 纯品为无色晶体，熔点 151~152℃，相对密度 1.57（20℃），蒸气压 1.33×10^{-3}Pa（25℃）。微溶于水，溶于有机溶剂。贮存稳定，具有抗氧化和抗水解能力。

【毒　　性】 低毒。大鼠急性经口 LD_{50} 为 1 707mg/kg，大鼠急性经皮 LD_{50}>2 000mg/kg，大鼠急性吸入 LC_{50}（4h）>9.6mg/L。对兔皮肤无刺激性，对眼睛有强刺激性和腐蚀性。对鱼类、鸟、蜜蜂低毒。

【制　　剂】 48%、480g/L 水剂，70% 水分散粒剂，70% 可溶粒剂。

【除草特点】 麦草畏具有内吸和传导作用，可被杂草根、茎、叶吸收，通过木质部和韧皮部向上下传导，药剂多集中在分生组织及代谢活动旺盛的部位，阻碍植物激素的正常活动，阻止杂草正常生长，从而使其死亡。用药后 24h 杂草就会出现畸形卷曲症状，15~20d 死亡。

【适合作物】 小麦、玉米、谷子。

【防除对象】 可以有效地防除阔叶杂草，如播娘蒿、荠菜、藜、反枝苋、牛繁缕、大巢菜等，对猪殃殃、米瓦罐、萹蓄、麦家公、婆婆纳也有一定的防效。

【应用技术】 小麦田，在冬小麦 4 叶期以后至分蘖初期，用 48% 水剂 20~25mL/亩，加水 40kg 喷雾。冬小麦用量超过 25mL/亩时药害严重，葱管叶、畸形穗多。

【注意事项】 小麦 3 叶前和拔节后禁止使用，小麦对麦草畏的安全临界期为小麦拔节期。小麦拔节期施药，能引起小麦植株倾斜匍匐，叶色明显退淡，并会产生畸形穗，其严重程度及持续时间会随用药量的增加而增加，会造成小麦明显减产。小麦苗由于受到不正常天气影响或病虫害引起生长发育不正常时，不能使用本品。

六、吡啶羧酸类除草剂

1. 氯氟吡氧乙酸 fluroxypyr

【其他名称】 使它隆、治莠灵、氟草定、氟草烟。

【理化性质】 纯品为白色结晶体，熔点 232~233 ℃，相对密度 1.09（24 ℃）蒸气压 5×10^{-5} Pa（25 ℃），溶解度（20 ℃，g/L）：水 5.7（pH 值 5）、丙酮 51.0、二氯甲烷 0.1、甲醇 34.6、异丙醇 9.2、甲苯 0.8。正常贮存稳定。

【毒　　性】 低毒。大鼠急性经口 LD_{50} 2 405mg/kg，兔急性经皮 LD_{50}>2 000mg/kg，大鼠急性吸入 LC_{50}（4h）>0.296mg/L（空气）。对兔皮肤无刺激作用，对眼睛有轻微刺激作用。对鱼、蜜蜂、鸟低毒。

【剂　　型】 20% 乳油、200g/L 乳油。

【除草特点】 内吸传导型苗后除草剂。施药后被植物叶片和根迅速吸收，在体内很快传导，敏感杂草受药后 2~3d 内顶端萎蔫，出现典型的激素类除草剂反应，植株畸形、扭曲。在光下比较稳定，不易挥发。温度对除草的最终效果无影响，但影响药效发挥的速度，低温时药效发挥慢，植物受害时不立即死亡，气温升高后马上死亡。本剂在土壤中淋溶性差，大部分在 0~10cm 表土层中。在土壤中的半衰期短，对后茬阔叶作物无不良影响。对杂草小至刚出土的子叶期杂草，大至株高 50~60cm、有 10 多个分枝的大草都有良好的除草效果，并且杂草的大小与防效无明显差异。在小麦、玉米、水稻体内，被转化为无毒物质而相对安全。

【适合作物】 小麦、玉米、水稻。

【防除对象】 可以防除多种阔叶杂草，其中，敏感的杂草有猪殃殃、泽漆、牛繁缕、泥胡菜、大巢菜、小藜、空心莲子草、荠菜、播娘蒿；较为敏感（中毒后生长受抑，但仍能开花结籽）的杂草有毛茛、一年蓬、小飞蓬、紫菀、卷耳、通泉草；耐药（轻微中毒，短期即可恢复正常生长）杂草有婆婆纳、益母草。对禾本科杂草无效。

【应用技术】 冬小麦 3 叶期至拔节前，阔叶杂草 2~4 叶期，用 20% 乳油 50~70mL/ 亩，对水 30kg 茎叶均匀喷雾。

【注意事项】 每季节作物使用该除草剂 1 次。预报在 1h 内降雨，不宜施药。施药作业时避免雾滴飘移至大豆、花生、甘薯和甘蓝等阔叶作物，以免产生药害。对大麦有一定的药害，部分敏感品种超过 20% 乳油 25mL/ 亩即出现严重药害。

2. 二氯吡啶酸 clopyralid

【其他名称】 毕克草。

【理化性质】 纯品为无色结晶，熔点 151~152 ℃，相对密度 1.57（20 ℃）。蒸气压 1.33×10^{-3} Pa（25 ℃）。溶解度（20 ℃，g/kg）：水 143（pH 值 7），丙酮 250，环己酮 387，二甲苯 6.5。对光稳定，在酸性介质中稳定。

【毒　　性】 低毒。大鼠急性经口 LD_{50} 为 3 738mg/kg，大鼠急性经皮 LD_{50}>5 000mg/kg、急性吸入 LC_{50}（4h）>0.38mg/kg/L。对哺乳动物、野生及水生动物安全，不易造成环境污染。

【剂　　型】　30% 水剂，20%、75% 可溶性粒剂。

【除草特点】　二氯吡啶酸是内吸传导型苗后除草剂，主要通过茎叶吸收，经韧皮部及木质部传导，积累在生长点，使植物产生过量核糖核酸，促使分生组织过度分化，根、茎、叶生长畸形，养分消耗过量，维管束输导功能受阻，引起杂草死亡。二氯吡啶酸可经木质部传导至根，因而可彻底杀死深根的多年生杂草。在敏感植物体内，二氯吡啶酸引发典型的激素类反应。阔叶植物茎扭曲、卷曲，叶片呈杯状、皱缩状，或伴随反转，根增粗，根毛发育不良，茎顶端形成针状叶，茎脆，易折断或破裂，根分生组织大量增生、茎部、根部生疣状物，根和地上部生长受抑制。二氯吡啶酸是内吸传导型除草剂，可在作物播前混土、播后苗前以及苗后茎叶处理，具有高度的选择性。

【适合作物】　小麦、大麦、燕麦、玉米、油菜、十字花科蔬菜、芦笋、甜菜、亚麻、薄荷、草莓、禾本科草坪、松树等防除阔叶杂草。

【防除对象】　可以防治多种阔叶杂草，如大巢菜、卷茎蓼、稻槎菜、鬼针草、小蓟、大蓟、苣荬菜、小飞蓬、一年蓬等。对单子叶杂草基本无效。

【应用技术】　在春小麦田防除一年生阔叶杂草，在小麦 4 叶期至分蘖末期，杂草 3~5 叶期，用 30% 水剂 30~45mL/ 亩，对小麦、大麦、燕麦、青稞等均较安全，但施药过早或过晚时安全性差。对麦田一年生及多年生的恶性杂草，如稻槎菜、大巢菜、鼠曲草、小蓟、苣荬菜、块茎香豌豆、卷茎蓼等均有较好的效果。

【注意事项】　二氯吡啶酸在土壤中的持效期中等，一般情况下大多数作物在二氯吡啶酸施用 10 个月后种植，不会造成药害。但本药剂在一些植物体内不易消解，如玉米、小麦施用二氯吡啶酸后用麦秸、玉米秆制造堆肥或秸秆还田可造成过量积累，影响后茬，在使用时应予注意。二氯吡啶酸有效成分 3.5~7.5g/ 亩，对大部分后茬作物生长和产量无影响，当其用药量增加到有效成分 11g/ 亩，向日葵、棉花和大豆出苗率不受影响，但株高、单株鲜重和产量受到不同程度的影响。在有效成分 15g/ 亩剂量下，会影响后茬菠菜的出苗和产量，使用二氯吡啶酸的田块，后茬不能种植菠菜。

七、其他类除草剂

1. 溴苯腈 bromoxynil

【其他名称】　伴地农。

【理化特性】　纯品为无色晶体，熔点 194~195℃，相对密度 2.31，蒸气压 1.7×10^{-4}Pa（20℃）。溶解度（25℃，g/L）：水 0.13，甲醇 90，丙酮 170，四氢呋喃 410。对光、热稳定。

【毒　　性】　中等毒。大白鼠急性经口 LD_{50} 为 81~177mg/kg，小鼠急性经口 LD_{50} 为 110mg/kg，大鼠急性经皮 LD_{50}>2 000mg/kg。大鼠 90d 饲喂无作用剂量 16.6mg/kg。虹鳟鱼 LC_{50}（48h）0.15mg/kg。对鱼类高毒，对蜜蜂、鸟类低毒。

【剂　　型】　22.5% 乳油、80% 可溶粉剂。

【除草特点】　选择性触杀型苗后茎叶处理除草剂。主要通过叶片吸收，在植物体内进行极其有限的传导，通过抑制光合作用使植物组织坏死。施药 24h 内叶片褪绿，出现坏死斑。在气温较高、光照较强的条件下，叶片加速枯死。

【适用作物】　小麦、大麦、玉米、高粱。

【防除对象】　可以防除阔叶杂草，如蓼、藜、苋、苘麻、播娘蒿、荠菜、米瓦罐、麦家公、龙葵、苍耳等。对马齿苋、鸭跖草、问荆效果差。

【应用技术】 在小麦 3~5 叶期，阔叶杂草基本出齐，处于 4 叶期前、生长旺盛时施药，用 80% 可溶粉剂 30~40g/ 亩，加水 30kg 均匀喷洒。

【注意事项】 施用该药剂遇到低温（高温）或高湿的天气，除草效果下降，作物安全性可能降低，尤其是当气温超过 35℃、湿度过大时不能施药，否则会发生药害。施药后需 6h 内无雨，以保证药效。不宜与肥料混用，也不能随意添加助剂，否则也会造成作物药害。本品对鱼类等水生生物有毒，施药时应远离水产养殖区施药，应避免药液流入河塘等水体中，清洗喷药器械时切忌污染水源。开花植物花期、蚕室和桑园、鸟类保护区附近禁用。

2. 灭草松 bentazon

【其他名称】 排草丹、苯达松。

【理化性质】 纯品为白色晶体，熔点 138℃，相对密度 1.41，蒸气压 5.4×10^{-6}Pa（20℃），溶解度（20℃，g/L）：丙酮 1 507，苯 33，乙酸乙酯 650，乙醚 616，环己烷 0.2，三氯甲烷 180，乙醇 861，水 570（mg/L，pH 值 7，20℃）、酸、碱介质中不易水解，紫外光分解。

【毒　　性】 低毒。大鼠急性经口 LD_{50}>1 000mg/kg，大鼠急性经皮 LD_{50}>2 500mg/kg，大鼠急性吸入 LC_{50}（4h）>5.1mg/L。对兔眼睛和皮肤有中度刺激作用。对鱼、鸟低毒，对蜜蜂无毒。

【剂　　型】 25% 水剂、80% 可溶性粉剂。

【除草特点】 触杀型选择性苗后除草剂，用于苗期茎叶处理，通过叶片接触而起作用，旱田施用，通过叶片渗透传导到叶绿体内抑制光合作用，使杂草生理机能失调而致死。有效成分在耐性作物体内向活性弱的糖轭合物代谢而解毒，对作物安全。该药不易挥发，日光下易光解。在土壤中不稳定，在土壤中的半衰期为 2~5 周。

【适合作物】 水稻、大豆、花生、玉米、麦。

【防除对象】 可以防除多数一年生双子叶杂草和莎草科杂草，如苍耳、苘麻、藜、鸭跖草、蓼、水莎草、三棱草、矮慈姑、萤蔺等。对多年生杂草只能防除其地上部分。对禾本科杂草无效。

【应用技术】 在小麦 3 叶至拔节前，阔叶杂草 2~4 叶期为施药适期，用 25% 水剂 200mL/ 亩，对水 30~40kg，茎叶均匀喷雾。

【注意事项】 每个生长季节最多使用 1 次。不宜与马拉硫磷等有机磷类杀虫剂混合使用，即使先后使用，应间隔 2d 以上。施药时选择晴天、无风天气，气温高、有日照有利于药效的发挥。该药为苗后茎叶处理剂，其除草效果与杂草生育期、生育状况、环境条件有关，施药时应注意以下因素：药液尽量覆盖杂草叶面、渍水、干旱时不宜使用，喷药 8h 以内降雨效果下降，光照强效果好，低温下除草效果不好，如防除麦田杂草在 12 月施药，基本上没有除草效果，而在春季施药，如在 3 月施药除草效果较好。

3. 乙羧氟草醚 fluoroglycofen-ethyl

【其他名称】 克草特。

【理化性质】 原药为深琥珀色固体，熔点 65℃，相对密度 1.01（25℃），蒸气压 5.33×10^{-8}Pa（25℃）。在水中溶解度 <1mg/L（25℃），易溶于大多数有机溶剂，一般条件下稳定。在土壤中被微生物迅速降解，半衰期 11h。

【毒　　性】 大鼠急性经口 LD_{50} 为 1 500mg/kg，大鼠急性经皮 LD_{50}>5 000mg/kg，大鼠急性吸入 LC_{50}（4h）>7.5mg/L（空气）。对兔眼睛和皮肤有轻度刺激性，对鱼、鸟、蜜蜂低毒。

【剂　　型】 5%、10% 乳油。

【除草特点】　本品是一种选择性触杀型除草剂，是原卟啉氧化酶抑制剂。该药剂同分子氯反应，生成对植物细胞具有毒性的化合物四吡咯，积聚后发生作用，在积聚过程中，使植物细胞膜完全消失，然后引起细胞内含物渗漏。本品作用迅速，在光照条件下，杂草几个小时内即有显著的受害症状。而大豆能代谢该药剂，因此对大豆较为安全。持效期较短，15d 左右。乙羧氟草醚受外界环境温度变化影响较小。

【适合作物】　大豆、花生、小麦。

【防除对象】　可以防除多种一年生阔叶杂草，对马齿苋、铁苋、反枝苋、青葙、龙葵防效突出，对苘麻、猪殃殃、婆婆纳、荠菜、繁缕防效明显，对蓼、藜、鸭跖草防效一般。

【应用技术】　春小麦田防除阔叶杂草，在春小麦 2~3 叶期，阔叶杂草 2~4 叶期，用 10% 乳油40~60mL/ 亩，对水 30kg 茎叶均匀喷施。

【注意事项】　本品为触杀型除草剂，杂草叶龄增大后药效降低，应在杂草出齐苗后及早使用。该药活性较高，施药时应严格施药量，并且要喷施均匀，否则易对作物产生药害。施药时要在晴天进行，施药后 4h 内不能有降雨。药后小麦叶片可能出现接触性斑点，随着小麦生长逐渐恢复。寒冷、低温（10℃以下）条件下小麦易产生药害。间作套种阔叶作物的麦田，不能使用本品。

4. 吡草醚 pyraflufen-ethyl

【其他名称】　速草灵；霸草灵；吡氟苯草酯。

【理化性质】　原药为棕色固体，纯度 >96%。纯品为白色粉状固体，熔点 126~127℃。相对密度1.565。蒸气压 1.6×10^{-8} Pa（25℃）。水中溶解度为 0.082mg/L（20℃）。pH 值 4 水溶液中稳定，pH 值 7时 DT_{50} 为 13d，pH 值 9 时快速分解。光解稳定性 DT_{50} 为 30h。

【毒　　性】　低毒。大鼠急性经口 LD_{50}>5 000mg/kg。大鼠急性经皮 LD_{50}>2 000mg/kg，大鼠急性吸入LC_{50}（4h）5.03mg/L（空气）。对兔皮肤无刺激性，对兔眼睛有轻微刺激作用。对鱼中等毒，对鸟、蜜蜂低毒。

【剂　　型】　2% 悬浮剂、2.5% 乳油。

【除草特点】　原卟啉原氧化酶抑制剂，是一种新型的触杀型除草剂。经植物茎叶吸收后，抑制原卟啉原氧化酶的活性，造成植物细胞中原卟啉原积累，从而破坏杂草的细胞膜，茎叶处理后，其可被迅速吸收到植物组织中，使植物迅速坏死，或在阳光照射下，使茎叶脱水干枯。小麦吸收药剂后产生无毒代谢物而获得选择性。对禾谷类作物具有很好的选择性，虽有某些短暂的伤害，对后茬作物无残留影响。

【防除对象】　主要用于防除麦田阔叶杂草，如猪殃殃、播娘蒿、荠菜、泽漆、繁缕、阿拉伯婆婆纳等。对猪殃殃（2~4 叶期）活性尤佳。

【应用技术】　吡草醚是一种对禾谷类作物具有选择性的苗前和苗后除草剂，在冬前或春后杂草 2~4 叶期，用 2% 悬浮剂 40~50g/ 亩，对水 40~50kg 茎叶均匀喷雾。苗前处理活性较差，早期苗后处理活性最佳。

【注意事项】　该药为触杀性除草剂，应当在杂草大部分出苗后、叶龄较小时喷施。安全间隔期 50d，每季最多使用次数 1 次。施药时，避免药液漂移到邻近的敏感作物上。勿与尚未确认效果及药害问题的药剂（特别是乳油剂型、展着剂以及叶面肥）进行混用。勿与有机磷系列药剂（乳油）或 2 甲 4 氯（乳油）进行混用。避免在降雨前使用本剂。在小麦拔节开始后要避免使用本剂。使用本剂后小麦叶片会出现轻微白色小斑点，但对小麦的生长发育及产量无影响。

5. 唑草酮 carfentrazone-ethyl

【其他名称】　快灭灵、氟唑草酮、唑草酯、三唑草酯、唑酮草酯。

【理化性质】　原药为黏性黄色液体，相对密度（20℃）1.457，沸点 350~355℃，熔点 -22.1℃，蒸气

压 1.6×10^{-5}Pa（25℃）。溶解度（25℃）：水 22mg/L，甲苯 1060g/L，已烷 50g/L。

【毒　　性】　低毒。大鼠急性经口 LD_{50}5 134mg/kg，大鼠急性经皮 LD_{50}>4 000mg/kg，大鼠急性吸入 LC_{50}（4h）>5mg/L。对兔皮肤无刺激性，对兔眼睛有轻微刺激作用。对鱼中等毒，虹鳟鱼 LC_{50}（96h）1.6~4.3mg/L，鹌鹑 LD_{50} 为 1 000mg/kg，鹌鹑、野鸭 LC_{50}>5 000mg/kg。对鸟、蜜蜂低毒。

【剂　　型】　5% 微乳剂；10%、15%、20% 可湿性粉剂；10%、40% 水分散粒剂；400g/L 乳油。

【除草特点】　选择性触杀型苗后茎叶处理除草剂，具有较强渗透性、传导性，杀草速度快，对温度不敏感。通过对叶绿素生物合成过程中原卟啉氧化酶的抑制而抑制杂草的正常光合作用，破坏杂草的细胞膜，受药杂草叶片迅速失绿、斑枯死亡。该药剂喷到杂草茎叶后 15min 内很快被植物吸收，3~4h 出现中毒症状，2~3d 杂草死亡。该药剂在土壤中的持效期较短。

【适合作物】　小麦、水稻、玉米。

【防除对象】　可以防除多种阔叶杂草，对猪殃殃、播娘蒿、荠菜、本氏蓼、香薷、鸭跖草、苍耳、鼬瓣花等防效突出，对藜、卷茎蓼、泽漆、眼子菜防效明显，对大巢菜、稻槎菜防效一般，对蚤缀效果差。

【应用技术】　在小麦 3~4 叶期，杂草基本出齐后，用 40% 干悬浮剂 4~5g/亩，对水 30kg 均匀茎叶喷施。

【注意事项】　该药剂效果高，施药时要注意准确把握用量，喷施均匀。若喷药不匀，着药多的麦叶上出现少量斑点，一般情况下 10d 后白斑会逐渐消失，不影响小麦生长。防除婆婆纳必须掌握在子叶期施用才能获得最佳效果，4 对真叶期至 5 个分蘖期抗药性很强，唑草酮已不能杀死婆婆纳。可用于防除对磺酰脲类除草剂产生抗性的杂草。

6. 吡氟酰草胺 diflufenican

【其他名称】　吡氟草胺。

【理化性质】　纯品为白色结晶，熔点 159~161℃，相对密度 1.19，蒸气压 4.25×10^{-6}Pa（25℃）。水中溶解度 <0.05mg/L，在弱酸、弱碱水溶液中稳定。

【毒　　性】　低毒。大鼠急性经口 LD_{50}>2 000mg/kg，大鼠急性经皮 LD_{50}>1 000mg/kg，大鼠急性吸入 LC_{50}（4h）>2.34mg/L（空气）。对兔眼睛和皮肤无刺激性，对鱼、鸟低毒，对蜜蜂无毒。

【剂　　型】　30%、41% 悬浮剂，50% 可湿性粉剂，50% 水分散粒剂。

【除草特点】　吡氟草胺在杂草发芽前后施药可在土表形成抗淋溶的药土层，在作物整个生育期内保持活性。当杂草萌发通过药土层时，幼芽和根系能够吸收药剂，通过抑制类胡萝卜素生物合成，杂草表现为幼芽脱色或白色，最后整株萎蔫死亡。杂草的死亡速度与光的强度有关，光强则死亡快，光弱则慢。施药时间以杂草芽前和芽后早期施用最为理想，随着杂草长大而防效下降。该药效果稳定，受气候条件的影响相对较小。在土壤中可以为各种土壤吸附，移动性差，冬季降雨不会降低其活性。在常温及供氧条件下，其半衰期为 15~50 周，时间长短取决于土壤类型和土壤有机质含量，降解速度随温度和湿度的提高而增加。

【适合作物】　小麦、水稻、胡萝卜、向日葵等。

【防除对象】　可以有效地防除多种一年生禾本科杂草和阔叶杂草。敏感的禾本科杂草有早熟禾、看麦娘、马唐、稗草、牛筋草、狗尾草；敏感的阔叶杂草有野苋、反枝苋、刺苋、播娘蒿、荠菜、金鱼草、鹅不食草、芥菜、卷耳、地肤、佛座、酸模叶蓼、春蓼、马齿苋、龙葵、繁缕、遏蓝菜、猪殃殃、婆婆纳；中度敏感的杂草有苘麻、豚草、灰绿藜、麦家公、萹蓄、卷茎蓼；抗性杂草有野燕麦、雀麦、苍耳等。

【应用技术】　冬小麦田，吡氟草胺杀草谱宽、施药适期长，可以防除麦田多种杂草。可以在冬小麦芽前及芽后早期施用，用 50% 可湿性粉剂 25~35g/ 亩，对水 35kg 茎叶均匀喷施。

【注意事项】 吡氟草胺在冬小麦芽前和芽后早期施用对小麦生长安全，但芽前施药时如遇持续大雨，尤其是芽期降雨，可以造成作物叶片暂时脱色，但一般可以恢复。本品为酰苯胺类除草剂，建议与不同作用机理的除草剂轮换使用。大风天或预计 6h 内降雨，请勿施药。

7. 双唑草酮 Acephate

【理化性质】 纯品为黄色粉末固体，熔点 159.6~168℃，沸点 238℃，水中溶解度（20℃）236.7mg/L。

【毒　　性】 低毒。大鼠急性经口 LD_{50}>5 000mg/kg，大鼠急性经皮 LD_{50}>2 000mg/kg。无致畸、致突变、致癌作用。对水生生物和陆生生物的环境毒性影响小，在好氧和厌氧条件下易降解。

【剂　　型】 10% 可分散油悬浮剂。

【作用特点】 双唑草酮是具有内吸传导作用的新型对羟基苯丙酮双加氧酶（HPPD）抑制剂，通过抑制 HPPD 的活性，使对羟基苯基丙酮酸转化为尿黑酸的过程受阻，从而导致生育酚及质体醌无法正常合成，影响靶标体内类胡萝卜素合成，导致叶片发白。

【适合作物】 小麦。

【防除对象】 可高效防除冬小麦田中的一年生阔叶杂草，尤其对抗性和多抗性的播娘蒿、荠菜、野油菜、繁缕、牛繁缕、麦家公等阔叶杂草效果优异。

【应用技术】 防治小麦田一年生阔叶杂草，在冬小麦 3 叶 1 心期至拔节前，阔叶杂草 2~5 叶期，用 10% 可分散油悬浮剂 20~25mL/ 亩，对水 30~45kg 茎叶均匀喷雾。

【注意事项】 本品可在冬小麦 3 叶 1 心期至拔节前，阔叶杂草 2~5 叶期茎叶喷雾，每亩对水 30kg 以上，二次稀释后均匀喷雾。与氯氟吡氧乙酸混用扩大杀草谱，杂草早期施药效果理想。最适施药温度 10~25℃，大风天或预计 8h 内降雨，请勿施药。施药时避免药液飘移到邻近阔叶作物上，以防产生药害。

第六节　植物生长调节剂

植物生长调节剂是人工合成的具有和天然植物激素相似生长发育调节作用的有机化合物。植物生长调节剂可以影响植物激素的合成、运输、与受体的结合等环节。利用植物生长调节剂对植物的刺激和抑制作用，使植物按照人类的需要定向生长和发育，以此达到提高产量、改善品质的目的。近年来，我国小麦上使用植物生长调节剂面积在 2 800 多万亩次，主要包括植物生长促进剂、植物生长延缓剂和混配型植物生长调节剂。本节主要介绍在小麦上登记并有较好使用效果的植物生长调节剂 10 种。

一、植物生长促进剂

是指那些可以促进植物细胞分裂、分化和伸长生长，或促进植物营养器官的生长和生殖器官的发育的生长调节剂。人工合成的生长促进剂可分为生长素类、赤霉素类、细胞分裂素类、芸苔素内酯类、多胺类等。

1. 吲哚乙酸 indol-3-ylbutyric acid

【其他名称】 IAA、生长素、吲哚醋酸、异生长素、苗长素、3- 吲哚乙酸、β- 吲哚乙酸。

【理化性质】 纯品无色结晶，见光速变为玫瑰色；熔点 168~169℃，微溶于水，20℃水中的溶解度

1.5g/L，极易溶于乙酸乙酯，在酸性介质中很不稳定，在无机酸的作用下迅速胶化，水溶液不稳定，其钠盐、钾盐比游离酸稳定。

【毒　　性】　低毒。小白鼠皮下注射 LD_{50} 为 1 000mg/kg，对鲤鱼 48h 的 LD_{50}>40mg/kg。

【剂　　型】　0.11% 水剂。

【作用特点】　吲哚乙酸有维持植物顶端优势、诱导同化物质向库（产品）中运输、促进坐果、促进植物插条生根、促进种子萌发、促进果实成熟及形成无籽果实等作用，还具有促进嫁接接口愈合的作用，属植物生长促进剂。主要作用方式是促进细胞伸长与细胞分化。吲哚乙酸可促使植物组织中的水解酶合成，提高 RNA 聚合酶的活性，促进不定根产生，也能促使茎、下胚轴、胚芽鞘伸长，促进雌花的分化，但植株内由于吲哚乙酸氧化酶的作用，使脂肪酸侧链氧化脱羧而降解。在细胞组织培养中证明，在生长素与细胞分裂素的共同作用下，才能完成细胞分裂过程。吲哚乙酸被植物吸收后，只能极性运输，即从顶部自上向下输送。根据生长素类物质具有低浓度促进、高浓度抑制的特性，这类化合物的不同效应往往与植物体内的内源生长素的含量有关。如当果实成熟时，内源生长素含量降低，如外施生长素可以延缓果柄离层形成，防止果实脱落，延长挂果时间。在生产中可用于保果。果实正在生长时，内源生长素水平较高，如外施生长素类调节剂，会诱导植物体内乙烯的生物合成，乙烯含量增加，会促进离层形成，可起疏花疏果的作用。在组织培养基中，可诱导愈伤组织扩大与根的形成。

【应用技术】　可用于促进种子萌发，促进植物生长，提高产量。

小麦、花生促进种子萌芽，播种前，用 0.11% 水剂 18~27g/kg 拌种。

【注意事项】　吲哚乙酸易在植物体内分解，降低应有的促根效能，可在吲哚乙酸溶液中加入儿茶酚、邻苯二酚、咖啡酸、槲皮酮等多元酚类，可以抑制植株体内吲哚乙酸氧化酶的活性，减少对其降解。吲哚乙酸用于促进生根时，应掌握浓度高浸蘸时间短，浓度低浸泡时间长。浓度的配制应根据植物种类而定。在配制溶液时，可先称取一定量粉末后，加水定容至一定浓度，稀释后使用。

2. 吲哚丁酸　4-indol-ylbutyric acid

【其他名称】　IBA。

【理化性质】　纯品为白色结晶固体，原药为白色至浅黄色结晶。熔点 121~124℃。溶于丙酮、乙醚和乙醇等有机溶剂，难溶于水。

【毒　　性】　低毒，对人、畜无害。小鼠腹腔注射 LD_{50} 为 100mg/kg 体重。

【剂　　型】　1.2% 水剂、50% 吲哚·萘乙可溶性粉剂。

【作用特点】　与吲哚乙酸相似。具有生长素活性，植物吸收后不易在体内输送，往往停留在处理的部位，主要用于促进插条生根。吲哚丁酸使用后插条生出细而疏、分叉多的根系。而萘乙酸能诱导出粗大、肉质的多分枝根系。因此，吲哚丁酸与萘乙酸混合使用，生根效果更好。

【应用技术】　促进小麦生长，从小麦 2~4 叶期开始，用 1.2% 水剂 1 200~2 000 倍液喷雾，隔 3 周施药 1 次，共施药 3 次。促进小麦增产，在扬花期，用 50% 吲哚·萘乙可溶性粉剂 40~60mg/kg 喷雾。

【注意事项】　本品不可与碱性物质混用。使用时应注意有效期，吲哚丁酸溶液的有效期仅有几天，而吸入滑石粉中的吲哚丁酸活性可保持数月，故水溶液最好现配现用，以免失效。施药时应周到、均匀，勿重喷或漏喷。大风天或预计 1h 内下雨，请勿施药。

3. 萘乙酸　1-naphthyl acetic acid

【其他名称】　α - 萘乙酸、NAA。

【理化性质】　纯品为白色无臭结晶体，80% 萘乙酸原粉为浅土黄色粉末，难溶于水，易溶于热水、乙醇、乙酸等。在一般有机溶剂中稳定。其钠盐和乙醇胺盐能溶于水。通常加工成钾盐或钠盐，再配制成水溶液后使用。密度 1.563，熔点 137~141℃，沸点 160℃，有吸湿潮解性，见光易变黄色。

【毒　　性】　低毒。大鼠急性口服 LD_{50} 为 3 580mg/kg，兔经皮 LD_{50} 为 2 000mg/kg（雌），鲤鱼 LC_{50}（48h）>40mg/L，对皮肤、黏膜有刺激作用。

【剂　　型】　0.1%、0.6%、1%、4.2%、5% 水剂，20% 可溶性粉剂。

【作用特点】　萘乙酸是类生长素物质，主要生理作用是促使细胞伸长，促进生根，推迟果实成熟、抑制乙烯产生。低浓度抑制离层形成，可用于防止落果；高浓度促进离层形成，可用于疏花疏果、诱导雌花的形成、产生无籽果实；能调节植物体内物质的运输方向。萘乙酸被植物吸收后不会被植物体内的吲哚乙酸氧化酶降解。浓度过高容易诱导植物切口产生愈伤组织。萘乙酸的促根作用主要表现于消除了根的顶端优势，使新根量增加并向老根的中、后部分布。萘乙酸促进扦插生根是因为其能促进插条基部的薄壁细胞脱分化，使细胞恢复分裂的能力，产生愈伤组织，进而长出不定根。萘乙酸在用作生根剂时，单用时生根作用虽好，但往往苗生长不理想，所以一般与吲哚丁酸或其他有生根作用的调节剂进行混用效果才好。

【应用技术】　调节小麦生长，促进分蘖，提高抗寒能力，播种前，用 5% 水剂 400~1 200mg/kg 浸种 6h，早发，全苗，根深苗壮，提高抗冻、抗病能力。

促进小麦灌浆，灌浆初期，用 4.2% 水剂 1 300~2 000 倍液，均匀喷施，如与磷酸二氢钾同时喷施，效果更好。

【注意事项】　不可与碱性农药等物质混配。喷药时间 16：00 为宜。喷后 4h 内遇雨应重喷。联合国粮食及农业组织和世界卫生组织建议在小麦上的最大残留限量（MRL）为 5mg/kg；要少量多次，并与叶面肥、微肥配用为好。

4. 芸苔素内酯 brassinolide

【其他名称】　油菜素内酯、油菜素甾醇、农乐利、天丰素、益丰素。

【理化性质】　原药呈白色结晶粉，熔点 256~258℃（另有报道为 274~275），水中溶解度为 5mg/kg，易溶于甲醇、乙醇、四氢呋喃、丙酮等有机溶剂。

【毒　　性】　低毒。原药对大鼠经口急性毒性 LD_{50} 2 000mg/kg，经皮 LD_{50} 2 000mg/kg，对鱼类低毒，无致突变作用。

【剂　　型】　0.01%、0.04%、0.15% 乳油，0.01%、0.001 6%、0.007 5%、0.004%、0.04% 水剂，0.01%、0.02%、0.1% 可溶粉剂。

【作用特点】　本品是具有植物生长调节作用的第一个甾醇类化合物，在低浓度下（10^{-6}~10^{-5}mg/L）能显示各种活性，是一类新的植物内源激素，具有增强植物营养生长、促进细胞分裂和生殖生长的作用，增加植物的营养体生长和促进受精的作用。现已从几十种植物体中分离出这类化合物，含量很低，如植物体中含有吲哚乙酸（IAA）和脱落酸（ABA）分别约为 2mg/kg 和 60mg/kg，而芸苔素内酯仅 0.1mg/kg。作物吸收后，能促进根系发育，使植株对水、肥等营养成分的吸收利用率提高；可增加叶绿素含量，增强光合作用，协调植物体内对其他内源激素的相对水平，刺激多种酶系活力，促进作物衡苗壮生长，增强作物对病害及其他不利自然条件的抗逆能力。经处理的作物，也可达到促进生长，增加营养体收获量。提高坐果率，促进果实肥大；提高结实率，增加千粒重；提高作物耐寒性，减轻药害，增强抗病的目的。

【应用技术】　调节小麦生长、增产，苗期，用 0.004% 水剂 0.5~1g/kg 喷雾。分蘖期以此浓度进行叶面处理，可使分蘖数增加。调节和促进小麦光合作用，小麦齐穗期和扬花期，用 0.01% 可溶液剂 0.2~0.3g/kg 喷雾。并能加速光合产物向穗部输送。处理后 2 周，茎叶的叶绿素含量高于对照，穗粒数、穗重、千粒重均有明显增加，一般增产7%~15%。经芸苔素内酯处理的小麦幼苗耐冬季低温的能力增强，小麦的抗逆性增加，植株下部功能叶长势好，从而减少病害侵染的机会。

【注意事项】 不可与强酸、强碱性物质混用。芸苔素内酯活性较高，施用时要正确配制使用浓度，防止浓度过高。操作时防止溅到皮肤与眼中，操作后用肥皂和清水洗净手、脸。本品对家蚕有毒，蚕室和桑园附近禁用。贮存在阴凉干燥处，远离食物、饲料、人畜等。

5. 三十烷醇 triacontanol

【其他名称】 TA。

【理化性质】 纯品为白色粉末或鳞片状晶体，熔点86.5~87.5℃。几乎不溶于水，难溶于冷的乙醇、苯，可溶于热乙醇、乙醚、苯、甲苯、氯仿、二氯甲烷、石油醚等有机溶剂。对光、空气、热及碱均稳定。

【毒　　性】 低毒，三十烷醇是对人、畜十分安全的植物生长调节剂。小鼠急性口服 LD_{50} 为 1 500mg/kg（雌），8 000mg/kg（雄），以 18 750mg/kg 的剂量给 10 只体重 17~20g 小鼠灌胃，7d 后照常存活。

【剂　　型】 0.1% 微乳剂、0.1% 可溶液剂。

【作用特点】 三十烷醇普遍存在于植物根、茎、叶、果实和种子的角质层蜡质中，其作用机理至今还不很清楚。Ries 教授在 1987 年的三十烷醇国际学术会议上指出：TA 能快速地改善植物的代谢作用，其表现为增加糖、氨基酸及总氮量的积累，TA 处理后，对光合作用、胡萝卜素的合成及 ATPase（三磷酸腺苷酶）、NR（硝酸还原酶）及 RuDP 羧化酶的活力皆有提高。TA 能快速地穿过植物表皮，并在其原生质膜上激发了水溶性的第二信使 TRIM（TA 诱导产生的高活性物质），可迅速地在植株内转移，并明显地参加了膜上的 ATPase 的活力。由于在关键性的中间代谢产物的合成中，通过一个阶式连接作用的结果，引起了综合效应，这就是 TA 快速促进植物生长，增加作物产量及有时改善作物品质的基本原理。

中国科学院上海植物生理研究所陈敬祥研究员指出，TA 导致作物增产的代谢途径可能是一个环式循环。环的集中点是有机养料供应增多，环的上半部：光合磷酸化的促进→高能态积累→腺三磷（ATP）形成→二氧化碳同化加强→有机养料增加→作物产量增加。环的下半部：细胞透性改善、硝酸还原酶活力提高→氨基酸活跃→蛋白质合成促进→根系生长增益→有机养料增多→作物产量增加。

三十烷醇（TA）主要生理效应包括：① 增加光合色素含量，提高光合速率；② 促进细胞分裂，生长及干物质积累；③ 提高多种酶的活性等。

【应用技术】 小麦叶色深绿，减少不孕穗数和花数，增加穗粒数、促进灌浆、增加粒重和抗御、减轻干热风危害。促进小麦生长，在小麦返青期，用 0.1% 微乳剂 2 500~5 000 倍液，均匀喷雾。促进灌浆，提高小麦产量，从抽穗到扬花期，用 0.1% 微乳剂 1 700~2 200 倍液均匀喷雾，与 0.2% 的尿素或微量元素混合喷施，增产效果明显。

【注意事项】 应选用经重结晶纯化不含其他高烷醇杂质的制剂，否则防治效果不稳定。不能与铜汞制剂及强碱性药剂等物质混用，在喷铜汞制剂、强碱性药剂后应隔一周后再喷本品。三十烷醇生理活性很强，使用浓度很低，配制药液要准确；喷药后 4~6h 遇雨需补喷；本品不得与酸性物质混合，以免分解失效。

6. 几丁聚糖 chitosan

【理化性质】 是几丁质经浓碱水脱去乙酰基后生成的水溶性产物。产品为白色，略有珍珠光泽，呈半透明片状固体。不溶于水和碱液，可溶解于硫酸、有机酸（如 1% 醋酸溶液）及弱酸水溶液。化学性质稳定，具有耐高温性，经高温消毒后不变性。

【毒　　性】 微毒。口服、皮下给药、腹腔注射的急性毒性试验，口服长期毒性试验均显示非常小的毒性，也未发现有诱变性、皮肤刺激性、眼黏膜刺激性、皮肤过敏、光敏性。

【剂　　型】　0.5%悬浮种衣剂、0.5%水剂。

【作用特点】　本品是由甲壳动物（虾、蟹等）、昆虫的外壳或高等植物的细胞等提取的原药几丁聚糖加工而成的新型环保种衣剂，作用机理为激活蛋白酶，可促进冬小麦种子发芽、调节生长。几丁聚糖促进作物生长可能是通过调控内源激素水平影响多种酶的合成及相关生理生化实现的。几丁聚糖能在种子表面形成一层薄膜，能保持种子体内的水分，当土壤内的水分太多时，可防止种子腐烂；几丁聚糖是含氮高分子化合物，能缓慢释放"氮"营养；能促进 mRNA 重新合成，使酶活大大增强；激发作物休眠态和缓慢基因的活力，促进木质素形成及其合成率的提高；改善种子周围的土壤微环境。

【应用技术】　按照 1∶（30~40）（药种比）进行包衣。按推荐制剂用药量加适量清水，倒入种子中充分翻拌，待种子均匀着药后，倒出摊开置于通风处，阴干后播种。

【注意事项】　本品每季最多使用次数为 1 次，仅限种子包衣使用；处理后的种子禁止供人畜使用，也不得与未处理的种子混放，应尽快使用，拌种处理过的种子播种深度以 2~5cm 为宜；用过的容器应妥善处理，不可做他用，也不可随意丢弃；水产养殖区、河塘等水体附近禁用，禁止在河塘等水域清洗施药器具。

7. S- 诱抗素　trans–abscisic acid

【其他名称】　壮芽灵、天然脱落酸。

【理化性质】　原药为白色或微黄色结晶体。熔点 160~163℃，水中溶解度：1~3g/L（20℃）缓慢溶解。稳定性较好，常温下放置 2 年，有效成分含量基本不变。对光敏感，属强光分解化合物。制剂为无色溶液，密度 $1.0 \times 10^3 kg/m^3$，pH 值 4.5~6.5。

【毒　　性】　微毒。诱抗素为植物体内的天然物质，大鼠急性口服 $LD_{50} > 2500mg/kg$，对生物和环境无任何副作用。

【剂　　型】　0.006%、0.1%水剂，1%可溶粉剂。

【作用特性】　S- 诱抗素可诱导植物呼吸跃变，促进物质转化及色素的合成与积累，增强光合作用和肥料的利用率，加速种子和果实贮藏蛋白和糖分的积累，提高农产品和水果的品质等。

诱抗素在植物的生长发育过程中，其主要功能是诱导植物产生对不良生长环境的抗性，如诱导植物产生抗旱性、抗寒性、抗病性、耐盐性等，诱抗素是植物的"抗逆诱导因子"，被称为是植物的"胁迫激素"。

在土壤干旱胁迫下，诱抗素启动叶片细胞质膜上的信号传导，诱导叶面气孔不均匀关闭，减少植物体内水分蒸腾散失，提高植物抗干旱的能力。

在寒冷胁迫下，诱抗素启动细胞抗冷基因的表达，诱导植物产生抗寒能力。一般而言，抗寒性强的植物品种，其内源诱抗素含量高于抗寒性弱的品种。

在某些病虫害胁迫下，诱抗素诱导植物叶片细胞 Pin 基因活化，产生蛋白酶抑制物阻碍病原或害虫进一步侵害，减轻植物机体的受害程度。

在土壤盐渍胁迫下，诱抗素诱导植物增强细胞膜渗透调节能力，降低每克干物质 Na^+ 含量，提高 PEP 羧化酶活性，增强植株的耐盐能力。

【应用技术】　外源施用低浓度诱抗素，可诱导植物产生抗逆性，提高植株的生理素质，促进种子、果实的贮藏蛋白和糖分的积累，最终改善作物品质，提高作物产量。

促进生根和发芽，每 100kg 种子用 0.006% S- 诱抗素水剂 50~100mL 对水拌种，晾干后播种，具有增强发芽势，提高发芽率，促根壮苗，促进分蘖和增强植物抗逆性的功效。在小麦苗期，用 0.1% 可溶液剂 500~1 000 倍液均匀喷雾，促进麦苗根系发育，增强植物抗逆能力。

【注意事项】 本产品为强光分解化合物，应注意避光贮存，开启包装后最好一次性用完。在配制溶液时，操作过程应注意避光；本产品可在 0~30℃的水温中缓慢溶解（可先用极少量乙醇溶解）；田间施用本产品时，为避免强光分解降低药效，施用时间请在早晨或傍晚进行，施用后 6h 内下雨需补施一次；忌与碱性农药混用，忌用碱性水（pH 值 >7.0）稀释本产品，稀释液中加入少量的食醋，效果会更好。本产品施用 1 次，药效持续时间为 7~15d。

二、植物生长延缓剂

是指那些对植物茎端亚顶端分生细胞或初生分生细胞的细胞分裂有抑制作用的人工合成的有机物。主要通过抑制植物内源赤霉素的生物合成来实现，外施赤霉素可以不同程度地解除延缓剂的作用。这类物质不减少细胞数目和节间数目，不影响顶端分生组织的生长，它对叶、花和果实的形成没有影响。

1. 矮壮素 chlormequat

【其他名称】 三西、氯化氯代胆碱、CCC。

【理化性质】 纯品为白色粉末状固体，熔点 240~241℃，蒸气压（20℃）<0.01MPa。易溶于水，能溶于乙醇，微溶于二氯乙烷，不溶于苯、二甲苯、乙醚、无水乙醇、丙酮。暴露于空气中极易潮解，在中性和微酸性溶液中稳定，遇强碱性物质加热后分解。

【毒　性】 低毒。大白鼠急性经口 LD_{50}（雄性）681mg/kg，（雌性）383~825mg/kg，大白鼠急性经皮 LD_{50}>2 000mg/kg，对皮肤、眼睛无刺激性。

【剂　型】 50% 水剂、80% 可溶性粉剂。

【作用特点】 矮壮素是季铵型化合物，也为赤霉素的拮抗剂。主要是通过抑制牻牛儿基牻牛儿基焦磷酸转变为贝壳杉烯而抑制赤霉素的合成从而达到矮化植株的效果，矮壮素可从叶片、幼枝、芽、根系和种子进入，从而抑制植株的徒长，使植株节间缩短，长得矮、壮、粗，根系发达，抗倒伏。同时叶色加深、叶片变厚、叶绿素含量增多，光合作用增强。生理功能主要表现为以下特点：抑制徒长，培育壮苗；延缓茎叶衰老，推迟成熟；诱导花芽分化；控制顶端优势，改造株型，使株型紧凑，根系发达，叶色加深，叶片增厚，从而提高作物的抗旱、抗寒、抗盐碱能力，提高某些作物的坐果率，改善品质，提高产量。矮壮素可抑制细胞伸长抑制茎叶生长，但不抑制细胞的分裂。

【应用技术】 小麦防倒伏，提高产量，用 50% 水剂 3%~5% 药液拌种；返青至拔节期，用 50% 水剂 100~400 倍液均匀喷雾，可以矮化植株，增强春小麦的抗倒伏能力，增强光合作用，提高抗逆性。

【注意事项】 水肥条件好，群体有徒长趋势时使用效果较好，肥力差、长势不旺时不宜使用。作物在使用矮壮素后叶色呈深绿，不可据此判断为肥水充足的表现，而应加强肥水管理，防止脱肥。矮壮素使用效果与温度有关，18~25℃为最适用药温度，宜早、晚或阴天施药。施药后 6h 若遇雨应补施。药液应随配随用，不能与碱性农药等物质混用，以免失效。在作物上每季最多使用 1~2 次。

2. 多效唑 paclobutrazol

【其他名称】 氯丁唑。

【理化性质】 属三唑类化合物。原药外观为白色固体，比重 1.22，熔点 165~166℃，水中溶解度为 35mg/kg，溶于甲醇、丙酮等有机溶剂。可与一般农药相混。50℃时贮存，至少 6 个月稳定。常温（20℃）贮存稳定性在 2 年以上。

【毒　　性】　低毒。原药大鼠急性经口 LD_{50} 为 2 000（雄）mg/kg、1 300（雌）mg/kg，急性经皮 LD_{50} 大鼠及兔均 >1 000mg/kg，对大鼠和家兔的皮肤、眼睛有轻度刺激。大鼠亚急性经口无作用剂量为 250mg/（kg·d），大鼠慢性经口无作用剂量为 75mg/（kg·d），试验室条件下未见致畸、致癌、致突变作用，对鱼低毒，虹鳟鱼 LC_{50}（96h）为 27.8mg/L，对鸟低毒，对野鸭急性经口 LD_{50}>7 900mg/kg，对蜜蜂低毒，LD_{50}>0.002mg/ 头。

【剂　　型】　10%、15% 可湿性粉剂，5% 乳油，25%、30% 悬浮剂。

【作用特点】　多效唑的作用机制是专一地阻碍贝壳杉烯向异贝壳杉烯酸氧化，抑制赤霉素的生物合成。主要对植物的以下生理活动产生影响。

对内源激素的影响：多效唑能降低内源赤霉素的含量，并且是通过抑制赤霉素的生物合成而实现的。① 多效唑处理后，内源赤霉素含量下降，且下降值随多效唑处理浓度的增大而变大；② 多效唑的作用效应可被赤霉素所逆转，赤霉素可以逆转多效唑对玉米愈伤组织生长的抑制作用和对愈伤组织内过氧化物酶活性的影响；③ 高等植物中非细胞体系的赤霉素的生物合成被多效唑所抑制，多效唑对植物生长的抑制等作用是通过调节内源激素之间的平衡来实现的。

多效唑对酶活性的影响：多效唑处理后，植株愈伤组织内过氧化物酶活性和吲哚乙酸氧化酶活性均显著提高，因为这两种酶均可分解吲哚乙酸使其含量下降，吲哚乙酸含量的下降可能也是多效唑控制生长、矮化株型的机理之一。

多效唑对光合作用的影响：植物经多效唑处理后，叶色浓绿，叶绿素含量增加，光合作用增强，光合产物增多，这可能就是多效唑能改善再生苗或移栽苗素质，提高其移栽成活率，并增加农作物产量的原因之一。

多效唑对束缚水和脯氨酸含量、细胞质膜透性的影响：经多效唑处理后，植物叶片中自由水含量降低，束缚水含量增加，脯氨酸含量提高，细胞质膜的差别透性则降低，特别是在高温和低温的逆境下这种效果更为明显。这可能就是多效唑增强植物抗逆性的原因。

多效唑的农业应用价值在于他对作物生长的控制效应：缩短茎节，降低株高，改善群体结构；调节光合产物分配去向，影响开花结实性及产量；影响植株的光合特性和生化特性；提高幼苗的抗旱性和植株的抗逆力。

【应用技术】　小麦提高产量，播种前，用 15% 可湿性粉剂 100g 拌细土均匀撒施，耙糖平地面后及时播种，可显著提高小麦产量。施在晚熟、低秆品种上，易贪青晚熟或减产；用 15% 可湿性粉剂 8~10g 拌 10kg 种子或用 100mg/L 浸种 8~10h 后播种，可缩短基部节间，使茎粗增加，降低株高。

在小麦拔节前起身期，用 15% 可湿性粉剂 34~40g/ 亩对水 30kg 均匀喷雾，可抑制茎秆伸长，缩短节间，增强小麦的抗倒伏能力，根系发达，延长叶片功能期，提高产量。

【注意事项】　多效唑为植物生长调节剂，应严格控制用量和施药时期，避免形成药害。每季最多使用 1 次。一般情况下，使用多效唑不易产生药害。若用量过高、秧苗抑制过度时，可增施氮肥或赤霉素解救；不同品种的水稻田其内源赤霉素、吲哚乙酸水平不同，生长势也不相同，生长势较强的品种需多用药；生长势弱的品种则少用。另外，温度高时多施药，反之少施；植株生长不良时不宜喷施，旱薄地不宜使用多效唑；使用多效唑要与加强肥水管理相结合；还应加强土肥水综合管理和病虫害综合防治，保证营养供应。多效唑用量过多时，可喷施赤霉素缓解。

3. 抗倒酯 trinexapac-ethyl

【其他名称】　CGA 163935。

【理化性质】 纯品为无色结晶，熔点 36℃。20℃时溶解度：水中 pH 值为 7 时 27g/L、pH 值为 4.3 时 2g/L，乙腈、环己酮、甲醇 >1g/L，已烷 35g/L，正辛醇 180g/L，异丙醇 9g/L。呈酸性。

【毒　　性】 低毒。大鼠急性经口 LD_{50} 为 4 460mg/kg，大鼠急性经皮 LD_{50}>4g/kg，大鼠急性吸入 LC_{50}（48h）>5.3mg/L。对兔的眼睛和皮肤无刺激作用。对鸟类无毒。

【剂　　型】 25% 乳油、250g/L 乳油、25% 微乳剂、25% 可湿性粉剂。

【作用特点】 属环己烷羧酸类生长延缓剂，通过降低赤霉素的含量控制植物旺长。在禾谷类作物、蓖麻、向日葵和草皮上施用，抗倒酯可被植物茎、叶迅速吸收并传导，通过降低植株株高，增加茎秆强度，促进次生根增多，根系发达，从而起到抗倒伏的作用。

【应用技术】 小麦防倒伏，小麦分蘖末期至起身拔节期，用 25% 可湿性粉剂 20~30g/ 亩，对水 40kg 均匀喷雾。

【注意事项】 本品不能与强碱性农药混用。施药后 2d 内降雨会影响药效，用药前应注意天气变化。每季最多使用 1 次。本品对蜜蜂、家蚕有毒，蚕室和桑园附近禁用。切勿将本品及其废液弃于池塘、河溪和湖泊等，以免污染水源。

第八章　高效新型植保器械

第一节　病虫监测设备

随着科学技术进步和制造业发展，农作物病虫害的预测预报已经从原来的人工调查、手工计数、目测尺量逐步发展到使用半自动、自动化设备进行调查，现代化监测设备的应用促进了监测预警水平和效率的显著提升。近年来，在各级政府、财政部门和农业部门的大力支持下，充分利用涉农资金和植保工程建设项目，在县级病虫观测场及乡级测报点，配备自动虫情测报灯、孢子捕捉仪、农田小气候观测仪、病虫远程监控系统等先进的仪器设备，定期开展测报仪器设备使用技术培训，加强对病虫测报区域站信息上报完成情况的考核，加快了监测预警设备的更新换代和先进技术的推广应用，不仅将测报人员从繁重的体力劳动中解脱出来，而且预测预报的准确率和时效性显著提高，极大地推动了我国农作物病虫害监测预警技术的科技进步，基本实现了农作物病虫信息采集标准化，信息传递网络化、信息发布可视化，指导防治科学化的目标。

一、自动虫情测报灯（图 8-1-1）

1. 设计原理

自动虫情测报灯是集光、电、数控技术于一体的新型虫情测报工具，根据季节天气变化，实现白天自动关灯，晚上自动亮灯；八位自动转换系统，可实现接虫器自动转换，每天一袋。如遇节假日等特殊情况，当天未能及时收虫，虫体可按天存放，从而减轻测报人员工作强度，节省工作时间；利用远红外快速处理虫体，减少了环境污染；增设雨控装置，雨水自动排出箱外，防止雨水打湿接虫袋中的昆虫，减少对昆虫标本的损毁；黑光灯引诱，远红外快速处理虫体，3~5min 即可死亡，使虫体保持新鲜、干燥、完整，有助于昆虫种类准确鉴定，便于制作完整标本；与常规使用毒瓶（氰化钾等）毒杀方式相比，处理过程完全无害化，避免了传统测报工具中使用剧毒农药对测报人员的健康危害。自动完成诱虫、收集、分装等系统作业，留有升级接口；备有环境探测功能，准确测定监测点小区域气象信息、自动采集打印气象资料，具有数据存储等功能。能够诱集鳞翅目、鞘翅目、同翅目、等翅目等害虫，对天敌的诱杀作用小。

目前根据大数据分析和图像智能识别技术的发展，增加了自动拍照、自动识别、自动无线网络传输、自动上传存储实时虫情信息等智能化技术。结合小气候信息采集数据与虫情实时采集数据，经系统大数据

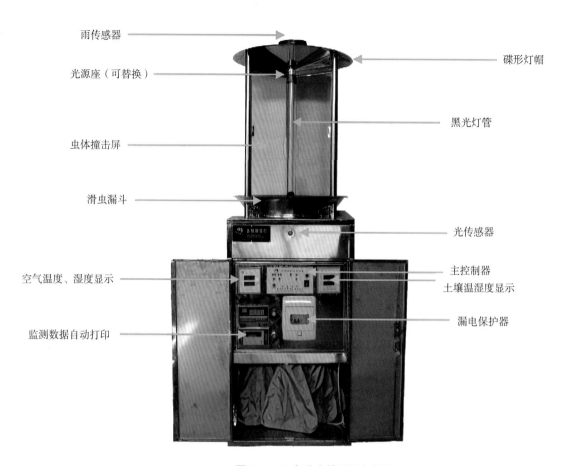

雨传感器

光源座（可替换）

虫体撞击屏

滑虫漏斗

碟形灯帽

黑光灯管

光传感器

空气温度、湿度显示

主控制器
土壤温湿度显示

监测数据自动打印

漏电保护器

图 8-1-1 自动虫情测报灯结构

汇总，智能计算、分析，通过虫害预测模型自动生成趋势预警图，提前预警田间虫情变化趋势。大大降低了监测人员的劳动强度，实现了足不出户就能掌握主要害虫发生情况的愿望。主要用于地老虎类、黏虫、斜纹夜蛾、棉铃虫、二点委夜蛾、豆天蛾、甘薯天蛾、玉米螟、桃蛀螟、造桥虫类、金龟子、蝼蛄等多种害虫成虫的诱集。

2. 安装使用要求

一是自动虫情测报要安装在标准病虫观测场，观测场内种植当地主要寄主作物，安装地点周围 100 m 范围内无高大建筑物遮挡且远离大功率照明光源，避免环境因素降低灯具诱虫效果。

二是测报灯使用 220 V 电源，配备控制开关。

三是注意光控传感器面向东方，以免造成光控传感器不能正常工作。

四是灯管中心与地面距离为 2 m，当灯管使用超过 1 200 h 及时更换。

五是测报灯安装的固定螺栓要紧固，确保灯体稳定，地线要接入大地，以防机器漏电失控，保证人身安全。

3. 常见故障和维修（表 8-1-1）

表 8-1-1　常见故障和维修

故　障	原　因	处理方法
夜间光源不亮或白天亮	光传感器失灵或连接传感器插头接触不良	请检查光传感器、连接传感器插头
转仓、落虫盘不转动，不停转动，无规律性转动	控制系统的微处理器有故障或转动电机损坏	请直接与厂家联系
转仓、落虫盘不停转动，无规律转动，控制器、指示灯转换正常	传感器错位	调整传感器位置
安装后送220V市电电源，控制系统指示灯不亮	电源连接处、电源线或开关键接触不良	检查，更换，调整
测报灯跳闸	内部电路有漏电现象	检查漏电原因
诱的活虫较多	1. 远红外处理器损坏 2. 落虫系统故障	1. 检查远红外处理 2. 检查落虫系统
诱不到虫	1. 光源不亮 2. 控制器有故障 3. 雨传感器失灵	1. 检查光源 2. 请直接与厂家联系 3. 用水冲洗雨传感器里外污垢
柜体内落虫较多	转仓、落虫盘漏虫口错位	调整转仓、落虫盘漏虫口的位置
控制器落虫灯不亮	控制器故障	检查控制器
诱虫不能顺利进入处理仓	滑虫漏斗不顺畅	清理滑虫漏斗
整机不工作	1. 电源未连接 2. 保险熔断 3. 开关断开 4. 漏电保护误工作	1. 送电 2. 更换保险管（丝） 3. 闭合开关 4. 检查漏电保护器

4. 日常维护及注意事项

一是请定期清理灯管上、撞击屏面上的污垢，以免影响诱捕效果。

二是定时清理落虫通道、诱虫袋及内部设施。

三是定期清理雨控传感器内的污物，可能因蜘蛛网、鸟粪、空气中飘浮物等堵塞，造成光源无法点亮，影响诱虫。

四是在收取接虫袋时，应注意接虫袋的次序和所对应的日期，避免测报数据失实。

五是遇到狂风暴雨天气应及时切断电源，防止雷电击坏机内电路，天晴后需等到2h后再接通电源，避免机内因过分潮湿而漏电。

六是送电后应看到工作正常后离开。雨后应及时清理接虫袋内的虫体，以防虫体遇雨水后腐烂。

七是测报灯在年度工作完后应收灯妥善存放，以备来年使用；收灯时，应将撞击屏、机体、漏虫斗内、机体内的大小盘等擦拭干净，机体应避免接触酸碱等腐蚀物质，以延长灯的使用寿命。

八是存放地要阴凉干燥，严禁强力挤压机体，以防漏斗、仓体等部件变形；室内用机带包装布包好，室外用防腐蚀雨蓬遮盖。

二、病原菌孢子捕捉仪（图 8-1-2）

1. 设计原理

该机采用不锈钢材料，内置外流涡轮泵，采集不受气流影响，高效收集空气中的病原菌孢子，为病

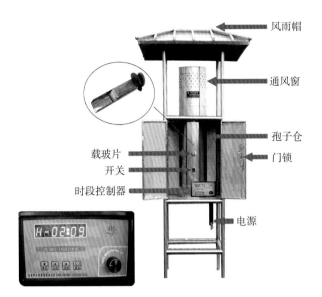

害的监测预警提供数据，通过底部的涡轮风机泵使空气由顶部吸入通过中部收集器，将空中的孢子收集吸浮在载玻片上，再经过培养箱培养或必要的处理，通过光电显微镜与计算机连接，显示、存储、编辑病菌图像，计算出空气流量和孢子的吸浮量，同时监测病害孢子存量及其扩散动态，也可根据需要增设时控、调速装置。可用于捕捉小麦条锈病、叶锈病、赤霉病、白粉病、叶斑病、黑穗病等病原菌的孢子捕捉和监测，为预测病害的发生区域、发生时间、流行程度提供可靠的数据（图8-1-2）。

2. 安装要求

在安装地挖一基坑，然后向基坑内浇灌混凝土，按本机安装孔距预埋好安装螺栓，或待基础凝

图8-1-2　病原菌孢子捕捉仪结构示意图（赵慧媛　提供）

固后按安装孔距打孔，用膨胀螺栓将本机紧固在基础上；架设一路专为孢子捕捉仪使用的交流220V电源；适当处安装一个防雨配电箱，配电箱应设有开关和保险，将地线接到孢子捕捉器接地螺栓上。

3. 日常维护与故障维修

一是在日常使用中要经常检查涡轮风机泵；定期将风筒顶部的网盖清理干净，以防灰尘堵塞。

二是载玻片要一次一更换，用后清洁干净，干燥后再使用，涂抹凡士林不易过厚。

三是捕捉不同病原菌孢子时，要采用不同的开关机时间，以防数据失真。

四是在开机前一定检查机器是否运转正常，检查方法是：开机后手持布条或纸片放于机器的下方，如布条或纸片有漂浮现象，说明机器运转正常，否则涡轮风机泵出现故障，应及时与厂家取得联系。

4. 注意事项

机体装车运输时，严禁斜放倒置；安装的固定螺栓要牢固，确保机体稳固；接地装置良好接地；使用电源电压为交流220V，工作时打开电源开关，设定好工作时段，捕捉仪将自动按设定程序执行；遇到狂风暴雨天气应及时切断电源，防止雷击；定期清洗通风窗，使风流系统畅通；使用结束后请关闭电源开关，整机停止工作。

三、农田小气候观测仪（图8-1-3）

1. 设计原理

农田小气候观测仪采用先进的气象因子传感器，主要用于监测田间温度、湿度、风速、风向、地温（3层）、地湿、光照度、蒸发量、降水量、结露、气压、总辐射、光合有效辐射等13类15项测报必需的区域性气象数据，整点自动采集、处理和储存，具有数据屏幕显示、实时或按设定时间自动打印、单机累计存储365~366d和信息资源网络共享等功能，可与计算机连接，根据需要选择时间和分

图8-1-3　农田小气候观测仪（赵慧媛　提供）

项查看数据，同时可将小气候数据导出到 Excel 进行编辑，按需生成图表，分析、研究农林病虫在不同气候条件下的发生规律，快速实现数据统计分析，准确开展预报。

2. 安装要求

观测场是取得地面气象资料的主要场所，地点应设在能较好反映当地气候要素特点的地方，避免受局部地形影响。在城市或工矿区，观测场应选择在城市或工矿区最多风向的上风方向。观测场边缘与四周孤立障碍物的距离，至少是该障碍物高度的 3 倍以上；距离成排的障碍物，至少是该障碍物高度的 10 倍以上；距离较大水体（水库、湖泊、河海）的最高水位线，水平距离至少 100m 以上。观测场四周 10m 范围内不能种植高秆作物，以保障气流畅通。观测场大小为 25m×25m；如确因条件限制，可为 16m（东西向）×20m（南北向）。为保护场地的自然状态，场内要铺设 0.3~0.5m 宽的小路，只准在小路上行走。为保护场内仪器设施，观测场四周应设高度约 1.5m 的稀疏围栏，需能保持气流畅通。

3. 常见故障与维修（表 8-1-2）

表 8-1-2　常见故障与维修

故障现象	检　查	处　理
主机不工作	1. 电源是否正常	①不正常，检查线路 ②正常，检查第 2 项
	2. 配电箱保险管是否熔断	①熔断，检查原因并更换 ②正常，检查第 3 项
	3. 主机保险管是否熔断	①熔断，检查原因并更换 ②再次熔断，告知厂家处理
主机液晶显示，但不打印	1. 通信转换开关是否在"打印机"位置 2. 打印机工作指示灯是否亮	1. 将通信转换开关拨到"打印机"位置 2. 不亮，按"打印机"键，指示灯亮，使打印机为工作状态
打印字迹不清	检查色带	更换色带
打印字体重叠	1. 打印纸是否用完 2. 打印纸不顺畅	1. 更换打印纸 2. 重新安装，整理打印纸
主机液晶乱码		关闭电源，停 2min 再打开
主机与电脑不联机	1. 通信转换开关是否在"电脑"位置 2. 联机线是否连接良好 3. 计算机软件安装是否完整、正确	1. 将通信转换开关拨到电脑位置 2. 检查联机线 3. 备份数据，重新安装

4. 维护及注意事项

安装地点避开雷区；小气候观测仪主机电源为交直两用不间断电源，为保证主机正常工作，主机供电的交流 220V 电源，不要长期停电，以免电瓶亏损；仪器应用固定螺栓固紧，以保证使用安全；安装时各接地装置应接地良好；连接传感器插头时注意插头芯避免插错；加强风速风向传感器的维护，保障风速风向正常使用；定期清洗降雨量传感器、蒸发量传感器、盛水皿等，以保证数据真实；经常检查蒸发量、水箱、水位，及时补充，检查打印机纸带和色带，及时更换；通信线和电源线要分开走线，防治磁场干扰，影响通信、损坏机器；百叶箱应用白漆每年刷一次。

四、农林病虫自动测控物联网系统（ATCSP）（图8-1-4）

1.设计原理

佳多农林病虫自动测控物联网系统（ATCSP）包含虫情信息自动采集传输系统、病菌孢子信息自动捕捉培养系统、农林小气候信息采集传输系统、农林生态远程实时监控系统。监测预警系统平台可实现对虫情信息自动采集系统、孢子信息自动捕捉培养系统、农林小气候信息采集系统、农林生态远程实时监控系统设备的数据通信管理，设备终端（电脑端、手机端、WEB端）可以通过监测预警系统平台对本地终端数据信息传输、读取、存储、控制。

该系统集成先进传感器、无线通信和网络、辅助决策支持与自动控制等技术，全面及时掌握作物苗情、墒情、病虫情、灾情变化情况，使观测点四情达到标准化、网络化、可视化、模型化、智能化。该系

图8-1-4　农作物病虫远程监控系统工作原理及示意图（石建新　提供）

统所建立的农业大数据共享技术体系平台，达到管理人员远程对不同范围内农作物生长、虫情、病情、气象等进行实时监测、预警、资源共享，实现了农业智慧、低碳、生态、集约，促进其向"安全、高效、精细"和谐发展，对提高监测预警能力，扩大监测范围，减少农技人员的劳动强度，实现精准掌握农作物苗情、墒情、病虫情、灾情变化情况，及时做出科学决策，减少农业投入成本，避免盲目用药，对实现农药减量控害、维护生态平衡、保护环境具有重大意义。

2. 系统的组成与功能

佳多农林 ATCSP 物联网包括信息采集工作站、信息接收处理站、信息浏览站、防控实施区等部分组成，具有 4 种功能。一是自动运行。野外安装的硬件设备 24h 不间断收集（采集）、储存有关气象、虫情、病情、苗情、墒情信息，可向观测人员提供全年任一时间段的实时及历史资料。二是自动传输。乡、县、市各级工作人员均可以在办公室内通过联网电脑查看任一时间观测点的气象、虫情、病情、苗情、墒情信息，病虫发生迹象、特征、种类等状态，特别是对突发虫情、孢子能及时发现、掌握最新的趋势。三是实时监控。乡、县、市各级工作人员均可以在办公室里对半径 10km 范围内农作物生长、病虫害发生情况进行实时监控，并通过鼠标来调整现场的镜头，远距离查看 300m 内作物生长景象，近距离观察病虫害的发生与为害状态，上下仰俯 90°，左右旋转 360°。四是长期自动储存。所有气象、虫情、孢子信息数据可自动存入服务器连续 365~366d，必要时可进行下载、转存操作。

3. 安装选址要求

物联网安装前必须确认光纤到位：要求使用电信、联通或移动的固定 IP 的光纤专线，带宽不小于50M（注：请不要使用地方性的网络运营商或者其他二级电信运营商）。物联网前端采集设备的安装，要求确认安装地点的供电方式（电源接入监测点）、安装地点和网络接入点距离，并打好设备地基或按铁架基础安放好位置。物联网安装地点和网络接入点遵循距离越近越好的原则，二者之间不能有较大的障碍物（茂密丛林、建筑物等）阻挡，且必须注意的是可视距离最远不能超过 10km。

4. 常见故障和维护（表 8-1-3）

表 8-1-3　常见故障和维护

问题	故障分析	处理办法
物联网系统无数据	观测场停电或网络异常	查看观测场电源情况
服务器能连上，设备连不上	设备处停电或模块异常	查看设备电源情况
远程监控可以看，其他设备无数据	服务器未启动	断电重启服务器
小气候无数据，其他设备正常	小气候串口服务器死机	断电重启小气候
测报灯无数据，其他设备正常	自动重合闸坏或电源异常	断电重启测报灯
远程监控无法打开，其他设备正常	自动重合闸坏或电源异常	断电重启远程监控
孢子仪无数据，其他设备正常	自动重合闸坏或电源异常	断电重启孢子仪
孢子仪有图片但图片没变化	载玻片用完	需清洗载玻片并更换

5. 维护及注意事项

（1）虫情信息自动采集系统　定期对撞击屏进行清洁，从而保证诱虫效果。定期清理接虫斗，防止堵塞。定期擦拭摄像机镜头和清理照相盘污垢，保证图片清晰度。越冬收灯，应关闭灯内门上的电源，将撞击屏、机体、漏虫斗内、机体内的转盘等擦拭干净，机体应避免接触酸碱等腐蚀性物质，以延长灯的使用寿命。存放地要阴凉干燥，严禁强力挤压机体，以防漏斗、仓体等部件变形。室内用机带包装布包好，室外用防腐蚀雨篷遮盖。每年用灯前检查电源线及设备各连接线，有无破损，如有异常及时处理。

（2）孢子信息自动捕捉培养系统 定期对培养液进行更换，保证孢子可正常培养。定期进行载玻片更换，保证孢子诱集准确性。每年更换营养液输送管一次，防止输送管污染、堵塞。建议越冬时，正常开机，冬季使用时除培养液取下外，其他各部件正常运转，从而保证设备的正常磨合顺畅，保证来年使用时正常工作。每年检查电源线及设备各连接线，有无破损，如有异常及时处理。

（3）农林小气候信息采集系统 本产品为一年四季户外使用产品。日常需对光合有效辐射传感，总辐射传感器，光照传感器表面进行清洁。定期清理降雨量集雨器及下漏斗内的杂物，防止堵塞。定期将蒸发量传感器中的水加满并清理杂物。检查风杆拉线，发现破损及时更换，防止风杆倾倒造成设备损坏。百叶箱视具体情况每一至两年重新油漆一次；内外箱壁每月至少定期用湿布或毛刷擦洗一次。清洗百叶箱的时间以晴天上午为宜。每年检查进线及设备各连接线有无破损，如有异常及时处理。每月将场地内杂草清理一次，防止影响观测数据。

（4）农林生态远程实时监控系统 定期检查支柱对地面的不垂直度不大于1°，旋臂相对于支柱运动自如，无卡滞。定期远程操作云台水平转角和摄像装置，查看云台的水平自转角是否可以360°旋转，垂直转角 –10°~90° 的动作。如摄像机镜头有污渍请及时清理擦拭。

五、性诱剂害虫监控装置

1. 工作原理

利用有机合成的、仿生自然界昆虫释放的调控同种异性交配行为的性信息素制成性诱芯，将性诱芯装到诱捕器中，将昆虫引诱到诱捕器中，通过调查诱集到的害虫数量，来监测该昆虫在田间发生情况、消长动态的测报技术。性诱剂一般加入特定载体，并在载体中加入了避免被环境分解的稳定剂和抗氧化剂，具有特定缓释功能的结构，能够让性诱剂在一段时间内稳定释放（图 8-1-5）。

1. 飞蛾诱捕器；2. 夜蛾类诱捕器；3. 桶型诱捕器

图 8-1-5 昆虫性诱捕器（徐永伟 提供）

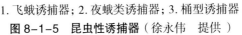

2. 安装要求

一是选择种植主要寄主作物、比较平坦的田块设置性诱监测器，田块面积不小于5亩。

二是对多食性害虫应依据代次、区域的不同及时更换诱捕器设置田块。

三是对水稻、棉花、蔬菜以及苗期玉米等低矮作物田，诱捕器应放置在观察田中，每块田设置3个重复，相距50m呈正三角形放置，每个诱捕器与田边距离不少于5m。

四是对成株期玉米等高秆作物田，诱捕器应放置于作物田外面，3个重复可放于同一条田埂上相距50m呈直线排列，3个诱捕器放置走向须与当季常见风向垂直。

五是诱捕器放置高度依寄主作物和害虫种类而定，具体高度见表8-1-4。

表 8-1-4

害虫种类	放置高度	监测期
稻纵卷叶螟	水稻秧苗期，放置高度0.5m；水稻成株期，稍低于水稻冠层叶面10~20cm	4—10月
二化螟	水稻拔节前高于水稻冠层10~20cm；后期低于水稻叶面10~20cm	4—9月
三化螟	水稻拔节前高于水稻冠层10~20cm；后期低于水稻叶面10~20cm	4—9月
大螟	离地面1m高度	4—9月
黏虫	离地面1m左右或高于植物20cm	4—9月
二点委夜蛾	1m（或比植物冠层高出20~30cm）	4—9月
亚洲玉米螟	株高30~100cm时，放置高度约80cm；其他情况，低于植株冠层20~30cm	5—9月
粟灰螟	离地面1m高度	5—8月
高粱条螟	离地面1m高度	5—8月
桃蛀螟	离地面1m高度	5—9月
棉铃虫	离地面1m左右或高于植物20cm	5-9月
红铃虫	离地面1m高度	5—9月
烟青虫	离地面1m高度	5—9月
豆荚螟	离地面1m高度	4—10月
豆野螟	离地面1m高度	5—10月
瓜绢螟	离地面1m高度	4—9月

3. 维护及注意事项

一是诱芯应存放在较低温度的冰箱中（-15~-5℃），避免暴晒，远离高温环境。使用前才打开密封包装袋，打开包装后，最好尽快使用包装袋中的所有诱芯，或放回冰箱中低温保存。

二是不要使用保存期超过6个月的诱芯，诱芯一般每20~40d更换一次。

三是安装多种害虫的诱芯时，应每种诱芯依次安装，安装完一种应更换一次性手套或洗手，再安装另外一种诱芯，避免不同诱芯交叉污染。

四是在整个监测期内，记录夜间（18：00至翌日6：00间）的平均气温、降水量、风力和风向等天气要素。

六、高空虫情测报灯（图8-1-6）

1. 工作原理

高空虫情测报灯利用昆虫的趋光性，将探照灯灯光垂直射向高空，引诱高空中飞行的昆虫顺光而下，进入诱捕器，有效诱集高度可达到500m以上，对迁飞性害虫，如：棉铃虫、黏虫、草地贪夜蛾、小地老虎、草地螟、飞虱等有很好的诱捕作用，高空测报灯能有效监测迁飞性害虫的田间种群动态，能及时掌握昆虫的迁入时间、迁飞路径、迁入量和迁出时间。该设备由探照灯、镇流器、微电脑控制器、铁皮漏斗、支架、集虫袋和红外处理装置等部件构成，光源为1 000 W金属卤化物灯；具有光控、雨控、虫体红外处理、雨水排除等功能特性。白天自动关灯，晚上自动开灯，虫体诱集落入接虫口通过红外处理装置、雨水排除装置有效将雨虫分离，保证虫体完整性和虫体干燥度，设有时段控制可以根据某种昆虫的活动高峰期进行精准防控，同时又节约电能。设备增加了雨虫分离设计，可有效将诱集到的害虫与雨水进行分离，不影响设备雨天正常工作（图8-1-6）。

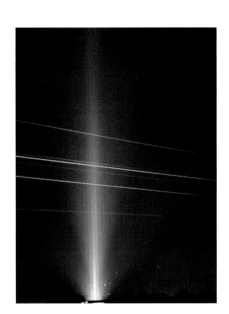

图8-1-6　高空虫情测报灯及夜间工作情况

2. 安装要求

一是先浇筑好一个混凝土基座，按高空测报灯安装孔距预埋好安装螺栓，或待基础凝固后按安装孔距打孔，用膨胀螺栓将本机紧固在基础上。

二是设备应安装在田间相对开阔位置，要求周围无高大建筑物、强光源和树木遮挡。

三是设备使用220V交流电源，适当处安装一个防雨配电箱，配电箱应设有开关和保险。

四是安装多台高空测报灯的监测点，要求每台灯相距1 000m以上。常规自动虫情测报灯应与高空测报灯保持1 000m以上距离。

3. 维护及注意事项

一是需定期擦拭清理灯罩。清除灰尘、雨水与部分虫体在灯罩上产生的污渍，以免影响透光度。

二是虫量多时，落于集虫箱外的虫体应及时清理干净，保持设备内部的清洁，确保机械部分长期正常运转。

三是尽量防止落叶、树枝等杂物落入集虫口，以免造成落虫通道堵塞。

四是高空灯停用时，关闭电源及灯上的漏电保护器，使整灯处于断电状态。清扫干净高空灯箱体内的所有虫体，防止虫体在箱体内发霉、发臭。

五是冬季关灯时应将玻璃板取下，擦净灯外表，必须用防水塑料薄膜等材料遮盖，防止杂物落入

灯中。

七、频振式杀虫灯（图8-1-7）

1. 工作原理

频振式杀虫灯是佳多公司研制生产的一种物理杀虫器械，有使用太阳能和交流电2种类型。采用现代光、电、数控技术与生物信息技术，集光、波、色、味四种诱虫方式于一体。实现了使用全天候、工作全自动、植物多样性、控害更显著、保益更理想、投入成本低、安全系数高的目标。该灯可诱杀87科1 287种农林害虫，单灯控制面积30~60亩，诱杀效果明显；减少用药次数、降低虫口密度、延缓害虫抗药性、提高农产品产量和质量。

2. 产品功能及优点

使用物理诱控技术不会造成农药残留污染。利用新型阻隔材料研发电源开关和RCL自动放电回路形成的频振技术自动调整电流，当有人体接触时，灯立即进入安全保护状态避免触电、火灾等意外事故的发生；频振式诱控灯有自动避雷装置可防止雷击。根据害虫天敌的习性使用横网设计理念减少害虫天敌的诱杀概率，夜间开灯时灯光与黄色外壳合成为黄绿色，这样使喜欢黄色的害虫大量扑灯，而使喜欢绿色的草蛉、瓢虫等益虫少扑灯，大大提高了害虫诱杀率，降低了益害比，更好地保护害虫天敌，维持生态的平衡。通过太阳能电池板将光能转化为电能使用，输出安全电压，节能省电，成本低，避免了拉杆布线的麻烦，为以往害虫防治区域因电源供应困难而被迫放弃灯光诱杀害虫的死角提供了先进适用的防治工具，有效解决了用户的后顾之忧。

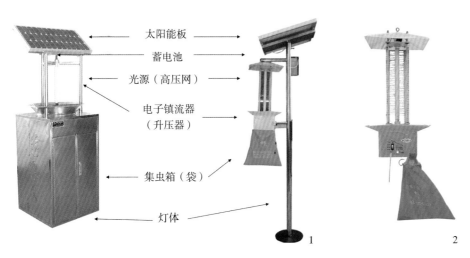

太阳能板
蓄电池
光源（高压网）
电子镇流器（升压器）
集虫箱（袋）
灯体

1. 太阳能杀虫灯；2. 使用交流电杀虫灯；3. 杀虫灯工作状态

图8-1-7　频振式杀虫灯

3. 安装及注意事项

太阳能杀虫灯系列安装要求，四周空旷，全天能接收到阳光。灯体连接线四芯插头安装时需要对接正确，如错误连接将造成灯不亮和电瓶不能正常充电维护。太阳能板连接线的正负极连接应正确，错误连接灯不亮，太阳能不能供给蓄电池充电，造成电瓶亏电。太阳能杀虫灯安装后灯体开关应向上打开，晚上才会自动工作。蓄电池错误的倒置安装造成电瓶亏电。铅酸型蓄电池接线柱螺丝与接线不开口焊片紧固，连接不好将影响蓄电池充电。锂电池型电池安装后，开关应开启（长按红色开关按键6s）。定期清理虫体

（很重要），提高害虫诱集率，减少隐患发生。

八、粘虫板（图8-1-8）

1. 设计原理

粘虫板采用PP材料，具有一定的硬度、强度、耐湿、耐高温，双面涂胶，板面不卷曲，利用害虫对不同颜色的趋性，可有效诱集、粘获各种昆虫，适用于田间害虫动态监测和田间害虫防治（图8-1-8）。

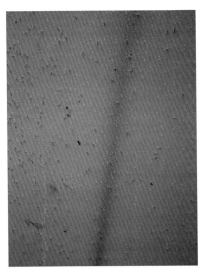

图8-1-8　粘虫板

2. 产品性能

粘虫板可诱集同翅目、双翅目、缨翅目等小型昆虫，还有极少的半翅目、鞘翅目、膜翅目等昆虫。广泛应用在蔬菜种植、温室、大棚、果园、花圃、茶园、大田、仓储、城市绿化等。粘虫板有十种颜色可供选择，主要诱集对象如下。

黄板：烟粉虱、白粉虱、黄曲条跳甲、潜叶蝇、蚜虫、蓟马、斑潜蝇、梨茎蜂、黑翅粉虱、茶小绿叶蝉及多种双翅目害虫等。

蓝板：蓟马、蚜虫、叶甲、盲蝽、蚊、蝇、菜粉蝶、小菜蛾。

红板：蚜虫、叶甲、隐翅甲、盲蝽、蚊、蝇、叶蝉、小菜蛾。

青板：蚜虫、叶甲、隐翅甲、盲蝽、蚊、蝇、叶蝉、小菜蛾。

白板：蚜虫、叶甲、隐翅甲、盲蝽、蚊、蝇、叶蝉、小菜蛾、蝗蝻、潜叶蝇。

黑板：蚜虫、叶甲、隐翅甲、盲蝽，蚊、蝇、叶蝉、小菜蛾。

绿板：蚜虫、叶甲、隐翅甲、盲蝽、蚊、蝇、叶蝉、小菜蛾。

灰板：蚜虫、叶甲、隐翅甲、盲蝽、蚊、蝇、叶蝉、小菜蛾、尺蛾科。

粉板：蚜虫、叶甲、隐翅甲、盲蝽、蚊、蝇、叶蝉、小菜蛾、芫菁。

紫板：蚜虫、叶甲、隐翅甲、盲蝽、蚊、蝇、叶蝉、小菜蛾、蝗蝻、菜粉蝶。

3. 粘虫板使用方法

用于监测时，从作物苗期开始悬挂；用于防治时，于虫害发生初期，悬挂方向以板面向东西方向为宜。低矮的蔬菜、瓜类作物，粘虫板垂直底边距离离作物15~20cm。搭架作物顺行挂在两行之间。用于监测时每亩悬挂 1~2 片，用于预防时每亩悬挂粘虫板 15~20 片，用于害虫发生期防治每亩悬挂粘虫板 45 片以上。

第二节　种子处理机械

随着秸秆还田持续进行、小麦品种的更新换代及生产水平的提高，农田生态环境发生了明显的变化。小麦纹枯病、茎基腐病、全蚀病、根腐病等土壤传播的病害及地下害虫的发生为害呈加重趋势，赤霉病、黑胚病、黑穗病等种子传播的病害及地下害虫普遍发生，这些病虫害已成为小麦一播全苗、壮苗早发、健壮生长的重要限制因素，通过多年的试验和推广应用，证明药剂处理小麦种子是从源头预防和控制此类病虫害的有效措施，使用高效新型种子处理机械才能保障种子处理质量，充分发挥种衣剂的效果。

一、小麦种衣剂研究和推广应用

种子处理由来已久。公元前 2000 年—100 年间，埃及、希腊和古罗马人开始用洋葱或柏树枝浸出液浸种防治地下害虫；中世纪中国农民用砒霜拌种防治地下害虫，用草木灰拌种防治根部病害。1607 年一艘运输谷物的货船沉没在英格兰沿海附近，部分小麦被打捞出来，作为种子播种到了地里，结果发现被海水浸泡的种子长出来的麦子黑穗（黑粉）病明显减轻，由此在随后的 100 多年里，种子用盐水、卤水、尿液、碱水（苏打水）浸种等广为流传。1700 年开始应用铜制剂和温水浸种，1740—1800 年开始使用砷制剂拌种，1915—1960 年使用有机汞浸种处理。1960—1980 年新一代杀菌剂（甲霜灵、三唑类）问世并投放市场，开创了种子处理的新纪元；1980—2000 年间，多种杀菌和杀虫种衣剂及二元混剂相继推向市场，并在生产上获得广泛应用，种子包衣技术和包衣机械也有了突飞猛进的发展。2000 年后，新一轮的新化合物相继推向市场，商业化程度大大提高，种衣剂产业成为农药行业快速增长的新市场。目前，种子包衣是一项成熟的植保技术，在发达国家大田作物包衣比例超过 95%，而在中国种子包衣在玉米和棉花包衣应用较好（超过 80%），小麦包衣比例不足 60%，水稻包衣比例不足 30%。发达国家种衣剂占农药份额的 15%~20%，中国种衣剂仅占农药份额的 5% 左右，近年来增长较快，前景广阔。

现代小麦种衣剂的开发历程：1926 年美国的 Thornton 首先提出种子包衣问题。20 世纪 30 年代英国的 Germains 种子公司在禾谷类作物上首次成功地研制出种衣剂，1976 年美国的 McGinnis 进行了小麦包衣种子田间试验，获得了抗潮、抗冷、抗病、出苗快、长势好的效果。到 20 世纪 80 年代，世界上发达国家种子包衣技术已基本成熟。

小麦种衣剂是由杀虫剂、杀菌剂、微肥、植物生长调节剂、成膜剂、染料、干燥剂、有机溶剂、防冻剂和其他助剂加工制成的包覆在种子表面形成保护层膜的制剂。

1. 20 世纪 80 年代以前

没有专门用于拌种的药剂，主要使用 75% 萎锈灵、75% 五氯硝基苯、50% 福美双、50% 多菌灵、70% 敌克松等，按照一定的剂量拌种，防治种子和土壤传播的病害；使用有机磷拌种或六六六粉剂处理土壤，防治地下害虫。

缺点：拌不匀、毒性大、防效不高，拌后不能储存，需要稍晾后播种。

2. 20 世纪 90 年代以前

防治药物、防治方法、防治效果基本上没有太大变化。主要使用 75% 萎锈灵、75% 五氯硝基苯、

50% 福美双、50% 苯来特、50% 多菌灵、50% 甲基硫菌灵、15% 三唑酮等，按照一定的剂量拌种，防治种子和土壤传播的病害；使用有机磷拌种或林丹粉剂处理土壤防治地下害虫和吸浆虫。

3. 20 世纪 90 年代以后

随着植物保护理念的发展，我国开始引进国外的种衣剂，并且着手研制国产种衣剂。试验结果证明，种衣剂是一个新生事物，能够从源头控制农作物苗期病虫害，防治效果和增产作用显著优于以前的拌种药剂，使用种衣剂处理种子能够减少农药用量，实现隐蔽施药，减少对有益生物的伤害，保护农田生态环境。

进口种衣剂：2.5% 适乐时（咯菌腈）悬浮种衣剂、3% 敌委丹（苯醚甲环唑）悬浮种衣剂、2% 立克秀（戊唑醇）干拌剂、4.8% 适麦丹（苯醚甲环唑·咯菌腈）、40% 卫福合剂（萎锈灵 + 福美双）、70% 锐胜（噻虫嗪）干种衣剂、60% 高巧（吡虫啉）悬浮种衣剂。

国产种衣剂：1990 年开始认识到种衣剂的重要性，中央及各级政府立项支持种衣剂研发，国内农药生产企业开始登记生产，种衣剂逐渐进入试验和示范应用；2000 年以后，种衣剂得到农业部门和农民的普遍认可，销售和推广应用进入快速发展期；2010 年以来，种衣剂成为农药行业增长最快的品种，广泛应用于多种作物的种子处理，成为防治作物苗期病虫害的重要措施。国内企业在模仿的同时，根据国内生产的农药种类和剂型，将杀菌剂、杀虫剂、微肥复配在一起，陆续开发出了小麦种衣剂、玉米种衣剂等。多数为杀虫剂（甲基异柳磷、辛硫磷、克百威、丁硫克百威、吡虫啉）与杀菌剂（福美双、多菌灵、三唑酮、戊唑醇）的复配剂，优点是价格便宜，使用范围广泛；缺点是防治效果一般，持效期短，使用不当易出现药害。

4. 当前推广应用的种衣剂

进口杀菌型种衣剂：适乐时、敌委丹、适麦丹、满适金、金阿普隆、顶苗新、立克秀、卫福、武将、亮盾、亮穗、扑力猛、全蚀净等。进口杀虫型种衣剂：锐胜、帅苗、劲苗、高巧、护粒丹等。杀虫杀菌混合型种衣剂使用方便，是今后开发的方向，目前登记用于小麦种子包衣的混合型种衣剂有酷拉斯（咯菌腈 + 苯醚甲环唑 + 噻虫嗪）、奥拜瑞（戊唑醇 + 吡虫啉）。

国产种衣剂登记的品种虽然很多，但有效成分多局限在丁硫克百威、吡虫啉、噻虫嗪、噻虫胺、多菌灵、三唑酮、苯醚甲环唑、戊唑醇等品种。

二、种衣剂在小麦生产中的重要作用及应用

鉴于小麦苗期病虫害种类多、为害严重的形势，为有效控制病虫为害，保护小麦正常出苗和生长，实现小麦一播全苗，减轻中后期病虫害的发生程度。自 20 世纪 80 年代开始，我国开始引进和生产种衣剂，在大量试验和示范的基础上，不断改进种衣剂的配方和剂型，使其能够在粮食作物、经济作物、油料作物及瓜菜作物上推广应用。目前种衣剂已经在多种农作物上大面积推广应用，近年来全国小麦种子处理应用面积在 2.18 亿亩以上。

种衣剂在小麦生产中具有重要作用，突出表现为以下几个方面。

一是防治苗期地下害虫、土传和种传病害，减轻中后期病虫害的发生程度。

二是促进种子萌发，提高发芽势、发芽率。

三是促进小麦生长，使株高、主根长度、根系体积、基部茎粗、干物质的积累、冬前大分蘖等有所增加。

四是提高小麦的抗逆性，增产效果显著。

三、包衣机械和包衣技术

包衣分为手工包衣和机械包衣，手工包衣工具有烧杯瓶、自封袋、编织袋、实验室专用包衣机等，这些可以作为少量包衣的工具。种子包衣机械有简易机械和大型机械，简易机械有自制包衣机、小型包衣机械，大型包衣机械有连续式包衣机、批次式包衣机。种子公司使用批次式包衣机，具有计量准确、包衣均匀、破损率低、不浪费药液、工作效率较高等优点，是目前主要推广的机型。

1. 烧杯瓶（图 8-1-9）

包衣量为 100g 左右，不宜过多。优点是工具比较简单，容易操作，便于携带，没有场地限制。缺点是包衣的均匀度差、覆盖度差，药剂的准确度差，浪费人力，不环保，药液裸露易产生中毒。

操作步骤：将种子放入烧杯瓶中→将药液放入烧杯瓶中→盖上盖子→快速摇晃即可。

注意事项：① 加药时应尽可能地把药液均匀倒在种子上；② 加完药液后应快速搅拌；③ 以 100g 种子快速搅拌时间为 7s 左右，不宜时间过长；④ 注意安全防护；⑤ 包衣种子要及时晾干。

包衣量为 50~300g/ 批（根据烧杯瓶的大小决定包衣的种子量），包衣比例为 1：50 至 1：100。

图 8-1-9 烧杯瓶

2. 自封袋（图 8-1-10）

包衣量为 500g 左右，不宜过多。优点是工具比较简单，容易操作，便于携带，没有场地限制。缺点是包衣的均匀度差、覆盖度差，药剂的准确度差，浪费人力，不环保，药液裸露易产生中毒。

操作步骤：将药液一半倒入自封袋中，药液均匀的黏在自封袋的内壁上→将称量好的种子倒入自封袋中→将剩余的药液倒入自封袋中→自封袋合口时要有一部分空气（空气留有量与种子占用的空间相等），以便于种子晃动。

注意事项：① 第一次加一半药时要把自封袋口合上，避免药液流失；② 摇晃自封袋时要快，要让种子蠕动起来；③ 晃动时间不宜过长，种子量多时可适当增加包衣时间；④ 注意安全防护；⑤ 包衣种子要及时晾干。

包衣量为 100~1 000g/ 批，包衣比例为 1：50 至 1：100。

3. 实验室专用包衣机（图 8-1-11）

图 8-1-10 自封袋

优点是工具比较简单，容易操作，场地限制少。缺点是药剂的准确度差，浪费人力，不环保，药液裸露易产生中毒。一般用于种衣剂配方研发和种衣剂效果试验。

操作步骤：将药液按比例混合好→称量好药液和种子→开动包衣机，使种子转动起来→加入药液。

注意事项：① 要等种子转动起来才能加药；② 加药时间不能超过 4s，包衣时间不超过 10s，一次包衣的过程不超过 20s；③ 每次包衣后及时清理；④ 注意安全防护；⑤ 包衣种子要及时晾干。

包衣量为 50~5 000g/ 批（根据不同的包衣机械来定），包衣比例为 1：50 至 1：80。

4. 手摇式包衣机（图 8-1-12）

优点是工具比较简单易操作，场地限制较少，省工省力，不损伤种子，不需要电力。缺点是包衣的均匀度差，药剂的准确度差，不环保，药液裸露易产生中毒。

包衣步骤：计算好包衣比例，药液要混合均匀 → 加药时间尽量延迟，加药时间为 15s 左右（可根据种子的情况来定）→ 加药时要搅动自制包衣机，之后要快速搅拌直至种子全部包上药液。

注意事项：① 要边搅动边加药；② 加完药后应加快搅动速度；③ 注意安全防护；④ 包衣种子要及时晾干。

包衣比例为 1：30 至 1：60（以小麦为例），包衣量为 1~10kg/ 批。

5. 简易包衣机（图 8-1-13）

图 8-1-11　实验室专用包衣机

图 8-1-12　手摇式包衣机

优点是工具比较简单，容易操作，便于移动，场地限制比较少。包衣均匀度比以上的包衣方法要好，工作效率高。缺点是包衣的覆盖度、均匀度较差，但比自制包衣机要好。药剂易产生浪费，浪费人力，不环保，药液裸露易产生中毒。

注意事项：① 注意安全操作，避免漏电、漏药液；② 机械在转动时不能用手接触，避免造成伤害；③ 使用电力作为动力，一般要用 220V 电压；④ 注意安全防护；⑤ 包衣种子要及时晾干。

包衣步骤：计算好包衣比例，混合好药液 → 称量种子与药液 → 先将种子放入包衣机中，种子转动起来后再加入药液，包衣时间约为 60s。

包衣比例为 1：30 至 1：60（以小麦为例），包衣量：15~300kg/ 批。

6. 滚筒包衣机（图 8-1-14）

优点是不损伤种子，包衣的均匀度较高，包衣的覆盖度可达到国家规定的标准；工作效率较高，能满足大型种子加工厂的要求。缺点是进药系统的精确性差，种子和药液的称量系统不够精密，造成药液的浪费。不环保，药液裸露易产生中毒。

图 8-1-13　简易包衣机

包衣步骤：按包衣比例混合好药液 → 按包衣比例计算种子的流动速度 → 根据种子的流动速度计算药液的流动速度，要做到种子的流动速度与药液的流动速度匹配一致。

开机械时要注意先后顺序：开滚筒 → 提升种子 → 开药泵。

注意事项：① 根据机械的性能调试药液浓度，不可过高和过低，包衣比例过高会造成药液浪费，增加种子药害发生的风险。包衣比例过低会造成种子水分增加，增加种子的晾晒时间或增加种子的安全风

图 8-1-14　滚筒包衣机

险；② 工作时不可将手和衣物进入包衣滚筒中，避免意外伤害；③ 要安排专业的人员操作；④ 注意安全防护。

包衣比例为 1：30 至 1：70（以小麦为例），包衣量：1~5t/h。

7. 搅笼包衣机（图 8-1-15）

优点是包衣的速度较快，包衣效率明显提高，包衣的均匀度较高，包衣的覆盖度可达到国家制定的标准；工作效率较高，能满足大型种子加工厂的要求。缺点是易增加种子的破碎率，进药系统的精确性差；种子和药液的称量系统不够精密造成药液浪费，不环保，药液裸露易产生中毒。

图 8-1-15 搅笼包衣机

包衣步骤：按包衣比例混配好药液→按包衣比例计算种子的流动速度→根据种子的流动速度计算药液的流动速度，要做到种子的流动速度与药液的流动速度匹配一致。

开机械的先后顺序：开搅笼→提升种子→开药泵。

注意事项：① 根据机械的性能调试药液浓度，不可过高和过低，包衣比例过高会造成药液浪费，增加种子药害的风险，包衣比例过低会造成种子水分增加，增加种子的晾晒时间或增加种子的安全风险；② 工作时不可将手和衣物进入包衣搅笼中，避免意外伤害；③ 要安排专业的人员操作；④ 注意安全防护。

包衣比例为 1：30 至 1：80（以小麦为例），包衣量为 3~10t/h，使用动力电源。

图 8-1-16 批次式包衣机

8. 批次式包衣机（图 8-1-16）

优点是不损伤种子，包衣效率明显增加，包衣的均匀度和覆盖度可达到或超过国家标准；包衣的精确度高，不浪费药液，工作效率较高，能满足大型种子加工厂的要求。缺点是价格极为昂贵。

包衣步骤：按包衣比例混配好药液→按照电脑程序输入种子量和药液量。

开机械的先后顺序：提升种子→点击开始即可。

注意事项：① 根据机械的性能调试药液，不可过高和过低，过高会使覆盖度下降，造成药液浪费，增加种子药害的风险，过低会造成药剂量少而影响药效，造成种子水分增加，增加种子的晾晒时间或增加种子的安全风险；② 不可在工作中随意触动改变程序；③ 要安排专业的人员操作；④ 注意安全防护。

包衣比例为 1：30 至 1：100（以小麦为例），包衣量为 2~20t/h。

第三节　施药设备

一、植保机械使用现状

我国农药生产技术处于国际先进水平，美国排名第一，我国位居第二。目前国内拥有各类植保机械生产企业 350 余家，形成年产 300 万台套、100 余种规格型号的植保机械产能。而我国植保机械和农药使用技术严重落后的现状，与我国高速发展的农药生产水平极不相称，我国植保机械落后于欧美发达国家 15~30 年。

长期以来农作物病虫害的防治主要是使用背负式手动（电动）喷雾器和机动喷雾喷粉机，处于"人背肩扛"效率低、劳动强度大的作业状态。现代农业需要现代植保，发展现代植保最要紧的就是发展新型高效的植保机械。河南省自 2006 年以来，致力改变这一"人背机器"面貌，引进示范推广自走式喷杆喷雾机和农用无人机，示范推广新型高效植保机械，逐步实现了由"人背机器"到"机器背人"、进一步发展为"人机分离"的转变，把农民从繁重的体力劳动中解脱出来，提高了施药的效率和水平，保证了病虫害防治效果，更重要的是提高了农药利用率，降低了农药使用量，减轻了对农田生态环境的污染，为绿色农业发展提供了科技支撑。

自走式喷杆喷雾机作业质量高、病虫草防治效果较好，但是由于和现行的耕作栽培制度结合不够，作业领域受到限制，再加上机器笨重，不适合长距离调运机械，服务区域范围有限，而且机械价位高，盈利不足，整体发展速度缓慢。近几年农用植保无人机发展迅猛，其具有作业效率高、单位面积施药量小，无须专用起降机场、机动性好，可远距离遥控操作，避免接触农药，基本实现了智能化作业。

二、施药技术

1. 风送施药技术

风送施药技术是利用从风机吹出来的高速气流将喷头喷出的雾滴进行二次雾化，形成细小、均匀的雾滴，雾滴在强大的气流带动下作用于靶标作物的一种精准施药技术。具有以下突出特点。

（1）有效提高农药附着率，减少农药使用量，提高防效　在气流的作用下，作物叶片发生翻动，雾滴的穿透能力得到加强，雾滴可以深入作物内部、外围、叶背、叶面等部位，对于稠密作物中下部的病虫害有很好的防效。

（2）有利于促进低量喷雾技术的推广应用　以气流作为载体将雾滴吹向靶标作物，减少了细小雾滴的飘移，为实现低量喷雾提供了保障。

（3）对喷雾环境要求低，时效性好　在一定的自然风速下能进行可靠的喷雾作业，可有效防止自然风的干扰，减少雾滴飘移对环境的污染。

（4）作业效率和自动化程度高　风送施药技术被国际公认为是一种仅次于航空喷雾的高效地面施药技术，同时又是一种自动化程度高、防治效果好、环境污染少的先进施药技术，在农林病虫害防治、温室病虫害防治、草原植保、卫生防疫等方面都有广阔的应用前景。

2. 烟雾施药技术

烟雾施药技术是指把农药分散成烟雾状态的各种施药技术总称。烟雾施药技术非常适合在封闭空间使用，如温室大棚、粮库，也可以在相对封闭的森林、果园里使用。根据作用方式，可分为以下类型。

熏烟技术：是一种介于细喷雾法及喷粉法与熏蒸法之间的高效施药方法，通过利用烟剂（烟雾片、烟雾筒等）农药燃烧产生的烟来防治有害生物。

热烟雾技术：是利用内燃机排气管排出的废气热能使农药形成烟雾微粒的施药方式。目前，热烟雾技术的配套机具突破了仅能使用油剂剂型农药的限制，可以适用于除粉剂外的大部分农药剂型。

常温烟雾技术：是利用压缩空气的压力使药液在常温下形成烟雾状微粒的农药使用方法。常温烟雾技术对农药剂型没有特殊要求，穿透性能较好。

电热熏蒸技术：是利用电恒温加热原理，使农药升华、汽化成极其微小的粒子，均匀沉积在靶标的各个位置。

烟雾施药技术有很高的功效和防效，但为了防止环境污染，目前，主要适用于温室大棚、大型封闭空间、果园、森林等场合。

3. 静电施药技术

静电施药技术是利用高压静电在喷头与靶标间建立静电场，农药液体流经喷头雾化后，通过不同的方式（电晕充电、感应充电、接触充电）充上电荷，形成群体荷电雾滴，然后在静电场力和其他外力作用下，雾滴做定向运动而吸附在靶标的各个部位上的一种施药技术。静电施药技术作为一种新型的喷雾技术，较常规喷雾有以下特点。

一是静电施药技术具有包抄效应、尖端效应、穿透效应，对靶标植物覆盖均匀，沉积量高。在电场力的作用下，雾滴快速吸附到植物的正、背面，改善了农药沉积的均匀性。经研究，农药在植物表面上的沉积量比常规喷雾提高 36% 以上，叶子背面农药沉积量是常规喷雾的几十倍，植物顶部、中部和底部农药沉积量分布均匀性都有显著提高。

二是提高农药的利用率，减少农药的使用量，降低防治成本。静电施药技术产生的雾滴符合生物最佳粒径理论，易于被靶标捕获，显著增加了雾滴与病虫害接触的机会，能够有效提高病虫害防治效果。

三是对水源、环境影响小，降低了农药对环境的污染。静电施药技术施药量少，且电场力的吸附作用减少了农药的飘移，使农药利用率提高，避免了农药流失，降低了农药对农田生态环境的污染。

四是静电喷雾持效期长。带电雾滴在作物上吸附能力强，而且覆盖全面均匀，农药在叶片上黏附牢靠，耐雨水冲刷，药效持久。

目前，静电施药技术已经应用到大田、设施、果树作物的病虫害防治中，其雾滴沉积性能好、飘移损失小、雾群分布均匀，尤其是在植物叶片背面也能附着雾滴等优点，使得静电施药技术具有较好的应用前景。

4. 航空施药技术

航空施药技术是利用飞机或其他飞行器将农药液剂、粉剂、颗粒剂等从空中均匀撒施在目标区域内的施药方法。目前，航空施药技术配套机具主要包括有人驾驶定翼式施药飞机、植保动力伞施药机、固定三角翼施药机，以及单旋翼、多旋翼无人施药机等。

航空施药技术具有作业效率高、作业效果好、应急能力强、适期作业并且不受作物长势及地面情况限制等特点，适用于大面积单一作物、果园、草原、森林的施药作业，尤其适用于作物生长后期病虫害防治，克服了常规地面植保机械后期难以进田作业的缺点。

5. 防飘喷雾施药技术

防飘喷雾施药技术是采用新型雾化方式和改变喷雾流场的方法，利用防飘装置产生的特定轨迹的流场胁迫极易飘失的细小雾滴定向沉积，从而提高农药雾滴在作物上附着率的施药技术。目前，防飘喷雾施药技术主要应用在大田作物的病虫害防治中，有两种防飘喷雾技术。

罩盖防飘喷雾技术：主要包括气力式罩盖喷雾，通过外加风机产生的气流改变雾滴的运动轨迹，如风帘、风幕、气囊等装置；机械式罩盖喷雾，通过外加罩盖装置，改变雾滴运动轨迹。

导流挡板防飘喷雾技术：在喷头的上风向处安装倾斜的挡板，改变雾滴流场，同时，在作业时可以拨开冠层，使雾滴能更好地穿透，到达靶标的中下部。

6. 精准施药技术

精准施药技术是在研究田间病虫草害相关因子差异性的基础上，获取农田小区病虫害存在的空间和时间差异性信息，将农药使用技术与地理信息系统、定位系统、传感器、计算机控制器、决策支持系统、变量喷头等装置进行有效结合，实现仅对病虫草害为害区域进行按需定位喷雾的施药方法，实现了定点、定量施药。目前，通常采用两种方式：基于实时传感的精确农药使用技术，如自动对靶喷雾技术；基于地图的精确农药使用技术。

该技术实现了固定区域的定量施药作业，可以随各区域受病虫为害程度及其环境性状不同适当调整农药施用量，提高了施药的针对性，避免农药的浪费和环境的污染，具有较好的应用前景。

三、部分高效植保机械介绍

（一）背负式手动喷雾器

图 8-1-17　背负式手动（电动）喷雾器

背负式手动（电动）喷雾器（图 8-1-17）结构简单、价格低廉，受到广大农民的欢迎，是目前市场存量最大的植保施药机械，单机平均 1d 作业 10 亩地左右。据 2017—2019 年河南省植保机械使用情况调查，农户、专业化服务组织使用背负式手动（电动）植保机械平均占比 95.67%、77.26%。

工作原理：通过手动或电动调整压力，当压力增加到一定程度，打开出水阀，药液流出喷头，呈雾状喷出，达到喷洒作业的目的。

典型机型介绍：WS-18D 背负式电动喷雾器。

工作压力为 0.15~0.4MPa，微型电动隔膜泵，药箱容积 18L，整机质量 5.1kg，单喷头，喷孔直径 1.5mm，蓄电池容量为 8Ah。

该机采用微型直流电机为动力，可靠耐用。采用自动压力控制，方便安全。隔膜泵为双向膜片式，结构简单紧凑，维修方便。该机压力高、流量大，生产效率高，防治效果明显。隔膜泵外形零部件均为塑料件，因此重量轻，耐腐蚀。

（二）背负式机动喷雾喷粉机

背负式机动喷雾喷粉机（图 8-1-18），采用气流输粉、气流弥雾的方式代替了搅拌装置、液泵装置，不易发生故障，机械结构简单，工作保养方便。机械作业效率较背负式喷雾器高，单机平均 1d 作业 30~50 亩。背负式机动喷雾喷粉机，整机加上药液质量较大，打药负荷较重，其产生的高浓度弥雾，在不合适的条件下容易造成环境污染。

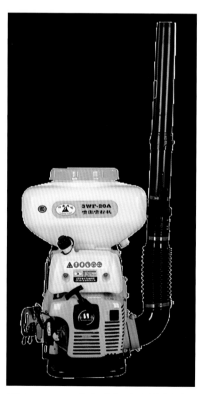

图 8-1-18　背负式机动喷雾喷粉机

典型机型：3WF-20A 背负式喷粉喷雾机。

配套动力 1E54FP，排气量 82.4cc，功率/转速 4.0kW/7 000r/min，药箱容积 20L，缸体倒置、重心低，喷雾喷粉两用，水平射程 20m、垂直射程 17m，耗油率 450g/kW·h，整机重量 12kg，整机采用优质镁铝合金等轻型材料，油箱容积 2L。

（三）自走式喷杆喷雾机

自走式喷杆喷雾机是指自身装配有柴油机或汽油机等动力源，无需额外采用拖拉机悬挂、牵引的喷雾机具。目前全国已有生产和应用的自走式喷杆喷雾机种类不少，既有四轮自走式喷杆喷雾机，也有三轮自走式喷杆喷雾机，既有常规喷雾，也有变量喷雾，能够满足不同种植规模和经济层次的需求。据 2017—2019 年河南省植保机械使用情况调查，农户、专业化服务组织使用自走式喷杆喷雾机在的平均占比为 0.24%、3.96%。

1. 主要特点

工作效率高、操作者劳动强度低；机械结构设计人性化，操作简单易学；喷杆高度可调，轮距一般可调。

2. 工作原理

发动机经过传动，将动力传输到变速箱，变速箱将输出动力分两部分，一部分经行走箱将动力传到车轮提供行走动力，另一部分通过传动轴驱动液泵，将药液从药箱经过滤器吸入液泵内，加压后经调压阀进入分水器，分别送入喷杆及回液管，进入喷杆的药液经防滴阀、过滤网，由喷头雾化喷出。

3. 喷杆喷雾机的田间操作

（1）安装与调整 安装机体：喷头的安装与调整，喷头间距 50cm，喷嘴高度 40~60cm。安装后做一次检查，用清水校准机械喷雾性能。单喷头喷液量测定，各喷头喷雾量变异系数小于 15%。推荐使用 11003 型（蓝色）喷头喷洒除草剂，11002 型（黄色）喷头喷洒杀菌剂、杀虫剂、植物生长调节剂、微肥等。

（2）计算机械行走速度 一般 6~10km/h。

$$V = \frac{Q}{B \times q} \times 40$$

式中：V——前进速度，km/h；Q——机械总喷液量，L/min（各个喷头的总和）；B——单位面积施药量，L/亩；q——喷幅，m。

对喷雾机进行试喷，标定合格后进行喷雾作业。

（3）药剂配制

$$药箱加药量（kg 或 L）= \frac{药箱容量（L）}{喷液量（L/hm^2）} \times 用药量（L 或 kg/hm^2）$$

药箱先加半箱水，再加入农药搅拌，最后加满水后再搅拌。

（4）作业注意事项 田间道路不平，严禁高速行走；注意避让障碍物，防止撞坏喷杆；工作压力不可调过高，防止爆管；喷头如出现堵塞，应停机及时清理喷头堵塞物。

（5）维护与保养 每天作业完毕，应将药液放净，加入清水，清洗药箱和液泵。启动机器并喷完，反复 1~2 次。

长时间存放时应注意：放净油箱和化油器内的燃油；用软布擦净机器的外表面，保存在通风干燥的地方，直到下次使用为止；保管时请将管的连接部位全部分解，将水完全排出，水排出后为防止异物的进入，应套上护罩于安全的地方保管；请将注油口向上水平放置；在容易生锈的部分、露出的轴及螺纹处涂抹防锈油或润滑脂后保存；喷杆及喷口以安全的状态竖立放置，管线及喷口部要防止灰尘等异物的进入，所以应特别注意，特别是管线要防止阳光照射，妥善保管。

自走式喷杆喷雾机机型介绍如下。

1. 3WSZ-500 自走式水旱两用喷杆喷雾机

图 8-1-19　3WSZ-500 自走式水旱两用喷杆喷雾机

该机（图 8-1-19）由山东三禾永佳动力股份有限公司研制生产，可应用于水稻、小麦、花生、棉花、大豆等矮秆作物播前土壤封闭处理、苗期茎叶喷雾除草及病虫害的防治等。机具主要特点有以下几点。①配套动力为进口水冷多缸冷 16.9kW 柴油机，液泵形式为柱塞泵，压力 0.8~1.2MPa。设计地隙高度 1 100mm，使机械喷雾作业时在田间有良好的通过性。②喷杆设计长度为 10m，安装有 20 个进口扇形喷嘴，具有防滴作用。喷杆既可前置也可后置，可以三折叠，采用液压自动升降和伸展，操作更方便，作业喷幅可达 12m。③四轮驱动、四轮转向，橡胶实心轮胎，分别设计水、旱两用胶轮，最大宽度只有 90mm，轮距可微调 50mm。四轮配备有分垄器，设计高、低行驶挡，液压转向功能，转弯半径较小，减少对作物的损伤。④工作效率高，劳动强度低。该机具有一定的爬坡性能，坡度小于 30°。作业下陷小于或等于 40cm 时可正常行驶作业，作业速度每小时 6~8km，单机每小时旱田作业面积可达 40~50 亩。

该机械均为四轮自走式水旱两用喷杆喷雾机，价位适中，适合应用于较大规模种植的小麦田，一般种植规模在 500~1 000 亩为宜。其在小麦田作业时的使用要点如下。

一是适合于在宽幅种植方式的小麦田，不用刻意预留作业道和调整轮距，四轮转弯半径小，并经多点试验结果表明，小麦生长后期机械喷雾作业对作物的碾压造成的损失不足 2%。

二是选择和安装喷头的位置与角度。自走式喷杆喷雾机喷洒除草剂作土壤封闭处理时，应选用 110 系列狭缝式刚玉瓷喷头，安装时喷头的狭缝与喷杆成 5°~10° 倾斜，间距 50mm，喷头离地面高度 50mm。喷洒杀虫剂、杀菌剂和生长调节剂时，喷头离作物高度 30mm 为宜。

三是作业行走速度与单位面积施药液量呈反比。一般作业速度控制在 5~6km/h 为佳，最高不要超过 8km/h。田间作业时首先要测定和校核喷头的流量，保证每个喷头的流量误差小于 5%，超过 5% 时必须更换喷头。

四是发动机启动时，要先往药箱中注入 15L 左右的水，避免在没水的状态下空转造成柱塞泵损伤。

五是向药箱中加药时，要先将药液在小桶中稀释、混合，再从药箱入口滤网注入。

2. 3WPG-600GA 高地隙水旱两用喷杆喷雾机

该机（图 8-1-20）由山东华盛中天机械集团股份有限

图 8-1-20　3WPG-600GA 高地隙水旱两用
喷杆喷雾机

公司生产，主要适用于小麦、水稻、玉米、大豆、棉花、马铃薯、花生等农作物及中草药、牧草、园林花卉等植物大面积的播前土壤处理、灭草及苗期病虫害的防治喷药作业。并可以选配撒肥器，进行撒肥作业，实现一机多用。

主要特点：① 采用 50 马力（1 马力 ≈ 735W）发动机，动力强劲，四轮驱动、前进速度 4/8/18 km/h、倒车 2.7/5.6km/h，轮距 1 500mm，机器的适应性能强。② 采用全液压转向机构，使用方便，减轻驾驶人员的劳动强度。③ 药箱容积 600L，隔膜泵，配备防滴漏扇形喷头，具有喷洒均匀、效率高、省水省药特点，可以加装精准施药系统，减少农药使用量，提高农药利用率。④ 后置喷杆，作业效率 40~50 亩 /h。⑤ 离地间隙 0.95~1.04m，离地间隙高，适用范围广，喷头离地间隙调整范围大。

3. 3WX-1200G 自走式高秆作物喷杆喷雾机

该机（图 8-1-21）由北京丰茂植保机械有限公司生产，可应用于玉米、高粱等高秆作物，同时还可用于小麦、棉花、大豆等旱田作物大规模种植的田块。机具主要特点：①整机结构设计为门框式，药箱容积 1 200L，分布于整机两侧，整体滚塑。驾驶室为钢结构、密封、空调、可以升降。②离地间隙 2 200mm，四轮液压驱动，四轮转向，行走能力强、转弯半径小。可实现高秆作物全过程施药作业。③喷杆分 5 节折叠，可液压伸缩，喷杆高度可液压无极调整。喷幅 15m。配有自动喷雾控制

图 8-1-21　3WX-1200G 自走式高秆作物喷杆喷雾机

系统（变量喷雾），可保证喷雾效果。④工作效率高，采用回水搅拌，单机每小时可作业面积达 90 亩，可以适合大面积种植作物的病虫害防治。

4. 3WP-1300G 自走式四轮高地隙喷杆喷雾机

该机（图 8-1-22）由山东华盛农业药械有限公司生产，可应用于小麦、玉米、棉花、大豆等旱田作物大规模种植的田块。机具主要特点：①整机结构设计为门框式，药箱容积 1 300L，分布于整机两侧。驾驶室为钢结构、密封好，有空调舒适，可以在 600~2 600mm 范围内升降。②配套动力为四缸水冷柴油机，发动机功率大于 68kW；配隔膜泵，液泵流量 ≥ 128L/min，压力 ≥ 2MPa；全液压无级变速，前进挡 2 个以上，后退档 1 个。③离地间隙 2 350mm，轮距 2 200~2 700mm 液压无极调整，四轮驱动，全液压转向系统，两轮、四轮、蟹型转向。④液压伸缩喷杆，可以分节折叠，喷杆高度可在 400~3 100mm 范围内调整。配有 03 型号防漂移喷嘴和标准扇形 02、03 型号喷嘴的 3 喷头体，喷头间距 500mm，共 36 个喷头，喷幅 19m。⑤工作效率高，采用回水搅拌，单机每小时可作业面积达 120~180 亩，适合大面积种植作物的病虫害防治。

图 8-1-22　3WP-1300G 自走式四轮高地隙喷杆喷雾机

5.3WX-2000G 自走式高秆作物喷杆喷雾机

图 8-1-23　3WX-2000G 自走式高秆作物喷杆喷雾机

该机（图 8-1-23）由北京丰茂植保机械有限公司生产，可应用于小麦、玉米、棉花、大豆等旱田作物。主要特点和使用要点如下：①该机采用全液压行走、转向，四轮配置有驱动防滑装置，可在崎岖不平的田地间畅通无阻。驾驶室可以升降，安装有 GPS 卫星定位装置，可精确记录喷雾轨迹，防止漏喷和重喷。②采用喷杆水平作业方式，配有变量喷雾控制系统，还可以加装风幕式气流辅助防飘移喷雾作业，离地间隙 2 800mm，轮距 2 250~3 000mm，不仅满足高秆作物整个生育期的喷雾作业，同时也适用于小麦、大豆、油菜、花生等农作物喷施杀虫剂、杀菌剂、除草剂和生长调节剂。③液压伸缩喷杆，可以分 5 节折叠，喷幅可达 21m。喷杆高度可在 500~2 200mm 调节，适合多种作物。④配有 2 000L 超大药箱，工作效率高，以每小时 6~8km 的最佳作业速度，单机每小时可作业面积达 220 亩，适合大规模种植作物的病虫害防治。

（四）农用植保无人飞机

农用植保无人飞机，主要有两大类：一是油动单旋翼直升机，常见的如 3WQF120-12；二是电动多旋翼机，常见的有四轴、六轴、八轴。这两种机型除动力来源不同外，优势各有不同，从操控上看，电动多旋翼的飞控比较便捷，油动直升机目前也能完成自主飞行。从续航能力和载药量看，油动直升机续航时间长，载药量大，每架次复飞时间短，工作效率较高。而电动多旋翼受到电池电量的限制续航时间短，需反复充电，如所配电池足够时也可提高工作效率。从喷雾质量上看，油动直升机旋翼下的下沉气流稳定，分布相对均匀，易于控制喷洒的均匀性，电动多旋翼的旋翼较多，各自形成下沉气流，必须控制好喷头的位置与角度，避免下沉雾滴进入旋翼扰流区，从而影响喷洒的均匀性。据 2017—2019 年河南省植保机械使用情况调查，农户、专业化服务组织使用农用植保无人飞机的平均占比分别为 0.25%、4.16%。

1. 多旋翼植保无人飞机

（1）简介　常见的有 4 旋翼、6 旋翼、8 旋翼、18 旋翼、24 旋翼，甚至更多。电动多旋翼植保无人飞机由无刷电机驱动螺旋桨组成单组旋翼动力系统，由惯导系统、飞控系统、导航系统、电子调速器组成控制驱动部分。

（2）性能优势　作业效率高，每分钟可以作业 1~2 亩，单架单日可以作业 500 亩。各旋翼独立控制，任何故障造成单旋翼停转，不影响机器正常飞行、降落。各部件模块化设计，当出现故障时，只需更换单一部件，维修成本低。不受作业地块海拔和空气质量、温度的影响。喷洒系统达到低空、低量或超低量喷雾，提高雾滴的黏附能力，提高农药利用率，减少农药使用量，降低农药残留。机器操作简单，自主导航可实现全自动飞行。

（3）保养　喷洒农药结束后，要及时清理药箱和机身上的农药残余，时刻保持飞机的最佳待命和飞行状态。每次作业前，要仔细检查飞机的状态。电池不要过放和过充。作业请在 3 级风以下作业。雨天不宜飞行作业。

机型介绍如下。

安阳全丰自由鹰 DP　整机质量（起飞质量）42kg，轴距 1 724mm，使用锂电池，续航时间≥ 10min。药箱容量 18L，6 个扇形雾化喷头，最大喷洒流量 2.24L/min，喷幅 5.5~6.5m（图 8-1-24）。

安阳全丰自由鹰 ZP　整机质量（起飞质量）26kg，轴距 1 280mm，使用锂电池，续航时间≥ 10min。药箱容量 10L，4 个扇形雾化喷头，最大喷洒流量 1.6L/min，喷幅 3.5~4.5m（图 8-1-25）。

图 8-1-24　安阳全丰自由鹰 DP

图 8-1-25　安阳全丰自由鹰 ZP

极飞 XP2020 型植保无人飞机　整机质量（起飞质量）46.62kg，轴距 1 680mm，作业时间 10min，最大作业飞行速度 12m/s，药箱容积 20L，使用离心雾化喷头，雾滴粒径 85~550μm，喷幅 4.5m（图 8-1-26）。

大疆 T16 型植保无人飞机　整机质量（起飞质量）34.5kg，轴距 1 800mm，作业时间 10min，最大作业飞行速度 12m/s，药箱容积 16L，8 个 xr11001vs 扇形喷头，最大喷洒流量 4.8L/min，雾滴粒径 130~250μm，喷幅 6.5m（图 8-1-27）。

图 8-1-26　极飞 XP2020 型植保无人飞机

图 8-1-27　大疆 T16 型植保无人飞机

2. 单旋翼植保无人飞机

（1）构造　该机器除飞机平台外，还包括机上系统和地面系统。飞行平台包括发动机动力传动结构、旋翼头结构、尾传动结构、发动机、机身结构件和起落架等。飞行器系统包括动力、控制与航电、测控系统、农药喷洒系统等。地面系统包括控制终端和辅助设备（图 8-1-28）。

（2）机型特点　采用人工遥控技术，操作人员远离施药环境，保证了飞机操控者的安全，同时人

图 8-1-28　单旋翼植保无人飞机

机分离，施药设备特别适合小地块和地面施药器械无法行走的水稻、小麦、玉米中后期施药。作业效率高，每分钟可以作业 1~2 亩，单架单日可以作业 500 亩。螺旋机翼，当雾滴被喷出后被旋翼形成的下压气流形成气流雾，增强了雾滴对作物的穿透性，减少农药飘逸。搭载容量较大，巡航时间较长。该器械使用超低容量喷雾，单位面积用药液量较少，节约用水，机身较轻，转运方便，田间地头起降简单，容易操控。

机型介绍：全球鹰 3WQF120-12 型农用植保悬浮机，该机型动力系统采用 120cc 水平对置水冷发动机，动力强、一键启动、自发电，作业期间无须携带电池及充电设备。全机采用模块化设计，好拆卸、易组装。最大载荷 18kg，作业载荷 12kg，每架次 10~15min，可喷洒 20~25 亩，平均每天作业 500 亩，满载最大续航时间为 25min。

第九章　小麦有害生物绿色防控
技术集成与应用

　　小麦是世界范围内种植面积最大、总产量和贸易量最高的粮食作物之一，也是我国分布范围最广的粮食作物之一。河南省是我国小麦生产第一大省，小麦单产、总产、面积、商品粮贸易量均居全国首位，总产占全国小麦产量的1/4，被誉为"中国粮仓、国人厨房"。近年来，为了适应农业供给侧结构性改革的需要，河南省以"四优四化"为抓手，大力发展优质小麦生产和订单农业，优质专用小麦种植面积达到1 200万亩以上，初步实现了河南省优质专用小麦布局区域化、经营规模化、生产标准化和发展产业化，在小麦总产、单产不断刷新历史纪录的同时，实现了小麦产业结构优化升级，小麦及其加工制品的品质显著提升，为保障将饭碗牢牢端在自己手中，饭碗中装满中国粮，扛稳国家粮食安全的重任做出了重大贡献。

　　由于受全球气候变化、耕作制度改变、作物品种更换、轻型农业栽培措施实施和生产水平的提高，小麦病虫草害发生为害呈加重趋势。长期以来，小麦病虫草害防治主要依赖化学农药，由于预测预报服务不到位，对防治适期、防治指标、防治范围掌握不准，普遍存在盲目用药、滥用农药的现象，不仅增加了防治成本，造成对农田生态环境的严重污染，而且导致病虫草害抗药性增强，防治效果普遍下降；为了提高防治效果，农民不得不加大农药使用量，增加防治次数，从而导致农药过量使用，环境污染更加严重，使小麦病虫草害防治陷入恶性循环的道路。为了打破这种不利的局面，认真汲取2012年全省小麦赤霉病大发生的教训，牢固树立"公共植保、绿色植保"的理念，使河南省小麦病虫草害防治工作步入良性发展道路，在国家公益性行业（农业）科研专项经费（201303030）、国家重点研发计划项目（2017YFD0301104）、国家小麦产业技术体系项目（CARS-03）、河南省小麦产业技术体系项目（S2010-01-G08）及农作物病虫害防治补助资金支持下，2013—2019年组织农业科研、教学、推广部门的技术人员协作攻关，对河南省小麦主要病虫草害的发生演变规律、重大病虫监测预警技术、不同防治技术措施、高效新型施药机械及推广应用模式等进行了系统的试验研究和推广应用，集成了适合不同生态类型区的小麦重大病虫草害绿色防控技术模式，推广应用后取得了显著的经济、社会和生态效益，为实现小麦绿色高质高效生产及扛稳国家粮食生产安全重任提供了科技支撑。

第一节　小麦主要有害生物防治指标及普查方法

　　为了保证小麦有害生物绿色防控技术措施的贯彻落实，首先必须全面掌握有害生物在时间和空间上的数量变化动态。这就要求植保技术人员在充分利用现代化测报设备的基础上，深入生产实际，用科学的方法收集数据，对调查结果进行客观分析，在综合农作物生长情况、天气情况及历史资料等相关因素的基础上，对有害生物未来的发生趋势进行判断，及时发布监测预警和防控信息，科学指导防治工作开展。

一、主要病虫草防治指标

根据已经发布的小麦病虫害测报和防治国家标准或农业行业标准，结合黄淮海地区历年小麦有害生物发生为害实际情况、防治效果及投入产出比，充分考虑国家提出的农药减量控害及农田生态环境保护的目标任务，提出小麦主要有害生物防治指标。

（1）小麦条锈病　发病初期3月底至5月初病叶率达0.5%~1%。

（2）小麦叶锈病　抽穗至灌浆初期，病叶率5%~10%或病情指数达15。

（3）小麦赤霉病　抽穗扬花期，天气预报平均气温达15℃，且有3d天及以上连阴雨天气，则有赤霉病严重流行的可能，应抢在雨前喷药预防。

（4）小麦纹枯病　返青至拔节期，病株15%~20%或病情指数达5。

（5）小麦白粉病　返青后，病株率15%~20%或病叶率5%~10%。

（6）小麦丛矮病　灰飞虱带毒率在1%~9%时，每平方米有虫18头；灰飞虱带毒率在10%~20%时，每平方米有虫9头；灰飞虱带毒率在21%~30%时，每平方米有虫4.5头。

（7）孢囊线虫病　土壤中孢囊线虫卵密度5~10个/g。

（8）叶枯病　小麦挑旗期顶3叶病叶率5%。

（9）小麦全蚀病　病情指数为5。

（10）小麦苗蚜　100~200头/百株；穗蚜：抽穗至灌浆期，1500~2000头/百株，且益害比在1：150以上。

（11）麦蜘蛛　返青拔节期，200头/市尺（1市尺≈33.33cm）单行。

（12）麦叶蜂　每平方米有幼虫40头。

（13）小麦吸浆虫　幼虫或蛹5头/10cm×10cm×20cm，或者用手扒开麦垄，一眼能见到2~3头成虫，或者网捕10复次捕到10头成虫，或者10块粘板累计1头成虫时。

（14）黏虫　每平方米有一代幼虫15~25头。

（15）地下害虫　蝼蛄，每亩有虫100头；蛴螬、金针虫，每亩有虫1000头。

（16）潜叶蝇　田间受害株率5%。

（17）麦秆蝇　冬麦区秋季出苗后，每100复网捕到成虫25头或卵株率达2%；春季3月1日起，每100复网捕到成虫20~40头或卵株率达2%以上。

（18）叶蝉　虫口密度达每平方米3头时，或每30单次网捕到成虫、若虫10~20头。

（19）蓟马　小麦孕穗至扬花初期，百穗虫量达200头以上。

（20）麦田杂草　秋苗期或返青期，杂草混生时，每平方米30株。

（21）鼠害　播种期田间捕获率为3%，成熟期捕获率为5%。

（22）蜗牛　春、秋雨季是蜗牛活动盛期，当成贝、幼贝密度达到每平方米3~5头。

二、小麦病虫草害调查方法

（一）害虫种群密度估量法

种群密度是表征种群数量及其在时间、空间上分布的一个基本统计量。种群密度可分为绝对密度和相

第九章 小麦有害生物绿色防控技术集成与应用

小麦是世界范围内种植面积最大、总产量和贸易量最高的粮食作物之一，也是我国分布范围最广的粮食作物之一。河南省是我国小麦生产第一大省，小麦单产、总产、面积、商品粮贸易量均居全国首位，总产占全国小麦产量的1/4，被誉为"中国粮仓、国人厨房"。近年来，为了适应农业供给侧结构性改革的需要，河南省以"四优四化"为抓手，大力发展优质小麦生产和订单农业，优质专用小麦种植面积达到1 200万亩以上，初步实现了河南省优质专用小麦布局区域化、经营规模化、生产标准化和发展产业化，在小麦总产、单产不断刷新历史纪录的同时，实现了小麦产业结构优化升级，小麦及其加工制品的品质显著提升，为保障将饭碗牢牢端在自己手中，饭碗中装满中国粮，扛稳国家粮食安全的重任做出了重大贡献。

由于受全球气候变化、耕作制度改变、作物品种更换、轻型农业栽培措施实施和生产水平的提高，小麦病虫草害发生为害呈加重趋势。长期以来，小麦病虫草害防治主要依赖化学农药，由于预测预报服务不到位，对防治适期、防治指标、防治范围掌握不准，普遍存在盲目用药、滥用农药的现象，不仅增加了防治成本，造成对农田生态环境的严重污染，而且导致病虫草害抗药性增强，防治效果普遍下降；为了提高防治效果，农民不得不加大农药使用量，增加防治次数，从而导致农药过量使用，环境污染更加严重，使小麦病虫草害防治陷入恶性循环的道路。为了打破这种不利的局面，认真汲取2012年全省小麦赤霉病大发生的教训，牢固树立"公共植保、绿色植保"的理念，使河南省小麦病虫草害防治工作步入良性发展道路，在国家公益性行业（农业）科研专项经费（201303030）、国家重点研发计划项目（2017YFD0301104）、国家小麦产业技术体系项目（CARS-03）、河南省小麦产业技术体系项目（S2010-01-G08）及农作物病虫害防治补助资金支持下，2013—2019年组织农业科研、教学、推广部门的技术人员协作攻关，对河南省小麦主要病虫草害的发生演变规律、重大病虫监测预警技术、不同防治技术措施、高效新型施药机械及推广应用模式等进行了系统的试验研究和推广应用，集成了适合不同生态类型区的小麦重大病虫草害绿色防控技术模式，推广应用后取得了显著的经济、社会和生态效益，为实现小麦绿色高质高效生产及扛稳国家粮食生产安全重任提供了科技支撑。

第一节 小麦主要有害生物防治指标及普查方法

为了保证小麦有害生物绿色防控技术措施的贯彻落实，首先必须全面掌握有害生物在时间和空间上的数量变化动态。这就要求植保技术人员在充分利用现代化测报设备的基础上，深入生产实际，用科学的方法收集数据，对调查结果进行客观分析，在综合农作物生长情况、天气情况及历史资料等相关因素的基础上，对有害生物未来的发生趋势进行判断，及时发布监测预警和防控信息，科学指导防治工作开展。

一、主要病虫草防治指标

根据已经发布的小麦病虫害测报和防治国家标准或农业行业标准，结合黄淮海地区历年小麦有害生物发生为害实际情况、防治效果及投入产出比，充分考虑国家提出的农药减量控害及农田生态环境保护的目标任务，提出小麦主要有害生物防治指标。

（1）小麦条锈病　发病初期3月底至5月初病叶率达0.5%~1%。

（2）小麦叶锈病　抽穗至灌浆初期，病叶率5%~10%或病情指数达15。

（3）小麦赤霉病　抽穗扬花期，天气预报平均气温达15℃，且有3d天及以上连阴雨天气，则有赤霉病严重流行的可能，应抢在雨前喷药预防。

（4）小麦纹枯病　返青至拔节期，病株15%~20%或病情指数达5。

（5）小麦白粉病　返青后，病株率15%~20%或病叶率5%~10%。

（6）小麦丛矮病　灰飞虱带毒率在1%~9%时，每平方米有虫18头；灰飞虱带毒率在10%~20%时，每平方米有虫9头；灰飞虱带毒率在21%~30%时，每平方米有虫4.5头。

（7）孢囊线虫病　土壤中孢囊线虫卵密度5~10个/g。

（8）叶枯病　小麦挑旗期顶3叶病叶率5%。

（9）小麦全蚀病　病情指数为5。

（10）小麦苗蚜　100~200头/百株；穗蚜：抽穗至灌浆期，1 500~2 000头/百株，且益害比在1∶150以上。

（11）麦蜘蛛　返青拔节期，200头/市尺（1市尺≈33.33cm）单行。

（12）麦叶蜂　每平方米有幼虫40头。

（13）小麦吸浆虫　幼虫或蛹5头/10cm×10cm×20cm，或者用手扒开麦垄，一眼能见到2~3头成虫，或者网捕10复次捕到10头成虫，或者10块粘板累计1头成虫时。

（14）黏虫　每平方米有一代幼虫15~25头。

（15）地下害虫　蝼蛄，每亩有虫100头；蛴螬、金针虫，每亩有虫1 000头。

（16）潜叶蝇　田间受害株率5%。

（17）麦秆蝇　冬麦区秋季出苗后，每100复网捕到成虫25头或卵株率达2%；春季3月1日起，每100复网捕到成虫20~40头或卵株率达2%以上。

（18）叶蝉　虫口密度达每平方米3头时，或每30单次网捕到成虫、若虫10~20头。

（19）蓟马　小麦孕穗至扬花初期，百穗虫量达200头以上。

（20）麦田杂草　秋苗期或返青期，杂草混生时，每平方米30株。

（21）鼠害　播种期田间捕获率为3%，成熟期捕获率为5%。

（22）蜗牛　春、秋雨季是蜗牛活动盛期，当成贝、幼贝密度达到每平方米3~5头。

二、小麦病虫草害调查方法

（一）害虫种群密度估量法

种群密度是表征种群数量及其在时间、空间上分布的一个基本统计量。种群密度可分为绝对密度和相对密度。绝对密度是指一定面积内害虫的总体数。如 1 亩地内的某害虫的数量。这在实际的研究或测报时常常是不可能直接查到的。故通常人们是通过一定数量的小样本取样，如每株、每平方米、每市尺单行等，来推算绝对密度。相对密度是指一定的取样工具（如诱捕器、扫网等）或单位内虫数。相对密度有的也可以用来推算绝对密度。常用的相对密度调查方法有直接观察法、拍打法、诱捕法、扫网法、吸虫器法和标记—回捕法 5 类。

1. 直接观察法

取单株或一定面积、长度、部位为样方，直接观察记载所调查对象的数量或行为、为害状等项目。在调查群落时，先观察记载大型的移动快的种类或虫态，再查其他小型的移动慢的种类，最后查固定的种类或虫态。调查时要注意检查植株的各个部位或指定的部位，如叶的正反面、茎秆、叶柄、叶腋、花、果实等。

2. 拍打法

是用一种接虫工具如白色盆或样布，用手拍打一定株或行长植株，再用目测或吸虫管记数害虫种类及数量。如用盆拍调查小麦田灰飞虱等。在以株为单位拍打时，可换算为百株密度，以一定行长为单位拍打时，可换算成市尺单行或每亩密度。

3. 诱捕法

是利用一种诱引工具或物质，通过诱引来调查害虫的相对数量。通常只用来相对比较不同地点或时间的种群密度。如用单位时间（如日或世代）累计诱捕数来做比较。诱捕法应用最广泛的是灯诱和性诱，已经在多种害虫的测报中应用。其他如杨树枝把诱棉铃虫，糖醋液诱黏虫、小地老虎等，稻草把诱黏虫卵，黄色水盆诱蚜虫等。

4. 扫网法

扫网法捕捉和调查害虫密度的效率高、省工、省时，适用调查体积小、活动性大的昆虫，如潜叶蝇、粉虱类、盲蝽类、叶蝉类等。对这些昆虫用其他调查方法准确性差。

扫网的构造包括网袋、网圈和网杆三部分（网圈直径 33cm、网深 80cm、网柄长 100cm）。扫网的方法有两种：一种是按照一定作物行长面积逐行调查，扫网时先将网口插入植株叶层中部，网口向前做"S"形前进式扫网，每一网到头时，网口作 180° 转向，这种扫网法有面积单位；另一种则可按顺序每隔一定距离扫网 1 次，常以百网虫量计算，只做相对密度比较，无面积单位。

5. 吸虫器法

吸虫器有两大类：第一类是固定式的，用来吸捕空中飞行的昆虫；另一类是移动式的，如背负式吸虫器。移动式吸虫器的操作方法分为整株吸虫和移动吸虫两种：前者是将塑料锥形头从上到下套住整株植物，开动鼓风机，吸捕各种昆虫；后者则在田中顺序取样，步行隔一定距离吸虫 1 次，或按株顺序吸捕，顺行吸捕一定行长或株数的昆虫。锥形头也可以不完全套没植株而像扫网一样，扫过叶丛。

6. 标记—回捕法

用标记—回捕法来估计种群密度在大动物或鸟类中应用早而普遍。在昆虫迁飞规律研究中主要用来测定黏虫、稻飞虱、稻纵卷叶螟等的迁飞特性及路径。也可用来测小范围内的迁移、扩散和种群寿命等。标记法成功的关键是回捕率的高低。在动物中常因回捕率低而限制了其应用的普遍性。但在许多昆虫中，都有高效的回捕率。特别是鳞翅目昆虫或许多小型的鞘翅目昆虫，可用黑光灯、食饵诱捕，或者性诱剂等高效率的回捕方法。

（二）病害流行系统的监测

病害监测是进行病害预测的前提。监测是对实际情况进行观测的表达和记录的活动，是人类直接从真实系统提取信息，认识客观世界的起点。病害流行系统的监测是对病害流行系统的实际状态和变化进行全面、持续、定性和定量的观察和记录。

1. 病害调查监测的种类

分为系统调查和大田普查。

（1）系统调查　系统调查是病害监测的重要方面，监视一种病害数量或密度的动态变化，可以暂时忽略某一时刻调查数据对全田的代表性，只要选择一些固定的调查单位，如一定面积的作物、固定的植株、叶片甚至是病斑，按照一定的时间序列进行监测。在适宜的观测期内一般要进行 5 次调查。各次调查的方法和标准也应该一致。此种方法也广泛适用于对寄主、病原物以及各种环境因素的动态监测。

（2）大田普查　对在田间经常发生的病害，有时并不一定要做定时定点的系统调查，而是在发病始期和盛发期到易感品种和主栽品种上做 1~2 次普查，即可了解田间的病情。大田普查的面积可以很广，可以通过随机取样的方法确定调查田块，也可以根据需要选定具有代表性的田块进行调查。大田普查的记载标准多以目测为准，也可以随机取一些样点进行病害发生率和严重度的调查。主要是了解病情发生发展趋势，凭此普查结果估计未来发展趋势和做出损失估计，以及是否需要采取防治措施来控制等。

2. 菌量调查

在植物病原物中，接种体包括真菌的菌核、菌丝体、孢子，细菌细胞，病毒粒子，线虫的卵、幼虫和成虫，寄生植物的种子等。对依靠初侵染源为主造成流行的病害类型，如种子带病的麦类黑穗病、稻干尖线虫病等积年流行病，初侵染源的数量就成了最关键的因子；对单年流行的麦类锈病、稻瘟病、玉米大小斑病，初侵染源的数量同样是重要的。但对于它们在适合发病的条件下，菌量增长速度快，种群数量可以在较短时间内翻番，即指数式增长。因此，调查间隔期要短，定时、定点调查的次数要增加，且调查的精度要求也较高，否则由此得出的结论不可靠或误差较大。

（1）土壤中菌量的调查方法　土壤是菌源物越冬、越夏和休眠的主要场所，也是病害初次侵染再次侵染的主要来源地。涉及土传病害的菌量调查都要从土壤调查开始，如纹枯病的菌核，主要存在于土壤中；孢囊线虫的各个虫态都可以在土壤中找到。调查土壤中菌量的方法主要有淘洗过筛法和诱集法。①淘洗过筛法对存在于土中的真菌菌核、线虫孢囊或根结、线虫虫卵、寄生植物的种子都非常有效。②诱集法是利用昆虫、线虫的趋化性，在土壤中或土表埋设有引诱剂的诱虫器，引诱昆虫进入其中。如在田间等距离埋置一定数量的诱虫器，就可以侦查出土中虫口密度。对于在土壤中存活的真菌，采用的诱集方法就是用选择性的培养基来诱集。

（2）介体（昆虫）数量的调查　有许多病害是依靠昆虫介体在田间传播的，特别是病毒病，蚜虫和飞虱是最重要的传介昆虫。对在土壤中或在田间越冬的昆虫，包括传病媒介昆虫，主要是安装诱虫器来诱集。诱虫器有常用的黑光灯和黄色皿，装有性引诱剂的诱虫笼，盛放有食物的诱虫器等。

（3）病斑产孢量的测定　病原物发育进度，如子囊壳成熟度可作为小麦赤霉病等病害中短期预测的依据。也可以测定病斑的产孢面积和单位面积上产孢数量。生产上常用的有空中孢子量测定和发病中心调查法。

（4）空中孢子量测定　气传病害的传播体数量是病害预测预报的重要依据。空中孢子捕捉的方法很多，目前常用的是孢子捕捉仪，可以捕捉条锈病、赤霉病空中孢子，孢子捕捉仪捕捉到的孢子数量作为预测的主要依据。

（5）发病中心调查法　在大田普查的基础上，当看到田间出现零星病叶或发病中心时，就立即做出标记，以后定期调查田间的发病中心数量、发病中心面积大小。根据发病中心的扩散情况来预测病害的流行趋势。这种方法非常适合小麦条锈病的调查。

（三）病虫害监测与调查

1. 监测统计术语

（1）农作物病虫害发生程度

1级：病虫零星发生，不需要化学防治，作物无明显受害损失；

2级：一般不需要化学防治，通过农艺和保护天敌等措施可控制为害，不防治可造成零星为害；

3级：需要开展重点化学挑治，不防治会造成局部明显为害；

4级：需要重点普防，不防可造成严重损失；

5级：需要大面积普防，不防可造成大面积严重减产或绝收。

（2）发生面积　指发生数量达到或超过防治指标的面积，其实就是以前提的应防面积。检疫对象、暴发流行病虫害发生面积另行计算。

（3）防治指标　是指病虫草鼠的某一发生量（或发生程度），在此发生量下应采取控制措施，以防止该发生量发展到经济为害水平。这里所指的经济为害水平是指引起经济损失的病虫草鼠最低密度。由于地区间或年度间生产水平、气候条件以及病虫草鼠发生为害情况的不同，同一种病虫的防治指标亦应相应不同。因而，防治指标是一个动态指标。

（4）病（虫）田率

病（虫）田率（%）= 调查病（虫）发生田块数 / 调查总田块数 ×100。

（5）发生面积

病（虫）发生面积 = 当地作物种植面积 × 达到防治指标的病（虫）田率（%）。

（6）发生程度

某种病（虫）发生程度 = 调查田块发生程度的算术平均量。

大区域发生程度 = 各地发生程度的加权平均值。

（7）虫口密度

指在一定时间和空间内的昆虫个体数量。常用的单位和表示方法有：

A. 单位面积虫量：单位面积如亩、平方米、平方厘米等。这种表示方法不能简单地理解为单位面积上的数量，而是单位面积覆盖下的虫口数量，实质上是单位体积内的数量，但这种体积无法明确高度，只有以面积表示罢了。

B. 单位体积虫量：如小麦吸浆虫每小方（10cm×10cm×20cm）有虫数、地下害虫每方（100cm×100cm×20cm）有虫数等。

C. 株、丛、叶、茎上的虫量：如百株卵量、百丛虫量、百叶螨量、百茎蚜量等。

D. 单位时间虫量：如日诱蛾量等。这种表示方法对调查时间、调查工具等都有具体的要求。

E. 单位长度虫量：如市尺单行螨量等。

F. 百分率：如虫株率、虫果率等。

G. 其他表示方法：如百网复次量、目测量等。

（8）发病率（普遍率）　一般指发病田块、植株或植物器官等发病的百分率。以株为单位调查时，结果称为发病株率；以叶为单位调查时，结果称为发病叶率；以田块为单位调查时，结果称为发病田率等。其公式为：发病率（%）= 发病数 / 总调查数 × 100。

（9）严重度 又叫严重率，指田块、植株或植物器官等的受害程度。由于病害的不同，又往往将严重度分为不同的等级。如小麦条锈病的严重度是按照锈孢子堆占叶片面积的百分率来划分的；小麦赤霉病的严重度是按照发病小穗数占全穗小穗数的比例或百分率来划分的。用加权法求出的各级严重度的平均值，称为平均严重度。计算公式为：平均严重度 =（各级严重度 × 各级发生数）的总和 / 调查总发病数。

（10）病情指数 是将发病率和严重度结合在一起，用一个数值来表示发病程度的表示方法。其计算公式为：

病情指数 =（各级发生数量 × 各级严重度等级）的总和 /（调查总数 × 最严重的等级）× 100= 普遍率 × 平均严重度。

2. 病虫分布与取样

（1）病虫分布 病虫害的分布主要有 3 种情况，即随机分布、不随机分布、均匀分布（图 9-1-1）。

随机分布：指总体中每个个体在取样单位中出现的概率均等，而与同种间其他个体无关，属于这类分布的有泊松分布。

不随机分布：指总体中一个或多个个体的存在影响其他个体出现于同一取样单位的概率。奈曼分布是泊松分布的特例，即由泊松分布的群所组成，其分布的核心之间是随机的，核心大小约相等，核心周围呈放射状蔓延，也称核心分布。负二项分布特点是种群在田间的分布呈极不均匀的聚集状或嵌纹状，分别称其为聚集分布和嵌纹分布。

均匀分布：指种群中的个体均匀地分布在所属空间内，个体间相互是独立的，个体与个体间相隔的距离相等，即正二项分布。

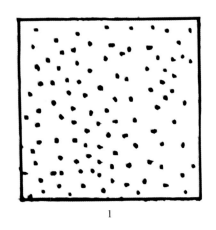 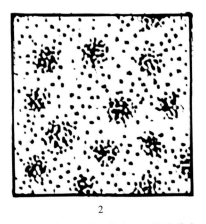 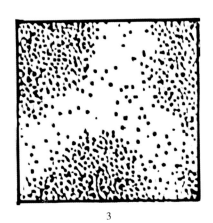

1 　　　　　　　　　2 　　　　　　　　　3

1. 随机分布；2. 核心分布；3. 嵌纹分布

图 9-1-1　病虫害田间分布型模式图

（2）病虫调查中常用的抽样方法（图 9-1-2）

五点抽样法：适用于密集的或成行的植株、病虫分布为随机分布，可按一定面积、一定长度或一定数量选取五个样点。

对角线抽样法：适用于密集的或成行的植株、病虫分布为随机分布，有单对角线和双对角线两种。

棋盘式抽样法：适用于密集的或成行的植株、病虫分布为随机或核心分布的种群。

"Z"字形抽样法：适用于嵌纹分布的病虫。

平行跳跃抽样法：适用于成行的植株、病虫分布为核心分布的种群。

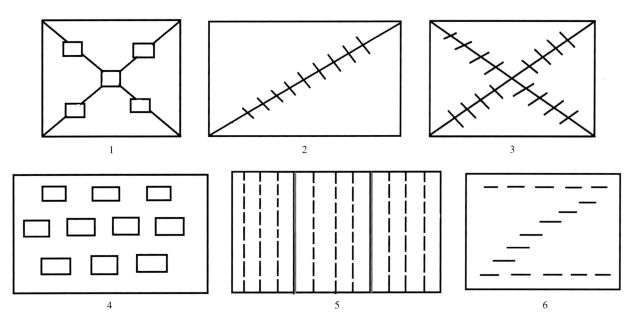

1. 五点抽样法；2. 单对角线抽样法；3. 双对角线抽样法；4. 棋盘式抽样法；5. 平行跳跃抽样法；6. "Z"字形抽样法

图 9-1-2　病虫调查中常用的抽样方法

（3）病虫调查常用抽样原则

随机分布种群：调查时对取样方式、样方大小及数量要求不高。常采取样方面积放大些，而样方数量适当减少些的原则进行抽样。如五点取样，定 15~25 个样方。

均匀分布和随机分布通常可采用五点式和对角线取样方法。

聚集分布种群：调查时宜采取样方数量多，样方面积小的原则。以"Z"字形取样或棋盘式取样较好。

核心分布宜采用棋盘式和平行跳跃式取样方法。

嵌纹分布宜采用"Z"字形取样方法。

（四）调查数据记载

测报员在田间普查时，一般同时调查多种病虫害，需要随时将每个抽样点原始数据记录下来，以便回到室内整理计算。为了方便记录，一般设计有虫害调查记录表和病害调查记录表。

使用便携式病虫调查统计器，可以按照调查要求设计表格和记载项目，实现无纸化办公，提高调查效率，而且便于将数据存储于电脑和实时传输数据，提高病虫害调查统计效率。

第二节　小麦有害生物绿色防控关键技术

一、抗性品种

抗病（虫）性：广义上是指某品种不感染某种病（虫）害或虽感染但程度较轻或产量损失较少。狭义上指当某品种遭受某种病（虫）害侵袭后而产生的免于或减轻其为害的反应。品种的抗病性表现有许多类型，以抗性表现程度分为免疫、高抗、中抗、中感、高感；按对病菌生理小种专化性的有无分为垂直抗性、水平抗性；按小麦生育期可分为苗期抗性和成株期抗性。抗病性类型的上述分类，在抗虫性分类中也一样适用。利用抗性品种防治病虫害，是最经济、有效的绿色防控措施，能够从根本上预防病虫害发生，减轻病虫害发生程度，减少化学农药使用量。抗病（虫）性的程度虽然是相对的，但针对某种病（虫）选育作物的抗性品种，使其不受害或受害较轻是绿色防控中一个重要组成部分。

（一）抗性品种的作用与选育

1. 抗性品种的作用

在小麦病虫害防治中，选育抗病虫品种是最经济有效的措施，特别是对气流传播的锈病、白粉病，风雨传播的赤霉病，昆虫传播的病毒病及吸浆虫、麦秆蝇等虫害，推广抗病虫品种的重要性更为明显，是绿色防控的基本措施。新中国成立以来，全国各地选育推广了许多抗病（虫）品种，在控制小麦主要病虫害中发挥了重要作用。由于抗条锈病品种的推广应用，使条锈病在很大程度上得到了控制；抗白粉病、抗赤霉病品种的推广，不同程度地减轻了发生程度。

2. 抗性品种的审定

目前，河南省主要农作物品种审定标准（小麦）规定，凡是高感条锈病的品种一票否决，叶锈病、白粉病、赤霉病、纹枯病等4种病害不能同时表现为高感；为了加快绿色小麦品种的审定步伐，提出条锈病、叶锈病、白粉病、纹枯病、赤霉病5种病害中，2种病害高抗或3种病害中抗及以上，产量比同组对照减产≤0.0%，达标试验点比例≥60.0%，可同步参加生产试验；两年试验赤霉病抗病性鉴定为中感，产量比同组对照减产≤0.0%，达标试验点比例≥60.0%，可同步参加生产试验；两年试验抗病性鉴定赤霉病中抗及以上，产量比同组对照减产≤5.0%，达标试验点比例≥60.0%，可同步参加生产试验。

（二）抗性品种的合理利用

根据病圃鉴定及大田自然发病调查，筛选出一批适合河南省不同地区推广应用的抗性小麦品种，各地可根据小麦病虫害发生实际，有选择地推广利用，从源头预防控制病虫害发生。

1. 抗条锈病品种

在豫南小麦条锈病冬繁区和早春易发区，选择种植周麦18、周麦22、周麦28、周麦30、周麦36、郑麦366、郑麦618、豫麦158、众麦1号、豫麦49–198、西农511、中育9307、洛麦31、新麦20、新麦36等对小麦条锈病抗性较好的品种。

2. 抗赤霉病品种

在豫中南小麦赤霉病常发区，可选择种植郑麦9023、郑麦0943、西农529、西农9718、西农979、扬麦13、扬麦15、先麦8号、先麦10号、兰考198、新麦21、农大1108等发病相对较轻的品种。

3. 抗纹枯病品种

在小麦纹枯病发生严重的地区，推广使用郑麦379、郑麦9405、濮优938、豫农416、先麦10号、新麦26、矮抗58、周麦18、豫教5号、焦麦266、许农7号、扬麦15、开麦18、中育6号、偃展4110、济麦4号等对小麦纹枯病抗性较好的品种。

4. 抗白粉病品种

在小麦白粉病发生严重的地区，推广种植矮抗58、郑麦366、周麦18、周麦36、中麦175、新麦19、洛麦 22、郑麦 113 等抗白粉病的品种。

5. 抗叶锈病品种

在小麦叶锈病发生严重的地区，选择种植周麦 18、周麦 22、周麦 28、周麦 36、众麦 1 号、山农 20、先麦 10 号、兰考 198、郑麦 366、郑麦 379、豫教 5 号、洛麦 24、平安 8 号、许农 7 号、濮麦 26、平安 9 号、许科 316 等抗叶锈病的品种。

6. 抗叶枯病品种

在小麦叶枯病发生较重的地区，选择种植郑麦 379、郑麦 583、豫农 416、众麦 1 号、矮抗 58、豫麦 18-99、周麦 18、周麦 21、先麦 8 号、先麦 10 号、平安 8 号、怀川 916、濮麦 26 号、许农 7 号、太空 6 号、济麦 4 号、中育 12 号、豫农 202 等抗病品种。

7. 抗全蚀病品种

在小麦全蚀病发生严重的地区，根据生产需要，推广使用淮麦 22、众麦 1 号、偃展 4110、豫展 9705、豫麦 58-998 等对全蚀病抗（耐）性强的品种。

8. 抗根腐病品种

在小麦根腐病重发区，推广使用郑麦 9023、洛麦 22、泛麦 5 号、郑麦 9962、洛麦 21、济麦 22、丰德存 1 号等对根腐病抗性较好的品种。

9. 抗茎基腐病品种

在小麦茎基腐病重发区，推广使用兰考 198、周麦 24、周麦 27、泛麦 8 号、开麦 18、许科 718、华育 198 等对茎基腐病抗性较好的品种。

10. 抗孢囊线虫病品种

在小麦孢囊线虫病发生较重的地区，推广使用太空 6 号、中育 6 号、新麦 19、濮麦 9 号等抗孢囊线虫病的品种。

11. 抗黄花叶病毒病品种

在小麦黄花叶病毒病发生严重的地区，推广使用新麦 208、郑麦 366、泛麦 5 号、郑麦 7698、豫农 201、衡观 35、豫农 416、豫麦 70-36、郑麦 618、郑麦 9023、濮优 938 等抗病品种。

12. 抗蚜虫品种

在小麦蚜虫发生严重的地区，选择种植对麦长管蚜抗性较好的豫麦 68、新麦 19、兰考大穗、周麦 18、郑丰 6 号等。

13. 抗吸浆虫品种

在吸浆虫重发区，选用穗形紧密、口紧、内外颖毛长而密、扬花期短而集中、麦粒皮厚，浆液不易外流的小麦品种，如济麦 21、济麦 22、太空 6 号、洛麦 24、西农 979、郑麦 9023、豫麦 49-198、新麦 19 等抗吸浆虫品种。

（三）抗性利用中存在的问题

1. 抗性丧失问题

一些小麦病害生理小种组成的不断变异，导致专化抗性品种的抗病性不断丧失。如小麦条锈病，1955 年以来，我国已先后发生 8 次重要生产品种抗条锈性丧失问题。保持品种抗性的相对稳定和持久利用是一个重要难题。从理论和实践上讲有以下解决途径：一是利用多种抗性，包括苗期抗性、成株期抗性、持久抗性、垂直抗性、水平抗性、慢性抗性等；二是使品种抗性基因结构复杂化，通过聚合多个主效基因或主效基因加微效基因，使病菌（昆虫）不能通过简单变异就克服品种的抗病性；三是多系品种混种，当病菌（昆虫）克服部分品系的抗性时，可按需要将抗性品系混合种植，使品种群体仍然维持相当抗性；四是基因轮换与合理布局，根据条锈病菌越冬、越夏及春季流行的规律，在不同生态区合理安排种植和轮换种植不同抗病基因的小麦品种，避免抗病基因单一或相同；五是抗源多样化，广泛收集、发掘不同抗源，向抗源多样化方向发展，避免品种抗源利用单一化倾向。

2. 多抗、兼抗问题

兼抗多种病虫是抗性利用中追求的理想目标，按照生态区确定品种兼抗对象比较切合实际。如华北区小麦品种要求兼抗条锈病、叶锈病和白粉病，长江中下游以赤霉病为主兼抗条锈病或叶锈病、秆锈病；淮河流域兼抗赤霉病、条锈病、叶锈病；西北地区以条锈病为主兼抗病毒病和蚜虫；东北春麦区以秆锈病为主兼抗叶锈病、赤霉病和根腐病。某些病虫的品种抗性基因缺乏，如赤霉病、根腐病、病毒病、蚜虫等，需要发掘、开拓新抗源。从近源植物导入新抗源，通过组织培养、诱发突变、染色体和基因工程等新技术是开发抗源的重要途径。

二、农业防治

农业防治是通过一系列的农业技术措施和耕作制度，有目的地改变某些环境条件，创造不利于病虫草害的发生为害，而有利于农作物及其有益生物生长发育的条件，以便消灭或减少病虫来源，或及时消灭病虫害在大量发生为害以前，从而控制病虫草的种群数量保持在不足以造成为害的水平。农业防治应用历史悠久，是综合防治的基础。农业防治均是通过各项增产措施进行，不需要增加额外的人力、物力，并能从多方面抑制病虫草害发生，使病虫发生盛期避开作物敏感期，有些措施还能起到根治病虫的作用，对新发生的病虫害起到预防作用，因此农业防治在病虫害绿色防控体系中占有很重要的位置。

1. 秸秆粉碎还田

前茬作物收获后及早粉碎秸秆，将粉碎后的秸秆均匀撒于地表，有条件的地区，每亩加入1kg秸秆腐熟菌剂，加速秸秆腐熟，增加土壤有机质含量，培肥地力（图9-2-1）；再用大型拖拉机耕翻入土后耙糖压实，防止土壤喧虚不实，导致小麦扎根不牢，出现"吊根"而发生苗黄、死苗现象，压实土壤也有助于防治小麦孢囊线虫病。

图9-2-1　作物秸秆还田

2. 清除杂草及病残体

小麦播种前，清除地头、沟边、路边的杂草及病残体，尤其是清除自生麦苗，消灭蚜虫、麦蜘蛛、灰飞虱等害虫的越冬场所和繁殖基地，减少小麦条锈病、白粉病的初侵染来源和传播途径。

3. 提高耕作整地质量

整地应以深、实、平、净为目标，凡是旋耕播种的地块必须旋耕2遍后镇压耙实，且保证旋耕深度达到15cm以上；凡是连年旋耕播种的麦田必须实行"两年旋耕一年深耕或深松"的轮耕制度，并做到机耕机耙相结合，以打破犁底层，踏实土壤，促进小麦根系下扎；秸秆还田地块必须深耕，耕深达到25cm以上，将秸秆翻入土中，耕后机耙2~3遍，除净根茬，达到上虚下实地表平整，无明暗坷垃，杀死部分地下害虫，减轻小麦土传病害和杂草的发生为害。无论深耕或旋耕地块均要做到镇压耙实、踏实土壤，使麦种与土壤紧密接触，保证出苗整齐健壮（图9-2-2）。

图9-2-2 提高整地质量（1.深耕；2.深松）

4. 科学施肥

按照"增施有机肥，氮肥总量控制、分期调控，磷、钾肥根据土壤丰缺适量补充"的原则合理施用。一般亩产600kg以上的高产田块，每亩总施肥量为氮肥（N）15~18kg、磷肥（P_2O_5）6~8kg、钾肥（K_2O）3~5kg，其中氮肥40%底施，60%在拔节期追施；亩产500kg左右的田块，每亩总施肥量为氮肥（N）13~15kg、磷肥（P_2O_5）6~8kg、钾肥（K_2O）3~5kg，其中氮肥50%底施，50%在起身拔节期结合浇水追施；亩产400kg以下的田块，每亩总施肥量为氮肥（N）8~10kg、磷肥（P_2O_5）4~5kg，适量补充钾肥，其中氮肥70%底施，30%在返青期追施。科学施肥有利于小麦健壮生长，提高植株抗逆能力，减轻病虫害发生为害程度。

5. 精选种子

选择通过河南省或国家品种审定委员会审定，适合当地种植，检疫合格的小麦品种，在播种前进行精选，去除病（虫）粒、瘪粒及杂质，杜绝检疫性病虫害传播蔓延，减少病虫害发生的概率。有条件的地方，播前选择晴好天气晒种，提高小麦种子活力。

6. 适期播种

避免早播，适当推迟播期，有助于减轻病虫害发生，避免冬前小麦旺长。豫北地区适播期：半冬性品种10月5—15日，弱春性品种10月13—20日。豫中、东地区适播期：半冬性品种10月10—20日，弱春性品种 10 月 15—25 日。豫南地区适播期：半冬性品种 10 月 15—25 日，弱春性品种 10 月 20—30 日。

7. 适量匀播

一般高产田块每亩基本苗 15 万~20 万株，中产田 20 万~25 万株。根据产量水平、整地质量和土壤墒情，亩播种量 9~13kg。错过适播期，每推迟 3d，增加 0.5kg 种子，最多不超过 15kg。尽量做到播量准确、深浅一致，不漏播、不重播，随播镇压或播后镇压，保持合理的群体数量，促进个体发育，提高小麦抗病（虫）能力。避免大播量造成的群体过大、田间郁闭、个体瘦弱、抗性下降等现象。

8. 采用高效播种方式

在高质量整地前提下，大力推广宽窄行播种、宽幅匀播、等行距缩距匀播等播种方式。采取宽窄行播种，窄行 12~16cm、宽行 24~28cm，既可充分利用边行优势，又方便小麦生长后期大型机械进地施药，做到农机农艺相融合。播种以 3~5cm 深度为宜，避免因播种过深出现弱苗现象（图 9-2-3）。

图 9-2-3　不同播种方式

9. 合理浇水

播种前墒情不足时要提前浇水造墒，提高出苗率。有条件的麦田可开展冬灌，冬灌时间一般在日平均气温 3℃时进行，以踏实土壤，保苗安全越冬，促进分蘖和根系下扎。在小麦起身拔节期，结合浇水追施氮肥，每亩灌溉量以 40~50m³ 为宜，禁止大水漫灌，浇后及时划锄松土，促进麦苗稳健生长，提高分蘖成穗率，抑制蛴螬、金针虫的上升为害，淹死大量麦蜘蛛。

三、生物防治

生物防治是指利用自然界中各种有益生物及其产物来控制病虫害的方法。生物防治方法是应用有益生物控制有害生物的科学方法。广义的生物防治法是利用生物有机体或其代谢产物抑制有害动、植物种群的繁衍滋长。狭义的则指人们有限地引进或保护增殖寄生性昆虫、捕食性天敌和病原微生物等天敌，以抑制植物病、虫、杂草和有害动物种群繁衍滋长的技术方法。

生物防治的具体内容包括以虫治虫、以菌治虫、以菌治病、生物治草，以及利用其他有益动物治虫，如农田蜘蛛、捕食螨、食虫益鸟、两栖类和昆虫线虫等。通过引进和移殖外地天敌，保护、招引及助迁当地天敌，可开发人工大量繁殖释放天敌的途径与方法。尽管新的天敌进入农田，将会参与农业生态系中食物网的运动，进行能量、物质的转化和信息交流，需要一个适应阶段，但是由于天敌具有独立活动性，对生态环境有适应转化能力，一旦实现对生态环境的适应转化，则表明引种或驯化天敌的成功，即生物防治成功，对病虫害会长期发挥调节和控制作用。随着科学技术的发展，越来越多的新技术新方法在植物病虫害防治上推广应用，必然对生物防治产生巨大推动作用，它将成为植物病虫害绿色防控的重要组成部分。

生物防治优点：对环境污染小，能有效保护天敌，发挥持续控害作用，成本低、对人畜安全、有害生物不易产生抗性、减少化学农药用量、节约能源。生物防治缺点：短期效果不如使用化学农药快，杀虫效果较慢，在虫口密度大的情况下使用不能达到迅速压低虫口的作用。

（一）创造天敌昆虫在野外繁殖的条件

在自然界中，天敌常常由于食物的缺乏，栖息环境的不适宜，或气候的骤然恶劣变化，或不适宜的农事活动而引起天敌种群的密度下降；由于天敌与寄主之间有明显的跟随现象，往往是在害虫增加到一定数量之后，天敌的数量才逐渐增多，仅依靠自然界的天敌抑制害虫为害，常常达不到预期的防治效果，尤其在农田生态系，小麦大面积连片种植，使麦田害虫的种类单纯化，天敌的种类及种群数量也跟着减少。因此要使自然界天敌数量积累到一定数量，还需要采取一些保护措施，提高天敌的自然控制能力，发挥天敌的控害作用。常用的方法：合理的作物间作套种，为天敌提供繁殖栖息的场所，扩大天敌的种群数量；种植显花的蜜源植物，为天敌提供食物来源，促进天敌的成活率和繁殖量，如麦田周边及田间种植油菜、蚕豆等（图9-2-4）；合理使用农药，选择对天敌影响小的低毒环保农药，减少对天敌的杀伤；放宽防治指标，推迟麦田早期使用杀虫剂的时间，减少用药量和施药次数，采取隐蔽施药方法等保护措施。

图9-2-4　为天敌提供繁殖栖息的场所（于思勤　摄）

（二）人工大量繁殖和释放害虫的天敌

当田间天敌数量较少，不足于控制害虫数量时，尤其是在害虫发生前期，通过人工繁殖天敌或购买商业化生产的天敌，在害虫发生初期释放于麦田，根据害虫的发生情况合理确定释放天敌的数量，能够取得显著的防治效果。

1.释放异色瓢虫防治麦蚜

在小麦穗蚜发生初期，根据蚜虫虫口基数及预测预报结果，每亩释放异色瓢虫卵2 000粒或幼虫1 000~1 500头，10d后调查，对蚜虫的平均防效达90%以上，可减少施用杀虫剂2次，后期麦田天敌数量显著增加，有利于对后茬作物及相邻作物害虫的控制（图9-2-5）。

1.卵及卵卡；2.幼虫；3.蛹；4.成虫

图9-2-5 释放异色瓢虫防治小麦蚜虫（程清泉、于思勤　提供）

2.释放烟蚜茧蜂防治麦蚜

在小麦抽穗后，根据蚜虫虫口基数及预测预报结果，在蚜虫数量上升初期，每亩释放被烟蚜茧蜂寄生的僵蚜4 000~6 000头，15d后调查，对蚜虫的寄生率达85%以上，不需要使用化学农药防治蚜虫，减少施用杀虫剂1~2次。麦田蚜茧蜂、瓢虫、食蚜蝇等天敌数量显著增加（图9-2-6）。

图9-2-6　释放烟蚜茧蜂防治小麦蚜虫（崔荧钧、于思勤　提供）

（三）有益微生物的利用

在自然界中能够使昆虫感病或抑制病原菌的微生物很多，利用有益微生物或其代谢产物来防治病虫害的方法称为微生物防治。目前在麦田害虫防治中，广泛使用苏云金杆菌防治棉铃虫、黏虫等鳞翅目害虫，蚜霉菌防治蚜虫，绿僵菌、白僵菌防治地下害虫，阿维菌素防治麦蜘蛛、蚜虫等，浏阳霉素防治麦蜘蛛等。在小麦病害防治中，推广使用枯草芽孢杆菌防治小麦纹枯病、根腐病等，蜡质芽孢杆菌防治赤霉病，荧光假单胞杆菌防治全蚀病，木霉菌防治纹枯病、茎基腐病等，井冈霉素防治纹枯病，申嗪霉素防治全蚀病、纹枯病等，四霉素防治赤霉病、白粉病等。

（四）使用植物源农药

如苦参碱、印楝素、烟碱、鱼藤酮、除虫菊等，每亩选用0.2%苦参碱水剂150g、0.5%印楝素乳油

40mL、30% 增效烟碱乳油 20mL、0.5% 藜芦碱可溶液剂 100~130g、对水 30~40kg，均匀喷雾，可防治小麦蚜虫、吸浆虫等，防治效果均能达到 90% 以上。

四、物理防治

物理防治就是各种利用物理因子、人工或器械防治病虫害。物理防治方法具有经济、简便、有效、毒副作用少的优点，尤其是对仓库害虫、温室害虫的防治，能从根本上杜绝害虫的发生和为害。近代物理学的发展，以及其在植保应用上具有毒副作用少、无残留的突出优点，使物理机械防治法在病虫害绿色防控上具有广阔前景。物理防治包括最简单的人工捕杀到近代新技术直接或间接杀灭病虫，主要有以下几方面。

1. 捕杀法

根据害虫的栖息地位、活动习性等方面的规律，利用人工或器械进行捕杀。这种方法在我国农业生产上曾起过一定的作用，目前在必要和可能的情况下，也还是可取的。如捕杀黏虫的粘虫兜、粘虫网、粘虫船；捕杀小麦吸浆虫的拉网；在黏虫、棉铃虫发生严重时，发动群众进行人工田间捕捉也有一定效果。

2. 诱杀法

利用害虫的趋性或其他生活习性，采用适当的方法或适当的器械加以诱杀。包括灯光诱杀、色板诱杀、性诱剂诱杀、食饵诱杀、潜所诱杀、驱避等（图 9-2-7）。

1. 黄板 + 杀虫灯；2. 性诱捕器；3. 食诱剂

图 9-2-7 不同诱杀方法

（1）灯光诱杀 是利用夜间活动昆虫的趋光性进行诱杀的一种方法，用于灯光诱杀害虫的灯包括黑光灯、频振式杀虫灯、LED 新光源杀虫灯等，主要诱杀夜间活动且具有趋光性的害虫。利用灯光诱杀害虫必须大面积进行，才能收到良好效果，目前推广的太阳能杀虫灯克服了扯拉电线的麻烦，可大量诱杀金龟子、蛾类、叶甲等，每 30~40 亩农田安装 1 盏杀虫灯，能够有效降低当季趋光性害虫为害，并减轻下一代害虫和后茬作物地下害虫的为害。

（2）色板诱杀 是利用昆虫的趋色性，制作各类有色粘板诱杀害虫的方法。在害虫发生前诱捕部分个体以监测虫情，在防治适期诱杀害虫。常用的色板有黄板、蓝板、绿板等，黄板主要用于诱杀蚜虫、粉虱、蓟马、吸浆虫，蓝板主要用于诱杀蓟马、蝇类，绿板主要用于诱杀叶蝉。在麦蚜、吸浆虫成虫发生初期，每亩均匀插挂 15~30 块黄板，高度超出小麦 20~30cm，当黄板上黏虫面积达到板表面积 60% 以上时更换，悬挂方向以板面向东西方向为宜。也可以将色板与昆虫信息素组合在一起提高诱杀效果。

（3）性信息素诱杀　是利用人工合成性信息素，制成对同种异性个体有特殊吸引力的诱芯，结合诱捕器配套使用诱杀害虫的方法。目前主要采用群集诱捕法、迷向法、引诱 – 毒杀法等作为害虫预测预报或防治的方法。昆虫雌虫分泌到体外以引诱雄虫前去交配的微量化学信息物质，称为昆虫性信息素。通过这种物质的交流，即性信息素的传递，昆虫之间的交配求偶才得以实现。在田间悬挂昆虫性信息素诱捕器，诱捕雄性昆虫或干扰交配，从而使害虫产卵量和孵化率大幅度降低，进而达到防治的目的。目前，茶毛虫、棉铃虫、梨小食心虫、桃小食心虫、二化螟、小菜蛾等农业重要害虫的性信息素已被国内外成功合成并商业化生产应用。

（4）食饵诱杀　是利用害虫特别喜欢食用的材料做成诱饵，引诱其集中取食而消灭的方法。常用的有食诱剂、糖醋液、毒饵、青草、麦麸等，如利用糖醋液诱杀地老虎、棉铃虫、黏虫等，使用商品食诱剂诱杀棉铃虫、甜菜夜蛾、地老虎、斜纹夜蛾、金龟子等，使用马粪、麦麸诱集蝼蛄等，使用幼嫩青草诱集地老虎、二点委夜蛾幼虫等。

（5）潜所诱杀　是利用害虫有选择特定条件潜伏的习性来进行诱杀的方法。利用这一习性，可以进行有针对性的诱杀。如棉铃虫、黏虫的成虫有在杨树枝上潜伏的习性，可以在一定面积上放置一些杨树枝把，诱其潜伏，集中捕杀。利用泡桐叶和泡桐花诱集小地老虎幼虫，集中杀灭。

3. 阻隔法

掌握病虫害的发生规律，设置适当的障碍物阻止病虫害扩散为害或直接杀灭的方法。如开展果实套袋、覆盖塑料薄膜、无纺布、防虫网和遮阳网，进行避雨、遮阳、防虫栽培，可减轻病虫害的发生；覆盖银灰色遮阳网或田间挂一些银灰色的条状农膜，或覆盖银灰地膜能有效驱避蚜虫。在树干上围扎塑料布、涂胶、刷白等，防止果树害虫下树越冬或上树为害；采取过筛、过风或精选设备除虫去杂；种子和储粮表面覆盖草木灰阻止仓库害虫侵入为害。

4. 温湿度的利用

不同病虫害对温湿度有一定要求，有其适宜的范围，高于或低于适宜的温湿度范围，必然影响病虫的正常生理代谢，从而影响其生长发育、繁殖和为害，因此可以人为的利用温湿度的调节控制或自然大气进行防治。包括太阳暴晒杀虫、烘干杀虫、蒸汽杀虫、烫种杀虫、套囤杀虫、低温杀虫等。

5. 其他新技术的应用

应用辐射能可直接杀死病虫或影响生殖生理引起害虫不育。如应用 γ 射线杀虫，红外线处理杀虫，利用高频电流杀虫，利用微波加热杀灭病虫，利用紫外线杀灭病虫，利用激光的光束杀灭害虫，利用臭氧发生器防治病虫害等。

五、化学防治

化学防治是利用各种来源的化学物质及其加工品，将有害生物种群或群体密度控制在经济为害水平以下的防治方法。化学防治是当前国内外防治有害生物最广泛应用的方法。农药的生物活性表现在 4 个方面：① 对有害生物有杀伤作用；② 对有害生物的生长发育有抑制或调节作用；③ 对有害生物的行为有调节作用；④ 增强作物抵抗有害生物的能力。化学防治优点：在一定条件下，能够快速消灭病虫，压低病虫基数，控制病虫为害，减少为害损失。化学防治缺点：长期大量使用化学农药，易对农作物产生药害，使病虫害产生抗药性，导致病虫害再猖獗，污染农田生态环境，杀伤天敌和有益生物，影响生物多样性及农产品质量等。目前在麦田常用的化学农药有种衣剂、杀虫剂、杀螨剂、杀菌剂、除草剂、杀鼠剂、植物生长调节剂和免疫诱抗剂等。

国内外几十年的经验证明，农药的使用对解决全世界的粮食问题起了重要的积极作用。在目前以及可以预料的今后很长一个历史时期，化学农药在人类与农业有害生物的斗争中仍然发挥重要作用，不可能被其他防治措施完全替代，这是无法否认的事实。为了更好地发挥化学农药的积极作用，克服其不利的方面，落实"公共植保、绿色植保"理念，2015年农业部出台了《到2020年农药使用量零增长行动方案》，减少化学农药使用量，提高农药利用率，推广高效低毒化学农药和高效施药机械，组织开展专业化统防统治，大力发展有害生物绿色防控技术。

推广病虫害绿色防控技术就是要从农业生态系的全局出发，优先采取生态控制、生物防治、物理防治等环境友好型技术措施控制农作物病虫为害，必要时科学使用高效低毒化学农药，优化农药剂型和施用方法，确定最佳施药时期，减少使用量和施药次数，选择高效新型植保机械，提高施药质量和农药利用率，尽量减少化学农药的使用量和副作用。如苗期病虫害尽量通过种子包衣或隐蔽施药来解决问题；苗期尽量避免全田喷雾，推迟第一次全田用药时间，保护利用天敌，充分发挥生物防治作用；多种病虫害同时发生，可以将杀虫剂、杀菌剂、植物生长调节剂、微肥等混合使用，减少施药次数，提高施药效率；避免连续使用同一种农药，将不同作用机制的农药轮换使用，减轻或延缓病虫害的抗药性，提高防治效果；改进施药技术，推广使用机动弥雾机、大型施药机械和无人飞机，提高施药效率和防治质量（图9-2-8）；严格执行安全间隔期用药等。

图9-2-8　使用不同施药机械防治小麦有害生物

第三节　小麦有害生物绿色防控技术模式

《小麦生态栽培》（胡廷积等，2014）提出，以影响小麦生产的温度、光照和水分三大主导因素为依据，以体现区域内条件相对一致性和区域之间的差异明显性为原则，并保持一定级别行政区划界线的完整性，将河南省小麦产区分为四大区域类型，即豫北灌区、豫中补灌区、豫南雨养区、豫西旱作区。根据不同区域的自然生态条件、小麦生产水平、病虫草害发生为害特点及经济因素等综合分析，在试验研究的基础上，经过防治实践验证，优化集成创新，提出了不同区域小麦有害生物绿色防控技术模式。绿色防控的目的不是为了消灭有害生物，而是以减少化学农药使用量，优先采取生态调控、生物防治和物理防治措施等环境友好型技术措施，将有害生物的为害控制在经济受害水平以下，目标上确保农业生产、农产品质量和农业生态环境安全。

一、豫北灌区小麦有害生物绿色防控技术模式

（一）区域特征

该区位于河南省黄河以北及沿岸部分县（市、区），太行山东、南麓，与山西省、河北省、山东省毗邻，主要包括安阳、濮阳、鹤壁、新乡、焦作、济源及洛阳市的孟津、偃师等县（市）。该区属暖温带大陆性季风气候，四季分明。土壤多属于褐土类的不同土种。土壤质地多为中壤或重壤，有机质和氮素含量较高。光温条件较好，光照充足，有利于培育冬前壮苗和安全越冬。小麦分蘖期长，单株分蘖多，能够获得较多的分蘖成穗，幼穗分化时间较长，有利于形成大穗。小麦中后期光照充足，温度较高，常出现群体过大的现象，通风透光差，茎秆较软弱，易倒伏。

该区一般年降水量不超过650mm，小麦生育期间降水偏少，降水量160~280mm，与小麦需水量相差很大，属于土壤水分亏缺区和严重亏缺区，多数年份小麦生育受到一定的水分胁迫，不能满足小麦生长发育的需要，人工灌溉对小麦增产非常重要。由于该区地下水源丰富，灌溉条件较好，能够缓解自然降水少的矛盾，而且土壤肥力相对较高，加上耕作栽培措施到位，所以大部分麦田产量高、品质优，属于河南省优质强筋小麦高产区。

（二）小麦有害生物发生特点

该区是河南省优质强筋小麦主要种植区，生产水平较高，小麦病虫草害发生普遍，主要病害有纹枯病、白粉病、叶锈病、茎基腐病，主要害虫有地下害虫、麦蚜、麦蜘蛛，主要杂草有节节麦、野燕麦、播娘蒿、荠菜、猪殃殃、婆婆纳等，小麦生长后期藜、小蓟、田旋花等发生严重。条锈病菌能够在豫西北海拔1 100m以上地区的自生麦苗上越夏，越夏后的条锈病菌随西北风传播到豫南冬繁区，引起小麦秋苗发病。近年来小麦茎基腐病、节节麦发生为害呈加重趋势，在安阳、鹤壁、濮阳局部地区吸浆虫为害加重，在沿黄地区局部全蚀病发生为害严重。2018年3月上旬在安阳市殷都区发现瓦矛夜蛾为害小麦，在濮阳也有发生。

（三）小麦有害生物绿色防控技术模式

1. 播种期

小麦播种期是大力开展农业防治，优化品种布局，充分发挥抗性品种的作用，加强生态调控，从源头预防控制小麦病虫草害的关键时期。主要防治对象是地下害虫、蚜虫、种传和土传苗期病害等。认真抓好种子处理和药剂土壤处理，辅助开展生物防治，保障小麦一播全苗，促进小麦健壮生长，增强对病虫害的抵抗力，减轻小麦苗期病虫草害的发生与为害。开展农机农艺相融合，为全程开展绿色防控奠定基础。

（1）检疫防控　禁止从疫区调运小麦种子，使用检疫合格的小麦种子。小麦种子繁育田要安排在无检疫对象发生的地块，在种植 15d 前向当地植物检疫机构提出申请，并对繁殖材料实行严格的产地检疫和除害处理措施，杜绝检疫对象的传播蔓延。

（2）农业防治

一是推广抗性品种。根据该区小麦病虫害发生为害情况，有针对性推广对小麦纹枯病、茎基腐病、白粉病、蚜虫有抗性的品种，在吸浆虫重发区推广种植抗吸浆虫的品种，在全蚀病重发区推广种植抗全蚀病的品种。

抗纹枯病品种：在小麦纹枯病发生严重的地区，推广使用郑麦 379、郑麦 9405、濮优 938、豫农 416、先麦 10 号、新麦 26、矮抗 58、周麦 18、豫教 5 号、焦麦 266、许农 7 号、开麦 18、中育 6 号、偃展 4110、济麦 4 号等对小麦纹枯病抗性较好的品种。

抗白粉病品种：在小麦白粉病发生严重的地区，推广种植矮抗 58、郑麦 366、周麦 18、周麦 36、中麦 175、新麦 19、洛麦 22、郑麦 113 等抗白粉病的品种。

抗叶锈病品种：在小麦叶锈病发生严重的地区，选择种植周麦 18、周麦 22、周麦 28、周麦 36、众麦 1 号、山农 20、先麦 10 号、兰考 198、郑麦 366、郑麦 379、豫教 5 号、洛麦 24、平安 8 号、许农 7 号、濮麦 26、平安 9 号、许科 316 等抗叶锈病的品种。

抗茎基腐病品种：在小麦茎基腐病重发区，推广使用兰考 198、周麦 24、周麦 27、泛麦 8 号、开麦 18、许科 718、华育 198 等对茎基腐病抗性较好的品种。

抗全蚀病品种：在小麦全蚀病发生严重的地区，根据生产需要，推广使用淮麦 22、众麦 1 号、偃展 4110、豫展 9705、豫麦 58-998 等对全蚀病抗（耐）性强的品种。

抗蚜虫品种：在小麦蚜虫发生严重的地区，选择种植对麦长管蚜抗性较好的豫麦 68、新麦 19、兰考大穗、周麦 18、郑丰 6 号等。

抗吸浆虫品种：选用穗形紧密、口紧、内外颖毛长而密、扬花期短而集中、麦粒皮厚，浆液不易外流的小麦品种，如济麦 21、济麦 22、太空 6 号、洛麦 24、西农 979、郑麦 9023、豫麦 49-198、新麦 19 等抗吸浆虫品种。

二是合理施肥。按照"推进精准施肥、调控化肥使用结构、改进施肥方式、有机肥替代化肥"的原则，增施有机肥，控制氮肥使用量、分期调控，增施磷钾肥，适量补充锌、锰、硼、铜等微肥，促进小麦健壮生长。连续 3 年秸秆全量还田的地块，钾肥使用量酌情减少。一般亩产 600kg 以上的高产田块，每亩总施肥量为氮肥（N）15~18kg、磷肥（P_2O_5）6~8kg、钾肥（K_2O）3~5kg，其中氮肥 40% 底施，60% 在拔节期追施；亩产 500kg 左右的田块，每亩总施肥量为氮肥（N）13~15kg、磷肥（P_2O_5）6~8kg、钾肥（K_2O）3~5kg，其中氮肥 50% 底施，50% 在起身拔节期结合浇水追施。

三是深耕、深松。秸秆还田的地块每 3 年要深耕 1 次，耕层深度达到 25~30cm，能破除土壤板结，促进小麦根系发育，减轻土传病害和地下害虫发生。在没有进行深耕的地块，播种时使用带有深松铲的播种机进行播种，也能打破犁底层，促进小麦根系下扎、健壮生长。

四是玉米秸秆还田。玉米秸秆还田要充分粉碎，要求秸秆长度小于5cm，均匀抛撒于地表，加入秸秆腐熟菌剂，结合深翻掩埋，加速秸秆腐解，提高土壤有机质含量。

五是清除杂草。小麦播种前，清除田边地头的秸秆、杂草和自生麦苗，尤其是豫西北小麦条锈病越夏的高海拔地区要清除自生麦苗，减少秋季小麦条锈病、白粉病、茎基腐病的初侵染来源，减轻秋苗期病害的发生；压低小麦蚜虫、麦蜘蛛、灰飞虱的越冬基数。

六是适时适量播种。避免早播，豫北地区适播期：半冬性品种10月5—15日，弱春性品种10月13—20日。播量控制在9~13kg/亩，一般不超过15kg；做到播量准确、深浅一致，播种深度3~5cm，播种后要及时镇压，尤其是秸秆还田的地块更要做好播后镇压工作。

七是推广宽窄行种植。中高产田提倡宽窄行种植模式：即宽行行距为24~26cm，窄行行距为12~16cm，既能够充分利用边行优势增产，又为后期机械进地施药留下作业道，减少机械碾压，实现农机农艺相融合。

（3）生物防治　在优质强筋小麦生产区及订单小麦生产基地，推广使用生物农药防治病虫害。

纹枯病防治。使用生物农药5%井冈霉素水剂60~80mL或1%申嗪霉素悬浮剂10~15mL+5%阿维菌素悬浮种衣剂30mL拌10kg麦种，预防小麦苗期纹枯病、茎基腐病和地下害虫。播种期使用5%氨基寡糖素水剂100mL拌种10kg，返青期、抽穗期、灌浆期分别使用5%氨基寡糖素水剂750倍液喷雾，增强植物免疫力，提高抗病性，预防纹枯病、茎基腐病、根腐病等病害的发生。

全蚀病防治。推广使用1%申嗪霉素悬浮剂10~15mL拌麦种10kg，对小麦全蚀病的防治效果达60%~70%。使用5亿个活芽孢/g荧光假单孢杆菌可湿性粉剂100~150g拌10kg麦种，返青期使用5亿个活芽孢/g荧光假单孢杆菌可湿性粉剂100~150g，对水喷淋小麦茎基部，对小麦全蚀病的防治效果达60%以上。

孢囊线虫病防治。在孢囊线虫病严重发生田块，使用含有阿维菌素或甲氨基阿维菌素苯甲酸盐的小麦种衣剂进行种子包衣，每10kg种子使用药剂有效成分不低于16g，包衣后晾干即可播种。也可选用50亿活孢子/g球孢白僵菌菌剂或5亿活孢子/g淡紫拟青霉菌剂2~3kg/亩拌种，堆闷2~3h、阴干后播种，或整地时3~5kg/亩拌土撒施。对小麦孢囊线虫病的防效达50%以上，同时具有促进小麦生长的作用。

（4）化学防治

土壤处理。在小麦土传病害发生严重的麦田，使用50%多菌灵或70%甲基硫菌灵可湿性粉剂3~5kg/亩进行处理土壤；在地下害虫、吸浆虫发生严重的田块，除药剂拌种外，每亩选用1.1%苦参碱粉剂2~2.5kg、5%辛硫磷颗粒剂2~3kg、14%毒死蜱颗粒剂1kg，拌细干土10kg，在犁地前均匀撒施于土表。

大力推广种子包衣或药剂拌种。经过大量试验示范，证明种子处理是预防和控制小麦苗期病虫害最有效的措施，具有隐蔽施药，对环境污染小，持效期长，减少农药使用量等优点。

在全蚀病重发区，使用12.5%硅噻菌胺悬浮剂20mL+60%吡虫啉悬浮种衣剂30mL或50%辛硫磷乳油20mL拌10kg麦种。

在全蚀病一般发生区，选用2.5%咯菌腈悬浮剂20mL、3%苯醚甲环唑悬浮剂40mL+60%吡虫啉悬浮种衣剂30mL、50%辛硫磷乳油20mL拌10kg麦种。

在纹枯病、根腐病、茎基腐病等发生区，选用6%戊唑醇悬浮剂10mL、3%苯醚甲环唑悬浮剂

30mL+60%吡虫啉悬浮种衣剂30mL、50%辛硫磷乳油20mL拌10kg麦种。

小麦种子田推广选用2.5%咯菌腈悬浮剂20mL、3%苯醚甲环唑悬浮剂40mL+60%吡虫啉悬浮种衣剂30mL、50%辛硫磷乳油20mL拌10kg麦种，预防全蚀病、腥黑穗病及其他病虫害。

在孢囊线虫病严重发生田块，用含有阿维菌素或甲维盐的小麦种衣剂进行种子包衣，每亩有效成分不低于16g，包衣后晾干即可播种。也可以用淡紫拟青霉菌剂拌种。

使用复合型种衣剂或将杀虫剂、杀菌剂、植物生长调节剂等各计各量，混合均匀后拌种，在有条件的地方，统一使用高效包衣机械进行种子包衣，以便保证包衣质量。没有包衣机械时，可以将种子处理剂加适量水混匀后，使用自封袋、盆、桶或其他容器进行拌种处理。注意将种子处理剂现混现用，搅拌均匀。使用吡虫啉、噻虫嗪、噻虫胺等新烟碱类杀虫剂进行拌种时，一定要及时将种子摊开晾干，切记不能堆闷种子，以免影响种子发芽率。

2. 秋苗期

秋苗期的重点是做好小麦病虫越冬基数的调查和发生趋势预测预报工作。防治的主要对象是地下害虫、麦蜘蛛、麦田杂草等，秋苗期是开展麦田化学除草的有利时机，这个时期大部分杂草已出苗，且杂草植株小、组织幼嫩、根系弱、抗药能力差，施用低剂量即可取得理想的除草效果，而且麦苗抗药能力强，不易出现除草剂药害。

（1）查治地下害虫　小麦出苗后，地下害虫为害造成死苗率达3%时，及时选用1%虫菊·苦参碱微囊悬浮剂1 500倍液、50%辛硫磷乳油1 000~1 500倍液、48%毒死蜱乳油500~1 000倍液顺麦垄喷淋到麦苗根部。

（2）防除杂草　针对麦田长期使用苯磺隆，导致播娘蒿、荠菜、猪殃殃、麦家公等杂草产生抗药性，杂草优势种群发生变化的新特点，为了提高防治效果，克服杂草的抗药性，提倡冬前11月中下旬至12月上旬，气温在6℃以上的晴天，开展化学除草。推荐使用电动喷雾器和喷杆喷雾机施药，使用扇形喷头，注意均匀施药，不重喷、不漏喷。

防除阔叶杂草。以阔叶杂草为主的麦田，每平方米有杂草30株以上的麦田，每亩选用10%苯磺隆可湿性粉剂10~15g+20%氯氟吡氧乙酸乳油30mL、5.8%唑嘧磺草胺·双氟磺草胺悬浮剂10mL、3%双氟磺草胺·唑草酮悬乳剂40mL、20%双氟磺草胺·氟氯酯水分散粒剂5g+15mL专用助剂，加水30~45kg，均匀喷雾；以猪殃殃、泽漆为主的麦田，每亩用20%氯氟吡氧乙酸乳油50~60mL对水30~45kg，均匀喷雾。

防除禾本科杂草。在野燕麦、看麦娘、稗草、棒头草等禾本科杂草发生严重的麦田，每平方米有杂草20~30株的田块，每亩选用10%精恶唑禾草灵乳油40~50mL、15%炔草酯可湿性粉剂20~30g，对水30~45kg，均匀喷雾；在节节麦、雀麦、硬草严重发生区，每亩选用3%甲基二磺隆油悬剂25~35mL、3.6%甲基二磺隆·甲基碘磺隆钠盐水分散粒剂20~30g，对水30~45kg，均匀喷雾。在沿黄稻茬麦田，防除以硬草为主杂草，每亩选用5%唑啉·炔草酸乳油60~80mL、50%异丙隆可湿性粉剂150~175g、3%甲基二磺隆油悬剂25~35mL，对水30~45kg，均匀喷雾。注意甲基二磺隆不能在小麦拔节后使用，遭受涝害、冻害、盐碱害、病害及缺肥的麦田不宜施用，施药后2d内不能大水漫灌，否则易产生药害。精恶唑禾草灵不能和2甲4氯、2,4-滴、百草敌、阔叶净等混用。

在阔叶杂草和禾本科杂草混合发生的地块，将两类除草剂各计各量，分别二次稀释，现混现用；也可每亩选用70%氟唑磺隆水分散粒剂3~4g、3.6%甲基二磺隆·甲基碘磺隆钠盐水分散粒剂20~30g、7.5%啶磺草胺水分散粒剂10~12g，对水30~45kg，均匀喷雾。70%氟唑磺隆水分散粒剂在干旱、涝害、冻害、肥力不足时，不宜使用，后茬套种花生、辣椒、棉花的安全间隔期为65d。

（3）预防除草剂副作用　严格按照说明书推荐的剂量和防治范围使用，采取"二次稀释法"稀释除草剂，做到均匀喷雾，不重喷、不漏喷，注意轮换使用不同作用机理的除草剂，避免杂草产生抗药性。关注天气预报，在低温寒潮天气和降雨来临之前不要喷施。每亩用 0.1% 奈安除草安全剂 80g 与除草剂混合使用，可预防除草剂药害。当出现除草剂药害时，每亩用 0.1% 奈安除草安全剂 80~100g，对水 50kg 及时喷雾，隔 5~7d 再喷一次，可以有效缓解除草剂药害。

3. 返青拔节期

返青拔节期的重点是做好病虫草害的系统监测和早期防治，主要防治对象是小麦纹枯病、茎基腐病、全蚀病、麦蜘蛛等，在使用对路种衣剂进行种子处理的麦田，一般不需要防治；秋季没有开展化学除草的麦田，及早防除杂草。

（1）防治根茎部病害　在纹枯病、茎基腐病、根腐病发生区，当病株率达到 15% 以上时，每亩选用 5% 井冈霉素水溶性粉剂 100~150g、4% 井冈·蜡芽菌可湿性粉剂 40g、6% 井冈·枯草芽孢杆菌可湿性粉剂 100g，对水 50kg，对准小麦茎基部喷淋，重病田隔 10~15d 再喷 1 次。在纹枯病、茎基腐病、全蚀病重发区，选用 12.5% 烯唑醇可湿性粉剂 30~50g、20% 三唑酮乳油 60~80mL、43% 戊唑醇可湿性粉剂 20g，对水 40~50kg，对准小麦茎基部进行喷雾。每次喷药时，加入 5% 氨基寡糖素水剂 100mL 或 0.01% 芸苔素内酯可溶液剂 10mL，提高小麦的抗病性，刺激小麦健壮生长。

（2）挑治害虫　麦蜘蛛发生严重的地块，当单行市尺达到 200 头以上时，每亩选用 5% 阿维菌素悬浮剂超低容量液剂 4~8mL、1% 苦参碱醇溶液 50~70mL、20% 哒螨灵可湿性粉剂 30~40g，对水 30~45kg 喷雾，尽量挑治达标麦田，避免全田施药。

（3）补治麦田杂草　冬前没有开展除草的麦田，应当在小麦返青后，于 3 月 20 日之前喷施除草剂，使用的药剂和施药方法与秋苗期相同。由于此时杂草植株较大，抗药性增加，再加上麦苗的覆盖，杂草不易着药，应当使用推荐剂量的上限，增加喷液量，均匀喷雾，以提高除草效果。当出现除草剂药害时，每亩使用 0.1% 奈安除草安全剂 80~100g，对水 50kg 喷雾，隔 5~7d 再喷一次，可以有效解除除草剂药害。

这一时期要加强田间病虫害的监测预警，根据当地病虫草害发生的种类和严重程度，合理开展防治，适当放宽防治指标，尽量不用化学农药，确实需要防治的田块实行挑治，尽可能推迟麦田第一次大面积使用杀虫剂的时间，以便保护和充分发挥自然天敌的作用。在实行种子包衣和药剂拌种的麦田、小麦根部病害发生较轻的田块不要喷施杀菌剂，麦蜘蛛达不到防治指标的田块不必施药。对于达到防治指标的田块，根据实际情况，可以将杀菌剂、杀虫剂、植物生长调节剂混合使用，提高防治效率。

4. 抽穗扬花期

抽穗扬花期重点防治小麦吸浆虫、赤霉病，兼治蚜虫、麦叶蜂、锈病、白粉病、叶枯病等。

（1）防治吸浆虫　吸浆虫发生严重的麦田，在小麦抽穗 70%~80% 时，选用 4.5% 高效氯氰菊酯乳油、2.5% 高效氯氟氰菊酯乳油、10% 吡虫啉或 25% 吡蚜酮可湿性粉剂 1 500~2 000 倍液喷雾防治，重发区要连续用药 2 次，间隔 4~5d，消灭成虫于产卵之前，兼治麦叶蜂、蚜虫等。喷雾时要喷匀喷透，亩药液量不少于 30kg。成虫期防治效果显著优于其他时期，应当大力推广。

（2）预防小麦赤霉病　豫北高产灌溉区及其他麦区，如果小麦抽穗至扬花期间出现连阴雨、多露或雾霾天气且持续 3d 以上，要全面开展赤霉病的防治工作。每亩选用 25% 氰烯菌酯悬乳剂 100~150mL、43% 戊唑醇可湿性粉剂 20~30g、50% 多菌灵微粉剂 100g，对水 40~50kg 均匀喷雾，重点喷施小麦穗部。在优质专用小麦生产基地，推广每亩选用 1% 中生菌素水剂 100mL、4% 井冈·蜡芽菌可湿性粉剂 50g、0.3% 四霉素水剂 50~70mL，对水 50kg 均匀喷雾。施药后 3~6h 内遇雨，雨后应及时补治。为了保证防治效果，使用无人机施药，亩喷液量在1L以上；使用自走式喷杆喷雾机亩喷液量在15L以上。

5.灌浆期

灌浆期是小麦生长的关键时期，也是多种病虫害混合发生，为害严重的时期，防治的重点是白粉病、锈病、叶枯病、蚜虫等病虫害，同时注意预防小麦后期早衰和干热风为害。

根据病虫害发生种类、为害程度及其他情况，及时组织开展大面积的"一喷三防"工作，有效控制病虫为害，提高小麦的产量和品质。在防控药剂选择上，重点推广生物农药和高效、低毒、低残留的化学农药，相同品种药剂重点推广高含量产品和悬浮剂、水乳剂等环保、高效剂型。

（1）防治蚜虫　当蚜虫严重发生时，每亩选用3%啶虫脒乳油30mL、25%吡蚜酮可湿性粉剂20g、4.5%高效氯氟氰菊酯乳油30mL或50%抗蚜威可湿性粉剂10~20g，对水40~50kg喷雾，兼治吸浆虫等。在优质专用小麦生产基地，大力提倡推广使用低毒、低残留的环保友好型农药，可选用植物源杀虫剂，每亩选用0.5%苦参碱水剂80mL、0.5%藜芦碱可溶液剂100mL、0.5%印楝素乳油40mL、30%增效烟碱乳油20mL、10%皂素烟碱1 000倍液，也可用生物农药1.8%阿维菌素乳油2 000倍液喷雾，防治效果均能达到90%以上，可以最大限度地降低对天敌的杀伤。在有机小麦生产基地，根据蚜虫发生动态预报，于小麦齐穗期，每亩释放蚜茧蜂寄生的僵蚜5 000~6 000头或者人工释放异色瓢虫幼虫1 000~1 500头，防治小麦蚜虫，15d后防治效果达到80%以上。

（2）防治白粉病、叶枯病、锈病　提倡选用2%多抗霉素可湿性粉剂500倍液、0.3%四霉素水剂500~800倍液、1 000亿枯草芽孢杆菌可湿性粉剂15~20g，对水40~50kg，连续使用2次，间隔7d左右，防治小麦白粉病、叶枯病；小麦叶部病害发生严重时，每亩选用12.5%烯唑醇40~50g、25%戊唑醇可湿性粉剂30g、12.5%氟环唑悬浮剂45~60mL、20%三唑酮乳油60~80mL，对水40~50kg，均匀喷雾。

灌浆期是小麦生长的关键时期，也是多种病虫害混合发生，为害严重的时期，要加强病虫害监测预警工作，及时发布防治警报，通过多种形式进行广泛宣传，加强技术培训和现场指导，充分发挥植保专业化服务组织的作用，使用高效新型植保机械施药，集中开展大面积的统防统治，提高农药利用率和防治效果，减少农药使用量。在具体防治工作中，要根据病虫害的发生种类和为害情况，优先推广使用生物防治措施；在病虫害发生严重的情况下，科学配伍药剂，提倡综合用药，一喷多防，尽量减少化学农药的使用量。每次喷雾时加入98%磷酸二氢钾晶体150~200g/亩和0.01%芸苔素内酯可溶液剂10mL/亩，能够防止小麦早衰，延长叶片的功能期，提高灌浆速度，预防后期干热风，提高小麦的千粒重。后期喷施叶面肥尽量不要使用尿素等氮肥，以免加重小麦黑胚病的发生。

二、豫中补灌区小麦有害生物绿色防控技术模式

（一）区域特点

该区的范围主要是河南省中部平原，包括郑州、开封、商丘、周口、许昌、漯河部分县（市），地势平坦，主要土壤类型为黏质潮土和两合土。该区位于南北部地区过渡地带，光、热、水条件均衡，可满足小麦生长发育需要。一般情况下可以壮苗越冬，3—5月平均气温仍较低，春季晚霜冻害对小麦生长有一定影响，尤其是豫东地区低温晚霜冻出现频率较高。生育后期气温日较差常大于12℃，有利于小麦灌浆、千粒重的提高，但常出现干热风，为次干热风区。

该区年降水量680~800mm，小麦生育期间降水量200~300mm，不能完全满足小麦的水分需求，主要

是年际间和生育时段间分布不均，尤其是春季降水变率大，旱涝交替出现，春旱严重，4—5月明显缺水，干旱影响小麦正常生长和光资源的充分利用。因此，需要根据小麦的需水与降水情况进行补充灌溉，特别是注意浇好小麦的孕穗水和灌浆水，做好蓄水保墒措施，该区小麦增产潜力很大。

（二）小麦有害生物发生特点

该区是河南省的小麦主产区，小麦播种面积大，商品率高，是中筋小麦的适宜区、强筋小麦的次适宜区。小麦病虫草害种类多、发生普遍，主要病害有纹枯病、白粉病、锈病、赤霉病，主要害虫有地下害虫、麦蚜、麦蜘蛛，主要杂草有野燕麦、节节麦、荠菜、播娘蒿、猪殃殃、小蓟、泽漆、麦家公等。近年来小麦茎基腐病、节节麦发生为害呈加重趋势，郑州、许昌部分地区小麦孢囊线虫病发生逐渐加重，郑州、开封沿黄地区小麦全蚀病发生为害严重，周口、漯河南部小麦赤霉病发生流行频率加大、为害加重。该区吸浆虫基本得到了控制，地下害虫的虫口密度呈现下降趋势，豫东地区潜叶蝇发生普遍。由于长期使用苯磺隆除草，荠菜、播娘蒿、猪殃殃、麦家公等产生了不同程度抗药性。

（三）小麦有害生物绿色防控技术模式

1. 播种期

小麦播种期是加强植物检疫，落实农业防治措施，优化品种布局，从源头预防控制小麦病虫草害的关键时期，认真做好种子处理，保障小麦一播全苗，促进小麦健壮生长；推广小麦宽窄行种植，落实农机农艺相融合措施，为全程开展绿色防控奠定基础。

（1）检疫防控　加强从豫北等地调入麦种的检疫工作，使用检疫合格的小麦种子。本地小麦种子繁育田要安排在无检疫对象发生的地块，在种植15d前向当地植物检疫机构提出申请，并对繁殖材料实行严格的检疫和除害处理措施，杜绝检疫对象的传入和蔓延。

（2）农业防治

一是推广抗性品种。根据该区小麦病虫害发生为害情况，有针对性推广对小麦纹枯病、茎基腐病、白粉病、叶锈病、蚜虫有抗性的品种，在全蚀病重发区推广种植抗全蚀病的品种。

抗纹枯病品种：在小麦纹枯病发生严重的地区，推广使用郑麦379、郑麦9405、濮优938、豫农416、先麦10号、新麦26、矮抗58、周麦18、豫教5号、焦麦266、许农7号、开麦18、中育6号、偃展4110、济麦4号等对小麦纹枯病抗性较好的品种。

抗白粉病品种：在小麦白粉病发生严重的地区，推广种植矮抗58、郑麦366、周麦18、周麦36、中麦175、新麦19、洛麦22、郑麦113等抗白粉病的品种。

抗叶锈病品种：在小麦叶锈病发生严重的地区，选择种植周麦18、周麦22、周麦28、周麦36、众麦1号、山农20、先麦10号、兰考198、郑麦366、郑麦379、豫教5号、洛麦24、平安8号、许农7号、濮麦26、平安9号、许科316等抗叶锈病的品种。

抗全蚀病品种：在小麦全蚀病发生严重的地区，根据生产需要，推广使用淮麦22、众麦1号、偃展4110、豫展9705、豫麦58-998等对全蚀病抗（耐）性强的品种。

抗茎基腐病品种：在小麦茎基腐病重发区，推广使用兰考198、周麦24、周麦27、泛麦8号、开麦18、许科718、华育198等对茎基腐病抗性较好的品种。

抗蚜虫品种：在小麦蚜虫发生严重的地区，选择种植对麦长管蚜抗性较好的豫麦68、新麦19、兰考大穗、周麦18、郑丰6号等。

二是合理施肥。按照"推进精准施肥、调控化肥使用结构、改进施肥方式、有机肥替代化肥"的原则，增施有机肥，控制氮肥使用量、分期调控，增施磷钾肥，促进小麦健壮生长。连续 3 年秸秆全量还田的地块，钾肥使用量酌情减少。一般亩产 600kg 以上的高产田块，每亩总施肥量为氮肥（N）15~18kg、磷肥（P_2O_5）6~8kg、钾肥（K_2O）3~5kg，其中氮肥 40% 底施，60% 在拔节期追施；亩产 500kg 左右的田块，每亩总施肥量为氮肥（N）13~15kg、磷肥（P_2O_5）6~8kg、钾肥（K_2O）3~5kg，其中氮肥 50% 底施，50% 在起身拔节期结合浇水追施。亩产 400kg 以下的田块，每亩总施肥量为氮肥（N）8~10kg、磷肥（P_2O_5）4~5kg，适量补充钾肥，其中氮肥 70% 底施，30% 在返青期追施。科学施肥有利于小麦健壮生长，提高植株抗逆能力，减轻病虫害发生为害程度。

三是深耕、深松。连续进行秸秆还田的地块，每隔 2 年要深耕一次，耕层深度达到 25~30cm，能破除土壤板结，促进小麦根系发育，减轻土传病害和地下害虫发生。在没有进行深耕的地块，播种时可以使用带有深松铲的播种机进行播种，打破犁底层，促进小麦健壮生长。

四是玉米秸秆还田。玉米秸秆还田要充分粉碎，要求秸秆长度小于 5cm，均匀抛撒于地表，每亩使用秸秆腐熟菌剂 1kg，结合深翻，加速秸秆腐熟，提高土壤有机质含量。

五是清除杂草。小麦播种前，清除地头、沟边、路边的杂草和自生麦苗，消灭小麦蚜虫、麦蜘蛛、灰飞虱的繁殖和越冬场所，减少秋季小麦锈病、白粉病的初侵染来源和传播途径，减轻秋苗期病虫害的发生。

六是适时适量播种。适当推迟播期，避免早播，豫中、东地区适播期：半冬性品种 10 月 10—20 日，弱春性品种 10 月 15—25 日。播量控制在 10~13kg/ 亩，一般不超过 15kg；做到播量准确、深浅一致，播种深度 3~5cm，播种后要及时镇压，尤其是秸秆还田的地块更要做好播后镇压工作。

七是推广宽窄行种植。中高产田提倡宽窄行种植模式：即宽行行距为 24~26cm，窄行行距为 12~16cm，既能够充分利用边行优势增产，又为后期机械进地施药留下作业道，减少机械碾压小麦。

（3）生物防治

纹枯病防治。使用生物农药 5% 井冈霉素水剂 100mL+5% 阿维菌素悬浮种衣剂 30mL 拌 10kg 麦种，预防小麦苗期纹枯病、茎基腐病、孢囊线虫病及地下害虫等。使用 5% 氨基寡糖素水剂 100mL 拌种 10kg，返青期、抽穗期、灌浆期分别使用 5% 氨基寡糖素水剂 750 倍喷雾，增强小麦免疫力，提高抗病性，预防纹枯病、茎基腐病、根腐病等病害的发生。

全蚀病防治。使用 1% 申嗪霉素悬浮剂 10~15mL 拌麦种 10kg，对小麦全蚀病的防治效果达60%~70%。使用 5 亿个活芽孢 /g 荧光假单孢杆菌可湿性粉剂 100~150g 拌麦种 10kg，返青期使用 5 亿个活芽孢 /g 荧光假单孢杆菌可湿性粉剂 100~150g，对水喷淋小麦茎基部，对小麦全蚀病的防治效果达 60%以上。

孢囊线虫病防治。在孢囊线虫病严重发生田块，使用含有阿维菌素或甲氨基阿维菌素苯甲酸盐的小麦种衣剂进行种子包衣，每 10kg 种子使用药剂有效成分不低于 16g，包衣后晾干即可播种。也可选用50 亿活孢子 /g 球孢白僵菌菌剂或 5 亿活孢子 /g 淡紫拟青霉菌剂 2~3 kg/ 亩拌种，堆闷 2~3h、阴干后播种，或整地时 3~5 kg/ 亩拌土撒施。对小麦孢囊线虫病的防效达 50% 以上，同时具有促进小麦生长的作用。

种植天敌贮备植物。麦田四周种植甘蓝型油菜，或每隔 100~200m 小麦种植 1~1.5m 油菜条带，油菜作为天敌贮备植物，用于油菜蚜虫的繁殖和栖息，饲养蚜茧蜂、瓢虫、食蚜蝇等天敌昆虫，为麦田害虫控制提供天敌资源。

（4）化学防治

土壤处理。在小麦全蚀病等土传病害发生严重的麦田，使用 50% 多菌灵或 70% 甲基硫菌灵可湿性粉剂 3~5kg/ 亩进行处理土壤；在地下害虫发生严重的田块，除药剂拌种外，每亩用 5% 辛硫磷颗粒剂 2~3kg 或 14% 毒死蜱颗粒剂 1kg，拌细干土 10kg，在犁地前均匀撒施于土表。

大力推广种子包衣或药剂拌种。经过大量试验示范，证明种子处理是预防和控制小麦苗期病虫害最有效的措施，具有隐蔽施药，对环境污染小，持效期长，减少农药使用量等优点。

在全蚀病重发区，选用 12.5% 硅噻菌胺悬浮剂 20mL + 60% 吡虫啉悬浮种衣剂 30mL 或 50% 辛硫磷乳油 20mL 拌 10kg 麦种。

在全蚀病一般发生区，选用 2.5% 咯菌腈悬浮剂 20mL、3% 苯醚甲环唑悬浮剂 40mL+60% 吡虫啉悬浮种衣剂 30mL、50% 辛硫磷乳油 20mL 拌 10kg 麦种。

在纹枯病、根腐病、茎基腐病等发生区，选用 6% 戊唑醇悬浮剂 10mL、3% 苯醚甲环唑悬浮剂 40mL+60% 吡虫啉悬浮种衣剂 30mL、50% 辛硫磷乳油 20mL 拌 10kg 麦种。

小麦种子田推广选用 2.5% 咯菌腈悬浮剂 20mL+60% 吡虫啉悬浮种衣剂 30mL 或 50% 辛硫磷乳油 20mL 拌 10kg 麦种，预防全蚀病及其他苗期病虫害。

在孢囊线虫病严重发生田块，用含有阿维菌素或甲维盐的小麦种衣剂进行种子包衣，按每 100kg 种子使用 30% 阿维·噻虫嗪悬浮种衣剂 560~840mL，进行种子处理，对小麦孢囊线虫病有较好防治效果。也可以用淡紫拟青霉菌剂拌种。

将杀虫剂、杀菌剂等各计各量，充分混合均匀，在有条件的地方，使用简易包衣机、批次式包衣机统一进行种子包衣，以便保证包衣效果。没有包衣机械时，可以将种子处理剂混匀后，使用自封袋、盆、桶或其他容器进行拌种处理，注意将种子处理剂现混现用，搅拌均匀。使用吡虫啉、噻虫嗪等进行拌种时，一定要及时将种子摊开晾干，切记不能堆闷种子。

2. 秋苗期

主要防治对象是麦田杂草、地下害虫、麦蜘蛛等，秋苗期是开展麦田化学除草的有利时机，这个时期大部分杂草已出苗，且杂草小、组织幼嫩、根系弱、抗药能力差，施用较小的药量即可取得理想的除草效果，而且麦苗抗药能力强，对小麦安全。

（1）查治地下害虫　小麦出苗后，如果发现地下害虫为害，死苗率达 3% 以上的地块，要及时使用 50% 辛硫磷乳油 1 000~1 500 倍液或用 48% 毒死蜱乳油 500~1 000 倍液顺麦垄喷淋。

（2）防除杂草　针对麦田长期使用苯磺隆，导致播娘蒿、荠菜、猪殃殃、麦家公等杂草产生抗药性，杂草优势种群发生变化的新特点，为了提高防治效果，克服杂草的抗药性，提倡使用不同作用机理的除草剂，在冬前 11 月中下旬至 12 月上旬，气温在 6℃ 以上的晴天，开展化学除草。

（3）防除阔叶杂草　以阔叶杂草为主的麦田，每平方米有杂草 30 株以上，每亩选用 10% 苯磺隆可湿性粉剂 10~15g+20% 氯氟吡氧乙酸乳油 30mL、5.8% 唑嘧磺草胺·双氟磺草胺悬浮剂 10mL、3% 双氟磺草胺·唑草酮悬乳剂 40mL、20% 双氟磺草胺·氟氯酯水分散粒剂 5g+15mL 专用助剂，加水 30~45kg，均匀喷雾；以猪殃殃、泽漆为主的麦田，每亩用 20% 氯氟吡氧乙酸乳油 50~60mL 加水 30~40kg，均匀喷雾。

（4）防除禾本科杂草　在野燕麦、看麦娘、稗草、棒头草等禾本科杂草发生严重的麦田，每平方米有杂草 20~30 株的田块，每亩选用 10% 精恶唑禾草灵乳油 40~50kg、15% 炔草酸可湿性粉剂 20g，加水 30~40kg，均匀喷雾；在节节麦、雀麦、硬草严重发生区，每亩选用 3% 甲基二磺隆油悬剂 25~35mL 或

3.6%甲基二磺隆·甲基碘磺隆钠盐水分散粒剂20~30g，加水30~45kg，均匀喷雾。在沿黄稻茬麦田，防除以硬草为主杂草，每亩选用5%唑啉·炔草酸乳油60~80mL、50%异丙隆可湿性粉剂150~175g、3%甲基二磺隆油悬剂25~35mL，对水30~45kg，均匀喷雾。注意甲基二磺隆不能在小麦拔节后使用，遭受涝害、冻害、病害及缺肥的麦田不能使用，施药后5d不能大水漫灌，否则易产生药害。精恶唑禾草灵不能和二甲四氯、2，4-滴、百草敌、阔叶净等混用。

在阔叶杂草和禾本科杂草混合发生的地块，将两类除草剂各计各量，分别稀释，现混现用。也可使用对阔叶杂草和禾本科杂草均有防除作用的除草剂，每亩选用70%氟唑磺隆水分散粒剂3~4g、3.6%甲基二磺隆·甲基碘磺隆钠盐水分散粒剂20~30g、7.5%啶磺草胺水分散粒剂10~13g，对水30~45kg，均匀喷雾。70%氟唑磺隆水分散粒剂在干旱、涝害、冻害、肥力不足时，不宜使用，后茬套种花生、辣椒、棉花的安全间隔期为65d。

（5）预防除草剂副作用　严格按照说明书推荐的剂量和防治范围使用，采取"二次稀释法"稀释除草剂，提倡使用喷杆喷雾机、电动喷雾器施药，推广使用扇形喷头喷施除草剂；做到均匀喷雾，不重喷、不漏喷，注意轮换使用不同类型的除草剂，避免杂草产生抗药性。注意天气预报，在低温寒潮天气和降雨来临之前不要喷施。每亩用0.1%奈安除草安全剂80g与除草剂混合使用，可预防除草剂药害。当出现除草剂药害时，每亩用0.1%奈安除草安全剂80~100g，对水50kg及时喷雾，隔5~7d再喷一次，可以有效解除除草剂药害。

3.返青拔节期

主要防治小麦纹枯病、茎基腐病、全蚀病、麦蜘蛛等，在使用对路种衣剂进行种子处理的麦田，一般不需要防治；秋季没有开展化学除草的麦田，尽早使用麦田除草剂。

（1）防治根茎部病害　在纹枯病、茎基腐病、根腐病发生区，当病株率达到15%以上时，每亩选用5%井冈霉素水溶性粉剂100~150g、4%井冈·蜡芽菌可湿性粉剂40g、6%井冈·枯草芽孢杆菌可湿性粉剂100g，对水50kg，对准小麦茎基部喷淋。在纹枯病、茎基腐病、全蚀病重发区，选用12.5%烯唑醇可湿性粉剂30~50g、20%三唑酮乳油60~80mL、43%戊唑醇可湿性粉剂20g，加水40~50kg对准小麦茎基部进行喷雾。每次喷药时，加入5%氨基寡糖素水剂100mL或0.01%芸苔素内酯可溶液剂10mL，提高小麦的抗逆性，促进小麦健壮生长。

（2）挑治害虫　在麦蜘蛛发生严重的地块，当单行市尺达到200头以上时，每亩选用1.8%阿维菌素乳油20mL或10%浏阳霉素乳油40~60mL，对水30~40kg喷雾，尽量挑治达标麦田。

（3）补治麦田杂草　冬前没有喷施除草剂的麦田，应当在3月20日之前进行化学除草，使用的除草剂与秋苗期相同，由于此时杂草较大，抗药性增强，再加上麦苗的覆盖，杂草不易着药，应当使用推荐剂量的上限，增加喷液量，均匀喷雾，以提高除草效果。当出现除草剂药害时，每亩及时用0.1%奈安除草安全剂80~100g，对水50kg喷雾，隔5~7d再喷一次，可以有效解除除草剂药害。

这一时期要加强田间病虫害的监测预警，根据当地病虫草害发生的种类和严重程度，合理开展防治，适当放宽防治指标，尽量不用化学杀虫剂，确实需要防治的田块实行挑治，推迟麦田第一次大面积使用杀虫剂的时间，以便保护和发挥害虫天敌的作用。在实行种子包衣和药剂拌种的麦田，小麦根部病害发生较轻的田块不需要喷施杀菌剂，麦蜘蛛达不到防治指标的田块不必施药。对于达到防治指标的田块，根据实际情况，可以将杀菌剂、杀虫剂、植物生长调节剂混合使用，提高防治效率。

4.抽穗扬花期

抽穗扬花期主要防治小麦吸浆虫、赤霉病，兼治蚜虫、麦叶蜂、锈病、白粉病、叶枯病等。

（1）**防治吸浆虫**　吸浆虫发生严重的麦田，在小麦抽穗70%~80%时，选用4.5%高效氯氰菊酯乳油、2.5%高效氯氟氰菊酯乳油、10%吡虫啉或25%吡蚜酮可湿性粉剂1 500~2 000倍液喷雾防治，重发区要连续用药2次，间隔4~5d，消灭成虫于产卵之前，兼治麦叶蜂、蚜虫。喷雾时要喷匀打透，亩药液量不少于30kg，成虫期防治效果显著优于其他时期，应当大力推广。

（2）**预防小麦赤霉病**　根据预测预报结果，在小麦扬花初期及时喷药预防。每亩选用25%氰烯菌酯悬乳剂100~150mL、43%戊唑醇可湿性粉剂20~30g、50%多菌灵微粉剂100g，加水40~50kg均匀喷雾，重点喷施小麦穗部，兼治白粉病、叶枯病、锈病等。在优质专用小麦生产基地，推广每亩选用4%井冈·蜡芽菌可湿性粉剂50g、0.3%四霉素水剂50~70mL，对水50kg均匀喷雾。施药后3~6h内遇雨，雨后应及时补治。周口、漯河南部麦区，如果小麦抽穗至扬花期间出现连阴雨、多露或雾霾天气，必须在第一次用药后5~7d开展第二次用药。

5. 灌浆期

灌浆期是小麦生长的关键时期，也是多种病虫害混合发生，为害严重的时期，防治的重点是赤霉病、白粉病、锈病、叶枯病、麦穗蚜等病虫害，同时注意预防小麦后期早衰和干热风危害。

根据病虫害发生种类、为害程度及其他情况，及时组织开展大面积的"一喷三防"工作，有效控制病虫为害，提高小麦的产量和品质。在防控药剂选择上，重点推广生物农药和高效、低毒的化学农药，相同品种药剂重点推广高含量产品和悬浮剂、水乳剂等环保剂型。

（1）**防治蚜虫**　当穗蚜严重发生时，每亩选用10%吡虫啉可湿性粉剂10~20g、25%吡蚜酮可湿性粉剂20g、4.5%高效氯氰菊酯乳油30mL、50%抗蚜威可湿性粉剂10g，对水30~40kg喷雾，兼治吸浆虫等。在有机小麦生产基地及烟叶生产区，根据蚜虫发生动态预报，于小麦齐穗期，每亩释放烟蚜茧蜂寄生的僵蚜5 000~6 000头或异色瓢虫幼虫1 000~1 500头，防治小麦蚜虫，防效达80%以上，能够保护麦田天敌，减少农药使用。在优质专用小麦生产基地，大力提倡推广使用低毒、低残留的环保友好型农药，可选用植物源杀虫剂，每亩选用0.5%苦参碱水剂60~90mL、0.5%印楝素乳油40mL、30%增效烟碱乳油20mL、10%皂素烟碱50mL、1.8%阿维菌素乳油20mL，对水30~45kg，均匀喷雾，防治效果均能达到90%以上，又能最大限度降低对天敌的杀伤。

（2）**防治赤霉病、白粉病、叶枯病、锈病**　提倡选用2%多抗霉素可湿性粉剂500倍液、0.3%四霉素水剂500~800倍液、1 000亿枯草芽孢杆菌可湿性粉剂15~20g，连续使用2次，间隔7d左右；后期小麦叶部病害发生严重时，每亩选用12.5%烯唑醇40~50g、25%戊唑醇可湿性粉剂30g、12.5%氟环唑悬浮剂45~60mL，对水均匀喷雾。

灌浆期是小麦生长的关键时期，也是多种病虫害混合发生，为害严重的时期，要加强病虫害监测预警工作，及时发布防治警报。充分发挥专业化服务组织和高效新型植保机械的作用，组织开展大面积的统防统治，有效控制病虫为害。根据病虫害的发生种类和为害情况，优先推广使用生物防治措施；在病虫害发生严重的情况下，科学配伍药剂，提倡综合用药，一喷多防，尽量减少化学农药的使用量。每次每亩喷雾时加入98%磷酸二氢钾晶体150~200g和0.01%芸苔素内酯可溶液剂10mL，延长叶片的功能期，提高灌浆速度，提高小麦的千粒重和品质，防止小麦叶片早衰，预防后期干热风。后期喷施叶面肥尽量不要使用尿素等氮肥，以免加重小麦黑胚病的发生和为害。

三、豫南雨养区小麦有害生物绿色防控技术模式

（一）区域特征

该区位于河南省的南部，分布于北纬33°线两侧，包括信阳、驻马店、南阳、平顶山、周口及漯河南部的部分县（市），是河南省粮食主产区。信阳市部分县适合发展弱筋小麦，是优质饼干、糕点专用小麦的生产基地。该区气候属于北亚热带，光、热、水资源丰富，土壤以砂姜黑土和黄褐土为主。土壤肥力较低、宜耕期短、整地质量差。冬季气温偏高，播种过早，易导致冬前麦苗旺长；播种较晚，麦苗生长弱，冬前单株分蘖少。麦苗无明显的越冬期，早春气温回升快，春生蘖迅速增加，因而成穗率低，单株成穗较少。由于气温较高，穗分化强度大，幼穗分化开始早、时间长，有利于形成多花大穗。小麦生长中后期日照时数少、降雨多，不利于小麦开花、灌浆，有利于赤霉病、锈病、叶枯病等病虫害发生为害。

该区年平均降水量800mm左右，小麦全生育期降水量350mm左右，正常年份可以满足小麦对水分的需要。但该区存在年总降水量有余、时空分布不均、季节性旱涝灾害频繁的情况。主要问题是春季连阴雨天气较多，光照不足，气温偏低，多雨年份常有渍害发生，而在缺雨年份又受到干旱威胁，影响小麦高产稳产。小麦灌浆期间高温、多雨、日较差较小，对小麦灌浆攻粒、粒重提高影响较大。此外，该区小麦收获时易出现多雨天气，穗发芽现象时有发生，严重影响小麦品质。

（二）小麦病虫草害发生特点

该区是河南省小麦主产区，常年小麦播种面积在2 300万亩以上，小麦病虫草害种类多，发生为害情况复杂，主要病虫害有小麦赤霉病、条锈病、叶锈病、纹枯病、叶枯病、麦蚜、麦蜘蛛、地下害虫等。该区杂草种类多、密度较大，优势种杂草有野燕麦、看麦娘、猪殃殃、荠菜、播娘蒿、婆婆纳、繁缕等；节节麦、黑麦草种群密度呈上升趋势，长期使用苯磺隆的麦田，猪殃殃、荠菜、播娘蒿、麦家公对苯磺隆抗药性增强；长期使用精恶唑禾草灵的麦田，野燕麦、看麦娘、菵草对精恶唑禾草灵抗药性增强。豫南稻茬麦田杂草以看麦娘、日本看麦娘、菵草、牛繁缕、猪殃殃、稻槎菜、婆婆纳、碎米荠为主。信阳、南阳为我国小麦条锈病的冬繁区，条锈病发生早，发生为害普遍。赤霉病已经成为信阳、南阳、驻马店及平顶山南部的常发性病害，流行频率加大，赤霉病菌对多菌灵及其复配制剂产生了不同程度的抗药性；黄花叶病在信阳、驻马店、平顶山、周口及漯河南部发生为害加重，逐渐向北扩展蔓延；近年来，茎基腐病在南阳、平顶山呈加重趋势，部分麦田发生较重；叶枯病发生为害呈加重趋势；秆黑粉病回升，部分未进行种子处理的麦田发生普遍。吸浆虫基本得到了控制，仅在南阳局部麦田发生，种群密度明显下降；潜叶蝇在豫东南麦区时有发生。

（三）小麦有害生物绿色防控技术模式

1. 播种期

小麦播种期是加强植物检疫，优化品种布局，落实农业防治措施，从源头预防控制小麦病虫害的关键时期，通过种子处理，适期适量播种，合理施肥，深耕深松等措施，保障小麦一播全苗，促进小麦健壮生长；推广小麦宽窄行种植，落实农机农艺相融合措施，为全程开展绿色防控奠定基础。

（1）检疫防控　加强从豫北等地调入麦种的检疫工作，使用检疫合格的小麦种子。本地小麦种子繁育田要安排在无检疫对象发生的地块，在种植 15d 前向当地植物检疫机构提出申请，并对繁殖材料实行严格的检疫和除害处理措施，杜绝检疫对象的传入和蔓延。

（2）农业防治

一是推广抗性品种。根据该区小麦病虫害发生为害情况，有针对性推广对小麦赤霉病、条锈病、纹枯病、叶锈病、黄花叶病有抗性的品种。

抗条锈病品种：在豫南小麦条锈病冬繁区和早春易发区，选择种植周麦 22、周麦 18、周麦 28、周麦 30、周麦 36、郑麦 366、郑麦 618、豫麦 158、众麦 1 号、豫麦 49-198、西农 511、中育 9307、洛麦 31、新麦 20、新麦 36 等对小麦条锈病抗性较好的品种。

抗赤霉病品种：在豫中南小麦赤霉病常发区，可选择种植郑麦 9023、郑麦 0943、西农 529、西农 9718、西农 979、扬麦 13、扬麦 15、先麦 8 号、先麦 10 号、兰考 198、新麦 21、农大 1108 等发病相对较轻的品种。

抗纹枯病品种：在小麦纹枯病发生严重的地区，推广使用郑麦 379、郑麦 9405、濮优 938、豫农 416、先麦 10 号、新麦 26、矮抗 58、周麦 18、豫教 5 号、焦麦 266、许农 7 号、开麦 18、中育 6 号、偃展 4110、济麦 4 号等对小麦纹枯病抗性较好的品种。

抗白粉病品种：在小麦白粉病发生严重的地区，推广种植矮抗 58、郑麦 366、周麦 18、周麦 36、中麦 175、新麦 19、洛麦 22、郑麦 113 等抗白粉病的品种。

抗叶锈病品种：在小麦叶锈病发生严重的地区，选择种植周麦 18、周麦 22、周麦 28、周麦 36、众麦 1 号、山农 20、先麦 10 号、兰考 198、郑麦 366、郑麦 379、豫教 5 号、洛麦 24、平安 8 号、许农 7 号、濮麦 26、平安 9 号、许科 316 等抗叶锈病的品种。

抗叶枯病品种：在小麦叶枯病发生较重的地区，选择种植郑麦 379、郑麦 583、豫农 416、众麦 1 号、矮抗 58、豫麦 18-99、周麦 18、周麦 21、先麦 8 号、先麦 10 号、平安 8 号、怀川 916、濮麦 26 号、许农 7 号、太空 6 号、济麦 4 号、中育 12 号、豫农 202 等抗病品种。

抗黄花叶病品种：在小麦黄花叶病毒病发生严重的地区，推广使用新麦 208、郑麦 366、泛麦 5 号、郑麦 7698、豫农 201、衡观 35、豫农 416、豫麦 70-36、郑麦 618、郑麦 9023、濮优 938 等抗病品种。

抗茎基腐病品种：在小麦茎基腐病重发区，推广使用兰考 198、周麦 24、周麦 27、泛麦 8 号、开麦 18、许科 718、华育 198 等对茎基腐病抗性较好的品种。

二是合理施肥。按照"推进精准施肥、调控化肥使用结构、改进施肥方式、有机肥替代化肥"的原则，增施有机肥，控制氮肥使用量、分期调控，增施磷钾肥，促进小麦健壮生长。连续 3 年秸秆全量还田的地块，钾肥使用量酌情减少。一般亩产 600kg 以上的高产田块，每亩总施肥量为氮肥（N）15~18kg、磷肥（P_2O_5）6~8kg、钾肥（K_2O）3~5kg，其中氮肥 40% 底施，60% 在拔节期追施；亩产 500kg 左右的田块，每亩总施肥量为氮肥（N）13~15kg、磷肥（P_2O_5）6~8kg、钾肥（K_2O）3~5kg，其中氮肥 50% 底施，50% 在起身拔节期结合浇水追施。亩产 400kg 以下的田块，每亩总施肥量为氮肥（N）8~10kg、磷肥（P_2O_5）4~5kg，适量补充钾肥，其中氮肥 70% 底施，30% 在返青期追施。

三是深耕、深松。连续进行秸秆还田的地块，每隔 2 年深耕一次，耕层深度达到 25cm 以上，能破除土壤板结，促进小麦根系发育，减轻土传病害和地下害虫发生。在没有进行深耕的地块，播种时可以使用带有深松铲的播种机进行播种，打破犁底层，促进小麦根系下扎、健壮生长。

四是玉米秸秆还田。玉米秸秆还田要充分粉碎，要求秸秆长度小于 5cm，均匀抛撒于地表，每亩加入秸秆腐熟菌剂 1kg，结合深翻淹埋，加速秸秆腐解，提高土壤有机质含量。

五是清除杂草。小麦播种前，清除地头、沟边、路边的杂草和自生麦苗，消灭小麦蚜虫、麦蜘蛛、灰飞虱、叶蝉的繁殖和越冬场所，减少秋季小麦锈病、白粉病、病毒病的初侵染来源和传播途径，减轻秋苗期病害的发生。

六是适时适量播种。适当推迟播期，避免早播，豫南地区适播期：半冬性品种 10 月 15—25 日，弱春性品种 10 月 20—30 日。播量控制在 10~13kg/ 亩，一般不超过 15kg；做到播量准确、深浅一致，播种深度 3~5cm，播种后要及时镇压，尤其是秸秆还田的地块更要做好播后镇压工作。

七是推广宽窄行种植。中高产田提倡宽窄行种植模式：即宽行行距为 24~26cm，窄行行距为 12~16cm，充分利用边行优势增产，为后期机械进地施药留下作业道，减少机械碾压。

（3）生物防治

纹枯病防治。使用生物农药 5% 井冈霉素水剂 100mL+5% 阿维菌素悬浮种衣剂 30mL 拌 10kg 麦种，预防小麦苗期纹枯病、茎基腐病、孢囊线虫病及地下害虫等。播种期使用 5% 氨基寡糖素水剂 100mL 拌种 10kg，增强植物免疫力，提高抗病性，预防纹枯病、茎基腐病、根腐病等病害的发生。

全蚀病防治。推广使用 1% 申嗪霉素悬浮剂 10~15mL 拌麦种 10kg，对小麦全蚀病的防治效果达 60%~70%。使用 5 亿个活芽孢 /g 荧光假单孢杆菌可湿性粉剂 100~150g 拌 10kg 麦种，返青期使用 5 亿个活芽孢 /g 荧光假单孢杆菌可湿性粉剂 100~150g，对水喷淋小麦茎基部，对小麦全蚀病的防治效果达 60% 以上。

孢囊线虫病防治。在孢囊线虫病严重发生田块，用含有阿维菌素的小麦种衣剂进行种子处理，每亩使用阿维菌素有效成分不低于 16g，包衣后晾干即可播种。也可以用活菌总数 ≥ 10 亿 /g 淡紫拟青霉菌剂按小麦种子量的 1% 进行拌种后，堆闷 2~3h、阴干后播种，对小麦孢囊线虫病的防效达 50% 以上，同时具有促进小麦生长的作用。

种植天敌贮备植物。麦田周边行种植甘蓝型油菜，或每隔 100~200m 小麦种植 1~1.5m 油菜条带，油菜作为天敌贮备植物，用于油菜蚜虫的繁殖和栖息，饲养蚜茧蜂、瓢虫、食蚜蝇、蜘蛛等昆虫天敌，为麦田害虫控制提供天敌资源。

（4）化学防治

一是土壤处理。在小麦全蚀病等土传病害发生严重的麦田，使用 50% 多菌灵或 70% 甲基托布津可湿性粉剂 3~5kg/ 亩进行处理土壤。在地下害虫发生严重的田块，除药剂拌种外，每亩用 5% 辛硫磷颗粒剂 2~3kg 或 14% 毒死蜱颗粒剂 1kg，拌细干土 10kg，在犁地前均匀撒施于土表。

二是大力推广种子包衣或药剂拌种。经过大量试验示范，证明种子处理是预防和控制小麦苗期病虫害最有效的措施，具有隐蔽施药，对环境污染小，持效期长，减少农药使用量等优点。

在全蚀病一般发生区，选用 2.5% 咯菌腈悬浮剂 20mL、3% 苯醚甲环唑悬浮剂 40mL+60% 吡虫啉悬浮种衣剂 30mL、50% 辛硫磷乳油 20mL 拌 10kg 麦种。

在纹枯病、根腐病、茎基腐病等发生区，选用 6% 戊唑醇悬浮剂 10mL、3% 苯醚甲环唑悬浮剂 40mL+60% 吡虫啉悬浮种衣剂 30mL、50% 辛硫磷乳油 20mL 拌 10kg 麦种。

小麦种子田推广选用 2.5% 咯菌腈悬浮剂 20mL+60% 吡虫啉悬浮种衣剂 30mL、50% 辛硫磷乳油 20mL 拌 10mL 麦种，预防全蚀病及其他病虫害。

在豫南地区小麦条锈病冬繁区，统一使用三唑类杀菌剂（三唑酮、戊唑醇、苯醚甲环唑、丙环唑等）与杀虫剂混合拌种，防治种传病害及苗期多种病虫害，预防秋季和早春小麦条锈病、白粉病等。

在孢囊线虫病严重发生田块，用含有阿维菌素或甲维盐的小麦种衣剂进行种子包衣，每亩有效成分不低于 16g，包衣后晾干即可播种。也可以用淡紫拟青霉菌剂拌种。

将杀虫剂、杀菌剂、植物生长调节剂等各计各量，混合均匀后拌种或包衣。在有条件的地方，推广使用简易包衣机或批次式包衣机统一进行种子包衣，以便保证包衣效果。没有包衣机械时，可以将种子处理剂混匀后，使用自封袋、盆、桶或其他容器进行拌种处理，注意将种子处理剂现混现用，搅拌均匀。使用吡虫啉、噻虫嗪等进行拌种时，一定要及时将种子摊开晾干，切记不能堆闷种子。

2. 秋苗期

注意查治苗期地下害虫、麦蜘蛛，防除麦田杂草等，秋苗期是开展麦田化学除草的有利时机，这个时期大部分杂草已出苗，且杂草小、组织幼嫩、根系弱、抗药能力差，施用较小的药量即可取得理想的除草效果，而且麦苗抗药能力强，对小麦安全。

一是查治地下害虫。小麦出苗后，如果发现地下害虫为害，死苗率达 3% 以上的地块，要及时使用 50% 辛硫磷乳油 1 000~1 500 倍液、或 48% 毒死蜱乳油 500~1 000 倍液顺麦垄喷淋。

二是防除杂草。针对麦田长期使用苯磺隆，导致播娘蒿、荠菜、猪殃殃、麦家公等杂草产生抗药性，杂草优势种群发生变化的新特点，为了提高防治效果，克服杂草的抗药性，提倡使用不同作用机理的除草剂，在冬前 11 月中下旬至 12 月上旬，气温在 6℃ 以上的晴天，开展化学除草。

防除阔叶杂草。以阔叶杂草为主的麦田，每平方米有杂草 30 株以上，每亩选用 10% 苯磺隆可湿性粉剂 10~15g+20% 氯氟吡氧乙酸乳油 30mL、5.8% 唑嘧磺草胺·双氟磺草胺悬浮剂 10mL、3% 双氟磺草胺·唑草酮悬乳剂 40mL、20% 双氟磺草胺·氟氯酯水分散粒剂 5g+15mL 专用助剂，加水 30~40kg，均匀喷雾；以猪殃殃、泽漆为主的麦田，每亩用 20% 氯氟吡氧乙酸乳油 50~60mL 加水 30~40kg，均匀喷雾。

防除禾本科杂草。在野燕麦、看麦娘、稗草、棒头草等禾本科杂草发生严重的麦田，每平方米有杂草 20~30 株的田块，每亩选用 10% 精恶唑禾草灵乳油 40~50mL、15% 炔草酸可湿性粉剂 20g、50g/L 唑啉·炔草酯乳油 60~80mL，加水 30~40kg，均匀喷雾；在节节麦、雀麦、硬草严重发生区，每亩选用 3% 甲基二磺隆油悬剂 25~35mL 或 3.6% 甲基二磺隆·甲基碘磺隆钠盐水分散粒剂 20~30g，加水 30~40kg，均匀喷雾。注意甲基二磺隆不能在小麦拔节后使用，遭受涝害、冻害、病害及缺肥的麦田不能使用，施药后 5d 不能大水漫灌，否则易产生药害。精恶唑禾草灵不能和二甲四氯、2,4-滴、百草敌、阔叶净等混用。

在阔叶杂草和禾本科杂草混合发生的地块，将两类除草剂各计各量，分别稀释，现混现用。也可使用对阔叶杂草和禾本科杂草均有防除作用的除草剂，每亩选用 70% 氟唑磺隆水分散粒剂 4~5g、3.6% 甲基二磺隆·甲基碘磺隆钠盐水分散粒剂 20~30g、7.5% 啶磺草胺水分散粒剂 10~13g，对水 30~45kg，均匀喷雾。70% 氟唑磺隆水分散粒剂在干旱、涝害、冻害、肥力不足时，不宜使用，后茬套种花生、辣椒、棉花的安全间隔期为 65d。

在信阳稻茬麦田，每亩选用 6.9% 精恶唑禾草灵水乳剂 50~75mL+10% 苯磺隆可湿性粉剂 10~20g、70% 氟唑磺隆水分散粒剂 4~5g+10% 苄嘧磺隆可湿性粉剂 30~40g，对水 30kg，均匀喷雾。

三是预防除草剂副作用。严格按照说明书推荐的剂量和防治范围使用，采取"二次稀释法"稀释除草剂，提倡使用喷杆喷雾机、电动喷雾器施药，推广使用扇形喷头喷施除草剂；做到均匀喷雾，不重喷、不漏喷，注意轮换使用不同类型的除草剂，避免杂草产生抗药性。注意天气预报，在低温寒潮天气和降雨来临之前不要喷施。每亩用 0.1% 奈安除草安全剂 80g 与除草剂混合使用，可预防除草剂药害。当出现除草剂药害时，每亩用 0.1% 奈安除草安全剂 80~100g，对水 50kg 及时喷雾，隔 5~7d 再喷一次，可以有效解除除草剂药害。

3. 返青拔节期

主要防治小麦纹枯病、茎基腐病、麦蜘蛛，注意查治小麦条锈病发病中心；秋季没有开展化学除草的麦田，注意防除麦田杂草。

（1）防治根茎部病害　在纹枯病、茎基腐病、根腐病发生区，当病株率达到 15% 以上时，每亩选用 5% 井冈霉素水溶性粉剂 100~150g、4% 井冈·蜡芽菌可湿性粉剂 40g、6% 井冈·枯草芽孢杆菌可湿性粉剂 100g，对水 50kg，对准小麦茎基部喷淋。在纹枯病、茎基腐病、全蚀病重发区，选用 12.5% 烯唑醇可湿性粉剂 30~50g、20% 三唑酮乳油 60~80mL、43% 戊唑醇可湿性粉剂 20g，加水 40~50kg，对准小麦茎基部进行喷雾，兼治小麦条锈病。每次喷药时，加入 5% 氨基寡糖素水剂 100mL 或 0.01% 芸苔素内酯可溶液剂 10mL，提高小麦的抗病性，促进小麦健壮生长。

（2）挑治害虫　在麦蜘蛛发生严重的地块，当单行市尺达到 200 头以上时，每亩选用 1.8% 阿维菌素乳油 20mL 或 10% 浏阳霉素乳油 40~60mL，对水 30~40kg 喷雾，尽量挑治达标麦田。

（3）补治麦田杂草　冬前没有开展除草的麦田，应当在小麦返青期（2 月中下旬至 3 月 10 日）进行化学除草，使用的药剂与秋苗期相同，由于此时杂草较大，抗药性增强，再加上麦苗的覆盖，杂草不易着药，应当使用推荐剂量的上限，增加喷液量，均匀喷雾，以提高除草效果。当出现除草剂药害时，每亩及时用 0.1% 奈安除草安全剂 80~100g，对水 50kg 喷雾，隔 5~7d 再喷一次，可以有效解除除草剂药害。

这一时期要加强田间病虫害的监测预警，根据当地病虫草害发生的种类和严重程度，合理开展防治，适当放宽防治指标，尽量不用化学农药，确实需要防治的田块实行挑治，推迟麦田第一次大面积使用杀虫剂的时间，以便保护和发挥害虫天敌的作用。在实行种子包衣和药剂拌种的麦田，小麦根部病害发生较轻的田块不需要喷施杀菌剂，麦蜘蛛达不到防治指标的田块不必施药。对于达到防治指标的田块，根据实际情况，可以将杀菌剂、杀虫剂、植物生长调节剂混合使用，提高防治效率。

从 3 月中旬开始，豫南麦区要利用孢子捕捉仪捕捉条锈病、叶锈病的夏孢子及赤霉病的子囊孢子，密切关注小麦条锈病发生动态，充分利用河南省总结出的"准确监测、带药侦察、发现一点、控制一片"成功经验，发现条锈病发病点或发病中心时，要在第一时间向上级业务部门和行政主管部门汇报，尽快封锁控制发病麦田及周围地块，并组织开展全面普查监测，及时掌握病虫害发生发展动态。

4. 抽穗扬花期

抽穗扬花期主要防治小麦吸浆虫、赤霉病，兼治蚜虫、麦叶蜂、锈病、白粉病、叶枯病等。

（1）防治吸浆虫　吸浆虫发生严重的麦田，在小麦抽穗 70%~80% 时，选用 4.5% 高效氯氰菊酯乳油、2.5% 高效氯氟氰菊酯乳油、10% 吡虫啉或 25% 吡蚜酮可湿性粉剂 1 500~2 000 倍液喷雾防治，重发区要连续用药 2 次，间隔 4~5d，消灭成虫于产卵之前。喷雾时要喷匀打透，亩药液量不少于 30kg。成虫期防治效果显著优于其他时期，应当大力推广。

（2）预防小麦赤霉病　豫南赤霉病常发区要坚持"预防为主、主动出击、见花打药"的原则，在小麦齐穗期至扬花期喷药预防，做到防在发生流行之前。由于信阳市小麦赤霉病菌对多菌灵产生抗药性菌株比例达 10% 以上，应注意使用不同作用机理的杀菌剂。根据预测预报结果，在小麦齐穗至扬花期及时喷药预防。每亩选用 25% 氰烯菌酯悬乳剂 100~150mL、43% 戊唑醇可湿性粉剂 20~30g、30% 丙硫菌唑可分散油悬浮剂 40~45mL，加水 40~50kg 均匀喷雾，重点喷施小麦穗部。在优质专用小麦生产基地，推广每亩选用 4% 井冈·蜡芽菌可湿性粉剂 50g、0.3% 四霉素水剂 50~70mL，对水 50kg 均匀喷雾。施药后

3~6h 内遇雨，雨后应及时补治。如果小麦抽穗至扬花期间出现连阴雨、多露或雾霾天气，必须在第一次用药后 5~7d 开展第二次用药。

5. 灌浆期

灌浆期是小麦生长的关键时期，也是多种病虫害混合发生，为害严重的时期，防治的重点是锈病、赤霉病、叶枯病、白粉病、蚜虫等病虫害，同时注意预防小麦后期早衰和干热风为害。

根据病虫害发生种类、为害程度及其他情况，及时组织开展大面积的"一喷三防"工作，有效控制病虫为害，提高小麦的产量和品质。在防控药剂选择上，重点推广生物农药和高效、低毒的化学农药，相同品种药剂重点推广高含量产品和悬浮剂、水乳剂等环保剂型。

（1）防治蚜虫　当穗蚜严重发生时，每亩选用 10% 吡虫啉可湿性粉剂 10~20g、25% 吡蚜酮可湿性粉剂 20g、4.5% 高效氯氰菊酯乳油 30mL 或 50% 抗蚜威可湿性粉剂 10g，对水 30~40kg 喷雾，兼治吸浆虫等。在有机小麦生产基地及烟叶生产区，根据蚜虫发生动态预报，于小麦齐穗期，每亩释放烟蚜茧蜂寄生的僵蚜 5 000~6 000 头或异色瓢虫幼虫 1 000~1 500 头，防治小麦蚜虫，防效达 80% 以上，能够保护麦田天敌，减少农药使用。在优质专用小麦生产基地，大力提倡推广使用低毒、低残留的环保友好型农药，可选用植物源杀虫剂，每亩用 0.5% 苦参碱水剂 60~90mL、0.5% 藜芦碱可溶液剂 100mL、或 0.5% 楝素乳油 40mL、30% 增效烟碱乳油 20mL、10% 皂素烟碱 50mL、1.8% 阿维菌素乳油 20mL，对水 30~45kg，均匀喷雾，防治效果均能达到 90% 以上，又能最大限度降低对天敌的杀伤。

（2）防治赤霉病、白粉病、叶枯病、锈病　提倡选用 2% 多抗霉素可湿性粉剂 500 倍液、0.3% 四霉素水剂 500~800 倍液、1 000 亿枯草芽孢杆菌可湿性粉剂 15~20g，连续使用 2 次，间隔 7d 左右；后期小麦叶部病害发生严重时，每亩选用 12.5% 烯唑醇 40~50g、25% 戊唑醇可湿性粉剂 30g、12.5% 氟环唑悬浮剂 45~60mL，对水均匀喷雾。

灌浆期是小麦生长的关键时期，也是多种病虫害混合发生，为害严重的时期，要加强病虫害监测预警工作，及时发布防治警报。充分发挥专业化服务组织和高效新型植保机械的作用，组织开展大面积的统防统治，有效控制病虫为害。根据病虫害的发生种类和为害情况，优先推广使用生物防治措施；在病虫害发生严重的情况下，科学配伍药剂，提倡综合用药，一喷多防，尽量减少化学农药的使用量。每次每亩喷雾时加入 98% 磷酸二氢钾晶体 150~200g 和 0.01% 芸苔素内酯可溶液剂 10mL，防止小麦叶片早衰，延长叶片的功能期，预防后期干热风，提高灌浆速度，提高小麦的千粒重和品质。后期喷施叶面肥尽量不要使用尿素等氮肥，以免加重小麦黑胚病的发生和为害。

四、豫西旱作区小麦有害生物绿色防控技术模式

（一）区域特征

该区位于豫西海拔 350~850m 的黄土台塬和坡岭上，主要包括洛阳、三门峡及焦作西部的缓坡丘陵地区。属于典型的温带半湿润偏旱季风气候，土壤以褐土和黄土为主，土壤质地普遍较黏，多为重壤，部分为中壤，透气性差，适耕期短，耕作比较困难，保水、保肥性能较好。该区光热资源充足，但气温偏低，冬前小麦生长缓慢，前期不利于形成壮苗，后期昼夜温差较大，有利于生长和灌浆，千粒重比较稳定，品质较优，适合生产强筋小麦。该区自然灾害频繁，土壤瘠薄，耕作粗放，产量水平较低，干旱又无水浇条件是限制小麦高产的主要因素。

该区年降水量 500~650mm，小麦生育期降水量 180~200mm，降雨严重不足，时空分布不均，季节性干旱明显，降水利用率偏低，干旱为害严重。据统计，该区小麦平均降水满足率为 51.2%。其中，小麦返青至拔节期平均降水满足率仅为 21.1%，对产量威胁很大。干旱出现频率为 79.2%，素有"十年九旱"之称。

（二）小麦病虫草害发生特点

该区主要分布在豫西和豫北丘陵山区，占全省麦播面积的 10% 左右，干旱缺水，土壤瘠薄，小麦管理粗放，为河南省小麦的低产区，也是强筋小麦生产区。小麦病虫草害发生特点有别于其他区域，主要病虫害有小麦叶锈病、纹枯病、白粉病、条锈病、秆黑粉病、麦穗蚜、麦蜘蛛、地下害虫、麦叶蜂等。麦田杂草发生普遍，优势种有野燕麦、节节麦、猪殃殃、播娘蒿、荠菜、婆婆纳、泽漆、麦家公等；猪殃殃、婆婆纳、泽漆、宝盖草、野燕麦、看麦娘、节节麦、雀麦发生面积明显增加，有加重趋势。条锈病菌能够在该区海拔 1 400m 以上的自生麦苗上越夏，海拔 1 100~1 400m 为越夏过渡区域，越夏后的条锈病菌随西北风传播到豫南冬繁区，引起秋苗发病。秆黑粉病呈回升趋势，在洛阳市发生较重；在有水浇条件的麦田，赤霉病发生普遍；小麦腥黑穗病仍有发生，小麦茎基腐病有加重发生趋势，黄花叶病已经传播到洛阳市。麦长腿蜘蛛在丘陵旱地麦田发生普遍；一代黏虫在山区部分麦田发生较重，常常造成局部成灾。

（三）小麦有害生物绿色防控技术模式

1. 播种期

小麦播种期主要防治地下害虫、种传和土传病害及苗期病虫害，通过加强植物检疫，大力开展农业防治，优化品种布局，充分发挥抗性品种的作用，加强生态调控，从源头预防控制小麦病虫草害。做好种子药剂处理，保障小麦一播全苗，促进小麦健壮生长，降低小麦苗期病虫草害的发生为害程度。

（1）检疫防控　禁止从疫区调运小麦种子，使用经过严格检疫合格的小麦种子。小麦种子繁育田要安排在无检疫对象发生的地块，播种前 15d 向当地植物检疫部门提出申请，并对繁殖材料实行严格的产地检疫和除害处理措施，杜绝小麦腥黑穗病、全蚀病等检疫对象的传播蔓延。

（2）农业防治

一是使用抗病虫品种。经过对生产上推广使用的小麦品种进行大量的鉴定和试验调查，根据不同地区病虫害的优势种类和防控目标，推广使用有针对性的抗性品种。

抗纹枯病品种：在小麦纹枯病发生普遍严重的地区，推广使用郑麦 379、豫农 416、先麦 10 号、新麦 26、矮抗 58、周麦 18、豫教 5 号、焦麦 266、许农 7 号、扬麦 15、开麦 18、中育 6 号、偃展 4110、济麦 4 号等对小麦纹枯病抗性较好的品种。

抗白粉病品种：在白粉病发生严重的地区，推广种植矮抗 58、郑麦 366、周麦 18、周麦 36、中麦 175、新麦 19、洛麦 22、郑麦 113 等抗白粉病的品种。

抗叶锈病品种：在小麦叶锈病发生严重的地区，选择种植周麦 18、周麦 22、周麦 28、周麦 36、众麦 1 号、山农 20、先麦 10 号、兰考 198、郑麦 366、郑麦 379、豫教 5 号、洛麦 24、平安 8 号、许农 7 号、濮麦 26、平安 9 号、许科 316、济麦 4 号、轮选 66 等抗叶锈病的品种。

抗叶枯病品种：在小麦叶枯病发生较重的地区，选择种植郑麦 379、郑麦 583、豫农 416、众麦 1 号、矮抗 58、豫麦 18-99、周麦 18、周麦 21、先麦 10 号、平安 8 号、先麦 8 号、怀川 916、濮麦 26 号、许农 7 号、太空 6 号、济麦 4 号、中育 12 号、豫农 202 等抗病品种。

抗全蚀病品种：在小麦全蚀病发生严重的地区，根据生产需要，大力推广使用淮麦 22、众麦 1 号、科优 1 号、偃展 4110、豫展 9705、豫麦 58-998、高优 505 等对全蚀病抗（耐）性强的品种。

抗茎基腐病品种：在小麦茎基腐病重发区，推广使用兰考 198、周麦 24、周麦 27、泛麦 8 号、开麦 18、许科 718 等对茎基腐病抗性较好的品种。

抗蚜虫品种：在小麦蚜虫发生严重的地区，选择种植对麦长管蚜抗性较好的豫麦 68、新麦 19、兰考大穗、周麦 18、郑丰 6 号、商丘 355 等。

二是合理施肥。增施有机肥，控制氮肥使用量、分期调控，增施磷钾肥，促进小麦健壮生长。连续三年秸秆全量还田的地块，钾肥使用量酌情减少。亩产 500kg 左右的田块，每亩总施肥量为氮肥（N）13~15kg、磷肥（P_2O_5）6~8kg、钾肥（K_2O）3~5kg，其中氮肥 50% 底施，50% 在起身拔节期结合浇水追施；亩产 400kg 以下的田块，每亩总施肥量为氮肥（N）8~10kg、磷肥（P_2O_5）4~5kg，其中氮肥 70% 底施，30% 在返青期追施。

三是深耕、深松。连续进行秸秆还田的地块，每隔 2 年深耕一次，耕层深度达到 25cm 以上，能破除土壤板结，促进小麦根系发育，减轻土传病害、地下害虫及麦叶蜂的发生。在没有进行深耕的地块，播种时使用带有深松铲的播种机进行播种，也能打破犁底层，促进小麦生长。

四是秸秆还田。前茬作物收获后，及时用秸秆还田机粉碎 2 遍，秸秆长度小于 5cm，均匀抛撒，覆盖地表，每亩使用秸秆腐熟剂 1kg、尿素 5kg，结合深翻，加速秸秆腐解，提高土壤有机质含量。

五是清除杂草。小麦播种前，清除地边、沟边、路边的杂草，尤其是小麦条锈病菌能够越夏的高海拔 1 100m 以上地区，要认真清除自生麦苗及杂草，减少秋季小麦条锈病、白粉病的初侵染来源和繁殖场所，减轻豫南冬繁区秋苗期病害的发生；压低小麦蚜虫、麦蜘蛛、灰飞虱的种群基数。

六是适时、适量播种。旱地小麦适宜播期的确定，应根据"趁墒不等时，时到不等墒"的原则，半冬性品种的适宜播种期 9 月 28 日至 10 月 15 日，在适宜播期内，播量控制在 10~13kg/ 亩，晚播可适当增加播量，每晚播 3d 增加 0.5kg 播种量，一般不超过 15kg；做到播量准确、深浅一致，播种深度 3~5cm，旱地宜采取宽幅匀播，播种时随播随镇压，尤其是秸秆还田的地块更要做好播后镇压工作。

（3）生物防治

纹枯病防治。使用生物农药 5% 井冈霉素水剂 100mL+5% 阿维菌素悬浮种衣剂 30mL 拌 10kg 麦种，预防小麦苗期纹枯病、根腐病和地下害虫。播种期使用 5% 氨基寡糖素水剂 100mL 拌种 10kg，增强植物免疫力，提高抗病性，预防纹枯病、根腐病等病害的发生。

全蚀病防治。优先使用 1% 申嗪霉素悬浮剂 10~15mL 拌麦种 10kg，对小麦全蚀病的防治效果达 60%~70%。使用 5 亿个活芽孢 /g 荧光假单胞杆菌可湿性粉剂 100~150g 拌 10kg 麦种，对小麦全蚀病的防治效果达 60% 以上。

孢囊线虫病防治。在孢囊线虫病严重发生田块，用含有阿维菌素的小麦种衣剂进行种子包衣，每亩使用阿维菌素有效成分不低于 16g，包衣后晾干即可播种。也可以用活菌总数 ≥ 10 亿 /g 淡紫拟青霉菌剂按小麦种子量的 1% 进行拌种后，堆闷 2~3h、阴干后播种，对小麦孢囊线虫病的防效达 50% 以上，同时具有促进小麦生长的作用。

（4）化学防治

一是土壤处理。在小麦土传病害发生严重的麦田，使用 50% 多菌灵、70% 甲基硫菌灵可湿性粉剂 3~5kg/ 亩进行处理土壤；在地下害虫、吸浆虫发生严重的田块，除药剂拌种外，每亩用 3% 辛硫磷颗粒剂或 3% 毒死蜱颗粒剂 2~3kg，拌细干土 10kg，在犁地前均匀撒施于土表。

二是大力推广种子包衣或药剂拌种。经过大量试验示范，证明种子处理是预防和控制小麦苗期病虫害最有效的措施，具有隐蔽施药，对环境污染小，持效期长，减少农药使用量等优点。

在全蚀病重发区，选用12.5%硅噻菌胺悬浮剂20mL+60%吡虫啉悬浮种衣剂30mL、50%辛硫磷乳油20mL拌10kg麦种。

在全蚀病一般发生区，选用2.5%咯菌腈悬浮剂20mL、3%苯醚甲环唑悬浮剂40mL+60%吡虫啉悬浮种衣剂30mL、50%辛硫磷乳油20mL拌10kg麦种。

在纹枯病、根腐病、茎基腐病、黑穗病等发生区，选用6%戊唑醇悬浮剂10mL、3%苯醚甲环唑悬浮剂30mL+60%吡虫啉悬浮种衣剂30mL、50%辛硫磷乳油20mL拌10kg麦种。

小麦种子田。推广选用2.5%咯菌腈悬浮剂20mL+60%吡虫啉悬浮种衣剂30mL、50%辛硫磷乳油20mL拌10kg麦种，预防腥黑穗病、全蚀病及其他病虫害。

在孢囊线虫病严重发生田块，用含有阿维菌素或甲维盐的小麦种衣剂进行种子包衣，每亩有效成分不低于16g，包衣后晾干即可播种。也可以用淡紫拟青霉菌剂拌种。

将杀虫剂、杀菌剂、植物生长调节剂等各计各量，充分混合均匀，在有条件的地方，使用简易包衣机或批次式包衣机统一进行种子包衣，以便保证包衣效果。没有包衣机械时，可以将种子处理剂混匀后，使用自封袋、盆、桶或其他容器进行拌种处理，注意将种子处理剂现混现用，搅拌均匀。使用吡虫啉、噻虫嗪等进行拌种时，一定要及时将种子摊开晾干，切记不能堆闷种子。

2. 秋苗期

注意查治苗期地下害虫、红蜘蛛，防除麦田杂草等，秋苗期是开展麦田化学杂草防除的有利时机，这个时期大部分杂草已出苗，且杂草小、组织幼嫩、根系弱、抗药能力差，施用较小的药量即可取得理想的除草效果，而且麦苗抗药能力强，对小麦安全。

（1）查治地下害虫　小麦出苗后，如果发现地下害虫为害，死苗率达3%以上的地块，要及时选用50%辛硫磷乳油1 000~1 500倍液、48%毒死蜱乳油500~1 000倍液顺麦垄喷淋。

（2）防除杂草　针对麦田长期使用苯磺隆，导致播娘蒿、荠菜、猪殃殃、麦家公等杂草产生抗药性，杂草优势种群发生变化的新特点，为了提高防治效果，克服杂草的抗药性，提倡冬前11月中下旬至12月上旬，气温在6℃以上的晴天，开展化学除草。

防除阔叶杂草：以阔叶杂草为主的麦田，每平方米有杂草30株以上的麦田，每亩选用10%苯磺隆可湿性粉剂10~15g+20%氯氟吡氧乙酸乳油30mL、5.8%唑嘧磺草胺·双氟磺草胺悬浮剂10mL、3%双氟磺草胺·唑草酮悬乳剂40mL、20%双氟磺草胺·氟氯酯水分散粒剂5g+15mL专用助剂，加水30~45kg，均匀喷雾；以猪殃殃、泽漆为主的麦田，每亩用20%氯氟吡氧乙酸乳油50~60mL，加水30~45kg，均匀喷雾。

防除禾本科杂草：在野燕麦、看麦娘、稗草、棒头草等禾本科杂草发生严重的麦田，每平方米有杂草20~30株的田块，每亩用10%精恶唑禾草灵乳油40~50mL或15%炔草酸可湿性粉剂20g，加水30~45kg，均匀喷雾；在节节麦、雀麦、硬草严重发生区，每亩用3%甲基二磺隆油悬剂25~35mL或3.6%甲基二磺隆·甲基碘磺隆钠盐水分散粒剂20~30g，加水30~45mL，均匀喷雾。注意甲基二磺隆不能在小麦拔节后使用，遭受涝害、冻害、病害及缺肥的麦田不能使用，施药后5d不能大水漫灌，否则易产生药害。精恶唑禾草灵不能和二甲四氯、2，4-滴、百草敌、阔叶净等混用。

在阔叶杂草和禾本科杂草混合发生的地块，将两类除草剂各计各量，分别稀释，现混现用；也可每亩选用70%氟唑磺隆水分散粒剂3~4g、3.6%甲基二磺隆·甲基碘磺隆钠盐水分散粒剂20~30g、7.5%啶磺草胺水分散粒剂 10~13g，对水 40~30kg，均匀喷雾。70% 氟唑磺隆水分散粒剂在干旱、涝害、冻害、肥力不足时，不宜使用，后茬套种花生、辣椒、棉花的安全间隔期为 65d。

（3）预防除草剂副作用　严格按照说明书推荐的剂量和防治范围使用，采取"二次稀释法"稀释除草剂，做到均匀喷雾，不重喷、不漏喷，注意轮换使用不同类型的除草剂，避免杂草产生抗药性。注意天气预报，在低温寒潮天气和降雨来临之前不要喷施。每亩用 0.1% 奈安除草安全剂 80g 与除草剂混合使用，可预防除草剂药害。当出现除草剂药害时，每亩及时用 0.1% 奈安除草安全剂 80~100g，对水 50kg 喷雾，隔 5d 再喷一次，可以有效解除除草剂药害。

3. 返青拔节期

主要防治小麦纹枯病、根腐病、茎基腐病、全蚀病、麦蜘蛛、蚜虫等，秋季没有开展化学除草的麦田，注意防除麦田杂草。

（1）防治根部病害　在纹枯病、根腐病发生区，当病株率达到 15% 以上时，每亩选用 5% 井冈霉素水溶性粉剂每亩 100~150g、4% 井冈·蜡芽菌可湿性粉剂 40g，对水 40~50kg，对准小麦茎基部喷淋。在纹枯病、茎基腐病、全蚀病重发区，选用 12.5% 烯唑醇可湿性粉剂 30~50g、20% 三唑酮乳油 60~80mL、43% 戊唑醇可湿性粉剂 20g，加水 40~50kg 对准小麦茎基部进行喷雾。每次喷药时，加入 5% 氨基寡糖素水剂 100mL 或 0.01% 芸苔素内酯可溶液剂 10mL，提高小麦的抗病性，促进小麦健壮生长。

（2）挑治害虫　在麦蜘蛛发生严重的地块，当单行市尺达到 200 头以上时，每亩使用 1.8% 阿维菌素乳油 20mL 或 10% 浏阳霉素乳油 40~60mL，对水 30~40kg 喷雾，尽量重点挑治。4 月上中旬，在麦叶蜂发生严重的麦田，每平方米有麦叶蜂幼虫 40 头，每亩选用 1.2% 烟碱·苦参碱乳油 50~65mL、10% 吡虫啉可湿性粉剂 20~25g、50% 辛硫磷乳油 40mL，对水 30~45kg，均匀喷雾。

（3）化学除草　冬前没有开展除草的麦田，应当在 3 月 20 日之前进行化学除草，使用的除草剂种类与秋苗期相同，由于此时杂草较大，抗药性提高，再加上麦苗的覆盖，杂草不易着药，应当使用推荐剂量的上限，增加喷液量，均匀喷雾，以提高除草效果。当出现除草剂药害时，每亩及时用 0.1% 奈安除草安全剂 80~100g，对水 50kg 喷雾，隔 5d 再喷一次，可以有效解除除草剂药害。

这一时期要加强田间病虫害的监测预警，根据当地病虫草害发生的种类和严重程度，合理开展防治，适当放宽防治指标，尽量不用化学农药，确实需要防治的田块实行挑治，尽可能推迟麦田第一次大面积使用杀虫剂的时间，以便保护和发挥害虫天敌的作用。在实行种子包衣和药剂拌种的麦田，小麦根部病害发生较轻的田块不要喷施杀菌剂，麦蜘蛛达不到防治指标的田块不必施药。对于达到防治指标的田块，根据实际情况，可以将杀菌剂、除草剂、植物生长调节剂混合使用，提高防治效率。

4. 抽穗扬花期

抽穗扬花期主要防治小麦吸浆虫、赤霉病，兼治蚜虫、麦叶蜂、锈病、白粉病、叶枯病等。

（1）防治吸浆虫　吸浆虫发生严重的麦田，在小麦抽穗 70%~80% 时，选用 4.5% 高效氯氰菊酯乳油、2.5% 高效氯氟氰菊酯乳油、10% 吡虫啉或 25% 吡蚜酮可湿性粉剂 1 500~2 000 倍液喷雾防治，重发区要连续用药 2 次，间隔 4~5d，消灭成虫于产卵之前，兼治麦叶蜂、蚜虫。喷雾时要喷匀打透，亩药液量不少于 30kg。成虫期防治效果显著优于其他时期，应当大力推广。

（2）预防小麦赤霉病　豫西水浇地及高产麦区，若在抽穗扬花期出现连阴雨、多露或雾霾天气，及时喷药预防。每亩选用 25% 氰烯菌酯悬乳剂 100~150mL、43% 戊唑醇可湿性粉剂 20~30g、50% 多菌灵微粉剂 100g，加水 40~50kg 均匀喷雾，重点喷施小麦穗部。在优质专用小麦生产基地，推广每亩使用 4% 井冈·蜡芽菌可湿性粉剂 50g、0.3% 四霉素水剂 50~70mL，对水 50kg 均匀喷雾。施药后 3~6h 内遇雨，雨后应及时补治。

5. 灌浆期

灌浆期是小麦生长的关键时期，也是多种病虫害混合发生，为害严重的时期，防治的重点是白粉病、叶锈病、叶枯病、蚜虫、黏虫等，同时注意预防小麦后期早衰和干热风为害。

根据病虫害发生种类、为害程度及其他情况，及时组织开展大面积的"一喷三防"工作，有效控制病虫为害，提高小麦的产量和品质。在防控药剂选择上，重点推广生物农药和高效、低毒的化学农药，相同品种药剂重点推广高含量产品和悬浮剂、水乳剂等环保、高效剂型。

（1）防治蚜虫、黏虫　当蚜虫严重发生时，每亩选用 10% 吡虫啉可湿性粉剂 10~20g、3% 啶虫脒乳油 30mL、25% 吡蚜酮可湿性粉剂 20g、4.5% 高效氯氟氰菊酯乳油 30mL 或 50% 抗蚜威可湿性粉剂 10~20g，对水 30~40kg 喷雾，兼治吸浆虫等。在有机小麦生产基地，根据蚜虫发生动态预报，于小麦齐穗期，每亩释放蚜茧蜂寄生的僵蚜 6 000 头或者人工释放异色瓢虫 1 000 头以上，防治小麦蚜虫；在优质专用小麦生产基地，大力提倡推广使用低毒、低残留的环保友好型农药，可选用植物源杀虫剂，每亩用 0.5% 苦参碱水剂 60~90mL、0.5% 藜芦碱可溶液剂 100mL、0.5% 楝素乳油 40mL、30% 增效烟碱乳油 20mL、10% 皂素烟碱 1 000 倍液，也可用生物农药 1.8% 阿维菌素乳油 2 000 倍液喷雾，防治效果均能达到 90% 以上。5月上中旬在黏虫发生严重的麦田，每平方米有黏虫幼虫 15~25 头，可结合穗蚜的防治，每亩选用 1.2% 烟碱·苦参碱乳油 50~65mL、4.5% 高效氯氰菊酯乳油 50mL、20% 除虫脲悬浮剂 5~10mL、40% 毒死蜱乳油 50~70mL，对水 40kg，均匀喷雾。

（2）防治白粉病、叶枯病、锈病　提倡选用 2% 多抗霉素可湿性粉剂 500 倍液、0.3% 四霉素水剂 500~800 倍液，防治小麦白粉病、叶枯病；后期小麦叶部病害发生严重时，每亩选用 12.5% 烯唑醇 40~50g、25% 戊唑醇可湿性粉剂 30g、20% 三唑酮乳油 60~80mL，对水均匀喷雾。

灌浆期是小麦生长的关键时期，也是多种病虫害混合发生，为害严重的时期，要加强病虫害监测预警工作，及时发布防治警报，充分发挥专业化服务组织和高效新型植保机械的作用，组织开展大面积的统防统治，有效控制病虫为害。在防治具体工作中，要根据病虫害的发生种类和为害情况，优先推广使用生物防治措施；在病虫害发生严重的情况下，科学配伍药剂，提倡综合用药，一喷多防，尽量减少农药的使用量。每次每亩喷雾时加入 98% 磷酸二氢钾晶体 150~200g 和 0.01% 芸苔素内酯可溶液剂 10mL，能够防止小麦早衰，预防后期干热风，提高灌浆速度，延长叶片的功能期，提高小麦的千粒重和品质。后期喷施叶面肥尽量不要使用尿素等氮肥，以免加重小麦黑胚病的发生和为害，影响小麦品质和商品价值。

开展小麦有害生物绿色防控技术培训

建设小麦有害生物绿色防控示范区

领导和专家检查指导绿色防控示范区建设

认真调查试验及示范区有关数据

采取多种形式宣传推广绿色防控技术

主要参考文献

陈巨莲，2014.小麦蚜虫及其防治［M］.北京：金盾出版社.

陈万权，康振生，马占鸿，等，2013.中国小麦条锈病综合治理理论与实践［J］.中国农业科学，46（20）：4254-4262.

陈万权，2011.图说小麦病虫草鼠害防治关键技术［M］.北京：中国农业出版社.

陈莹，2009.小麦纹枯病和茎基腐病病原菌组成及致病力分析［D］.南京：南京农业大学.

董金皋，2015.农业植物病理学［M］.北京：中国农业出版社.

段西飞，邸垫平，张爱红，等，2013.中国北方四省小麦丛矮病病原鉴定［J］.植物病理学报，43（1）：91-94.

范春捆，2019.小麦白粉病菌及其抗性基因研究进展［J］.西藏农业科技，41（2）：77-82.

郭婷婷，门兴元，于毅，等，2017.李丽莉山东麦田发生新害虫——瓦矛夜蛾［J］.山东农业科学，49（6）：115-118.

韩荀，李长安，赵赛，1981.根土蟥的生物学研究［J］.山西大学学报，3：41-45.

何康来，文丽萍，周大荣，1998.赤须盲蝽严重危害玉米及其有效杀虫剂的筛选［J］.植物保护，24（4）：31-32.

河北省沧州地区农业科学研究所，1978.蛴螬［M］.北京：中国农业出版社.

河南省农业科学院主编，1988.河南小麦栽培学［M］.郑州：河南科学技术出版社.

河南省植保植检站，1995.河南省主要农作物病虫测报办法［M］.郑州：河南科学技术出版社.

贺小伦，周海峰，袁虹霞，等，2016.河南和河北冬小麦区假禾谷镰孢的遗传多样性［J］.中国农业科学，49（2）：272-281.

胡廷积，尹钧，2014.小麦生态栽培［M］.北京：科学出版社.

华南农学院，1981.农业昆虫学（上册）［M］.北京：中国农业出版社.

纪莉景，栗秋生，王亚娇，等.温度对假禾谷镰刀菌生长、侵染及茎基腐病发生的影响［J/OL］.植物病理学报：1-11
　　［2020-03-19］.https://doi.org/10.13926/j.cnki.apps.000343.

姜立云，乔格侠，张广学，等，2011.东北农林蚜虫志［M］.北京：科学出版社.

姜玉英，2008.小麦病虫草害发生与监控［M］.北京：中国农业出版社.

蒋金炜，乔红波，安世恒，2013.农田常见昆虫图鉴［M］.郑州：河南科学技术出版社.

康振生，王晓杰，赵杰，等，2015.小麦条锈菌致病性及其变异研究进展［J］.中国农业科学，48（17）：3439-3453.

雷仲仁，郭予元，李世访，2014.中国主要农作物有害生物名录［M］.北京：中国农业科学技术出版社.

李光博，曾士迈，李振岐，1990.小麦病虫草鼠害综合治理［M］.北京：中国农业科技出版社.

李洪连，于思勤，闫振领，2007.作物植保管理月历［M］.北京：中国农业科学技术出版社.

李香菊，梁帝允，袁会珠，2014.除草剂科学使用指南［M］.北京：中国农业科学技术出版社.

李亚红，曹丽华，周益林，等，2012.2009—2010年河南省小麦白粉菌群体毒性及其遗传多样性分析［J］.植物保护学报，
　　39（1）：31-38.

李亚红，王俊美，徐飞，等，2016. 2011—2014 年河南省小麦白粉菌群体毒性结构分析［J］. 植物病理学报，46（4）：573–576.

李振岐，曾士迈，2002. 中国小麦锈病［M］. 北京：中国农业出版社.

梁超，郭巍，陆秀君，等，2015. 华北大黑鳃金龟成虫周年发生动态及影响因素分析［J］. 植物保护，41（3）：169–172.

梁帝允，张治，2013. 中国农区杂草识别图鉴［M］. 北京：中国农业科学技术出版社.

刘洪义，张明厚，2002. 黑龙江省小麦丛矮病发生规律的研究［J］. 东北农业大学学报（1）：19–23.

卢兆成，沈彩云，沈北芳，等，1994. 小麦叶蜂的生物学特性及防治研究［J］. 信阳师范学院学报自然科学版，7（1）：84–90.

鲁传涛，吴仁海，王恒亮，等，2014. 农田杂草识别与防治原色图鉴［M］. 北京：中国农业科学技术出版社.

吕国强，刘金良，2014. 河南蝗虫灾害史［M］. 郑州：河南科学技术出版社.

马奇祥，赵永谦，2004. 农田杂草识别与防除原色图谱［M］. 北京：金盾出版社.

马占鸿，2013. 小麦主要病虫害简明识别手册［M］. 北京：中国农业出版社.

毛景英，郑宪敏，湾冠海，等，1993. 小麦病虫草害综合防治［M］. 郑州：河南科学技术出版社.

农业部农药检定所，1989. 新编农药手册［M］. 北京：中国农业出版社.

农业部农药检定所，1998. 新编农药手册（续集）［M］. 北京：中国农业出版社.

农业农村部种植业管理司，全国农业技术推广服务中心，2019. 农作物病虫害专业化统防统治指南［M］. 北京：中国农业出版社.

蒲蛰龙，1984. 害虫生物防治的原理和方法［M］. 北京：科学出版社.

乔格侠，张广学，姜立云，等，2009. 河北动物志　蚜虫类［M］. 石家庄：河北科学技术出版社.

秦玉芬，2013. 小麦霜霉病的发生与防治［J］. 农药科学与管理，34（8）：64–65+36.

邱峰，2019. 我国植保机械化现状及发展趋势［J］. 农机科技推广，3：17–19.

全国农业技术推广服务中心，中国农业大学，2018. 鼠害管理技术［M］. 北京：中国农业出版社.

全国农业技术推广服务中心，2012. 主要农作物鼠害简明识别手册［M］. 北京：中国农业出版社.

全国农业技术推广服务中心，2015. 植保机械与施药技术应用指南［M］. 北京：中国农业出版社.

全国农业技术推广服务中心，2019. 麦田农药科学使用技术指南［M］. 北京：中国农业出版社.

邵振润，闫晓静，2014. 杀菌剂科学使用指南［M］. 北京：中国农业科学技术出版社.

申效诚，任应党，牛瑶，等，2014. 河南昆虫志［M］. 北京：科学出版社.

宋维孝，2016. 小麦黄矮病品种抗病性鉴定［D］. 杨凌：西北农林科技大学.

孙元峰，杜海洋，平西栓，2017. 常用农药使用技术［M］. 郑州：中原农民出版社.

唐孝明，钱荣，2014. 小麦叶蜂的鉴别与防治研究［J］. 农业灾害研究，4（3）：9–11.

陶爱丽，黄思良，王坦，等，2013. 南阳市小麦秆黑粉病的发生及小麦品种的抗病性鉴定［J］. 河南农业科学，42（3）：79–82.

滕世辉，李晓霞，李明明，等，2014. 小麦麦叶蜂逐年重发原因及防治措施研究［J］. 农业科技通讯（10）：151–152.

王晨阳，马元喜，周苏玫，1996. 干旱胁迫对冬小麦衰老影响的研究［J］. 河南农业大学学报，30（4）：309–313.

王江蓉，彭红，吕国强，等，2018. 小麦条锈病防治策略的提出与推广应用［J］. 植物保护，38（10）：94–96.

王绍中，田云峰，郭天财，等，2010. 河南小麦栽培学［M］. 北京：中国农业科学技术出版社.

王守正，1994. 河南省经济植物病害志［M］. 郑州：河南科学技术出版社.

王运兵，吕文彦，王春虎，等，1997. 一代棉铃虫种群动态及危害小麦的研究［J］. 河南职技师院学报，25（3）：8–11.

魏勇良，林淑洁，白宏彩，等，1989. 小麦霜霉病（Sclerophthora macrospora）初步研究［J］. 甘肃农业大学学报（1）：40–47.

吴文君，高希武，王凤乐，2017.生物农药科学使用指南［M］.北京：化学工业出版社.

仵均祥，2002.农业昆虫学［M］.北京：中国农业出版社.

武予清，2011.麦红吸浆虫的研究与防治［M］.北京：科学出版社.

杨芳萍，2000.小麦霜霉病及不同春小麦品种（系）对其抗性反应测定［J］.植物保护（5）：20-21.

杨普云，李萍，王立颖，2018.农作物害虫食源诱控技术［M］.北京：中国农业出版社.

杨普云，赵中华，梁俊敏，2014.农作物病虫害绿色防控技术模式［M］.北京：中国农业出版社.

杨普云，赵中华，2012.农作物病虫害绿色防控技术指南［M］.北京：中国农业出版社.

杨素钦，杨逸兰，1991.北方冬麦区麦长管蚜远距离迁飞与气流运动的关系初探［J］.病虫测报（2）：11-16.

于思勤，马忠华，张猛，等，2019.河南省小麦赤霉病发生规律与综合防治关键技术［J］.中国植保导刊，39（2）：53-60.

于思勤，彭红，李金锁，等，2017.2017年河南省小麦条锈病流行的原因分析及应对措施［J］.中国植保导刊，37（12）：34-39.

于思勤，孙元峰，1993.河南农业昆虫志［M］.北京：中国农业科技出版社.

于思勤，王安超，李新金，等，2010.河南省小麦条锈病越夏规律初步研究［J］.中国植保导刊，30（5）：8-12+18.

于振文.2009.小麦高产创建示范技术问答［M］.北京：中国农业出版社.

张彬，李金秀，王震，等，2018.黄淮南片麦区主栽小麦品种对赤霉病抗性分析［J］.植物保护，44（2）：190-194+198.

张广学，1999.西北农林蚜虫志［M］.北京：中国环境科学出版社：429-433.

张美翠，尹姣，李克斌，等，2014.地下害虫蛴螬的发生与防治研究进展［J］.中国植保导刊，34（10）：20-28.

张美惠，刘伟，王振花，等，2019.2010—2017年河南省小麦白粉菌群体的毒性变化动态监测［J］.植物保护，45（6）：279-282+310.

张孝羲，张跃进，2006.农作物有害生物预测学［M］.北京：中国农业出版社.

张艳玲，袁萤华，原国辉，等，2006.蓖麻叶对华北大黑鳃金龟引诱作用的研究［J］.河南农业大学学报，40（1）：53-57.

张玉聚，鲁传涛，封洪强，等，2011.中国植保技术原色图解：小麦病虫草害原色图解［M］.北京：中国农业科学技术出版社.

张玉聚，李洪连，陈汉杰，等，2007.中国植保技术大全［M］.北京：中国农业科学技术出版社.

张玉聚，李洪连，张振臣，等，2011.农业病虫草害防治新技术精解［M］.北京：中国农业科学技术出版社.

张跃进，2006.农作物有害生物测报技术手册［M］.北京：中国农业出版社.

张云慧，李祥瑞，黄冲，等，2020.小麦病虫害绿色防控彩色图谱［M］.北京：中国农业出版社.

赵彬，2012.中国农田杂草化学防除前沿技术［M］.郑州：河南大学出版社.

赵中华，曹雅忠，仵均祥，等，2015.NYT 2683—2015农田主要地下害虫防治技术规程［S］.北京：中国农业出版社.

郑方强，范永贵，冯居贤，1996.土壤含水量对大黑鳃金龟生殖的影响［J］.昆虫知识，33（3）：160-162.

郑树森，李文武，2014.小麦霜霉病防治措施［J］.现代农村科技（24）：31.

郑义，毛凤悟，蒋向，2019.河南省小麦绿色高质高效技术模式［M］.郑州：中原农民出版社.

中国农业科学院植物保护研究所，中国植物保护学会，2015.中国农作物病虫害（上册）（第三版）［M］.北京：中国农业出版社.

中国农业科学院植物保护研究所，中国植物保护学会，2015.中国农作物病虫害（中册）（第三版）［M］.北京：中国农业出版社.

中国农业科学院植物保护研究所，中国植物保护学会，2015.中国农作物病虫害（下册）（第三版）［M］.北京：中国农业出版社.

中华人民共和国国家统计局，2018.国际统计年鉴［M］.北京：中国统计出版社.

曾省，1965. 小麦吸浆虫［M］. 北京：农业出版社 .

Watanabe R, Matsushima R, Yoda G, 2020. Life history of the endangered Japanese aquatic beetle *Helophorus auriculatus* (Coleoptera: Helophoridae) and implications for its conservation [J]. Journal of Insect Conversation. https://doi. org/10. 1007/s10841-019-00214-1

Wu Y Q, Gong Z J, Daniel P. Bebber, et al, 2019. Phenological matching drives wheat pest range shift under climate change [J]. bioRxiv: doi: http://dx. doi. org/10. 1101/614743.

附录

小麦主要有害生物测报与防治技术规范

1. 小麦条锈病测报技术规范（GB/T 15796—2011）
2. 小麦叶锈病测报调查规范（NY/T 617—2002）
3. 小麦赤霉病测报技术规范 (GB/T 15796—2011)
4. 小麦纹枯病测报调查规范（NY/T 614—2002）
5. 小麦白粉病测报调查规范（NY/T 613—2002）
6. 小麦丛矮病测报技术规范（GB/T 15797—2011）
7. 小麦黄花叶测报技术规范（NY/T 2040—2011 ）
9. 小麦孢囊线虫病综合防治技术规程（DB41/T 1030—2015）
10. 小麦蚜虫测报调查规范（NY/T 612—2002）
11. 麦蜘蛛测报调查规范（NY/T 615—2002）
12. 小麦吸浆虫测报调查规范（NY/T 616—2002）
13. 麦红吸浆虫综合防治技术规范 (DB41/T 1059—2015)
14. 黏虫测报调查规范（GB/T 15798—2009）

后记

　　进入 21 世纪初期，河南省小麦条锈病发生频率增大，为害损失加重，引起了国内植保界的高度重视。2003 年，河南省植保植检站原站长赵永谦研究员提出了著名的"小麦条锈病是否能够在河南省越夏"之问，2004—2010 年，组织有关专家开展了试验研究和验证工作，在取得突破性证据的基础上，开展了"河南省小麦条锈病越夏规律和综合防治技术集成与应用"。2010 年以后，积极响应农业部开展农作物病虫害绿色防控的号召，牢固树立"公共植保、绿色植保"理念，系统开展了小麦有害生物绿色防控技术研究，在黄淮海麦区推广应用后，取得了显著的经济、社会和生态效益。

一、河南省小麦条锈病越夏规律研究

1. 大胆提出设想、强力推进实施

　　最早提出小麦条锈病可能在河南省越夏设想的是河南省植保站原站长赵永谦研究员，他根据 2000—2003 年河南省小麦条锈病频繁发生、首先从南阳麦区发病、发病时间提前、发病范围扩大、为害损失加重的事实，于 2003 年提出了小麦条锈病很可能在河南省越夏，河南省越夏的病原菌随着西北风的吹送，早于西北菌源侵染豫南小麦秋苗，造成冬前条锈病发生早、病点多，要实现小麦条锈病的可持续治理，非常有必要弄清条锈病是否在河南省越夏的问题。

　　带着这个技术疑问，从一个技术人员强烈的社会责任感和做好小麦条锈病防治工作的良好愿望出发，在没有外来技术力量支持，也没有专项经费资助的情况下，赵永谦研究员凭着对植保事业的一腔热血和迎难而上的拼搏精神，顶住外界的压力和干扰，坚定信心，克服重重困难，多方筹集经费，亲自主持研究方案的制定，组织河南省技术人员于 2004 年开始了艰难的探索研究，多次亲临试验田进行考察指导，帮助解决试验中遇到的各种困难，从精神上、技术上和资金上给予鼓励支持，为试验研究的顺利进行提供了坚强的后盾。继任站长程相国研究员、吕印谱研究员都对本项研究给予了很大的关心和支持，多次到试验基地进行考察指导，协调解决相关问题，从而使小麦条锈病越夏研究工作得以顺利完成。

2. 开展协作攻关、逐步接近真相

　　为协调全省植保技术力量，成立了以于思勤研究员为组长的研究团队，2004 年选择太行山、伏牛山、鸡公山等山区不同海拔高度的地块，于 5 月初种植感病小麦品种，等到试验田小麦生长到二叶一心期，就近采集典型的小麦条锈病叶片，使用低温保鲜壶储存运输，17：00 以后，采用涂抹法和喷雾法接种条锈病菌夏孢子，接种后进行保湿，每天观察试验地小麦发病情况，待条锈病表现出症状后，每周调查一次发病情况。每隔 10~20d 在紧邻地块播种一期小麦，以保证有合适的麦苗供条锈病菌侵染。观察条锈病持续发生的时间、海拔高度，使用形态识别和浓盐酸处理后镜检，快速确定是否有条锈病发生。试验持续到 9 月初，辉县市海拔 1 150m、卢氏县海拔 1 162m 的试验田仍然有条锈病发生，经过认真分析，初步判断小麦条锈病可以在海拔 1 100m 以上山区越夏。

河南省植保植检站历届主要领导深入小麦条锈病越夏试验基地考察指导

　　为了明确小麦条锈病越夏的寄主种类及数量，2004 年 9 月 7—10 日，组织省、市、县三级技术人员，对卢氏县海拔 600~1 300m 地区的自生麦苗及禾本科杂草的种群数量、发病情况进行了系统调查，初步判断卢氏县大约有 3 000 亩自生麦苗和相当数量的禾本科杂草，为条锈病越夏提供了充足的寄主条件。尤其是在海拔 1 100m 以上地区，自生麦苗上条锈病菌与叶锈病菌混生，随着海拔的升高，条锈病菌夏孢子堆数量占比例增加，这是条锈病能够在河南省越夏的又一个有力证据，也坚定了项目组把这项研究进行下去的信念。从 2005 年开始，在卢氏县、平桥区、辉县市的基础上，试验地点扩大到太行山区的林州市和济源市、伏牛山区的栾川县、西峡县和淅川县及桐柏山区的桐柏县，试验田的海拔高度覆盖 400~1 900m 范围。除了 5 月初播种试验田小麦，人工接种条锈病菌，然后定期播种小麦，依靠自然传播发病的试验田外，各县均在 8 月下旬以后开展了自生麦苗发病及分布情况调查；卢氏县、栾川县、济源市使用小气候观测仪自动记录试验田的温度、湿度及降水量，积累了大量的试验观察资料，为科学分析条锈病越夏情况提供了丰富的技术资料。

　　为了提高苗期条锈病菌检测的科学性和准确性，吸收河南农业大学、河南科技大学的专家为项目组成员，对各地 9 月份采集的疑似为条锈病的标本使用 SSR 分子标记、rDNA ITS 序列鉴定技术进行检测，从分子水平证明小麦条锈病菌能够在林州、济源、栾川、卢氏海拔 1 100m 以上山区越夏，为小麦条锈病越夏提供了无可辩驳的证据，从而使小麦条锈病在河南越夏的证据链完整呈现出来。

3. 扩大对外宣传、发挥项目作用

随着研究的深入开展，越来越多的事实证明小麦条锈病菌能够在河南海拔 1 100m 以上地区越夏，越夏的主要寄主为自生麦苗。为了及时向国内植保界宣传事实真相，让这一重大发现服务于全国小麦条锈病防治工作，2005 年 8 月 5—7 日，邀请中国农业科学院植物保护研究所陈万权研究员、中国农业大学马占鸿教授、全国农业技术推广服务中心姜玉英研究员等专家亲临卢氏县、淅川县小麦条锈病越夏试验基地进行考察指导，专家们现场调查自生麦苗和杂草的发病情况，采集锈病标本，体验高海拔山区的夜间温度、湿度等气象条件，初步认定条锈病可以在河南越夏，并对下一步试验研究工作提出了宝贵的指导意见，希望河南省植保系统继续努力把这件事情弄清楚；2006 年以后，陈万权研究员还多次询问指导此项研究工作。2006—2009 年间，邀请河南农业大学李洪连教授、河南科技大学林晓民教授、河南省农业科学院植物保护研究所宋玉立研究员、河南省植保站韩世平研究员、郑州市植保站吴营昌研究员等专家到卢氏县、西峡县、栾川县、济源市条锈病越夏试验基地进行考察指导，帮助解决技术难题，加快试验研究进程。河南农业大学著名植物病理学家王守正教授自始至终密切关注此项工作的开展，因年事已高，虽不能亲临试验基地，但多次听取项目组汇报研究进展情况，提出了很多有价值的建议和指导意见，使研究得以沿着正确方向前进。在实地考察和汇报过程中，让专家们了解本项研究的重要意义，了解小麦条锈病在河南越夏的事实，为重新制订小麦条锈病综合防治技术方案奠定了理论基础。

有关专家、领导到条锈病越夏试验基地考察指导

在邀请国内相关专家实地考察指导的同时，项目组及时总结分析研究结果，认真撰写学术论文和研究报告，先后在中国植物保护学会、中国植物病理学会、河南省植物保护学会、河南省植物病理学会的学术年会上进行交流和专题报告，在《麦类作物学报》《中国植保导刊》《西北农业学报》等核心期刊发表论文 6 篇，让更多国内植保界同仁了解小麦条锈病在河南越夏的客观事实和依据。

根据小麦条锈病能够在河南省越夏的新发现，重新开展了小麦条锈病防治技术研究，集成创新了小麦条锈病综合防治技术模式，2006—2009 年，在河南省小麦条锈病越夏区、冬繁区、春季流行区进行了大

面积推广应用，累计应用 532.7 万亩，总经济效益 2.89 亿元，2009 年由赵永谦、于思勤研究员主持完成的"河南省小麦条锈病越夏规律和综合治理技术研究"项目通过了河南省科技厅组织的专家鉴定。提出了"准确监测，带药侦察，发现一点，控制一片"的条锈病防控策略，在全国得到了推广应用，成为全国植保系统与小麦条锈病作斗争的锐利武器，为做好小麦条锈病监测和应急防控工作贡献了河南智慧。

4. 服务生产实际、得到实践检验

2016 年西北地区条锈病菌越夏基地的秋季菌源量是自 2001 年以来最少的一年，据此有关专家预测 2017 年全国小麦条锈病菌偏轻发生；然而由于超强厄尔尼诺现象，2016 年河南省夏季降水量偏多，造成豫北、豫西高海拔山区条锈病越夏范围扩大、发生普遍、菌源量大于常年，导致豫南小麦条锈病冬繁区冬前发病早、病点多，唐河县 2016 年 12 月 14 日在全国最先发现多个条锈病发病中心，比周边省份提前 8~21 d，之后豫南多地冬前发现条锈病发病中心和零星病叶，经过春季不断侵染和扩展蔓延，造成 2017 年河南省小麦条锈病大发生，这与河南省条锈病越夏菌源量大，就近传播侵染豫南小麦秋苗有很大关系。2019 年又出现厄尔尼诺现象，2019 年 11 月 15 日淅川县在全国最先发现多个冬前条锈病发病中心，这是河南省历史上有资料记载第二个发病早的年份，比湖北、陕西提早 18 d 以上，导致 2020 年小麦条锈病发病早、发生严重。这些事实与教科书中"距离西北条锈病越夏区距离越近、播种越早的地区，则小麦条锈病发病越早、为害越重"的论断不相符合，只有用小麦条锈病菌能够在河南高海拔山区越夏，越夏后的病原菌随着西北风吹送，早于西北地区传来的菌源引起豫南地区小麦秋苗发病，导致豫南条锈病冬繁区发病早于周边省份的理论才能解释清楚，这是小麦条锈病能够在河南高海拔山区越夏的有力证据。

5. 默默无闻做贡献、植保系统英雄多

从 2004 年在 3 个县开始试验以来，历经 7 年时间，项目组成员在完成本职工作的同时，凭着顽强的拼搏精神，不图名、不图利，不分节假日，无惧刮风下雨，不顾奔波劳顿，战酷暑斗寒冬，常年往返于试验田、实验室和小麦田，经历一次又一次的失败，始终不改初心，终于证明小麦条锈病能够在河南高海拔山区越夏，打破了教科书中"条锈病不能在河南越夏"的论断，取得多项新发现，将研究发现及时应用到生产实际，初步实现了小麦条锈病的综合治理，完成了几代河南省植保专家的夙愿。这是一个英雄的群体，虽然他们默默无闻，但却有敢打敢拼、无私奉献、勇克科学难关的拼搏精神和战斗勇气，正是凭照对植保事业的无限热爱和强烈的事业心，才能耐得住寂寞，忍受住清苦，不计较个人得失，在平凡的工作岗位上，做出不平凡的业绩！他们是：

河南省植保植检站	赵永谦	程相国	于思勤	乔显瑞	李素芳　王建敏
河南农业大学植保学院	李洪连	代君丽			
河南科技大学林学院	林晓民	陈根强	侯　军	吴正景	胡　梅　刘爱荣
三门峡市植保站	索世虎	郭建平	孙雪花	闫克峰	马建霞　乔建中
南阳市植保站	李玉生	曾显光	李金锁	袁　伟	
洛阳市植保站	蔡　娟	高　明	王国强	李巧芝	
信阳市植保站	陈巍峙	陈　红	黄士华	朱志刚	
安阳市植保站	刘志勇	王　刚	王朝阳		
济源市植保站	潘进军	薛龙毅	丁前林	贾晴蔚	
卢氏县植保站	王安超	冯社方	白宏伟	杨国红	
栾川县植保站	丁征宇	李新金	马新丽	陈爱芹	刘双记
西峡县植保站	杨月琴	娄瑞华	黄　炎		

淅川县植保站	宋新建　刘　勇　谢宝泉
桐柏县植保站	牛新宾
平桥区植保站	李广斌　张慧远　胡玉枝　吕峰顺
辉县市植保站	李迎刚
林州市植保站	张来存　付彩兰

谨向以上同志表示崇高敬意！你们辛苦了！

二、小麦有害生物绿色防控技术集成与应用

长期以来，小麦病虫草害防治主要依赖化学农药，由于监测预警服务不到位，对防治适期、防治指标、防治范围掌握不准，普遍存在盲目用药、滥用农药的现象，不仅增加了防治成本，造成对麦田生态环境的严重污染，而且导致小麦病虫草害抗药性增强，防治效果降低；为了提高防治效果，农民不得不加大农药使用量，增加防治次数，从而导致化学农药过量使用，防治成本增加，环境污染更加严重，使小麦病虫草害防治陷入恶性循环的道路。为了打破这种不利的局面，提高小麦病虫害监测预警和绿色防控技术水平，在国家粮食丰产科技工程（2004BA520A06-11）、国家公益性行业（农业）科研专项（201303030、201503112）、国家小麦产业技术体系项目（CARS-03）、河南省小麦产业技术体系项目（S2010-01-G08）及国家农作物病虫害防治补助资金支持下，2004—2019年组织农业科研、教学、推广部门的技术人员开展协作攻关，对黄淮海地区小麦主要病虫草害的发生演变规律、重大病虫监测预警技术、不同防治技术措施、高效新型植保器械、高效低毒低残留农药应用等进行了系统的试验研究和推广应用，经过生产实践检验和完善提升，集成了适合不同生态类型区的小麦重大病虫草害绿色防控技术模式，在黄淮海麦区推广应用后取得了显著的经济、社会和生态效益。

1. 小麦土传病害研究

2004—2009年间，在国家粮食丰产科技工程项目（2004BA520A06-11）的资助下，河南省植保植检站联合河南农业大学、有关市县植保站共同开展了"小麦土传病害灾变规律及综合治理技术研究"，经过6年的系统调查研究，基本弄清了河南省小麦纹枯病、根腐病、全蚀病、孢囊线虫病等土传病害的种类及生态地理区划，进一步明确了小麦土传病害灾变规律，开展了防治技术试验和示范应用，构建了河南省小麦土传病害综合治理技术体系。累计推广应用8 486.8万亩次，增收节支27.87亿元，经济、社会效益十分显著。2010年，"小麦土传病害灾变规律及综合治理技术研究与示范推广"获得全国农牧渔业丰收奖三等奖。

2. 小麦赤霉病研究

随着耕作制度的改变，生产水平的提高及全球变暖等异常变化加剧，赤霉病发生范围逐渐北移、西扩，发病面积不断扩大，发病为害程度呈加重趋势。在20世纪70年代以前，赤霉病仅在河南省南部麦区零星发生，1985年全省大流行。进入21世纪以来，河南省小麦赤霉病发生范围扩大，中度以上流行频率达60%以上，已经成为河南省小麦上的主要病害。面对小麦赤霉病发生为害加重的趋势，2015—2019年，在国家公益性行业（农业）科研专项经费（201303030、201503112）、国家小麦产业技术体系项目（CARS-03）、河南省小麦产业技术体系项目（S2010-01-G08）资金支持下，河南省植保植检站联合浙江大学、河南农业大学、河南省农业科学院植物保护研究所及有关市县植保站开展协作攻关，基本弄清了河南省小麦赤霉病的流行规律、致病菌种类、病原菌抗药性、品种抗病性及药剂防治效果等问题，提出了全

生育期赤霉病综合防控关键技术，在《中国植保导刊》发表并在中国植物病理学会年会上报告，2019 年以来被河南省人民政府采纳并在全省推广应用。

3. 小麦吸浆虫研究

麦红吸浆虫是我国小麦上的重大害虫，自从 20 世纪 80 年代中期麦红吸浆虫猖獗发生以来，发生面积居高不下，发生区不断向北扩展，华北麦区成为新发生的重灾区。为明确麦红吸浆虫暴发成因和实现虫灾的有效防控，保障我国小麦安全生产，国家小麦产业技术体系在 2007 年将该害虫防控列入重点研究计划（CARS-03），在岗位科学家武予清研究员主持下，经过 10 多年试验研究。①在阐明麦红吸浆虫生物学习性和成灾机制的基础上，创制了简便准确的黄色粘板监测成虫技术取代传统的蛹发育进度及目测和扫网成虫监测方法；②筛选了一批具有抗性的品种，创建了小麦品种抗麦红吸浆虫分级方法及抗性评价标准；③创造性地将抽穗期作为防治适期，并筛选出了穗期防治的高效低毒杀虫剂种类。建立的标准化规范化的预测预报和虫害防控关键技术体系，作为农业农村部小麦主要病虫害全程综合防控的主推技术，在河北、山东、陕西、河南和安徽等小麦主产区大面积推广应用，有效控制了吸浆虫暴发成灾，为保障我国粮食安全生产做出了重大贡献。本项目获得授权专利 6 项，发表论文 52 篇，其中 SCI 论文 13 篇；出版著作 1 部，全国吸浆虫主要发生区 3 年累计推广应用 3 386 万亩次，经济效益 11.30 亿元。该项研究获得 2019 年河南省科学技术进步二等奖。

4. 小麦病虫害全程绿色防控技术

为了提高小麦病虫害监测预警和绿色防控技术水平，河南省小麦产业技术体系在 2013 年将小麦病虫害全程绿色防控技术列为重点研究计划（S2010-01-G08），在岗位专家于思勤研究员主持下，经过 7 年试验研究，弄清了河南省小麦病虫草害发生演变规律研究、小麦重大病虫草害发生规律及监测预警技术、麦田常用农药的副作用及防控技术、小麦病虫草害绿色防治技术等核心技术，集成创新了以"芸苔素内酯 + 其他措施""烟蚜茧蜂 + 其他措施""综合防治技术模式"为核心的绿色防控技术体系，结合不同生态区域生产实际，在南阳、驻马店、周口、许昌、鹤壁、安阳等地进行示范熟化，形成可复制、可推广的小麦病虫草害绿色防控技术模式。本项目获得国家授权专利 3 件，行业奖励 2 项，制订地方标准 5 套，发表论文 10 篇，2016—2019 年累计推广 2 658.9 万亩次，经济效益 37.70 亿元，带动就业 8 863 人次，防效平均提高 11.5%，化学农药用量平均减少 27.4%，提高了小麦病虫害防治水平，促进了小麦生产向绿色高质高效方向发展。该项目获得 2019 年全国农牧渔业丰收奖二等奖。2018—2020 年"小麦病虫害全程绿色防控技术"被河南省农业农村厅列为农业主推技术，2020 年作为全国农业主推技术候选项目上报农业农村部，建议在全国小麦主产区推广应用。

三、小麦有害生物绿色防控技术展望

新中国成立以来，在党和政府的高度重视和大力支持下，经过几代农业科技工作者的大量试验研究和推广应用，比较全面地弄清了小麦有害生物的种类及分布、发生为害规律，提出了符合不同时代要求的综合防治技术，为保障我国小麦生产跨越 9 个产量水平阶段，实现小麦高产优质高效做出了重要贡献。在新的历史条件下，不仅生态环境条件发生了变化，人们对小麦及其加工制品也提出了新要求，优质专用小麦发展规模不断扩大，秸秆还田工作持续进行，小麦有害生物的发生与为害也将产生新变化，主要病虫草害持续严重发生，新发生的小麦茎基腐病、黑胚病、白眉野草螟、瓦矛夜蛾、节节麦等发生危害呈加重趋势，土传病害发生面积居高不下，绿色防控覆盖率不高，面对小麦有害生物发生危害的严峻形势及开展绿色防控工作的长期性、艰巨性，广大植保战线的科技工作者必须以粮安天下、牢牢端稳中国人自己的饭碗为己任，努力发现和解决小麦有害生物防治中出现的技术难题，开展多学科协助攻关，勇攀科学高峰，为实现我国小麦有害生物的可持续治理做出新的更大的贡献！

四、致谢

在开展小麦有害生物监测预警和绿色防控技术研究和推广应用工作中，先后得到全国农业技术推广服务中心、国家小麦工程技术研究中心、浙江大学、河南农业大学、河南科技大学、河南工业大学、河南农业职业学院、河南省农业科学院、河南省农业农村厅、河南省植保推广系统及有关涉农企业的大力支持，国家粮食丰产科技工程（2004BA520A06-11）、国家公益性行业（农业）科研专项（201303030、201503112）、国家重点研发计划项目（2017YFD0301104）、国家自然科学基金（U1304322）、国家小麦产业技术体系项目（CARS-03）、河南省小麦产业技术体系项目（S2010-01-G08）提供了资金支持，中国农业科学院植物保护研究所郭予元、吴孔明、陈万权、周益林、刘太国研究员，全国农业技术推广服务中心夏敬源、杨普云、姜玉英、赵中华研究员，西北农林科技大学李振岐、康振生教授，浙江大学马忠华教授，江苏省农业科学院植物保护研究所张谷丰研究员，河南农业大学王守正、喻璋、郭天才、李洪连、闫凤鸣、马新明、王晨阳、郭线茹、王振跃、张猛、袁虹霞教授，河南科技大学林晓民、陈根强、侯军教授，河南科技学院茹振钢教授，河南工业大学郑学玲教授，河南农业职业学院孙元峰、程亚樵教授，河南省农业科学院雷振生、武予清、吴政卿、赵虹、李向东、宋玉立、王恒亮、李淑君研究员，河南省科学院同位素研究所张建伟、杨保安研究员，河南省农业技术推广总站郑义、易玉林、毛凤悟、史瑞青研究员，河南省农药检定站孙化田研究员，河南省土壤肥料站孙笑梅、申眺、程道全研究员，河南省植保植检站赵永谦、程相国、吕印谱、李好海、吕国强、韩世平、张国彦、赵文新、周新强、王建敏研究员，郑州市植保站吴菅昌、沙广乐研究员，焦作市农林科学研究院李天富研究员，开封市农林科学研究院赵国建研究员，漯河市农业科学院薛国典、张运栋研究员，周口市农业科学院郑天存、杨光宇、殷贵鸿、李新平研究员，商丘市农林科学院谢一鸣、胡新研究员，信阳市农业科学院祁玉良、李玉峰、陈金平研究员，洛阳市农业科学研究院刘顺通、吴少辉研究员等专家给予了热情指导和帮助；本书的编写和出版还得到国家公益性行业（农业）科研专项"种衣剂副作用安全防控技术研究与示范"（201303030）、国家重点研发计划项目"黄淮海南部小麦—玉米周年光热资源高效利用与水肥一体化均衡丰产增效关键技术研究与模式构建"课题4"小麦—玉米抗逆减灾和绿色防控技术体系构建"（2017YFD0301104）、国家小麦产业技术体系项目（CARS-03）、河南省小麦产业技术体系项目（S2010-01-G08）的联合资助，在此谨向以上单位、专家表示衷心的感谢！

于思勤

2020 年 9 月于郑州